高职高专教育“十二五”规划建设教材

乳品加工技术

（食品专业用）

朱丹丹　主编

中国农业大学出版社

·北京·

图书在版编目(CIP)数据

乳品加工技术/朱丹丹主编. —北京:中国农业大学出版社,2013.7
ISBN 978-7-5655-0705-2

Ⅰ.①乳…　Ⅱ.①朱…　Ⅲ.①乳制品-食品加工-高等职业教育-教材　Ⅳ.①TS252

中国版本图书馆 CIP 数据核字(2013)第 117623 号

书　　名　乳品加工技术
作　　者　朱丹丹　主编

责任编辑　伍　斌　陈　阳　张　玉　　**责任校对**　王晓凤　陈　莹
封面设计　郑　川
出版发行　中国农业大学出版社
社　　址　北京市海淀区圆明园西路 2 号　　**邮政编码**　100193
电　　话　发行部 010-62818525,8625　　读者服务部 010-62732336
编辑部 010-62732617,2618　　出　版　部 010-62733440
网　　址　http://www.cau.edu.cn/caup　　**e-mail** cbsszs@cau.edu.cn
经　　销　新华书店
印　　刷　北京鑫丰华彩印有限公司
版　　次　2013 年 8 月第 1 版　　2013 年 8 月第 1 次印刷
规　　格　787×1 092　16 开本　30.75 印张　760 千字
定　　价　52.00 元

编写人员

主　编　朱丹丹（黑龙江旅游职业技术学院）

副主编　刘玉兵（黑龙江农业经济职业学院）

刘树明（黑龙江安达贝因美乳业有限公司）

张海涛（辽宁农业职业技术学院）

邵　辉（黑龙江农业工程职业学院）

参　编　（按姓氏笔画为序）

刘　敏（内蒙古农业大学）

仲晓嵩（黑龙江安达贝因美乳业有限公司）

杨巍巍（黑龙江旅游职业技术学院）

殷大朋（黑龙江省蔬菜公司）

前　言

本教材编写宗旨以适应高等职业教育发展方向，培养高端技能型专门人才为目的，突出了以职业岗位技能为主、理论必需够用为度的高职高专教育特色。

本教材是高职高专食品类专业的教学用书，也可供相关专业师生、食品行业各层次及各工种不同岗位的人员阅读和参考。教材内容选材以乳制品企业岗位需要为原则，结合工厂实际生产流程，采用项目、工作任务的形式，“做中学”引导学生掌握乳制品加工岗位的职业技能及必备知识。

全书共分10个项目，由黑龙江旅游职业技术学院朱丹丹担任主编。朱丹丹编写项目一、项目二、项目五；辽宁农业职业技术学院张海涛编写项目四；内蒙古农业大学刘敏编写项目六【必备知识】；黑龙江农业经济职业学院刘玉兵编写项目七；黑龙江旅游职业技术学院杨巍巍编写项目三【必备知识】、项目八【必备知识】；黑龙江农业工程职业学院邵辉编写项目九；黑龙江省蔬菜公司殷大朋编写项目十，与黑龙江安达贝因美乳业有限公司刘树明共同编写附录1；黑龙江安达贝因美乳业有限公司仲晓嵩编写项目三任务1、任务2，项目六任务，项目八任务，项目三、项目六、项目八的企业链接、知识拓展及附录2。全书由朱丹丹统稿。

本书在编写过程中，得到黑龙江安达贝因美乳业有限公司总经理刘树明、生产部经理仲晓嵩的悉心指导，各编者所在院校的大力支持，在此表示衷心的感谢。编者还谨向引用内容和图片的有关参考文献的专家和作者表示衷心的感谢。

限于编者的学识和水平，书中难免存在不足和错误，望广大师生和同行随时指正。

编　者
2013年3月

前 言

目　录

项目一　原料乳的验收和贮存

【知识目标】

1. 了解乳的基本概念、乳中各种成分及其作用，了解牛乳成分的化学性质、存在状态。

2. 熟悉牛乳的物理性质及其应用，了解乳中微生物的来源、种类及特性。

3. 掌握异常乳的概念、类型及其产生的原因。

4. 掌握牛乳验收、预处理、贮存的过程及操作要点。

【技能目标】

1. 能进行乳样的采集工作。

2. 能进行牛乳验收的各项工作。

3. 能进行牛乳预处理的操作。

【项目导入】

牛乳生产始于6 000年前或更早。乳是幼小哺乳动物出生后最初阶段的唯一食物，乳中的物质既提供能量，又提供生长所需的基础营养。乳中还含有保护幼小动物免受感染的多种抗体。牛乳所含各种营养成分的比例大体适合人类生理需要，被公认为是迄今为止的一种比较理想的完全食品，其营养价值之高是其他食物所不能比的。随着乳品行业的蓬勃发展，乳与乳制品加工已成为食品行业中非常重要的一项产业，占有越来越重要的地位。

乳制品多种多样，但大多数乳制品加工的第一步就是原料乳的验收和贮存。

任务1　乳样的采集及乳成分的测定

【要点】

1. 乳样采集的方法。

2. 牛乳成分测定的方法。

【仪器与试剂】

1. 采样器、干燥的玻璃瓶。

2. 牛乳红外线分析仪(图 1-1)。

3. 洗涤剂。0.01%氰重水、1%乙酸溶液。

4. 牛乳防腐剂。重铬酸钾(每毫升试样加入 0.6 mg)、2.5%丙酸钙溶液。

图 1-1 红外全谱扫描乳品成分快速分析仪

【工作过程】

(一)乳样的采集

1. 采样准备工作

采样前用搅拌器在乳中充分搅拌,使乳的组成均匀一致。如果乳表面上形成了紧密的一层乳油时,应先将附着于容器上的脂肪刮入乳汁中,然后再搅拌。如果有一部分乳已冻结,必须使其完全溶化后再搅拌。

取样数量决定于检查的内容,一般只测定酸度和脂肪时取 50 mL 即可。如做全乳分析应取乳 200~300 mL。采样时应采取两份平行乳样。

2. 采样工具准备

取样可采用直径 10 mm 镀镍金属管,其长度应比盛乳容器高。若用玻璃管采样,需小心使用,防止玻璃片落入乳中。

> 思考:如果不能充分搅拌,采集的乳样能代表整批样品的特点吗?

3. 采样

采样时应将采样管慢慢插入乳的容器底部,在不同深度取样,然后用大拇指紧紧掩住采样管上端的开口,把带有乳汁的管从容器内抽出,将采得的检样注入带有瓶塞的干燥而清洁的玻璃瓶中,并在瓶上贴上标签,注明样品名称、编号等。

乳样采集法见图 1-2。

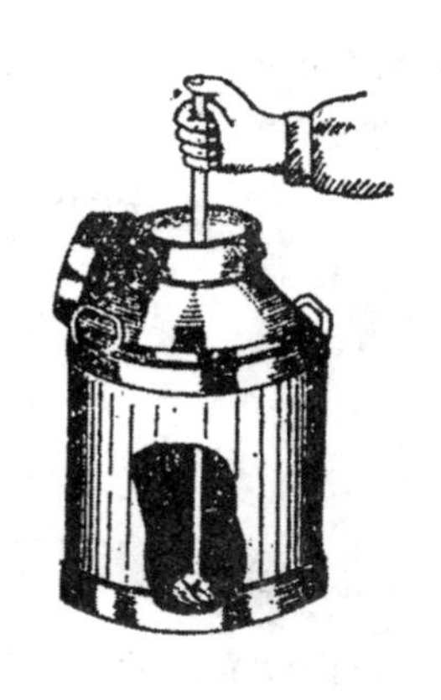

图 1-2 用采样器或玻璃管采取乳样的方法

(二)乳成分的测定

1.仪器调零、样品准备

牛乳红外分析仪预先恒温调试校正零点,调节搅拌器和吸管位置。吸取定量乳样于 40℃水浴槽加热,混合均匀。

思考:为什么用 40℃水加热?

2.测量

启动泵,进行测量。当测量部分的信号灯(黄色)还亮着时,不能进行另一样品成分测量。当样品溶液完成测试循环后,仪器表上相继显示出脂肪、蛋白质、乳糖和水分(即乳固体)的百分含量,并以两次平行测量结果为最终结果。

3.洗涤

样品测试完毕后,用洗涤剂以同样方法对仪器进行清洗。

【相关知识】

1.如果是个体乳采样,采样时必须从被检者连续两昼夜每次的产乳量中按比例地采取,然后将每次所取之样品混合,即成为均匀的平均样品供分析用。乳品厂收购的鲜乳多为混装乳,可按不同批号分别进行。

2.牛乳红外分析仪是一种半自动的同时测定牛乳中脂肪、蛋白质、乳糖和水分的仪器。将牛乳样品加热到 40℃,经仪器均化泵吸入,在样品池中恒温、均化,使牛乳中的脂肪等物质均匀一致。由于脂肪、蛋白质、乳糖和水分在红外线光谱区中各自有独特的吸收波长,因此,当红外线光束通过不同的滤光片(样品和参比滤光片)和样品溶液时,不被吸收波长的红外线能由球面镜聚集到测定仪上,通过电子转换和计算参比值和样品值的对比,直接显示出牛乳中脂肪、蛋白质、乳糖和水分的含量。

【友情提示】

1.采集乳样是监测工作中非常重要的第一步。采取的乳样必须能代表整批乳的特点,否则以后的样品处理及检测无论如何严格、精确,也将毫无价值。

2.牛乳红外分析仪更换样品时,需揩净样品吸入管。

3.牛乳红外分析仪使用前必须进行调试。

【考核要点】

1.采样器的使用。

2.牛乳红外分析仪的使用。

【思考】

1.采样均匀搅拌的目的是什么?

2.经典标准方法测定脂肪、蛋白质的含量与红外分析仪测定的结果哪个更准确?

【必备知识】

牛乳的化学成分

(一)牛乳的概念和化学成分

乳是哺乳动物分娩后由乳腺分泌的一种具有胶体特性,均匀的生物学液体,其色泽呈乳白色或稍带有微黄色,不透明,味微甜并具有特有香气。乳含有幼畜生长发育必需的全部营养成分,它是哺乳动物出生后赖以生长发育的最易于消化吸收的完全食物。

牛乳的化学成分很复杂,经证实至少有100多种化学成分,但主要由水、脂肪、蛋白质、乳糖、维生素、酶类、无机盐等物质组成。牛乳中的乳糖和部分可溶性盐类形成真溶液,其微粒直径小于1 nm;蛋白质与不溶性的无机盐形成胶体悬浮液,其微粒直径为1～100 nm;脂肪以脂肪球形式形成乳浊液,脂肪球的直径为0.1～20 μm,绝大部分为2～5 μm。牛乳是由上述三种体系组成的均匀、稳定的胶体性液体。

不同的乳牛在不同的条件下,所分泌的乳成分是不同的,混合乳的成分比较稳定,主要成分平均含量如表1-1所示,乳中除水分以外各组分总称为干物质(DS)或乳的总固形物含量。干物质中除去脂肪以外各组分总称为非脂干物质,即非脂乳固体(SNF)。其成分受奶牛品种、饲料、饲养条件、季节、泌乳期以及奶牛年龄和健康条件等因素的影响。

表1-1 牛乳的成分 %

主要成分	范围	平均值
水相	85.5～89.5	87.5
总乳固体	10.5～14.5	12.5
脂肪	2.5～5.5	3.8
蛋白质	2.9～4.5	3.4
乳糖	4.5～5.0	4.7
矿物质	0.6～0.9	0.7
非脂乳固体	8.4～9.0	8.7

牛乳加工后各部分名称(图 1-3):

- 牛乳 —离心分离→
  - 稀奶油:脂肪(含脂溶性维生素)
  - 脱脂乳
    - 酪蛋白
    - 乳清 —煮沸→
      - 沉淀:乳白蛋白、乳球蛋白
      - 滤液:乳糖、矿物质、水溶性维生素

图 1-3　牛乳加工后各部分名称

(二)水

水是牛乳的主要成分,是乳中其他物质的分散介质。它在牛乳中以下列形态存在。

1. 游离水

游离水又称自由水。牛乳中水分大部分是游离水,为溶解和分散其他营养物质的溶剂。乳的许多物理化学过程均与游离水有关。乳粉的干燥过程首先是使液滴表面的游离水蒸发,而且也从毛细管内部进行蒸发,符合液体从自由表面汽化的规律,这种水在干燥时容易除去。

2. 结合水

由于牛乳中的胶体物质(蛋白质)的水化作用和膨胀的结果,水分与之结合成为胶体状态。这种水分是通过氢键和牛乳中的酪蛋白、乳糖及某些盐类结合存在的水分,无溶解其他物质的作用,常压下,100℃不沸腾汽化,0℃不结冰。在乳与乳制品中这种水的含量较少,但要除去这部分水相当困难,除非在干燥过程中将温度提高至 150～160℃或长时间保持在 100～105℃的恒温下才能实现。但奶粉长时间高温处理后,会使乳成分受到破坏,乳糖焦化,蛋白质变性,脂肪氧化,这种奶粉就不能食用了。

3. 结晶水

它是按一定数量比例作为分子组成成分与乳中物质相结合的水分。它同物料的结合最稳定,在乳糖和乳粉生产中,可以看到含有一个分子结晶水的乳糖晶粒。

(三)乳脂肪

如果将牛乳在容器中静置一段时间之后则乳脂肪逐渐上浮,形成一层脂肪层。这上浮的脂肪层为稀奶油层,下面即为脱脂乳。乳脂类中约有97%～99%为真脂肪(三酸甘油酯、甘油酸二酯、单酸甘油酯、脂肪酸、固醇),约有 0.03%的磷脂,0.007%～0.017% 的甾醇、微量的游离脂肪酸、磷酸和含氮物质。乳脂肪中还含有胡萝卜素(脂肪中的黄色物质)、维生素(A、D、E、K)和一些痕量物质。乳脂肪球数量为每毫升中 20 亿～40 亿个,磷脂的 60%存在于脂肪球膜中。脂肪球的大小随乳牛的品种、泌乳期、饲料及健康状况而

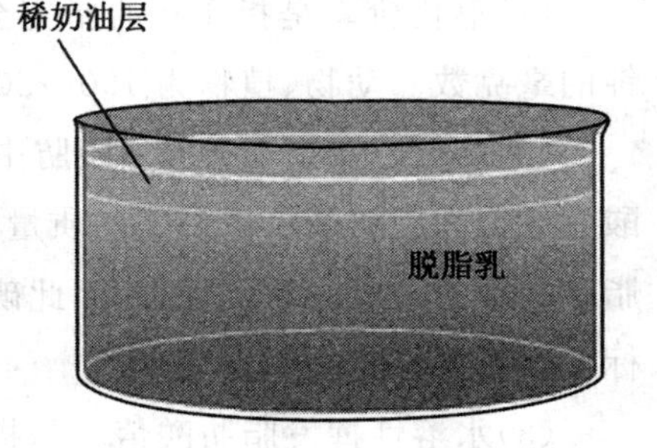

图 1-4　牛乳的脂肪

异，呈乳状液存在于乳中。

1. 乳脂肪的脂肪酸组成

乳脂肪的最大特点是所含脂肪酸种类比较多，已发现的达 60 余种，而一般动植物油脂中仅含 5～7 种脂肪酸，这与反刍动物瘤胃中微生物的生物合成相关。乳脂肪的第二特点是水溶性挥发性脂肪酸含量特别高，这是乳脂肪口感丰润和易消化的重要因素。乳脂肪的脂肪酸组成会因乳牛品种、个体的健康状况、营养状况、饲养条件、泌乳期、季节等因素发生变化，如不饱和脂肪酸含量在夏季放牧期较冬季舍饲期高。

表 1-2 乳脂肪中主要脂肪酸组成

脂肪酸	分子式	占脂肪酸总量/%	熔点/℃	状态
(1)饱和脂肪酸				
丁酸	$C_4H_8O_2$	3.0～4.5	−7.9	室温下为液态
己酸	$C_6H_{12}O_2$	1.3～2.2	−1.5	
辛酸	$C_8H_{16}O_2$	0.8～2.5	16.5	
癸酸	$C_{10}H_{20}O_2$	1.8～3.8	31.4	室温下为固态
月桂酸	$C_{12}H_{24}O_2$	2.0～5.0	43.6	
肉豆蔻酸	$C_{14}H_{28}O_2$	7.0～11.0	53.8	
棕榈酸	$C_{16}H_{32}O_2$	25.0～29.0	62.6	
硬脂酸	$C_{18}H_{36}O_2$	7.0～13.0	69.3	
(2)不饱和脂肪酸				
油酸	$C_{18}H_{34}O_2$	30～40	14.0	室温下为液态
亚油酸	$C_{18}H_{32}O_2$	2.0～3.0	−5.0	
亚麻酸	$C_{18}H_{30}O_2$	<1.0	−5.0	
花生四烯酸	$C_{20}H_{32}O_2$	<1.0	−49.5	

2. 乳脂肪的理化特性

乳脂肪的理化性质中比较重要的有 4 项，即皂化价、碘值、溶解性挥发脂肪酸值、非水溶性挥发性脂肪酸值等(表 1-3)。

(1)皂化价。是指 1 g 油脂完全皂化所需氢氧化钾的毫克数。动物、植物为 190～200，乳为 220～240。

思考：皂化价能反映乳脂肪的什么性质？如果皂化价不符，说明什么问题？

(2)碘值。是指在 100 g 脂肪中，使其不饱和脂肪酸变成饱和脂肪酸所需的碘的质量(g)。由于不饱和脂肪酸中油酸所占比例最高，因此碘值主要是油酸含量的衡量指标，也是脂肪软硬程度的衡量标准。

(3)水溶性挥发脂肪酸值。是指中和从 5 g 脂肪中蒸馏出来的溶解性挥发脂肪酸时所消耗的 0.1 mol/L 碱液的毫升数。乳脂肪的溶解性挥发脂肪酸值较其他动、植物脂肪要大得多，牛、羊为 24～30，椰子油的挥发性脂肪酸值为 7，而一般动植物脂肪的挥发性脂肪酸值只有 1。这些脂肪在室温下呈液态，易挥发，因此使乳脂肪具有特殊的香味和柔软的质地。

(4)非水溶性挥发性脂肪酸值。是中和从 5 g 脂肪中挥发出的不溶于水的挥发性脂肪酸所需 0.1 mol/L 碱液的毫升数。

(5)酸价。即脂肪中含游离脂肪酸的量。即中和 1 g 脂肪中游离脂肪酸所消耗 KOH 的毫克数。酸价是脂肪酸的指标，酸价越小，酸败程度越低。

(6)非水溶性脂肪酸。即 100 g 脂肪中非水溶性脂肪酸的总数。乳脂为 86.5～90，普通脂肪为 94～96，此值用来检测乳脂纯度。

总之，乳脂肪不同于其他动物、植物脂肪的特点是脂肪酸种类多、低级(C_{14}以下)挥发性脂肪酸多、水溶性脂肪酸多、不饱和脂肪酸含量较多。

表 1-3 乳脂肪的主要理化常数

名称	标准值	名称	标准值
相对密度	0.935～0.943	水溶性挥发性脂肪酸值/mL	21～36(约 27)
熔点/℃	28～38	非水溶性挥发性脂肪酸值/mL	1.3～3.5
凝固点/℃	15～25	酸值/mL	0.4～3.5
折射率	1.459 0～1.462 0	丁酸值/mL	16～24(约 20)
皂化价	218～235(约 226)	不皂化物值/mL	0.31～0.42
碘值/g	21～36(约 30)		

3.脂肪球膜

用电子显微镜观察脂肪球时，发现有 5～10 nm 厚的膜覆盖着脂肪球。脂肪球膜的作用是可使脂肪球在乳中保持乳浊液的稳定性。脂肪球膜遭破坏后可自行修复。这种膜是吸附于脂肪球与乳浆脱脂乳之界面间穿插排列的一群化合物，球膜的内侧是磷脂层，其疏水基指向脂肪球中心，并吸附有高熔点的三酰甘油，形成膜的最内层。其亲水基指向乳浆，并与具有强亲水能力的蛋白质结合，甾醇和维生素 A 则存在于磷脂层间。不同亲水能力的物质有层次地定向排列在脂肪球与乳浆的界面上，形成乳化层，使脂肪球间保持 9.05～9.26 nm 的间距而稳定的分散于乳浆中，即使脂肪上浮仍能保持脂肪球的分散状态。

(四)乳蛋白质

牛乳的含氮化合物中 95%为乳蛋白质，乳中含有几百种蛋白质，多数含量较少。根据蛋白质的化学或物理性质和其生理功效，可有各种不同的分类方式。传统的方式是将其分为酪蛋白、乳清蛋白，另外还有少量脂肪球膜蛋白质。乳清蛋白质中有对热不稳定的各种乳白蛋白和乳球蛋白，及对热稳定的脲及胨。除了乳蛋白质外，还有约 5%非蛋白态含氮化合物，如氨、游离氨基酸、尿素、尿酸、肌酸及嘌呤碱等。这些物质基本上是机体蛋白质代谢的产物，通过乳腺细胞进入乳中。另外还有少量维生素态氮。乳蛋白质分类见表 1-4。

表 1-4 乳蛋白质分类

蛋白质	种类	乳中蛋白质浓度/(g/kg)	占蛋白质总量的百分数/%
酪蛋白	αs_1-酪蛋白	10.0	30.6
	αs_2-酪蛋白	2.6	8.0
	β-酪蛋白	10.1	30.8
	κ-酪蛋白	3.3	10.1
	酪蛋白总量	26.0	79.5
乳清蛋白	α-乳白蛋白	1.2	3.7
	β-乳球蛋白	3.2	9.8
	血清白蛋白	0.4	1.2
	免疫球蛋白	0.7	2.1
	其他(包括脲及胨)	0.8	2.4
	乳清蛋白质总量	6.3	19.3
	脂肪球膜蛋白	0.4	1.2
	蛋白质总量	32.7	

1. 酪蛋白

在温度20℃时调节脱脂乳的pH至4.6时沉淀的一类蛋白质称为酪蛋白(Casein),占乳蛋白总量的80%左右。酪蛋白不是单一的蛋白质,而是由αs-,κ-,β-和γ-酪蛋白组成,是典型的磷蛋白。4种酪蛋白的区别就在于它们含磷量的多少。

α-酪蛋白含磷多,故又称磷蛋白。含磷量对皱胃酶的凝乳作用影响很大。γ-酪蛋白含磷量极少,因此,γ-酪蛋白几乎不能被皱胃酶凝固。在制造干酪时,有些乳常发生软凝块或不凝固现象,就是由于蛋白质中含磷量过少的缘故。

酪蛋白虽是一种两性电解质,但其分子中含有的酸性氨基酸远多于碱性氨基酸,因此具有明显的酸性。

(1)酪蛋白的存在形式

乳中的酪蛋白与钙结合生成酪蛋白酸钙,再与胶体状的磷酸钙结合形成酪蛋白酸钙-磷酸钙复合体,以胶体悬浮液的状态存在于牛乳中,其胶体微粒直径在10～300 nm之间变化,一般40～160 nm占大多数。此外,酪蛋白胶粒中还含有镁等物质。

酪蛋白酸钙-磷酸钙复合体的胶粒大体上呈球形,据佩恩斯(Payens,1966)设想,胶体内部由β-酪蛋白的丝构成网状结构,在其上附着αs-酪蛋白,外面覆盖有κ-酪蛋白,并结合有胶体状的磷酸钙,见图1-5。

κ-酪蛋白还具有抑制αs-酪蛋白和β-酪蛋白在钙离子作用下的沉淀作用。因此,κ-酪蛋白覆盖层对胶体起保护作用,使牛乳中的酪蛋白酸钙-磷酸钙复合体胶粒能保持相对稳定的胶体悬浮状态。

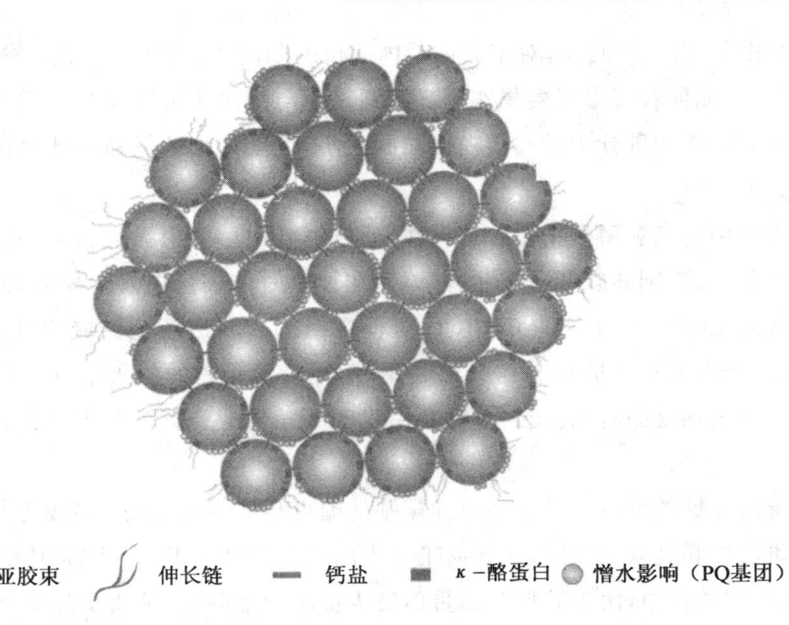

图 1-5 酪蛋白胶束结构

(2)酪蛋白的性质

①酪蛋白的酸沉淀。酪蛋白胶粒对 pH 的变化很敏感。当脱脂乳的 pH 降低时，酪蛋白胶粒中的钙与磷酸盐就逐渐游离出来。当 pH 达到酪蛋白的等电点 4.6 时，就会形成酪蛋白沉淀。酪蛋白的酸凝固过程以盐酸为例表示如下：

$$酪蛋白酸钙[Ca_3(PO_4)_2]+2HCl \rightarrow 酪蛋白\downarrow+2CaHPO_4+CaCl_2$$

由于加酸程度不同，酪蛋白酸钙复合体中钙被酸取代的情况也有差异。实际上乳中酪蛋白在 pH 5.2～5.3 时 $Ca_3(PO_4)_2$ 先行分离就发生沉淀，这种酪蛋白沉淀中含有钙；继续加酸而使 pH 达到 4.6 时，Ca^{2+} 又从酪蛋白钙中分离，游离的酪蛋白完全沉淀。

为使酪蛋白沉淀，工业上一般使用盐酸。同理，如果由于乳中的微生物作用，使乳中的乳糖分解为乳酸，从而使 pH 降至酪蛋白的等电点时，同样会发生酪蛋白的酸沉淀。

> 思考：你知道牛奶是如何变成酸奶的吗？

②酪蛋白的凝乳酶凝固。牛乳中的酪蛋白在凝乳酶的作用下会发生凝固，工业上生产干酪就是利用此原理。酪蛋白在凝乳酶的作用下变为副酪蛋白(Paracasein)，在钙离子存在下形成不溶性的凝块，这种凝块叫作副酪蛋白钙，其凝固过程如下：

$$酪蛋白酸钙+皱胃酶 \rightarrow 副酪蛋白钙\downarrow+糖肽+皱胃酶$$

③盐类及离子对酪蛋白稳定性的影响。乳中的酪蛋白酸钙-磷酸钙胶粒容易在氯化钠或硫酸铵等盐类饱和溶液或半饱和溶液中形成沉淀，这种沉淀是由于电荷的抵消与胶粒脱水而产生。

酪蛋白酸钙-磷酸钙胶粒，对于其体系内二价的阳离子含量的变化很敏感。钙或镁离子能与酪蛋白结合，而使粒子形成凝集作用。故钙离子与镁离子的浓度影响着胶粒的稳定性。钙和磷的含量直接影响乳汁中的酪蛋白微粒的大小，也就是大的微粒要比小的微粒含有较多量的钙和磷。

由于乳汁中的钙和磷呈平衡状态存在，所以鲜乳中酪蛋白微粒具有一定的稳定性。当向乳中加入氯化钙时，则能破坏平衡状态，因此在加热时使酪蛋白发生凝固现象。试验证明，在90℃时加入0.12%～0.15%的 $CaCl_2$ 即可使乳凝固。利用氯化钙凝固乳时，如加热到95℃时，则乳汁中蛋白质总含量97%可以被利用，而此时氯化钙的加入量以每升乳1.00～1.25 g为最适宜。采用钙凝固时，乳蛋白质的利用程度一般要比酸凝固法高5%，比皱胃酶凝固法约高10%以上。

④酪蛋白与糖的反应。具有还原性羰基的糖可与酪蛋白作用变成氨基糖而产生芳香味及其色素。蛋白质和乳糖的反应，在乳品工业中的特殊意义在于：乳品（如乳粉、乳蛋白粉和其他乳制品）在长期贮存中，由于乳糖与酪蛋白发生反应产生颜色、风味及营养价值的改变。

工业用干酪素由于洗涤不干净，贮存条件不佳，同样也能发生这种变化。炼乳罐头也同样有这种反应过程，特别是含转化糖多时变化更明显。由于酪蛋白与乳糖的反应，发现产品变暗并失去有价值的氨基酸，如：赖氨酸失去17%；组氨酸失去17%；精氨酸失去10%。由于这三种氨基酸是无法补偿的，因此发生这种情况时，不仅使颜色、气味变劣，营养价值也有很大损失。

2.乳清蛋白

乳清蛋白是指溶解分散在乳清中的蛋白质，约占乳蛋白质的18%～20%，可分为热稳定和热不稳定的乳清蛋白两部分。

(1)热不稳定乳清蛋白质

调节乳清pH至4.6～4.7时，煮沸20 min，发生沉淀的一类蛋白质为热不稳定的乳清蛋白，约占乳清蛋白的81%。热不稳定乳清蛋白质包括乳白蛋白和乳球蛋白两类。

①乳白蛋白。是指中性乳清中，加饱和硫酸铵或饱和硫酸镁盐析时，呈溶解状态而不析出的蛋白质，属于乳白蛋白。乳白蛋白约占乳清蛋白68%。乳白蛋白又包括α-乳白蛋白（约占乳清蛋白的19.7%）、β-乳球蛋白（约占乳清蛋白的43.6%）和血清白蛋白（约占乳清蛋白的4.7%）。乳白蛋白以1.5～5.0 nm直径的微粒分散在乳中，对酪蛋白起保护胶体作用。这类蛋白常温下不能用酸凝固，但在弱酸性时加温即能凝固，该类蛋白不含磷，但含丰富的硫。

②乳球蛋白。中性乳清中加饱和硫酸铵或饱和硫酸镁盐析时，能析出而不呈溶解状态的乳清蛋白即为乳球蛋白。约占乳清蛋白的13%。乳球蛋白具有抗原作用，故又称为免疫球蛋白。初乳中的免疫球蛋白含量比常乳高。

思考：初乳粉的加工为什么不能采用高温加热的方式？

(2)热稳定乳清蛋白

这类蛋白包括蛋白脲和蛋白胨,约占乳清蛋白的19%。此外还有一些脂肪球膜蛋白质,是吸附于脂肪球表面的蛋白质与酶的混合物,其中含有脂蛋白、碱性磷酸酶和黄嘌呤氧化酶等。这些蛋白质可以用洗涤方法将其分离出来。

脂肪球膜蛋白由于受细菌性酶的作用而产生的分解现象,是奶油在贮藏时风味变劣的原因之一。

(3)乳清蛋白产品的性质及应用

乳清蛋白是从含水93%的乳清中回收和浓缩得来的,采用超滤技术获得乳清蛋白浓缩物,按乳清蛋白的含量可分为35%、60%和80%3个质量等级。乳清蛋白在较宽的pH范围内,甚至在等电点时呈现可溶性;用乳清蛋白可生产乳化剂,乳化剂主要取决于乳清蛋白的溶解性,而溶解性又取决于温度;含8%以上乳清蛋白的溶液,通过适当热处理,可使蛋白质变性而形成凝胶体,而酪蛋白酸盐不能形成凝胶体。

①乳清蛋白因其氨基酸含量平衡,所以是一种营养价值较高的食品配料。与其他蛋白相比,其赖氨酸含量较高,而且容易消化。WPC80(80%乳清蛋白浓缩物)可以用于软饮料、色拉调味料、低热量人造奶油、碎肉制品的生产,还可以用于婴儿配方奶粉、婴幼儿食品、老人食品、健康食品、特殊营养食品等的生产,起到提高营养价值、改善组织和风味等作用。

②乳清蛋白的胶凝性质在干酪生产中具有广泛的应用性,WPC60可用于重制干酪的配料中,以改善风味和保持良好的涂布性。

③WPC35一般作为脱脂乳粉的廉价代用品,用作饲料或用于冰淇淋等产品的生产中。

④全乳清加热至90℃得到的变性部分称为乳白蛋白,它的主要用途是作为汤料、谷物和快餐食品的营养添加剂。

(五)乳糖

乳糖是哺乳动物乳汁中特有的糖类。牛乳中含有乳糖4.5%~5.0%,全部呈溶解状态。乳糖为*D*-葡萄糖与*D*-半乳糖以*β*-1,4键结合的二糖,又称为1,4-半乳糖苷葡萄糖,属还原糖。乳中除了乳糖外还含有少量其他的碳水化合物。例如在常乳中含有极少量的葡萄糖、半乳糖。另外,还含有微量的果糖、低聚糖、己糖胺。

(1)乳糖的异构体

乳糖有*α*-乳糖和*β*-乳糖两种异构体。*α*-乳糖很易与一分子结晶水结合,变为*α*-乳糖水合物(*α*-Lactose Monohydrate),所以乳糖实际上共有三种构型。即*α*-乳糖水合物($C_{12}H_{22}H_2O$)、*α*-乳糖无水物和*β*-乳糖。

α-乳糖及*β*-乳糖在水中的溶解度也随温度而异。*α*-乳糖溶解于水中时逐渐变成*β*-型。因为*β*-型乳糖较*α*-型乳糖易溶于水,所以乳糖最初溶解度并不稳定,而是逐渐增加,直至*α*-型与*β*-型平衡为止。

甜炼乳中的乳糖大部分呈结晶状态,结晶的大小直接影响炼乳的口感,而结晶的大小可根据乳糖的溶解度与温度的关系加以控制。

快速干燥乳糖溶液(如用喷雾干燥方法)所形成的乳糖结晶是无定型的玻璃态乳糖。一般乳糖溶液中的α-乳糖和β-乳糖呈平衡状态存在,无定形玻璃态乳糖中保持了原来乳糖溶液中的α/β的比率。乳粉中乳糖的晶态就是无定形乳糖,当其吸收水分达8%时就结晶成为α-乳糖。

(2)乳糖的营养特性

乳糖和其他糖类一样都是人体热能的来源,1 g 乳糖可生成16.72 kJ的热量。牛乳中的总热量的1/4来自乳糖。除供给人体能源外,乳糖还具有与其他糖类所不同的生理意义。

乳糖在人体胃中不被消化吸收,可直达肠道。在人体肠道内乳糖易被乳糖酶分解成葡萄糖和半乳糖,以被吸收。半乳糖是构成脑及神经组织的糖脂质的一种成分,对婴儿的智力发育十分重要,它能促进脑苷和黏多糖类的生成。乳糖能促进人体肠道内某些乳酸菌的生成,能抑制腐败菌的生长,有助于肠的蠕动作用。由于乳酸的生成有利于钙以及其他物质的吸收,能防止佝偻病的发生,婴儿食品中常强化乳糖。

(3)乳糖不耐症

一部分人随着年龄增长,消化道内缺乏乳糖酶不能分解和吸收乳糖,饮用牛乳后会出现呕吐、腹胀、腹泻等不适应症,称其为乳糖不耐症。在乳品加工中利用乳糖酶,将乳中的乳糖分解为葡萄糖和半乳糖;或利用乳酸菌将乳糖转化成乳酸,可预防"乳糖不耐症"。

思考:你知道"舒化奶"是什么样的奶吗?

(六)乳中的无机物

牛乳中的无机物(Inorganic Salts)亦称为矿物质,是指除碳、氢、氧、氮以外的各种无机元素,主要有磷、钙、镁、氯、钠、硫、钾等。此外还有一些微量元素。通常牛乳中无机物的含量为0.35%~1.21%,平均为0.7%左右。牛乳中无机物的含量随泌乳期及个体健康状态等因素而异。牛乳中主要无机物含量见表1-5。

表1-5 每100 g 牛乳中的主要无机成分的含量 mg

项目	钠	钾	钙	镁	磷	硫	氯
牛乳	158	54	109	14	91	5	99

乳中的矿物质大部分以无机盐或有机盐形式存在。其中以磷酸盐、酪酸盐和柠檬酸盐存在的数量最多。钠的大部分是以氯化物、磷酸盐和柠檬酸盐的离子状态存在。而钙、镁与酪蛋白、磷酸和柠檬酸结合,一部分呈胶体状态,另一部分呈溶解状态。牛乳中钙的2/3是形成酪蛋白、磷酸钙及柠檬酸钙,呈胶体状态,其余1/3为可溶性物。牛乳中钙的55%是与柠檬酸结合,10%是与磷酸结合,35%为离子钙。从表1-6可以看出,牛乳中钙的39%、镁的73%、磷的38%、柠檬酸的90%左右是呈可溶状态存在。磷是乳中磷蛋白和磷脂的成分。

表 1-6 每 100 g 牛乳中可溶性和胶体性钙、镁、磷、柠檬酸含量 mg

物质	总量	可溶性	胶体状
钙(Ca)	132.1	51.8	80.3
镁(Mg)	10.8	7.9	2.9
磷(P)	95.8	36.3	59.6
柠檬酸	156.6	141.6	15.0

牛乳中的盐类含量虽然很少,但对乳品加工,特别是对热稳定性起着重要作用。牛乳中的盐类平衡,特别是钙、镁等阳离子与磷酸、柠檬酸等阴离子之间的平衡,对于牛乳的稳定性具有非常重要的意义。当受季节、饲料、生理或病理等影响,牛乳发生不正常凝固时,往往是由于代谢异常,钙、镁离子过剩,盐类的平衡被打破的缘故。此时,可向乳中添加磷酸及柠檬酸的钠盐,以维持盐类平衡,保持蛋白质的热稳定性。生产炼乳时常常利用这种特性。

乳与乳制品的营养价值,在一定程度上受矿物质的影响。以钙而言,由于牛乳中钙的含量较人乳多 3～4 倍,因此牛乳在婴儿胃内所形成的蛋白凝块相对人乳比较坚硬,不易消化。为了消除可溶性钙盐的不良影响,可采用离子交换的方法,将牛乳中的钙除去 50%,从而使凝块变得很柔软,便于消化。但在加工上如缺乏钙时,对乳的加工特性就会发生不良影响,尤其不利于干酪的制造。

每 100 mL 牛乳中铁的含量为 10～90 μg,较人乳中少,故人工哺育幼儿时应补充铁。

(七)乳中维生素

牛乳含有几乎所有已知的维生素。牛乳中的维生素包括脂溶性维生素 A、维生素 D、维生素 E、维生素 K 和水溶性的维生素 B_1、维生素 B_2、维生素 B_6、维生素 B_{12}、维生素 C 等两大类。牛乳中的维生素,部分来自饲料中的维生素,如维生素 E;有的要靠乳牛自身合成,如 B 族维生素。维生素 D 的含量不多,作为婴儿食品时应予以强化。

乳在加工中维生素往往会因遭受一定程度的破坏而损失。维生素 A、维生素 D、维生素 B_2 及尼克酸对热是稳定的,在热处理中不会受到损失。发酵法生产的酸乳由于微生物的生物合成,能使一些维生素含量增高,所以酸乳是一种维生素含量丰富的营养食品。在干酪及奶油的加工中,脂溶性维生素可得到充分的利用,而水溶性维生素则主要残留于酪乳、乳清及脱脂乳中。

维生素 B_1 及维生素 C 等在日光照射下会受到破坏,所以用褐色避光容器包装乳与乳制品,可以减少日光照射引起的损失。

(八)乳中的酶

牛乳中酶类的来源有三个:①乳腺分泌;②挤乳后由于微生物代谢生成;③由于白细胞崩坏而生成。

牛乳中的酶种类很多,但与乳品生产有密切关系的主要为水解酶类和氧化还原酶类。

1. 水解酶类

(1)脂酶

牛乳中的脂酶(Lipase)至少有两种，一种是只附在脂肪球膜间的膜脂酶(Membrane Lipase)，它在常乳中不常见，而在末乳、乳房炎乳及其他一些生理异常乳中常出现。另一种是存在于脱脂乳中与酪蛋白相结合的乳浆脂酶(Plasma Lipase)。它会由于牛乳的均质或稀奶油的搅拌而吸附于脂肪球上。

思考：奶油生产中常见缺陷与脂酶有什么关系?

脂酶的相对分子量一般为 7 000～8 000，最适作用温度为 37℃，最适 pH 9.0～9.2。钝化温度至少 80～85℃。钝化温度与脂酶的来源有关。来源于微生物的脂酶耐热性高，已经钝化的酶有恢复活力的可能。乳脂肪在脂酶的作用下水解产生游离脂肪酸，从而使牛乳带上脂肪分解的酸败气味(Acid Flavor)，这是乳制品，特别是奶油生产上常见的缺陷。为了抑制脂酶的活性，在奶油生产中，一般采用不低于 80～85℃的高温或超高温处理。

另外，加工过程也能使脂酶增加其作用机会。例如，均质处理，由于破坏脂肪球膜而增加了脂酶与乳脂肪的接触面，使乳脂肪更易水解，故均质后应及时进行杀菌处理；其次，牛乳多次通过乳泵或在牛乳中通入空气剧烈搅拌，同样也会使脂酶的作用增加，导致牛乳风味变劣。

(2)磷酸酶

牛乳中的磷酸酶(Phosphatase)有两种：一种是酸性磷酸酶，存在于乳清中；另一种是碱性磷酸酶，吸附于脂肪球膜处。其中碱性磷酸酶的最适 pH 为 7.6～7.8，经 63℃、30 min 或71～75℃、15～30 s 加热后可钝化，故可以利用这种性质来检验低温巴氏杀菌法处理的消毒牛乳的杀菌程度是否完全。

(3)蛋白酶

牛乳中的蛋白酶分别来自乳本身和污染的微生物。乳中蛋白酶多为细菌性酶，细菌性的蛋白酶使蛋白质水解后形成蛋白胨、多肽及氨基酸。其中由乳酸菌形成的蛋白酶在乳中，特别是在干酪中具有非常重要的意义。

蛋白酶在高于 75～80℃的温度中即被破坏。在 70℃以下时，可以稳定地耐受长时间的加热；在 37～42℃时，这种酶在弱碱性环境中作用最大，中性及酸性环境中作用减弱。

思考：奶酪中的蛋白质特别容易消化吸收，你知道为什么吗?

2. 氧化还原酶

主要包括过氧化氢酶、过氧化物酶和还原酶。

(1)过氧化氢酶

牛乳中的过氧化氢酶(Catalase)主要来自白细胞的细胞成分，特别在初乳和乳房炎乳中含量较多。所以，利用对过氧化氢酶的测定可判定牛乳是否为乳房炎乳或其他异常乳。经 65℃、30 min 加热，过氧化氢酶的 95%会钝化；经 75℃、20 min 加热，则 100%钝化。

(2)过氧化物酶

过氧化物酶(Peroxidase)是最早从乳中发现的酶,它能促使过氧化氢分解产生活泼的新生态氧,从而使乳中的多元酚、芳香胺及某些化合物氧化。过氧化物酶主要来自于白血球的细胞成分,其数量与细菌无关,是乳中固有的酶。

过氧化物酶作用的最适温度为25℃,最适pH是6.8,钝化温度和时间大约为76℃、20 min,77~78℃、5 min,85℃、10 s。通过测定过氧化物酶的活性可以判断牛乳是否经过热处理或判断热处理的程度。但经过85℃、10 s处理后的牛乳,若在20℃贮藏24 h或37℃贮藏4 h,会发现已钝化的过氧化物酶重新复活的现象。

(3)还原酶

上述几种酶是乳中固有的酶,而还原酶则是挤乳后进入乳中的微生物的代谢产物。还原酶(Reductase)能使甲基蓝还原为无色。乳中的还原酶的量与微生物的污染程度呈正相关,因此可通过测定还原酶的活力来判断乳的新鲜程度。这种测定方法称之为还原酶实验法。它具有还原作用,当加热到70℃、保温30 min,或75℃、保温5 min,其活性破坏。

(九)乳中的其他成分

除上述成分外,乳中尚有少量的有机酸、气体、色素、细胞成分、风味成分及激素等。

1.有机酸

乳中的有机酸主要是柠檬酸等。在酸败乳及发酵乳中,在乳酸菌的作用下,马尿酸可转化为苯甲酸。

乳中柠檬酸的含量0.07%~0.40%,平均为0.18%,以盐类状态存在。除了酪蛋白胶粒成分中的柠檬酸盐外,还存在有分子、离子状态的柠檬酸盐,主要为柠檬酸钙。柠檬酸对乳的盐类平衡及乳在加热、冷冻过程中的稳定性均起重要作用。同时,柠檬酸还是乳制品芳香成分丁二酮的前体。

2.气体

主要为二氧化碳、氧气和氮气等,占鲜牛乳的5%~7%(V/V),其中二氧化碳最多,氧最少。在挤乳及贮存过程中,二氧化碳由于逸出而减少,而氧、氮则因与大气接触而增多。牛乳中氧的存在会导致维生素的氧化和脂肪的变质,所以牛乳在输送、贮存处理过程中应尽量在密闭的容器内进行。

3.细胞成分

乳中所含的细胞成分主要是白细胞和一些乳房分泌组织的上皮细胞,也有少量红细胞。牛乳中的细胞含量的多少是衡量乳房健康状况及牛乳卫生质量的标志之一,一般正常乳中细胞数不超过50万个/mL。

4.乳中的抑菌成分

拉克特宁体(Lactenin),乳中含有抑制微生物的抗菌物质也称为乳烃素。

表 1-7 乳温与抗菌特性作用时间的关系

乳温/℃	作用时间/h	乳温/℃	作用时间/h
37	2	13	24
30	3	10	36
25	6	5	36
16	12.7	0	48

从表 1-7 中可看出,新挤出的乳迅速冷却到低温可以使抗菌特性保持较长的时间。另外,原料乳污染越严重,抗菌作用时间越短。例如,乳温 10℃时,挤乳严格执行卫生制度的乳样,其抗菌期是未严格执行卫生制度乳样的 2 倍。因此,挤乳时严格遵守卫生制度,刚挤出的乳迅速冷却,是保证鲜乳较长时间保持新鲜度的必要条件。如果原料乳不在低温下贮存,超过抗菌期后,微生物迅速繁殖。如原料乳贮存 12 h,在 13℃下其细菌数可增加 2 倍,而夏季未冷却乳菌数可骤增 81 倍,以至使乳变质。及时将乳冷却到 10℃以下,大部分的微生物发育可减弱。若在 2～3℃下贮存,乳中微生物发育几乎停止。通常不马上加工的原料乳应冷却到 5℃以下。可根据贮存时间的长短选择适宜的温度。

思考:原料乳从收集、运输、贮存都要保持在 4℃左右的低温下进行,为什么?

除此之外,乳中还含有苯甲酸、溶菌酶等抑菌成分。

任务2 牛乳新鲜度的测定

【要点】

1. 感官鉴定的方法。
2. 滴定操作的准确。
3. 酒精实验现象的观察。

【仪器与试剂】

1. 滴定酸度:0.1 mol/L 草酸溶液、0.1 mol/L(近似值)氢氧化钠溶液、10 mL 吸管、150 mL 三角瓶、25 mL 酸式滴定管、0.5%酚酞酒精溶液、0.5 mL 吸管、25 mL 碱式滴定管、滴定架。

2. 酒精实验:68°、70°、72°的酒精,1～2 mL 吸管、试管。

【工作过程】

(一)感官鉴定

1. 色泽检定:将少量乳倒入白瓷皿中观察其颜色。

2.气味鉴定:将少量乳加热后,闻其气味。

3.滋味鉴定:取少量乳用口尝之。

4.组织状态鉴定:将少量乳倒入小烧杯内静置 1 h 左右后,再小心将其倒入另一小烧杯内,仔细观察第一个小烧杯内底部有无沉淀和絮状物。再取 1 滴乳滴于大拇指上,检查是否黏滑。

(二)滴定酸度的测定

1.求出氢氧化钠的校正系数(F)

取 0.1 mol/L 草酸($H_2C_2O_4 \cdot 2H_2O$)溶液 20 mL 于 150 mL 三角瓶中,加 2 滴酚酞酒精溶液,以 0.1 mol/L(近似值)氢氧化钠溶液滴定至为红色(0.5 min 不褪色),并记录其用量(V)。

2.滴定乳的酸度

取乳样 10 mL 于 150 mL 三角瓶中,再加入 20 mL 蒸馏水和 0.5 mL 0.5%酚酞溶液,摇匀,用 0.1 mol/L(近似值)氢氧化钠溶液滴定至微红色,并在 1 min 内不消失为止,记录 0.1 mol/L(近似值)氢氧化钠所消耗的毫升数(A)。

(三)酒精试验

取试管 3 支,编号(1、2、3 号),分别加入同一乳样 1~2 mL,1 号管加入等量的 68°酒精;2 号管加入等量的 70°酒精;3 号管加入等量的 72°酒精。摇匀,然后观察有无出现絮片,确定乳的酸度。

(四)结果处理

1.实训记录

(1)感官鉴定记录

项目	色泽鉴定	气味鉴定	滋味鉴定	组织状态鉴定
现象				

(2)滴定酸度记录

校正消耗氢氧化钠溶液毫升数第 1 次	校正消耗氢氧化钠溶液毫升数第 2 次	校正消耗氢氧化钠溶液毫升数第 3 次	平均值

滴定消耗氢氧化钠溶液毫升数第 1 次	滴定消耗氢氧化钠溶液毫升数第 2 次	滴定消耗氢氧化钠溶液毫升数第 3 次	平均值

(3)酒精实验记录

试管	试管 1	试管 2	试管 3
现象			

2. 结果计算

(1)氢氧化钠校正系数 F

$$F=\frac{2\times 0.1\ \text{mol/L 草酸的体积(mL)}}{0.1\ \text{mol/L(近似值)氢氧化钠的体积(mL)}}$$

在本操作中 $F=\frac{40}{V}$。

(2)计算滴定酸度

$$\text{吉尔涅尔度(°T)}=A\times F\times 10$$

式中:A——滴定时消耗的 0.1 mol/L(近似值)氢氧化钠的毫升数;

F——0.1 mol/L(近似值)氢氧化钠的校正系数;

10——乳样的倍数。

$$\text{乳酸度}=\frac{B\times F\times 0.009}{\text{乳样的毫升数}\times\text{乳的比重}}\times 100\%$$

式中:B——中和乳样的酸所消耗的 0.1 mol/L(近似值)氢氧化钠的毫升数;

F——0.1 mol/L(近似值)氢氧化钠的校正系数;

0.009——0.1 mol/L、1 mL 氢氧化钠能结合 0.009 g 乳酸。

3. 结果判定

根据测定的结果判定乳的品质,见表 1-8,表 1-9。

表 1-8 滴定酸度与牛乳品质关系表

滴定酸度/°T	牛乳品质	滴定酸度/°T	牛乳品质
低于 16	加碱或加水等异常的乳	高于 25	酸性乳
16～20	正常新鲜乳	高于 27	加热凝固
高于 21	微酸的乳	60 以上	酸化乳,能自身凝固

表 1-9 酒精浓度与酸度关系判定标准表

酒精浓度	不出现絮片酸度/°T
68°	20 以下
70°	19 以下
72°	18 以下

注:试验温度以 20℃为标准。

【相关知识】

1. 正常乳应为乳白色或略带黄色；具有特殊的乳香味；稍有甜味；组织状态均匀一致，无凝块和沉淀，不黏滑。

2. 乳挤出后在存放过程中，由于微生物的活动，分解乳糖产生乳酸，而使乳的酸度升高。测定乳的酸度，可判定乳是否新鲜。

乳的滴定酸度常用吉尔涅尔度(°T)和乳酸度(乳酸%)表示。具体内容，参考必备知识。

3. 一定浓度的酒精能使高于一定酸度的牛乳产生沉淀。乳中蛋白遇到同一浓度的酒精，其凝固与乳的酸度成正比，即凝固现象愈明显，酸度愈大，否则，相反。乳中蛋白质遇到浓度高的酒精，易于凝固。

乳中酪蛋白胶粒带有负电荷。酪蛋白胶粒因具有亲水性，在胶粒周围形成了结合水层。所以，酪蛋白在乳中以稳定的胶体状态存在。当乳的酸度增高时，酪蛋白胶粒带有的负电荷被H^+中和。

酒精具有脱水作用，浓度愈大，脱水作用愈强。酪蛋白胶粒周围的结合水层易被酒精脱去而发生凝固。

【友情提示】

1. 感官鉴定要排除相应的干扰因素，如个人的喜好、疾病、心情等。

2. 滴定酸度操作严格按照标准进行。

3. 酒精实验以20℃为标准。

【考核要点】

1. 感官鉴定观察的准确性。

2. 滴定酸度标定和滴定的准确操作。

3. 酒精实验现象观察的准确性。

【思考】

1. 感官鉴定应从哪几方面入手？

2. 为什么滴定酸度能反映牛乳的新鲜度？

3. 针对不同乳制品的原料乳酒精实验为什么采用不同浓度的酒精？

【必备知识】

牛乳的物理性质

乳的物理性质包括色泽、滋味、气味、相对密度、冰点、沸点、酸度、光学特性等许多内容，这些性质对选择正确的工艺条件，鉴定原料乳的品质具有重要的意义。

(一)乳的色泽及光学性质

1. 乳的色泽

新鲜正常的牛乳呈不透明的乳白色或淡黄色。乳白色是由于乳中的酪蛋白酸钙-磷酸钙胶粒及脂肪球等微粒对光的不规则反射所产生。牛乳中的脂溶性胡萝卜素和叶黄素使乳略带淡黄色。而水溶性的核黄素使乳清呈萤光性黄绿色。

2. 乳的光学性质

(1)乳对光的吸收

乳中有各种溶质可吸收不同波段的光。乳中的核黄素可在 470 nm(使乳清呈黄色)处有强的吸收,并可于 530 nm 激发荧光。胡萝卜素(存在于脂肪球中)可在 460 nm 处有吸收光,这一色素也是使脂肪呈黄色的物质。在紫外区,蛋白质中的芳香族氨基酸残基(酪氨酸和色氨酸)在近 280 nm 处有强的吸收,在 340 nm 处有部分紫外辐射线激发荧光,测定这一荧光的强度可定量测定乳蛋白质含量,乳脂肪在 220 nm 处有两条吸收峰。

思考:牛乳红外分析仪的测定原理是什么?

在红外区,乳成分的许多功能基团有吸收,如乳糖的—OH 基吸收波段为 9.61 μm,蛋白质的氨基酸在 6.465 μm,脂肪的脂羧基为 5.723 μm,这就是利用红外光谱测定乳成分的原理,测定时乳样首先要经过均质使其脂肪球直径<1 μm,以防止测定中造成干扰。

(2)乳对光的散射

通过散射光强和透射光强可测定乳中脂肪含量和脂肪球大小及分布,主要用浊度法进行测定,以吸光度或光密度来表示。

乳的表面散射和吸收光特性反映了乳的色泽,全乳均质后因增加了光的散射会使乳显得更白。在初始阶段加热可使奶变白,但在过度加热后因非酶褐变而使乳变淡褐色。

(3)乳的折射率

乳的折射率随温度和波段的不同而有所改变。在 20℃,钠光谱(589 nm)可测得乳的折射率 n_D^{20} 一般为 1.344 0～1.348 5,水的折射率 n_D^{20}(RI)为 1.333 0,两者折射率之间的差值 Δn_D^{20} 反映了乳中溶解物(如乳糖、无机盐等)和胶体物质(酪蛋白胶束和乳清蛋白)的含量。

(二)乳的滋味与气味

1. 气味

乳中含有挥发性脂肪酸及其他挥发物质,所以牛乳带有特殊的香味。这种乳香味随温度的高低而异。乳经加热后香味强烈,冷却后减弱。乳中羰基化合物,如乙醛、丙酮、甲醛等均与牛乳风味有关。牛乳除了原有的香味之外很容易吸收外界的各种气味。所以挤出的牛乳如在牛舍中放置时间太久会带有牛粪味或饲料味,贮存器不良时则产生金属味,消毒温度过高则产生焦糖味。所以每一个处理过程都必须注意周围环境的清洁以及各种因素的影响。

思考:为什么牛奶放在冰箱里很快就有异味?

2. 滋味

新鲜牛乳稍带甜味,这是由于乳中含有乳糖。乳中除甜味外,因其中含有氯离子,所以稍带咸味。常乳中的咸味因受乳糖、脂肪、蛋白质等所调和而不易觉察，但异常乳如乳房炎乳中氯的含量较高，故有浓厚的咸味。乳中的苦味来自 Mg^{2+}、Ca^{2+}，而酸味是由柠檬酸及磷酸所产生。

(三)乳的密度和相对密度

乳的密度是指一定温度下单位体积的质量，而乳的相对密度主要有两种表示方法，一是以15℃为标准，指在15℃时一定容积牛乳的质量与同容积、同温度水的质量之比 d_{15}^{15}，正常乳的比值平均为 $d_{15}^{15}=1.032$。二是指乳在20℃时的质量与同容积水在4℃时的质量之比 d_{4}^{20}。正常值平均为 $d_{4}^{20}=1.030$。两种比值在同温度下，其绝对值相差甚微，后者较前者小0.002。乳品生产中常以0.002的差数进行换算。

通常用牛乳密度计（或称乳稠计）来测定乳的密度或相对密度。乳稠计有两种规格，即15℃/15℃乳稠计及20℃/4℃乳稠计，d_{15}^{15}乳稠计测定范围为1.015～1.045。在乳稠计上刻有15～45之刻度，以度来表示。例如其刻度为15，相当于 d_{15}^{15} 为1.015。刻度为30，则相当于 d_{15}^{15} 为1.030。d_{15}^{15} 比 d_{4}^{20} 测得的度数低2°。即

$$d_{4}^{20}=d_{15}^{15}+0.002$$

乳的密度同乳中各种成分的含量有关。乳中的无脂干物质比水重，因此，乳中无脂干物质越多，则密度越大。初乳因无脂干物质多，其密度也高。通常初乳的密度为1.030～1.040 g/cm³。乳中脂肪比水轻，因此，乳脂肪增加密度就降低。由于水的密度比乳小，乳中加水时乳的密度也降低，每加10%的水，密度约降低0.003 g/cm³，即普通牛乳比重计的3°。

> 思考：收购牛乳时为什么要检测牛乳的相对密度？

乳的相对密度在挤乳后1 h内最低，其后逐渐上升，最后可大约升高0.001，因为乳中部分气体排出和一部分液态脂肪变为凝固态，以及蛋白质的水合作用使容积发生变化。乳的密度随温度而变化，在10～25℃范围内，温度每变化1℃，乳的密度相差0.000 2 g/cm³，为普通牛乳比重计的0.2°，其原因是热胀冷缩之故。

> 思考：为什么不宜在挤乳后立即测试相对密度？

测定密度时乳样在10～25℃范围内均可测定，每升高1℃，则乳稠计的刻度值降低0.2刻度，每下降1℃则乳稠计的刻度值升高0.2刻度，因此可按下式来校正因温度差异造成的测定误差。

$$乳的相对密度(或密度)=1+\frac{乳稠计刻度读数+(乳样温度-标准温度)\times 0.2}{1\ 000}$$

乳中各种成分的含量大体是稳定的，其中乳脂肪含量变化最大。如果脂肪含量已知，只要测定相对密度，就可以按下式计算出乳固体的近似值。

$$T=1.2F+0.25L+C$$

式中：T——乳固体，%；

F——脂肪，%；

L——牛乳乳稠计（15℃/15℃）的读数；

C——校正系数，约为0.14，为了使计算结果与各地乳质相适应，C值需经大量实验数据取得。

（四）牛乳的热学性质

1.乳的冰点

牛乳的冰点一般为－0.550～－0.512℃，平均为－0.542℃。牛乳中的乳糖和盐类是导致冰点下降的主要因素。正常的牛乳其乳糖及盐类的含量变化很小，所以冰点很稳定。可根据冰点变动用下列公式来推算掺水量：

$$掺水量=\frac{(0.550-\Delta T)}{0.550}\times(100-TS)\times100\%$$

式中：ΔT——试样乳观察冰点的降低值；

TS——乳的总固体。

利用冰点只能作为参考，一般认为，乳的冰点为－0.525℃或低于该值，这通常被认为是不掺水的。动物个体乳样与混合乳样的冰点有很大差异，特别是那些大批混合样的测定要比个体样更严格，掺水对乳冰点的影响见表1-10。

表1-10 掺水对乳冰点的影响（设正常生乳的冰点为－0.540℃）

掺水比例/%	0	10	20	30	40	50	60	70	80	90
冰点值/℃	－0.540	－0.486	－0.432	－0.378	－0.324	－0.270	－0.216	－0.162	－0.108	－0.054

2.沸点

牛乳的沸点在101.33 kPa（1个大气压）下为100.55℃，乳的沸点受其固形物含量影响。浓缩到原体积一半时，沸点上升到101.05℃。

3.比热

牛乳的比热为其所含各成分之比的总和。牛乳中主要成分的比热为[kJ/(kg·K)]：乳蛋白2.09，乳脂肪2.09，乳糖1.25，盐类2.93，由此及乳成分之含量百分比计算得牛乳的比热约为3.89 kJ/(kg·K)。

乳和乳制品的比热，在乳品生产过程中常用于加热量和制冷量计算，可按照下列标准计算：牛乳为3.94～3.98 kJ/(kg·K)，稀奶油为3.68～3.77 kJ/(kg·K)，干酪为2.34～2.51 kJ/(kg·K)，炼乳为2.18～2.35 kJ/(kg·K)，加糖乳粉为1.84～2.011 kJ/(kg·K)。

4.热传导和热扩散

利用乳制品的热学特性，可进行工艺热交换设计。热导值与水的比较见表1-11。

表 1-11 乳制品的热导值与水的比较

液体类别	热导率/[W/(m·K)]
水	0.603
脱脂乳(0.1%含脂率)	0.568
全脂乳(3.9%含脂率)	0.548
全脂乳(2.9%含脂率)	0.559
稀奶油(含 42%脂肪)	0.357

(五)牛乳的酸度

1. pH

正常乳的 pH 一般为 6.5～6.7,酸败乳和初乳的 pH 在 6.5 以下,乳房炎乳和低酸度乳在 6.7 以上。滴定酸度可以及时反映出乳酸产生的程度,而 pH 则不呈现规律性的关系,因此生产中广泛地采用测定滴定酸度来间接掌握乳的新鲜度。乳酸度越高,乳对热的稳定性就越低。

2. 酸度

乳的酸度由两方面的因素形成,一方面,乳本身具有的酸度,这种酸度与贮存过程中微生物繁殖所产生的乳酸无关,称为自然酸度或固有酸度。新鲜牛乳的自然酸度为 16～18°T。自然酸度主要由乳中的蛋白质、柠檬酸盐、磷酸盐及二氧化碳等酸性物质所造成,其中来源于 CO_2 占 0.01%～0.02%(2～3°T),乳蛋白占 0.05%～0.08%(3～4°T),柠檬酸盐占 0.01%和磷酸盐 0.06%～0.08%(10～12°T)。另一方面,牛乳挤出后的贮存、运输等过程中,在微生物的作用下发生乳酸发酵,导致乳的酸度逐渐升高。由于发酵产酸而升高的这部分酸度称为发酵酸度。自然酸度和发酵酸度之和称为总酸度。一般条件下,乳品工业所测定的酸度就是总酸度。乳的总酸度越高,对热的稳定性越低,即凝固的温度越低,品质越差(表 1-12)。为了防止酸度升高,贮运鲜乳时必须迅速冷却并在低温条件下贮存。

表 1-12 牛乳的凝固与酸度的关系

酸度/°T	凝固温度
18	煮沸不凝固
22	煮沸不凝固
26	煮沸能凝固
28	煮沸能凝固
30	77℃凝固
40	65℃凝固
50	40℃凝固
60	22℃凝固
65	16℃凝固

乳品工业中酸度是指以标准碱液用滴定法测定的滴定酸度。滴定酸度有多种测定方法和表示形式。我国滴定酸度用吉尔涅尔度简称“°T”(TepHep)或乳酸度(乳酸%)来表示。

(1)吉尔涅尔度(°T)

是以酚酞为指示剂,中和100 mL乳所消耗0.1 mol/L氢氧化钠溶液的体积(mL)。如:消耗18 mL即为18°T。正常的新鲜牛乳的滴定酸度为14～20°T,一般为16～18°T(乳酸度为0.15%～0.17%)。

(2)乳酸度

用乳酸质量分数表示时,滴定后可按下列公式计算:

$$乳酸质量分数=\frac{0.1\ mol/L\ NaOH 毫升数\times 0.009}{测定乳样的质量(g)}\times 100\%$$

新鲜牛乳的滴定酸度用乳酸质量分数表示时为0.13%～0.18%,一般为0.15%～0.16%。

在滴定过程中,根据使用的NaOH标准液浓度不同,几种酸度的表示方法及测定方法见表1-13。

表1-13 乳酸度的几种测定方法和表示方法

序号	方法名称	表示方法	指示剂及用量	滴定碱液浓度	测定方法	新鲜牛乳的酸度值
1	吉尔涅尔度	°T	0.5%酒精酚酞(0.5 mL)	0.1 mol/L NaOH	取样10 mL,加入20 mL蒸馏水,用碱液滴定,消耗的碱液毫升数乘以10即为滴定酸度°T	16°～20°T
2	乳酸度	%	1%酚酞指示剂2 mL	0.1 mol/L NaOH	取样10 mL,不经稀释,滴定,所消耗碱液毫升数	0.14%～0.16%
2	苏格斯列特-格恩克尔度	°SH	0.5%酒精酚酞(0.5 mL)	0.251 mol/L NaOH	取样10 mL,加入20 mL蒸馏水,用碱液滴定,消耗的碱液毫升数	5°～8°SH
3	道尔尼克度	°D	1%酚酞指示剂1滴	1/9 mol/L NaOH	取样10 mL,不经稀释,滴定,所消耗碱液毫升数的1/10规定为滴定酸度1°D	法国常用此法
4	荷兰标准法	°N	2%酚酞指示剂0.5 mL	0.1 mol/L NaOH	取样10 mL,不经稀释,滴定,所消耗碱液毫升数的1/10规定为滴定酸度1°N	荷兰常用此法
5	英国标准法		0.5%酒精酚酞0.5 mL	1/9 mol/L NaOH	取样10 mL,不经稀释,滴定,所消耗碱液毫升数	英国常用此法

注:乳酸度%=0.1 mol/L NaOH的消耗量(mL)×0.009/10 mL×牛乳的相对密度。

滴定酸度常用于评价乳的新鲜度,监控发酵中乳酸的生成量,判定发酵剂活力等。不同品种的牛乳滴定酸度仅有微小的变化,脂肪水解产生的脂肪酸可干扰高脂肪产品的滴定酸度。滴定酸度值会因牛乳稀释度增加而有较大程度降低,这是由于稀溶液在滴定过程中易生成磷酸钙沉淀而使滴定酸度降低(伴有 pH 下降)和终点酚酞的褪色,另外,滴定速度也影响着滴定酸度值。

思考:牛乳的黏度在乳制品加工方面有哪些意义?

(六)牛乳的黏度和表面张力

1. 黏度

液体的黏度同温度有关,牛乳的黏度在 20℃时为 0.15~0.2 Pa·s。随着温度的升高,黏度降低。乳中蛋白质和脂肪的含量是影响牛乳黏度的主要因素,黏度对牛乳的处理如脱脂、杀菌、均质等也有较大的影响,在乳品加工方面有重要意义。例如,在浓缩乳制品方面,黏度过高或过低都是不正常的。以甜炼乳为例,黏度低时可能发生糖的沉淀或脂肪分离,黏度过高可能发生浓厚化。贮藏中的淡炼乳,如黏度过高可能产生矿物质的沉淀或形成网状结构的冻胶体。在生产乳粉时,黏度过高可能妨碍喷雾,产生雾化不全或水分蒸发不良等现象。

2. 表面张力

牛乳的表面张力为$(4\sim6)\times10^{-4}$ N/cm,比水(7.28×10^{-4} N/cm)低。表面张力也随温度的升高而降低,受脂肪含量和加水的影响。牛乳和稀奶油比水容易形成气泡,就是因为表面张力比水低的缘故。

任务3 乳中细菌污染度的测定

【要点】

1. 仪器消毒的方法。
2. 无菌操作的方法。
3. 褪色情况的观察。

【仪器与试剂】

美蓝溶液、干燥箱、酒精灯、1 mL 吸管、试管、10 mL 吸管、水浴箱或恒温箱。

【工作过程】

(一)仪器消毒

试验中所用的吸管、试管等必须事先经过干热灭菌。

(二)加样摇匀

用消毒吸管吸取每个待测乳样 20 mL,分别放入顺序排列在试管架上、编有代号的试管中,再在每个试管内加入 1 mL 美蓝标准溶液,然后用一小张干净硫酸纸盖住管口,再用拇指压紧,分别颠倒摇荡混匀后,顺序放在试管架上。

(三)密封保温

在每个试管上部加入少许消毒液体石蜡封闭,然后将试管连同管架放入 38℃恒温浴槽中,应使槽中水面不低于试管内乳样高度。

(四)观察颜色

记录开始时间,经常注意观察每支试管的颜色变化。当某一试管的颜色由蓝变白(底部或表层余有少许蓝色者也应算其褪色完毕)即算褪色完毕,记录其褪色时间。

(五)判定结果

根据试管内容物褪色的速度,确定乳中的细菌数及细菌污染度的等级。

判定标准见表 1-14。

表 1-14　美蓝试验判定标准表

美蓝褪色时间	1 mL 乳中的细菌数	乳的细菌污染度等级
≥4 h	不超过 50 万	第一级
≥2.5 h	50 万～400 万	第二级
≥1.5 h	400 万～2 000 万	第三级
≥40 min	超过 2 000 万	第四级

(六)结果处理

1. 实训记录

时间	
现象	

2. 结果判定

依据判定标准表判定结果。

【相关知识】

乳中含有各种不同的酶,其中还原酶是细菌生命活动的产物,乳的细菌污染越严重,则还原酶的数量越多,还原酶具有还原作用,可使蓝色的美蓝还原为无色的美蓝,还原酶愈多则褪色愈快,细菌污染度愈大。

【友情提示】

美蓝和乳样必须混合均匀,否则测定的结果不准确。

【考核要点】

1. 干热灭菌设备的使用。

2. 无菌操作的规范。

3. 褪色现象及时间的准确记录。

【思考】

1.本实训中为何要干热灭菌?

2.为什么褪色速度与细菌污染程度有关?

【必备知识】

牛乳中的微生物

牛乳是营养价值较高的食品,也是细菌的良好培养基,因此,在乳品生产、加工的各个环节中,甚至在挤奶前都会受到微生物的直接污染。此外,在乳品的生产加工过程中,还可能受到异物的污染,同时连带微生物的污染增多。作为乳品的加工人员必须了解微生物的污染途径,采取必要措施,尽量控制其污染程度。

(一)乳中微生物的来源

1.来源于乳房内的污染

这种污染微生物来自于牛体内部,即牛体乳腺患病或污染有菌体、泌乳牛体患有某种传染性疾病或局部感染而使病原体通过泌乳排出到乳中造成的污染。如布氏杆菌、结核杆菌、放线菌、口蹄疫病等病原体。健康乳牛的乳房内的乳汁中含有500~1 000个/mL的细菌,其数量少,无危害。奶牛患有乳房炎等疾病时,细菌数会增加到50万个/mL以上。

> 思考:为什么挤奶时弃去最初挤出的牛乳? 不浪费吗?

乳房中微生物多少取决于乳房的清洁程度,许多细菌通过乳头管栖生于乳池下部,这些细菌从乳头端部侵入乳房,由于细菌本身的繁殖和乳房的物理蠕动而进入乳房内部。因此,第一股乳流中微生物的数量最多。正常情况下,随着挤乳的进行,乳中细菌含量逐渐减少。所以在挤乳时最初挤出的乳应单独存放,另行处理。

2.外源性污染

(1)来源于牛体的污染

挤奶时鲜乳受乳房周围和牛体其他部分污染的机会很多。因为牛舍空气、垫草、尘土以及本身的排泄物中的细菌大量附着在乳房的周围,当挤乳时侵入牛乳中。这些污染菌中,多数属于带芽孢的杆菌和大肠杆菌等。所以在挤乳时,应用温水严格清洗乳房和腹部,并用清洁的毛巾擦干。

(2)来源于牛舍的污染

牛舍中的饲料、粪便、地面土壤、空气中的尘埃等,都是牛乳污染的主要来源。饲料和粪便中含有大量微生物,尤其是粪便,每克粪便中含有10^9~10^{11}个细菌,据测定,在10 L乳中掉入1 g含10^9个细菌的粪便时,则会使每毫升乳液增加10^4个细菌。当牛舍不清洁且干燥时,许多饲料和粪便的微粒就会成为尘埃分散在牛舍空气中,对空气造成污染。当在牛舍中饲喂、清洗牛体、打扫牛舍时,牛舍空气中的细菌数可达10^3~10^4个/L。而在清洁牛舍中,每升空气中细菌数只有几十至几百个。所以，一般牧场中都是在挤乳后才进行饲喂和清扫，挤乳前也要给地面洒水、通空气，尽量减少空气中尘埃及微生物的数量，减轻乳因与空气接触而造成的污染。

(3)来源于挤乳用具及工作人员的污染

挤乳时所用的盛乳桶、挤乳器、输乳管、过滤布等，如果不事先进行清洗杀菌，它们也会对乳造成污染。据试验，若乳桶只用清水清洗而不杀菌，装满牛乳后，每毫升乳中的细菌数可高达 250 多万个；而用蒸汽杀菌后再盛乳，则每毫升乳中细菌数只有 2 万个左右，所以，一般在挤乳前均要对挤乳时所用的各种器具进行清洗杀菌，挤乳完成后也要用热碱水进行清洗。各种挤乳用具和容器中所存在的细菌，多数为耐热的球菌属；其次为八叠球菌和杆菌。所以这类用具和容器如果不严格清洗杀菌，则鲜乳污染后，即使用高温瞬间杀菌也不能消灭这些耐热性的细菌，使鲜乳变质甚至腐败。

(4)贮藏运输过程中的污染

牛乳挤出后，在未消毒加工之前的这一阶段中，如果贮藏运输方法不当、器械不清洁也会对乳造成污染。一般在储乳时，要将乳收集到比较大的容器中，所用容器必须要清洗杀菌，乳每转换一次容器均要进行过滤，过滤纱布要定期更换、清洗、消毒。每一容器装满后要将盖盖严，尽量减少与空气接触时间。运输工具也要清洁卫生，经常清洗。挤出的乳要尽快送到乳品厂，减少存放时间。

(5)其他污染源

操作工人的手不清洁，或者混入苍蝇及其他昆虫等，都是污染的原因。还须注意勿使污水溅入桶内，并防止其他直接或间接的原因导致从桶口侵入微生物。

(二)微生物的种类及其性质

乳中常见的微生物主要是细菌，其次是酵母菌和霉菌，较少见的为病毒。这些微生物一般可分为三类：第一类是病原微生物，它一般不改变牛奶与乳制品的性质，但对人、畜有害，可通过乳传播流行病。第二类是有害微生物又称为腐败菌，可引起乳及乳制品的腐败变质。第三类是乳品生产中的有益微生物。

1. 细菌

(1)产酸菌

主要为乳酸菌，指能分解乳糖产生乳酸的细菌。分解糖类只产生乳酸的菌叫正型乳酸菌。分解糖类除产乳酸外，还产生了酒精、醋酸、CO_2、氢等产物的菌叫异型乳酸菌。乳酸菌在乳和乳制品中主要有乳球菌科和乳杆菌科，包括链球菌属，明串珠菌属，乳杆菌属。

(2)产气菌

这类菌在牛乳中生长时能生成酸和气体。例如大肠杆菌和产气杆菌是常出现于牛乳中的产气菌。产气杆菌能在低温下增殖，是牛乳低温贮藏时能使牛乳变酸败的一种重要菌种。

另外，丙酸菌是一种分解碳水化合物和乳酸而形成丙酸、醋酸、二氧化碳的革兰氏阳性短杆菌，用丙酸菌生产干酪时，能形成气孔和特有的风味。

(3)肠道杆菌

肠道杆菌是一群寄生在肠道的革兰氏阴性短杆菌。在乳品生产中是评定乳制品污染程度的指标之一。其中主要的有大肠菌群和沙门氏菌族。

(4)芽孢杆菌

该菌因能形成耐热性芽孢,故杀菌处理后,仍残存在乳中。可分为好气性杆菌属和嫌气性梭状菌属两种。

(5)球菌类(Micrococcaceae)

一般为好气性,能产生色素。牛乳中常出现的有小球菌属和葡萄球菌属。

(6)低温菌

凡在0~20℃下能够生长的细菌统称低温菌,也称嗜冷菌。但国际乳品协会提出的定义为:凡7℃以下能生长繁殖的细菌称为低温菌;在20℃以下能繁殖的称为嗜冷菌。乳品中常见的低温菌属有假单孢菌属和醋酸杆菌属。这些菌在低温下生长良好,能使乳中蛋白质分解引起牛乳胨化、分解脂肪使牛乳产生哈喇味,引起乳制品腐败变质。

思考:为什么原料乳不能低温贮藏过久?

一般来说,巴氏消毒乳和UHT乳的保质期质量受其中蛋白酶、脂酶活动的影响。当原料乳在UHT杀菌前乳中的嗜冷菌菌数达到10^6 CFU/mL时,杀菌后保质期中,不出20周即发生凝胶化。若菌数在10^7 CFU/mL,将在2~10周即发生凝胶。并逐渐产生不新鲜风味或产生苦味。

干酪受到蛋白酶和脂酶的影响,如降低产量、风味缺陷、酸败、肥皂味。通常原料乳中嗜冷菌菌数在10^7~10^8 CFU/mL时即可产生以上缺陷。

奶油受到耐热脂酶的作用也会产生水解酸败,其结果是由于奶油水相中假单孢菌生长而产生酸败或腐败气味。由于高脂肪含量和脂酶易于进入乳晶的奶油相,因此,奶油对嗜冷菌脂酶敏感。嗜冷菌在奶油中繁殖是导致风味不良的主要原因。

由污染嗜冷菌严重的原料乳生产的酸牛乳和发酵制品也会出现不良风味、苦味、不洁或水果味等质量、风味的缺陷。

由上可见,在加热前污染嗜冷菌的生长或其存在将对终产品有显著的副作用,巴氏杀菌后二次污染的假单孢菌虽然菌数较低,但其对产品保质期影响要大于原料乳中菌数的影响。

(7)高温菌和耐热性细菌

高温菌或嗜热性细菌是指在40℃以上能正常发育的菌群。如乳酸菌中的嗜热链球菌、保加利亚乳杆菌、好气性芽孢菌(如嗜热脂肪芽孢杆菌)、嫌气性芽孢杆菌(如好热纤维梭状芽孢杆菌)和放线菌(如干酪链霉菌)等。特别是嗜热脂肪芽孢杆菌,最适发育温度为60~70℃。

耐热性细菌在生产上系指低温杀菌条件(63℃、30 min)下还能生存的细菌,如乳酸菌的一部分、耐热性大肠菌、微杆菌,一部分的放线菌和球菌类等。此外,芽孢杆菌在加热条件下都能生存。但用超高温杀菌时(135℃,数秒),上述细菌及其芽孢都能被杀死。

(8)蛋白分解菌和脂肪分解菌

蛋白分解菌是指能产生蛋白酶而将蛋白质分解的菌群。生产发酵乳制品时的大部分乳酸菌,能使乳中蛋白质分解,属于有用菌。如乳油链球菌的一个变种,能使蛋白质分解成肽,致使干酪带有苦味。假单孢菌属等低温细菌、芽孢杆菌属、放线菌中的一部分等,属于腐败性的蛋白分解菌,能使蛋白质分解出氨和胺类,可使牛乳产生黏性、碱性、胨化。其中也有对干酪生产有益的菌种。

脂肪分解菌系指能使甘油酯分解生成甘油和脂肪酸的菌群。脂肪分解菌中,除一部分在干酪生产方面有用外,一般都是使牛乳和乳制品变质的细菌,尤其对稀奶油和奶油危害更大。

(9)放线菌

与乳品方面有关的有分枝杆菌科的分枝杆菌属、放线菌科的放线菌属、链霉科的链霉菌属。

2.酵母

乳与乳制品中常见的酵母有酵母属的脆壁酵母、毕赤氏酵母属的膜醭毕赤氏酵母、德巴利氏酵母属的汉逊氏酵母和圆酵母属及假丝酵母属等。

脆壁酵母能使乳糖形成酒精和二氧化碳。该酵母是生产牛乳酒、酸马奶酒的珍贵菌种。乳清进行酒精发酵时常用此菌。

毕赤氏酵母能使低浓度的酒精饮料表面形成干燥皮膜,故有产膜酵母之称。毕赤氏酵母主要存在于酸凝乳及发酵奶油中。汉逊氏酵母多存在于干酪及乳房炎乳中。圆酵母属是无孢子酵母的代表。能使乳糖发酵,污染有此酵母的乳和乳制品,产生酵母味,并能使干酪和炼乳罐头膨胀。假丝酵母属的氧化分解力很强。能使乳酸分解形成二氧化碳和水。由于酒精发酵力很高,因此,也用于开菲乳(Kefir)和酒精发酵。

3.霉菌

牛乳及乳制品存在主要霉菌有根霉、毛霉、曲霉、青霉、串珠霉等,大多数(如污染于奶油、干酪表面的霉菌)属于有害菌。与乳品有关的主要有白地霉、毛霉及根霉属等,如生产卡门培尔(Camembert)干酪、罗奎福特(Roguefert)干酪和青纹干酪时依靠霉菌。

4.噬菌体

噬菌体是侵入微生物中病毒的总称,故也称细菌病毒。它只能生长于宿主菌内,并在宿主菌内裂殖,导致宿主的破裂。当乳制品发酵剂受噬菌体污染后,就会导致发酵的失败,是干酪、酸奶生产中很难解决的问题。

> 思考:为什么乳制品加工要特别注意嗜冷菌和耐热菌?

5.嗜冷菌和耐热菌污染控制

受到嗜冷菌和耐热菌污染后,由于菌体在乳中的生长繁殖及其在此过程中释放的各种微生物酶,使乳中固有的成分发生了部分分解或被利用,同时产生菌体的代谢产物,这不仅降低了原料乳的品质和卫生质量，还会进一步影响最终产品的风味、质地、保质期和卫生安全性。其产生危害的主要物质为胞外酶。因此，控制菌体的污染程度，降低相关微生物在乳中的活动是减少微生物污染对乳品质量影响的有效途径。具体的控制污染和减少危害的措施如下：

①加强奶牛场和乳品加工厂的日常卫生管理，制定严格有效的卫生清洗消毒制度和措施。

②在生产环节，将原料乳气调保藏，低温灭活酶，或实行预杀菌工艺，可有效灭活污染微生物和相关酶类。在奶牛场或加工厂对原料乳进行预巴氏杀菌（62～68℃、15 s）以减低牛乳中的腐败菌和酶活性，但乳成分和风味没有明显的变化，从而延长产品的保质期，提高了产品的品质。

③对原料乳进行有效的净化除菌处理。原料乳一般采用离心除菌和微滤除菌，前者可除菌 90%，而后者可除菌 99%以上。除去原料乳中的孢子。

④抑制菌营养体和芽孢在乳中的生长，既可降低菌体数量也可减少胞外酶的产生。如在干酪生产中加入硝酸盐、多聚磷酸盐、纳他霉素等以抑制芽孢菌的生长繁殖。

（三）乳贮存中微生物的变化

1. 牛乳在室温贮藏时微生物的变化

新鲜牛乳在杀菌前期都有一定数量的、不同种类的微生物存在，如果放置在室温（10～21℃）下，乳液会因微生物的活动而逐渐变质。室温下微生物的生长过程可分为以下几个阶段。

（1）抑制期

新鲜乳液中均含有抗菌物质，其杀菌或抑菌作用在含菌少的鲜乳中可持续 36 h（在 13～14℃）；若在污染严重的乳液中，其作用可持续 18 h 左右。在此期间，乳液含菌数不会增高，若温度升高，则抗菌物质的作用增强，但持续时间会缩短。因此，鲜乳放置在室温环境中，一定时间内不会发生变质现象。

（2）乳链球菌期

鲜乳中的抗菌物质减少或消失后，存在乳中的微生物即迅速繁殖，占优势的细菌是乳酸链球菌、乳酸杆菌、大肠杆菌和一些蛋白分解菌等，其中以乳酸链球菌生长繁殖特别旺盛。乳酸链球菌使乳糖分解，产生乳酸，因而乳液的酸度不断升高。如有大肠杆菌繁殖时，将有产气现象出现。由于乳的酸度不断地上升，就抑制了其他腐败菌的生长。当酸度升高至一定酸度时（pH 4.5），乳酸链球菌本身生长受到抑制，并逐渐减少，这时有乳凝块出现。

（3）乳酸杆菌期

pH 下降至 6 左右时，乳酸杆菌的活动力逐渐增强。当 pH 继续下降至 4.5 以下时，由于乳酸杆菌耐酸力较强，尚能继续繁殖并产酸。在此阶段乳液中可出现大量乳凝块，并有大量乳清析出。

(4)真菌期

当酸度继续升高至 pH 3～3.5 时，绝大多数微生物被抑制甚至死亡，仅酵母和霉菌尚能适应高酸性的环境，并能利用乳酸及其他一些有机酸。由于酸的被利用，乳液的酸度会逐渐降低，使乳液的 pH 不断上升接近中性。

(5)胨化菌期

当乳液中的乳糖大量被消耗后，残留量已很少，适宜分解蛋白质和脂肪的细菌生长繁殖，这样就造成了乳凝块被消化、乳液的 pH 逐渐向碱性方向转化、并有腐败的臭味产生的现象。这时的腐败菌大部分属于芽孢杆菌属、假单孢菌属以及变形杆菌属。

2. 牛乳在冷藏中微生物的变化

在冷藏条件下，鲜乳中适合于室温下繁殖的微生物生长被抑制；而嗜冷菌却能生长，但生长速度非常缓慢。这些嗜冷菌包括：假单孢杆菌属、产碱杆菌属、无色杆菌属、黄杆菌属、克雷伯氏杆菌属和小球菌属。

冷藏乳的变质主要在于乳液中的蛋白质、脂肪分解。多数假单孢杆菌属中的细菌均具有产生脂肪酶的特性，这些脂肪酶在低温下活性非常强并具有耐热性，即使在加热消毒后的乳液中，还有残留脂酶活性。而低温条件下促使蛋白分解胨化的细菌主要为产碱杆菌属、假单孢杆菌属。

任务 4　牛乳中食碱及尿素的检测

【要点】

1. 掺假检测的各种方法。

2. 颜色判断的准确性。

【仪器与试剂】

1. 5 mL 吸管 2 支、试管 2 个、试管架 1 个、0.04%的溴麝香草酚蓝酒精溶液。

2. 5 mL 吸管 2 支，2 mL 吸管 1 支，大试管 2 支，28%的氢氧化钾溶液，乙醇乙醚等量混合液。

【工作过程】

(一)食碱的检出

1. 取样

取被检乳样 5 mL 注入试管中，然后用滴管吸取 0.04%溴麝香草酚蓝溶液，小心地沿试管壁滴加 5 滴，使两液面轻轻地互相接触，切勿使两溶液混合，放置在试管架上。

2. 静置

静置 2 min，根据接触面出现的色环特征进行判定，同时以正常乳作对照。

3. 判定结果

判定标准见表 1-15。

表 1-15 碳酸钠检出判定标准表

乳中碳酸钠的浓度/%	色环的颜色特征
0	黄色
0.03	黄绿色
	淡绿色
0.05	绿色
	深绿色
0.1	青绿色
0.7	淡青色
1.0	青色
1.5	深青色

注：溴麝香草酚蓝指示剂范围为 pH 6.0～7.6。颜色变化，由黄→黄绿→绿→蓝。

(二)豆浆的测定

1. 取样

取样乳 5 mL 注入试管中，吸取乙醇乙醚等量混合液 3 mL 加入试管中，再加入 28%氢氧化钾溶液 2 mL 摇匀后置于试管架上。

2. 观察颜色

5～10 min 内观察颜色变化，呈黄色时则表明有豆浆存在，同时作对照试验。

(三)结果处理

1. 实训记录

项目	食碱测定观察	豆浆的测定
现象		

2. 结果判定

依据判定标准表判定结果。

【相关知识】

1. 鲜奶中如掺碱，可使指示剂变色，由颜色的不同，大略可判断加碱量的多少。

2. 豆浆中含有皂角苷与氢氧化钾作用而呈现黄色。

【友情提示】

1. 食碱的检出切勿使两种溶液混合。

2. 乙醇乙醚等量混合液易挥发，对人有刺激，密闭保存。

【考核要点】

1. 样品及试剂的加入方法。

2. 颜色的观察。

【思考】

1. 你知道牛乳掺假还有哪些检测项目吗？

2. 牛乳中为什么要加入食碱、尿素等物质？

【必备知识】

一、常乳与异常乳

(一)概念

常乳(Normal Milk)是指奶牛产犊 7 d 后至干奶期来到之前的乳。它的成分与性质正常，是乳制品生产的原料。

异常乳是指奶牛在泌乳期中，由于生理、病理或其他因素的影响，乳的成分和性质发生变化，这种乳称作异常乳(Abnormal Milk)，不适于加工优质的产品。

(二)种类

异常乳可分为生理异常乳、病理异常乳、化学异常乳及微生物污染乳等几大类。

思考："三聚氰胺"牛奶是哪种异常乳？

在乳制品生产中，原料乳的质量直接影响着产品的质量，因此，控制和改善原料乳的品质具有很重要的意义。

1. 生理异常乳

(1)初乳

产犊后 1 周之内所分泌的乳称之为初乳。其特征是色泽呈黄褐色、有异臭、苦味、黏度大，特别是 3 d 之内，初乳特征更为显著。脂肪、蛋白质，特别是乳清蛋白质含量高，乳糖含量低，灰分含量高。初乳中含铁量约为常乳的 3～5 倍，铜含量约为常乳的 6 倍。初乳中含有初乳球，可能是脱落的上皮细胞，或白细胞吸附于脂肪球处而形成，在产犊后 2～3 周即消失。

初乳中含有丰富的维生素，尤其富含维生素 A、维生素 D、尼克酰胺、B 族维生素，而且含有多量的免疫球蛋白，为幼儿生长所必需。初乳对热的稳定性差，加热时容易凝固。目前利用初乳的免疫活性物质生产保健乳制品得到广泛的应用。

企业链接：

卫生部发布禁令，规定从2012年9月1日起，所有国内销售的婴幼儿食品配方中都不得添加牛初乳以及用牛初乳原料生产的乳制品。新规定将于今年9月1日起执行。卫生部表示，牛初乳是乳牛产崽后7 d之内的乳汁，属于生理异常乳，其物理性质、成分与常乳差别很大，产量低，工业化收集较困难，质量不稳定，不适合用于加工婴幼儿配方食品。儿科学家则认为，牛初乳里雌激素过量，如果不能被孩子正常代谢，会留在身体里促进性腺发育，导致孩子性早熟。这也即意味着，当前众多以添加有牛初乳为卖点卖高价的婴幼儿配方奶粉，今后将不得再生产、销售。

(2)末乳

奶牛干奶前两周所分泌的乳汁。其成分除脂肪外，均较常乳高，有苦而微咸的味道，含脂酶多，常有油脂氧化味。一般末乳pH 7.0，细菌数达250万CFU/mL，氯离子浓度约为0.16%，故不能做加工原料。

(3)营养不良乳

饲料不足、营养不良的乳牛所产的乳对皱胃酶几乎不凝固，所以这种乳不能制造干酪。当喂以充足的饲料，加强营养之后，牛乳即可恢复正常，对皱胃酶即可凝固。

2.化学异常乳

(1)酒精阳性乳

酒精阳性乳是指用68%或72%的酒精与等量牛乳混合，产生絮状凝块的乳。酒精阳性乳主要包括高酸度酒精阳性乳、低酸度酒精阳性乳和冻结乳。

①高酸度酒精阳性乳。由于挤乳、收乳等过程中，既不按卫生要求进行操作，又不及时进行冷却，使乳中微生物迅速繁殖，产生乳酸和其他有机酸，导致乳的酸度提高而呈酒精试验阳性。一般酸度达24°T以上的乳酒精检验时均呈阳性。

②低酸度酒精阳性乳。低酸度酒精阳性乳是指乳滴定酸度在11～18°T，加70%等量酒精可产生细小凝块的乳，这种乳加热后不产生凝固，其特征是乳刚刚挤出后即呈酒精阳性。

低酸度酒精阳性乳的特性：低酸度酒精阳性乳在成分上与常乳相比，其酪蛋白、乳糖、无机磷酸等含量比常乳低，乳清蛋白、钠、氯、钙含量高。

低酸度酒精阳性乳的酸度低于常乳，在100℃以内加热时，其表现与常乳基本相似，但在130℃加热时，则比常乳易于凝固。这种乳在用片式杀菌器进行超高温杀菌时，会在加热片上形成乳石，用它生产的乳粉溶解度也较低。

低酸度酒精阳性乳产生的原因有以下几种：

a.环境。一般来说，春季发生较多，到采食青草时自然治愈。开始舍饲的初冬，气温剧烈变化，或者夏季盛暑期也易发生。年龄在6岁以上的居多数。卫生管理越差发生的越多。因此采用日光浴、放牧、改进换气设施等使环境条件改善具有一定的效果。

b. 饲养管理。饲喂腐败饲料或者喂量不足，长期饲喂单一饲料和过量喂给食盐而发生低酸度酒精阳性乳的情况很多。挤乳过度而热能供给不足时，容易发生耐热性低的酒精阳性乳。产乳旺盛时，单靠供给饲料不足以维持，所以分娩前必须给予充分的营养。因饲料骤变或维生素不足而引起时，可喂根菜类原料。

c. 生理机能。乳腺的发育、乳汁的生成是受各种内分泌的机能所支配。内分泌，特别是发情激素、甲状腺素、副肾上腺皮质素等与阳性乳的产生都有关系。而这些情况一般与肝脏机能障碍、乳房炎、软骨症、酮体过剩等并发。例如，牛乳中含多量可溶性钙、镁、氯化合物而无机磷较少会产生异常乳；机体酸中毒、体液酸碱失去平衡，使体液 pH 下降时也会分泌异常乳；机体血液中乙酰乙酸、丙酮、β-羟基丁酸过剩，蓄积而引起酮血病也会造成乳腺分泌异常乳。

③冻结乳。冬季因气候和运输的影响，鲜乳产生冻结现象，这时乳中一部分酪蛋白变性。同时，在处理时因温度和时间的影响，酸度相应升高，以致表现为酒精阳性。但这种酒精阳性乳的耐热性要比由其他原因的酒精阳性乳高。

（2）低成分乳

低成分乳是指由于其他因素影响，而使其中营养成分低于常乳的乳。形成低成分乳的影响因素主要是品种、饲养管理、营养配比、环境温度、疾病等。

（3）混入异物乳

混入异物的乳是指在乳中混入原来不存在的物质的乳。其中，有人为混入异常乳和因预防治疗、促进发育以及食品保藏过程中使用抗生素和激素等而进入乳中的异常乳。此外，还有因饲料和饮水等使农药进入乳中而造成的异常。乳中含有防腐剂、抗生素时，不应用作加工的原料乳。

（4）风味异常乳

①脂肪分解味。由于乳脂肪被脂酶水解，乳中游离的低级挥发性脂肪酸多而产生。

②氧化味。乳脂肪氧化而产生的不良风味。产生氧化味的主要因素为重金属、抗坏血素酸、光线、氧、贮藏温度以及饲料、牛乳处理和季节等，其中尤以铜的影响最大。

③生理异常味。由于脂肪没有完全代谢，使牛乳中的酮体类物质过多增加而引起的乳牛味；因冬季、春季牧草减少而以人工饲养时产生的饲料味。产生饲料味的饲料主要是各种青贮料、芜菁、卷心菜、甜菜等；杂草味主要由大蒜、韭菜、苦艾、猪杂草、毛茛、甘菊等产生。

④日光味。日光味类似焦臭味和毛烧焦味。这是由于乳清蛋白受阳光照射而产生乳蛋白质-维生素 B_2 的复合体，牛乳在阳光下照射 10 min，可检出日光味。日光味的强度与维生素 B_2 和色氨酸的破坏有关。

⑤苦味。乳长时间冷藏可产生苦味。其原因为低温菌或某种酵母使牛乳产生脂肽化合物，或者是解脂酶使牛乳产生游离脂肪所形成。

⑥蒸煮味。乳清蛋白中的 β-乳球蛋白，因加热而产生硫氢基，致使牛乳产生蒸煮味。例如牛乳在 74～76℃、3 min 加热或 70～72℃、30 min 加热均可使牛乳产生蒸煮味。

3. 病理异常乳

(1)乳房炎乳

牛身上乳房炎致病菌通过乳导管进入乳腺，在乳头或乳腺上皮组织中反应而产生的。这时乳房所分泌的乳，其成分和性质都发生变化，使乳糖含量降低，氯含量增加及球蛋白含量升高，酪蛋白含量下降，并且细胞(上皮细胞)数量多，以致无脂干物质含量较常乳少。乳房炎乳的关键特征是白细胞数量增加。

乳房的健康对乳的质量和加工性质有很显著的影响(表 1-16)，广泛使用的乳房健康指标是体细胞数(SCC)，乳中体细胞主要是血液中的白细胞，世界上许多牛乳加工厂都将体细胞数作为衡量生乳质量的关键指标，乳房炎乳有较高的 SCC 值。

造成乳房炎的原因主要是乳牛体表和牛舍环境卫生不合乎卫生要求，挤乳方法不合理，尤其是使用挤乳机时，使用不合理或不彻底清洗杀菌，使乳房炎发病率升高。

表 1-16　乳房炎乳对其他乳制品的影响

产品	效果
干酪	产率和效率降低，水分含量升高，凝乳时间延长，干酪变软，质构缺陷，乳清中固体损失较大，感官品质差
超高温杀菌牛乳	加速凝胶化
巴氏杀菌液体乳	缩短保质期，感官品质不良
发酵产品	增加凝固时间，感官品质不良
黄油	搅乳时间延长，保质期缩短，感官品质不良
乳粉	改良热稳定性，缩短保质期
奶油	改变搅打品质

(2)其他病乳

主要由患口蹄疫、布氏杆菌病等的乳牛所产的乳，乳的质量变化大致与乳房炎乳相类似。另外，乳牛患酮体过剩、肝机能障碍、繁殖障碍等，易分泌酒精阳性乳。

4. 微生物污染乳

鲜乳被微生物污染后的细菌数大幅增加，以致不能用做加工乳制品的原料，这种乳成为微生物污染乳。最常见的微生物污染乳是酸败乳。由于挤乳前后的污染、不及时冷却和器具的洗涤杀菌不完全等原因，从而导致乳被细菌严重污染。一般在挤乳卫生情况良好时，刚刚挤出的鲜乳每毫升中有细菌 300～1 000 个，这些细菌主要是从乳头进入乳层的。如果挤乳卫生差时，挤出的乳中细菌数每毫升可达 1 万～10 万个，这种乳在贮藏运输过程中，细菌数会大幅度增加，以致变质不能作乳制品原料。

二、原料乳的收购及预处理

一直以来，奶站是乳品企业最重要的原料奶来源，我国 70%的散户通过奶站售卖原料奶。牛乳在奶站被收集、冷却，用乳槽车将牛乳送到乳品厂。三聚氰胺事件暴发后，国家大力推进规模化养殖，随即建设大规模牧场成为中国乳业的主流，相对于分散的养殖方式，规模化、集约化养殖所面临的生产安全问题更加可控，也可较好地在奶源上控制牛奶安全（图1-6）。

图 1-6 奶牛牧场

思考：为什么奶源基地应是乳制品企业的有机组成部分？

奶牛的饲养与牛乳的加工相互独立，一个乳品厂常有许多原料乳供应点，即使同属一家公司或厂家，饲养场和加工厂之间也有一段距离，尽管目前可采用机械挤乳操作，但管道直接输送几乎不可能。因此，挤乳完毕后，将乳桶（真空容器）送到储乳室，或直接导入储乳罐内或特殊储乳槽中冷却。生乳收购及预处理设备见图 1-7。

储存在制冷的集乳储罐中的原料乳需要记录乳温，同时通过看和闻，以确定牛乳的质量后，才能泵入绝热的乳槽车中。牛乳的体积现在常用的是乳槽车上的自动流量计，然后乳槽车将乳送到乳品厂，进行取样检验，确定收下后将乳过滤、冷却、泵入储乳仓内备用。原料乳接收预处理流程见图 1-8。

奶源收购及预处理流程如下：

奶站收奶→奶罐车计重→检验→接收→过滤→冷却→暂存→净乳→巴氏杀菌→冷却→奶仓→直接生产或暂时冷藏贮存

（一）原料乳的收集

1. 机械挤奶设备

中国最标准的挤乳顺序是先挤掉头三把乳，达到通乳、清洗乳头、检乳和按摩的目的；接下

图 1-7　生乳收购及预处理设备

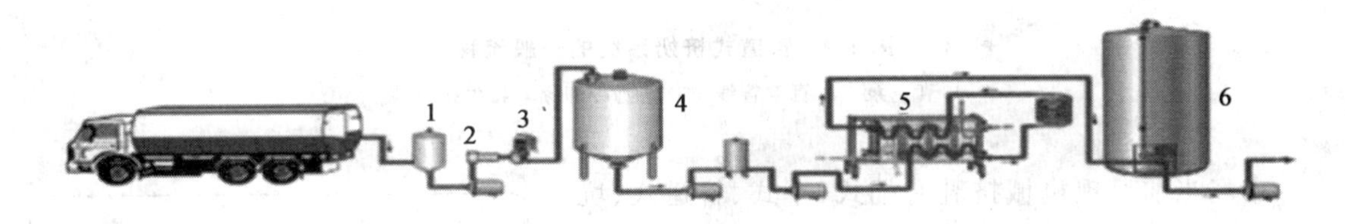

图 1-8　原料乳接收预处理流程

1. 脱气装置　2. 过滤器　3. 牛乳计量计　4. 暂存罐　5. 预杀菌和冷却　6. 奶仓

来进行乳头药浴，再把残留药浴擦干，即小按摩，最后套杯，总共时间约 1 min。经过大小 4 次乳头按摩，奶牛的激素分泌已达到最大值。此时，必须及时套杯，奶牛激素的作用时间在 5～6 min，能在这个时间内完成挤乳过程的设备才是最适合奶牛泌乳特性的。

中型以上的农场通常使用机器挤乳，挤乳机利用真空原理把乳从乳头中吸出。该设备由真空泵、收集乳的真空容器、与真空容器连接的吸乳杯和交替地对吸杯施以真空和长压的脉冲器组成。

与爪形集流器连接的 4 个吸乳杯罩在乳头上。在挤乳时，吸乳动作交替出现在左右乳头，或者有时为前侧乳头和远侧乳头。乳从乳头吸到真空容器或到一个

思考：为什么挤牛奶要按摩？

真空输送管道。吸乳杯由吸杯套桶的橡皮内管和不锈钢外管组成。在吸乳过程中，吸乳杯的吸杯套桶内维持 50 kPa(50%真空)的压力。脉冲室(在套管和外管之间)通过脉冲器的作用交替地接受真空和大气压，由此在真空状态时，乳从乳头中吸出，进入真空容器，然后压力转为常压，进入按摩阶段，原乳腺被挤压停止吸乳，乳从腺胞流入乳池，然后进行另一吸乳阶段，如此反复。在挤乳中如果一个吸乳杯脱落，系统会自动关闭阀门以防止污物被吸入系统中。

挤乳完毕后，小型挤乳设备将乳桶(真空容器)送到储乳室，倒入储乳罐内或特殊储乳槽中冷却。当使用乳桶储乳时，可使用浸入式或喷淋式冷却器进行冷却。大、中型设备采用管道系统用真空直接把乳从吸乳杯送到储乳室的乳罐中，管道系统中可采用板式热交换器进行冷却。见图 1-9。

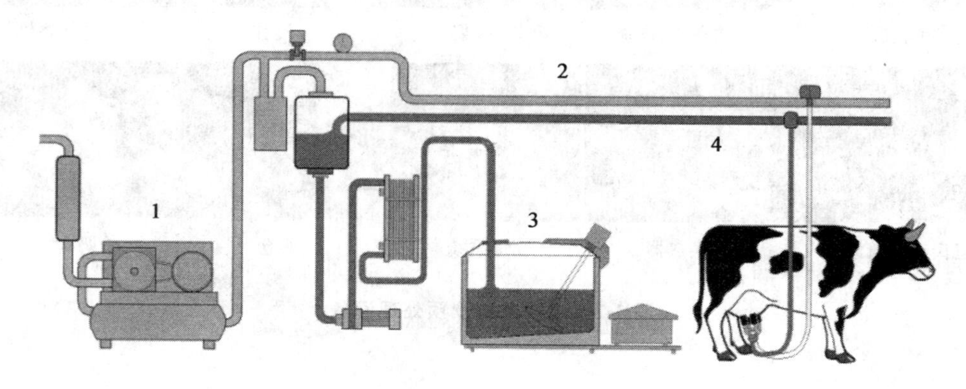

图 1-9 管道式挤奶系统的一般流程

1.真空泵 2.真空管线 3.牛奶冷却罐 4.牛奶管线

市场当前呈现机械挤乳有桶式、车式、管道式、坑道式、转盘式等，要根据牛群的规模即依据每天实际泌乳牛的头数选择合适的形式，见图 1-10。

> 思考：你认为大型乳品企业有关原料乳安全管理方面的未来发展方向是怎样的？

2. 原料乳的过滤、冷却

原料乳的质量好坏是影响乳制品质量的关键，只有优质原料乳才能保证优质的产品。为了保证原料乳的质量，挤出的牛乳在牧场必须立即进行过滤、冷却等初步处理，其目的是除去机械杂质并减少微生物的污染。

(1)过滤

牧场在没有严格遵守卫生条件下挤乳时，乳容易被大量粪屑、饲料、垫草、牛毛和蚊蝇等所污染。因此挤下的乳必须及时进行过滤。所谓过滤就是将液体微粒的混合物，通过多孔质的材料(过滤材料)将其分开的操作。

凡是将乳从一个地方送到另一个地方，从一个工序到另一个工序，或者由一个容器送到另一个容器时，都应该进行过滤。过滤的方法，除用纱布过滤外，也可以用过滤器进行过滤。过滤器具、介质必须清洁卫生，如及时用温水清洗，并用0.5%的碱水洗涤，然后再用清洁的水冲洗，最后煮沸10～20 min杀菌。也可采用不锈钢金属丝网加多层纱布进行粗滤。

思考：牛奶挤出后要经过几个地方？过滤几次？

转盘式

鱼骨式

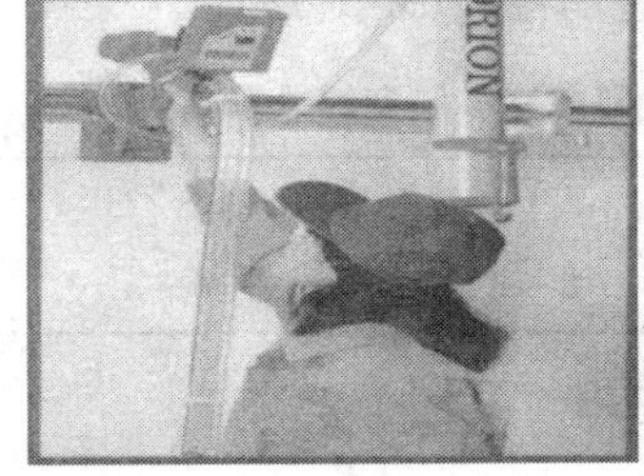

管道式

并列式

图 1-10　各种机械挤乳方式

在乳的输送管路连接管道过滤器，如图1-11所示，采用200目尼龙过滤网，或在管路出口安放一布袋，应注意：

a. 不应使阻力过大。

b. 应定时清洗消毒。

c. 在过滤时，应注意微生物的生长、繁殖、不能形成新的污染源。

d. 使用这样方式过滤应注意进出口的压力不宜超过68.67 kPa。

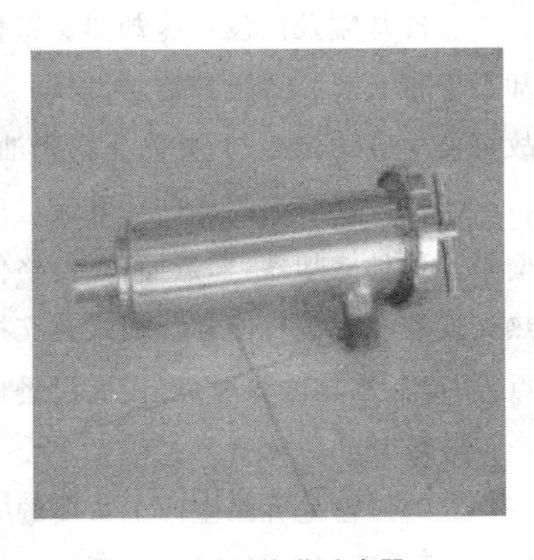

图 1-11　管道过滤器

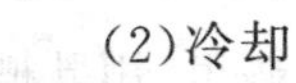

(2)冷却

刚挤下的乳温度约37℃，是微生物繁殖最适宜的温度，如不及时冷却，混入乳中的微生物就会迅速繁殖，使乳的酸度增高，凝固变质，风味变差。故新挤出的乳，经过滤后须冷却到4℃左右以抑制乳中微生物的繁殖。冷却对乳中微生物的抑制作用见表1-17。

表 1-17 乳的冷却与乳中细菌数的关系 个/mL

乳别	贮存时间				
	刚挤出的乳	3 h	6 h	12 h	24 h
冷却乳	11 500	11 500	8 000	7 800	62 000
未冷却乳	11 500	18 500	102 000	114 000	1 300 000

由表 1-17 看出，未冷却的乳其微生物增加迅速，而冷却乳则增加缓慢。6～12 h 微生物还有减少的趋势，这是因为低温和乳中自身抗菌物质——乳烃素(拉克特宁，Lactenin)使细菌的繁育受到抑制。

新挤出的乳迅速冷却到低温可以使抗菌特性保持较长的时间。另外，原料乳污染越严重，抗菌作用时间越短。例如，乳温 10℃时，挤乳时严格执行卫生制度的乳样，其抗菌期是未严格执行卫生制度乳样的 2 倍。因此，刚挤出的乳迅速冷却，是保证鲜乳较长时间保持新鲜度的必要条件。通常可以根据贮存时间的长短选择适宜的温度(表 1-18)。

表 1-18 牛乳的贮存时间与冷却温度的关系

乳的贮存时间/h	6～12	12～18	18～24	24～36
应冷却的温度/℃	10～8	8～6	6～5	5～4

牛乳冷却的方式如下：

①水池冷却。将装乳的桶放在水池中，用冷水或冰水进行冷却，可使乳温度冷却到比冷却水温度高 3～4℃。水池冷却的缺点是冷却缓慢、消耗水量较多，劳动强度大、不易管理。

②冷却罐及浸没式冷却器。这种冷却器可以插入储乳槽或奶桶中以冷却牛乳。浸没式冷却器中带有离心式搅拌器，可以调节搅拌速度，并带有自动控制开关，可以定时自动进行搅拌，故可使牛乳均匀冷却，并防止稀奶油上浮。适合于奶站和较大规模的牧场。

③板式热交换器冷却。乳流过冷排冷却器与冷剂(冷水或冷盐水)进行热交换后流入储乳槽中。这种冷却器，构造简单，价格低廉，冷却效率也比较高，目前许多乳品厂及奶站都用板式热交换器对乳进行冷却。板式热交换器克服了表面冷却器因乳液暴露于空气而容易污染的缺点，用冷盐水作冷媒时，可使乳温迅速降到 4℃左右。

3. 原料乳的运输

乳的运输是乳品生产上重要的一环，运输不妥，往往造成很大的损失。目前我国乳源分散的地方，多采用乳桶运输；乳源集中的地方，采用乳槽车运输。将牛乳收集在储乳罐里，用乳槽车抽取后送往加工厂或收奶站。

按照我国无公害生鲜乳生产技术规范，原料乳的储运应符合下述条件。

①原料乳的盛装应采用表面光滑的不锈钢制成的桶和储乳罐或由食品级塑料制成的存乳容器。

②应采取机械化挤乳、管道输送，用乳槽车运往加工厂，从挤乳产出至用于加工前不超过24 h，乳温在2 h之内冷却到4℃，贮存期间温度应保持在6℃以下。

③原料乳的运输应使用乳槽车。

④所有的挤乳和储存容器使用后应及时清洗和消毒。

无论哪种运送方法要求都是一样，牛乳必须保持良好的冷却状态，且没有空气进去。运输过程的震动越轻越好，乳桶和乳槽车要求夏季必须装满盖严，以防震荡；冬季不得装得太满，避免因冻结而使容器破裂。

用乳槽车收集牛乳，乳槽车必须一直开到储乳间，输乳软管与农场的牛乳冷却罐出口阀相连，如图1-12所示。通常乳槽车上装有一个流量计和一台泵，以便自动记录收乳的数量。收乳的数量也可根据所记录的不同液位来计算。多数情况下，乳槽车上装有空气分离器。

冷藏储罐一旦抽空，乳泵应立即停止工作，避免将空气混入到牛乳，乳槽车的乳槽分为若干个间隔，防止牛乳在运输期间晃动，每个间隔依次充满，当乳槽车按收乳路线收完乳之后，立即将牛乳送往乳品厂。

图1-12 奶槽车收奶

(二)原料乳的计重

用奶槽车收奶可以用几种方法称量，一种是奶槽车到达乳品厂后，车开到地磅上，称量奶槽车卸奶前后的重量，前者减去后者的数值就是牛乳的重量；另一种是用在底部带有称量元件的特殊称量罐称量，牛乳泵入罐内，该元件发出一个与罐重量成比例的信号，信号的强度随着罐的重量增加而增加，所有的奶交付后，罐内牛乳的重量被记录下来，随后，牛乳被泵入大储奶罐。还可采用体积法即安装于管道上的流量计来计量。

思考：奶槽车是如何进行地磅称量的？

图 1-13　在地磅上的奶槽车

(三)原料乳的验收

1. 生鲜乳的质量标准

思考：你知道原料乳收购要检测多少项指标吗？

根据中华人民共和国《GB 19301—2010 食品安全国家标准 生乳》的规定，生鲜牛乳的质量标准如表 1-19 至表 1-24 所示。

表 1-19　感官要求

项目	要求	检验方法
色泽	呈乳白色或微黄色	取适量试样置于 50 mL 烧杯中，在自然光下观察色泽和组织状态。闻其气味，用温开水漱口，品尝滋味
气味	具有牛乳固有的香味、无异味	
组织状态	呈均匀一致液体、无沉淀、无凝块、无正常视力可见异物	

表 1-20　理化指标

项目	指标	检验方法
冰点[a,b]/℃	－0.500～－0.560	GB 5413.38
相对密度/(20℃/4℃)	≥1.027	GB 5413.33
蛋白质/(g/100 g)	≥2.8	GB 5009.5
脂肪/(g/100 g)	≥3.1	GB 5413.3
杂质度/(mg/kg)	≤4.0	GB 5413.30
非脂乳固体/(g/100 g)	≥8.1	GB 5413.39
酸度/°T		GB 5413.34
牛乳	12.0～18.0	
羊乳	6～13	

注：[a] 挤出 3 h 后检测；

[b] 仅适用于荷斯坦奶牛。

表 1-21　污染物限量

项目	指标	检验方法
汞(以 Hg 计)/(mg/kg)	≤0.01	GB 5009.17
无机砷(以 As 计)/(mg/kg)	≤0.05	GB 5009.11
铅(以 Pb 计)/(mg/kg)	≤0.05	GB 5009.12
铬(以 Cr^{6+} 计)/(mg/kg)	≤0.3	GB 5009.123
硝酸盐(以 $NaNO_3$ 计)/(mg/kg)	<1.5	GB 5413.32
亚硝酸盐(以 $NaNO_2$ 计)/(mg/kg)	<0.2	GB 5413.32
三聚氰胺/(mg/kg)	<0.2	GB/T 22400

注:其他污染物限量应符合 GB 2762 的规定。

表 1-22　真菌毒素限量

项目	指标	检验方法
黄曲霉毒素 M_1/(μg/kg)	<0.125	GB 5009.24

注:其他真菌毒素限量应符合 GB 2761 的规定。

表 1-23　微生物限量

项目	限量[CFU/g(mL)]	检验方法
菌落总数	≤2×10^6	GB 4789.2

表 1-24　农药残留限量和兽药残留限量

项目	指标	检验方法
滴滴涕/(mg/kg)	≤0.02	GB 5009.19
六六六/(mg/kg)	≤0.02	GB 5009.19
林丹/(mg/kg)	≤0.01	GB 5009.19
马拉硫磷/(mg/kg)	≤0.1	GB 5009.36
倍硫磷/(mg/kg)	≤0.01	GB 5009.20
甲胺磷/(mg/kg)	≤0.2	GB 14876
抗生素	阴性	GB 4789.27/发酵法/试剂盒(抗生素快速检测法)
苯甲酸/(mg/kg)	不得检出	GB 21703
山梨酸/(mg/kg)	不得检出	GB 21703

注:①抗生素包括:四环素类、β-内酰胺类、磺胺类、氨基糖苷类、大环内酯类、氯霉素、金霉素、卡那霉素等;
②马拉硫磷、倍硫磷、甲胺磷、苯甲酸、山梨酸等指标作为监测指标;
③其他兽药、农药最高残留量和有害物质限量应符合国家有关规定和公告。

异常乳的检测包括酒精实验及掺假检测。酒精实验根据 GB/T 6914—86 结果要求阴性,掺假检测企业可根据情况确定检测项目,结果要求阴性。如:碱、蔗糖、甲醛、尿素、硫酸盐、重铬酸钾、敌敌畏、双氧水、食盐、硫氰酸钠、蛋白精、淀粉、淀粉酶、过氧化氢酶、亚硝酸盐、硝酸盐、

β-内酰胺酶等。

2. 验收

(1)采样

> 思考:近年来我国乳制品行业屡屡发生各种食品安全事件,如:三聚氰胺事件、婴幼儿性早熟事件等,你认为生鲜牛乳的检测对乳制品的质量安全具有怎样的意义?

正确的采样是原料乳验收的第一步,采样方法是影响分析结果的重要因素,所采的原料乳样品必须具有代表性,每个样品采两个样,一个作为分析样品,另一个作为保存样品。

①奶站采样。奶桶中的牛乳,最有效的混合方法是使用搅乳棒上下搅动20次以上后立即采样。否则会使先倒出的乳样脂肪含量低,后倒出的脂肪含量高,这种差别随着牛乳放置时间的延长而增大。

大乳罐中的牛乳,要用机械搅拌等方式使样品均匀,搅拌时间至少需要3～5 min。可以分别在奶罐入口和出口取样,检测搅拌是否达到要求。

②乳品厂采样。

[打耙采样]

a. 器具:牛乳容器、打耙、取样提、无菌杯(需灭菌)。

b. 取样之前,采样人员检查采样器具是否干净。

c. 车体感官检查:乳品厂采样人员上车检查奶槽车入孔处是否有异物或杂质,是否有过多奶渍、污垢等。如发现,第一次警告奶户,第二次发现通知奶源公司处罚。

d. 罐内牛奶感官检查:采样人员检查牛奶颜色、气味正常,无肉眼可见杂质,如:牛毛、苍蝇、煤渣等。

e. 打耙:用打耙器对奶槽车牛奶进行上下搅拌25次以上,要求打耙必须入底。

f. 取样:牛奶均匀后,取样600 mL左右用于理化、污染物、真菌毒素、微生物所用样品。三聚氰胺、抗生素等所用样品取综合样品采集50 mL左右。

g. 标识:将牛奶样品进行编号,送往原料乳化验室检验。

h. 结果的传送:检验完毕后,采样员告之奶车实名,将报告单送往打奶间。

i. 复检样品:当理化指标不合格时,化验员通知采样员,对奶车进行取样复检。如其他项不合格不予以复检。

每车打耙样检验项目有感官、温度、相对密度、脂肪、蛋白质、非脂乳固体、酸度、酒精试验、煮沸实验、掺杂掺假试验、抗生素。

[分流样采样]

打耙样后,进行样品的检测,检测结果出来后按技术要求进行综合评定,不能达到合格标准的原料乳退回,其余原料乳泵入生乳罐,进行分流取样。分流速度、流量自始至终保持一致。依据来乳量的不同,分流样的取样量应在5～10 kg(根据要检测的量留下乳样,其余的返回奶仓),分流取样由送乳人员和取样人员双方签字封存送检,以分流样中的脂肪、蛋白质、非脂乳固体含量对原料乳进行计价。

每车分流样需要检测的项目有脂肪、蛋白质、非脂乳固体。分流样样品应在－10℃条件下保存 7 d，以备牛场对检测结果有异议时进行复检。

(2)检验

①感官检验。感官检验包括状态、色、味等，最主要的是异味。取样后对异味的判定要尽快进行，否则由于放置时间过长，气味会被外界空气冲淡。其次将试样含入口中，并使之遍及整个口腔的各个部位，因为舌面各种味觉分布并不均，以此鉴定是否存在各种异味。在对风味检验的同时，对鲜乳的色泽，混入的异物，是否出现过乳脂分离现象进行观察。

②理化指标检验。

a. 乳成分测定。近年来随着分析仪器的发展，乳品检测方法出现了很多高效率的检验仪器。采用光学法来测定乳脂肪、乳蛋白、乳糖及总干物质，并已开发使用各种微波仪器。

微波干燥法测定总干物质（TMS 检验）——通过 2 450 MHz 的微波干燥牛奶，并自动称量、记录乳总干物质的重量，测定速度快，测定准确，便于指导生产。

红外线牛奶全成分测定——通过红外线分光光度计，自动测出牛奶中的脂肪、蛋白质、乳糖三种成分。红外线通过牛奶后，牛奶中的脂肪、蛋白质、乳糖的不同浓度，减弱了红外线的波长，通过红外线波长的减弱率反应出三种成分的含量。该法测定速度快，但设备造价较高。

b. 新鲜度测定。

酸度——酸度是衡量牛乳新鲜度和热稳定性的重要指标，通常以滴定酸度表示。一般来说，酸度高则新鲜程度和热稳定性差，可储存时间较短；酸度低则表示新鲜程度和热稳定性好，可储存时间长。

酒精实验——酒精实验是为观察鲜乳的抗热性而广泛使用的一种方法。通过酒精的脱水作用，确定酪蛋白的稳定性。新鲜牛乳对酒精相对稳定；不新鲜的牛乳蛋白质胶粒呈不稳定状态，当受到酒精脱水作用时，加速其聚沉。此法可检验出原料乳的酸度、盐类平衡异常乳、初乳、末乳及细菌作用产生凝乳酶的乳和乳房炎乳等。

酒精试验方法是在试管内用 1～2 mL 中性酒精与牛乳等量混合，摇荡后不出现絮片的乳样即符合酸度标准，出现絮片的牛乳为酒精试验阳性乳，表示其酸度高。试验时温度为 20℃为标准。酒精的浓度一般有 75%(V/V)、72%(V/V)、70%(V/V)、68%(V/V)四种。

煮沸试验——取约 10 mL 牛乳，放入试管中，置于沸水浴 5 min，取出观察管壁有无絮片出现或发生凝固现象。如有，则表示牛乳不新鲜，酸度大于 26°T。

c. 杂质度测定。为了判断牛乳中肉眼可见的不溶性异物的含量，判定牛乳挤出后的卫生状况，进行杂质度检测。方法是取奶样 500 mL，加热至 60℃，于棉质过滤板上过滤，为了加快过滤速度，可用真空泵抽滤，用水冲洗黏附在过滤板上的牛乳。将过滤板置于烘箱中烘干后，再与标准比色板比较，即可得出过滤板上的杂质量。

③污染物及真菌毒素检测。乳制品中含有一些微量的有害物质，如铅、砷、汞，2008 年我国还出现了三聚氰胺事件。这些有害物质对人体健康有严重的危害，如铅进入人体后部分残留体内，长期积累可造成慢性中毒，引起血色素减少性贫血、腰肢疼痛。长期摄入微量砷化物、汞，在体内积累中毒，对人体损害更是相当严重。据卫生部统计，2008 年三聚氰胺事故共致使全国 29 万婴幼儿，因食用含有化工原料三聚氰胺的奶粉而出现泌尿系统异常，其中 6 人死亡。这些有害物质有的作为天然组分存在，有些则因为环境污染和食品加工过程中的污染被带入乳与乳制品中的，还有的是人为不法添加的。这些污染物的检测一般采用仪器分析的方法进行，具体方法参看相应的国家标准。

思考：为什么不法分子在牛乳中加入三聚氰胺？对这件事，你有什么看法？

真菌毒素(Mycotoxin)是真菌产生的次级代谢产物，目前已知有 200 多种不同的真菌毒素。其中黄曲霉毒素，主要是黄曲霉毒素 B_1 和 M_1(Aflatoxins，AFB_1、AFM_1)，在所有真菌毒素中，黄曲霉毒素 B_1 的毒性、致癌性、污染频率均居首位。

黄曲霉毒素 M_1(AFM_1)是 AFB_1 经动物代谢产生的衍生物，可以从内脏、尿和乳汁中测出。尿或乳汁中排出的 AFM_1 的量约为摄入 AFB_1 量的 1%。AFM_1 的毒性仅次于 AFB_1，致癌性也相似。因此乳及乳制品中 AFM_1 的污染控制是食品卫生工作的重要环节。真菌毒素检测具体参看相应的国家标准。

④微生物限量检测。收购牛乳细菌指标可采用细菌总数测定或美蓝实验。采用平皿细菌总数计算法，按每毫升内细菌总数分级指标进行评级；采用美蓝还原褪色法按美蓝褪色时间分级指标进行评级。两者只许采用一个，不能重复(生鲜牛乳收购标准 GB/T 6914—86)。

⑤牛乳健康指标检测。

a. 体细胞数检验。患急性或慢性乳腺炎的奶牛泌乳中体细胞数会增加，体细胞数增加会加速 UHT 灭菌产品凝胶化，缩短巴氏杀菌产品的保质期，延长发酵产品的凝固时间，减少风味物质的产生及降低干酪产品的产率，并引起质构缺陷。

体细胞数采用体细胞检测仪，也可按照常规进行涂片，经染色后镜检测定。大多数国家体细胞计数的极限标准为 500 000 个/mL，即当计数指标超过该指标时，奶牛患乳房炎的可能性增大，小于该指标时则患病的可能性也大为下降。体细胞测定已成为牛乳质量控制的一个重要内容。

b. 农药、兽药残留、抗生素残留。有机磷和氨基甲酸酯类农药在六六六禁用之后已成为我国大量使用的一类农药。食品中会残留一定量的有机磷和氨基甲酸酯类农药，这类物质的检测通常使用酶抑制法进行测定。近年来，动物源性食品中兽药的残留已引起人们广泛重视，兽药残留不仅影响消费者身体健康，还影响乳制品加工。

牧场内经常应用抗生素治疗乳牛的各种疾病，特别是乳牛的乳房炎，有时用抗生素直接注射乳房部位进行治疗，因此凡经抗生素治疗过的乳牛，其乳中在一定时期内仍残存着抗生素。对抗生素有过敏体质的人服用后就会发生过敏反应,长期饮用会使人对抗生素产生耐药性。另外,由于含有抗生素的牛乳无法制成酸乳、乳酪等一些高质量的乳制品,易造成大量原料乳的浪费,给乳品加工企业带来很大的经济损失。因此,检查乳中有无抗生素残留已成为一项常规检验工作。对含有抗生素的原料乳一般采取拒收处理。

思考:你认为应该如何减少我国奶牛养殖中使用抗生素的状况?

氯化三苯四氮唑(TTC)试验是用来测定乳中有无抗生素残留的一种比较简易的方法。除此之外,还有纸片法。

⑥原料乳掺假检测。目前,我国各地原料乳掺假情况比较严重,被掺假后牛乳营养价值下降,甚至还会含有有毒、有害物质,损害消费者的健康。牛乳掺假是十分复杂的,有时会有多重掺假,再加上各种检验方法本身的局限性,采用检测指标的综合判断是非常必要的。按掺入物的物理化学性质可分为:

a.电解质物质。常见的如食盐、硝酸钠、芒硝、碳酸铵、碳酸钠、碳酸氢钠、明矾、石灰水等。这些掺假物质,有的是为了增加相对密度,有的为了中和牛乳酸度,掩盖酸败。

b.非电解质物质。如尿素、蔗糖。

c.胶体物质。如米汤、豆浆等。

d.防腐剂类物质。如甲醛、硼酸及其盐类、苯甲酸、水杨酸等。

e.杂质。如白陶土等,更严重者在牛乳中倒入牛尿、人尿和污水。

这些掺假物质,轻者使消费者得不到应有的营养,经济受损失,重者危害消费者身体健康,甚至造成食物中毒,严重者造成死亡。

牛乳掺假检验方法一般根据相应的地方标准或企业内控标准进行。各种检验方法本身具有一定的局限性,需要通过系统分析进行综合判断。一般可首先根据常规检验指标来判断牛乳是否掺假。如被检牛乳相对密度、脂肪、蛋白质、乳糖指标全部降低,可以判断为掺入水;如被检验牛乳只有酸度降低,其他各项指标均正常,可以判断为加入中和剂,如纯碱、小苏打等。

(四)原料乳的预处理(过滤、净乳、巴氏杀菌、冷却)

原料乳的收集、过滤具体内容见“项目一　原料乳的验收和贮存”。净乳、巴氏杀菌、冷却具体内容见“项目二　液态乳生产技术”。

(五)冷藏贮存

思考:原料乳低温贮存时间过长会造成怎样的后果?

牛乳经预处理杀菌后迅速冷却至 0~4℃,收入储乳罐(奶仓)临时贮存,贮存温度不超过 7℃、贮存时间不超过 24 h。

为保证工厂连续生产的需要,必须有一定的原料乳储存量。一般工厂总的储乳量应不少于 1 d 的处理量。冷却后的乳应尽可能保持低温,以防止温度升高降低保存性。储乳罐的容量，应根据各厂每天牛乳总收纳量，收乳时间、运输时间及能力等因素决定。一般储乳罐的总容量应为日收纳总量的2/3～1。每个储乳罐的容量应与每班生产能力相适应。储乳罐使用前应彻底清洗、杀菌、冷却后注入牛乳。每罐须放满，并加盖密封，如果只装半罐，会加快乳温上升，不利于原料乳的储存。

储乳罐有立式和卧式之分。罐外包有绝热层，以减少外界热量的传入。有些储乳罐带有冷却夹套，可使贮存的牛乳保持一定的低温。通常较小的储乳罐安装于室内，较大的则安装在室外(图1-14)。紧靠鲜乳处理车间，以减少厂房建筑费用。这种大型立式储乳罐(奶仓)，容积范围在50 000～100 000 L，要求良好的绝热结构和防止罐体外表被大气侵蚀的措施。储乳罐内均装有就地清洗机构，以保持内壁的清洁与卫生。

图1-14 室外奶仓

储乳罐保温性能要求：在环境温度与贮存生鲜乳温差为17～21℃范围时，储乳罐内贮存4℃左右的额定容量的生鲜乳，保温24 h，其温升值不得超过2℃(GB/T 13879 储乳罐)。

大型奶仓必须配有适当的搅拌器，定时搅拌以防止脂肪上浮造成分布不均匀。搅拌必须十分平稳，过于剧烈的搅拌导致牛乳中混入空气和脂肪球的破裂，使游离的脂肪在脂肪酶的作用下分解，因此，轻度的搅拌是牛乳处理的一条基本原则。图1-15所示的储乳罐中带有一个叶轮搅拌器，这种搅拌器广泛应用于大型储乳罐中。

露天储乳罐在罐上带有一块附属控制盘，控制盘向里朝着一个带罩的中心控制台。罐内的温度显示在罐的控制盘上，一般可使用一个普通温度计，但使用电子传感器的越来越多，传感器将信号送至中央控制台，从而显示出温度。

①液位指示。有各种方法来测量罐内牛乳液位，气动液位指示器通过测量静压来显示出罐内牛乳的高度，压力越大，罐内的液位越高，指示器把读数传递给表盘显示出来。

②低液位保护。牛乳的搅拌必须是轻度的，因此，搅拌器必须被牛乳覆盖以后再启动。为

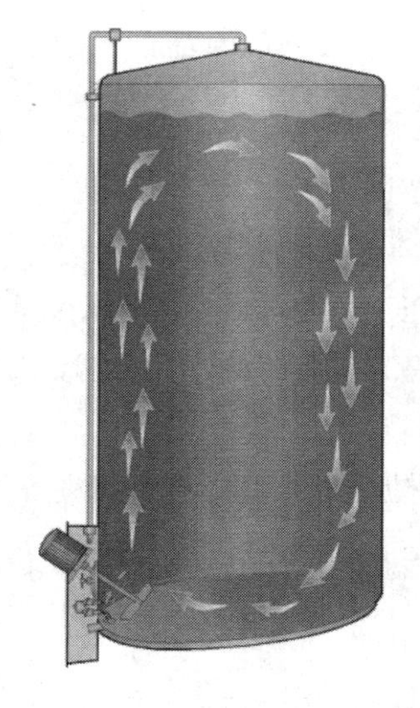

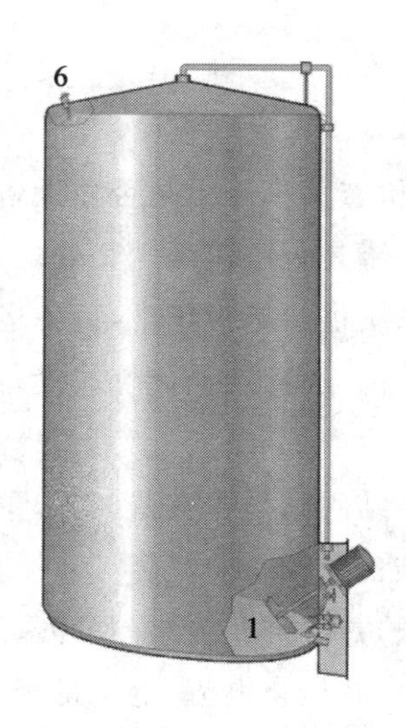

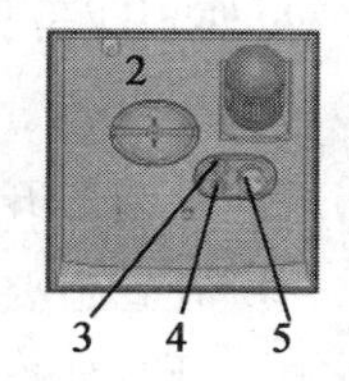

图 1-15 带螺旋桨式搅拌器的奶仓

1.搅拌器 2.探孔 3.温度指示 4.低液位电极 5.气动液位指示器 6.高液位电极

此,常在开始搅拌所需液位的罐壁安装一根电极。罐中的液位低于该电极时,搅拌停止,这种电极就是通常所说的低液位指示器(LL)。

思考:为什么搅拌器必须被牛乳覆盖以后再启动?

③溢流保护。为防止溢流,在罐的上部安装一根高液位电极(HL)。当罐装满时,电极关闭进口阀,然后牛乳由管道改流到另一个大罐中。

④空罐指示。在排乳操作中,重要的是知道何时罐完全排空。否则当出口阀门关闭以后,在后续的清洗过程中,罐内残留的牛乳就会被冲掉而造成损失。另一个危害是,当罐排空后继续开泵,空气就会被吸入管线,这将影响后续加工。因此,在排乳线路中常安装一根电极(LLL),以显示该罐中的牛乳已完全排完。该电极发出的信号可用来启动另一大罐的排乳,或停止该罐排空。

企业链接:某乳品企业预处理岗位作业指导书

1 目的

为规范预处理工段工艺操作规程,向操作者提供有关在生产之前、生产中,如何规范接收奶槽车储运鲜奶,使鲜乳杂质度经净化后达到质量要求,并对储运设备进行清洗的操作指导。

2 适用范围

某乳品企业预处理工段及设备、管路、奶槽车的清洗。

3 工作程序

3.1 准备工作

3.1 开机前准备工作

3.1.1 收奶预处理准备工作

3.1.1.1 收奶工、预处理工检查蒸汽压力是否在设备允许范围内 0.3～0.4 MPa。

3.1.1.2 预处理工检查热水罐是否已盛满 1/2 处。

3.1.1.3 操作工检查电力系统供给是否正常，设备运行电压不低于 380 V±5%。

3.1.1.4 预处理工检查预杀菌设备是否有泄露，设备报警是否正常，如有问题机修工应立即维修或更换相应备件。

3.1.1.5 检查设备管路的活结阀门是否有漏、滴现象，如有应立即维修或更换相应备件。

3.1.2 板式杀菌器开机前准备工作

3.1.2.1 所有管道要连接通，并检查相关阀门的开、闭状态(CIP 阀门、供水供料阀门)。

3.1.2.2 电动电气部分通电，并检查电流、电压是否正常。

3.1.2.3 检查所有仪表是否正常。

3.1.2.4 设备周围环境，设备表面及管道表面要干净。

3.1.2.5 生产前必须用清水对物料管道和设备内部进行清洗。

3.1.2.6 开启加热介质阀门，对清水进行加热，对设备及管道进行杀菌。

3.1.3 清洗前准备工作

3.1.3.1 进入车间时要严格遵守车间安全文明生产的规范。

3.1.3.2 检查蒸汽、压缩空气、水的压力。

3.1.3.3 检查及配制酸碱清洗液(酸液：1.2%～1.5% HNO_3，碱液：1.5%～2.0% NaOH)。

3.1.3.4 检查所清洗的管线是否通畅，保证形成循环回路。

3.1.5 清洗奶槽车及预处理工艺管线，30 t 立式奶仓及 5 t 奶仓，清洗配料、混料、杀菌工艺流程。

3.2 操作过程

3.2.1 收奶

3.2.1.1 在奶槽车到达收奶车间指定位置后，收奶操作工立即通知鲜奶化验室取样化验，同时通知预处理操作工做好收奶准备工作。

3.2.1.2 将消过毒的软管与奶槽车接口连接，注意在奶槽车未来之前不允许卸下收奶软管，以免污染管口。

3.2.1.3 待鲜奶化验室出具结果，确认各项指标合格并签字后，完成以上准备工作后，通知预处理操作工打开指定奶仓阀门，关闭其他奶仓阀门，连接收奶软管进行收奶，操作工须先将板式冷却器打开，鲜奶经脱气罐，双联过滤器初过滤后，过板式冷却器将奶温控制在 9℃以下，暂时贮存在指定的 30 t 立式奶仓，等待生产。

3.2.1.4 预处理操作工依次打开净乳机、冰水阀门供汽阀门按下控制箱“开”按钮，开始进行净乳工作及预杀菌降温。

3.2.1.5 开启净乳设备前检查净乳机的操作手柄指示箭头是否在“空位”，如果不符，将操作手柄向外提起，按逆时针方向旋转至“空位”（净乳设备暂时无）。

3.2.1.6 开净乳机启动按钮，净乳机转动 3～5 min 后，用手指按到净乳机转速提示器上检查转速，并观察设备转动 5～7 min 后净乳机是否达到全速（每秒转动一圈）

3.2.1.7 将净乳机连接的水阀打开，将操作手柄向外提起，按逆时针方向转动，提示箭头对准“密封”的位置，净乳机通过离心水压的作用，开始密封。待操作手柄处的出水管向外喷水时，操作手柄向外提起，转动至“补偿”的位置，这时的给水阀应是敞开的，不得关闭，将净乳机进料泵前的阀门打开、启动进料泵，开始净乳。

3.2.1.8 排渣时间视原料奶的杂质含量定，连续净乳 4 h 以上或断料的情况下必须排渣。

3.2.1.9 关闭进料泵，开热水泵，用热水将净乳机中的鲜奶充分排出。关闭热水泵，将操作手柄向外提起按逆时针方向旋转至“开启”的位置，净乳机排渣。排渣后再将操作手柄向外提起按逆时针方向旋转至“空位”，空转 1 min 左右，使净乳机排渣后残留在机座内的水排出，再将手柄提起按逆时针方向旋转至“密封”的位置，待出水管有水向外界喷时，操作手柄向外提起旋转至“补偿”位置。这样一次排渣程序就结束，净乳机排渣不得少于两次。确保净乳机内部干净。排渣后就可以继续净乳，或者停机。

3.2.1.10 过净乳机后的原料再经过板式热交换器，预杀菌温度为(75±1)℃，时间 15 s。将温度控制在 4～7℃。

3.2.1.11 将杀菌后的原料注入指定 30 t 奶仓准备生产。

3.2.1.12 生产时将储备好的原料按产品要求标准化。

3.2.1.12.1 检查高速混料机的电机、传动皮带轮、皮带、搅拌装置、混料箱体是否正常。

3.2.1.12.2 检查叶轮轴向密封是否严密。

3.2.1.12.3 检查箱体系 O 形圈，食用橡胶垫是否密封。

3.2.1.13 将标准化后的物料进行均质。

3.2.1.13.1 检查润滑油面，清洗过滤网（80 目以上）。

3.2.1.13.2 打开自来水、冰水开关。

3.2.1.13.4 检查管道连接是否正确。

3.2.1.13.5 打开进料阀门，打开回流阀。

3.2.1.13.6 打开物料泵，然后开均质机，查看机器运转正常后进入下道工序。

3.2.1.13.7 调节压力，1 级压力为 10 MPa，2 级压力为 5 MPa。

3.2.1.13.8 压力正常后，开始均质并流入暂存罐。

3.2.1.13.9 均质结束后，先松一级压力，后松二级压力，机器无负荷方可停车。

3.2.1.13.10 依次关物料泵、均质机、冰水、自来水。

3.2.1.14 物料储存在暂存罐中，待浓缩准备好后生产。

3.2.2 清洗方法

3.2.2.1 先开需加热碱液或酸液的罐的阀门，再开相应的进程泵，最后开启蒸汽阀门。循环加热事先配置好的酸碱液，将碱液加热至70～80℃，酸液加热至55～60℃。

3.2.2.2 连接需清洗的管线，开启相应的阀门，启动相应的进程泵及回程泵，进行清洗。

3.2.2.3 长程序：水冲洗（排放的水由乳白色变为清水，水温在20～23℃）；碱洗（10 min，温度80～85℃，压力在0.3～0.4 MPa）；热水冲洗（至pH为中性）；酸洗（10 min，温度75～80℃，压力在0.3～0.4 MPa）；热水90℃冲洗（5 min），水冲洗（至pH为中性）。长程序1周一次。

3.2.4.2 短程序：水冲洗（排放水由乳白变为清水，水温20～23℃）；碱洗（10 min，80～85℃）；

3.2.2.4 水洗（5 min）：热水90℃冲洗5 min，软化水清洗3 min（每天结束清洗）；热水程序：热水消毒（95℃，每天开始清洗及做中间清洗）；根据碱酸浓度进行适当回收及排放。

3.2.2.5 清洗过程，校正参数。

3.3 停机。

3.3.1 关闭蒸汽阀门。

3.3.2 关闭进、回程泵。

3.3.3 关闭进回程开启的阀门。

3.3.4 关闭电源。

4 注意事项

4.1 收奶预处理注意事项

4.1.1 注意冰水压力（0.3～0.4 MPa）。

4.1.2 注意冰水温度（2℃）。

4.1.3 注意预杀菌温度[（75±1）℃]。

4.1.4 注意进料温度（10℃以下）。

4.1.5 注意出料温度（4℃以下）。

4.1.6 注意净乳机达到全速时方可密封净乳（转速提示器1 r/s左右）。

4.1.7 注意在收奶结束后检查双联过滤器，并马上清洗，清洗只能用手搓洗不能用钢刷等刷洗，以免损伤滤网，清洗干净后，回装滤布。

4.1.8 常检查润滑系统是否良好，及时补充和更换润滑油。

4.1.9 在净乳机运转时，不得离开人，随时听、看，若发现异常，应立即停车检修，不得带“病”运行。不能自行处理的及时报修。

4.2 CIP 清洗注意事项

4.2.1 清洗结束后,通知化验室取样化验。操作工在配比酸碱液时戴防毒口罩。

4.2.2 只有经过培训的人员才能进行操作,并且必须按安全操作规程操作。

4.2.3 操作工清洗过程中必须穿戴好橡胶手套、防护眼镜、橡胶围裙、防酸碱胶鞋,一旦出现意外烧伤先用大量清水冲洗,后送医院救治。

4.2.4 应站在安全区内。

4.2.5 注意所有发热管路以免烫伤。

4.2.6 确保所有安全装置到位。

4.2.7 清洗消毒温度指出口时液体温度,时间以出口流出液体开始计时。

5 设备的维护与保养

5.1 不得使用对板式杀菌器板片有腐蚀的介质。

5.2 在使用一定时间后,板式杀菌器板片严重结垢后,可加强设备的正常清洗,或者将板片拆下,浸没于硝酸溶液中,然后以硬毛刷清洗,不得用金属硬物擦伤板片。

5.3 定期更换胶密封垫,橡胶圈使用过久,将会发生永久变型(被压扁)。

5.4 更换橡胶密封圈的方法:更换胶垫座在设备运行停止后进行,可先进行杀菌板片圈的更换,因为这段板片受高温影响变形较大,更换时剥去旧胶垫,并用醋酸乙酯清洗密封凹槽,再用干布擦干,放平,除以胶水,稍干后将新胶垫放入,并用手指压紧,待该段胶垫全部更换后,仍按顺序将板片挂上导杆,压紧螺杆使之过夜即可。

5.5 设备1周拆卸清洗一次或达不到技术要求致使分离效果不良时必须进行设备拆卸清洗。

6 相关记录

6.1 岗位操作记录。

6.2 岗位交接班记录。

【项目思考】

1. 牛乳中都有哪些成分?

2. 什么是牛乳的滴定酸度?

3. 在原料乳冷却贮存时为什么要注意嗜冷菌的生长繁殖?

4. 原料乳收购的基本过程是怎样的?

5. 挤奶设备是怎样工作的?

6. 原料乳冷却有哪几种方式?

7. 原料乳验收有哪些项目?

8. 原料乳怎样预处理之后才能贮存?

项目二　液态乳生产技术

【知识目标】

1. 知道巴氏杀菌乳及超高温灭菌乳工艺流程、主要设备、工艺要点、主要工艺参数、操作规程。

2. 熟悉含乳饮料的基本配方、生产工艺。

【技能目标】

1. 熟悉液态乳加工过程及设备,能进行基本加工操作。

2. 能分析解决巴氏杀菌乳和 UHT 乳常见的质量缺陷,设计合理的巴氏杀菌乳和 UHT 乳的生产线。

【项目导入】

在乳制品众多细分领域中,液体乳产品是发展较好的领域之一,产销量和市场规模均达到一定的高度,国内几大乳品企业占据了较大的市场份额,而国外品牌主要集中在奶粉领域,液态乳领域涉入不深。与此同时,液态乳的快速发展也带来了诸如产品同质化严重、价格普遍低廉等各种问题,因此发展适合不同消费者需求的特色乳制品和功能性产品,是未来液态乳发展的方向。

任务1　消毒牛乳的加工

【要点】

1. 灭菌牛乳加工基本方法。

2. 灭菌牛乳实验设备的使用。

【仪器与材料】

铝锅,电炉 2 台,石棉网 4 个,搅拌勺,分离机,均质机、奶瓶及瓶盖 30 套,高压灭菌锅,奶桶 2 个,纱布 2 块,冷却水槽。

【工作过程】

(一)工艺流程

鲜奶验收→过滤→净化分离→预热60℃→均质→杀菌或灭菌→冷却→封盖→冷贮

(二)操作过程

1. 鲜奶验收

70°酒精实验,滴定酸度实验,酸度应在18°T以下;检测比重、滋气味、组织状态等。具体操作详见项目一。

2. 过滤净化

检验合格的乳计量后再进行过滤净化,过滤用多层纱布,再用分离机进行净化,净化前将乳加热至35～40℃,净化的同时可将乳脂肪分离出来,进行标准化。

3. 预热均质

预热至60℃左右为宜。均质压力一般分二段:一段为150～200 kg/cm^2,二段为50～100 kg/cm^2。

4. 杀菌或灭菌

可用LTLT法、HTST法和UHT法,本实验中先将牛乳灌装后,预热到80～85℃,再进行高压灭菌几秒钟。

5. 冷却

将消毒乳迅速冷却至4～6℃,如果是瓶装消毒乳则冷却至10℃左右即可。

6. 灌装

巴氏消毒乳在杀菌冷却后灌装可用玻璃瓶,马上封盖,再冷贮于4～5℃的条件下,使其具有暂时防腐性,当天出售。

【相关知识】

1. 酒精实验检测牛乳新鲜度及稳定性,其原理见项目一。

2. 进入分离机前将牛乳加热可以使牛乳脂肪分离效果更好。

3. 预热后均质可以提高均质效果。

4. 高压灭菌锅灭菌是实验室实验的方法。

【友情提示】

1. 过滤用多层纱布使用之前要检查是否干净,防止污染牛乳。

2. 净乳机在使用时注意最开始要以水代替牛乳,分离稳定后再用牛乳。

【考核要点】

1. 灭菌牛乳加工过程的掌握。

2. 牛乳验收操作,净乳机的使用。

3. 均质机的使用,高压灭菌锅的使用。

【思考】

1.过滤和均质起到什么作用?

2.实验中牛乳怎样进行灭菌?

【必备知识】

一、液态乳概述

(一)液态乳的概念和种类

1.液态乳的概念

液态乳是以生鲜牛乳、乳粉等为原料,经过适当的加工处理,制成可供消费者直接饮用的液体状的商品乳。

2.种类

(1)按杀菌方法分类

①巴氏杀菌乳。是仅以生牛(羊)乳为原料,经巴氏杀菌等工序制成的液体产品。

②灭菌乳。包括:a.超高温灭菌乳。是以生牛(羊)乳为原料,添加或不添加复原乳,在连续流动状态下加热到至少132℃,并保持很短时间的灭菌,再经无菌灌装等工序制成的液体产品。b.保持式灭菌乳。是以生牛(羊)乳为原料,添加或不添加复原乳,无论是否经过预热处理,在灌装并密封之后经灭菌等工序制成的液体产品。

③ESL乳(Extended Shelf Life Milk)。即延长货架期的巴氏杀菌乳,目前对该产品还没有相关法律规定。ESL乳不要求在无菌条件下包装,因此一般在保存、运输和销售过程要处于低温环境中。超巴氏杀菌是目前ESL乳生产的一种主要加工方式。物料经高于巴氏杀菌受热强度的杀菌处理,经非无菌状态下灌装所得产品。通常采用的温度时间组合是125～138℃、2～4 s。

(2)根据脂肪含量分类

①全脂牛乳。脂肪含量在3.5%～4.5%。

②部分脱脂牛乳。脂肪含量在1.0%～3.5%。

③脱脂牛乳。脂肪含量低于0.5%。

(3)根据营养成分或特性分类

①纯牛乳。以生鲜牛(羊)乳为原料,不脱脂、部分脱脂或脱脂,不添加任何辅料,经巴氏杀菌或超高温灭菌制得。

②调味乳。以生鲜牛(羊)乳为原料,不脱脂、部分脱脂或脱脂,添加规定的辅料,如巧克力、咖啡、各种谷物等,经巴氏杀菌或超高温灭菌制成的产品。这类产品一般含有80%以上的牛乳。

③含乳饮料。是以原料乳或乳粉为原料,加入适量辅料配制而成的具有相应风味的产品。含乳饮料可以分为中性和酸性两大类,其中酸性含乳饮料又可以分为调配型含乳饮料和发酵

型含乳饮料。

④营养强化乳。牛乳的营养强化是在原料乳的基础上，添加其他的营养成分，如氨基酸、维生素、矿物质等对人体健康有益的营养物质而制成的液态乳制品。

思考：伊利金典牛乳、蒙牛特仑苏是什么种类的牛奶？

（二）液态乳的质量标准

1. 巴氏杀菌乳质量标准（表 2-1 至表 2-3）

表 2-1 感官要求

项目	要求	检验方法
色泽	呈乳白色或微黄色	取适量试样置于 50 mL 烧杯中，在自然光下观察色泽和组织状态。闻其气味，用温开水漱口，品尝滋味
滋气味	具有牛乳固有的香味、无异味	
组织状态	呈均匀一致液体、无沉淀、无凝块、无正常视力可见异物	

表 2-2 理化指标

项目	指标	检验方法
脂肪[a]/(g/100 g)	≥3.1	GB 5413.3
蛋白质/(g/100 g)		GB 5009.5
牛乳	≥2.9	
羊乳	≥2.8	
非脂乳固体/(g/100 g)	≥8.1	GB 5413.39
酸度/°T		GB 5413.34
牛乳	12.0～18.0	
羊乳	6～13	

注：[a]仅适用于全脂巴氏杀菌乳。

表 2-3 微生物限量

项目	采样方案[a] 及限量(若非指定，均以 CFU/mL 表示)				检验方法
	n	c	m	M	
菌落总数	5	2	50 000	100 000	GB 4789.2
大肠菌群	5	2	1	5	GB 4789.3 平板计数法
金黄色葡萄球菌	5	0	0/25/g(mL)	—	GB 4789.10 定性检验
沙门氏菌	5	0	0/25/g(mL)	—	GB 4789.4

注：[a]样品的分析及处理按 GB 4789.1 和 GB 4789.18 执行。

2. 灭菌乳质量标准

灭菌乳质量标准见附录。

(三)液态乳工艺流程

乳品厂液态乳生产工艺流程分为三个阶段:预处理段、灌装段、包装段。

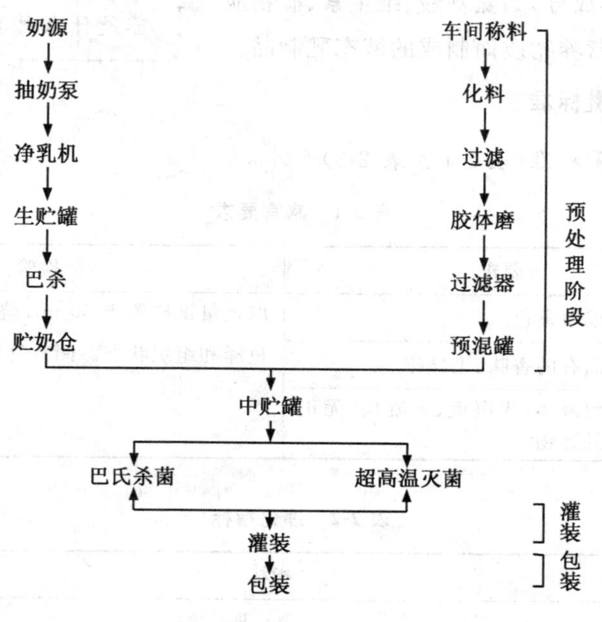

图 2-1 液态奶工艺流程

预处理阶段又分为:

①前处理阶段:包括奶源预处理、配料。

②后处理阶段:奶仓中鲜奶与预混罐中配料在中贮罐中混合,经巴氏杀菌或超高温灭菌成为半成品。

> 思考:你知道乳品企业的工作岗位都有哪些吗?

二、巴氏杀菌乳生产技术

(一)概念及特性

巴氏杀菌乳以牛(羊)乳为原料,采用较低温度(一般为 63～65℃、30 min 或 72～75℃、15～20 s)杀菌(杀死致病微生物)制成的液体产品。包括全脂巴氏杀菌乳、部分脱脂巴氏杀菌乳和脱脂巴氏杀菌乳。

巴氏杀菌乳产品特性:

a. 最大限度保持乳中的营养成分;b. 保质期短;c. 需冷链贮存(2～6℃)。

(二)巴氏杀菌乳生产工艺及工艺要点

1. 巴氏杀菌乳生产工艺流程

巴氏杀菌乳生产工艺流程如下(图 2-2):

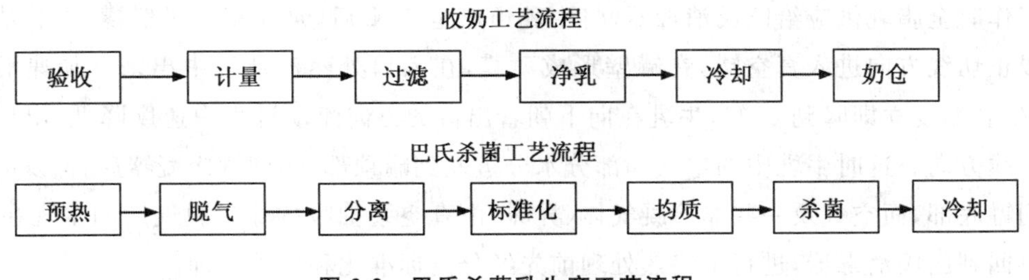

图 2-2 巴氏杀菌乳生产工艺流程

2. 巴氏杀菌乳生产工艺要点

收奶工艺流程技术要求见项目一。巴氏杀菌工艺流程要点：

(1)牛乳的脱气

牛乳刚被挤出后含有 5.5%～7%的气体，经过储存、运输、计量、泵送后，一般气体含量约在 10%以上。这些气体绝大多数是非结合分散存在的，对牛乳加工有不利的影响。其破坏作用主要包括：a. 影响牛乳计量的准确度；b. 影响分离和分离效果；c. 影响标准化的准确度；d. 巴氏杀菌机中结垢增加；e. 促使发酵乳中的乳清析出；f. 影响奶油的产量；g. 促使脂肪球结合；h. 促使游离脂肪吸附于奶油包装的内层。

在牛乳处理的不同阶段进行脱气是非常必要的。乳槽车上安装有脱气设备，帮助流量计正确计量；收奶间流量计之前也安装有脱气设备。但这两种方法对乳中细小的分散气泡不起作用。所以，带有真空脱气罐的牛乳处理工艺是更合理的。真空脱气罐如图 2-3 所示。

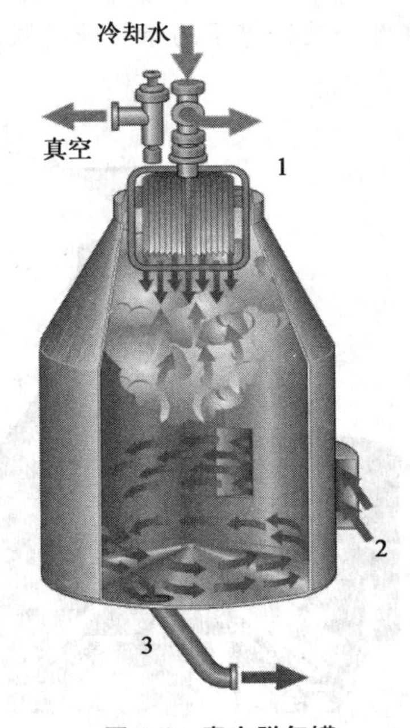

图 2-3 真空脱气罐

1. 安装在罐里的冷凝器 2. 切线方向的牛乳进口 3. 带水平控制系统的牛乳出口

思考：如果没有冷凝器，脱气罐会变成什么样的设备？具有怎样的功能？

工作时全脂乳供应给巴氏消毒器，将牛乳预热至68℃后，泵入真空脱气罐，牛乳从较宽的入口以正切线方向进入真空罐，在罐壁形成薄膜，在入口处蒸汽从乳中出来并加速沿罐壁流动，则牛乳温度立即降到60℃，牛乳在向下朝着出口的方向流动过程中速度降低，出口与罐底也呈切线方向。这时牛乳中的空气和部分水分蒸发到罐顶部，遇到罐冷凝器后，蒸发的水分冷凝回到罐底部，而空气及一些非冷凝气体（异味）由真空泵抽吸排除。脱气后的牛乳在60℃条件下再回到巴氏消毒器，进行最终热处理前先经分离标准化和均质处理。

在生产线上有分离机时，必须在分离前安装一个流量控制器，以保持稳定的流量通过脱气罐，这样，均质机必须安装一个循环管路。没有分离机的生产线，均质机（没有循环管路）保持稳定牛奶流量通过脱气罐。

（2）净化分离

①牛乳分离净化的设备。离心分离机是乳品厂最精密的设备之一，主要用于牛乳的净化，奶油的分离与均质。

离心分离机根据不同用途分类，可以分为：牛乳分离机、离心净乳机、分离均质机、一机多用的离心机。

a. 牛乳分离机。牛乳分离机主要用于将牛乳分成稀奶油和脱脂乳两大部分。牛乳分离机的重要特性是脱脂率，通常要求分离出的脱脂乳中脂肪含量不超过0.02%。

b. 离心净乳机。离心净乳机主要用于净乳，没有分离标准化的要求。

c. 分离均质机。分离均质机的结构与分离机相同，只是稀奶油不直接排出，而是经过一个特殊的均质圆盘，将脂肪球打碎，重新返回进料中，这部分被打碎了的脂肪球随脱脂乳一起排出，就是均质。

d. 一机多用的离心机。这种离心机既能脱脂又能净化和标准化，特别适合于牛乳加工厂。其原理是把牛乳分离成脱脂乳和稀奶油，然后，再在管道中混合，控制一定的量，达到标准化。此种分离机的沉渣体积比一般分离机大。

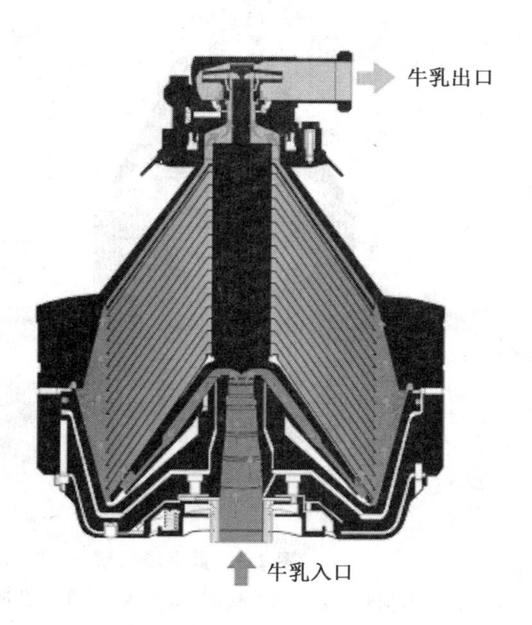

图2-4 离心净乳机剖面

原料乳经过数次过滤后，虽然除去了大部分的杂质，但是，由于乳中污染了很多极为微小的固体杂质和细菌细胞，难以用一般的过滤方法除去。为了达到最高的纯净度，一般采用离心净乳机净化，在巴氏杀菌前除去乳中的固体杂质、乳房细胞、白细胞、红细胞、微生物等。

如图2-4所示，在离心净乳机中，牛乳在碟片组的外侧边缘进入分离通道，并快速地流过通向转轴的通道，并由一上部出口排出，流经碟片组的途中，固体杂质被分离出来并沿着碟片的下侧被甩回到净化钵的周围，在此集中到沉渣空间，由于牛乳沿着碟片的半径宽度通过，所以流经所用的时间足够非常小的颗粒进行分离。

离心净乳机和牛乳分离机最大的不同在于碟片组的设计。离心净乳机没有分配孔，且只有一个出口，而牛乳分离机有两个，如图 2-5 所示。设备图片见图 2-6，图 2-7。

思考：分配孔的作用是什么？

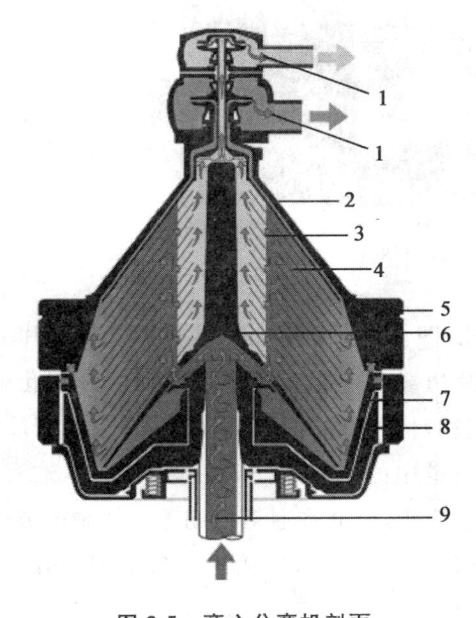

思考：杂质是从哪里排出来的？

图 2-5　离心分离机剖面

1.出口泵　2.钵罩　3.分配孔　4.碟片组　5.锁紧环
6.分配器　7.滑动钵底部　8.钵体　9.空心钵轴

图 2-6　离心净乳机

图 2-7 奶油分离机

在离心分离机上，碟片组带有垂直的分布孔，图 2-5 示意了在牛乳分离机的碟片上，脂肪球是如何从牛乳中分离出来的。牛乳进入距碟片边缘一定距离的垂直排列的分配孔中，在离心力的作用下，牛乳中的颗粒和脂肪球根据它们相对于连续介质（即脱脂肪乳）的密度而开始在分离通道中径向朝里或朝外运动。由于此时通道中的脱脂乳向碟片边缘流动，这有助于固体杂质的沉淀。稀奶油，即脂肪球，比脱脂乳的密度小，因此在通道内朝着转动轴的方向运动，稀奶油通过轴口连续排出。脱脂乳向外流动到碟片组的空间，进而通过最上部的碟片与分离钵锥罩之间的通道，由此排出。

②牛乳分离的操作要点。

a. 操作要严格控制进料量，进料量不能超过生产能力。否则将影响分离效果。

b. 采用空载启动，即在分离机达到规定转速后，再开始进料，减少启动负荷。

c. 牛乳分离前，应预热，并经过净化，避免碟片堵塞，影响分离。

d. 牛乳分离过程中应注意观察脱脂乳和稀奶油的质量，及时取样测定。一般脱脂乳中残留的脂肪含量应为 0.01%～0.05%以下。

③影响牛乳分离效果的因素。

a. 转速。转速越高分离效果越好。但转速的提高受到分离机机械结构和材料强度的限制，一般控制在 7 000 r/min 以下。

b. 牛乳流量。进入分离机的牛乳流量应低于分离机的生产能力。若流量过大，分离效果差，脱脂不完全，稀奶油的获得率也较低，对生产不利。

c. 脂肪球大小。脂肪球直径越大，分离效果越好。但设计或选用分离机时亦应考虑到需要分离的大量的小脂肪球。目前可分离出的最小的脂肪球直径为 1 μm 左右。

d. 牛乳的清洁度。牛乳中的杂质会在分离时沉积在转鼓的四周内壁上，使转鼓的有效容积减少，影响分离效果。因此，应注意分离前的净化和分离中的定时清洗。

e. 牛乳的温度。乳温提高，黏度降低，脂肪球与脱脂乳的密度差增大，有利于提高分离效果。但应注意不要使温度过高，以避免引起蛋白质凝固或起泡，一般乳温控制在 35～40℃，封闭式分离机或半密闭式分离机的分离温度为 50℃。

f. 碟片的结构。碟片的最大直径与最小直径之差和碟片的仰角，对提高分离效果关系甚大。一般以碟片平均半径与高度之比为 0.45～0.70，仰角为 45°～60°为佳。

g. 稀奶油含脂率。稀奶油含脂率根据生产质量要求调节。稀奶油含脂率低时，密度大，易分离获得；含脂率高时，密度小，分离难度大些。

(3)标准化

思考：你认为脂肪和蛋白质的标准化有怎样的意义？

因为产品规格或生产企业产品标准要求，乳制品的成分需要标准化。标准化主要包括脂肪含量、蛋白质含量及其他一些成分。

①脂肪标准化：调节牛奶中脂肪的含量，通过加入或分离稀奶油，或加入脱脂乳以获得规定的牛奶含脂率。

②蛋白质标准化：调节牛奶中蛋白质的含量，或从高蛋白质奶中用超滤法除去多余的蛋白质，或加入可溶性乳蛋白等。脂肪标准化在液态乳标准化中更为常见。

各国牛奶标准化的要求有所不同。一般说来，低脂奶含脂率为 0.5%，普通奶为 3%。因而，在乳品厂中牛奶标准化要求非常精确，若产品中含脂率过高，乳品厂就浪费了高成本的脂肪，而含脂率太低又等于欺骗消费者。因此，每天进行含脂率分析是乳品厂的重要工作。我国规定巴氏杀菌乳的含脂率为 3.1%，凡不合乎标准的乳都必须进行标准化。

a. 标准化中混合的计算。乳脂肪的标准化可通过添加稀奶油或脱脂乳进行调整，如将全脂乳与脱脂乳混合，将稀奶油与全脂乳混合，将稀奶油与脱脂乳混合，将脱脂乳与无水奶油混合等。

标准化时，应首先了解即将标准化的原料乳的脂肪和非脂乳固体含量，以及用于标准化的稀奶油或脱脂乳的脂肪和非脂乳固体含量，这些是标准化的计算依据，计算方法是，假设原料乳含脂率为 p%，脱脂乳或稀奶油的含脂率为 q%，按比例混合后，混合乳的含脂率为 γ%，拟标准化的原料乳量为 x kg，需添加的稀奶油或脱脂乳量为 y kg 时，对脂肪进行物料衡算，则

$$px + qy = \gamma(x+y);\frac{x}{y}=\frac{\gamma-q}{p-\gamma}$$

式中：q——稀奶油脂肪含量，%；

p——脱脂乳脂肪含量，%；

γ——最终产品的脂肪含量，%；

x——最终产品的数量，kg；

y——需添加的稀奶油或脱脂乳数量 kg。

上式中，若 $q<\gamma$，$p\geqslant\gamma$，则表示需添加脱脂乳；反之，则表示需加稀奶油。用图 2-8 表示如下。

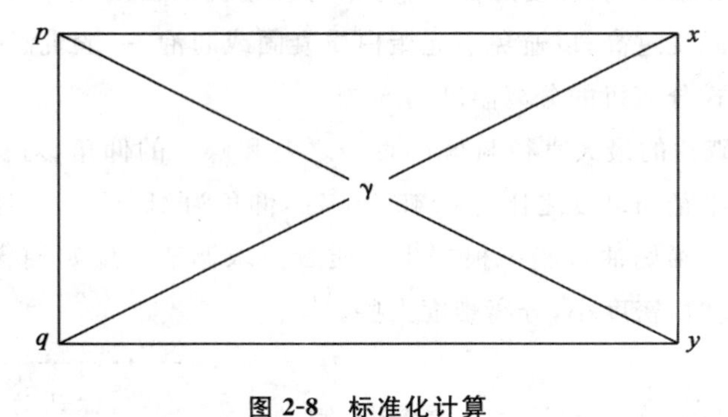

图 2-8 标准化计算

b. 标准化原理。当所有参数不变时，则由分离机分离出来的稀奶油和脱脂乳中的脂肪含量也是一定的。

以处理 100 kg 含脂率为 4% 的全脂乳的图例（图 2-9）说明。要求是生产出脂肪含量为 3% 的标准化乳和脂肪含量为 40% 的多余奶油的最适宜量。100 kg 的全脂乳分离出含脂率 0.05% 的脱脂乳 90.1 kg，含脂率为 40% 的稀奶油 9.9 kg。在脱脂乳中必须加入含脂率为 40% 的稀奶油 7.2 kg，才能获得含脂率为 3% 的市乳 97.3 kg，剩下 9.7－7.2＝2.7(kg) 含脂率为 40% 的稀奶油。

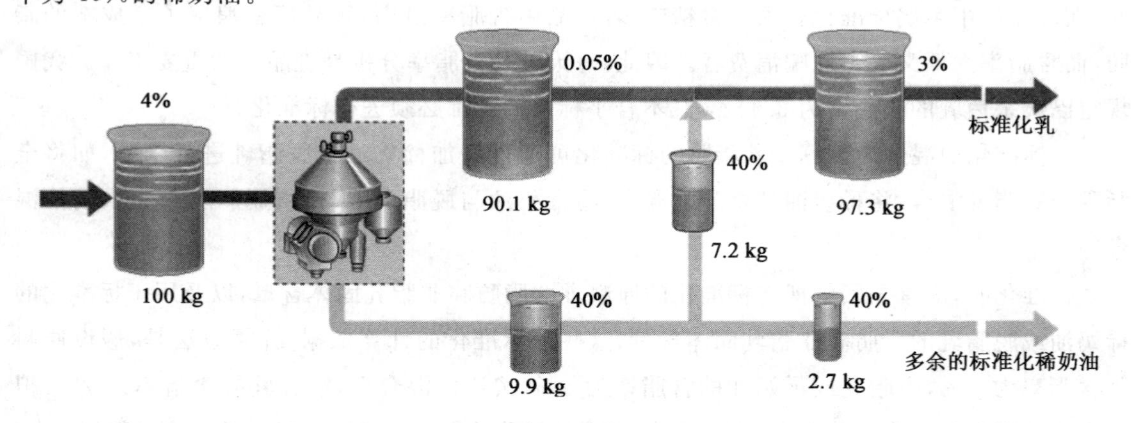

图 2-9 脂肪标准化原理

c. 标准化的方法。标准化有三种不同的方法：

第一，预标准化。预标准化是指在巴氏杀菌之前把全脂乳分离成稀奶油和脱脂乳进行标准化。为了调高或降低含脂率，将分离出来的脱脂乳或稀奶油与全脂乳在奶罐中混合，以达到要求的含脂率。如果标准化乳含脂率高于原料乳的，则需将稀奶油按计算比例与原料乳混合至达到要求的含脂率；如果标准化乳含脂率低于原料乳的，则需将脱脂乳按计算比例与原料乳在罐中混合达到稀释的目的。经分析和调整后，标准化的乳再进行巴氏杀菌。

第二，后标准化。后标准化是指在巴氏杀菌后进行，方法同上。后标准化由于是在杀菌后再对产品进行混合，因此会有多次污染的危险。

上述两种方法都需要使用大型的、笨重的混合罐，分析和调整工作量也很大，因此近年来越来越多地使用第三种方法，即直接标准化。

第三，直接标准化。直接自动标准化如图 2-10 所示，将全脂乳加热至 55～65℃，然后，按预先设定好的脂肪含量，分离出脱脂乳和稀奶油，把来自分离机的定量稀奶油立即在管道系统内重新与脱脂乳定量混合，以得到所需含脂率的标准乳。多余的稀奶油会流向稀奶油巴氏杀菌机。直接标准化的特点为：快速、稳定、精确、与分离机联合运作、单位时间处理量大。

脱脂乳出口处的压力控制系统保持了恒定的压力，稀奶油调节系统调节稀奶油的流量以维持恒定的脂肪含量。比例调节器将一定脂肪含量的稀奶油与相应比例的脱脂乳混合，得到规定脂肪含量的标准乳，如图 2-10 所示。

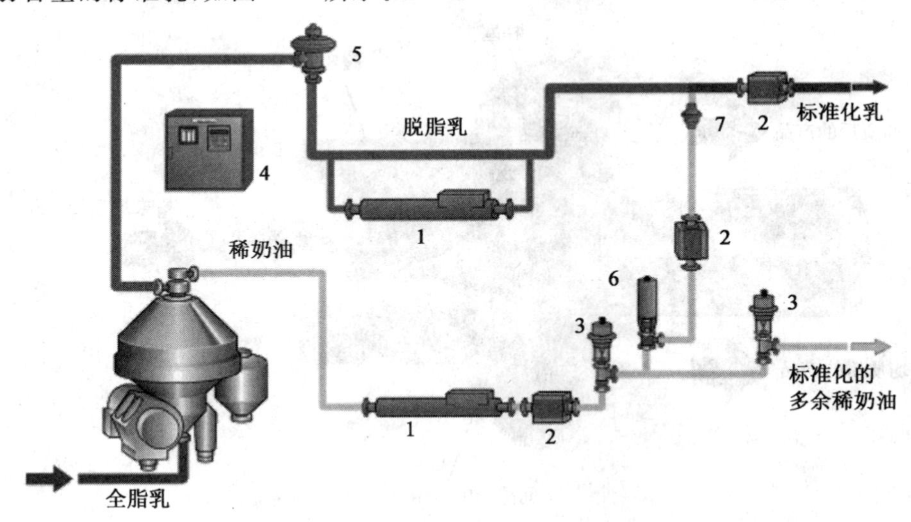

图 2-10 在线直接标准化系统

1. 密度传感器 2. 流量传感器 3. 控制阀 4. 控制盘 5. 恒压阀 6. 截止阀 7. 检查阀

(4)均质

所谓均质就是将乳中脂肪球在强力的机械作用下破碎成小的脂肪球。

①均质的目的。

a. 防止脂肪上浮或其他成分沉淀而造成的分层。为了做到这一点，脂肪球的大小应被大幅度地降低到 1 μm。另外，均质能减少颗粒的沉淀、酪蛋白在酸性条件下的凝胶沉淀。

b. 提高微粒聚集物的稳定性。通过均质脂肪球的直径减小使表面积增大，增加了脂肪球的稳定性。此外，尤其在稀奶油层中易发生微粒聚沉，经均质过的制品中形成的微粒聚沉非常缓慢。总之，防止微粒聚沉通常是均质最重要的目的。

c. 获得要求的流变性质。均质块的形成能极大地增加产品如稀奶油的黏度。均质后酸化的乳(如酸奶)比未被均质的酸化乳的黏度要高。这是由于被酪蛋白覆盖的脂肪球参与酪蛋白胶束的凝聚。

d. 还原乳制品。均质可以使乳成分在溶液中分散,然而均质机不是乳化设备,混合物应首先预乳化,如严格进行搅拌,形成不完全乳化体系后再均质。

②均质原理。如图 2-11 所示。

a. 剪切作用。牛乳以高速度通过均质头中的窄缝时,由于涡流而对脂肪产生剪切力,使脂肪破碎。

b. 空穴作用。液体静压能降至脂肪的蒸汽压力之下,会在液体内部产生局部瞬时真空,形成空穴现象,使脂肪球爆裂而粉碎。

c. 撞击作用。当脂肪球以高速度冲击均质阀时,使脂肪球破碎。高压均质机中使用前后排列的两个均质头进行双级均质处理来提高均质效果。

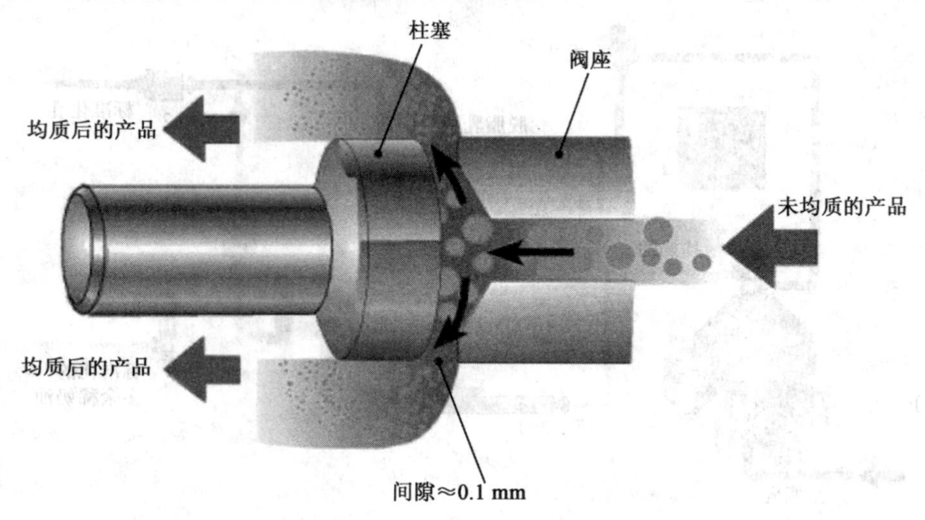

图 2-11 脂肪球在均质机中的状态示意

③二级均质。

二级均质指物料连续通过两个串联的均质阀:一级均质阀和二级均质阀。二级均质与二次均质完全不同。二级均质的目的是使一级均质后重新结合在一起的小脂肪球分开(图 2-12)。通常一级均质用于低脂肪产品和高黏度产品的生产。二级均质可用于高脂产品、高干物质和低黏度产品的生产。

思考:为什么高黏度产品不能用二级均质?

目前生产中采用二段均质机,其中第一段均质压力大(占总均质压力的 2/3),形成的湍流强度高,能打破脂肪球;第二段的压力小(占总均质压力的 1/3),形成的湍流强度很小,不足以打破脂肪球,因此不能再形成新的脂肪球,但可打破第一段均质形成的均质团块。

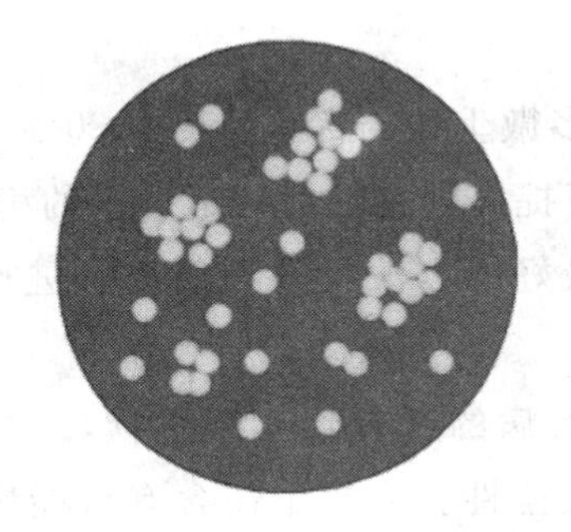
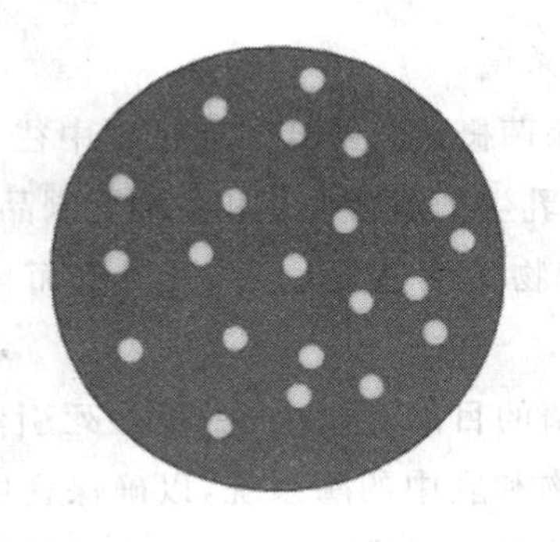

图 2-12 均质效果

1. 一级均质后脂肪球 2. 二级均质后脂肪球

④均质影响因素。均质可以是全部的，也可以是部分均质。许多乳品厂仅使用部分均质，主要原因是因为部分均质只需一台小型均质机，这从经济和操作方面来看都有利；牛奶全部均质后，通常不发生脂肪球絮凝现象，脂肪球相互之间完全分离。相反地，将稀奶油部分均质时，如果稀奶油含脂率过高，就有可能发生脂肪球絮凝现象(黏滞化)。因此，在部分均质时稀奶油的含脂率不应超过 12%。

思考：部分均质的局限性是什么？

如果均质温度太低，也有可能发生黏滞现象。因此，均质温度不能低于 50℃。通常进行均质的温度为 65℃，均质压力为 10～20 MPa。

⑤均质效果的测定。可以通过测定均质指数来检查牛奶的均质效果，把奶样在 4～6℃的温度下保持 48 h。然后测定在上层(容量的 1/10)和下层(容量的 9/10)中的含脂率。上层与下层含脂率的百分比差数，除以上层含脂率数即为均质指数。例如，上层的含脂率为 3.3%，下层为 3.0%，均质指数将为：

$$\frac{(3.3-3.0)\times 100}{3.3}=9$$

均质奶的均质指数应在 1～10 的范围之内。均质后的脂肪球，大部分在 1.0 μm 以下。均质的效果，也可以用显微镜、离心、静置等方法来检查，通常用显微镜检查比较简便。

⑥均质对乳的其他影响。含有解脂酶的均质乳大大增加了脂肪分解，均质后原料乳在几分钟内就可酸败，这可以解释为解脂酶能够渗透由于均质而形成的膜，但不能渗透天然(乳脂肪球)膜中。因此，应避免均质生牛奶，或者把均质后的乳迅速巴氏杀菌以使解脂酶失活。由于在均质机中乳可能被细菌污染，因此常在巴氏杀菌前均质。此外，应避免均质后的乳与原料乳的混合，以防脂肪被分解。另外，均质乳还表现出如下特性：颜色变白、易于形成泡沫、易于脂肪自然氧化、脂肪球失去冷却条件下凝固起来的能力。这是由于均质(在非常低的压力——1 MPa 就足够了)后凝集素失活而非脂肪球变化引起。细菌(如乳酸菌等)的凝集素也能失活，但需更高的压力如 10 MPa。

(5)巴氏杀菌

①巴氏杀菌概述。鲜乳处理过程中往往受许多微生物的污染（其中80%为乳酸菌），因此，当利用牛乳生产消毒牛乳和各种乳制品时，为了提高乳在贮存和运输中的稳定性，避免酸败，防止微生物传播造成危害，最简单而且效果最好的方法就是利用加热进行杀菌或灭菌处理。

巴氏杀菌的目的有两个，一是杀死引起人类疾病的所有致病微生物，二是最大限度破坏其他微生物和乳中的酶系统，以确保食用者的安全性。牛奶中还含有可能影响产品味道和保存期的酶类和微生物。因此，为了保证产品质量牛奶就需要比杀死致病微生物更强的热处理。

温度和时间的组合决定了热处理的强度，只要相对缓和的热处理，对乳的理化特性影响就很小，而其要能杀死出现于乳中的全部致病菌。乳被加热到63℃、保持10 min时，乳中最耐热的结核杆菌(T. B)就会被杀死，因此，牛乳加热到63℃、保持10 min，就能保证安全。因此，结核杆菌(T. B)就可以作为巴氏杀菌的指标。

②巴氏杀菌的方法。杀菌或灭菌不仅影响消毒乳的质量，而且影响风味和色泽，因此，巴氏杀菌的温度和持续时间是关系到牛奶的质量和保存期等的重要因素，必须准确。如果巴氏杀菌太强烈，那么该牛奶就有蒸煮味和焦糊味，稀奶油也会产生结块或聚合。

加热杀菌形式很多，表2-4是乳品加工企业主要的热处理方式。

表2-4 乳业中常用的热处理方法

杀菌工艺	温度/℃	时间
初次杀菌	63～65	15 s
低温长时巴氏杀菌	63	30 min
高温短时巴氏杀菌	72～75	15～20 s
超巴氏杀菌	125～138	2～4 s
超高温灭菌	135～140	2～4 s
保持灭菌	115～120	20～30 min

a. 初次杀菌。在许多大的乳品企业中，不可能在收乳后立即进行巴氏杀菌或进入生产线加工。因此有一部分牛乳必须在大储奶罐中储存数小时。在这种情况下，即使是低温冷却也防止不了牛乳的严重变质。因此，许多乳品厂对牛乳进行预巴氏杀菌，这种工艺称为初次杀菌。即把牛乳加热到63～65℃，持续15 s。

初次杀菌的目的主要是杀死嗜冷菌，因为长时间低温贮存牛乳，会导致嗜冷菌大量繁殖，进而产生大量的耐低温解脂酶和蛋白酶。为了防止热处理后好氧芽孢菌在牛乳中繁殖，初次杀菌后必须将牛乳迅速冷却到4℃或者更低的温度。

实际上，牛奶在到达乳品企业24 h内应全部进行巴氏杀菌。

b. 低温长时巴氏杀菌(LTLT)。这是一种间歇式巴氏杀菌方法，即牛乳在63℃下保持

30 min 达到巴氏杀菌的目的。牛奶在杀菌后立即冷却至 10℃。

c. 高温短时巴氏杀菌(HTST)。适用于生产量为 400～50 000 L/h 的巴氏杀菌工艺。具体时间和温度的组合可根据所处理的产品类型而变化。用于鲜乳的高温短时杀菌工艺是把牛乳加热到 72～75℃、15～20 s；80～85℃、10～20 s 后再冷却。国际乳品联合会(IDF)推荐，用于牛乳和稀奶油的高温短时杀菌工艺为：72～75℃，15～20 s，稀奶油(脂肪含量 10%～20%)为 75℃、15 s，稀奶油(脂肪含量≥20%)为 80℃以上，15 s。

思考：稀奶油(脂肪含量≥20%)为什么杀菌温度为 80℃以上，15 s?

d. 超巴氏杀菌。超巴氏杀菌的目的是延长产品的保质期，其采取的主要措施是尽最大可能避免产品在加工和包装过程中再污染，这需要极高的卫生条件和优良的冷链分销系统。超巴氏杀菌的温度为 125～138℃，时间 2～4 s，然后将产品冷却到 7℃以下储存和分销，即可使牛乳保质期延长至 40 d 甚至更长。

但超巴氏杀菌温度再高、时间再长，它仍然与高温灭菌有根本的不同。首先，超巴氏杀菌产品并非无菌灌装。其次，超巴氏杀菌产品不能在常温下储存和分销。第三，超巴氏杀菌产品也不是无菌产品。

③巴氏杀菌的设备。在液态乳的杀菌过程中，最常用的热交换器主要有三种：板式热交换器(PHE)、管式热交换器(THE)和刮板式热交换器。

a. 板式热交换器。如图 2-13 所示，乳制品的热处理大多在板式热交换器中进行。板式热交换器常常缩写成 PHE，由夹在框架中的一组不锈钢板组成。该框架可以包括几个独立的板组—区段—不同的处理阶段，如预热、杀菌，冷却等均可在此进行。根据产品要求的出口温度，热介质是热水，冷介质可以是冷水、冰水、或丙基乙二醇。板片设计成传热效果最好的瓦楞形，板组牢固地压紧在框中，瓦楞板上的支撑点保持各板分开，以便在板片之间形成细小的通道。液体通过板片一角的孔进出通道。改变孔的开闭，可使液体从一通道按规定的线路进入另一通道。板周边和孔周边的垫圈形成了通道的边界，以防向外渗漏与内部液流混合。

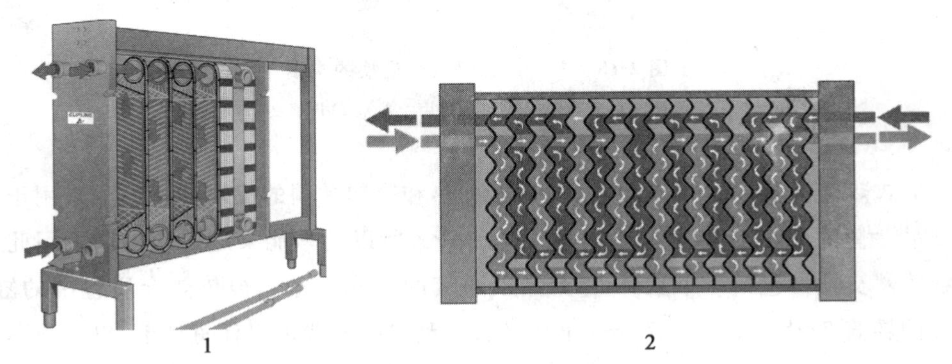

图 2-13 板式热交换器中液体流动和热传递原理

1. 板式热交换器中液体流动和热传递的原理 2. 产品和加热/冷却介质平行流动的装置

b.管式热交换器。如图 2-14、图 2-15 所示，在某些情况下，管式热交换器(THE)也用于乳制品的巴氏杀菌/超高温处理。管式热交换器在产品通道上没有接触点，这样它就可以处理含有一定颗粒的产品。颗粒的最大直径取决于管子的直径，在 UHT 处理中，管式热交换器要比板式热交换器运行的时间长。从热传递的观点看，管式热交换器比板式热交换器的传热效率低。管式热交换器现有两种截然不同的类型：多个/单个流道，多个/单个管道。

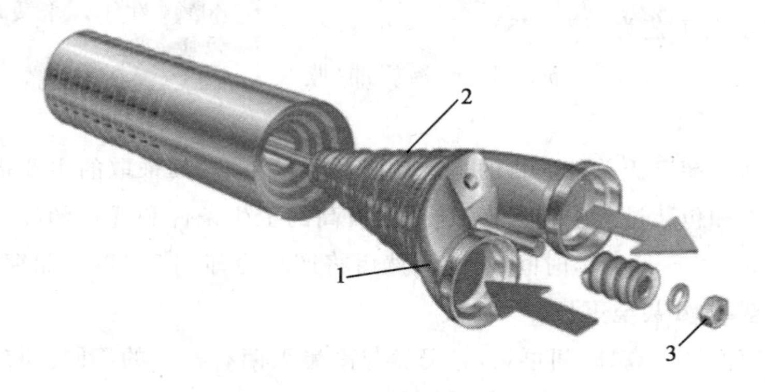

图 2-14 多流道管式热交换器的末端

1.顶盖 2.O形环 3.末端螺母

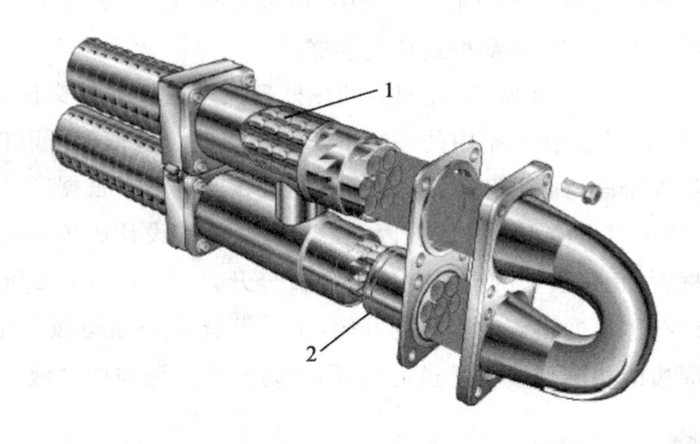

图 2-15 多管道的管式热交换的末端

1.被冷却介质包围的产品管束 2.双O形密封

c.刮板式热交换器。如图 2-16 所示，用于加热和冷却黏稠的成块的产品或是用于产品的结晶。产品一侧的工作压力很高，通常达 0.14 MPa，所以凡是能泵送的产品均可用此设备处理。刮板式热交换器包括一个缸体 1，产品以逆流的方式泵送至被传热介质包围的缸筒中。各种直径的转筒 2，从 50.8～127 mm 不等，销钉/刮刀的配置可以任意调节，以适应不同的用途。较大直径的转筒可使大颗粒(可达 25 mm)的产品通过缸体，而较小直径的转筒则可缩短产品在缸体中的停留时间，并提高传热性能。

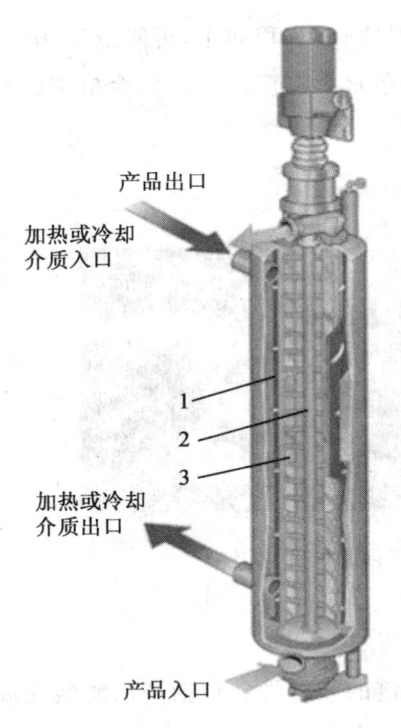

图 2-16 垂直型刮板式热交换器

1.缸体 2.转筒 3.刮刀

思考:牛奶从哪里进入,又从哪里出来?

(6)冷却

乳经杀菌后,巴氏消毒奶、非无菌灌装产品虽然绝大部分或全部微生物都已消灭,但是在以后各项操作中还是有被污染的可能,为了抑制牛乳中细菌的发育,延长保存性,仍需及时进行冷却,通常将乳冷却至4℃左右。而超高温灭菌奶则冷却至20℃以下即可。

(7)灌装

灌装的目的主要为便于零售,防止外界杂质混入成品中、防止微生物再污染、保存风味和防止吸收外界气味而产生异味以及防止维生素等成分受损失等。灌装容器主要为玻璃瓶、乙烯塑料瓶、塑料袋和涂塑复合纸袋包装。

①玻璃瓶包装。可以循环多次使用,破损率可以控制在0.3%左右。与牛乳接触不起化学反应,无毒,光洁度高,又易于清洗。缺点为重量大,运输成本高,易受日光照射,产生不良气味,造成营养成分损失。回收的空瓶微生物污染严重,清洗消毒很困难。要注意瓶子清洗效果、在线检查、卫生检查。清洗后,瓶子内壁定时做微生物涂抹检查。

②塑料瓶包装。塑料奶瓶多用聚乙烯或聚丙烯塑料制成,其优点为重量轻,可降低运输成本;破损率低,循环使用可达400~500次;除能耐碱液和次氯酸的处理,聚丙烯还具有刚性,还能耐150℃的高温。其缺点是旧瓶表面容易磨损,污染程度大,不易清洗和消毒。在较高的室温下,数小时后即产生异味,影响质量和合格率。

③涂塑复合纸袋包装。这种容器的优点为容器质轻，容积亦小，可降低送奶运费；不透光线使营养成分损失小；不回收而减少污染。缺点为包材影响产品质量和合格率；一次性消耗，成本较高。

灌装设备如图 2-17 所示。

图 2-17 巴氏杀菌乳灌装设备

(8)贮存和分销

在巴氏杀菌乳贮存和分销过程中，必须保持冷链的连续性。包括产品灌装完成后企业冷库贮存，从乳品企业到销售点运输过程的冷藏及在销售点贮藏、销售过程的冷藏。其中后者是冷链的两个薄弱环节。除此之外，巴氏杀菌产品的贮存、分销中还应注意：

①小心轻放，避免产品与坚硬物体碰撞。

②远离有异味的物质。

③避光。

④防尘和避免高温。

⑤避免强烈振动。

> 思考：家庭订的奶为什么要放在冰箱贮存？

3. 巴氏杀菌乳生产线

生产普通巴氏杀菌奶的各家乳品厂工艺流程的设计差别很大。例如，标准化可以采用预标准化、后标准化或者直接标准化，而均质也可以是全部的或者是部分的均质。最简单的工艺是生产巴氏杀菌全脂奶(图 2-18)，这种加工线包括一台净乳机、均质机、巴氏杀菌器、缓冲罐、包装机。

牛奶经平衡槽 1 进入生产线，由进料泵 2 泵入板式热交换器 4，牛奶首先被预热，如果牛奶中含有大量的空气或异常气味物质就要脱气，脱气是在真空脱气机中进行。牛奶经脱气后经过流量控制器 3 到分离机 5，在这里牛奶被分离为脱脂乳和稀奶油。

不管进入的原料奶含脂率和奶量发生任何变化，从分离机流出来的稀奶油的含脂率都能调整到要求的标准，并保持这一标准。稀奶油部分的含脂率通常调到 40%，也可调到其他标准。例如，如该稀奶油打算用来生产黄油，则可调到 37%。

稀奶油含脂率通过控制系统保持恒定，此系统包括流量传感器 7、密度传感器 8、调节阀 9

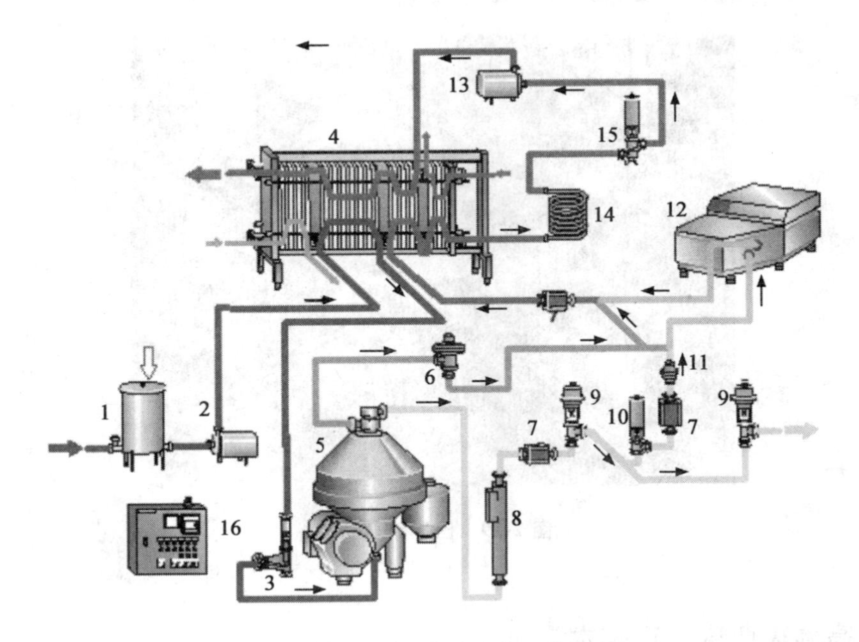

图 2-18 巴氏杀菌乳生产工艺流程

1.平衡槽 2.物料泵 3. 流量控制器 4.板式热交换器 5.离心机 6.恒压阀 7.流量传感器 8.浓度传感器 9.调节阀 10.逆止阀 11.检测阀 12.均质机 13.升压泵 14.保温管 15.回流阀 16.控制盘

和标准化控制系统。此生产线中采用的是部分均质,仅对部分稀奶油和脱脂乳进行均质,40%脂肪含量的稀奶油在经过截止阀 10 之后,与部分脱脂乳混合成 10%脂肪含量,再进入均质机均质。这样只用较小的均质机 12 就能完成任务,并且消耗很少的动力仍能保持很好的均质效果。在部分均质中,均质机也需要和脱脂乳生产线相连接,这样保证均质机一直有足够的物料使其正常运转。因此,相对低流速的稀奶油用脱脂奶补充可以达到额定的流速。

均质后,在进行巴氏杀菌之前,含脂率 10%的稀奶油最后在管中与脱脂乳混合达到 3%的标准化含脂率。经过脂肪标准化的乳被泵入到板式换热器 4 的加热段中进行巴氏杀菌,所需的保温时间由单独的保温管 14 所保证,巴氏杀菌温度可以被连续记录下来。泵 13 是增压泵,即增加了产品的压力,这样如果板式换热器发生泄漏,经巴氏杀菌的乳不会被未加工的乳或冷却介质所污染。

如果巴氏杀菌的温度降低了,可被温度传感器检测到。信号促使回流阀 15 动作开启回流管路,牛奶回流到平衡槽,重新杀菌。巴氏杀菌后,牛奶流到板式换热器 4 的热回收段,先与流入的未经处理的乳进行回收换热,未经处理的乳被预热,而巴氏杀菌乳本身被冷却,然后在板式换热器 4 的冷却段再由冰水进行冷却,冷却后牛奶被泵入到缓冲罐,等待灌装机进行灌装。

巴氏杀菌机组如图 2-19 所示。

图 2-19 巴氏杀菌机组

三、超高温灭菌乳生产技术

灭菌乳又称长久保鲜乳，系指以鲜牛乳为原料，经净化、标准化、均质、灭菌和无菌包装或包装后再进行灭菌，从而具有较长保质期的可直接饮用的商品乳。

根据其热处理灭菌条件不同，灭菌方法可分为三类。

1. 一次灭菌乳

将乳装瓶后，用 110～120℃、10～20 min 加压灭菌。

> 思考：一段灭菌对奶会有怎样的影响？

2. 二次灭菌

牛奶的二次灭菌有三种方法：一段灭菌、二段灭菌和连续灭菌。

①一段灭菌时，牛奶先预热到约 80℃，然后灌装到干净的、加热的瓶子中。瓶子封盖后，放到杀菌器中，在 110～120℃温度下灭菌 10～40 min，对奶的损害最大。

②二段灭菌时，牛奶在 130～140℃温度下预杀菌 2～20 s。这段处理可在管式或板式热交换器中靠间接加热的办法进行，或者是用蒸汽直接喷射牛奶。当牛奶冷却到约 80℃后，灌装到干净的、热处理过的瓶子中，封盖后，再放到灭菌器中进行灭菌。

后一段处理不需要像前一段杀菌时那样强烈，因为第二阶段杀菌的主要目的只是为了消除第一阶段杀菌后重新染菌的危险。

③连续灭菌时，牛奶或者是装瓶后的奶在连续工作的灭菌器中处理，或者是在无菌条件下在一封闭的连续生产线中处理。在连续灭菌器中灭菌可以用一段灭菌，也可以用二段灭菌。奶瓶缓慢地通过杀菌器中的加热区和冷却区往前输送。这些区段的长短应与处理中各个阶段所要求的温度和停留时间相适应。

3. 超高温(Ultra High Temperature,简写 UHT)灭菌

一般采用 120～150℃、0.5～4 s 杀菌。通过升高灭菌温度和缩短保持时间也能达到相同的灭菌效果。这种灭菌方式称为超高温灭菌。现在大乳品企业多采用 UHT 杀菌。

(一)UHT 产品定义及常用语

UHT 产品是将物料在连续流动的状态下通过热交换器加热至 135～150℃,并在这一温度下保持一定时间以使其达到商业无菌的水平;产品冷却后在无菌状态下灌装于无菌包装容器中,以使产品能够在非冷藏条件下进行分销。UHT 产品能在非冷藏条件下分销,可保持相当长时间而产品不变质。现在,UHT 产品已从最初的牛奶拓展到了其他不同品种的饮料,如各类果汁、茶饮料等,灭菌温度为 100～135℃。

①灭菌是指杀灭产品中微生物的过程(用 100℃以上的温度进行热处理)。

②无菌是指处于没有活体细胞存在或所有活体细胞已被杀死的状态下。

③商业无菌是指产品处于无致病微生物、无微生物毒素,以及在正常的仓储、运输条件下,微生物不发生增殖的状态。

(二)UHT 乳生产工艺及工艺要点

> 思考:我们喝的鲜牛乳有真正无菌的吗?

1. UHT 乳生产工艺流程

UHT 乳生产工艺流程如下:

(1)前处理阶段

原料乳验收→预处理/标准化→巴氏杀菌→冷却/保温罐贮存→到 UHT 灭菌机

(2)UHT 处理阶段

泵入 UHT 平衡罐→预热→脱气(83℃)→均质 15～20 MPa(二级 5 MPa)→UHT 灭菌(137℃ 4 s)→冷却(20～25℃)→无菌包装

(3)无菌包装阶段

UHT 乳→无菌包装机→贴吸管→装箱→入库→保温实验→分销

或,UHT 乳→无菌平衡罐→无菌包装机→贴吸管→装箱→入库→保温实验→分销

2. UHT 乳生产工艺要点

(1)原料乳验收、预处理

用于灭菌的牛奶必须是高质量的,即牛乳中的蛋白质能经得起剧烈的热处理而不变性。为了适应超高温处理,牛奶必须至少在 75%的酒精浓度中保持稳定。一般正常为 72%,否则将不稳定,易沉淀。

下列牛奶不适宜于超高温处理:

> 思考:家庭订奶是巴氏杀菌,味道比 UHT 乳要好,营养价值和 UHT 乳比哪种好呢?

①酸度偏高的牛奶。

②牛奶中盐类平衡不适当。

③牛奶中含有过多的乳清蛋白(白蛋白、球蛋白等),即初乳。

另外，牛奶的细菌数量，特别对热有很强抵抗力的芽孢数目应该很低。

原料乳首先经验收、预处理、标准化、巴氏杀菌等过程。超高温灭菌乳的加工工艺通常包含巴氏杀菌过程。对于预杀菌有专家认为，巴氏杀菌后再进行 UHT 灭菌将对牛奶的营养造成严重损伤，但巴氏杀菌可更有效地提高生产的灵活性，及时杀死嗜冷菌，避免其繁殖代谢产生的酶类影响产品的保质期，所以在现有条件下使用巴氏杀菌进行预杀菌还是非常重要的。

一般巴氏杀菌工艺参数：进料≤8℃，杀菌温度控制在 85～90℃、10～15 s。

板式换热器将牛乳冷却到不高于 5℃，贮存温度≤8℃。

(2)闪蒸(脱气)

急剧蒸发简称闪蒸，是一种特殊的减压蒸发。将热溶液的压力减低到低于溶液温度下的饱和压力，部分水将在压力降低的瞬间沸腾汽化，就是闪蒸。水在闪蒸汽化时带走的热量，等于溶液从原压下温度降到降压后饱和温度所放出的显热。闪蒸除去多余的水分，浓缩牛乳，同时，也除去不溶性气体，起到脱气的作用。

为降低氧气的含量，产品在均质前要进行脱气。牛乳在进灭菌机时是含饱和氧气的。乳中的含氧量通常在 6～9 mg/L(通常为 7 mg/L)，闪蒸后乳中的氧含量会降至 1～3 mg/L 以下。

闪蒸进料温度(83±1)℃，出闪蒸温度 30～50℃，真空度－0.086 MPa。

(3)均质

产品经进口平衡缸和离心供料泵送入灭菌机，产品被加热到 70～75℃，在这个温度下进入均质机进行均质。均质压力常用 200～250 kg/cm^2(第一级：150～200 kg/cm^2，第二级：50 kg/cm^2)。

(4)UHT 灭菌

温度超过 80℃牛奶表面上会出现结垢现象。为了减少结垢，延长连续生产时间，UHT 系统中添加了一段保持管：90℃左右的牛乳在保持管中保持几分钟后，使蛋白钝化再升温灭菌。

灭菌温度常用：135～140℃。在灭菌温度下的保持时间通常为在 2～6 s。

(5)冷却

灭菌后进行冷却，冷却分成两段进行热回收：首先与循环热水换热，随后与进入系统的冷产品换热，冷却至灌装温度，20～25℃。离开热回收段后，产品直接连续流至无菌包装机或流至一个无菌缸做中间贮存。

思考：UHT 乳为什么不冷却到 4℃？

(6)贴吸管、装箱、入库

贴吸管、装箱和入库统称为后工序。现在，后工序已经完全实现机械化作业，大大降低了劳动强度。贴吸管用贴管机完成，热熔胶操作温度为 150～165℃；装箱使用纸板包装机和收缩膜机完成，码垛堆积系统可将成箱的产品码垛堆积，自动输送链条将堆积好的产品送入立体成品库。

(7)保温实验

保温实验是将产品在微生物最适生长温度下保持一定的时间之后进行各项检验。

保温实验的条件是抽样产品在保温室(35±2)℃存放7 d,存放期间检查产品的胀包情况,7 d后做感官、pH、微生物实验。

常用的破坏性测试方法有:

pH测试,产品的风味气味(感官:是否凝结);微生物测试方法;氧压测试;滴定酸度;阻抗法(Bactometer)测细菌总数;ATP测定法。

非破坏性测试方法:Electester,也称"酸包仪",不需要开包。这种方法主要是测定牛奶均一性的变化而导致的振动曲线的变化。这种设备十分昂贵,但是可以进行质量控制工作(对保温包进行评估),而且也可以用来对次品批次进行其中好包的检查和分离。

(三)UHT灭菌

1.灭菌原理

路易斯·巴斯德很早就进行过瓶装奶的无菌实验,但是直到约1960年,当无菌加工和无菌罐装技术商业化后,UHT加工的现代化发展才真正开始。现在UHT处理乳和其他UHT处理液体食品已为世界所接受。

灭菌加工的目的并不是使每个包装的产品都不含残留的微生物,因为采用加热的方法来致死微生物,要达到绝对无菌是不可能的。灭菌加工只要保证产品在保质期前不变质就可以。

当微生物和/或细菌芽孢处于热处理或其他任何灭菌/消毒的条件下,并非所有微生物都会被立即杀灭,而是在一定的时间段内,一定比例的微生物被杀死,而一部分则残存下来。如果将残存下来的微生物再次置于同样处理条件并经历相同时间,与上次处理相同比例的微生物将被杀死,依此类推。换言之,在一定的灭菌或消毒剂的处理下,微生物总是按一定的比例被杀死,只不过比例或大或小而已。

导致产品变质的微生物包括加工过程中残留的耐热微生物或灭菌后再污染的微生物,再污染的微生物包括热敏性和耐热性微生物(如芽孢)。

杀菌效果是由杀菌效率(SE)来衡量的。杀菌效率是杀菌前后孢子数的对数比来表示的。

$$SE=\lg\frac{P}{F}$$

> 思考:为什么说在保质期内发现有胀包的牛乳也是合理的?

式中:P——杀菌前的原始孢子数;

F——杀菌后的最终孢子数。

一般灭菌乳成品的商业标准为:不得超过1/1 000孢子数。例如,假设我们要加工10 000 L的产品,其中含耐热芽孢100 CFU/mL,若灭菌效率SE为8,则整批产品中的残留芽孢数为:

$$10\ 000\times1\ 000\times100/10^8=10(个)$$

通过超高温加工,整批产品中将有10个芽孢残存。如将产品在理想的无菌灌装状态下分装于10 000个1 L容器中，这10个芽孢我们假设代表着10个含有单个芽孢的容器，或者说10 000个容器中含有10个芽孢。我们再假设残存的每个芽孢在条件适宜时足以使产品变质，因此每个容器含有1/1 000个芽孢就等于1 000个容器中含有1个芽孢，因此就导致1 000个产品中有1个变质，或者说是有0.1%的产品变质。这就是我们通常所说的0.1%胀包率。

2.UHT灭菌加工的类型

超高温灭菌系统所用的加热介质大都为蒸汽或热水，按物料与热介质接触与否，进一步可分为两大类，即直接加热系统和间接加热系统。在直接加热法中，牛奶通过直接与蒸汽接触被加热，其方式是将蒸汽喷进牛奶中，或者是将牛奶喷入到充满蒸汽的容器中；间接加热是在一热交换器中进行，加热介质的热能通过间隔物传递给牛奶。

根据实际的生产情况，这里主要介绍超高温间接加热系统，间接加热系统按热交换器传热面的不同又可分为板式热交换系统及管式热交换系统，某些特殊产品的加工使用刮板式加热系统。刮板式热交换器是最适宜处理含有或不含有颗粒的高黏度食品的UHT设备。

(1)板式热交换系统

板式热交换系统具有诸多的优点：

①热交换器结构比较紧凑，加热段、冷却段和热回收段可有机地结合在一起。

②热交换板片的优化组合和形状设计，大大提高了传热系数和单位面积的传热量。

③易于拆卸，进行人工清洗加热板面，定期检查板面结垢情况及CIP清洗的效果。

(2)管式热交换系统

管式热交换系统的优点是：

①生产过程中能承受较高的温度及压力。

②有较大的生产能力。

③对产品的适应能力强，能对高黏度的产品进行热处理，如布丁等。

(3)板式与管式热交换系统的比较

对两种系统，从温度的变化情况来看比较接近，从机械设计的角度比较如下：

①板式热交换器很小的体积就能提供较大的传热面积，为达到同样的传热量，板式加热系统是最经济的一种系统。

②管式加热系统因其结构的特性，更加耐高温和高压，而板式加热系统，则受到了板材及垫圈的限制。

③板式热交换器，对加热表面的结垢比较敏感，因其流路较窄，垢层很快会阻碍产品的流动。为了保证流速不变，驱动压力就会增大，但压力的增大会受到结构特别是垫圈的限制；管式热交换器，由于产品与加热介质之间的温差较大，较板式热交换器可能更易结垢，但结垢对产品的流速没有太大的影响，因为系统可以承受较大的内压力，持续生产的制约因素主要是灭菌温度，结垢层影响了传热效率，从而影响了灭菌温度，造成无法进行自动控制。

④两种加热系统，由于生产过程产品结垢的影响，造成系统的不稳定，因而都要对系统进行清洗，其中包含 AIC(无菌状态中间清洗)，目的是去除加热面上沉积的脂肪、蛋白质等垢层，降低系统内压力，有效延长一次性连续运转的时间；CIP(最后清洗)，目的是在 AIC 之后对加热系统进行彻底的清洗，恢复加热系统的生产能力。

思考：在生产实践中遇到的这些关键问题应如何解决？

3. UHT 灭菌系统的关键问题

①不同的产品，特别是奶制品，对热敏感性较强，生产过程中，当牛奶的温度高于 65℃时，就易产生垢层，交换器热传递表面与牛奶的温差过大，会使牛奶中蛋白质在隔板面形成结焦的机会增加，导致传热系数的下降。所以在灭菌段，一般热水温度比产品的灭菌温度高 2～3℃为准。

②逆向流动过程，产品在行程中逐渐被加热，且温度总是比同一点的加热介质的温度低几度；而并流流动过程中，两者在同一点上的温差变化较大。在并流中，产品的最终温度不可能比产品和加热介质混合所获得的温度高。在逆向流动中，则没有这一限制，产品可以加热到比加热介质进口温度低 2～3℃。

③加热过程控制。产品在加热过程中不能有沸腾现象发生，原因有：

a. 产品沸腾后所产生的蒸汽将占据系统流路，从而减少了产品的灭菌时间，使灭菌效率降低。

b. 产品在沸腾后，流路中由于蒸汽气泡的作用，会产生较强的湍流现象，造成系统中流量及温度的极不稳定。

c. 产品在加工过程中，沸腾所产生的气泡将增加产品在加热表面变性及结垢的机会，影响热传递及产品的品质。

为了防止沸腾，在某一温度下，产品流路的内部压力不能小于该温度下的饱和蒸汽压。由于产品中主要成分为水，这个压力与水的饱和蒸汽压相近，如 135℃下需保持 0.2 MPa 的压力以避免料液沸腾，150℃则需要 0.375 MPa 的内部压力。根据经验得知，为更好地防止产品在加热时沸腾，所提供的内部压力至少要比饱和蒸汽压高 0.1 MPa。

思考：灭菌机的产品流速为什么要比包装机的生产量大？

④产品流速及热水流速的控制。前面已讲过，为了减少产品在传热隔板面的结垢状况，保证产品的品质，在灭菌段，一般热水温度比产品的灭菌温度高 2～3℃为准。为达到这一目的，产品流速及热水流速之间要保持一个相对稳定的比例。我们知道，确定产品的流速大小由包装机的生产能力所决定，包含包装机的实际生产量及保证包装机正常生产所需要的一定的回流量(如两台 6 000 包/h 的 TBA/9 机，生产量为 3 000 L/h，从而灭菌机的产品流速定为 3 300～3 400 L/h)。一般来说，热水流速为产品流速的 1.1～1.2 倍是比较合适的。热水流速过低，要达到设定的灭菌温度(如牛奶为 137℃)，必然要消耗更多的蒸汽，使热水侧的温度

升得更高,可能达到140℃以上或更高,这将会大大影响产品品质,也会增加交换器因结垢堵塞的机会,缩短了正常生产时间。

4. UHT灭菌系统及工作过程

(1)灭菌系统

牛奶在加工过程中,主要是通过间接加热方式进行灭菌,同时也进行均质处理。通常,牛奶在灭菌之前会进行一些预处理,如奶油分离、脂肪含量的标准化、巴氏杀菌等。

板式灭菌系统可以进行特别设置,以适应不同的环境需要及产品生产工艺的要求。例如,均质机可以根据实际情况选用,安装于热交换器的灭菌段之前或之后:有些产品是需要后均质的,如稀奶油,这就需要选择结构相对复杂及成本较高的无菌均质机,同时此系统又适用于生产灭菌乳;而如果只生产灭菌乳,均质机则可置于灭菌段之前,采用常用的均质机。根据实际情况,热交换系统还可增设一些附选设备如离心机、脱气装置等。

(2)灭菌系统基本工作过程

灭菌系统首先要对生产设备进行杀菌(Plant Sterilization,PS),确切地说是对要求保持无菌的部位进行消毒,例如产品灭菌之后从灭菌机到包装机的部分管道等。

对设备进行杀菌之后,就可进入生产程序(Production,P)。

为了延长一次性的连续生产时间,有必要对灭菌设备进行中途无菌清洗(Aseptic Intermediate Cleaning,AIC),历时大约30 min,用以替代约70 min的完全清洗(Cleaning,CIP)。

在灭菌系统中,存在两个主要流路系统:产品流路及热水流路。在生产(P)过程中,顾名思义,产品流路通过的是产品,但在消毒(PS)及清洗(AIC,CIP)过程中,产品流路中通过的是水及清洗液。对热水流路,在灭菌系统工作过程中,热水自始至终都在流路中循环,通过蒸汽喷射进去水中进行加热,然后作为一种传热介质用来加热以及冷却产品流路中的产品,以达到所需的温度。

另外,灭菌系统中有其他独立的冷却水供应,用于对产品及热水进行必要的冷却,满足不同温度设定的要求。

经过灭菌的产品从灭菌机出来后,被送往一台或几台无菌包装机或者无菌贮存缸。另外,往无菌包装机有一条供料及回流的管道,在对灭菌设备进行杀菌(PS)时,也同时对此管道进行杀菌。

5. UHT灭菌系统生产线

生产过程见图2-20。

约4℃的产品由贮存缸泵送至UHT系统的平衡槽1,由此经供料泵2送至板式热交换器的热回收段。在此段中,产品被已经UHT处理过的乳加热至约75℃,同时,UHT乳被冷却。预热后的产品随即在18～25 MPa(180～250 bar)的压力下均质。在UHT处理前进行均质,亦即意味着可使用非无菌均质机,然而,在UHT处理后均质,要使用一台无菌均质机,可以提高一些产品如稀奶油的组织和物理稳定性。

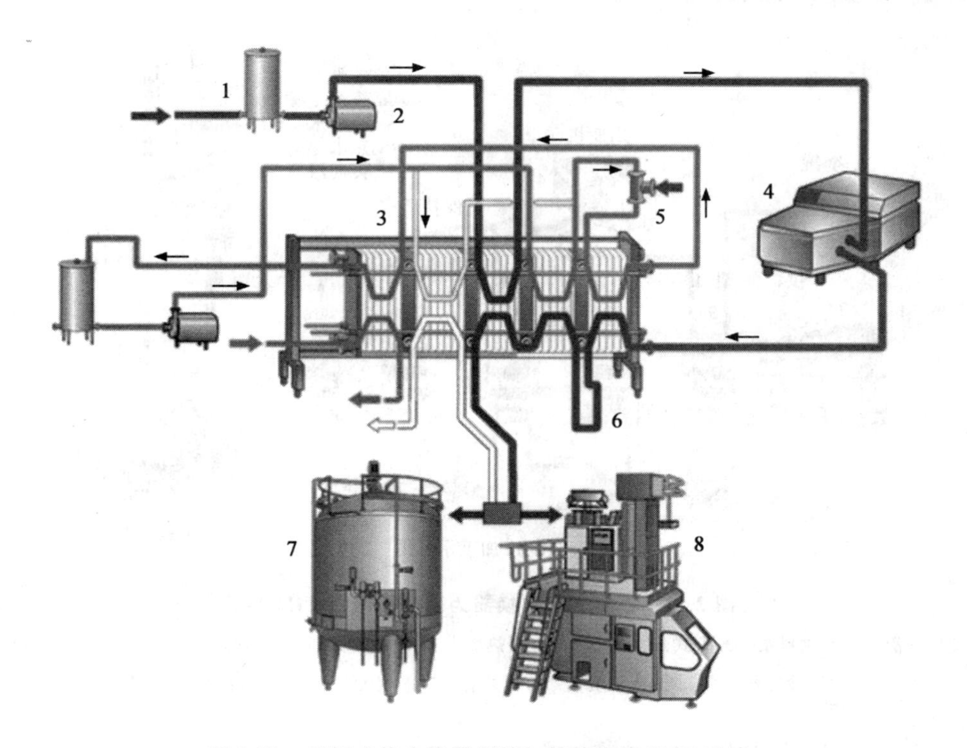

图 2-20　以板式热交换器间接加热的间接 UHT 系统

1.平衡槽　2.供料泵　3.板式热交换器　4.均质机　5.蒸汽喷射头
6.保温管　7.无菌缸　8.无菌灌装

预热均质的产品继续到板式热交换器的加热段被加热至 137℃,加热介质为一封闭的热水循环,通过蒸汽喷射头 5 将蒸汽喷入循环水中控制温度。加热后,产品流经保温管 6,保温管尺寸大小保证保温时间为 4 s。

最后,冷却分成两段进行热回收:首先与循环热水的换热,随后与进入系统的冷产品换热,离开热回收段后,产品直接连续流至无菌包装机或流至一个无菌缸做中间贮存。

生产中若出现温度下降,产品会流回夹套缸,设备中充满水,再重新开始生产之前,设备必须经清洗和灭菌。

以管式热交换器为基础的间接 UHT 系统其生产过程基本和板式相同。图 2-21 中 5 是保持管,90℃牛乳在保持管中保持几分钟,防止蛋白质结垢。

在加热系统中各个加热阶段如图 2-22 所示。UHT 生产设备如图 2-23 所示。

(四)无菌灌装

所谓无菌包装(Aseptic Package)是在无菌环境下,将灭菌产品装入无菌的容器内,并加以密封。无菌包装的 UHT 灭菌乳在室温下可储藏 6 个月以上。

无菌灌装过程由以下几部分组成(图 2-24)。

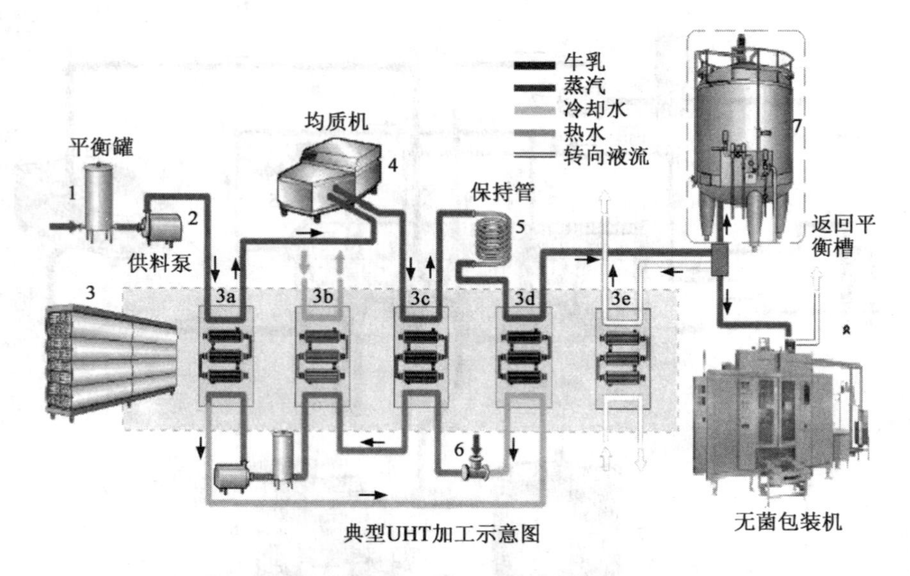

图 2-21 以管式热交换器为基础的间接 UHT 系统

1. 平衡槽 2. 供料泵 3. 管式热交换器 3a. 预热段 3b. 中间冷却段 3c. 加热段 3d. 热回收冷却段 3e. 启动冷却段 4. 非无菌均质机 5. 保持管 6. 蒸汽喷射类 7. 无菌缸 8. 无菌灌装

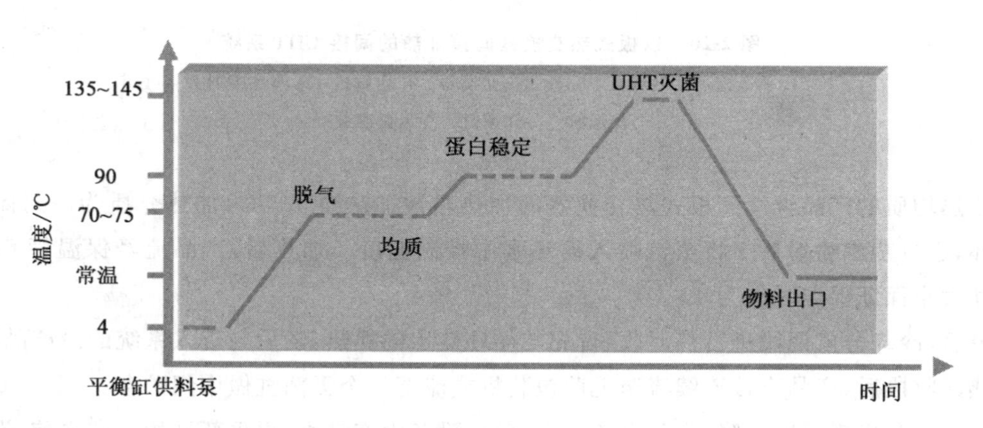

图 2-22 加热系统的时间-温度图

1.UHT灭菌机组

2.高压均质机

3.无菌灌装机

图 2-23 UHT 生产线设备

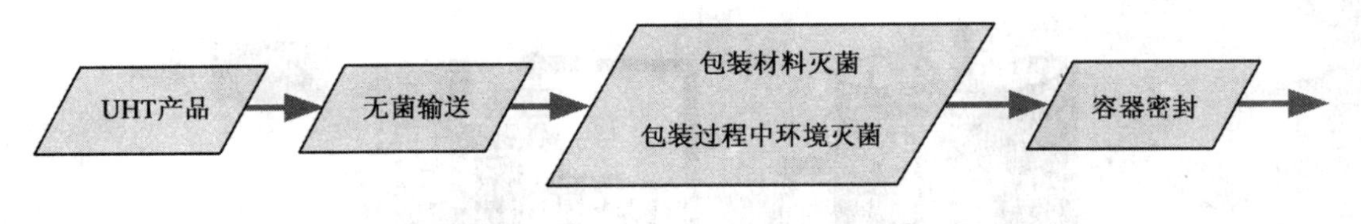

图 2-24 无菌灌装过程

1. 无菌灌装机与超高温系统的连接

牛奶从无菌冷却器流入包装线，包装线是在无菌条件下操作。为了补偿设备能力的差额或者包装机停顿时的不平衡状态，可在杀菌器和包装线之间安装一个无菌罐(图 2-25)。这样，如果包装线停了下来，产品便可贮存在无菌罐中。当然处理的奶也可以直接从杀菌器输送到无菌包装机，由于包装处理不了而出现的多余奶可通过安全阀回流到杀菌设备，这一设计可减少无菌罐的潜在污染。

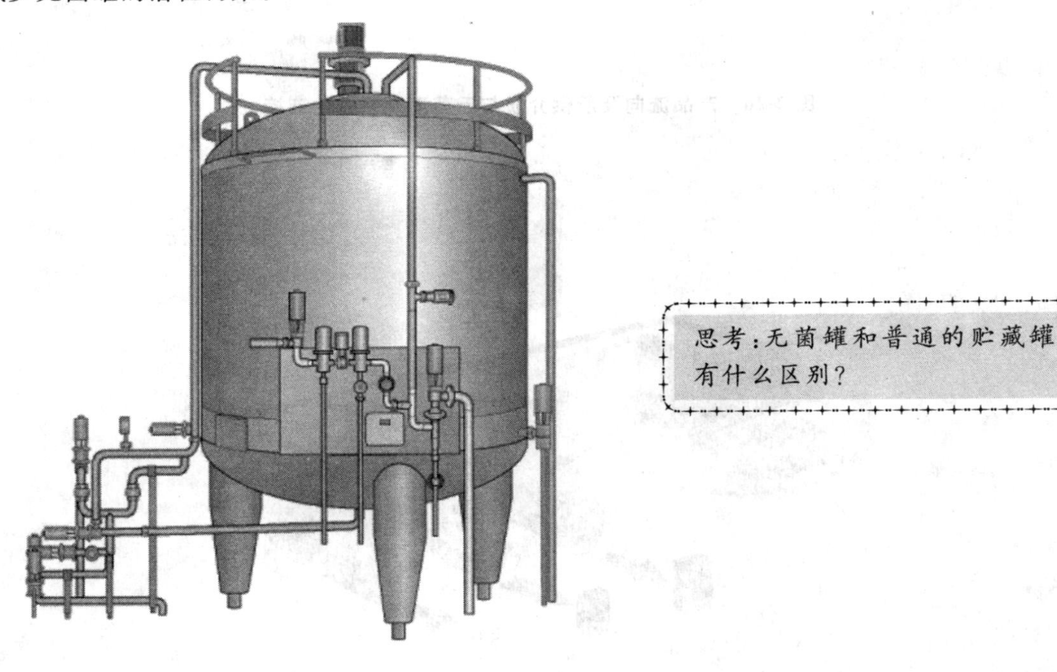

图 2-25 带有附属设备的无菌罐

思考：无菌罐和普通的贮藏罐有什么区别？

大型无菌罐的容积从 4 000～30 000 L，根据灌装机的能力可以连续供料 1 h 以上。无菌罐与包装系统相连，如图 2-26 所示。

无菌罐的作用：

①灌装机意外停机，用来缓冲停机期间经 UHT 灭菌机处理过的无菌料液，如图 2-27 所示。

②用于满足两种产品同时包装的需要。首先将一个产品贮满无菌罐，足以保证整批包装；

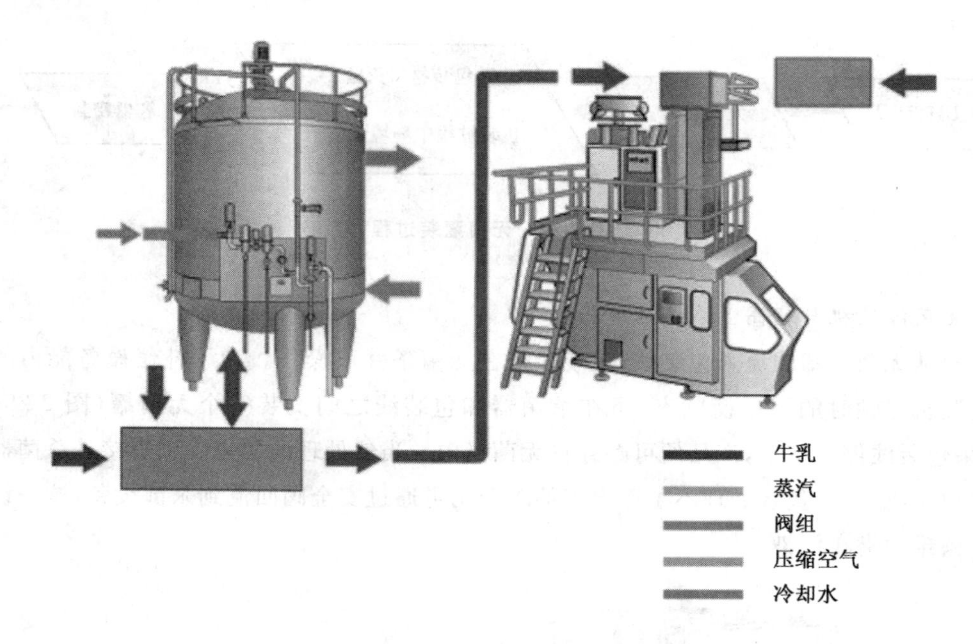

图 2-26 产品流向及所供介质与无菌灌装系统的连接

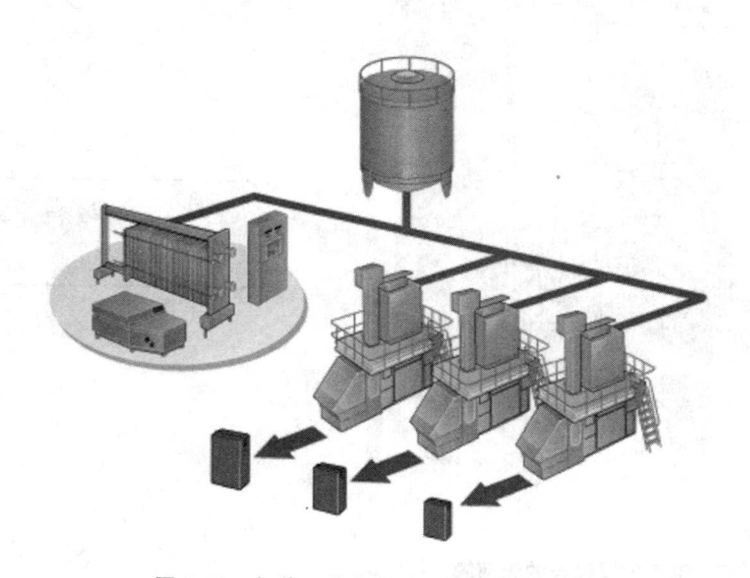

图 2-27 包装一种产品时无菌罐作为缓冲罐

随后，UHT 设备转换生产另一种产品并直接在包装线上进行包装。这样，在生产线上有一个或多个无菌罐为生产计划安排了一个灵活的空间。如图 2-28 所示。

③给灌装机提供稳定的背压。UHT 产品的罐装，需要一个不少于 300 L 的产品回流，这样可以保证灌装机压力恒定。但如果过度处理敏感的产品，回流再杀菌将会造成产品质量下降，这时，必须由无菌罐提供稳定的背压。

图 2-29 是无菌灌装的线路图。

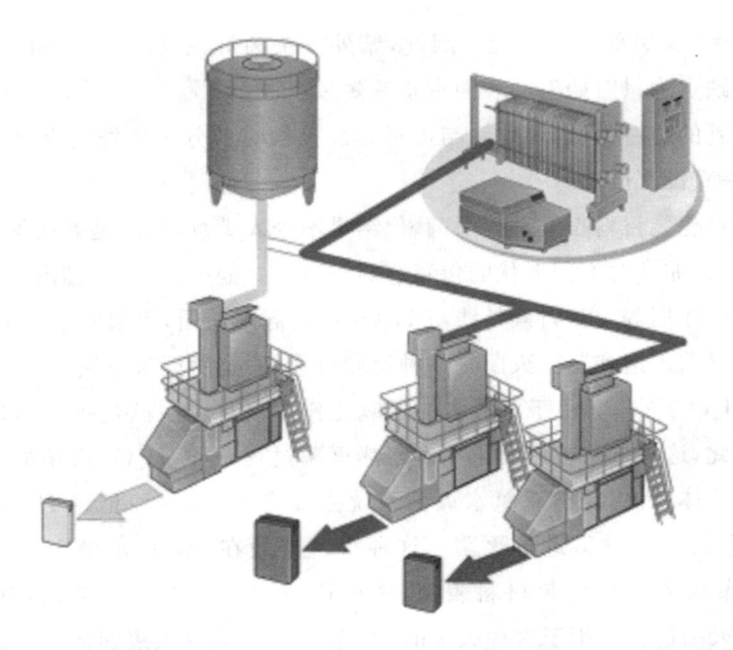

图 2-28 无菌罐作为一种产品的中间贮存罐,另一种产品在加工同时进行包装

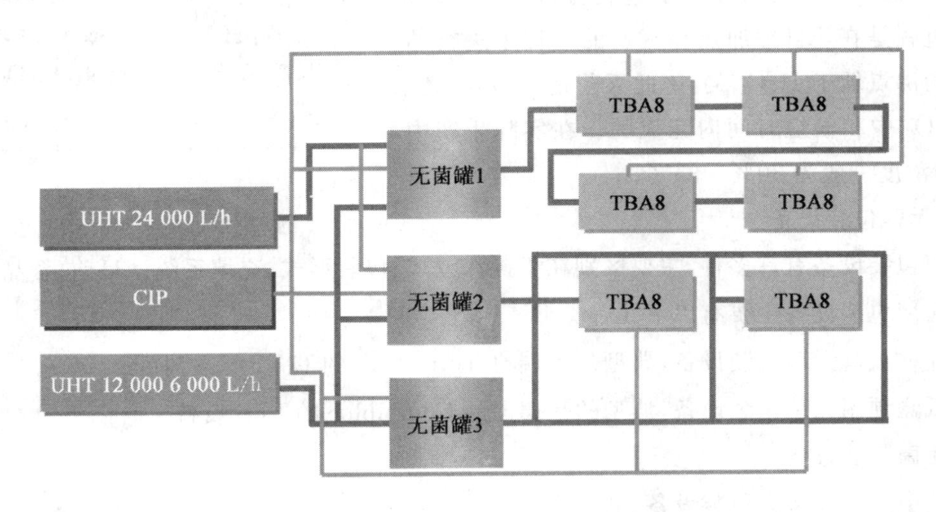

图 2-29 复杂灵活的无菌灌装连接图

2. 无菌包装

(1)包装容器的灭菌方法

用于灭菌乳包装的材料较多,但生产中常用的有复合硬质塑料包装纸、复合挤出薄膜和聚乙烯(PE)吹塑瓶。

容器灭菌的方法也有很多,包括物理法(紫外线辐射、饱和蒸汽)和化学试剂法(过氧化氢 H_2O_2)。

①紫外线辐射灭菌。波长 2 537 nm 的紫外线,具有很强的杀菌力。杀菌原理是细菌细胞

中的DNA直接吸收紫外线而被杀死。因此，紫外线杀菌灯在乳品工厂被广泛采用。主要用于空气杀菌。其缺点为只对照射的表面有杀菌效果。

紫外线对牛乳的透过力低，照射后与可见光线接触时部分菌体细胞有复活，所以，紫外线对牛乳的杀菌，一直没有成功。

紫外线也可对包装材料表面进行杀菌，但结果不令人满意，原因是如何保证辐射强度在整个包装中均匀一致，如何对不同形状的包装容器进行良好的灭菌，如何排出灭菌过程中灰尘及脏物对细菌的保护作用等。若将紫外线与 H_2O_2 结合起来使用，灭菌效果会更好。

②饱和蒸汽灭菌。饱和蒸汽灭菌是一种比较可靠、安全的灭菌方法。

③双氧水(H_2O_2)灭菌。由于双氧水的强氧化作用，使微生物(包括芽孢)破坏，而且处理后容易排除。因此，这种方法被广泛采用。与热灭菌过程一样，H_2O_2 灭菌的主要影响因素也是时间和温度。总体来说，目前双氧水灭菌系统主要有两种，一种是将 H_2O_2 加热到一定温度，然后对包装盒或包装材料进行灭菌。这种灭菌一般在 H_2O_2 水槽中进行。另一种是将 H_2O_2 均匀地涂布或喷洒于包装材料表面，然后通过电加热器或辐射、或热空气加热蒸发 H_2O_2，从而完成灭菌过程。用于这种灭菌的 H_2O_2 中一般要加入表面活性剂以降低聚乙烯的表面张力，使 H_2O_2 均匀分布于包装材料表面。真正的灭菌过程是在 H_2O_2 加热和蒸发的过程中进行的。由于水的沸点低于 H_2O_2 的，因此灭菌是在高温、高浓度的 H_2O_2 中和很短时间内完成的。在实际生产中，H_2O_2 的浓度一般为30%～35%。

思考：H_2O_2 对人体有哪些害处？为什么要检测 H_2O_2 残留量？

(2)无菌包装设备

无菌包装设备有许多种，主要区别在于操作方式、包装形式、充填系统。目前，食品工业上常用的无菌包装设备主要有以下几种类型。

①卷材纸盒无菌包装设备，典型的是瑞典 Tetra Brik 的 L-TBA 系列(图2-30)。

②纸盒预制无菌包装设备，典型的是德国的 Combibloc 的 FFS 设备。

③无菌瓶装设备。

④箱中衬袋无菌大包装设备。

(3)L-TBA/8 无菌包装机的无菌包装过程

①机器的灭菌。无菌包装开始之前，所有直接或间接与无菌物料相接触的机器部位都要进行灭菌。在 L-TBA/8 中，采用先喷入 35% H_2O_2 溶液，然后用无菌热空气使之干燥的方法。如图2-31所示，先是空气加热器预热和纵向纸袋加热器预热，在达到360℃的工作温度后，将预定的 35% H_2O_2 溶液通过喷嘴分布到无菌腔及机器其他待灭菌的部位。H_2O_2 的喷雾量及喷雾时间是自动控制的，确保杀菌效果。喷雾之后，用无菌热空气使之自动干燥。整个机器灭菌时间约45 min。

②包装材料的灭菌。如图2-32所示，包装材料引入后即通过一充满 35%H_2O_2 溶液(温

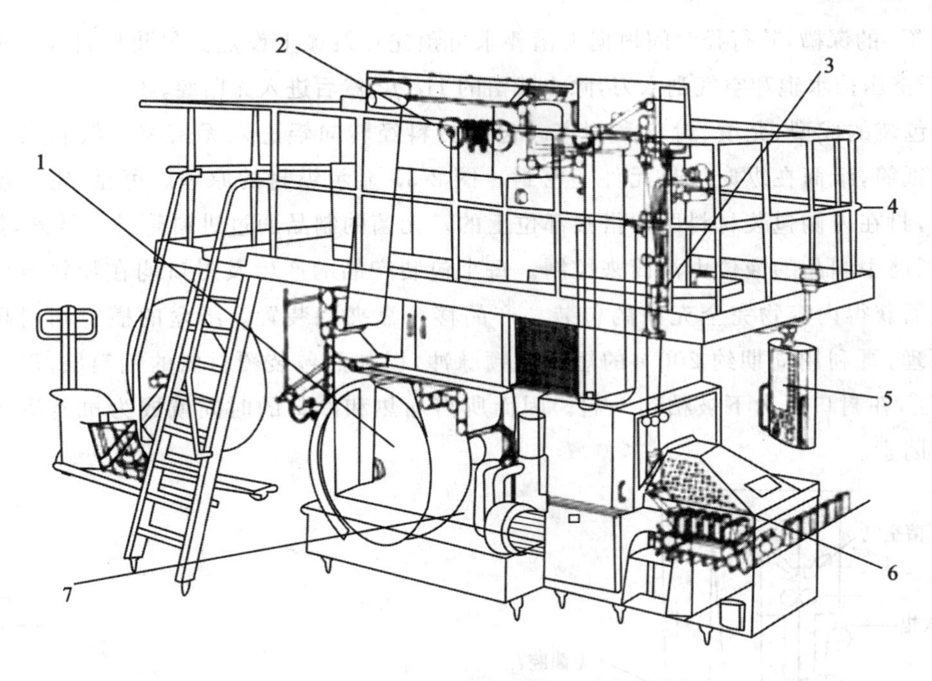

图 2-30 利乐公司 TBA/19 液体奶无菌灌装机

1.卷轴 2.LS 封条附贴器 3.充填系统 4.平台 5.控制台 6.夹槽 7.伺服单元

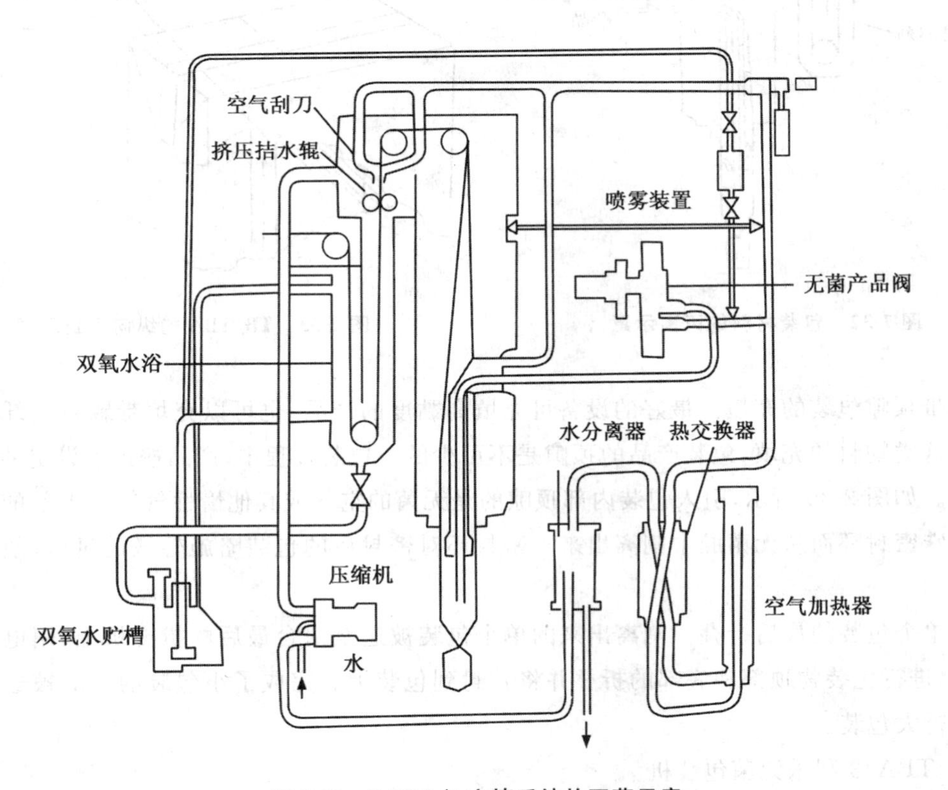

图 2-31 L-TBA/8 充填系统的灭菌示意

度约 75℃)的深槽,其行径时间根据灭菌要求可预先在机械上设定。包装材料经由灭菌槽之后,再经挤压拮水辊和空气刮水刀,除去残留的 H_2O_2,然后进入无菌腔。

③包装的成型、充填、封口和割离。包装材料经转向辊进入无菌腔。依靠三件成型元件形成纸筒,纸筒在纵向加热元件上密封。图 2-33 显示纵封的原理。可见,密封塑带是朝向食品,封在内侧包装材料两边搭接部位上的。无菌的制品通过进料管进入纸筒,如图2-34 所示,纸筒中制品的液位由浮筒来控制。每个包装产品的产生及封口均在物料液位以下进行。从而获得内容物完全充满的包装。产品移行靠夹持装置。纸盒的横封利用高频感应加热原理,既利用周期约 200 s 的短暂高频脉冲,以加热包装覆材内的铝箔层,以熔化内部的 PE 层,在封口压力下被粘到一起。因而所需加热和冷却的时间就成为机器生产能力的限制性因素。

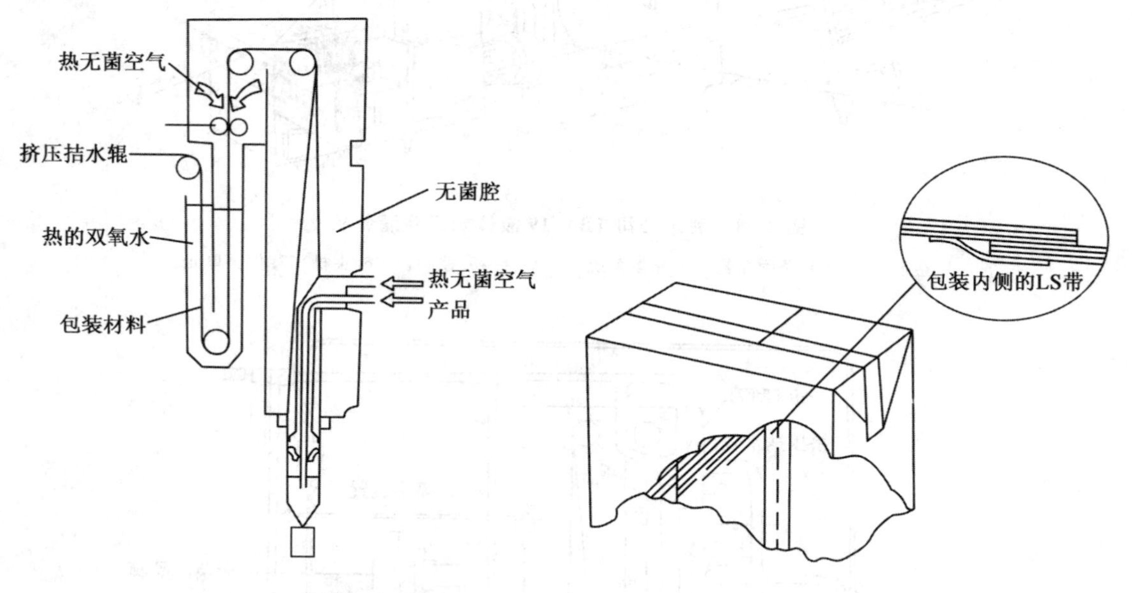

图 2-32 包装材料的灭菌示意

图 2-33 TB/TBA 的纵向密封示意

④带顶隙包装的充填。最好的设备可充填高黏度的产品,也可以充填带颗粒或纤维的产品。对这类物料的充填,包装产品的顶隙是不可少的。包装过程中,产品按预先设定的流量进入纸管。如图 2-35 所示,引入包装内部顶隙的是无菌的空气或其他惰性气体。下部的纸管可借助特殊密封环而从无菌腔中割离出来。密封环对密封后的包装略施轻微的过压,使之最后成型。

⑤单个包装的最后折叠。割离出来的单个包装被送至两台最后的折叠机上,用电热法加热空气,进行包装物顶部和底部的折叠并将其封到包装上。完成了小包装的产品被送至下道工序进行大包装。

(4)TBA/3 利乐无菌包装机

TBA/3 利乐无菌包装机是专门生产利乐枕的新型无菌包装机。TBA/3 型灌装机与 Tet-

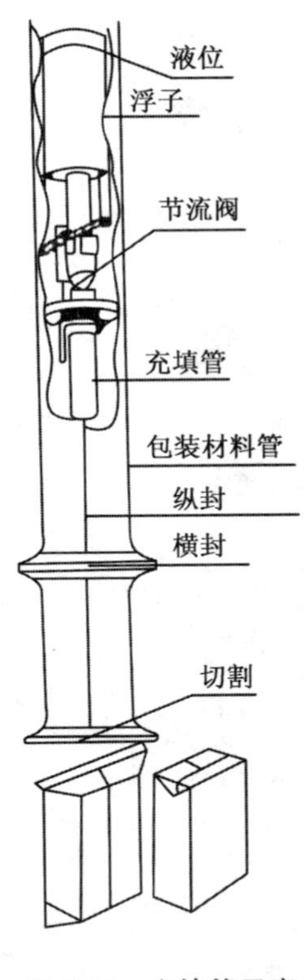

图 2-34 充填管示意

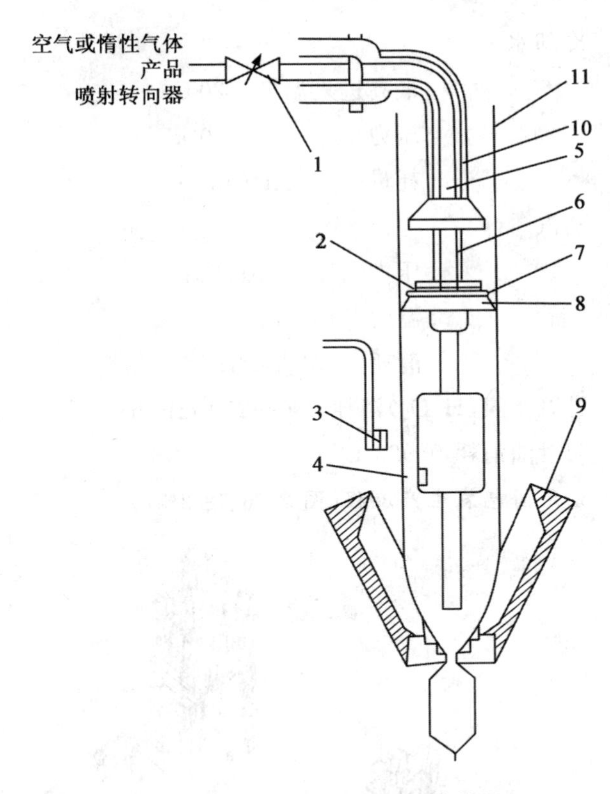

图 2-35 形成顶隙的低位充填装置

1. 恒流阀 2. 膜 3. 超量警报 4. 磁头 5. 充填管
6. 顶隙管 7. 夹持器 8. 密封圈 9. 夹具
10. 喷射分流管 11. 包装材料管

ra Therm Aseptic Primo™无菌加工设备，为牛奶的加工和无菌包装提供了一套高效可靠的生产系统。

牛奶先经过预热，然后进入 Tetra Spiraflo™管式热交换器中，温度进一步提高到蛋白质稳定的温度。再经过杀菌段，牛奶在 132℃下进行 30 s 的最后加热。杀菌后的牛奶通过系统能量回收，在热交换器中被冷却至灌装温度。并经过 TBA/3 利乐无菌包装机进行灌装封口，制成利乐枕。利乐枕无菌包装采用特别研制的包装材料，能保证包装的产品在长时间贮存下保持良好的品质。

主要技术参数：

包装容量　250 mL、500 mL、700 mL、1 000 mL；

生产能力　3 600 包/h；

功率　13 kW；

压缩空气　压力　6～7 kPa；

空气消耗　100 L/min；

冷却水

最高进入温度 20℃；

压力 300～450 kPa；

耗量 10 L/ min；

蒸汽

压力 1.7×10^5 Pa；

温度 130℃；

消耗 2.4 kg/h；

过氧化氢（H_2O_2）消耗 200～250 mL/h；

润滑油消耗 0.025 L/h。

3. 无菌包装生产流程（图 2-36、图 2-37）

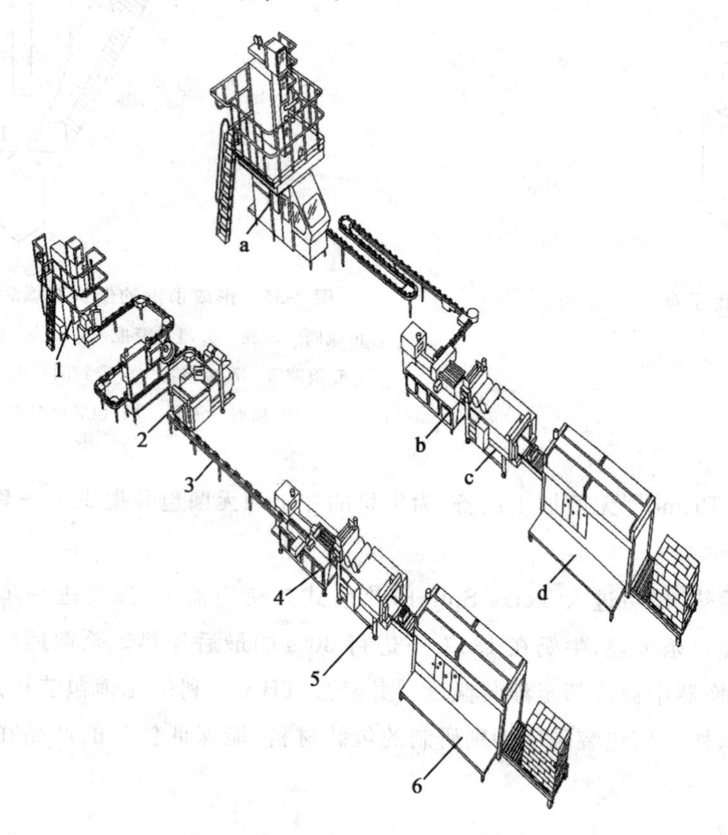

图 2-36 TBA/8、TBA/9 型利乐砖形包无菌包装机生产组合流程

a. TBA/8 型利乐砖形包无菌包装机 b. 托盘机 c. 托盘薄膜紧缩包装机 d. 货板装载机
1. TBA/9 型利乐砖形包无菌包装机 2. 贴管机 3. 薄膜紧缩包装机 4. 托盘包装机
5. 托盘薄膜紧缩包装机 6. 货板装载机

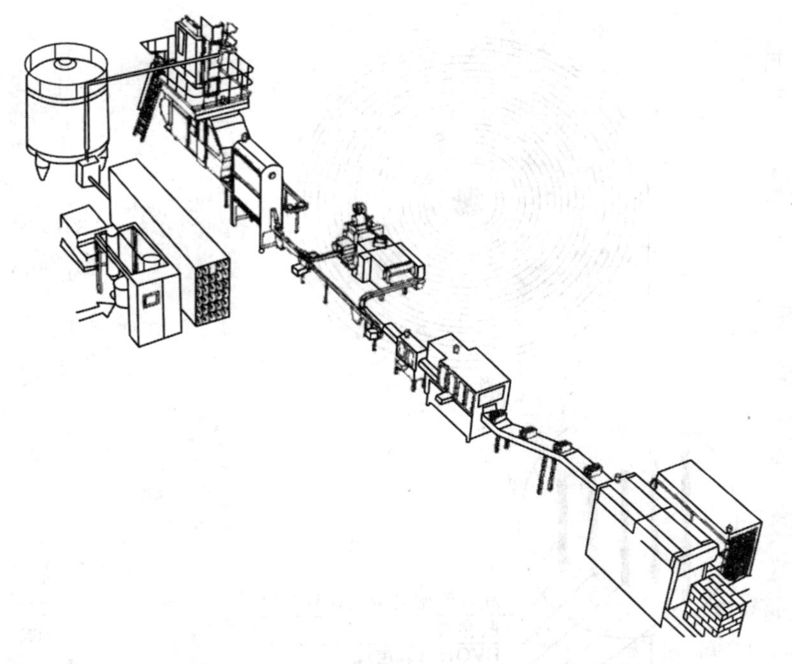

思考：你能分辨出生产线中的设备都是什么吗？

图 2-37 带有超高温杀菌器、无菌罐和 TBA/9 型利乐砖形无菌包装机的生产流程

企业链接：无菌包装膜技术要求

无菌包装膜必须达到灭菌乳产品生产和保存期要求，否则会严重影响生产和产品质量。

1. 尺寸参数

宽度：260～(320±0.5)mm　　厚度：95～110 μm　误差：±5 μm

膜卷纸桶内径：76 mm　　膜卷外径：最大 360 mm　重量最大为 25 kg

2. 合格膜卷

卷边整齐-膜卷侧面平齐度：±0.3 mm，收卷时保证张力均衡；

膜卷内部无破损、无断膜，一般无接头一每吨膜接头≤3 个；

表面平整、无污渍、纸桶完好，膜表面保持低细菌数：≤50 CFU/cm^2

3. 包装膜材料

基层材料：LDPE 或线性 LDPE

阻隔材料：产品保质期与包装膜使用的阻隔材料有关：

3 层带中间阻隔层 LDPE/PVDC 复合膜：保质期 30 d。

5 层高阻隔层 LDPE/EVOH 复合膜：保质期 90 d。

包装膜内层必须含有阻隔紫外光物质，使产品保持稳定。

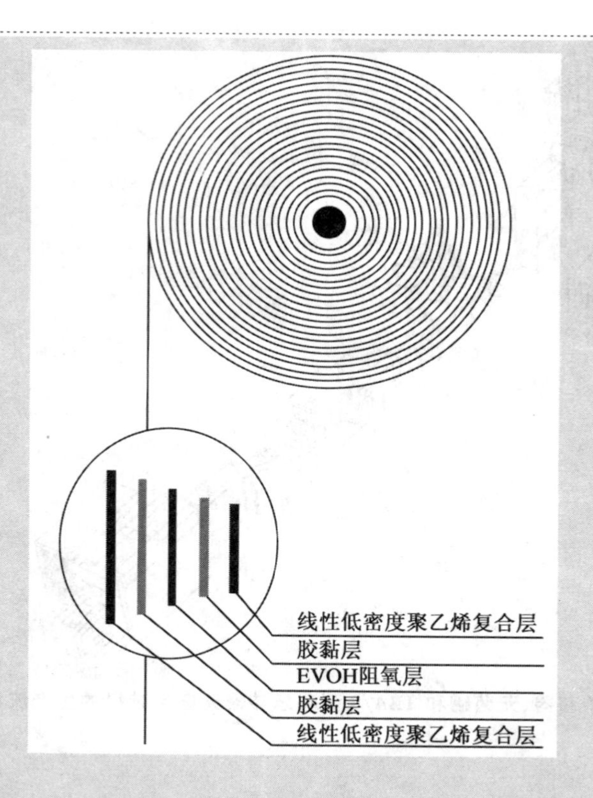

4. 机械特性

膜条拉断时的延伸率：

纵向 350%±20%，横向 700%±20%

具体检测方法参考相关标准。

实际使用中可采用手挤、重压等方法检测。

抗冲击强度：至少为 200 g 的包装袋从 5 m 高处摔落地面，仍保证不漏。

5. 表面特性

包装膜必须能够在转动辊及成型架上平稳和不间断的滑动，无黏涩感。

添加防阻滞介质，防止杀菌后膜拖不动。

6. 热封特性

设备封合温度调整范围在 30℃以上。

复合膜合适的封合温度在 130～160℃。

7. 影响热封效果的主要因素

热封时间、热封温度及封合压力；

复合膜的热封性能；

热封头、加热方式、四氟布、硅胶板等；

印刷版面设计及所用油墨质量。

8. 透气性(阻氧性)

透氧性:氧气对延长大多数产品的保质期都是有害的,因此,包装膜必须有好的阻氧性能。

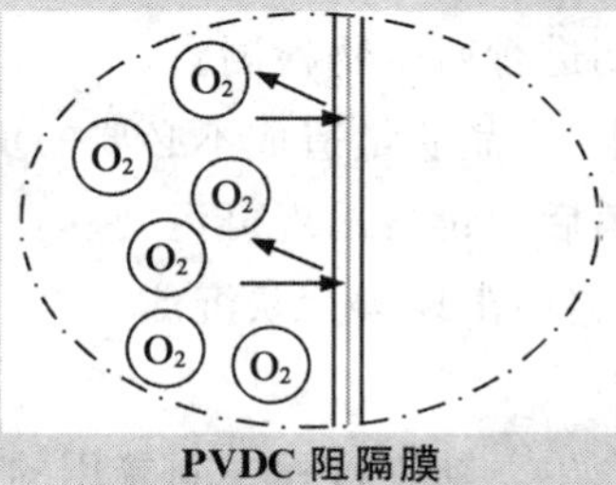

PVDC 阻隔膜

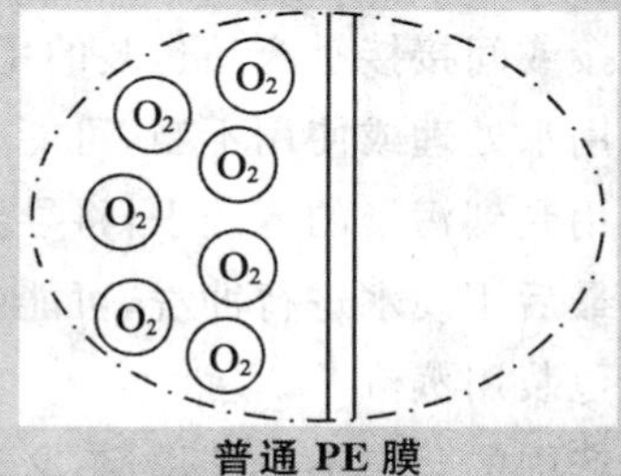

普通 PE 膜

9. 表面印刷

表面印刷层外应有防护层,保证能承受送膜辊的挤压以及 45℃、35%双氧水的长时间(30 min 以上)浸泡。

色标与底色一般为黑-白色(反差大)。

色标宽度:5 mm,长度:15 mm。

在日期/批号打印侧的色标长度范围内,不得有任何其他图案(如十字线、印字等)。

当整版切口与横封刀重合时,必须保证拖膜色标检测区内有色标,具体参照公司提供的示意图。

如使用不合格包装膜,生产中可能出现漏袋率高、频繁偏膜、掉色、走膜不畅等问题。增加了包材损耗率,严重时甚至导致大批坏奶。

企业链接:无菌包装生产卫生要求

1. 环境卫生

无菌包装是将无不良微生物产品包装于无不良微生物的包装中,在该操作过程中微生物不能进入产品中或包材,故无菌包装车间有较高卫生要求。

(1)空气

在生产区域内,空气可能成为产品的污染源。通风系统必须保证进口空气是清洁的、无异味,并已排除各种可能的污染因素。采用过滤后的正压空气,定期空曝试验。

(2)无菌包装车间空气

物理条件　通风口过滤器:达到 10 万级;空气流速:0.2~0.3 m/s;正压:20~40 Pa;温度:15~35℃;24 h 平均温度≤30℃;相对湿度:30%~80% 无凝露;换气次数:10~15 次/h;温度和湿度在一定时间内应保持相对稳定。

卫生条件　用空降实验:15 min,细菌总数小于 30 个菌落。

灭菌措施:更换空气过滤器,安装紫外线灯杀菌,喷雾灭菌等。

2.无菌包装用水

供水质量在乳品生产过程中有至关重要的作用。

①原料或生产用水必须达到国家规定的生活饮用水标准。

②对直接或间接接触产品包装的用水，必须定期进行微生物检测。

对清洗用水处理或使用不当，可能会对清洗效果、产品质量造成不必要的负面影响。

——使用受到污染的清洗水，将导致清洗和杀菌后的设备出现再污染。

——若最后用硬水进行冲洗，可能引起设备、管路中出现鳞片状沉淀。

3.无菌包装用蒸汽

乳品生产中的蒸汽不论其用途，必须由饮用水产生。加工过程中间接用的蒸汽也必须是经过处理的。

直接喷射到产品中的蒸汽必须是“烹调用蒸汽”。

4.材料卫生

包装膜的卫生很重要，每周两次用$(4\times10^{-4})\sim(8\times10^{-4})$ mol/L 次氯酸钠溶液在灌装间喷雾 20 min。

在换膜处设有清洗消毒液(如 75%医用酒精)，换膜时操作工必须用医用酒精洗手。

每天对膜仓底部进行清洁、消毒。膜仓内禁止放置其他任何物品。

包装膜应有固定的专用库房，库房内保持清洁干燥，并与其他物品隔离。

5.无菌包装人员卫生

无菌包装区域内所有的人员都要严格遵守卫生规范要求。对保证产品的安全、质量以及预防微生物污染而制定。

(1)个人卫生

保持良好的个人卫生，是乳品厂所有员工最基本的素质要求。

手的清洁：乳品生产员工应随时保持双手的卫生和清洁。

毛发控制：生产人员必须戴能包住头发的工作帽。

疾病控制：所有员工必须有卫生防疫部门颁发的健康证书。

出入控制：离开生产区域时，必须换下工作服、长筒靴和工作帽等，进入时再换上，并进行手部清洁。车间出口必须有消毒池。

(2)工作服

工作服不仅可防止和减少人体对周围生产环境的污染，预防由于着装不当造成的工伤事故，同时标志员工所处的工作状态和岗位要求。

四、调制乳生产技术

(一)调制乳的定义

依据食品安全国家标准 GB 25191—2010 调制乳，规定调制乳的定义如下：

调制乳：以不低于80%的生牛(羊)或复原乳为主要原料，添加其他原料或食品添加剂或营养强化剂，采用适当的杀菌或灭菌等工艺制成的液体产品。

(二)调制乳的质量标准(表2-5至表2-7)

表2-5 感官要求

项目	要求	检验方法
色泽	呈调制乳应有的色泽	取适量试样置于50 mL烧杯中，在自然光下观察色泽和组织状态。闻其气味，用温开水漱口，品尝滋味
滋味、气味	具有调制乳应有的香味、无异味	
组织状态	呈均匀一致液体、无凝块、可有与配方相符的辅料的沉淀物、无正常视力可见异物	

表2-6 理化指标

项目	指标	检验方法
脂肪[a]/(g/100 g)	≥2.5	GB 5413.3
蛋白质/(g/100 g)	≥2.3	GB 5009.5

注：[a]仅适用于全脂产品。

表2-7 微生物限量

项目	采样方案[a]及限量(若非指定，均以CFU/g(mL)表示)				检验方法
	n	c	m	M	
菌落总数	5	2	50 000	100 000	GB 4789.2
大肠菌群	5	2	1	5	GB 4789.3平板计数法
金黄色葡萄球菌	5	0	0/25 g(mL)	—	GB 4789.10定性检验
沙门氏菌	5	0	0/25 g(mL)	—	GB 4789.4

注：[a]样品的分析及处理按GB 4789.1和GB 4789.18执行。

(三)调制乳生产工艺及工艺要点

1.调制乳生产工艺流程

调制乳生产工艺流程如图2-38所示。

2.调制乳生产工艺要点

(1)工厂配料的基本原则

①车间工作人员根据配料所需准确称量，辅料的添加顺序要严格按照产品工艺标准执行。

②将称量准确的辅料倒入剪切罐中进行化料。

③化料温度一般是60～70℃，具体还要结合所使用稳定剂的类型进行调整；剪切时间20 min上下，剪切速度一般是1 000～15 000 r/min。

④用200目的双层滤布对化好的料进行过滤。

⑤过滤后的配料流经胶体磨，将配料中的较大颗粒磨碎，其作用相当于均质机。

⑥磨过的配料要经过管道过滤器过滤，除去配料中的杂质或较大颗粒。

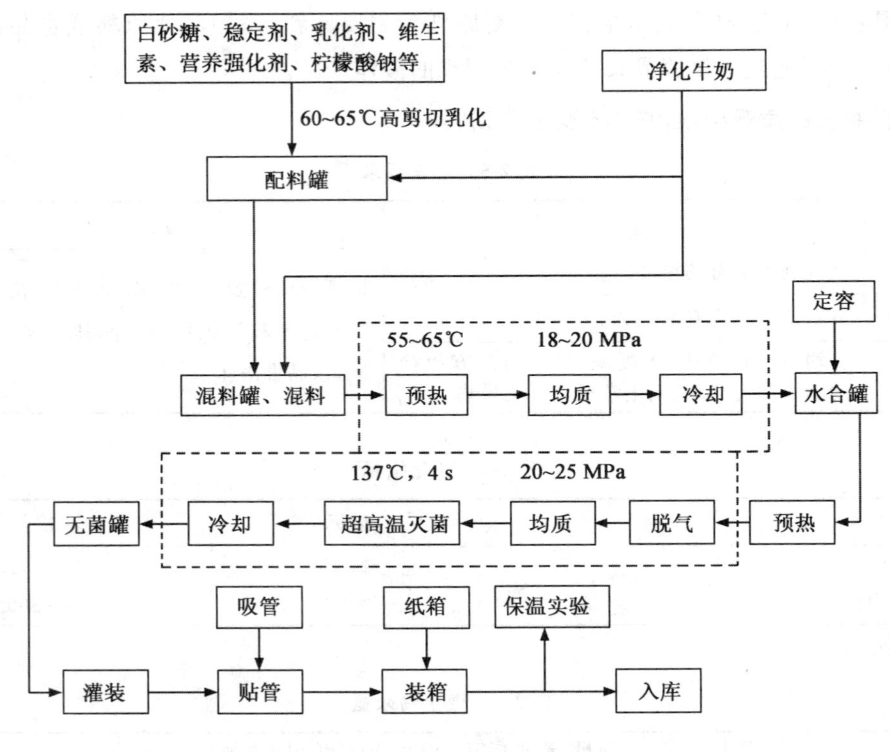

图 2-38 调制乳生产工艺流程

⑦加工完的配料储存在预混罐中,待抽检合格后与储乳仓中的合格原料乳进行预混。

(2)配料系统

配料系统一般由混料罐和混料机(配料罐)组成,混料机包含混合器、循环泵和真空泵,真空泵工作时将添加剂吸入混料容器,添加剂在热水的溶解作用和混合器的机械作用下充分混合,循环泵能实现与混料罐之间的生产循环。生产中常使用的设备有以下几种:

①高剪切配料罐。该设备采用高剪切乳化机作为配料动力,特别适合于大颗粒的粉碎、油脂类物料的乳化及混合搅拌,也可用于较高黏度的各种添加剂的加入。一般经搅拌 10 min 左右,就能达到混合乳化的效果,然后即可将料液送至混料罐中混合。

②套管式高速水粉混合机。该设备适用于可溶性固态物与液态物的混合与溶解。如乳粉还原、可可粉或糖溶入牛乳、溶解乳清、稳定剂和牛乳混合、维生素和矿物质的添加,如图 2-39 所示。

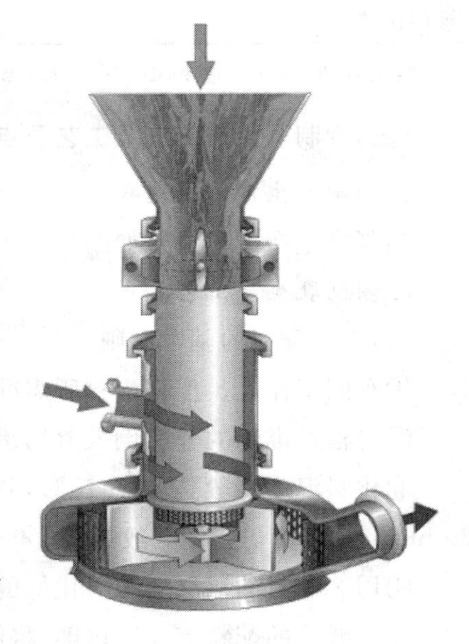

图 2-39 高速水粉混合机

③高效混合机。该设备采用特殊的高效混合叶轮，产生极大的混合能力。方形结构的罐体利于混合均匀。适用于需进行大批量配料的场合和再制乳及各种花色乳的配制。

④高负压配料系统。这是一种比较先进的配料系统，适用于一些大中型乳品、饮料生产厂的配料工序，对有批量配料要求的再制乳、酸乳、花色乳及其他液态食品的生产。该系统的混料缸工作时呈负压状态，能将需添加的固态粉料，通过管道从粉仓自行吸入混料缸；也能有效去除混料过程中由于各种原因产生的气体，从而减少泡沫形成，有利于后续工艺的加工。

其他工艺要点见灭菌乳生产工艺要点。

知识拓展：牛乳中的稳定剂

纯牛奶稳定剂（HBT-00101、104）

一、产品特点：

1. 提高纯牛奶体系的稳定性，防止纯牛奶的脂肪上浮。

2. 消除鲜牛奶的异味、水感等不良风味。

3. 使纯牛奶口感和风味更加醇厚，增强奶香味，提高纯牛奶品质。

二、原材料配比：

原料	比例/%
鲜牛奶	100
稳定剂（101/104）	0.1～0.3
HBT-45310 纯牛奶香精	0.06

高钙奶稳定剂（HBT-0106）

一、产品特点：

高钙奶稳定剂是以微晶纤维素为主要成分，辅以其他食用胶体复合而成。适用于UHT及二次灭菌产品的高钙牛奶。高钙奶稳定剂加入牛奶中起到如下作用：

1. 形成热稳定的网络，在低黏度下起到悬浮稳定的作用。

2. 提供光滑，细腻，饱满的口感。

3. 稳定蛋白质，提供很强的乳化稳定的功能。

二、参考配方：

成分	比例/%
鲜牛奶	99.4
乳钙	0.25
单甘酯（或 HBT-00104）	0.2～0.25
高钙奶稳定剂 HBT-00106	0.1～0.2

还原奶稳定剂(HBT-002010)

一、产品特点:

1.防止产品脂肪上浮,蛋白质沉淀。

2.提供产品稳定、均一的结构。

3.消除还原奶的水感,氧化味等异味。

4.增加奶香味,提高还原奶的品质,使其具有与鲜牛奶一样的口感。

二、原材料配比:

原料	比例/%
全脂奶粉	11.1
稳定剂(HBT-00201)	0.2～0.4
HBT-45310 纯牛奶香精	0.04～0.06

甜牛奶稳定剂(HBT-003)

一、产品特点:

1.消除甜牛奶的水感,增强奶香味。

2.防止牛奶在贮存过程中脂肪上浮,蛋白质沉淀,使产品保持均一稳定的状态。

3.防止产品在加工过程中过度起泡现象。

4.减少产品在加热过程中出现奶垢现象。

5.301 适用于 80%甜牛奶,产品中已有增香剂,无须调香。

6.302 适用于 50%以上的甜牛奶,产品中已有增香剂,无须调香。

7.303 适用于 30%～80%的甜牛奶,产品中未加增香剂,无须调香。

二、参考配方:

原材料	含奶 80%	含奶 50%	含奶 30%
鲜牛奶	80%	50%	30%
稳定剂	HBT-00301 0.25%	HBT-00302 0.3%	HBT-00303 0.15%～0.2%
总糖	5.5%～6%	5.5%～6%	5.5%～6%
牛奶底香精			0.03%
HBT-45302 甜奶油香精			0.06%～0.08%

任务2 咖啡乳饮料的加工

【要点】

1. 乳饮料种类、加入配料的比例、目的。

2. 乳饮料的调配方法。

【仪器与材料】

咖啡，糖，奶粉，净化水，焦糖，碳酸氢钠，食盐，海藻酸钠(稳定剂也可用CMC)，铝锅，电炉1个，奶桶(共用)，1 000 mL 烧杯 2 个，150 mL 或 500 mL 烧杯 2 个，奶瓶 30 套，架盘天平 1 台，高压杀菌锅。

【工作过程】

(一)配方及工艺流程(图 2-40)

全脂乳　40 kg

脱脂乳　20 kg

蔗糖　8 kg

咖啡浸提液(咖啡粒为原料的 0.5%～2%)　30 kg

稳定剂　0.05%～0.2%

焦糖　0.3 kg

香料　0.1 kg

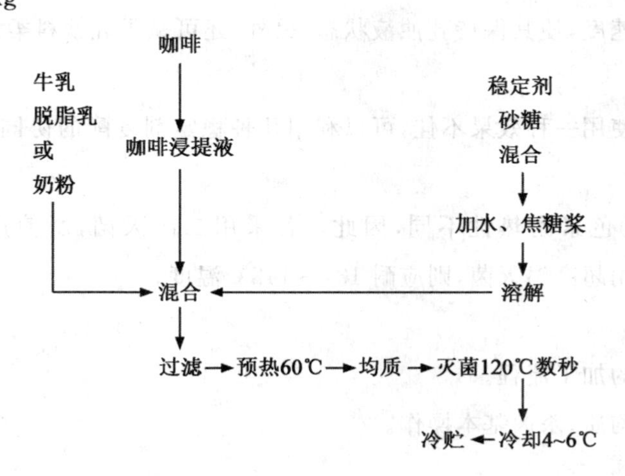

图 2-40　咖啡乳工艺流程

(二)操作过程

1. 原料乳的检验

一般原料乳的酸度小于18°T,细菌总数控制在200 000 CFU/mL以内。乳粉必须符合国家标准。

2. 配料

将砂糖和稳定剂混合后加入少部分水溶解制成2%~3%的溶液,并加入咖啡。

将奶粉用少量热水(40~50℃)溶开,并水合30 min。

将碳酸氢钠、食盐、焦糖等用少量水溶开(所有用水都计于总水量中)。

将上述三种料液混合后,加入剩余的水过滤,预热,均质。

3. 灌装、灭菌、贮存

将料液加热至80℃,装瓶,再高压灭菌120℃、3 s(或预热至40℃再灌装,水浴加热至85~90℃,保持15~20 min)。

冷却至10℃左右,低温贮存。

【相关知识】

1. 原料乳或乳粉为咖啡乳的主要原料,其质量的高低直接影响成品的好坏。原料乳必须经过检验,符合标准后才能用于风味乳饮料的生产。若采用乳粉还原来生产风味含乳饮料,乳粉也必须符合标准后才可使用,国内一般采用全脂乳粉来生产风味含乳饮料。乳粉还原需用40~50℃的热水进行还原,搅拌至乳粉完全溶解,使乳粉在40~50℃下水合20~30 min。

2. 稳定剂可以提高乳饮料的黏度,缩小液体与可可粉、咖啡颗粒等颗粒之间的密度差,从而减少粒子的沉降速度,使其保持乳浊液状态,另外,还可赋予乳饮料柔滑的口感。

【友情提示】

1. 稳定剂单独使用一种效果不佳,可以利用几种稳定剂复配的协同增效作用增强颗粒的悬浮性能。

2. 不同的香精、色素耐热性不同,因此。若采用二次灭菌,所使用的香精和色素应耐121℃的温度;若采用超高温灭菌,则应耐137~142℃温度。

【考核要点】

1. 咖啡乳饮料的加工流程。

2. 配料、过滤、均质、杀菌基本操作。

【思考】

1. 为什么稳定剂需要先和白砂糖干混后才能用热水溶解?

2. 乳粉如何溶解?

【必备知识】

含乳饮料生产技术

(一)含乳饮料概述

1.定义

依据GB/T 21732—2008《含乳饮料》标准,对含乳饮料作出如下定义和分类。

含乳饮料:以乳或乳制品为原料,加入水及适量辅料经配制或发酵而成的饮料制品。含乳饮料还可称为乳(奶)饮料、乳(奶)饮品。

含乳饮料分类:

①配制型含乳饮料:以乳或乳制品为原料,加入水,以及白砂糖和(或)甜味剂、酸味剂、果汁、茶、咖啡、植物提取液等的一种或几种调制而成的饮品。

②发酵型含乳饮料:以乳或乳制品为原料,经乳酸菌等有益菌培养发酵制得的乳液中加入水,以及白砂糖和(或)甜味剂、酸味剂、果汁、茶、咖啡、植物提取液等的一种或几种调制而成的饮品。如乳酸菌饮料。根据其是否经过杀菌处理而区分为杀菌(非活菌)型和未杀菌(活菌)型。发酵型含乳饮料还可以称为酸奶饮料、酸奶饮品。

2.含乳饮料质量标准

(1)感官指标(表2-8)

表2-8 含乳饮料感官标准

项目	要求
滋味和气味	特有的乳香滋味和气味或具有与加入辅料相符的滋味和气味;发酵产品具有特有的发酵芳香滋味和气味;无异味
色泽	均匀乳白色、乳黄色或带有添加辅料的相应色泽
组织状态	均匀细腻的乳浊液,无分层现象,允许有少量沉淀,无正常视力可见外来杂质

(2)理化指标(表2-9)

表2-9 含乳饮料理化指标

项目	配制型含乳饮料	发酵型含乳饮料	乳酸菌饮料
蛋白质[a]/(g/100 g)	≥1.0	≥1.0	≥0.7
苯甲酸[b]/(g/100 g)	—	≤0.03	≤0.03

注:[a] 含乳饮料中的蛋白质应为乳蛋白;

[b] 属于发酵过程产生的苯甲酸,原辅料中带入的苯甲酸应按GB 2760—2007执行。

(3)卫生指标

配制型含乳饮料的卫生指标应符合GB 11673—1989的规定;发酵型含乳饮料及乳酸菌饮料的卫生标准应符合GB 16321—1996的规定。

(二)配制型含乳饮料生产技术

1.配制型中性含乳饮料

中性乳饮料是指以原料乳或乳粉为主要原料,加入水与适量辅料如可可、咖啡、果汁和蔗糖等物质,经有效杀菌制成的具有相应风味的含乳饮料。根据国家标准,乳饮料中的蛋白质含量应大于1%。

市场上常见的含乳饮料有草莓乳、香蕉乳、巧克力乳、咖啡乳等产品。中性含乳饮料虽然仅占乳品市场的一小部分,但作为乳制品的一个延伸,受到整体创新和健康意识的影响,近年来不断开拓出更多的新型产品,果汁、谷物、咖啡、燕麦、坚果,甚至茶都被用于其中。所采用的包装形式主要有无菌包装和塑料瓶包装。与无菌包装产品相比,塑料瓶包装的产品均采用二次灭菌,因此产品的风味较无菌包装产品要差,营养成分损失也较多。但塑料瓶包装产品也有其优点,即产品在运输时的抗机械损伤能力较强。

(1)中性含乳饮料生产工艺流程

中性含乳饮料生产工艺流程如图2-41所示。

(2)加工过程的质量控制点

①验收。一般原料乳酸度应小于18°T,细菌总数最好应控制在20万CFU/mL以内。对超高温产品来说,还应控制乳的芽孢数及耐热芽孢数。若采用乳粉还原来生产风味乳饮料,乳粉也必须符合标准后方可使用。

②还原。首先将软化的水加热到45～50℃,然后通过乳粉还原设备进行乳粉的还原,待乳粉完全溶解后,停止罐内的搅拌器,在此温度下水合20～30 min。

③巴氏杀菌。待原料乳检验完毕或乳粉还原后,先进行巴氏杀菌,同时将乳液冷却至4℃。

④配料。根据配方,准确称取各种原辅料。

糖处理,一种方法是用奶溶糖再进行净乳,另一种方法是先将糖溶解于热水中,95℃下保持15～20 min,冷却再经过滤后泵入乳中。

稳定剂可以在高速搅拌(2 500～3 000 r/min)下,缓慢地加入冷水中或溶解于80℃的热水中;也可以将稳定剂与其质量5～10倍的砂糖干法混合均匀,然后在正常搅拌速度下加入到80～90℃的热水中溶解。若采用优质鲜乳为原料,可不加稳定剂。但大多数情况下采用乳粉还原时,则必须使用稳定剂。

将所有原辅料加入到配料罐中,低速搅拌15～25 min,以保证所有的物料混合均匀。尤其稳定剂能均匀分散于乳中。最后加入香精,充分搅拌均匀。由于不同的香精、色素耐热性不同,因此若采用二次灭菌,所使用的香精和色素应耐121℃的温度;若采用超高温灭菌,则应耐137～142℃的温度。

⑤均质。各种原料在调和罐内调和后,用过滤器除去杂物,进行高压均质,均质压力10～15 MPa。

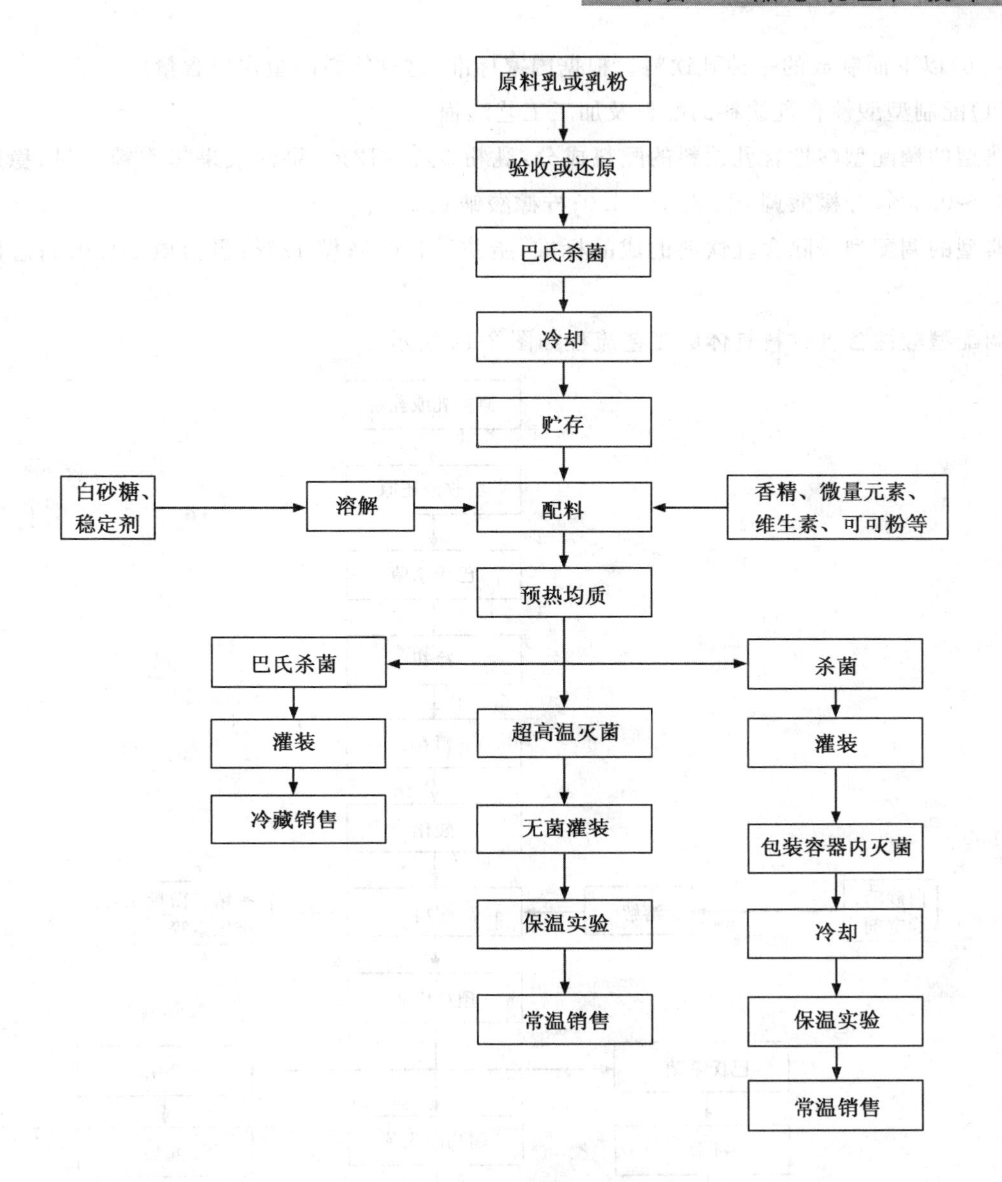

图 2-41 中性含乳饮料生产工艺流程

⑥超高温灭菌。在超高温灭菌设备内应包括脱气和均质处理装置。通常均质前首先进行脱气，脱气后温度一般为 70～75℃，然后再均质。灭菌温度与 UHT 乳一样，通常采用 137℃、4 s。但超高温灭菌的可可或巧克力风味含乳饮料，由于可可粉中含有大量的芽孢，灭菌强度较一般风味含乳饮料要强，常采用 139～142℃、4 s 灭菌。对塑料瓶或其他包装的二次灭菌产品来说，一般采用 135～137℃、2～3 min，灌装后再进行 115～121℃、15～20 min 灭菌，最后冷却到 25℃以下。

2. 配制型酸性含乳饮料

调配型酸性含乳饮料是指用乳酸、柠檬酸或果汁将牛乳的 pH 调整到酪蛋白的等电点

(pH 4.6)以下而制成的一种乳饮料。根据国家标准，这种饮料的蛋白质含量应大于1%。

(1)配制型酸性含乳饮料的配料及加工工艺流程

典型的调配型酸性含乳饮料的配料成分：乳粉3%～12%；果汁或果味香精适量；稳定剂0.35%～0.6%；柠檬酸调pH 3.8～ 4.0；柠檬酸钠0.5%。

典型的调配型酸除含乳饮料的成品标准：脂肪≥1.0%；糖12%；蛋白质≥1.0%；总固形物15%。

调配型酸性含乳饮料具体的工艺流程如图2-42所示。

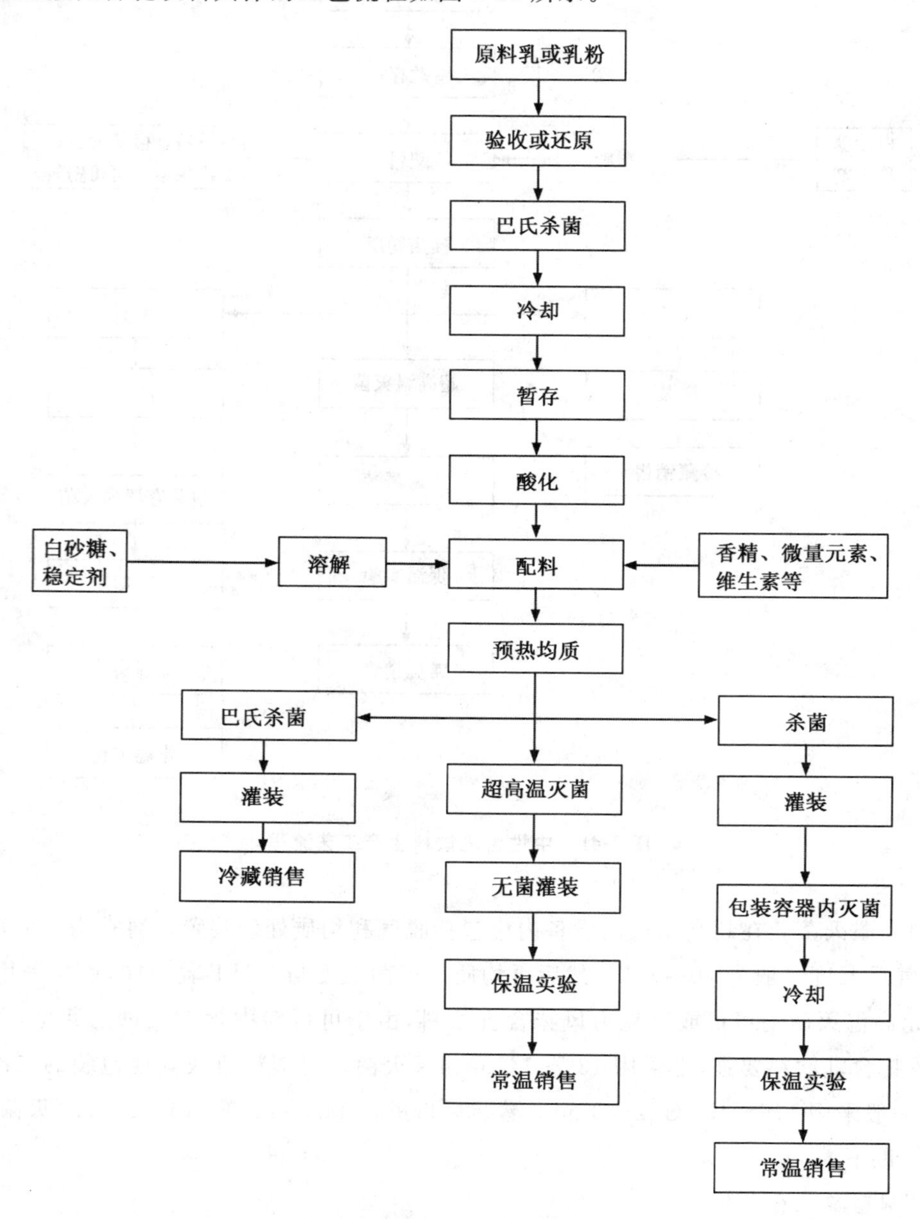

图2-42 酸性含乳饮料生产工艺流程

(2)加工过程的质量控制点

①乳粉的还原:用大约一半的50℃左右的软化水来溶解乳粉,确保乳粉完全溶解。

②稳定剂的溶解方法:将稳定剂与为其质量5~10倍的白砂糖预先干混,然后在高速搅拌下(2 500~3 000 r/min),将稳定剂和糖的混合物加入到70℃左右的热水中打浆溶解,经胶体磨分散均匀。

③混料:将稳定剂溶液、剩余白砂糖及其他甜味剂,加入到原料乳或还原乳中,混合均匀后,进行酸化。

④酸化:酸化过程是配制型酸性含乳饮料生产中最重要的步骤,成品的品质取决于调酸过程。

a. 为了得到最佳的酸化效果,酸化前应将牛乳的温度降至20℃以下。

b. 为保证酸溶液与牛乳充分均匀地混合,混料罐应配备高速搅拌器,同时酸味剂用软化水稀释(10%~ 20%溶液)缓慢地加入或泵入混料罐,通过喷洒器以液滴形式迅速、均匀地分散于混合料液中。加酸液浓度太高或过快,会使酸化过程形成的酪蛋白颗粒粗大,产品易出现沉淀现象。

c. 为了避免局部酸度偏差过大,可在酸化前在酸液中加入一些缓冲盐类如柠檬酸钠等。

d. 为保证酪蛋白颗粒的稳定性,在升温及均质前,应先将牛乳的pH降至4.0以下。

⑤调和:酸化过程结束后,将香精、复合微量元素及维生素加入到酸化的牛乳中,同时对产品进行标准化定容。

⑥杀菌:由于配制型酸性含乳饮料pH一般在3.8~4.2,因此它属于高酸食品,其杀菌的对象为霉菌和酵母菌,采用137℃、4 s的杀菌条件。杀菌设备中一般都有脱气和均质处理装置,常用均质压力为20 MPa。

对于包装于塑料瓶中的配制型酸性含乳饮料来说,通常在灌装后,再采用95~98℃、30~45 min的水溶杀菌,然后快速冷却至20℃分装。

(3)影响配制型酸性含乳饮料质量的因素

①原料乳及乳粉质量:要生产高品质的配制型酸性含乳饮料,必须使用高品质的乳粉或原料乳。乳粉还原后应有好的蛋白质稳定性,乳粉的细菌总数应控制在10 000 CFU/g。

②稳定剂的种类和质量:配制型酸性含乳饮料最适宜的稳定剂是果胶或其他稳定剂的混合物。考虑到成本问题,通常使用一些胶类稳定剂,如耐酸性羧甲基纤维素(CMC)、黄原胶和海藻酸丙二醇酯(PGA)等。在实际生产中,2种或2种以上稳定剂混合使用比单一使用效果好,使用量根据酸度、蛋白质含量的增加而增加。在酸性含乳饮料中,稳定剂的用量一般在1%以下。

③水的质量:若配料使用的水碱度过高,会影响饮料的口感,也易造成蛋白质沉淀、分层。一般要求对水进行软化处理。

④酸的种类:配制型酸性含乳饮料可以使用柠檬酸,乳酸和苹果酸作酸味料,且以用乳酸生产出的产品质量最佳,但由于乳酸为液体,运输不便,价格较高,因此一般采用柠檬酸与乳酸

的混合酸溶液作酸味料。

(4)配制型酸性含乳饮料成品稳定性的检查方法

①在玻璃杯的内壁上倒少量饮料成品，若形成了像牛乳似的、细的、均匀的薄膜，则证明产品质量是稳定的。

②取少量产品放在载玻片上，用显微镜观察。若视野中观察到的颗粒很小而且分布均匀，表明产品是稳定的；若观察到有大的颗粒，表明产品在储藏过程中是不稳定的。

③取 10 mL 的成品放入带刻度的离心管内，经 2 800 r/min 转速离心 10 min。离心结束后，观察离心管底部的沉淀量。若沉淀量低于 1%，证明该产品稳定；否则产品不稳定。

(5)配制型酸性含乳饮料生产中常见的质量问题

①沉淀及分层。

a. 选用的稳定剂不合适。选用稳定剂不合适即所选取稳定剂在产品保质期内达不到应有的效果。为解决此问题，可考虑采用果胶或其他稳定剂复配使用。一般采用纯果胶时，用量为 0.35%～0.60%，但具体的用量和配比必须通过实验来确定。

b. 酸液浓度过高。调酸时，若酸液浓度过高，就很难保证在局部牛乳与酸液能良好地混合，从而使局部酸度偏差太大，导致局部蛋白质沉淀。解决的方法是酸化前，将酸稀释为 10% 或 20% 的溶液，同时，也可在酸化前，将一些缓冲盐类如柠檬酸钠等加入到酸液中。

c. 混料罐内搅拌器的搅拌速度过低。搅拌速度过低，就很难保证整个酸化过程中酸液与牛乳能均匀地混合，从而导致局部 pH 过低，产生蛋白质沉淀。因此，为提高生产高品质的调配型酸性含乳饮料，应配备带有高速搅拌器的配料罐。

d. 调酸过程中加酸过快。加酸速度过快，可能导致局部牛乳与酸液混合不均匀，从而使形成的酪蛋白颗粒过大，且大小分布不匀。采用正常的稳定剂用量，就很难保持酪蛋白颗粒的悬浮，因此整个调酸过程加酸速度不易过快。

②产品口感过于稀薄。有时生产出来的酸性含乳饮料喝起来像淡水一样，造成此类问题的原因可能是乳粉热处理不当或最终产品的总固形物含量过低、甜酸比例不当所致。

(6)配制型酸性含乳饮料加工举例

以下是某乳品企业酸性含乳饮料加工流程(图 2-43)。

(三)发酵型含乳饮料生产技术

发酵型的酸性含乳饮料在国内通常称为“乳酸菌饮料”或“酸乳饮料”。发酵型的酸性含乳饮料为通常以牛乳或乳粉，植物蛋白乳(粉)、果菜汁或糖类为原料，添加或不添加食品添加剂与辅料，经杀菌、冷却、接种乳酸菌发酵剂培养发酵，然后经稀释而制成的活性(非杀菌型)或非活性(杀菌型)的饮料。

1. 乳酸菌饮料配料及加工工艺流程

乳酸菌饮料的加工可采用两种方法。

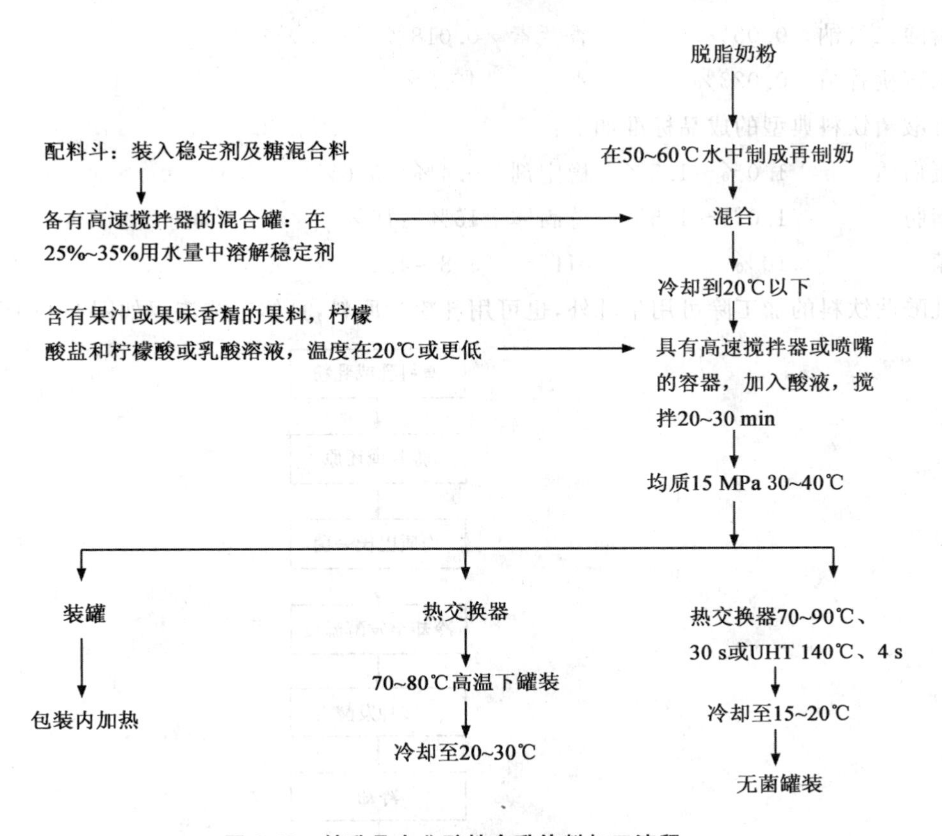

图 2-43 某乳品企业酸性含乳饮料加工流程

(1)先将牛乳进行乳酸菌发酵成酸乳，然后根据配方加入糖、稳定剂、水等物质，经混合、标准化后直接灌装或经热处理后再灌装。

(2)先按乳酸菌饮料的配方将所有原料混合在一起，然后再经过乳酸菌发酵，并直接灌装或经过热处理后再灌装。

考虑到生产过程的实用性，几乎所有的生产厂家均采用第一种方法生产乳酸菌饮料，乳酸菌饮料典型的配方如下：

> 思考：你认为含乳饮料是乳吗？它可以作为蛋白质的良好来源吗？

乳酸菌饮料配方Ⅰ：

酸乳	30%	糖	10%
果胶	0.4%	果汁	6%
45%乳酸	0.1%	香精	0.15%
水	53.35%		

乳酸菌饮料配方Ⅱ：

酸乳	46.2%	白糖	6.7%
蛋白糖	0.11%	果胶	0.18%
耐酸 CMC	0.23%	柠檬酸	0.29%

磷酸二氢钠	0.05%	香兰素	0.018%
水蜜桃香精	0.023%	水	46.2%

乳酸菌饮料典型的成品标准如下：

蛋白质	1.0%～1.5%	稳定剂	0.4%～0.6%
脂肪	1.0%～1.5%	总固体	15%～16%
糖	10%	pH	3.8～4.2

乳酸菌饮料的加工除可用牛乳外，也可用乳粉为原料，具体工艺流程如图 2-44 所示。

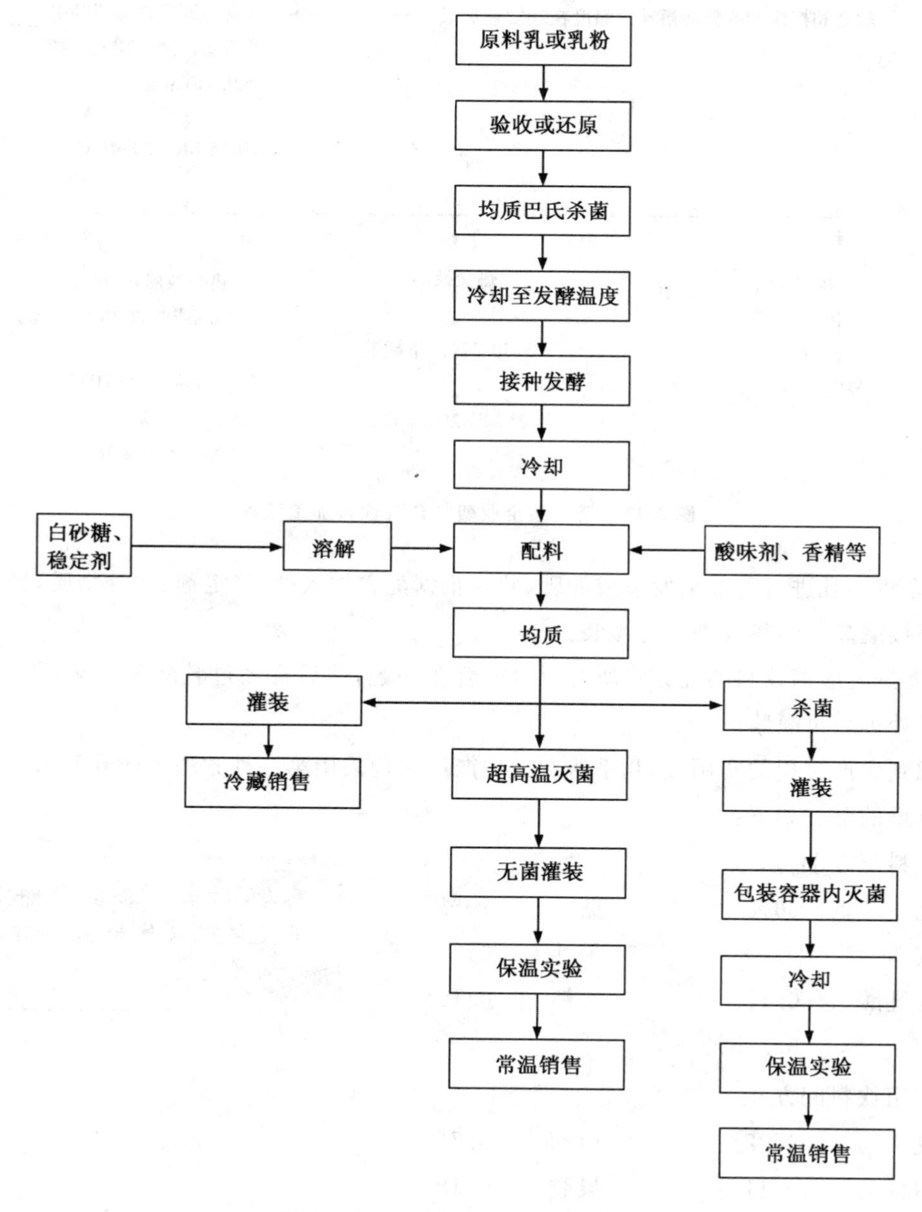

图 2-44　乳酸菌饮料生产工艺流程

2.乳酸菌饮料加工过程中的质量控制

①乳粉的还原(详见中性含乳饮料加工工艺)。

②发酵前原料乳成分的调整:因为牛乳中的蛋白质含量会直接影响到酸乳的黏度、组织状态及稳定性,故建议发酵前将配料中的非脂乳固体含量调整到15%左右,这可通过添加脱脂乳粉或蒸发原料乳或超滤或添加乳清粉来实现。

③脱气、均质和巴氏杀菌:如果原料乳中空气含量高或是使用乳粉作原料,建议均质前先对产品进行脱气,否则产品内空气过多,容易损坏均质头。均质的主要目的是防止脂肪上浮,改进酸乳的黏度、稳定性及防止乳清分离。均质机通常配置于巴氏杀菌系统中,均质温度为70~75℃,均质压力为20 MPa。

④发酵过程使用的乳酸菌菌种:在生产中使用的菌种包括嗜热链球菌、嗜酸乳杆菌、保加利亚乳杆菌、双歧杆菌等。最常使用的是嗜热链球菌和保加利亚杆菌的混合菌种,比例为1∶1。

⑤发酵剂制备:生产中使用的发酵剂见酸乳加工中菌种的制备。

⑥发酵过程的控制:见酸乳的加工。发酵过程结束后,根据对最终产品的动度要求,选用合适的泵来输送酸乳。

⑦配料:发酵过程完成后,可根据配方进行配料,一般乳酸菌饮料的配料中包括乳、甜味剂、稳定剂、酸味剂、香精等。

⑧灭菌:灭菌系统一般都包括脱气和均质,脱气后物料温度可达70~75℃,均质压力为20 MPa与5 MPa。对超高温乳酸菌饮料来说,常采用110℃以上、4 s的条件。生产厂家可根据自己的实际情况,对杀菌条件相应的调整。

3.影响乳酸菌饮料质量的因素

(1)原料乳及乳粉质量

乳酸菌饮料的生产必须使用高质量的原料乳或乳粉,原料乳或乳粉中细菌总数应低且不含抗生素。

思考:想一想酸性含乳饮料中应用中性CMC-Na可以吗?

(2)稳定剂的种类及质量

对乳酸菌饮料来说,最佳的稳定剂是果胶或与其他胶类的混合物。

①果胶的性质。果胶起到稳定作用的前提条件是它能完全溶解,而保证它完全溶解的首要条件是它能均匀分散于溶液中,不结块。一旦结块,胶类物质非常难溶于水。通常果胶在pH为4时稳定性最佳。糖的存在对果胶能起到一定的保护作用。

②果胶的种类。果胶分为低酯果胶和高酯果胶两种,对酸性含乳饮料来说,最常使用的是高酯果胶,因为它能与酪蛋白反应,并附着于酪蛋白颗粒的表面,从而避免在调酸过程中在pH 4.6以下时,酪蛋白颗粒因失去电荷而相互聚合产生沉淀。

③果胶的用量。果胶的用量由下列因素决定。

a. 蛋白质含量：一般来说，蛋白质含量越高，果胶用量也应相应提高，当蛋白质较低时，果胶用量可以减少，但不是成比例地减少。

b. 酪蛋白颗粒的大小：不同的加工工艺使酪蛋白形成的颗粒的体积不同。若颗粒过大，则需要使用更多的果胶去悬浮；若颗粒过小，由于小颗粒具有相对大的表面积，故需要更多的果胶去覆盖其表面，果胶用量应增加。

c. 产品热处理强度：一般来说，产品热处理强度越高，果胶含量也应越高。

d. 产品的保质期：产品所需的保质期越长，稳定剂用量也越多。

④果胶的溶解。要使果胶发挥应有的稳定作用，必须保证果胶能完全分散并溶解于溶液中。

(3)果蔬辅料的质量控制

乳酸菌饮料中常加入一些果蔬原料，这些原料本身的质量或配制饮料时预处理不当，使饮料在保存过程中引起感官质量的不稳定，如饮料变色、退色、沉淀等。因此，在选择及加入果蔬辅料时应经过多次小样试验，保存试验至少在1个月以上。果蔬本身的色素会受到一些因素的影响而发生褪色，如pH、光照、酶和金属等。在生产中可考虑加入一些抗氧化剂，如维生素E、维生素C、儿茶酚、EDTA等，对果蔬的色泽具有良好的保护性能。

(4)发酵过程

由于酪蛋白颗粒的大小是由发酵过程以及发酵以后加热处理情况所决定，因此，发酵过程控制的好坏直接影响到产品的风味、黏度和稳定性。

(5)均质效果

为保证稳定剂起到应有的稳定作用，必须使它均匀地附着于酪蛋白颗粒的表面。要达到此效果，必须保证均质机工作正常并采用正确的均质温度和压力。

4. 乳酸菌饮料成品稳定性的检查方法

酸乳饮料成品稳定性检查方法与调配型酸性含乳饮料相同。

思考：市场上有哪些品种的活性乳酸菌饮料？

5. 乳酸菌饮料生产中常见的质量问题

(1)饮料中活菌数的控制

乳酸菌活性饮料要求每毫升饮料中含活性乳酸菌100万以上。欲保持较高活力的菌，发酵剂应选用耐酸性强的乳酸菌种(如嗜酸乳杆菌、干酪乳杆菌)。

为了弥补发酵本身的酸度不足，需补充柠檬酸，但是柠檬酸的添加会导致活菌数下降，所以必须控制柠檬酸的使用量。苹果酸对乳酸菌的抑制作用小，与柠檬酸并用可以减少活性菌数的下降，同时又可改善柠檬酸的涩味。

(2)沉淀

沉淀是乳酸菌饮料最常见的质量问题。乳蛋白中80%为酪蛋白，其等电点为4.6。通过乳酸菌发酵，并添加果汁或加入酸味剂而使饮料的pH在3.8～4.2。此时，酪蛋白处于高度不稳定状态。此外，在加入果汁、酸味剂时，若酸浓度过大，加酸时混合液温度过高或加酸速度过快及搅拌不均等均会引起局部过分酸化而发生分层和沉淀。为使酪蛋白胶粒在饮料中呈悬浮状态，不发生沉淀，应注意以下几点。

①均质。均质可使酪蛋白粒子微细化，抑制粒子沉淀并提高料液黏度，增强稳定效果。均质压力通常选择在 20～25 MPa，均质温度保持在 51.0～54.5℃，尤其在 53℃时效果最好。

经均质后的酪蛋白微粒，因失去了静电荷、水化膜的保护，使粒子间的引力增强，增加了碰撞机会且碰撞时很快聚成大颗粒，比重加大引起沉淀。因此，均质必须与稳定剂配合使用，方能达到较好效果。

②稳定剂。添加亲水性和乳化性较高的稳定剂。稳定剂不仅能提高饮料的黏度，防止蛋白质粒子因重力作用下沉，更重要的是它本身是一种亲水性高分子化合物，在酸性条件下与酪蛋白形成保护胶体，防止凝集沉淀。此外，由于牛乳中含有较多的钙，在 pH 降到酪蛋白的等电点以下时以游离钙状态存在，Ca^{2+} 与酪蛋白之间易发生凝集而沉淀。故添加适当的磷酸盐使其与 Ca^{2+} 形成螯合物，起到稳定作用。

③添加蔗糖。添加 13％蔗糖不仅使饮料酸中带甜，而且糖在酪蛋白表面形成被膜，可提高酪蛋白与其他分散介质的亲水性，并能提高饮料密度，增加黏稠度，有利于酪蛋白在悬浮液中的稳定。另外，发酵乳与糖浆混合后要进行均质处理，是防止沉淀必不可少的工艺过程。均质后的物料要进行缓慢搅拌，以促进水合作用，防止颗粒的再聚集。

④有机酸的添加。添加柠檬酸等有机酸类，也是引起饮料产生沉淀的因素之一。因此，必须在低温条件下使其与蛋白胶粒均匀缓慢地接触。另外，酸的浓度要尽可能小，添加速度要缓慢，搅拌速度要快。一般酸液以喷雾形式加入。

⑤发酵乳的搅拌温度。为了防止沉淀产生，还应特别注意控制好搅拌发酵乳时的温度，以 7℃为最佳。实际生产中冷却至 20～25℃开始搅拌。高温时搅拌，凝块将收缩硬化，这时再采取什么措施也无法防止蛋白胶粒的沉淀。

(3)脂肪上浮

这是在因为采用全脂乳或脱脂不充分的脱脂乳作原料时由于均质处理不当等原因引起的。应改进均质条件，如增加压力或提高温度，同时可选用酯化度高的稳定剂或乳化剂如卵磷脂、单硬脂酸甘油酯、脂肪酸蔗糖酯等。不过，最好采用含脂率较低的脱脂乳或脱脂乳粉作为乳酸菌饮料的原料，并注意进行均质处理。

(4)果蔬料的质量控制

为了强化饮料的风味与营养，常常加入一些果蔬原料，例如，果汁类的椰汁、芒果汁、橘汁、山楂汁、草莓汁等，蔬菜类的胡萝卜汁、玉米浆、南瓜浆、冬瓜汁等，有时还加入蜂蜜等成分。由于这些物料本身的质量或配制饮料时预处理不当，使饮料在保存过程中也会引起感官质量的不稳定，如饮料变色、褪色、出现沉淀、污染杂菌等。因此，在选择及加入这些果蔬物料时应注意杀菌处理。

果蔬乳酸菌饮料的色泽也是左右消费市场的重要因素之一。良好的色泽有助于产品的销售,使饮料带有色泽的这些果蔬物料本身所含的色素会受到一些因素的影响而发生褪色现象,如 pH、光照、酶、金属等。因此,在生产中应考虑适当加入一些抗氧化剂,如维生素 C、维生素 E、儿茶酚、EDTA 等,对果蔬饮料的色泽具有良好的保护性能。

(5)卫生管理

在乳酸菌饮料酸败方面,最大问题是酵母菌的污染。由于添加有蔗糖、果汁,当制品混入酵母菌时,在保存过程中,酵母菌迅速繁殖产生二氧化碳气体,并形成酯臭味和酵母味等不愉快风味。另外,在乳酸菌饮料中,因霉菌繁殖,其耐酸性很强,也会损害制品的风味。

酵母菌、霉菌的耐热性弱,通常在 60℃、5~10 min 加热处理即被杀死。所以,在制品中出现的污染,主要是二次污染所致。使用蔗糖、果汁的乳酸菌饮料其加工车间的卫生条件必须符合国家卫生标准要求,以避免制品二次污染。

企业链接:乳制品包装

乳品工业包装机械大体上可分为两大部分:灌装封口机械和成品包装机械。灌装封口机械包括清洗机械、装料机械、封口机械。成品包装机械包括贴标签机,装箱、封箱及捆扎机。

1.清洗机械为了保证食品容器的清洁,使用前要进行清洗

(1)镀锡薄钢板空罐清洗机使用旋转圆盘式清洗机。采用热水清洗,蒸汽消毒。生产能力与清洗时间和星形轮的齿数有关。清洗时间可根据罐的污染程度不同用实验方法决定。这种系统应设有无级变速装置以适应不同情况、不同要求时的清洗。

特点:结构简单,生产能力较大,占地面积小,易于调节和操作,用水和蒸汽较少而清洗效率高。但其最大缺点是多罐型生产时适应性较差。

(2)全自动洗瓶机主要用于回收来的玻璃瓶洗涤。有手工清洗、半机械化清洗和全自动化清洗。现在多使用全自动清洗。

全自动洗瓶机按进出瓶的位置分成双端式和单端式。双端式从一个方向进瓶,另一个方向出瓶。其优点是净瓶距离脏瓶远,不会被污染,适于连续作业,但占地面积大,须两人操作。单端式是指进瓶位置在一端的下方,而出瓶位置在同一端的上方。优点是占地面积小,一人操作即可,但存在净瓶被污染的危险,不利于连续化生产。

按瓶套的传送方式可分为连续式和间歇式。

间歇式:在进瓶端,由电动机带动链条由下而上运动,当转到进瓶位置时有一个短暂的停留,使得新带入的脏瓶进入,洗净的瓶送出。在洗瓶机内部脏瓶就是利用静止不动时,用喷嘴进行冲洗。在运动期间是不进行冲洗的。

连续式:进、出瓶由链带连续传动,其中无停止时间,安装可移动的进瓶落架,当进瓶时,落架向下作短时间移动,让瓶子有充裕的时间进入进瓶位置。洗瓶机内部的喷嘴与瓶套同时移动,冲洗在移动中进行。其缺点是商标易夹在瓶套与瓶间。洗瓶流程:

进空瓶→预洗刷→洗涤区→热水浸泡喷射区→温水喷射区→冷水喷射区→出瓶

预洗刷的目的在于去掉脏瓶内残留物，使洗涤剂浸泡槽内残留物尽量少，同时对冷瓶预热，防止冷瓶骤热破碎。洗涤部分包含四部分：碱洗、水洗、酸洗、水洗，也有只用碱洗的。目的是乳化脂肪，温度可达70℃，喷射压力可达2.53×10^{5} Pa。热水、温水浸泡喷射的目的一是洗去洗涤液，二是给瓶降温，可降到35℃；冷水喷射，在降温的同时，还起到杀菌效果，因为，冷水预先进行了氯化处理。水温10～15℃，洗后的瓶温20℃。

2.装料机械

(1)液态奶瓶装机按灌装时瓶内的压力分为常压式灌装和真空式灌装。其结构不同点在于后者的灌装阀上有两个小孔，一个通抽真空装置，便于抽真空；一个通空气，在灌装完成时放气。瓶由送瓶链道输送，灌装由升降滑道定量。常压式灌装的优点是结构简单、部件少、操作容易、清洗维修方便，既可连续生产，也可间歇生产。缺点是灌装后，仍有2～3滴奶滴在瓶外，若瓶漏奶，灌装仍会进行，造成浪费。真空灌装克服了常压灌装的缺点，并可在灌装过程中排除部分牛奶中的不良气味，灌装速度加快，时间为常压灌装的1/4～1/2。缺点是操作管理有较高的技术要求，灌装机容易出故障。

(2)液态软包装机械这类机械一般配备专用包装材料，从包装袋的成型、灌装，到封口同机完成(见无菌灌装)。

(3)全自动无菌塑料瓶灌装机。用于酸乳及相似产品的无菌灌装。包括塑料瓶的消毒、充填、制盖、加盖等工序。这种机械灌装能力很强，每小时4 000瓶或4 000瓶以上。这种灌装机械要求灌装室接近无菌状态。

(4)固体装料机这种机械主要在于对物料定量，大多采用容积定量法和称量定量法。

3.乳制品使用的封口机械有封罐机、玻璃瓶封口机和软包装热合机

封罐机有手工封罐、半自动封罐和自动封罐。自动封罐机分空罐封底机、预封机和实罐封罐机三个机体。

空罐封底机将罐体与罐底封合。

预封机将罐盖预卷合在已装好物料的罐体上。卷合的松紧度以不能用手启开，但又能从罐内排除气体为合适。整台机器由上下机座所构成的预封机头、送盖机构、罐盖打字机构及电气、真空系统控制，还有传动齿轮和电机等。

实罐封罐机是对罐内抽真空或充氮，然后将罐盖密封的设备。由进罐送盖部分、卷边机头机构。真空充氮系统和传动机构等组成。

玻璃瓶封口机主要用于消毒乳和酸乳用玻璃瓶的封口。在瓶口上加封一张蜡纸，用线扎紧，再用火漆封住。

4.成品包装机械包括贴标签机、装箱机、封箱机和捆扎机

不同的容器使用不同的贴标签机。镀锡薄钢板圆罐贴标签机的代表有自动贴标签机

和轻便型贴标签机。玻璃瓶贴标签机有龙门式贴标签机和真空转鼓式贴标签机。装箱机是将包装好的罐瓶、袋或盒等装进瓦楞纸箱内，方法根据产品的形状和需要而不同。封箱机给装好的纸箱贴条。捆扎机是利用各种绳带将纸箱或包封物品捆扎，这类机械发展很迅速，种类繁多，形式各异。

【项目思考】

1. 液态乳都有哪些种类？
2. 碟片式分离机的工作原理是什么？
3. 牛乳均质的目的是什么？
4. 说明巴氏杀菌乳的生产工艺流程。
5. 超高温灭菌乳的灭菌原理是什么？为什么有0.1%的胀包率？
6. 说明UHT乳的生产工艺流程。
7. 说明商业无菌和绝对无菌的区别。
8. 在酸性含乳饮料中如何使用稳定剂？

项目三　酸乳生产技术

【知识目标】

1. 掌握酸乳制品的概念、种类。

2. 理解酸乳制品的形成机理，掌握凝固型酸乳和搅拌型酸乳加工工艺和操作要点。

3. 熟悉酸乳制品的质量标准。

【技能目标】

1. 通过本项目的学习，初步掌握常见的酸乳制品的制作理论知识，具备制作常见酸乳制品的能力。

2. 能对酸乳制品进行质量评价，能够依据检测指标对生产实施监控。

【项目导入】

通过乳酸菌发酵（如酸奶）和由乳酸菌、酵母菌共同发酵（如开菲尔）制成的乳制品叫发酵乳。发酵乳制品是一个综合名称，包括诸如：酸奶、欧默（Ymer）、开菲尔、发酵酪乳、酸奶油、乳酒（以马奶为主）等。发酵乳的名称是由于牛奶中添加了发酵剂，使部分乳糖转化成乳酸而来的。在发酵过程中还形成CO_2、醋酸、丁二酮、乙醛和其他物质。

酸乳又名酸牛乳或酸奶，最原始的酸乳只是一种利用牛乳或其他动物乳中天然存在的乳酸菌使乳糖转化成乳酸而制作的一种发酵乳。20世纪中叶以来，西欧一些国家开始大量生产发酵乳，其中酸乳已成为国际间广泛食用的发酵乳。如今，随着新的益生菌类和新的生物技术在发酵乳生产中的应用，已使发酵乳的种类不断扩大，并推动了新的研究成果在乳品工业中的应用与发展。

任务1　发酵剂的制备及鉴定

【要点】

1. 实验室条件下了解和熟悉酸乳发酵剂的制备方法及其鉴定方法。

2. 无菌操作技能。

【仪器与试剂】

1.发酵剂的制备

仪器:5～10 mL 吸管(灭菌)2 支,50～100 mL 灭菌量筒 2 个,20 mL 灭菌带棉塞试管 2 支,150 mL 三角烧杯 2 个,酒精灯一盏,脱脂棉 0.5 kg,恒温箱(共用),手提式高压灭菌器,其他(玻璃铅笔,试管架,吸耳球,火柴,水桶),不锈钢培养缸(缸的容量在 2.5～5 kg)。

试剂:脱脂牛乳、菌种。

2.发酵剂的鉴定

仪器:碱用滴定管及滴定架,100～150 mL 烧杯或三角烧杯,10～20 mL 吸管,显微镜等。

试剂:0.1 mol/L NaOH ;1%～2%酚酞酒精溶液。

【工作过程】

(一)发酵剂的制备

1.菌种的选择

制作酸乳制品用发酵剂的菌种一般由专门实验室保存,使用者应根据生产的酸乳制品种类进行选择活化(参阅表 3-1)。

2.活化菌种

按无菌操作进行,菌种为液体时,用灭菌吸管取 1～2 mL 接种于装灭菌脱脂乳的试管中(10 mL 脱脂乳)。菌种为粉状的用灭菌铂耳或玻璃棒,取少量接种于试管中的灭菌脱脂乳,混匀,然后置于恒温中根据不同菌种的特性选择培养温度与时间,培养活化。活化可进行 1 至数次,依菌种活力确定。

3.调制母发酵剂

将脱脂乳分装于试管中和三角烧杯中,每瓶中 10 mL,每个三角瓶中 100～150 mL,然后盖上棉塞,硫酸纸,扎紧后进行高压灭菌,灭菌温度在 120℃,保持 5 min,之后,慢慢放气,取出灭菌乳冷却至 42℃左右再进行接种,接种 2%～3%,充分混匀后,置于恒温中培养(40～42℃,2.5～3 h),三角瓶中菌种供制生产发酵剂用,试管中菌种仍可作为原菌种保留,原菌种更新周期一般为 3 d,最长不得超过 1 周。制备好的菌种放于冰箱内保存。

4.调制生产发酵剂

将脱脂乳分装于 500 mL 不锈钢培养缸中,盖严后进行灭菌,灭菌温度在 120℃、5 min。按上述方法取出冷却至 45℃接种,接种量在 2%～5%,充分混合后置于恒温箱中培养(40～45℃、2.5～3 h)。此菌种供生产酸乳制品时使用。

(二)发酵剂的质量检验

1.感官检验

观察发酵剂的质地,组织状态,凝固情况与乳清析出的情况,味道和色泽。

2.化学检验

(1)检验酸度

采用滴定法,再计算出乳酸度或吉尔涅尔度(°T)。

用吸管吸取 10 mL 发酵剂于 100～150 mL 三角烧杯中，加 20 mL 蒸馏水混匀。加 2 滴酚酞酒精溶液，用 0.1 mol/L NaOH 滴定至出现玫瑰红色 1 min 内不消失为止。

计算：乳酸度＝消耗的 0.1 mol/L NaOH 毫升数×10×F

F 为 0.1 mol/L NaOH 的浓度系数，即 F＝摩尔浓度/0.1。

$$\text{乳酸度}=\frac{\text{滴定消耗的 0.1 mol/L NaOH 毫升数}\times 10\times 0.009}{\text{样品毫升数}\times 1.030}\times 100\%$$

(2)细菌学检验

细菌学检验主要检验发酵剂的乳酸菌数和杂菌污染情况。一般是先进行显微镜直接计数。如果发酵剂含菌数量过高，需要将发酵剂进行百倍或千倍稀释。在计数时要注意观察有无污染。然后再以菌数计数方法检验活菌数，品质好的发酵剂每毫升内活菌数不应少于 10^9。

(3)活力检验

以乳酸菌产酸和色素还原能力来确定发酵剂的活力。

酸度测定法：向灭菌脱脂乳中加 3%发酵剂，在 37.8℃或 30℃下培养 3.5 h，再滴定其酸度，以酸度值来表示结果，酸度超过 0.4%为较好。

刃天青还原法：将 1 mL 发酵剂加入 9 mL 灭菌脱脂乳中，并加 0.05%刃天青溶液。在 36.7℃保温 30 min 后开始观察，其后每 5 min 观察一次结果，淡粉红色为终点，对照的不含发酵剂的空白灭菌乳的还原时间不应少于 4 h。

【相关知识】

1. 酸乳发酵剂菌种选择(表 3-1)

表 3-1 酸奶发酵剂菌种的选择

种类	菌种	主要机能	最适温度/℃	凝乳时间/h	极限酸度/°T	适应的酸乳制品
乳酸杆菌	L. bulgaricus	产酸生香	45～50	12	300～400	酸凝乳 牛乳
	L. bulgaricus	产酸生香	40～42			马乳酒
	L. acidophilus	产酸	45～50	12	300～400	嗜酸菌乳
	L. casei	产酸	45～50	12	300～400	液状酸凝乳
乳酸球菌	Str. thermophilus	产酸	50			酸凝乳
	Str. lactis	产酸	30～35	12	120	人工酪乳酸稀奶油
	Str. Cremoris	产酸	30	12～14	110～115	人工酪乳酸稀奶油
	Str. diacetilactis	产酸产香	30	18～48	100～105	人工酪乳酸稀奶油
	Slu. cremoris	生香	30			人工酪乳酸稀奶油
酵母	Candida. refyr	生醇、CO_2	16～20	15～18		牛乳酒
	Kluyeromyces	生醇、CO_2				牛乳酒
	Frsgilis	生醇、CO_2				牛乳酒

2.发酵剂感官

好的发酵剂应凝固的均匀，细腻和致密无块状物，有一定弹性，乳清析出的少，具有一定酸味或香味，无异常味，无气泡和色泽变化。

3.刃天青

刃天青是氧化还原的指示剂，加入到正常鲜乳中呈青蓝色或微带蓝紫色，如果乳中含有细菌并生长繁殖时，能使刃天青还原，并产生颜色改变，根据颜色从青蓝→红紫→粉红→白色的变化情况，可以判定乳中细菌繁殖情况。

【友情提示】

1.严格按照无菌操作规范进行菌种的活化与扩大培养。

2.恒温培养温度要保持稳定，不能忽高忽低，影响菌种的发酵。

【考核要点】

1.菌种选择。

2.无菌操作过程。

3.感官检验的准确度。

4.滴定酸度的检验。

5.显微镜的使用。

【思考】

1.你是怎样选择酸奶发酵剂的菌种的？

2.无菌操作的过程是怎样的？

3.菌种是怎样一步步扩大培养的？

4.怎样检验发酵剂活菌数？

5.刃天青还原法实验的原理是怎样的？

【必备知识】

一、酸乳概述

（一）酸乳发展史

酸乳起源于近东，后来在东欧和中欧得以普及。最早的发酵乳可能是放牧人偶然做成的，乳在一些微生物作用下“变酸”并凝结，恰好这些细菌是无害的、产酸型的，而且不产毒素。

公元前2 000多年前，在希腊东北部和保加利亚地区生息的古代色雷斯人也掌握了酸乳的制作技术。他们最初使用的也是羊奶。后来，酸乳技术被古希腊人传到了欧洲的其他地方。

发酵乳在世界范围内被人们所注意，应归功于诺贝尔奖获得者梅契尼柯夫。他调查了有多个100岁以上长寿者的保加利亚地方的饮食结构，发现健康与日常饮用的发酵乳有密切关系，因而提出了“发酵乳不老长寿说”。他还分离发现了酸乳的发酵菌，命名为“保加利亚乳酸杆菌”。西班牙商人萨克·卡拉索在第一次世界大战后建立酸乳制造厂，把酸乳作为一种具有药物作用的“长寿饮料”放在药房销售，但销路平平。第二次世界大战爆发后，卡拉索来到美国又建了一座酸乳厂，这次他不再在药店销售了，而是打入了咖啡馆、冷饮店，并大做广告，很快酸乳就在美国打开了销路，并迅速风靡了世界。

1979年，日本又发明了酸乳粉。饮用时只需加入适量的水，搅拌均匀，即可得到美味酸乳。

在我国元代成吉思汗的军队中已出现乳干。李时珍的《本草纲目》中对“酪”的加工有很详细地记载。

1911年上海可可牛奶公司(上海乳品二厂前身)开始生产酸乳，所用菌种为外国进口，这是我国第一个用机器生产酸乳的公司。

(二)酸乳的定义和分类

1. 定义

联合国粮食与农业组织(FAO)、世界卫生组织(WHO)与国际乳品联合会(IDF)于1997年给酸乳做出如下定义：酸乳即在添加(或不添加)乳粉(或脱脂乳粉)的乳(杀菌乳或浓缩乳)中，由保加利亚乳杆菌和嗜热链球菌的作用进行乳酸发酵制成的凝乳状产品。成品中必须含有大量的、相应的活性微生物。

目前，因原料、菌种种类的变化，酸乳的概念也有很大的变化。通常认为，酸乳是以鲜乳(或乳粉)和白砂糖为主要原料，加入特殊筛选的乳酸菌，在适宜温度下(30～40℃)发酵制成的含活性乳酸菌的乳产品。

酸乳的品种日趋丰富，目前有40余个品种，除了传统的酸牛乳外，许多不同形态、不同风味、不同疗效的发酵乳制品层出不穷，并受到人们的青睐，如芦荟酸乳具有免疫调节、延缓衰老的功效等。此外，发酵乳制品的风味、包装也日趋差异化，具体表现为以下几点。

①包装容量差异化。从适合儿童使用的50 g到满足家庭需要的1 000 g不等。

②包装材质多样化。有塑料、纸和玻璃等多种材质。

③包装形态多种多样。有各种形状的杯、盒、瓶、袋，新颖的字母杯等，给消费者更大的选择空间。

2. 分类

通常根据成品的组织状态、口味、原料乳中脂肪含量、生产工艺和菌种组成等，将酸乳分成不同的类型。

(1)按成品的组织状态分类

a. 凝固型酸乳，其发酵过程在包装容器中进行，从而使成品因发酵而保留其均匀一致的凝乳状态。b. 搅拌型酸乳，是成品先发酵后灌装而得，发酵后的凝乳已在灌装前和灌装过程中搅碎成黏稠状且均匀的半流动状态。c. 饮用型酸乳，类似于搅拌型酸乳但在包装前凝块被分散成液体。

(2)按成品口味分类

a.天然纯酸乳,产品只由原料乳加菌种发酵而成,不含任何辅料和添加料。b.加糖酸乳,产品由原料乳和糖加入菌种发酵而成。c.调味酸乳,在天然酸乳或加糖酸乳中加入香料而成。d.果料酸乳,天然酸乳或加糖酸乳混合果酱或果汁而成。e.复合型或营养健康型酸乳,通常在酸乳中强化不同的营养素(维生素、食用纤维等)或在酸乳中混入不同的辅料(如谷物、干果等)而成,这种酸乳在西方国家非常流行。

(3)按原料中脂肪含量分类

根据FAO/WHO规定,按脂肪含量可将酸乳划分为以下几类。

a.全脂酸乳,脂肪含量为3.0%。b.部分脱脂酸乳,脂肪含量为3.0%~0.5%。c.脱脂酸乳,脂肪含量为0.5%以下。

(4)按发酵后的加工工艺分类

a.浓缩酸乳,将正常酸乳中的部分乳清除去而得到的浓缩产品。b.冷冻酸乳,在酸乳中加入果料、增稠剂或乳化剂,然后像冰淇淋一样进行凝冻处理而得到的产品。c.充气乳酸,发酵后,在酸乳中加入部分稳定剂和起泡剂(通常是碳酸盐)经过均质处理即得到这类产品,这类产品通常是以充CO_2的酸乳碳酸饮料形式存在。d.酸乳粉,通常使用冷冻干燥法或喷雾干燥法将酸乳中约95%的水分除去而制成酸乳粉,制造酸乳粉时在酸乳中加入淀粉或其他水解胶体后再进行干燥处理,就可制得即食酸乳。

(5)按菌种种类分类

a.酸乳,通常指仅用保加利亚乳杆菌和嗜热链球发酵而得的产品。b.双歧杆菌酸乳,酸乳菌种中含有双歧杆菌。c.嗜酸乳杆菌酸乳,酸乳菌种中含有嗜酸乳杆菌。d.干酪乳杆菌酸乳,酸乳菌种中含有干酪乳杆菌。e.BRA酸乳,近年来在瑞典市场上出现的,酸乳菌中同时含有Bifido、Reuteri和Acidophilus,是以其三种菌名的字头命名的,另外,“BRA”也是瑞典字“好”的意思。

(6)按产品货架期长短分类

a.普通酸乳,按照常规的方法加工的酸乳,其货架期是在0~4℃下冷藏7 d。b.长货架期酸乳,对包装前或包装后的成品酸乳进行热处理,以延长其货架期。

思考:酸乳有哪些营养保健功能?

(三)酸乳的营养价值

1.与原料乳有关的营养价值

(1)具有极好生理功能的蛋白质

由于在发酵过程中,乳酸菌产生蛋白质水解酶,使原料乳中部分蛋白质水解,这使酸乳与一般乳相比含有更多的肽和丰富的、比例更合理的人体必需的氨基酸,从而使酸乳中的蛋白质更易被机体所利用。另外,乳酸菌发酵产生的乳酸使乳蛋白形成细微的凝块,使酸乳中的蛋白质比牛乳中的蛋白质在肠道中释放的速度更慢、更稳定,这样就使蛋白质水解酶在肠道中充分发挥作用，使蛋白质更易消化吸收，所以酸乳蛋白质具有更高的生理价值。

(2)更多易于吸收的钙

通常酸乳中乳固体含量大于牛奶中的，故含有较多的钙。发酵后，原料乳中的钙被转化为水溶形式，除维生素D外，酸乳含有促进人体对钙吸收的因素——钙与磷的适宜比例、维生素D、乳糖、赖氨酸等更易被人体吸收利用，一般而言，每百克酸乳中含钙量为140～165 mg。事实上酸乳属于钙密度和可利用率最高的食品之一。

思考：喝酸乳与喝牛乳哪种补钙效果更好？

(3)富含B族维生素

酸乳中主要含B族维生素（维生素B_1、维生素B_2、维生素B_6、维生素B_{12}、烟酸、叶酸等）和少量脂溶性维生素，而酸乳中维生素含量主要取决于原料乳，发酵酸乳所用菌株种类也会影响维生素含量，B族维生素是乳酸菌生长与增殖的产物。

思考：酸奶有这么多保健功能，那么能大量喝酸乳吗？

2.酸乳的保健功能

(1)减轻“乳糖不耐受症”

人体内乳糖酶活力在刚出生时最强，断乳后开始下降。而成年时，人体内乳糖酶活力仅是其刚出生时的1/10。但有些人体肠道内乳糖酶的活力太小以至无法消化乳糖，当他们喝牛奶时会有腹痛、痉挛、肠鸣、腹泻等症状，称为“乳糖不耐受症”。

牛奶经发酵制成酸乳时，一部分乳糖水解成半乳糖和葡萄糖，之后再被转化成乳酸。因此，酸乳中的乳糖含量与牛奶相比相对较少。另外，根据国际乳品联合会1984年的研究结果，酸乳中的活菌直接或间接地具有乳糖酶活性，因此饮用酸乳可以减轻喝牛奶时出现的乳糖不耐受症。

(2)调节人体肠道中的微生物菌群平衡

酸乳中的某些乳酸菌可以活着到达大肠，并在大肠内定值下来，从而在肠道中营造了一种酸性环境，有利于肠道内有益菌的繁殖。乳酸菌虽无法在肠道中长期存活，但在摄入酸乳后的几个小时内的作用仍是不可质疑的。也就是说当乳酸菌经过消化道时仍起着抗菌和防腐作用。

(3)降低胆固醇

研究发现，长期进食酸乳可以降低人体胆固醇，牛乳中的胆固醇经乳酸发酵后，含量大大降低，且活性乳酸菌在人体内也具有抑制胆固醇合成的能力。但少量摄入酸乳的影响结果则很难判断，并且乳中其他组成（如钙或乳糖）也可以参与影响人体内胆固醇含量。进食酸乳并不增加血液中的胆固醇含量。

(4)乳酸与白内障

研究表明：乳酸可以预防白内障的形成。与牛乳相比，人体对酸乳中游离半乳糖的吸收慢，酸乳中游离的半乳糖能激活空肠或肝中的半乳糖激酶。这种由酸乳引起的对半乳糖代谢的敏化作用可能是减少白内障形成的一个因素。

(5)分解毒素，防癌抗癌

几乎所有乳酸杆菌都具有分解亚硝胺为无毒物质的效果。另外一些可产生致癌毒素的肠内菌所分泌的酶也能因饮用发酵乳而使其活性降低。许多研究证明了乳酸菌可以激活人体免疫监视系统，使巨噬细胞、淋巴细胞增多，从而破坏癌细胞的活性。

(6)常饮酸乳还有美容、明目、固齿和健发等作用

酸乳中含有丰富的钙，有益于牙齿、骨骼；酸乳中还有一定的维生素，其中维生素 A 和维生素 B_2 都有益于眼睛；酸乳中丰富的氨基酸有益于头发；由于酸乳能改善消化功能，防止便秘，抑制有害物质如酚、吲哚以及胺类化合物在肠道内的产生和积累，因此能防止细胞老化，使皮肤白皙而健康。

3. 其他发酵乳的营养价值

其他发酵乳也是利用牛奶为主要原料由特征菌发酵产生的、多数呈酸性的凝乳状产品。其他发酵乳除具有与酸乳产品相类似的营养价值外，还有特殊的保健作用。

(1)酸乳酒

作为一种传统发酵乳，酸乳酒是一种由牛奶在复合菌和酵母混合作用下发酵而成的乳饮料。人们将酸乳酒用来辅助治疗动脉粥样硬化、过敏症和肠胃不适症等。

(2)双歧杆菌发酵乳

双歧杆菌是人出生几天后肠道中自然存在的细菌，在母乳喂养的婴儿体内，其含量尤其多。许多研究表明，双歧杆菌具有下述有益健康的作用：

a. 维护肠道正常细菌菌群平衡，抑制病原菌的生长，防止便秘，下痢和胃肠障碍等；b. 具有抗过敏、抗肿瘤及改善营养的作用；c. 在肠道内合成维生素、氨基酸和提高机体对钙离子的吸收；d. 降低血液中胆固醇水平，防治高血压；e. 改善乳制品的耐乳糖性，提高消化率；f. 增强人体免疫机能，预防抗生素的副作用，抗衰老，延年益寿；g. 增强机体的非特异和特异性免疫反应。

(3)干酪乳杆菌发酵乳

干酪乳杆菌也是人体内自然存在的一种菌，其生理作用有：

a. 治疗腹泻；b. 调节肠道微生物菌群；c. 增强免疫功能。

(4)嗜酸乳杆菌发酵乳

嗜酸乳杆菌也是人体肠胃中自然存在的一种菌，由于其抗胃酸和胆酸，故可以活着通过胃和小肠，嗜酸乳杆菌发酵乳的生理作用表现为：

a. 改善肠道微生物菌群；b. 促进营养物质的有效利用，增加体重；c. 增强 β-乳糖苷酶的活性，克服“乳糖不耐症”；d. 降低胆固醇含量；e. 增强机体免疫功能；f. 抑制癌症的发生。

(四)酸乳的质量标准

酸乳制品应符合酸牛乳食品安全国家标准 GB 19302—2010(表 3-2 至表 3-5)。

表 3-2 感官要求

项目	要求		检验方法
	发酵乳	风味发酵乳	
色泽	色泽均匀一致,呈乳白色或微黄色	具有与添加成分相符的色泽	取适量试样置于 50 mL 烧杯中,在自然光下观察色泽和组织状态。闻其气味,用温开水漱口,品尝滋味
滋味、气味	具有发酵乳特有的滋味、气味	具有与添加成分相符的滋味、气味	
组织状态	组织细腻、均匀,允许有少量乳清析出;风味发酵乳具有添加成分特有的组织状态		

表 3-3 理化指标

项目	指标		检验方法
	发酵乳	风味发酵乳	
脂肪[a]/(g/100 g)	≥3.1	≥2.5	GB 5413.3
蛋白质/(g/100 g)	≥2.9	≥2.3	GB 5009.5
非脂乳固体/(g/100 g)	≥8.1	—	GB 5413.39
酸度/°T	≥70.0		GB 5413.34

注:[a]仅适用于全脂产品。

表 3-4 微生物限量

项目	采样方案[a]及限量[若非指定,均以 CFU/g(mL)表示]				检验方法
	n	c	m	M	
大肠菌群	5	2	1	5	GB 4789.3 平板计数法
金黄色葡萄球菌	5	0	0/25 g(mL)	—	GB 4789.10 定性检验
沙门氏菌	5	0	0/25 g(mL)	—	GB 4789.4
酵母	≤100				GB 4789.15
霉菌	≤30				

注:[a]样品的分析及处理按 GB 4789.1 和 GB 4789.18 执行。

表 3-5 乳酸菌数

项目	限量[CFU/g(mL)]	检验方法
乳酸菌数[a]	$\geqslant 1\times 10^{5}$	GB 4789.35

注:[a]发酵后经热处理的产品对乳酸菌数不作要求。

二、发酵剂的制备

思考：发酵剂有什么作用？

(一)发酵剂概述

在工业化生产发酵产品之前，必须根据生产需要预先制备各种发酵剂。所谓发酵剂是指生产干酪、奶油、酸乳制品及乳酸菌制剂时所用的特定微生物培养物。由于微生物发酵，发酵产品的特性如酸度(pH)、风味、香气、组织状态等均发生改变，同时其营养价值和消化吸收性能亦得到改善。酸乳质量的好坏主要取决于酸乳发酵剂的品质类型及活力。按照发酵剂制备过程发酵剂分为以下几类。

①乳酸菌培养物(商业发酵剂)。即一级菌种，一般多在脱脂乳、乳清、肉汁或其他培养基中培养，大多用冷冻干燥法制得的干燥粉末，便于保存和运输，供生产单位使用。

②母发酵剂。指在生产厂中用纯培养菌种制备的发酵剂。为商品发酵剂的初级活化产物，要每天制备，它是乳品厂各种发酵剂的起源。

③中间发酵剂。为了工业化生产的需要，母发酵剂的量不足以满足生产工作发酵剂的要求，因此还需经1～2步逐级扩大培养，这个中间过程的发酵剂为中间发酵剂。

④生产发酵剂。又称工作发酵剂，生产发酵剂即母发酵剂的扩大培养，是用于实际生产的发酵剂。

⑤直投式发酵剂(DVI或DVS)指高度浓缩和标准化的冷冻或冷冻干燥发酵剂菌种，可供生产企业直接加入到热处理的原料乳中进行发酵，而无需对其进行活化、扩培等其他预处理工作的发酵剂。它可以单独使用，也可以混合使用，以使生产产品获得理想的特性。

(二)发酵剂的作用

①乳酸发酵。是使用发酵剂的主要目的。由于乳酸菌的发酵，使乳糖转变成乳酸，pH降低，发生凝固，形成酸味，防止杂菌污染。

②产生风味。柠檬酸在微生物作用下，分解生成丁二酮、羟丁酮、丁醇等化合物和微量挥发酸、酒精、乙醛等，使酸乳具有典型酸味。

③降解蛋白质、脂肪。乳中部分蛋白质、脂肪分解，更易消化吸收。

④酸化过程抑制了致病菌的生长。

(三)发酵剂的类型

1.混合发酵剂

这一类型的发酵剂是由两种或两种以上的菌种按照一定比例混合而成，如酸乳用传统发酵剂由保加利亚乳杆菌和嗜热链球菌按1∶1或1∶2比例混合的酸乳发酵剂，且两种菌比例的改变越小越好，否则产酸太强。

2.单一发酵剂

这一类发酵剂生产时一般是将每一种菌株单独活化，生产时再将各菌株混合在一起。其优点如下。

①容易继代，易保持保加利亚乳杆菌和嗜热链球菌的比例。

②容易更换菌株，特别是在引入新的菌株时(如产酸弱的发酵剂或丁二酮产生能力强的发酵剂等)这一点非常重要。

③根据酸乳生产的类型不同，容易调整保加利亚乳杆菌和嗜热链球菌的比例(如在搅拌型果料酸乳中使用0.5%～1%的球菌和0.01%的杆菌)。

④选择性地继代到乳中是可能的，如在果料酸乳生产中，可先接种球菌，1.5 h后再接种杆菌。

⑤通过单一活化不同菌株，菌株间的共生作用减弱了，从而减慢了酸的生成。

⑥单一菌种在冷藏条件下易于保持性状，液态母发酵剂可以数周活化一次。

3.补充发酵剂

为了增加酸乳的黏稠度、风味或增强产品的保健目的，可以选择以下菌种。一般可单独培养或混合培养后加入乳中。

①产黏发酵剂。为了防止产黏菌过度增殖，应将其与保加利亚乳杆菌或嗜热链球菌分开培养。

②产香发酵剂。当生产的天然纯酸乳的香味不足时，可考虑加入特殊产香的保加利亚乳杆菌菌株或嗜热链球菌丁二酮产香菌株。

③加入嗜酸乳杆菌。这种发酵剂在乳中生长缓慢，有时将其与双歧杆菌配合生产保健酸乳。

④加入干酪乳杆菌。日本非常有名的发酵乳“养乐多”(Yakult)的发酵剂就是由嗜酸乳杆菌、干酪乳杆菌和双歧杆菌组合发酵而成的。

⑤加入双歧杆菌。由于双歧杆菌会产生特有的不良醋酸味，因而一般不单独使用它。通常单独培养双歧杆菌，生产前与保加利亚乳杆菌和嗜热链球菌一道接种于乳中，其目的也是增加最终产品的食疗作用。

(四)发酵剂菌种的构成

发酵剂菌种构成随生产的产品不同而异。在两个或两个以上菌株混合使用时，应考虑下述几方面因素：产酸特性，包括产酸速度和产酸能力；产生芳香物质特性；产黏特性；菌株间的共生与拮抗作用等。图3-1为酸乳发酵剂常用的菌种。

使用单一发酵剂的口感往往较差。两种或两种以上的发酵剂混合使用能产生良好的效果。此外，混合发酵剂还可以缩短发酵时间，一般酸乳所采用的菌种是保加利亚乳杆菌和嗜热链球菌的混合物。这种混合物在40～50℃乳中发酵2～3 h即可达到所需的凝乳状态与酸度。而上述任何一种单一菌株发酵时间都在10 h以上。混合发酵剂菌种中保加利亚乳杆菌和嗜热链球菌的适宜比例为1∶1。若选用保加利亚乳杆菌和乳酸链球菌的混合物，其适宜配比为1∶4。

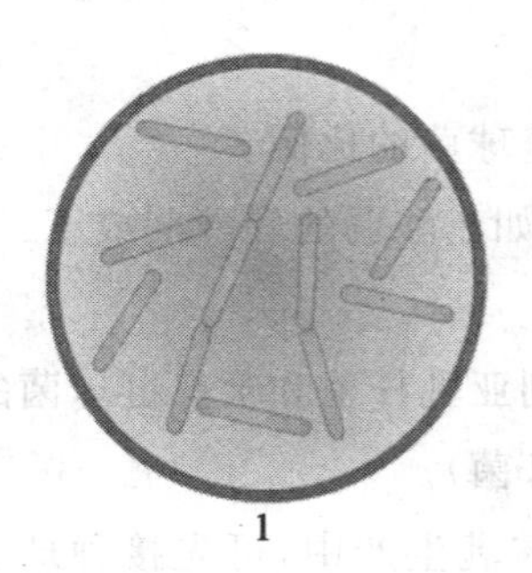
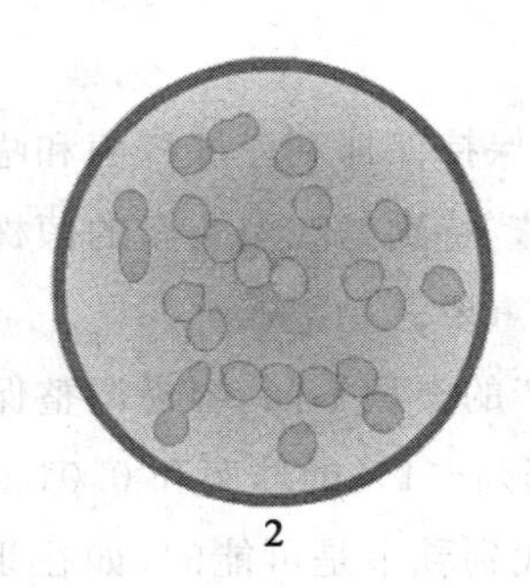

1 2

图 3-1 酸乳发酵剂常用菌种

1.保加利亚乳杆菌 2.嗜热乳酸链球菌

(五)发酵剂的选择和制备

思考:发酵剂是如何制备的?

1.发酵剂的选择

在生产过程中,酸乳加工厂根据自己所生产的酸乳品种、口味与市场消费者的需求选择合适的发酵剂,但在选择发酵剂的过程中要考虑到以下几点。

(1)酸生成能力

①酸生长曲线。不同的发酵剂其产酸能力会不一样,在同样的条件下可得发酵酸度随时间的变化关系,从而得出酸生长曲线,从中可得知哪一种发酵剂产酸能力强。

②酸度检测。测定酸度也是检测发酵剂产酸能力的方法,实际上也是常用的活力测定方法,活力就是在给定的时间内,发酵过程的酸生成率。

③选择参数。产酸能力强的酸乳发酵剂通常在发酵过程中导致过度酸化和强的酸化过程(在冷却和冷藏时继续产酸),在生产中一般选择产酸能力弱或中等的发酵剂。如接种 2%不同类型的发酵剂,在 42℃条件下培养 3 h 后酸度分别为 87.5°T、95°T 或 100°T。

(2)后酸化

后酸化过程应考虑从发酵终点(42℃)冷却到 19℃或 20℃时酸度的增加,从 19℃或 20℃冷却到 10℃或 12℃时酸度的增加,在 0～6℃冷库中酸度的增加。

(3)滋味、气味和芳香味的产生

优质的酸乳必须具有良好的滋味、气味和芳香味,为此,选择产生滋味、气味和芳香味满意的发酵剂是很重要的,一般酸乳发酵剂产生的芳香物质有乙醛、丁二酮和挥发性酸。

(4)黏性物质的产生

若发酵剂在发酵过程中产黏,将有助于改善乳酸的状态和黏稠度,这一点在乳酸干物质含量不太高时更显得重要。在生产中,若正常使用的发酵剂突然产黏,则可能是发酵剂变异所致。也可购买产黏的发酵剂,但一般情况下,产黏发酵剂发酵的产品风味都稍差些。所以在选择时最好将产黏发酵剂作补充发酵剂来用。

(5)蛋白质的水解性

酸乳发酵剂中嗜热链球菌在乳中表现出很弱的蛋白质水解性，而保加利亚乳杆菌表现出很高的活力，能将蛋白质水解为游离氨基酸和多肽。

2. 发酵剂的制备

思考：如果抗生素有残留，会对酸奶发酵产生怎样的后果？

(1)培养基的选择

①母发酵剂、中间发酵剂的培养基制备。母发酵剂、中间发酵剂的培养基一般用高质量、无抗菌素残留的脱脂乳粉(因游离脂肪酸的存在可抑制发酵剂菌种的增殖)制备，培养基干物质含量为10%～12%。一般用带无菌棉塞或耐热硅胶塞的试管或三角瓶作为盛装培养基的容器，用蒸汽高压灭菌(121℃、10～15 min)。用于母发酵剂的培养基在使用之前应在30℃下培养2 d，以检查其灭菌程度。

②工作发酵剂培养基的制备。工作发酵剂培养基一般用无抗生素优质原料乳(或脱脂奶粉)来制备，灭菌温度和时间是在90℃保持30 min。

(2)发酵剂的活化和扩大培养

发酵剂的活化和扩大培养步骤如图3-2所示。

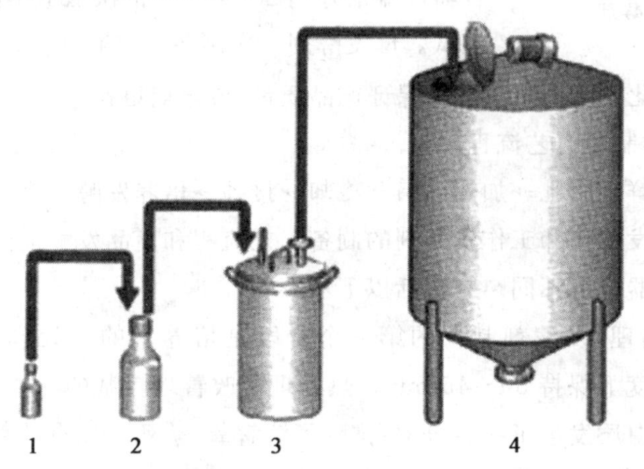

图 3-2 发酵剂的活化和扩大培养步骤

1. 商品菌种 2. 母发酵剂 3. 中间发酵剂 4. 生产发酵剂

①商品发酵剂的活化。商品发酵剂(乳酸菌纯培养物)由于保存温度与保存时间的影响，在刚使用时应反复活化几次才能恢复其活力。活化过程必须严格按照无菌操作程序进行操作。所用吸管应在160℃烘箱中最少灭菌2 h。

目前乳品厂可以买到各种各样形式的商品发酵剂：a. 液态，为培养母发酵剂(目前很少)；b. 深冻、浓缩发酵剂，为培养生产发酵剂；c. 粉状的、冻干的，浓缩发酵剂，为培养生产发酵剂(图3-3)；d. 易溶的，深冻、超浓缩发酵剂，直接用于生产。

接种时，对于粉末状发酵剂，将瓶口用火焰充分灭菌后，用灭菌铂耳取出少量，移入预先准

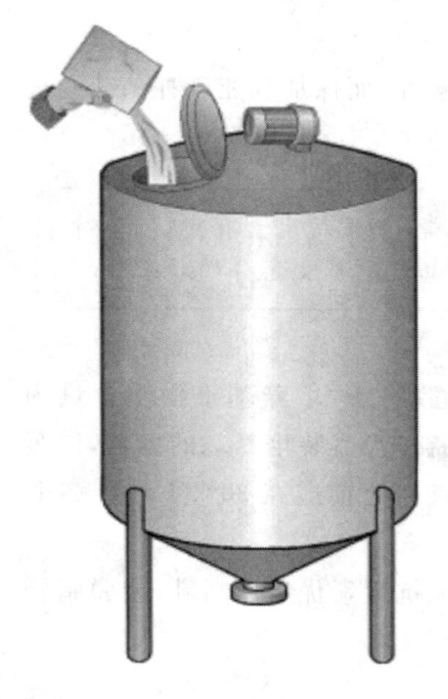

图 3-3　用冻干菌种或冷冻菌种制作生产发酵剂

备好的培养基中；液态发酵剂菌种，将试管口用火焰灭菌后打开棉塞。用灭菌吸管从试管内吸液 2%～3%菌种纯培养物，立即移入已灭菌的培养基中。稍加摇匀，塞好棉塞。根据采用菌种的特性，调好温度培养。当培养的菌种凝固后，取出 2%～3%，再按上述方法移入培养基中，如此反复次数。待菌种充分活化后（凝固时间、产酸力等特性符合菌种要求），即可用于接种母发酵剂。

培养好的纯培养物，若暂时不用，应将菌种试管保存于 0～5℃冰箱内，每隔 1～2 周移植一次，以保存菌种活力。在正式生产使用前，仍需要进行活化处理。

②母发酵剂和中间发酵剂的制备。母发酵剂和中间发酵剂的制备需在严格的卫生条件下操作，制作间最好有经过过滤的正压空气，操作前环境要用 400～800 mg/L 次氯酸钠溶液喷雾消毒，操作过程应尽量避免杂菌污染。每次接种时容器口端最好用 200 mg/L 的次氯酸钠溶液浸湿的干净纱布擦拭。母发酵剂一次制备后可存于 0～6℃冰箱中保存。对于混合菌种，每周活化一次即可。但为保证产品质量，应定期更换它，一般最长不超过 1 个月。

③工作发酵剂的制备工艺流程。

复原脱脂乳、新鲜全脂乳→加热灭菌→冷却→接种→培养发酵→冷却→工作发酵剂

母发酵剂、中间发酵剂和工作发酵剂的制备工艺流程和商品发酵剂活化流程相同，只是培养基、杀菌条件和容器设备不同。它包括以下步骤：

a. 培养基的热处理：发酵剂制备的第一个阶段是培养基的热处理，即把培养基加热到 90～95℃，并在此温度下保持 30～45 min。热处理能改善培养基的一些特性：破坏了噬菌体；消除了抑菌物质；蛋白质发生了一些分解；排除了溶解氧；杀死了原有的微生物。

b. 冷却至接种温度：加热后，培养基冷却至接种温度。在培养多菌株发酵过程中，即使与最适温度有很小的偏差，也会对其中一种菌株的生长有益而对其他种不利。常见的接种温度范围为：嗜温型发酵剂 20～30℃；嗜热型发酵剂 42～45℃。

c. 接种：经过热处理的培养基，冷却至所需温度后，再加入定量的发酵剂，这就要求接种菌确保发酵剂的质量稳定，接种量、培养温度和培养时间在所有阶段——母发酵剂、中间发酵剂和生产发酵剂中都必须保持不变。与温度一样，接种量的不同也能影响会产生乳酸和芳香物质的不同细菌的相对比例。因此接种量的变化也经常引起产品的变化。所以厂家必须找出最适合实际情况的特殊生产工艺。

d. 培养：当接种结束，发酵剂与培养基混合后，细菌就开始增殖——培养开始。培养时间是由发酵剂中的细菌类型、接种量等决定。发酵时间为 3～20 h。最重要的一点是温度必须

严格控制，不允许污染源与发酵剂接触。在培养中，细菌增殖很快，同时发酵乳糖成乳酸。如果该发酵剂含有产香菌，在培养期间还会产生芳香物质，如丁二酮、醋酸和丙酸、各种酮和醛、乙醇、酯、脂肪酸、二氧化碳等。含有嗜热链球菌和保加利亚乳杆菌发酵剂，它们在共生中共存，共同形成酸乳的理想特性如 pH、风味、香味和稠度。大多数酸乳中球菌和杆菌的比例为 1∶1 或 2∶1，杆菌永远不允许占优势，否则酸度太强。

乙醛被认为是酸乳中风味物质的主要部分，而乙醛主要是由保加利亚乳杆菌产生，虽然每种菌株产乙醛能力各不相同。另外，嗜热链球菌和保加利亚乳杆菌共同生长产生的乙醛比率比保加利亚乳杆菌单株生长时产生的乙醛要高得多。因此这些菌种之间的共生关系影响着酸乳生产中的乙醛的产生。在酸乳生产过程中，只有当酸乳的酸度达到 pH 5 时，才有明显的乙醛的产生。在酸度为 pH 4.2 时，乙醛含量最高，pH 4.0 时，含量稳定。

酸乳的香味和风味最佳时刻是乙醛含量为 23～41 mg/kg 及 pH 4.40～4.00 时。影响球菌和杆菌比率的因素之一是培养温度，在 40℃时大约为 4∶1，而 45℃时它约为 1∶2，因此在酸乳生产中，以 2.5%～3%的接种量和 2～3 h 的培养时间，要达到球菌∶杆菌＝1∶1，最适接种(和培养)温度为 43℃。

e. 冷却：当发酵剂达到预定的酸度时开始冷却，以阻止细菌的生长，保证发酵剂具有较高活力。

> 思考：如果不能及时冷却会有怎样的后果？

当发酵剂在接着的 6 h 之内使用时，经常把它冷却至 10～20℃即可。如果贮存时间超过 6 h，建议把它冷却至 5℃左右。

f. 贮存：为了在贮存时保持发酵剂的活力，已经进行了大量的研究工作，以便找出处理发酵剂的最好办法。一种方法是冷冻，温度越低，保存的越好。用液氮冷冻到－160℃来保存发酵剂，效果很好。目前的发酵剂如浓缩发酵剂、深冻发酵剂、冷冻干燥发酵剂，在生产商推荐的条件下能保存相当长的时间。

(六)发酵剂活力的影响因素及质量控制

1. 影响发酵剂菌种活力的主要因素

(1)天然抑制物

牛奶中存在不同的抑菌因子，主要功能是增强牛犊的抗感染与抵抗疾病的能力。但乳中存在的抑菌物质一般对热不稳定，加热后即被破坏。

(2)抗生素残留

患乳房炎等疾病的奶牛常用青霉素、链霉素等抗生素药物治疗，在一定时间内乳中会残留一定的抗生素。用于生产酸乳的所有乳制品原料中都不允许有抗生素残留。

乳品加工厂一般用做小样的方法，通过发酵来判断原料乳中是否有抗生素残留，但做法太费时间，因为小样要培养时间 2 h 左右。现在，通常用一种 SNAP(β-内酰胺检测盒)快速检测方法，可以检测到 5 μg/mL 的水平，而且在 10 min 内可判断出乳中是否有抗生素残留。此检验的原理是利用酶反应，当原料乳中有抗生素残留时，样品点颜色比对照点浅；当原料乳中无抗生素残留时，样品点颜色比对照点深或相等。

(3)噬菌体

噬菌体的存在对发酵乳的生产是致命的，噬菌体对嗜热链球菌的侵袭通常表现在发酵时间比正常时间长，产品酸度低，并有不愉快的味道。

(4)清洗剂和杀菌剂的残留

清洗剂和杀菌剂是乳品厂用来清洗和杀菌用的化学物品。这些化合物(碱洗剂、碘灭菌剂、季铵类化合物、两性电解质等)的残留会影响发酵菌种的活力。

2.发酵剂的质量控制

(1)发酵剂的质量要求

发酵剂的质量要求必须符合下列各项要求：

①凝块。硬度适当，均匀而细腻，富有弹性，组织均匀一致，表面无变色、龟裂、气泡及乳清分离现象。

②风味。具有优良的酸味和风味，不得有腐败味、苦味、饲料味、酵母味等。

③质地。凝块粉碎后，质地均匀，细腻滑润，略带黏性，不含块状物。

(2)发酵剂的质量检查

发酵剂的质量直接关系到产品的质量，必须实行严格的检查制度。常用的检查方法如下：

①感官检查。首先观察发酵剂的质地、组织结构、色泽以及乳清析出情况。其次用触觉或其他方法检查凝块的硬度、黏度以及弹性。然后尝酸味是否过高或是否不足，有无苦味和异味。

②理化、微生物学检查。

a.化学性质检查主要检查滴定酸度和挥发酸，滴定酸度以 90～110°T 或 0.8%～1%(乳酸度)为宜，测定挥发酸时，可取发酵剂 250 g 于蒸馏瓶中，用硫酸调整 pH 为 2.0 后，用水蒸气蒸馏，收集最初的 1 000 mL 用 0.1 mol/ L 氢氧化钠滴定。b.微生物检查主要包括总菌数、活菌数、杂菌总数和大肠菌群的测定，必要时选择适当的培养基测定乳酸菌等特定菌群。

(3)发酵剂活力检查

使用前在化验室对发酵剂的活力进行检查，从发酵剂的酸生成状况或色素还原来进行判断。好的酸乳发酵剂活力一般在 0.8%以上。常用的活力测定方法如下。

①酸度测定：向灭菌脱脂乳中加入 3%的发酵剂，在 37.8℃的恒温箱中培养 3.5 h。然后测定其酸度。酸度在 0.8%以上认为较好。

思考：酸度是怎样测定的？

②刃天青还原试验：在 9 mL 脱脂乳中加入 1 mL 的发酵剂和 0.005%的刃天青溶液 1 mL，在 36.7℃的恒温箱中培养 35 min 以上，完全褪色则表示活力较好。

(4)定期进行发酵剂设备和容器涂抹检验

定期进行发酵剂设备和容器的涂抹检查来判定清洗效果和车间卫生情况。

企业链接:罗素直投式菌种的使用

一、优点

无须实验室的烦琐操作及品尝。

减少重复接种污染及因此造成的品系不平衡,风味流失走样等风险。

菌元中活菌稳定,不需担心临时停电等原因影响供应来源。

确保每批产品质量稳定。降低整体生产成本。

二、应用注意事项

冷冻菌种应保存在4℃以下,最好在−20℃可保存12个月。

投入菌种前,先从冰箱取出菌种,在常温下放置15 min,使其温度适当提高后,再加入到43℃的原料乳中。

加入菌种的原料乳应缓慢搅拌10~15 min,使菌种完全分散溶解。

开启的菌种最好一次性使用完,要避免与原料乳表面的泡沫或奶罐壁接触,以确保菌种在结聚的情况下在奶中得以分散。

发酵乳发酵结束后,为了保持发酵乳的结构特征,应避免快速一次性降温,应从43℃先降至室温,再降至贮藏温度。

三、应用举例:凝固/搅拌酸奶

①鲜奶标准化。

②搅拌预热鲜奶50~70℃均质处理,压力16~20 MPa。

③鲜奶加热至80~90℃,保温15~30 min灭菌处理。欲增加酸奶的弹性及结构力,应加入适量的稳定剂及达到12%左右的固形物。

④冷却至42~43℃以0.003%罗素菌元直接接种于奶液中,充分搅拌混匀。

⑤将接种的奶液分装于事先灭菌的商品容器中。同一批接种的奶液应在45 min内分装完毕以免部分商品发酵时间过长。

⑥将分装好的商品容器置于42~43℃的恒温下进行恒温发酵至凝结奶冻的硬度,滴定酸度达70°T左右。

⑦将凝结好的酸奶取出后先于室温放置30 min左右,再置于约5℃以下的冷库中8 h以上以保证风味最佳。

⑧如为搅拌酸奶,则在发酵罐中发酵至终点酸度,然后冷却到30℃以下再进行搅拌,经冷排冷却至5℃以下,无菌灌装。

四、工艺要点

1.原料奶

最好使用乳蛋白提高后的标准奶,蛋白质含量提高3.9%~7%时效果最好。可采用以下方法提高蛋白质含量:蒸发浓缩;超级过滤;加入脱脂奶粉;加入酪蛋白酸盐(如酪蛋白酸钠)。

2. 预处理

是否充分均质对最终发酵产品的凝乳状态和风味、口感影响很大。均质过程通常在室温 60～75℃，压力在 16～20 MPa 下进行。

热处理是发酵乳加工过程中又一关键工序，热处理可用不同的方法：如 90℃下维持 15 min；如 80℃下维持 30 min。与热处理相结合，适当蒸发，降低氧气含量，可促进菌种的发酵酸化活动。

3. 接种

将预处理的原料放入缓冲罐，降温至 42～43℃，然后进行接种。

任务 2　凝固型酸乳的制作

【要点】

1. 凝固型酸乳加工基本方法。

2. 凝固型酸乳实验设备的使用。

【仪器与材料】

恒温箱 1 台，干热灭菌锅 1 台，发酵筒（或缸）15 kg 容量的 3 个，奶桶 25 L 的 2 个，冷却水盆 4 个，手提式高压灭菌器 1 台，电炉 2 个，酸乳瓶及瓶盖 150 套，酒精灯 2 个。

鲜乳 25 kg，白糖 7.5 kg，香精 1 瓶，淀粉 0.5 kg，$CaCl_2$ 1 瓶。

【工作过程】

（一）工艺

原料乳、砂糖配料→均质→杀菌→冷却→加发酵剂→装瓶→发酵→冷藏→成品

（二）操作过程

1. 鲜乳过滤用 4 层纱布，加热至 70℃，再将奶粉用水冲成复原乳（比例 1∶7），再与 70℃鲜乳混合，同时加入 6%～9%的白砂糖，溶解后过滤，再加热至 85℃、30 min 杀菌。

2. 加稳定剂（成分：0.04% $CaCl_2$、0.5%淀粉）。淀粉事先用少量凉水浸湿后加入到乳中，同时搅拌几分钟使淀粉糊化。

思考：这里加入的稳定剂起到什么作用？

3. 将杀菌乳移置冷却水中冷却，当温度降至 41～43℃时加入发酵剂，加入量为 2%～5%，发酵剂加入之前要搅拌并与少量杀菌乳混匀，并活化 0.5 h，加入时要不断搅拌，搅拌菌种要无菌操作。

4. 灌装，将接种好的乳在无菌状态下快速灌装于 150～200 mL 的容器中，容器必须事先

干热灭菌或保持无菌，灌装后马上封盖移置42～45℃的恒温培养箱中培养发酵，发酵时间在3～3.5 h，发酵好的酸乳凝固无流动，无乳清分离，酸度在pH 4.2～3.8，发酵结束后于5℃下贮藏。

【相关知识】

发酵剂可以采用冻干菌种，这种菌种需要冷冻保存。也可以采用原味酸奶作为发酵剂，但用量需要加大至10%～15%，还要看酸奶的保存时间，时间越长，活菌数越少，酸奶的添加量就要适当加大。

【友情提示】

1. 本实验中的先灌装后发酵的方法，要注意加发酵剂后应尽快分装完毕。

2. 在制作凝固型酸乳时切勿在发酵过程中搅拌或摇晃。

3. 在制作酸乳过程中做到无菌操作，防止二次污染。

【考核要点】

1. 控制使用恒温干燥箱。

2. 了解和熟悉其加工方法、工艺流程和加工原理。

【思考】

1. 发酵剂的添加温度为何在41～43℃？

2. 怎样观察酸奶的发酵状态？

【必备知识】

一、酸乳生产技术

(一)凝固型酸乳生产技术

乳中接种乳酸菌后分装在容器中，乳酸菌利用乳糖产生乳酸等有机酸，使乳的pH降低至酪蛋白的等电点附近，使酪蛋白沉淀凝聚，在容器中成为凝胶状态，这种产品称为凝固型酸乳。在发酵培养及运送、冷却、贮藏过程中，须使半成品、成品保持静止不受振动。凝固型酸乳的生产线见图3-4。

1. 凝固型酸乳工艺流程

蔗糖、乳粉、稳定剂等
↓
原料验收→预处理→标准化→配料→预热(55～65℃)→均质(15～20 MPa)→杀菌(90～95℃、5～10 min)→冷却(43～45℃)→添加香料→ 添加发酵剂→ 灌装→ 发酵(41～43℃、3～5 h)→ 冷却→冷藏和后熟(2～6℃)
↑
工作发酵剂(1%～3%)

2. 凝固型酸乳生产工艺要点

(1)原料乳验收

原料乳在入厂之前除按照规定要进行检测外还要注意以下方面的要求。

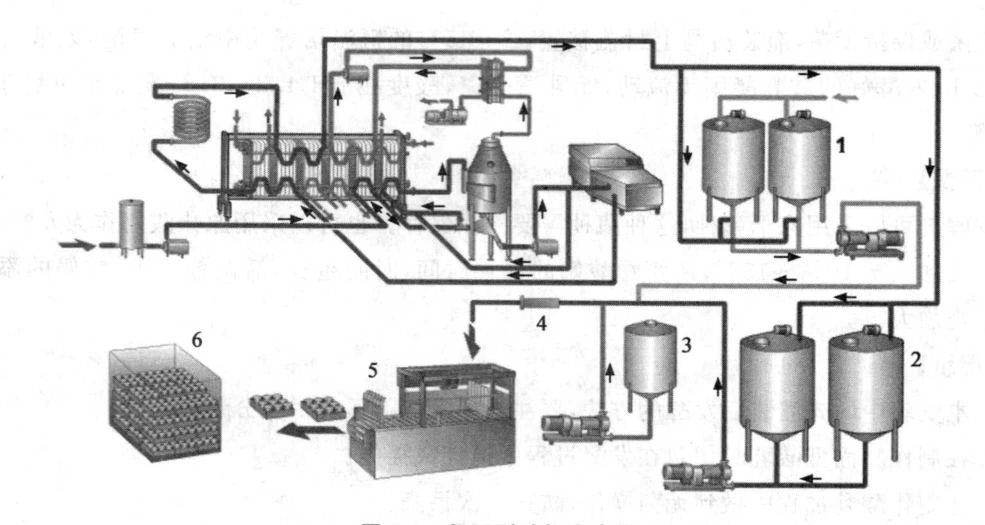

图 3-4　凝固型酸奶生产线

1. 生产发酵剂罐　2. 缓冲罐　3. 香精罐　4. 混合罐器　5. 包装　6. 培养

①总固形物不低于 11.5%，其中非脂乳固体不低于 8.5%。

②不得使用含有抗生素或残留有效氯等杀菌剂的鲜生乳，一般乳牛注射抗生素后 4 d 内生产的乳不得使用，因为常用的发酵剂菌种对抗生素和残留杀菌剂、清洗剂非常敏感。

③不得使用患有乳房炎的牛产生的牛乳，否则会影响酸乳的风味和蛋白质的凝胶力。

(2)原料乳的预处理

原料乳的预处理"见项目一　原料乳的验收和贮存"。

(3)原料乳标准化

①标准化的目的。标准化的目的就是在食品法规允许的范围内，根据所需酸乳成品的质量特征要求，对乳的化学组成进行改善，从而使其可能存有的不足的化学组成得以校正，保证各批成品质量稳定一致。

②标准化方法。目前乳品厂对原料乳进行标准化时，通过以下三种途径。

a. 直接添加乳制品。本法通过在原料乳中直接加混全脂或脱脂乳粉或乳清酪蛋白粉、奶油、浓缩乳等来达到原料乳标准化的目的。一般乳粉添加量为 1%～1.5%。

b. 浓缩原料乳。浓缩过程包括蒸发浓缩、反渗透浓缩和超浓缩三种方式，其中蒸发浓缩应用最多。

c. 复原乳。在某些国家，由于乳源条件的限制，常以脱脂乳粉、全脂乳粉为原料，根据所需原料乳的化学组成，用水来配置成标准原料乳。利用这种复原乳生产的酸乳产品质量稳定，但往往带有一定程度的"乳粉味"。

(4)配料

①加糖。一般用蔗糖或葡萄糖作为甜味剂，其添加量可根据各地口味不同有所差异。加糖的目的是提高酸乳的甜味，同时也可提高黏度，有利于酸乳的凝固性。将原料乳加热到

50℃左右，加糖量一般为5%～8%的砂糖，继续升温至65℃。用原料乳将糖溶解后用泵循环通过过滤器进行过滤。

②炼乳、乳粉、脱脂乳的加入。用作发酵乳的脱脂乳粉质量必须高，无抗生素、防腐剂。脱脂奶粉可提高干物质含量，改善产品组织状态，促进乳酸菌产酸，一般添加量为1%～1.5%。它们在投料前须经过感官评定和理化指标检验。当不采用鲜乳做原料乳而采用脱脂乳制作脱脂酸乳时，脱脂乳可直接进入标准化罐中，按上所述进行处理。

③稳定剂。在酸乳中使用稳定剂主要目的是提高酸乳的黏稠度并改善其质地、状态与口感，一般在凝固型酸乳中不加。常用的稳定剂有阿拉伯胶、明胶、果胶、琼脂等，添加量为0.1%～0.5%。乳中添加稳定剂时一般与蔗糖、乳粉等预先混合均匀，边搅拌边添加，或将稳定剂先溶于少量水或少量乳中，再于适当搅拌情况下加入。

④果料。果料的种类很多，如果酱，其含糖量一般在50%左右。果肉主要是粒度(2～8 mm)的选择上要注意。果料及调香物质在搅拌型酸乳中使用较多，而在凝固型酸乳中使用较少。

(5)预热、均质、杀菌和冷却

①预热。物料通过泵进入杀菌设备，预热至55～65℃，再送入均质机。

②均质。均质的目的主要使原料充分混合均匀，阻止脂肪球上浮，提高酸乳的稳定性和稠度，并保证乳脂肪均匀分布，从而获得质地细腻、口感良好的产品。一般是物料通过均质机在温度为55～65℃和15～20 MPa压力下均质，均质后回到杀菌器中。

③杀菌。经均质后在杀菌器内继续升温并保持一定时间。杀菌的目的是杀灭物料中的致病菌和有害微生物，以保证食品安全；为发酵剂的菌种创造一个杂菌少、有利生长繁殖的外部条件；提高乳蛋白质的水合力。

思考：为什么冷却到43～45℃？

④冷却。物料在杀菌器的杀菌部和保持部加热到90～95℃、5～10 min。然后冷却到43～45℃。并于此时加入香料，用量为0.2%左右。

(6)添加发酵剂

添加发酵剂，就是在物料基液进入乳罐(发酵罐)的过程中，通过计量泵将工作发酵剂连续地添加到物料基液中，或将工作发酵剂直接添加到物料中，搅拌混合均匀。一般生产发酵剂，其产酸活力均在0.7%～1.0%，此时接种量应为2%～4%。如果活力低于0.6%时，则不应用于生产。加入的发酵剂应事先在无菌操作条件下搅拌成均匀细腻的状态，不应有大凝块，以免影响成品质量。

制作酸乳常用的发酵剂为嗜热链球菌和保加利亚乳杆菌的混合菌种，降低杆菌的比例则酸奶在保质期限内产酸平缓，防止酸化过度，如生产短保质期普通酸奶，发酵剂中球菌和杆菌的比例应调整为1∶1或2∶1。

生产保质期为14～21 d的普通酸奶时，球菌和杆菌的比例应调整为5∶1；对于制作果料酸奶而言，两种菌的比例可以调整到10∶1，此时保加利亚乳杆菌的产香性能并不重要，这类酸奶的香味主要来自添加的水果。

①添加量。制作酸乳所采用的工作发酵剂添加量有最低、最高和最适三种。

最低添加量：最低添加量为0.5%～1.0%。其缺点是产酸易受到抑制，易形成对菌种不良的生长环境，产酸不稳定。

最高添加量：最高添加量为5%以上。其缺点是会给最终成品的组织状态带来缺陷，产酸过快，酸度上升的过高，因而给酸乳的香味带来缺陷。

最适添加量：最适添加量为2%～3%。

②添加方法。

添加前的搅拌：添加之前，将发酵剂进行充分搅拌，目的是使菌体从凝乳块中分离出来，所以要搅拌到使凝乳完全破坏的程度。

发酵剂的添加：目前多使用特殊装置在密闭系统中以机械式自动进行发酵剂的添加，当没有这类装置时，可将充分搅拌好的发酵剂用手工方式倾入奶罐中。近年来，也有的酸乳加工厂采用直接入槽式冷冻干燥颗粒状发酵剂，只需按规定的比例将这种发酵剂撒入奶罐中，或撒入工作发酵剂乳罐中扩大培养一次，即可作工作发酵剂。

(7)灌装

添加发酵剂后经过充分搅拌的牛奶要立即连续地灌装到零售用的小容器中，这道工艺也称做充填。

①酸乳容器。装酸乳的容器有瓷罐、玻璃瓶、塑料杯、复合纸盒等。

②灌装方式。灌装和加盖方式包括手工灌装、半自动灌装、全自动无菌灌装。

③灌装时间。灌装充填时间应该做到快、短。

(8)发酵

在控制发酵条件的情况下，可使原料乳发酵制成质量良好一致的酸乳成品。

用保加利亚乳杆菌与嗜热链球菌的混合发酵剂时，温度保持在41～42℃，培养时间2.5～4.0 h(2%～4%的接种量)。相关因素如下。

①培养温度。a.一定温度培养。一定温度培养是指41～42℃或40～43℃进行培养，绝大部分酸乳加工厂都采用这个温度，这是因为对于嗜热链球菌与保加利亚乳杆菌的混合菌种，培养最适温度是40～43℃。实际上培养温度大都控制在40～45℃。b.降低温度培养。在某种特殊情况下，需要在小于41℃或小于38℃下培养，这称为降低温度培养。降低温度培养的目的是：防止酸乳产酸过度；降低乳酸发酵速度；在培养后期可促进风味物质的形成。

②培养时间。a.短时间培养和长时间培养。制作酸乳一般的时间是41～42℃培养3 h(短时间培养)。在特殊情况下，在30～37℃培养8～12 h(长时间培养)。低温长时间培养的目的是为了防止酸乳产酸过度，可是这种培养法会使酸乳风味失常。b.影响培养时间的因素有接种量、发酵剂活性、培养温度、零售容器类型、发酵季节和气候条件；每批进入发酵室的数

量多少和堆叠高度、酸乳堆积密度、距地面高度;每批抽样的部位是否有代表性。

③球菌和杆菌的比例。在终止培养的酸乳培养物中,球菌与杆菌的比例应是1∶1或2∶1。

④判定发酵终点。全部发酵时间一般是3 h左右,长的可达5～6 h,而发酵终点的时间范围比较小。如果发酵终点确定得过早,则酸乳组织软嫩、风味差,过迟则酸度高,乳清析出过多,风味也差。因此,如何判定发酵过程的终点,是制作凝固型酸乳的关键性技术之一。

判定发酵终点的方法有:a. 抽样测定酸乳的酸度,一般酸度达65～70°T,即可终止培养。b. 控制好酸乳进入发酵室的时间,在同等的生产条件下,以上几班发酵时间为准。c. 抽样及时观察,打开瓶盖,缓慢倾斜瓶身,观察酸乳的流动性和组织状态,如流动性变差且有微小颗粒出现,可终止发酵,如尚不够可延长培养时间。d. 详细记录每批的发酵时间、发酵温度等,以供下批发酵判定终点时作为参考。

思考:发酵结束后应迅速降低发酵温度的原因是什么?

(9)冷却

当酸奶发酵至最适pH(典型的为4.5)时,开始冷却,正常情况下降温到18～20℃,这时的关键是要立刻阻止细菌的进一步生长,也就是说在30 min内温度应降至35℃左右,再接着的30～40 min内把温度降至18～20℃,最后在冷库把温度降至5℃,产品贮存至发送。冷却的效果要参照包装个体的大小,包装的设计和材料,包装箱堆放的高度,每一个箱子之间的空间和箱子的设计等。

①冷却的目的。这是为了迅速而有效地抑制酸乳中乳酸菌的生长,终止发酵过程,防止产酸过度;稳定酸乳的组织状态,降低乳清析出的速度。

②冷却的方法。发酵终点一到,应立即关闭向发酵室的供热。可将酸乳从保温室转入冷却室进行冷却,当温度降到20℃以下时,酸乳中的乳酸菌生长活力非常有限;而在5℃左右时,它们几乎处于休眠状态,酸乳的酸度变化微小。

③影响冷却的因素有加工条件,如培养温度;冷却手段及方式;包装容器的种类和容量。

(10)冷藏和后熟

冷藏温度一般在2～7℃,冷藏过程的24 h内,风味物质继续产生,而且多种风味物质相互平衡形成酸乳的特征风味,通常把这个过程称为后成熟期。一般在2～7℃下酸乳的储藏期为7～14 d。

冷藏的作用除满足以上目的外,还有促进香味物质的产生、改善酸乳硬度的作用。香味物质的高峰期一般是在制作完成之后的第四小时由多种风味物质相互平衡来形成酸乳的良好风味,一般需12～24 h才能完成,这段时间称做后熟期(后发酵)。

(11)运输

凝固型酸乳在运输与销售过程中不能过于振动和颠簸,否则其组织结构易遭到破坏,析出乳清,影响外观。

思考:酸乳在运输过程中需要注意哪些问题?

3.凝固型酸乳的质量评定

凝固型酸乳成品的质量是从色、香、味、形四个方面等进行评定。

①色泽。酸乳的色泽与制造时选用牛奶的含脂量高低有关，正常酸乳的色泽呈乳白色。

②香气。好的酸乳打开瓶盖后，一股天然乳脂香气扑鼻而来，引发人食欲，这种香味与发酵剂中保加利亚乳杆菌和嗜热链球菌分解乳糖和柠檬酸所产生的乙醛等芳香物质有关，这种香味的浓淡与酸乳的含脂量高低密切相关，全脂乳制作酸乳，香味较浓。

③滋味和味道。酸乳的滋味与产品品种有关，不加糖酸乳有一种天然纯净爽口的酸味，而加糖酸乳，食用时则有一种酸中有甜，甜中带酸，酸甜含香的复合滋味。

④形态。好的酸乳凝固如玉，状态随容器不同而异。用勺取出一部分来观察，切断面呈瓷状，表面光滑，无粗颗粒或杂质出现，放到手上，不是一触就散，而是凝立而不坍。取出后，杯内出现的凹坑深而不变形，约 20 min 后，坑底有少量乳清析出，但坑形不变。

图 3-5 为酸奶生产现场。

1

2

图 3-5 酸奶生产现场

1.发酵罐 2.包装设备

(二)搅拌型酸乳生产技术

搅拌型酸乳是在凝固型酸乳基础上发展起来的一种发酵乳制品，又称为液体酸乳或软酸乳。其发酵过程是在发酵罐中进行的，当乳达到规定酸乳后，将酸乳凝块搅碎，加入一定量的调味料(多为果料和香料)后，分装而成。这类制品同凝固型酸乳的最大区别的先发酵后灌装。产品经搅拌呈粥糊状，黏度较大，多用软包装，保质期相对较长，携带方便，风味独特。制造这种酸乳的前段工序与凝固型酸乳基本一致。搅拌型酸乳的生产线见图 3-6。

1.搅拌型酸乳生产工艺流程

蔗糖、脱脂乳等
↓
原料乳验收 → 预处理 → 标准化 → 配料 → 杀菌 → 冷却
贮藏 ← 灌装 ← 搅拌冷却 ← 大罐发酵 ← 添加发酵剂 ←
↑
工作发酵剂

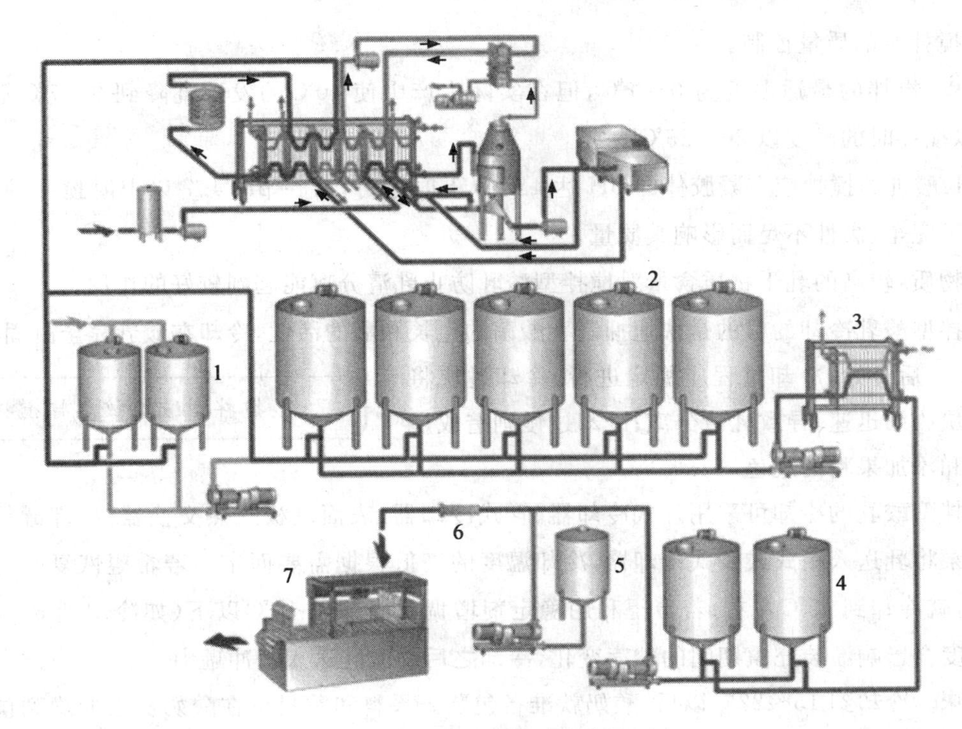

图 3-6 搅拌型酸乳生产线

1.生产发酵剂罐 2.发酵罐 3.片式冷却器 4.缓冲罐 5.果料/香料 6.混合器 7.包装

2.搅拌型酸乳生产工艺要点

①原料乳验收、预处理、标准化、预热均质、杀菌同凝固型酸乳的要求一致。

②发酵。将添加过发酵剂的乳在发酵大罐中保温培养，发酵罐是利用罐周围夹层里的热溶剂来维持一定温度，热溶剂的温度可随培养的要求而变动。发酵罐装有温度计和 pH 计，pH 计可测量罐中的酸度，当酸度达到一定数值后，pH 计可传出信号。在 41～43℃进行培养，经过 2～3 h，pH 即可降到 4.7 左右，乳在发酵罐中形成凝乳。

③搅拌、冷却、调味。搅拌是通过机械力破碎凝胶体，使凝胶体的粒子直径达到 0.01～0.4 mm。并使酸乳的硬度和黏度及组织状态发生变化。罐中酸乳终止培养的方法就是在快速降温的同时适度搅拌凝乳，以防止发酵过程产酸过度及搅拌时脱水。在搅拌型酸乳的生产中，这是一道重要的工序。

a.搅拌的方法。机械搅拌使用宽叶片搅拌器，宽叶搅拌机有大的表面积，每分钟缓慢地转动 1～2 次，搅拌 4～8 min。操作可控制为低速短时间做缓慢搅拌。也可以采用具有一定时间间隔的搅拌方法以获得均匀的搅拌凝乳。搅拌过程中应注意既不可过于激烈，又不可搅拌过长时间。搅拌时应注意凝胶体的温度、pH 及固体含量等。通常搅拌开始用低速，以后用较快的速度。在搅拌过程中可添加草莓、菠萝、橘子果酱或果料而制成相应的果料酸乳，或者添加香料而制成调味酸乳。

b. 搅拌时的质量控制。

温度：搅拌的最适温度为 0～7℃，但在实际生产中使 40℃的发酵乳降到 0～7℃不太容易，所以搅拌时的温度以 20～25℃为宜。

pH：酸乳的搅拌应在凝胶体的 pH 达 4.7 以下时进行，若在 pH 4.7 以上时搅拌，则因酸乳凝固不完全、黏性不足而影响其质量。

干物质：较高的乳干物质含量对搅拌型酸乳防止乳清分离能起到较好的作用。

搅拌型酸乳冷却的目的是快速抑制乳酸菌的生长和酶的活性，冷却在酸乳完全凝固(pH 4.6～4.7)后开始，冷却过程应稳定进行，冷却过快将造成凝块收缩迅速，导致乳清分离；冷却过慢则造成产品过酸和添加果料的脱色。

思考：搅拌型酸乳该怎样搅拌？

搅拌型酸乳的冷却可采用片式冷却器、管式冷却器、表面刮板式热交换器、冷却罐等。用容积式泵将乳送入板式或管式冷却器，冷却温度的高低根据需要而定。若希望恢复酪蛋白的凝胶力，就冷却到 15℃左右；若希望利用稳定剂增稠就冷却到 10℃以下(如冷却到 6～8℃)。冷却温度会影响灌装充填期间的酸度变化，冷却之后的酸乳送入缓冲罐中。

调味。冷却到 15～22℃以后，酸奶就准备包装。果料和香料可在酸奶从缓冲罐到包装机的输送过程中加入。通过一台可变速的计量泵连续地把这些成分打到酸奶中，经过混合装置混合(图 3-7)。混合装置的设计是静止和卫生的，并且保证果料与酸奶彻底混合。果料计量泵和酸奶给料泵是同步运转的。

果料应尽可能均匀一致，并可以加果胶作为增稠剂，果胶的添加量不能超过 0.15%，相当于在成品中含 0.05%～0.005%的果胶。

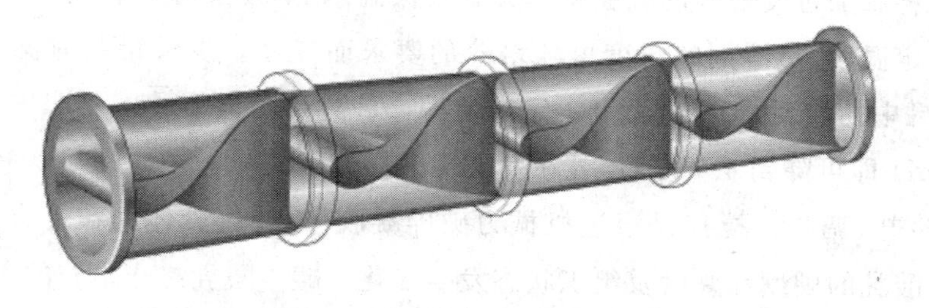

图 3-7　安装在管道上的果料混合装置

④灌装。生产搅拌型酸乳时的灌装工艺条件受包装材料、产品特征和食用方法的限定。包装材料必须对人体无害，具有稳定的化学性质，同酸乳成分之间不能发生任何反应，良好的密封性(防止在贮存过程中被其他细菌污染)和对产品有效的保护性能(防光性、抗挤压性、抗热变性)。

⑤冷藏后熟与凝固型酸乳要求一致。

知识拓展:饮用型酸奶

饮用型酸奶属于低黏度搅拌酸奶。其生产工艺流程中原料的预处理及发酵酸化过程与搅拌酸奶相同。

工艺要点:后处理

待产品至发酵终点后,即可通过离心泵高速旋转将其泵至冷却器,或在发酵罐中直接冷却至30℃以下,将凝乳块搅拌打碎。

同时为增加饮用型酸奶的稳定性,加入增稠剂、果汁、糖液及其他调味品,香料通常也在此加入。调整最终产品中含糖量大于6%,将有助于乳蛋白的稳定性。在各种配料加入之后,注意要缓慢搅拌酸奶使其混合均匀(一般搅拌15 min以上)。然后进行均质处理(压力16～20 MPa)。同时产品均质后可进行巴氏杀菌,以延长产品最终货架期。

饮用型酸奶的pH对最终产品的稳定性影响也很大,为了使稳定型酸奶具有良好的稳定性,应控制最终产品的pH小于4.2,若pH没有降至4.2以下,则可加入乳酸或柠檬酸进行调整。因此在选择稳定剂时,要考虑该产品的耐酸性是否良好。

产品包装完毕后将其置于4℃冷库中存放。

(三)益生菌酸乳生产技术

目前除普通酸乳菌种外,含嗜酸乳杆菌和双歧杆菌的一类发酵乳制品越来越得到人们的重视和喜爱,其品种在增多,消费量也在增长。下面就有关益生菌酸乳的制作情况做一简单的介绍。

1. 混合发酵法

将不同的菌种添加到热处理过的乳中,经混合发酵至一定的酸度制作而成。其基本工艺与普通酸乳生产工艺相同,如生物酸乳、Cultura、Biogarde、B-Active以及BA-Live均采用这种生产工艺。

2. 分别培养

一种或多种肠道菌与酸乳菌种混合发酵时,往往制品中由于肠道菌在乳中生长繁殖速度慢,使得活性肠道菌数量不高。而分别培养工艺是将肠道菌和酸乳菌种分开接种到乳中,分别培养到要求的酸度后,再行混合。分别培养可保证肠道菌有一定的生长繁殖时间确保混合时细菌数量,而混合可赋予制品良好风味。如普通酸乳与嗜酸菌乳按9∶1混合而成的A-B酸乳。分别培养制品一般货架期较短,要求混合后尽快销售。

3. 部分发酵工艺

也称为不完全发酵工艺。由于嗜酸乳杆菌和双歧杆菌对于长时间存在于低pH是较敏感的,故须使成品pH>4.6～4.7,或须保证这些肠道菌的起始活菌数量特别高,使制品到达消费者手中其活菌含量必须大于10^6 CFU/mL(这个数通常被称为“最低疗效作用”数)。最近欧州专利报道了部分发酵生产工艺,如在微生物的发酵下至一较高pH(比通常发酵终点来的高)，使制品在贮藏和销售过程中发酵微生物的数量不但不降低，相反还有所提高。这实际上是延长货架期的一种方法。

4.分步培养

最近美国专利介绍了分步培养生产方法。接种嗜酸乳杆菌菌种到热处理的乳-糖-纤维基料中，培养至要求的酸度，然后接入普通酸乳菌种，进一步发酵至要求酸度，这种生产方法能确保成品中嗜酸乳杆菌数量和存活。

知识拓展:益生菌酸奶

一、什么是益生菌酸奶?

酸奶中添加的菌群虽然“名目繁多”，但作用大同小异，主要是有利于人体消化吸收。不过，由于菌群需在低温冷藏条件下才能存活，在酸奶运输、销售等环节中会死掉一部分，所以包装上标明的活菌群的数量与销售、饮用时的数量是不一致的。另外，如果摄取过多也会破坏人体肠道中的菌群平衡，反而使消化功能下降。据了解，目前发现的乳酸菌中，并不是所有的乳酸菌都有益于人类健康，也有一些乳酸菌对人体是有害的。

益生菌是指活的微生物，当摄入足够量时能对人体起有益健康的作用。目前市场上发酵奶制品中提到的益生菌一般有:长双歧杆菌、青春双歧杆菌、动物双歧杆菌、干酪乳杆菌、嗜酸乳杆菌、鼠李糖乳杆菌等。这些益生菌也都是乳酸菌类，由于它们有的耐酸能力强，可以经受住人体胃酸的考验，有的能在人体肠道中稳定繁殖一段时间，总之能为人体肠道提供活的益生菌，因此把它们定义为益生菌类。

二、益生菌酸奶中益生菌的种类

1. LGG 菌

LGG 正式名称为鼠李糖乳杆菌，LGG 菌种具有活性强、耐胃酸的特点，能够在肠道中定殖长达两周。

2. LABS 菌

LABS 益生菌群所包含的四种益生菌:L-保加利亚乳杆菌、A-嗜酸乳杆菌、B-双歧杆菌、S-嗜热链球菌，是充分考虑到中国人体质的需要和肠道特征，并按照中国人的口味习惯而研发的。它的优点在于所含的嗜酸乳杆菌和双歧杆菌，可以在人体内定殖、成活，更有益于人体健康。

3. e+菌

含有四种乳酸菌:保加利亚乳杆菌、嗜热链球菌、嗜酸乳杆菌和双歧杆菌。每克活性 e+菌酸奶含有活性益生菌 100 万个。

4. B-longum(龙根 B 菌)

共采用了嗜酸乳杆菌、长双歧杆菌 (即龙根 B 菌)、保加利亚乳杆菌及嗜热链球菌四种有益菌，其中 B-longum 菌(龙根 B 菌)是来自于婴儿体内的珍贵乳酸菌种。

面对这么多熟悉而又陌生的名词，你可能会晕，不同菌种的益生菌酸奶到底都有怎样的不同？有哪些功效？哪种产品的营养价值更高？自己应该选择哪种产品？

目前市场上常见的两种酸奶制品，一种是由鲜牛奶添加两种菌类（嗜热链球菌和保加利亚乳杆菌）后，发酵制成的传统酸奶；另一种是在前者发酵的基础上，又添加了另外两种乳酸菌类（嗜酸乳杆菌和双歧杆菌）的益生菌酸奶，其在标识上通常有“益生菌”字样。无论是普通的发酵酸奶还是标识有“益生菌”字样的酸奶，只要乳酸菌是活性的，就都具有一定的营养保健价值。而含双歧杆菌、干酪乳杆菌、嗜酸乳杆菌的酸乳又具有更多的保健功能。

益生菌酸奶的最大特点就在一个“活”字上。益生菌酸奶从生产、制作到销售等过程中必须保持冷链保存，并且在保质期内要保持一定的活菌数，才称得上保证质量，才能更好地增进人体健康。目前我国还没有益生菌活性酸奶的标准，对益生菌产品的保质期和贮存条件也未做明确规定。所以，消费者在选购益生菌酸奶时一定要关注生产日期。

研究发现通过人为的补充活性有益菌群，不但可以调节肠道微生态的不平衡状态，使其趋于平衡，恢复和保持人体健康。还可以增强人体免疫力；促进肠道蠕动，帮助消化；抑制腐败菌的生长；降低直肠癌和结肠癌的危险；促进矿物质特别是钙的吸收；有助于乳糖不耐受人群（喝牛奶后常感觉腹胀或拉肚子的人）的乳糖消化；预防由病毒或沙门氏菌引起的腹泻；预防过敏等。

二、酸乳生产质量控制

（一）影响酸乳质量的因素

为了生产出理想中的高质量的产品，在生产过程中必须仔细地控制各种因素。如：原料乳的选择、牛乳的标准化、乳类添加物、脱气、均质、热处理、发酵剂的选择、发酵剂的制备、工厂设计。由上可见，牛奶在预处理过程中包括许多控制因素，这些因素对成品的质量都非常重要，另外生产过程中酸乳的机械处理对成品质量的影响也很大。

（二）酸乳的质量缺陷及防止方法

酸乳生产中，由于各种原因，常会出现一些质量问题，下面简要介绍质量问题发生的原因及控制措施。

1. 凝固型酸乳常见缺陷及控制措施

（1）凝乳不良或不凝乳的主要原因

①原料乳质量。当原料乳中含有抗生素、防腐剂，会抑制乳酸菌生长，导致发酵失败，从而导致酸乳凝固性差；原料乳掺水，使乳的总干物质含量降低；原乳酸度较高，掺碱中和，经发酵也会造成凝乳不好。使用乳房炎乳时，由于白细胞含量较高，对乳酸菌也会产生一定的吞噬作用。因此，必须把好原料乳验收关，杜绝使用含有抗生素、农药、防腐剂及掺碱、掺水牛奶生产酸乳和乳房炎乳。对干物质低的牛奶可添加脱脂奶粉得以提高。

②发酵温度与时间。发酵温度应依乳酸菌种类不同而异,发酵温度低或时间短,会使乳酸菌凝乳不充分,从而导致酸乳凝固不良;发酵温度过高或时间过长,会使乳酸菌凝乳过度,从而导致酸乳凝固不良。因此,生产中要严格控制发酵温度与时间,并保持发酵温度恒定。

③发酵剂活力。发酵剂活力减弱或接种量太少会造成酸牛奶凝固性差。灌装容器上残留的洗涤剂(如氢氧化钠)和消毒剂(如氯化物)都会影响菌种活力,所以一定要清洗干净,以确保酸乳的正常发酵和凝固。

④加糖量。生产酸乳时,加入适量的蔗糖可使产品产生良好的风味,并有利于乳酸菌产酸量的提高和产品黏度的增加。若加糖量过大,产生高渗透压,抑制了酸牛奶的生长繁殖,也会使酸乳不能很好凝固。所以在实际生产中要选择最佳的加糖量。

⑤噬菌体污染。噬菌体污染是导致发酵缓慢、凝固性差的的原因之一,由于噬菌体对菌种的选择有严格的特异性,所以可采用经常更换发酵剂的方法加以控制。此外,两种以上菌种混合使用也可减少噬菌体污染。

(2)砂状组织产生

酸牛奶在组织外观上有许多砂状颗粒存在,不细腻。砂状结构的产生有多种原因,例如,奶粉用量过大,用奶粉但没均质,物料含过量的碱(盐)等无机物质,搅拌时温度较高。

(3)乳清析出

思考:乳清析出都有哪些原因?

①原料热处理不当。热处理温度低或时间不够,不能使大量乳清蛋白变性,蛋白质的持水能力下降,导致乳清析出。

②发酵时间。发酵时间过长或过短,对生产凝固型酸乳都会有乳清分离。发酵时间过长,酸度过大破坏了乳蛋白形成的胶体结构,使乳清分离出来;发酵时间过短,胶体结构还未充分形成,也会形成乳清析出。

③冷却与搅拌。对搅拌型酸乳而言,冷却温度不适,搅拌速度过快,输送所用泵不适合,都会造成乳清分离。

④其他。如原料乳干物质含量低、发酵剂接种量过大、乳中钙盐不足及酸乳凝胶受机械振动而破坏等也会造成乳清析出。在实际生产中向乳中添加适量的 $CaCl_2$,即可减少乳清析出,也可赋予产品一定的硬度。

(4)风味不良

由于菌种选择及操作工艺不当,会造成酸乳芳香味不足,酸甜不适口等风味缺陷。在生产过程中,由于卫生不到位,容易造成酵母和霉菌的污染,引起酸乳的变质和产生不良风味。此外,原料乳的异味(来源于牛体臭味、氧化臭味)、过度热处理(加热蒸煮臭味)或添加了风味不良的乳粉、炼乳也会造成酸乳风味不良。

(5)表面霉菌生长

酸乳贮藏时间过长或贮藏温度过高,往往在表面出现霉菌,黑斑点易被察觉,而白色菌不易被注意。这种酸乳被人误食后，轻者有腹胀感觉，重者引起腹痛下泄。因此要严格保证卫生条件并根据市场情况控制好贮藏时间和贮藏温度。

2. 搅拌型酸乳常见缺陷及控制方法

(1)砂状组织

只要是酸乳在组织外观上呈现出许多砂状颗粒，口感粗糙，不细腻。砂状结构的产生有多种原因，在生产搅拌型酸乳时，应选择适宜的发酵温度，避免原料乳受热过度，减少乳粉用量，避免干物质过多和较高温度下搅拌。

(2)乳清分离

酸乳搅拌速度过快、过度搅拌或泵送造成空气混入产品，将造成乳清分离。此外，酸乳发酵过度、冷却温度不适及干物质含量不足也可造成乳清分离现象。因此，应选择合适的搅拌器搅拌并注意降低搅拌温度。同时可选用适当稳定剂，以提高酸乳黏度，防止乳清分离。

(3)风味不正

除了凝固性酸乳的相同因素外，在搅拌过程中因操作不当而混入大量空气，造成酵母和霉菌的污染。酸乳较低的 pH 虽能抑制几乎所有微生物生长，造成酸乳的变质和产生风味不良。

(4)色泽异常

在生产过程中因加入的果蔬处理不当而引起变色、褪色等现象时有发生。应根据果蔬的性质及加工特征与酸乳进行合理的搭配和制作，必要时还可添加抗氧化剂。

企业链接：某乳品企业酸奶质量问题分析

酸奶生产过程中可能出现的问题及解决方法

问题	可能出现的原因	解决方法
脱水现象	非脂固形物含量低	调整原料乳配方
	乳脂肪含量低	调整原料乳配方，增加乳脂肪含量
	原料乳中有氧气	调整工艺条件如牛奶真空处理确保去氧充分
	原料乳配方中含有奶粉溶解未充分、或原料乳在热处理及均质过程中不充分	调整工艺条件，充分均质和热处理
	接种温度偏高	调整接种温度至 43℃
	发酵终点 pH 偏高(>4.6)	控制发酵终点 pH 小于 4.5 终止发酵以确保充分酸化
	若是搅拌型酸奶，可能罐装温度太低	调整灌装温度 20～25℃
稠度偏低	原料乳蛋白含量太低	调整原料乳配方以增加乳蛋白含量
	原料乳乳糖含量太低	调整原料乳配方，以增加乳糖含量
	原料乳在热处理或均质处理不够充分	调整生产工艺条件充分均质和热处理
	加工过程机械处理过于剧烈(如过泵或搅拌速度太快)	调整生产工艺条件，适当降低物理操作强度
	发酵酸化期间凝乳体受到破坏	调整生产工艺条件
	搅拌型酸奶搅拌温度太低	提高搅拌温度至 20～25℃
	酸化时间不够	发酵终点 pH<4.5 终止发酵以确保充分酸化

问题	可能出现的原因	解决方法
酸度太酸	发酵时间过长酸化过度 菌种使用过多 冷却时间过长 贮存温度太高 产品凝乳体不稳定	调整生产工艺条件控制最佳发酵终点 降低接种量 调整生产工艺条件 降低贮存温度 换用后酸化程度低的菌种
口感粗糙不细腻，有颗粒感	配方中奶粉溶解不充分 均质不彻底 磷酸钙沉淀或乳蛋白颗粒变性 接种温度过高 产品凝乳体不稳定	调整生产工艺条件，充分均质与热处理 调整生产工艺条件确保充分均质 调整生产工艺条件，适当降低热处理 调整接种温度至43℃ 适当添加增稠稳定剂
凝乳体内有空气	管道泄露渗入空气 机械处理过于剧烈(过泵或搅拌速度等) 杂菌或大肠杆菌污染	检查各处管道连接点 调整生产工艺条件，适当降低物理操作强度 查处污染原因
发酵产品呈黏丝状	凝乳体黏度太高	调整原料乳配方，减少蛋白质含量 调整工艺条件，适当增加机械强度 提高发酵温度至43℃

【项目思考】

1. 酸乳都有哪些种类？
2. 发酵剂如何选择培养基？
3. 影响发酵剂活力的因素有哪些？
4. 说明凝固型酸乳的生产工艺流程。
5. 搅拌型酸乳如何添加果料？
6. 酸乳容易出现哪些质量问题？

项目四　炼乳生产技术

【知识目标】

1.熟悉炼乳的种类及其特点。

2.掌握甜炼乳和淡炼乳的生产技术。

3.了解甜炼乳和淡炼乳常见的质量问题。

【技能目标】

1.能够正确选择结晶温度，确保甜炼乳品质。

2.选择合适的灭菌条件，确保淡炼乳品质。

3.根据甜炼乳和淡炼乳的质量问题，能够制定出相应的解决措施。

【项目导入】

炼乳是一种牛奶制品，用鲜牛奶经过杀菌浓缩制成的产品，它的特点是可贮存较长时间。炼乳是“浓缩奶”的一种，是将鲜乳经真空浓缩或其他方法除去大部分的水分，浓缩至原体积25％～40％的乳制品。

炼乳种类很多，根据所用的原料和添加辅料的不同，可分为以下几种：

①甜炼乳是一种加糖的浓缩乳，呈淡黄色。甜炼乳的糖分浓度很高，因而渗透压大，能抑制大部分微生物。

②淡炼乳是一种不加糖、经过灭菌处理、浓缩的外观颜色淡似稀奶油的乳制品。

③脱脂炼乳是原料经离心脱脂，除去大部分乳脂肪后浓缩制成的浓稠乳制品。

④半脱脂炼乳是原料经离心脱脂，除去50％的乳脂肪后浓缩制成的浓稠乳制品。

⑤花色炼乳一般是炼乳中加入可可、咖啡及其他有色食品辅料，经浓缩制成的乳制品。

⑥强化炼乳是炼乳中强化了维生素、微量元素等营养物质。

⑦调制炼乳是炼乳中配有蛋白、植物脂肪、饴糖或蜂蜜类的营养物质等，制成适合不同人群的乳制品。

近年来，随着乳业的发展，炼乳已渐渐退出乳制品的大众消费市场。但是，为了满足浓缩而生产的“浓缩乳”仍占有一定的市场。目前我国炼乳的主要品种有甜炼乳和淡炼乳，约占全国乳制品产量的4%。

任务 炼乳的加工

【要点】

1. 炼乳的工艺流程。

2. 浓缩、杀菌和封罐等设备的使用与维护。

3. 甜炼乳的生产过程。

【设备与材料】

1. 炼乳加工实验设备：过滤器、净乳机、冷却器、储乳槽、蒸发浓缩器、超高温瞬时杀菌设备、水力喷射器、蒸汽喷射式热压泵、冷却结晶机、真空自动灌装机、连续式灭菌机、水平式振荡机。

2. 鲜乳或脱脂乳；蔗糖；乳糖粉；磷酸二钠或柠檬酸钠，或碳酸氢钠。

【工作过程】

（一）工艺流程

甜炼乳加工工艺流程、淡炼乳加工工艺流程见【必备知识】。

（二）操作要点

1. 原料乳验收

原料乳色泽：呈乳白色或微黄色；滋味和气味：具有牛乳固有的香味，无异味；组织状态：呈均匀一致胶态液体，无凝块、无沉淀、无肉眼可见异物等；相对密度≥1.028；蛋白质≥2.95 g/100 g；脂肪≥3.1 g/100 g；非脂乳固体≥8.1 g/100 g；酸度≤18°T；铅(Pb)≤0.05 mg/kg；菌落总数≤5×10^5 CFU/g；致病菌不得检出。

2. 预处理

验收合格的乳经称量、过滤、净乳、冷却至2～3℃备用。

3. 乳的标准化

为了使产品的成分一致，所用的乳原料要进行标准化。本操作使用标准化机或储乳缸，目的在于调整原料乳中脂肪和非脂乳固体的比例，以满足炼乳质量要求。

如果加工淡炼乳，为提高淡炼乳加工热稳定性，在标准化同时每100 kg原乳添加磷酸二钠或柠檬酸钠5～25 g，或添加碳酸氢钠1～20 g。稳定剂的准确添加量应按小样加热处理结果确定。通常按最低添加量加入，其余部分在装罐之前按小样试验结果加入。

4. 预热杀菌

加工甜炼乳时，预热有利于糖分的分布，使乳中蛋白质适当变性，推迟成品变稠。采用75℃、10 min或120℃瞬时处理。加工淡炼乳的预热温度要比加工甜炼乳预热温度高。

5. 加糖

甜炼乳的原料在预热后注入糖浆，其量为乳总数的16%～18%。在夹层锅中将蔗糖溶化于水制成糖浆，其浓度65%左右，并同时将温度提高到87℃以上获得杀菌效果。糖浆使用前还需经过滤或离心净化。浓缩使用真空浓缩锅的，可在乳的浓缩末期将糖浆吸入锅中，再浓缩至终点。浓缩使用连续式真空浓缩装置，可使糖浆乳混合之后一起进行浓缩。

6. 真空浓缩

乳的浓缩使用单效真空浓缩锅，真空度82.6 kPa，乳温50～56℃，浓缩时间10～20 min。根据检样测定浓缩终点，乳温48℃左右时，甜炼乳波美度31.71～32.56°Bé，即相对密度1.28～1.29；淡炼乳波美度7.10～8.37°Bé，即相对密度为1.051～1.061时则可认为浓缩终了。

浓缩如果使用双效降膜式蒸发器，杀菌温度87～93℃，时间24 s左右。一效加热温度83～90℃，蒸发温度70～76℃。二效加热温度68～74℃，蒸发温度48～52℃。牛乳在蒸发器内总停留时间约3 min，出料浓度控制在45%～50%。

淡炼乳浓缩后要进行均质。

7. 冷却

蒸发乳迅速冷却到30～32℃，加入乳糖粉为炼乳量的0.025%，添加晶种时，其乳糖粉粒应小于4 μm，在130℃高温下杀菌1～2 s后，置于玻璃干燥器中冷却。

加入后慢速搅拌40～60 min，再继续冷却到17～18℃，继续搅拌1～2 h，促使其中结晶变为极细小的粒子。

8. 装罐、封罐

装罐时甜炼乳温度应控制在17～18℃之间，但必须在搅拌后1～2 h内进行，用真空封罐机进行封罐。淡炼乳罐装时不能充满，以免后续工序加温灭菌时产生胀罐现象。

> 思考：说明搅拌后1～2 h才可以装罐的原因。

【相关知识】

1. 加工炼乳的原料乳必须是优质新鲜乳，尤其淡炼乳加工需经高温灭菌，要求热稳定性高，故需选择热凝固性乳清蛋白质含量少、无机盐类保持平衡状态的牛乳。在原料乳验收时做磷酸盐试验，无凝固物出现者选用。

2. 过滤目的在于去除原料乳中的杂质，过滤精度为0.5 mm以下；然后进行净乳，去除过滤乳其他杂质；将净化乳冷却到2～3℃，以抑制乳中细菌的繁殖。

3. 加热可杀死原乳中病原菌，破坏乳中微生物和酶。加工淡炼乳的预热温度要比加工甜炼乳预热温度高，因其除杀菌外，主要是有利于在灭菌工序中提高炼乳热稳定性，使用后者处理可显著提高淡炼乳热稳定性。

4. 炼乳容器常用马口铁皮罐头，甜炼乳每罐装的标准重量 397 g，淡炼乳则有 410 g 和 170 g 两种罐装。

5. 淡炼乳经均质后不仅使脂肪球变小，防止脂肪分离，而且可以极大地增加脂肪球表面吸附的酪朊，改善酪朊的热稳定性能。

【友情提示】

1. 使用连续式蒸发器必须保持进料流量、浓度与温度、蒸汽压力与流量、冷却水温与流量和真空泵的正常状态等工艺条件的稳定。

2. 加工甜炼乳添加的蔗糖应达到我国国家标准优级或一级品标准。添加蔗糖可以抑制乳中细菌的繁殖，但添加量太多又会析出蔗糖结晶，使甜炼乳组织状态恶化。蔗糖添加量应根据甜炼乳含糖量要求及原料乳情况，由计算得出。

3. 甜炼乳经浓缩后需迅速冷却，通过冷却使乳中的乳糖形成 10～18 μm 的细微结晶，保证炼乳感官品质良好。不经冷却则乳糖会形成大的结晶，炼乳贮藏期间产生黏稠块状，组织状态恶化，并产生褐变。结晶时若添加晶种形成晶核，晶核形成快于晶体成长时就会长出细微结晶。

4. 冷却结晶应边添加乳糖粉、边搅拌使其分散均匀。

【考核要点】

1. 浓缩终点的判定。

2. 乳糖结晶温度的选择。

3. 成品质量好坏的判定。

【思考】

1. 蔗糖添加的方法有哪些？

2. 常压浓缩与真空浓缩有哪些不同？

背景知识：炼乳的由来

在 19 世纪中叶，有一天，一艘客船从海上驶向纽约。船上很多人扶着船栏，眺望水天一色的大海，欣赏这壮观的大自然景色。船正航行着，忽然从甲板上传来一声尖叫，接着就是一阵嚎啕大哭，这突然发生的情景引起了一个名叫葛尔·波顿的美国人注意。他立刻疾步奔了过去，拨开围观的人群挤上前去，一看，他顿时觉得空气都凝固了。几名妇女正在为几个可爱的婴儿举行海葬仪式。葛尔·波顿忍着悲痛，向那几位妇女询问婴儿的死因。事情原来是这样的：当时的人们虽然已经普遍采用牛乳来喂养婴儿，但却不知道怎样保藏才能使牛乳总是那么新鲜而不变质，这些幼小的生命就是吃了变了质的牛乳而中毒夭折的。葛尔·波顿难过极了，整个航行过程中，那悲伤的场面总是深深地刺痛着他的心，那一个个可爱的小生灵的躯体总是浮现在他的眼前。葛尔·波顿下定决心，一定要研究出一种保存新鲜牛乳的方法。回到纽约后，他立即投入了研制工作，每天起早贪黑，废寝忘食地钻研。他先后请教了许多人，经过无数次的试验，终于找到了一种减压蒸馏的方法，能成功地达到保存新鲜牛乳的目的。葛尔·波顿并没有被这点成绩冲昏头脑，他一鼓作气，继续研究试验。他又在牛乳中溶入适量的糖，进一步地提高了牛乳防止细菌腐蚀的能力。葛尔·波顿把自己研制出的这种产品命名为"炼乳"。他又于1853年在纽约创办了世界上第一个炼乳加工厂。炼乳深受母亲们的欢迎。两年之后，葛尔·波顿又将问世不久的罐头包装用于鲜奶的保藏。

【必备知识】

一、甜炼乳生产技术

甜炼乳是在原料乳中加入约16%的蔗糖后，经杀菌，浓缩到原容积的40%左右的含糖乳制品。其中蔗糖含量在40%～45%，水分含量不超过28%。由于加糖后增大了乳制品的渗透压，能抑制大部分微生物生长繁殖，因而成品具有良好的保存性。甜炼乳主要用于饮料、糕点、糖果及其他食品的加工原料，如咖啡伴侣等。

(一)甜炼乳的生产工艺流程

甜炼乳生产工艺见图4-1。生产线示意图见图4-2。

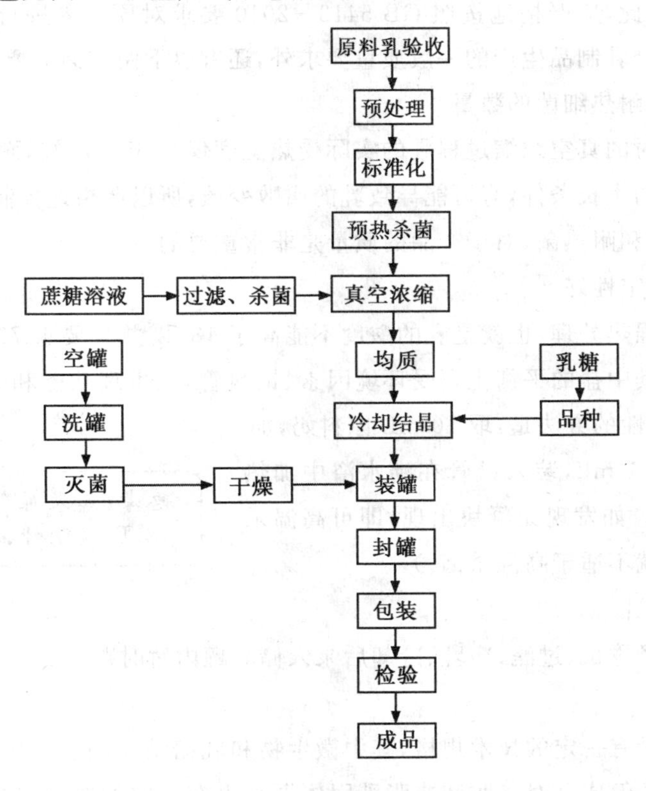

图4-1 甜炼乳生产工艺

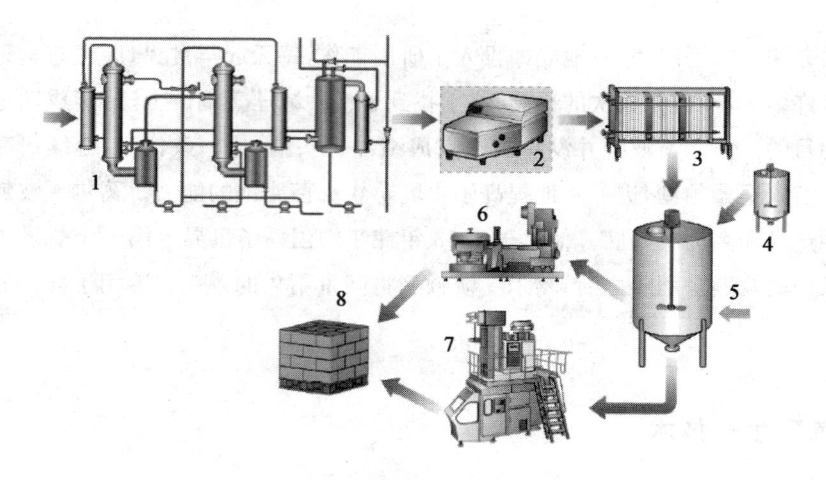

图 4-2　甜炼乳的生产线示意图

1. 真空浓缩　2. 均质　3. 冷却　4. 添加糖浆　5. 冷却结晶罐　6. 装罐　7. 贴标签、装箱　8. 贮存

(二)甜炼乳生产工艺要求

1. 原料乳验收

原料乳质量对甜炼乳质量影响很大，特别是原料乳中发酵酸度的增加对甜炼乳贮藏期变稠的影响很敏感，因此，应严格地按照 GB 5413—2010 要求对原料乳进行验收。生产甜炼乳的原料乳除了要符合乳制品生产的一般质量要求外，还有以下两方面的要求。

(1)控制芽孢和耐热细菌的数量

由于炼乳生产时的真空浓缩过程乳的实际受热温度仅为 65～70℃，而 65℃对于芽孢菌和耐热细菌是较适合的生长条件，有可能导致乳的腐败变质，所以严格地控制原料乳中的微生物数量，特别是芽孢菌和耐热菌，对于产品的质量是非常重要的。

(2)乳蛋白热稳定性好

要求乳能耐受强热处理，也就是乳的酸度不能高于 18°T，并且要求 70％中性酒精试验呈阴性，盐离子平衡，其中盐的平衡主要受环境因素、饲料管理、生理功能和病理等方面的影响。(检查原料乳热稳定性的方法是：取 10 mL 原料奶，加 0.6％的磷酸氢二钾 1 mL，装入试管在沸水浴中加热 5 min 后，取出冷却。如发现无凝块出现，即可高温杀菌；如有凝块出现，就不适于高温杀菌。)

思考：如果原料乳的酸度高于 18°T，说明什么问题？

2. 预处理

验收合格的乳经称量、过滤、净乳、冷却后泵入储乳罐内暂时贮存。

3. 标准化

甜炼乳成品质量有一定的技术规格，其中微生物和乳糖结晶的大小等指标是由控制生产过程来得到保证的。但成品对脂肪和非脂乳固体含量也有一定的要求，这就需要通过标准化来达到。原料乳的标准化是使成品中的脂肪含量(F)与非脂乳固体含量(SNF)保持一定的比例关系。这一比例我国炼乳质量标准规定是8∶20,而瑞典规定是8∶18或1∶2.25。

原料乳标准化的原因:a. 与加糖炼乳的生产量有关,牛乳的乳脂率在3%~3.7%范围内炼乳生产量最多;b. 与炼乳的保存性有关,若牛乳的乳脂率含量低,生产的炼乳保存性也低;c. 与炼乳生产过程中的操作有关,乳脂率低的牛乳在浓缩过程中容易起泡,操作较困难。

进行原料乳的标准化,就是在原料乳中脂肪含量不足时,需添加稀奶油,或分离出去一部分脱脂乳。如果原料乳中脂肪含量过高时,需添加脱脂乳或用分离机除去一部分稀奶油。在进行标准化计算之前,必须先了解原料乳的含脂率和非脂乳固体含量,同时也要知道用于标准化的稀奶油或脱脂乳的脂肪和非脂乳固体含量,作为标准化的依据来计算各物质的标准化含量。具体步骤为:

思考:如何测定原料乳中的脂肪含量?

(1)脱脂乳及稀奶油中非脂乳固体的计算

①脱脂乳中 SNF_1 的计算。

$$SNF_1=\frac{\text{全脂乳中的 }SNF}{100-\text{全脂乳中的 }F}\times 100\%$$

例:如果含脂率为3.8%,非脂乳固体物为8.7%的原料乳分离出脱脂乳,求该脱脂乳的非脂乳固体的含量为多少?

$$SNF_1=\frac{8.7}{100-3.8}\times 100\%=9.04\%$$

②稀奶油中 SNF_2 的计算

$$SNF_2\%=\frac{100-\text{稀奶油中的 }F_2}{100}\times\text{脱脂乳中 }SNF_1$$

例:如果含脂率为3.8%的原料乳分离,得到含脂率为40%的稀奶油及含非脂乳固体物为9.04%的脱脂乳,求稀奶油中的非脂乳固体物的含量为多少?

$$SNF_2\%=\frac{100-40}{100}\times 9.04\%=5.42\%$$

(2)标准化计算

原料乳的脂肪与非脂乳固体物的比值 R_2 应等于成品的 R_1。

$$R_1=\frac{\text{成品的脂肪含量}}{\text{成品的非脂乳固体的含量}}$$

$$R_2=\frac{\text{原料乳的脂肪含量}}{\text{原料乳的非脂乳固体的含量}}$$

如果 $R_1>R_2$ 时,表示原料乳中含脂率不足,应添加稀奶油,需要的量为:

$$C=\frac{SNF\times R_1-F}{F_2-SNF_2\times R_1}\times M$$

例:有 3 800 kg 含脂率 3.0%,非脂乳固体物为 8.3%的原料乳,拟制成含脂肪为 8.8%,非脂乳固体物 22.7%的甜炼乳,应加入含脂率为 40%非脂乳固体物为 5.42%稀奶油多少?

$$R_1=\frac{8.8}{22.7}=0.388;\ R_2=\frac{3.0}{8.3}=0.361$$

$$C=\frac{8.3\times0.388-3.0}{40-5.42\times0.388}\times3\ 800=22.1\ (\text{kg})$$

如果 $R_1<R_2$ 时,表示原料乳中含脂率过高,应添加脱脂乳,需要的量为:

$$S=\frac{F-R_1\times SNF}{R_1\times SNF_1-F_1}\times M$$

例:有 3 800 kg 含脂率 3.8%,非脂乳固体物为 8.7%的原料乳,拟制成含脂肪为 8.8%,非脂乳固体物 22.7%的甜炼乳,应加入含脂率为 0.1%非脂乳固体物为 9.04%的脱脂乳多少?

$$R_1=\frac{8.8}{22.7}=0.388;\ R_2=\frac{3.8}{8.7}=0.437$$

$$S=\frac{3.8-0.388\times8.7}{0.388\times9.04-0.1}\times3\ 800=473.3\ (\text{kg})$$

式中:C——需添加稀奶油量(kg);

S——需添加脱脂乳量(kg);

M——原料乳量(kg);

F——原料乳的含脂率(%);

F_1——脱脂乳的脂肪含量(%);

F_2——稀奶油的含脂率(%);

SNF——原料乳的非脂乳固体(%);

SNF_1——脱脂乳的非脂乳固体(%);

SNF_2——稀奶油的非脂乳固体(%)。

思考:生产炼乳时原料乳杀菌有什么特殊的目的?

4.预热杀菌

原料乳在标准化之后,浓缩之前,必须进行加热杀菌处理。加热杀菌还有利于下一步浓缩的进行,故称为预热,亦称为预热杀菌。

(1)预热杀菌的目的

①杀灭原料乳中的致病菌,抑制或破坏对成品质量有害的其他微生物,以保证成品的安全性,提高产品的贮藏性。

②抑制酶的活性,以免成品产生脂肪水解、酶促褐变等不良现象。

③控制适宜的预热温度,使乳蛋白质适当变性,同时一些钙盐也会沉淀下来,提高了酪蛋白的热稳定性,还可获得适宜的黏度,防止产品出现变稠和脂肪上浮等现象,这是提高产品质量的关键之一。

④若采用预先加糖方式时,通过预热可使蔗糖完全溶解。

⑤为真空浓缩进行预热,一方面可保证沸点进料,使浓缩过程稳定进行,提高蒸发速度;另一方面可防止低温的原料乳进入浓缩设备后,由于与加热器温差太大,原料乳骤然受热,在加热面上焦化结垢,影响热传导与成品质量。

(2)预热杀菌的工艺条件

采用高温短时杀菌或 UHT 灭菌法。一般为 75℃以上保持 10～20 min 及 80℃左右保持 5～10 min。

预热能使部分蛋白质变性、钙盐沉淀,赋予产品适当的黏度。黏度对产品质量影响很大,过低会引起脂肪球上浮,过高又会引起炼乳变稠。关于预热温度与产品变稠的关系,可归纳为以下几点:

①在 60～74℃黏度降低,有脂肪球上浮的倾向,还会发生乳糖沉淀。

②预热温度在 80～100℃,如果时间较长会引起产品变稠,而且这种倾向在这一范围内会随着温度的升高而越发明显。

③采用超高温预热,不但能赋予产品适当的黏度,而且可以提高产品热稳定性。这是因为高温可以使炼乳中游离钙沉淀、浓度降低,酪蛋白与之结合的机会减小,不易通过钙桥形成凝块;同时由于是瞬间高温,对热不稳定的乳清蛋白变性程度低,不会形成大的凝块。

④用蒸汽直接预热时,增加过热的倾向,则产品不稳定,容易增加稠度。

根据众多研究资料报道,普遍认为 100℃附近预热杀菌对炼乳的质量最不利,上海乳品二厂认为 79～81℃保持 10 min 的预热杀菌比较适宜;美国多采用 82～100℃保持 10～30 min;日本采用 80℃加热 5～10 min;瑞典采用 100～120℃保持 1～3 min。

预热不仅是为了杀菌,而且关系到产品的保藏性、黏度和变稠等。因此,必须对乳质的季节性变化和浓缩、冷却等工序条件加以综合考虑。一般应根据所用原料乳的质量状况,经过多次试验,产品保藏性稳定时,才可以确定预热杀菌条件,但仍需根据季节不同稍加变动,以保持产品质量。

思考:预热杀菌与炼乳的质量有什么关系?

5.加糖

(1)加糖的目的

加糖除了赋予甜炼乳甜味外,主要是为了抑制炼乳中细菌的生长繁殖,增强制品的保存性,在炼乳中需加适量的蔗糖。糖的防腐作用是由渗透压产生的,而蔗糖溶液的渗透压与其浓度呈正比。通过试验和计算可以证明我国制造的甜炼乳成品中若含有 43%的蔗糖、25.5%的水分时,则其中蔗糖水溶液将具有 5.7 MPa 的渗透压。它能使残存的菌体严重脱水,难以增殖，甚至死亡，起着良好的防腐作用。

(2)蔗糖的质量要求

蔗糖也称为白砂糖，在甜炼乳中含量高达45%左右，为总乳固体含量的1.5倍。因此蔗糖的质量极其重要。使用劣质蔗糖生产的甜炼乳，易产生变稠、变黄；使用潮湿、结块、黄色和转化的蔗糖，不但影响成品的色泽，而且容易产生细菌性变质。因此进糖时必须验收；储糖时必须在与生产车间隔离的清洁、空气相对湿度不超过70%的场所保管，防止污染或吸湿结块。

为了保证产品质量，生产炼乳所用的糖，以结晶蔗糖和品质优良的甜菜糖为最佳。符合国家规定的特级或一级品。(蔗糖松散、洁白、有光泽，无杂质，无任何异味；蔗糖含量应高于99.6%，还原糖应低于0.1%，水分含量不高于0.07%，灰分含量不高于0.1%，不溶于水的杂质含量不高于40 mg/kg。)使用质量低劣的蔗糖时，因其中含有较多的转化糖，易引起炼乳的质量问题。有些国家有时使用一部分葡萄糖(不应超过蔗糖的1/4，否则会有变稠的趋势)代替蔗糖以生产冰淇淋、糕点和糖果用的炼乳，这是由于葡萄糖比蔗糖成本低，甜味柔和，同时也不易结晶，因此对冰淇淋和糕点的组织状态有改善的效果。但这种制品容易褐变，保存中很容易变稠，所以生产直接食用的甜炼乳还是以添加蔗糖为佳。

(3)加糖量

为了使微生物的繁殖受到充分的抑制和达到预期的目的，必须添加足够的蔗糖，但加糖量过高易产生糖沉淀等缺陷，应注意控制。加糖量一般用蔗糖比表示。所谓蔗糖比又称蔗糖浓缩度，是甜炼乳中蔗糖含量占其水溶液的百分比。蔗糖比决定甜炼乳应含蔗糖的浓度，也是向原料乳中添加蔗糖量的计算标准，一般以62.5%～64.5%为最适宜。加糖量的计算步骤如下：

> 思考：如果蔗糖比不在62.5%～64.5%的范围内，会产生怎样的影响？

①先算出蔗糖比。

成品的蔗糖含量应在规定的范围内。

$$蔗糖比=\frac{蔗糖}{水+蔗糖}\times 100\%；或，蔗糖比=\frac{蔗糖}{100-总乳固体}\times 100\%$$

例：总乳固体为28%，蔗糖为45%的炼乳，炼乳中蔗糖的含量是多少？

$$蔗糖比=\frac{45}{100-28}\times 100\%=62.5\%$$

②根据所要求的蔗糖比计算出炼乳中的蔗糖含量。

$$炼乳的蔗糖含量=\frac{(100-总乳固体)\times 蔗糖比}{100}$$

$$=\frac{(100-28)\times 62.5\%}{100}=45\%$$

③根据浓缩比计算加糖量。

所谓浓缩比是指炼乳中的总乳固体物含量与原料乳中的总乳固体物含量的比值。

$$浓缩比=\frac{炼乳中的总乳固体含量}{原料乳中总乳固体含量}$$

$$应添加的蔗糖量=\frac{炼乳中的蔗糖含量}{浓缩比}$$

例：炼乳的总乳固体为28%，脂肪为8%，非脂乳固体为20%，经过标准化的原料乳中脂肪为3.16%，非脂乳固体为7.88%，设使炼乳中的蔗糖含量为45%，则每100 kg原料乳应添加多少蔗糖？

解：$浓缩比=\frac{28}{3.16+7.88}=2.536\ 2$；或，$浓缩比=\frac{20}{7.88}=2.536\ 2$

$$应添加的蔗糖量=\frac{45}{2.536\ 2}=17.74(\text{kg})$$

(4)加糖方法

甜炼乳制造采用不同的加糖方法，成品在保存期的增稠趋势有显著的差别。一般而言，加糖越早，乳和糖接触的时间就越长，温度越高，变稠的趋势越显著。因此，加糖方法选择不当会引起产品变稠或脂肪游离，选择适当的加糖方法可以延缓变稠或减少脂肪游离。加糖方法应根据甜炼乳的变稠、脂肪游离情况及所采用的预热杀菌条件、浓缩设备等做综合考虑，可以通过试验后确定。

思考：加糖方法的不同对炼乳质量有何影响？

生产甜炼乳时蔗糖的加入方法有以下三种。

①将蔗糖等直接加入原料乳中，经预热杀菌后吸入浓缩罐中。此法可减少浓缩的蒸发水量，缩短浓缩时间，节约能源。缺点是会增加细菌及酶的耐热性，产品易变稠及褐变。在采用超高温瞬间预热及双效或多效降膜式连续浓缩时，可以使用这种加糖方法。

②原料乳和65%～75%的浓糖浆分别经95℃、5 min杀菌，冷却至57℃后混合浓缩。此法适于连续浓缩的情况下使用，间歇浓缩时不宜采用。

③先将牛乳单独预热并真空浓缩，在浓缩即将结束时将浓度约为65%的杀菌蔗糖溶液吸入真空浓缩罐中，再进行短时间的浓缩。此法使用较普遍，对防止变稠效果较好，但浓乳初始黏度过低时易引起脂肪游离。

牛乳中的微生物及酶类往往由于加糖而提高其耐热性，同时乳蛋白质也会由于糖的存在而变稠及褐变。另外，由于糖液的密度大，糖进入浓缩罐就会改变牛奶沸腾状况，降低对流速度，使位于盘管周围的牛奶产生局部受热过度，引起部分蛋白质变性，加速成品的变稠。在其他条件相同的情况下，加糖越早，其成品变稠越剧烈(图4-3)，故采用后加糖法对改善成品的

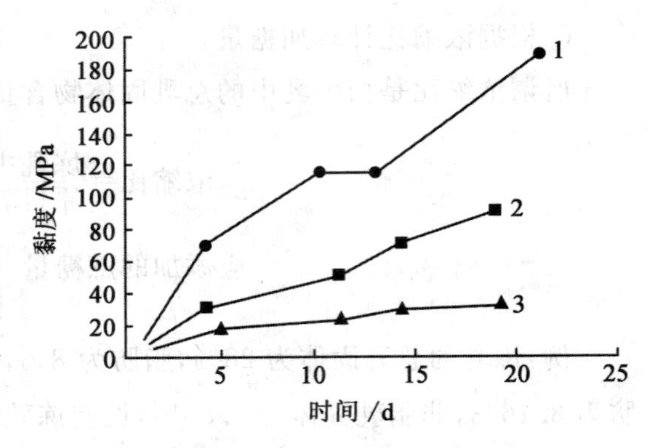

图 4-3 不同加糖方法与甜炼乳黏度的关系

1. 糖与乳同时预热杀菌 2. 糖浆与乳分别预热，混合后一起浓缩 3. 糖浆预热杀菌后在浓缩后期加入

变稠有利。因此以第三种方法加糖为最好。其次为第二种方法。但一般为了减少蒸发量，节省浓缩时间和燃料及操作简便，有的厂家也会采用第一种方法。

后进糖法的操作步骤为：糖浆制备在熬糖锅内进行，将蔗糖溶于 85℃以上的热水中，调成 65%～70%浓度的糖浆（可以用折射仪或糖度计进行快速的测定），95℃、5 min 的条件下进行杀菌预热，该过程需要不断搅拌，过滤之后冷却至 65℃左右。在原料乳真空浓缩即将完成之前将糖浆吸入到浓缩乳中进行混合。

(5)糖浆的制备

①配制：在甜炼乳加工中糖浆浓度一般控制在 65%左右，太稀会增加浓缩的水分蒸发量，延长浓缩时间，影响产品质量；蔗糖太浓则难以溶解，且过滤困难，延长溶糖时间，故糖溶液一般不超过 70%。糖液浓度用折光仪或糖度计测定较为方便。

溶解糖的水质必须无色、无味、澄明，符合 GB/T 5749—2006 的要求。

糖浆用水量：根据所需配制的糖浆浓度和加糖量计算而得。如需配制糖浆浓度为 65%，蔗糖量为 600 kg，则溶解糖所需水量为：(100－65)÷65×600＝323(kg)。

②杀菌：蔗糖的溶解、杀菌、冷却是在溶糖锅内进行的，其操作顺序如下。

溶糖——注入定量的水，开动搅拌器放出冷凝水后，开蒸汽阀，徐徐通入蒸汽加热，待水温达 90℃以上时投入白砂糖。砂糖溶解后，从旋塞放出部分糖浆重新杀菌。

杀菌——糖浆加热至 90℃，保温 10 min，或 95℃，保温 5 min。

冷却——关闭蒸汽阀，开冷水阀，冷却至 65℃，待用。

③糖液的净化：为保证成品的杂质度指标符合要求，除要求原料乳达到净乳要求之外，还要防止在加工过程中混入机械杂质，因而必须对糖液进行净化（过滤）。

糖浆制备中注意不要使糖浆长时间处于高温下，一般不超过 0.5 h。这是因为蔗糖在高温下会转化成葡萄糖和果糖，转化糖会加剧产品变色和变稠，且时间越长转化糖的生成量越大，对甜炼乳品质的影响就越大。这也是蔗糖中要求转化糖含量小于 0.1%的原因。糖浆杀菌一定要彻底，因为蔗糖会提高细菌和酶的耐热性。另外，蔗糖中还可能存在一些耐热菌，一般需要 95℃以上的温度才能将其杀灭。

思考：真空浓缩有什么含义？

6. 浓缩

牛乳中含有 88%以上的水分，甜炼乳要求含水量在 26%左右。浓缩的目的在于除去部分水分，有利于保存；减少质量和体积，便于保藏和运输。浓缩的方法有常压加热浓缩、减压加热浓缩、冷冻浓缩、离心浓缩和逆渗透浓缩等。一般采取减压加热浓缩，也称为真空浓缩，其特点为：具有节省能源，提高蒸发效能的作用；蒸发在较低温度条件下进行，保持了牛乳原有的性质；避免外界污染的可能性。

(1)真空浓缩条件

浓缩过程中浓缩时间和温度直接影响着产品的质量，浓缩时间一般不超过 2.5 h，浓缩乳温度不宜超过 60℃。时间超过 3.5 h，温度高于 60℃易使乳蛋白热变性，甜炼乳发生变色、变稠，还会因脂肪球在浓缩过程中聚集、直径增大而使脂肪上浮甚至产生油滴。但浓缩后期的乳温若低于 48℃，甜炼乳也容易变稠。真空浓缩锅浓缩炼乳时，温度应控制在 58℃以下，浓缩接近终点时温度控制在 48～50℃之间为佳。

经预热杀菌的乳到达真空浓缩锅时温度为 65～85℃，可以处于沸腾状态，但水分蒸发使温度下降，因此要保持水分不断蒸发必须不断供给热量，这部分热量一般是由锅炉供给的饱和蒸汽(称为加热蒸汽)提供，而牛乳中水分汽化形成的蒸汽称为二次蒸汽。浓缩过程中，加热蒸汽的压力愈高，温度愈高，乳蛋白受热变性的程度愈大，因而会使甜炼乳变稠的倾向增加。一般浓缩初期蒸汽压力可控制在 0.2 MPa，随着物料浓度的升高，黏度升高，其沸点也升高，而且物料自然对流减慢，应逐渐降低加热蒸汽压力。浓缩结束前 15～20 min，蒸汽压力应降低至 0.051 MPa。

(2)浓缩终点的确定

浓缩终点的确定一般有三种方法。

①密度测定法。密度测定法使用的密度计一般为波美密度计，刻度范围在 30～40°Bé之间，每一刻度为 0.1°Bé。波美密度计应在 15.6℃下测定，但实际测定时不一定恰好是在 15.6℃，故须进行校正。温度每差 1℃，波美度相差 0.054°Bé，温度高于 15.6℃时加上差值；反之，则需减去差值。

波美度与密度可按下式换算：

$$\rho=\frac{145}{145-B}；或，B=145-\frac{145}{\rho}$$

式中：145——常数；

ρ——15.6℃时的相对密度；

B——15.6℃时的波美度。

浓缩终点应达到的波美度为：

$$15.6℃甜炼乳的密度\ \rho=\frac{100}{\frac{脂肪\%}{脂肪密度}+\frac{非脂乳固体\%}{非脂乳固体密度}+\frac{蔗糖\%}{蔗糖密度}+\frac{水分\%}{水分密度}}$$

$$=\frac{100}{\frac{脂肪\%}{0.93}+\frac{非脂乳固体\%}{1.608}+\frac{蔗糖\%}{1.589}+水分\%}$$

例：含脂肪8.2%、非脂乳固体20.2%、蔗糖45.0%、水分26.2%的甜炼乳，求48℃时的波美度为多少？

解：15.6℃时的相对密度 $\rho=\dfrac{100}{\dfrac{脂肪\%}{0.93}+\dfrac{非脂乳固体\%}{1.608}+\dfrac{蔗糖\%}{1.589}+水分\%}$

$$=\frac{100}{\frac{8.2}{0.93}+\frac{20.2}{1.608}+\frac{45.0}{1.589}+26.2}$$

$$=1.318$$

$$15.6℃时的波美度\ B=145-\frac{145}{1.318}=34.99(°Bé)$$

$$48℃时的波美度\ B'=4.99-0.054(48-15.6)=33.24(°Bé)$$

最后将实测值与上面求出的波美度相比较，就可判断浓缩是否到终点了。

波美度和密度的换算也可以直接查表4-1。

表4-1 波美度和密度换算表

波美度/°Bé	1/10°Bé									
	0	1	2	3	4	5	6	7	8	9
	相对密度									
30	1.260 9	1.261 9	1.263 0	1.264 1	1.265 2	1.266 3	1.267 4	1.268 5	1.269 7	1.270 8
31	1.271 9	1.273 0	1.274 1	1.275 2	1.276 3	1.277 5	1.278 6	1.279 7	1.280 8	1.282 0
32	1.283 1	1.284 2	1.285 4	1.286 6	1.287 7	1.288 8	1.289 0	1.291 2	1.292 3	1.293 4
33	1.294 6	1.295 7	1.296 8	1.297 9	1.299 1	1.300 4	1.301 6	1.302 8	1.304 0	1.305 2
34	1.306 3	1.307 5	1.308 7	1.309 8	1.311 0	1.312 2	1.313 4	1.314 6	1.315 8	1.317 0
35	1.318 2	1.319 4	1.320 6	1.321 8	1.323 0	1.324 2	1.325 4	1.326 6	1.327 8	1.329 0
36	1.330 2	1.331 4	1.332 6	1.333 9	1.335 2	1.336 4	1.337 6	1.338 9	1.340 1	1.341 4
37	1.342 6	1.343 8	1.345 1	1.346 4	1.347 6	1.348 8	1.350 0	1.351 2	1.352 5	1.352 8
38	1.355 1	1.356 4	1.357 7	1.358 9	1.360 2	1.361 5	1.362 7	1.364 0	1.365 3	1.366 6
39	1.367 9	1.369 2	1.370 5	1.371 8	1.373 1	1.374 4	1.375 7	1.377 0	1.378 3	1.379 6
40	1.380 9	1.382 2	1.383 6	1.384 9	1.386 2	1.387 5	1.388 8	1.390 2	1.391 5	1.392 8

通常，浓缩乳样温度为48℃左右，若测得波美度为31.71～32.56°Bé时，即可认为已达到浓缩终点。用相对密度来确定浓缩终点，有可能因乳质变化而产生误差，一般还要测定黏度或折射率加以校核。

②黏度测定法。黏度测定法可使用回转黏度计或毛式黏度计。测定时需先将乳样冷却至20℃，然后测其温度，一般规定为100°R/20℃。通常乳品厂生产炼乳时，为了防止气泡产生、

脂肪游离等缺陷，一般将黏度提高一些，测定时如果结果大于 100°R/20℃，则可加入消毒水加以调节。加水量可根据每加水 0.1%降低黏度 4～5°R/20℃。

③折射仪法。可以使用阿贝折射仪或糖度计。当温度为 20℃，脂肪含量为 8%时，甜炼乳的折射率和总固体之间有如下关系：

思考：糖度计和阿贝折射仪有何区别？

$$T=70+44(n-1.4658)$$

式中：T——甜炼乳的总固体含量；

n——甜炼乳在 20℃时的折射率。

根据该式进行计算，可以得出相应条件下的一系列总固体含量和折射率，见表 4-2。

表 4-2　8%脂肪的甜炼乳总固体含量和 20℃时折射率

20℃时折射率	总固体含量/%	20℃时折射率	总固体含量/%
1.460 0(67.83)	67.42	1.470 0(71.98)	71.86
1.461 0(68.25)	67.87	1.471 0(72.39)	72.31
1.462 0(68.70)	68.31	1.472 0(72.79)	72.75
1.463 0(69.12)	68.75	1.473 0(73.20)	73.19
1.464 0(69.54)	69.19	1.474 0(73.60)	73.63
1.465 0(69.96)	69.64	1.475 0(74.01)	74.08
1.466 0(70.36)	70.08	1.476 0(74.41)	74.52
1.467 0(70.77)	70.52	1.477 0(74.82)	74.96
1.468 0(71.17)	70.96	1.478 0(75.22)	75.41
1.469 0(71.56)	71.41	1.479 0(75.62)	75.86

注：1. 括号内的数是折光读数折算成折光仪糖度读数；

2. 总固体含量计算时，可采用内插法；

3. 甜炼乳各组分的折光常数分别为：水 0.206 06，蔗糖 0.206 14，乳脂肪 0.286 8，无水乳糖 0.208 14。

当脂肪含量为 8%，温度为 20℃时，若已知浓缩乳中总固体含量就能用该表查出相应的折射率，反之亦然。

使用阿贝折射仪测定浓缩终点：先用 20℃纯水把明暗界面调到 0 位置上，再用擦镜纸擦干，然后用玻璃棒蘸样液于下部的表面上，盖上上部棱镜，调节明暗界线的散光性和虹彩，折光镜用 20℃的恒温水浴循环，使浓缩乳保持在 20℃时观察，则折光仪右边刻度尺度表示总固体的百分含量读数，一般干物质在 73%左右即达浓缩终点，若乳温有变化，按每相差±1℃其总固体变化±0.1%进行校正。

使用手持糖度计来确定浓缩终点也是可行的，比较方便。手持糖度计是根据含糖量溶液的折射率与其浓度成正比的原理设计而成的。在测定糖液时，糖度计上的读数即是糖液的浓度。在测定甜炼乳时，仅表示相应的关系，需和烘干法测定的结果对照修正；同时需注意的是由于它无法恒温在 20℃，所以其测定结果受气温和乳温影响。

(3)真空浓缩的设备

真空浓缩设备的种类繁多,按加热蒸汽被利用的次数分为单效、双效、多效浓缩设备;按浓缩料液的流程分为单程式和循环式两类,其中循环式又有自然循环式和强制式;按加热器的结构形式分为盘管式、中央循环管式、升膜式、降膜式、刮板式、片式浓缩设备等;按其二次蒸汽利用与否,可分为单效和多效浓缩设备。

①盘管式浓缩设备。盘管式单效浓缩锅是广泛采用的连续进料、间歇出料作业的浓缩设备,主要由盘管式加热器、蒸发室、泡沫捕集器、进出料阀及各种控制仪表组成(图 4-4)。锅体为立式圆筒密闭结构,上部为蒸发室,下部为加热室。加热室设有 3～5 组加热盘管,分层排列,每盘 1～3 圈,各组盘管分别装有可单独操作的加热蒸汽进口及冷凝水出口。

盘管式浓缩设备的结构简单、制造方便、操作稳定、易于控制。盘管为扁圆形截面,牛乳流动阻力小,通道大。由于热管较短,管壁温度均匀,冷凝水能及时排除,传热面利用率较高。但传热面积小,牛乳对流循环差,易结垢。盘管式浓缩设备便于根据牛乳的液面高度独立控制各层盘管内加热蒸汽开关及其压力的大小,以满足生产或操作的需要。在使用时,有露出液面的盘管不允许通入蒸汽,只有液料淹没后才能通入蒸汽。由于盘管结构尺寸较大,加热蒸汽压力不能过高。牛乳受热时间较长,对产品质量有一定的影响。

思考:哪部分是分离器,有何作用?

②降膜式浓缩设备。降膜式浓缩设备由加热器体、分离室和泡沫捕集装置等部分组成,其结构如图 4-5 所示。降膜式浓缩设备传热效率高,牛乳受热时间短,有利于对营养成分的保护,

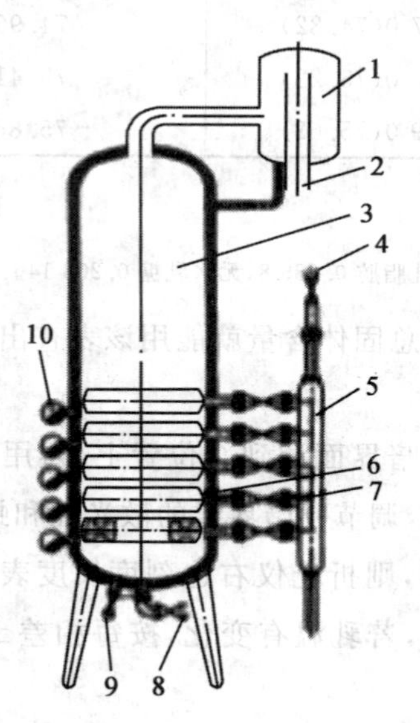

图 4-4 盘管式浓缩设备

1.泡沫捕集器 2.二次蒸汽出口 3.气液分离器 4.蒸汽总管 5.加热蒸汽包 6.盘管 7.分气阀 8.浓缩乳出口 9.取样口 10.疏水器

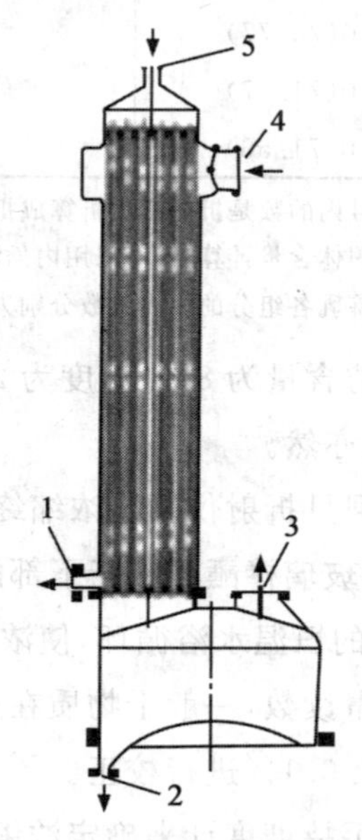

图 4-5 降膜式浓缩设备

1.冷凝水出口 2.浓缩乳出口 3.二次蒸汽出口 4.蒸汽进口 5.牛乳进口

它在蒸发时是以薄膜状进行的，故可避免泡沫的形成，浓缩强度大，清洗较方便，料液保持量少。详细内容见“项目五 乳粉生产技术”。

③板式浓缩设备。一种新型蒸发设备，除具有普通板式换热器的特点外，其料液流程短，因而受热时间很短，尤其适用于热敏产品的浓缩。此外其液膜分布均匀，不易结垢，传热效率高，料液强制循环，流速高，不易不产生结焦现象，可处理较高浓度和黏度的料液，结构紧凑，加热面积大，围护结构表面积小，可节省加热蒸汽的消耗量。图 4-6 所示为板式真空浓缩设备图。

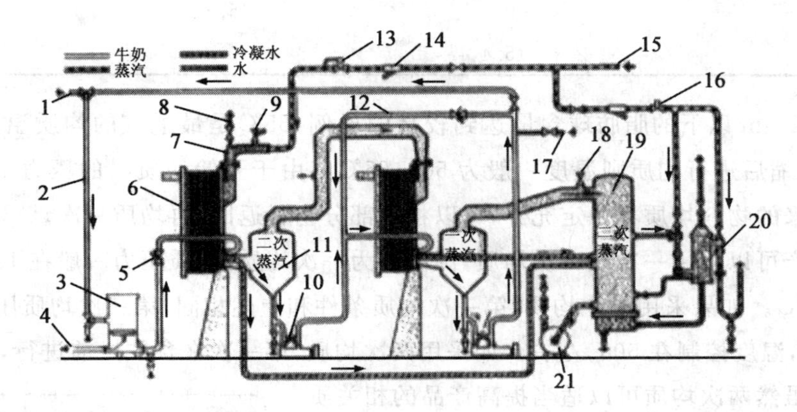

图 4-6 板式真空浓缩设备图

1.浓缩乳出口 2、12.循环管 3.平衡槽 4.原料乳进口 5.控制阀 6.板式蒸发器 7.喷射泵 8.过热水进口 9.安全阀 10.回流阀 11、19.分离器 13、16.减压阀 14.过滤器 15.蒸汽进口 17.取样口 18.真空调节阀 20.冷凝器 21.水泵

7.均质

(1)均质目的

炼乳在长时间放置后，会发生脂肪上浮现象，其上部形成稀奶油层，严重时一经振荡还会形成奶油颗粒，这大大影响了产品的质量，对此除在预热等工序进行严格控制外，还可以采用均质加以克服。

在炼乳生产中均质的目的主要有以下几点：a. 破碎脂肪球，防止脂肪上浮；b. 使吸附于脂肪球表面的酪蛋白量增加，改善黏度，延缓变稠现象；c. 使炼乳易于消化吸收；d. 改善产品感官质量。

(2)均质工艺

均质中最主要的两个工艺条件：压力和温度，两者决定了均质效果的好坏。压力过高或过低均对产品质量有所影响，压力过高会降低酪蛋白的热稳定性，过低则达不到破坏脂肪球的目的。选择一个合适的温度有助于控制均质时脂肪球的大小，同时又能防止脂肪球聚合成团，见表 4-3。

表 4-3 均质温度和均质效果

均质后脂肪球大小/μm	不同均质温度的脂肪球的含量/%		
	20℃	40℃	65℃
0～1	2.3	1.9	4.3
1～2	29.3	36.7	74.4
2～3	29.3	21.1	9.0
3～4	29.8	25.2	12.3
4～5	0	15.2	0
5～6	15.4	0	0

为了使 2 μm 以下的脂肪球含量达到较高的比例，65℃是最适宜的均质温度。在实际操作中，如在浓缩后进行均质则温度一般为 50～65℃。由于开始均质时的压力不会马上稳定，所以最初出来的物料均质不一定充分，可以将这部分物料返回，再均质一次。

炼乳生产可以采用一次或二次均质，国内多为一次均质，均质压力一般在 10～14 MPa，温度为 50～60℃。如果采用二次均质，第一次均质条件和上述相同，第二次均质压力较低，为 3.0～3.5 MPa，温度控制在 50℃左右。如采用两次均质，第一次在预热之前进行，第二次应在浓缩之后。虽然两次均质可以适当提高产品的相关质量，但无疑又使设备费用和操作费用提高不少，因此在具体生产中可以视情况加以选择。

思考：两次均质和两段均质有何区别？

为了确保均质效果，可以对均质后的物料进行显微镜检视，如果有 80%以上的脂肪球直径在 2 μm 以下，就可以认为均质充分了。

8.冷却结晶

甜炼乳生产中冷却结晶是最重要的步骤。其目的在于及时冷却以防止炼乳在储藏期间变稠，控制乳糖结晶，使乳糖组织状态细腻。

(1)乳糖结晶与组织状态的关系

乳糖的溶解度较低，室温下约为 18%，在含蔗糖 62%的甜炼乳中只有 15%。而甜炼乳中乳糖含量约为 12%，水分约为 26.5%，这相当于 100 g 水中约含有 45.3 g 乳糖，很显然，其中有 2/3 的乳糖是多余的。在冷却过程中，随着温度降低，多余的乳糖就会结晶析出。若结晶晶粒微细，则可悬浮于炼乳中，从而使炼乳组织柔润细腻。若结晶晶粒较大，则组织状态不良，甚至形成乳糖沉淀。冷却结晶就是要创造适当的条件，促使乳糖形成多而细的晶体。

在乳中 α-含水乳糖与 β-乳糖有一定的比例，平衡状态时两种乳糖的比例依水温的变化而不同，见表 4-4。

表 4-4 乳糖的溶解度

温度/℃	两种糖平衡比例 $\beta:\alpha$	最终溶解度/%			超溶解度
		总计	α-型	β-型	
0	1.65	10.6	4.0	6.6	19.9
10	1.62	13.1	5.0	8.1	24.4
20	1.59	16.1	6.2	9.9	30.4
30	1.57	19.9	7.7	12.2	37.0
40	1.54	24.6	9.7	14.9	43.9
50	1.51	30.4	12.1	18.3	51.0
60	1.48	37.0	14.9	22.1	59.0
70	1.45	43.9	17.9	26.0	—
80	1.43	51.0	21.0	30.0	—
90	1.40	59.0	24.6	34.4	—
100	1.33	61.2	26.3	34.9	—

若在水中投入过量的α-含水乳糖，待其溶解后达到饱和，此时得到α-含水乳糖的溶解度，就是乳糖的最初溶解度，此时α-乳糖尚未向β-乳糖转化。在溶液中α-乳糖与β-乳糖能互相转化，如果将上述乳糖溶液振荡，再继续添加乳糖则仍可溶解，由于α-乳糖逐渐转化为β-乳糖，而β-乳糖容易溶解，所以溶解度随之上升。当α-乳糖的转化达到平衡，溶解度上升到一定值后不再上升，此时的溶解度即为最终溶解度(饱和状态溶解度)。实际上，最终溶解度是平衡状态时α-乳糖溶解度和β-乳糖溶解度的总和。

思考：强制结晶曲线有何作用？

(2)乳糖结晶温度的选择

如果把乳糖的饱和溶液冷却，则形成过饱和溶液，但尚未析出晶体，此刻的溶解度即为过饱和溶解度(又称超溶解度)。进一步冷却时，则开始析出α-含水乳糖晶体，从而打破了α-乳糖与β-乳糖的平衡。此时β-乳糖向α-含水乳糖转化，溶解度随之下降，相应地继续析出晶体，直至达到该温度的饱和状态，重新建立平衡为止。

若以乳糖溶液的含量为横坐标，溶液温度为纵坐标，可以绘出乳糖的溶解度曲线，图4-7是乳糖在水中的溶解度曲线及强制结晶曲线。图中最终溶解度曲线表示在最终平衡状态时100 g溶液中乳糖最大的溶解度。过饱和溶解度曲线是乳糖可能呈现的最大浓度。该图可以分为三个区域：最终溶解度曲线的左侧是溶解区；过饱和溶解度曲线的右侧是不稳定区，在不稳定区内乳糖将自然析出结晶；在最终溶解度曲线与过饱和溶解度曲线之间是亚稳定区，在亚稳定区内，处于过饱和状态的乳糖将要结晶而尚未结晶，在此状态下只要创造必要的条件，就能促使它迅速地生成大小均匀的细微晶体，这一过程称为乳糖的强制结晶。实验表明，在亚稳定区内，大约高于过饱和溶解度曲线10℃左右的位置有一条强制结晶曲线，通过这条曲线可以找到强制结晶的最适温度。

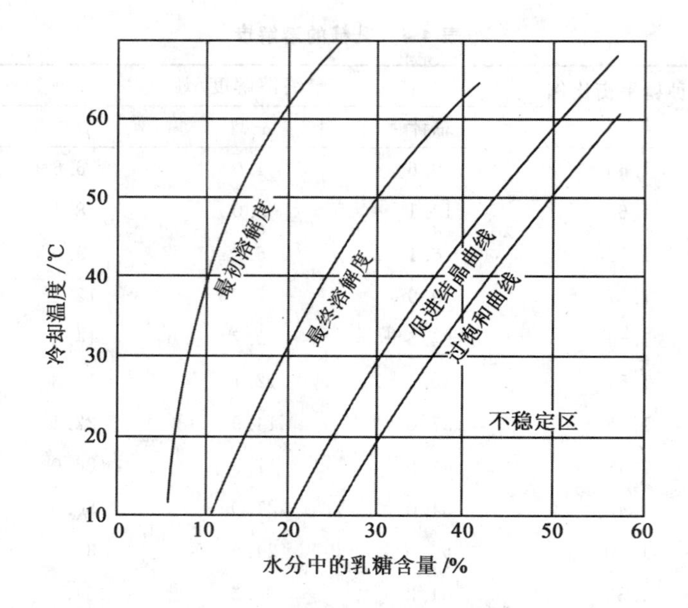

图 4-7 乳糖在水中的溶解度曲线及强制结晶曲线

强制结晶过程中使浓缩乳的温度控制在亚稳定区内，当达到结晶的最适温度时，及时投入乳糖晶种，迅速搅拌并随之冷却，就能形成大量细微的晶体。生产高质量炼乳的重要条件之一是结晶温度，温度过高不利于迅速结晶，温度过低则黏度增大，也不利于迅速结晶。生产中的最适温度视乳糖浓度而异。

例：以含乳糖 4.8%，非脂乳固体 8.6%的原料乳生产甜炼乳，其蔗糖比为 62.5%。蔗糖含量为 45.0%，非脂乳固体为 19.5%，总乳固体为 28.0%，求强制结晶的最适温度。

解：

$$\text{甜炼乳中的水分含量}=100\%-(\text{蔗糖含量}+\text{总乳固体含量})$$
$$=100\%-(28\%+45\%)=27\%$$

$$\text{浓缩比}=\frac{\text{炼乳中的总乳固体含量}}{\text{原料乳中总乳固体含量}}=\frac{19.5}{8.6}=2.267$$

$$\text{炼乳中的乳糖}=4.8\%\times 2.267=10.88\%$$

$$\text{炼乳水分中的乳糖溶解度}=\frac{10.88}{10.88+27}\times 100\%=28.7\%$$

按照所得水分中的乳糖溶解度，从图 4-7 乳糖强制结晶曲线上可以查出炼乳在理论上添加晶种的最适温度为 28℃左右。

(3)冷却结晶工艺

确定了强制结晶温度后，就可以确定何时投入晶种了。

①晶种的制备。取精制乳糖粉(多为 α-乳糖)在 120℃烘箱中烘 2～3 h，然后在超细微乳糖粉碎机内进行粉碎，再置烘箱中烘 1 h，反复粉碎 2～3 次，并通过 120 目粉筛就可达到 5 μm

以下的细度。粉碎后的晶种可置于塑料袋或装瓶封蜡贮藏，如需长期贮藏就要置于罐内抽真空并充氮气。

②晶种的添加。一般晶种添加量为甜炼乳成品量的0.02%～0.03%(晶种也可以用成品炼乳代替，添加量为炼乳量的1%)。在冷却过程中，当温度达到强制结晶的最适温度时，将预先制备的乳糖晶种用120目筛均匀筛入，要求在10 min内筛完，整个过程都要在强烈搅拌中进行。如采用真空冷却结晶法，则在79.99～85.33 kPa条件下慢慢地将晶种以雾状均匀喷入炼乳中。

(4)冷却结晶方法

一般可分为间歇式及连续式两类。

间歇式冷却结晶一般采用蛇管冷却结晶器，如图4-8所示。冷却过程可分为三个阶段：浓缩乳出料后乳温在50℃以上，应迅速冷却至35℃左右，这是冷却初期。随后，继续冷却到接近26℃，此为第二阶段，即强制结晶期，结晶的最适温度就处于这一阶段。此时可投入0.04%左右的乳糖晶种，晶种要均匀地边搅边加。没有晶种亦可加入1%的成品炼乳代替。强制结晶期应保持0.5 h左右，以充分形成晶核。然后进入冷却期，即把炼乳迅速冷却至15℃左右，从而完成冷却结晶操作。

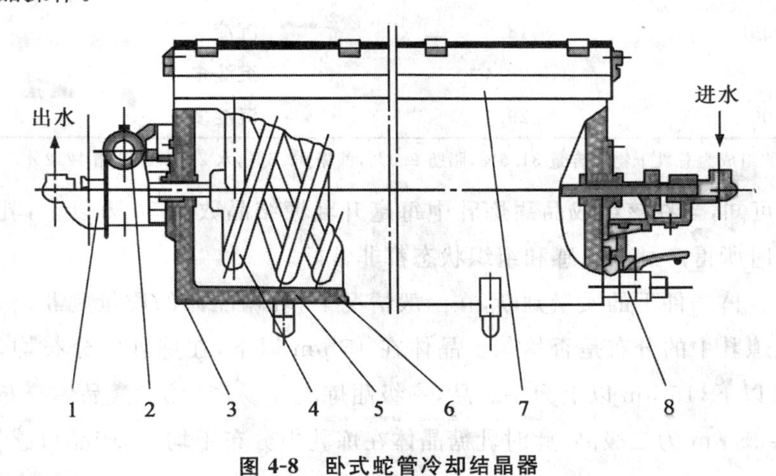

图4-8 卧式蛇管冷却结晶器

1.减速箱 2.电动机 3.外壳 4.蛇管冷却器 5.保温层 6.缸体 7.缸盖 8.阀门

另一种是间歇式的真空冷却方法。浓缩乳进入真空冷却结晶机，在减压状态下冷却，不仅冷却速度快，而且可以减少污染。此外，在真空度高的条件下炼乳在冷却过程中处于沸腾状态，内部有强烈的摩擦作用，可以获得细微均一的结晶。但是应预先考虑沸腾排出的蒸发水量，防止出现成品水分含量偏低的现象。

利用连续瞬间冷却结晶机可进行炼乳的连续冷却。连续瞬间冷却结晶机具有水平式的夹套圆筒，夹套有冷媒流通。将炼乳由泵泵入内层套筒中，套筒中有带搅拌桨的转轴，转速为300～699 r/min。在强烈的搅拌作用下，在几十秒到几分钟内即可将炼乳冷却到20℃以下，不添加晶种即可获得 5 μm 以下的细微结晶，可以防止褐变和污染，也有利于防止变稠。

(5)乳糖晶体的产生和判断

①测定方法。乳糖晶体大小是甜炼乳的一项理化指标，其测定方法如下：首先用白金耳取一点搅拌均匀且冷却的甜炼乳，放于载玻片上，用盖玻片轻压，使成一层结晶。然后用 450 倍显微镜(视野为 0.31 μm，接目测微器每一小格为 3.3 μm)检视晶体长度。

由于乳糖晶体大小不一，需检视 5 个视野。在每个视野中仅选 5 颗最大的晶体，记下其中最小一颗的长度(μm)。最后以 5 个视野的晶体长度平均值作为产品的乳糖晶体大小。

②质量判断。乳糖晶体大小和数量与甜炼乳的组织状态和口感关系密切。具体可参见表 4-5。

表 4-5　乳糖结晶数量和大小与甜炼乳组织状态的关系

乳糖结晶数/1 mL 甜炼乳	乳糖晶体的长度/μm	组织状态	口感
400 000	9.3	优良	细腻
300 000	10.3	良好	尚细腻
200 000	11.7	微沉淀	微细腻
100 000	14.8	微沉淀	糊状
50 000	18.6	沉淀	粉状
25 000	23.4	沉淀多	稍呈砂状
12 500	29.4	沉淀多	砂状

注：此甜炼乳的组成为总乳干物质含量 31.5%，脂肪 9.0%，蔗糖 42.5%，水 26.0%，乳糖 12.2%。

由表 4-5 可知，当在该组成品甜炼乳中每毫升乳糖结晶数为 30 万以上，乳糖晶体长度为 10.3 μm 以下时所得产品的口感和组织状态都非常好。

以上为一具体条件下的质量判断，在一般情况下，乳糖晶体的质量判断一是看晶体大小，二是看晶体在炼乳中的分布是否均匀。晶体在 15 μm 以下，在炼乳中分布均匀的为特级品。晶体在 20 μm 以下，15 μm 以上为一级品，一级甜炼乳较易产生沉淀，晶体分布较不均匀。晶体大小在 20～25 μm 为二级品，此时乳糖晶体在炼乳中分布不均匀，产品口感呈砂状，并易产生沉淀。

(6)乳糖酶的应用

近年来随着酶制剂工业的发展，乳糖酶已开始在乳品工业中应用。用乳糖酶处理乳可以使乳糖全部或部分水解，从而可以省略乳糖结晶过程，也不需要乳糖晶种及复杂的设备。在贮存中，可从根本上避免出现乳糖结晶沉淀析出的缺陷，制得的甜炼乳即使在冷冻条件下贮存亦不会出现结晶沉淀。

> 思考：利用乳糖酶可以解决乳糖沉淀，但会加剧炼乳发生褐变，如何延缓或阻止？

利用乳糖酶来制造能够冷冻贮存的冷冻炼乳，便不会有结晶沉淀的问题。如将含 35%固形物的冷冻全脂炼乳，在−10℃条件下贮藏，用乳糖酶处理 50%

乳糖分解的样品，6个月后相当稳定，而对照组则很不稳定。但是，对于常温下贮藏的这种炼乳，由于乳糖水解会加剧成品褐变。

9. 灌装、包装和贮藏

(1)装罐

在普通设备中经冷却结晶后的炼乳，其中含有大量的气泡，如此时装罐，气泡会留在罐内而影响产品质量。所以用手工操作的工厂，通常需静置12 h左右，等气泡逸出后再进行装罐。空罐须清洗，并用蒸汽杀菌(90℃以上保持10 min)，烘干之后方可使用。装罐时，一定要除去气泡并装满，封罐后洗去罐上附着的炼乳或其他污物，再贴上商标。大型工厂多用自动装罐机，罐内装入一定数量的炼乳后，移入旋转盘中采用离心力除去其中的气体，或用真空封罐机进行封罐。

(2)包装间的卫生

包装间需用紫外线杀菌30 min以上，并用乳酸熏蒸一次。消毒设备用的漂白粉水有效氯浓度为400～600 mg/kg，包装室门前消毒鞋用的漂白粉水有效氯浓度为1 200 mg/kg。包装室墙壁(2 m以下地方)最好用1%硫酸铜防霉剂粉刷。

(3)贮藏

炼乳贮藏于库房内时，应离开墙壁及保暖设备30 cm以上，库房内温度不得高于15℃且应恒温，空气相对湿度不应高于85%。如果贮藏温度经常波动，会引起乳糖形成大块结晶。贮藏中每月应进行1～2次翻罐，以防止乳糖沉淀。

(三)甜炼乳的质量要求

甜炼乳应具有纯净的甜味和固有的香味，具有均匀地热流动性，不得呈软膏状或凝胶状，品尝时不应有粉状和砂状的口感，开罐时不能在表面发现明显的脂肪分离层，冲调后不得在杯底存有明显的不溶性盐类沉淀或蛋白质凝块，色泽均一，不得有霉斑或纽扣状凝块存在。甜炼乳应满足下列指标(GB 13102—2010)。

1. 感官要求

应符合表4-6的规定。

表4-6 感官要求

项目	要求	项目	要求
色泽	呈均匀一致的乳白色或乳黄色，有光泽	组织状态	组织细腻，质地均匀，黏度适中
滋味、气味	具有乳的香味，甜味纯正		

2. 理化指标

应符合表4-7的规定。

表 4-7 理化指标

项目	指标	项目	指标
蛋白质/(g/100 g)	≥非脂乳固体[a] 的 34%	蔗糖/(g/100 g)	≤45.0
脂肪(X)/(g/100 g)	$7.5 \leqslant X < 15.0$	水分/%	≤27.0
乳固体[b]/(g/100 g)	≥28.0	酸度/°T	≤48.0

注：[a] 非脂乳固体(%)＝100%－脂肪%－水分%－蔗糖%；
[b] 乳固体(%)＝100%－水分%－蔗糖%。

3. 微生物指标

应符合表 4-8 的规定。

表 4-8 微生物指标

项目	采样方案[a] 及限量(若非指定，均以 CFU/g 或 CFU/mL 表示)			
	n	C	m	M
菌落总数	5	2	30 000	100 000
大肠菌群	5	1	10	100
金黄色葡萄球菌	5	0	0/25 g(mL)	—
沙门氏菌	5	0	0/25 g(mL)	—

注：[a]样品的分析及处理按 GB 4789.1 和 GB 4789.18 执行。

(四)甜炼乳的质量控制

1. 变稠

变稠(浓厚化)甜炼乳在贮存中，特别是在温度较高的环境下贮存，其黏度逐渐升高，以致失去流动性，甚至成为凝胶状，这一过程称为变稠，此现象是甜乳贮存中最常见的缺陷，其原因有细菌学和物理化学两个方面。

思考：甜炼乳质量控制从哪些方面入手？

(1)细菌性变稠

甜炼乳的细菌性变稠主要是由于芽孢菌、链球菌、葡萄球菌及乳酸杆菌等作用产生的，因这些细菌均为革兰氏阳性菌，它们可将甜炼乳中的蔗糖和蛋白质作为碳源和氮源，通过自身的胞外酶进行代谢，代谢后的产物为甲酸、乙酸、丁酸及乳酸等有机酸，并分泌一种凝乳酶，而使甜炼乳变稠。如原料乳污染了较多的细菌，即使细菌已死亡，但凝乳酶的作用并不消失，仍会出现甜炼乳变稠现象。

细菌性变稠的预防措施：①加强各个生产工序的卫生管理，并将设备彻底清洗、消毒以避免微生物污染；②采取有效的预热杀菌方法，预热杀菌温度以控制在(79±1)℃，保温 10～15 min 为宜，这样可达到上述细菌的热力致死时间；③保持一定的蔗糖浓度，利用蔗糖渗透压产生的防腐作用抑制炼乳中的细菌生长繁殖，蔗糖比必须在 62.5%以上，但超过 65%会发生蔗糖析出结晶。因此，蔗糖比以 62.5%～64.0%为适宜；④宜贮藏于低温(10℃)下，因为在低温下有利于防止甜炼乳变稠。

(2)理化性变稠

理化性变稠是由于乳中蛋白质胶体由溶胶态转化为凝胶态,进而导致甜炼乳变稠凝固。产生理化性变稠的原因:

①蛋白质含量与脂肪含量。乳蛋白质含量越高,脂肪含量越低则越易引起变稠。对此可以解释为乳中蛋白质胶粒因涨润或水合作用引起变稠,而脂肪介于蛋白质胶粒之间,有利于防止胶粒互相结合。

②蔗糖含量和加入方法。蔗糖具有很强的渗透压,可使乳中酪蛋白的水合性降低,自由水增加,因此适当增加蔗糖含量,可降低甜炼乳的变稠倾向,加糖方法应以浓缩末期添加为佳。

③盐类平衡。盐类特别是钙盐、镁盐过多会引起变稠,对此可以添加柠檬酸钠、磷酸氢二钠等平衡过多的钙离子、镁离子,抑制变稠。除此之外,通过离子交换减少乳中钙离子、镁离子也能达到相同的目的。

④酸度。酸度高会使酪蛋白胶粒不稳定,促进甜炼乳变稠。产品酸度高时可用碱中和,中和后用于生产工业用炼乳,而当酸度过高时,用碱中和也不能防止变稠,因此除了控制好原料乳质量外,还要做好卫生工作。

⑤储藏条件。储藏温度越高,时间越长就越容易引起变稠。优质甜炼乳在10℃以下保存4个月不发生变稠现象,20℃则有所增加,30℃以上则明显增加。

⑥预热条件。用63℃、30 min预热时变稠的倾向较少,但是易引起脂肪分离,同时因成品中含有解脂酶致使产品脂肪分解,所以不宜采用。80℃的预热比较适宜。85～100℃的预热能使产品很快变稠,而110～120℃时反而使产品趋于稳定,但是由于加热温度过高,影响制品的色泽。

⑦浓缩工艺。浓缩温度过高、时间过长,就越会引起变稠。采用间歇式真空浓缩锅进行浓缩时,在浓缩末期停止送蒸汽,但仍打开冷凝器和真空泵有利于抑制变稠倾向。采用先进浓缩设备则可以解决因浓缩而引起的变稠现象。

理化性变稠的预防措施:a.采用新鲜的原料乳;b.选用适宜的预热条件,避开85～100℃预热;c.适当提高脂肪和蔗糖的含量,选用优质的白砂糖,采用后加糖法;d.浓缩温度不能过高或过低,掌握在48～58℃为宜;e.间歇浓缩的温度控制在2.5 h以内;f.采用适宜的均质压力,并避免均质压力产生脉冲;g.冷却结晶搅拌的时间不少于2 h;h.成品尽可能在较低温度下贮存。

2.脂肪上浮

甜炼乳经过相当长时间的贮存,开罐后有时上部有一层淡黄色的脂肪层,严重时甚至形成淡黄色膏状脂肪层,这种现象称为脂肪上浮,亦称脂肪分离。脂肪上浮亦是甜炼乳的常见缺陷,严重的储存一年后的脂肪黏盖厚度可达5 mm以上,膏状脂肪层的脂肪含量在20%～60%,严重影响甜炼乳的质量。

脂肪上浮产生的原因与乳牛品种有关系，含脂率高的水牛、黄牛乳脂肪球大，容易产生脂肪上浮。另外，在工艺操作方面，预热温度偏低、保温时间短、浓缩时间过长、浓缩乳温度超过60℃、甜炼乳的初始温度偏低等，都会促使甜炼乳脂肪上浮。

脂肪上浮的防止方法：a. 控制好黏度，也就是要采用合适的预热条件，使炼乳的初黏度不要过低；b. 浓缩时间不应过长，特别是浓缩末期不应拉长，而且浓缩温度不要过高，以采用双效降膜式真空浓缩装置为佳；c. 采用均质处理，但乳必须先经过净化，并且经过加热将乳中的脂酶完全破坏。

3. 胖罐

胖罐又称胖听、胀罐。甜炼乳胖罐分为微生物性胖罐和物理性胖罐两种。

(1)微生物性胖罐

产品储存期间由于微生物活动而产生气体，使罐头底、盖膨胀，严重的会使罐头破裂，这种胖罐称为微生物性胖罐。

在适宜的工艺条件和严格的卫生条件下生产的甜炼乳，由于高浓度糖溶液产生的高渗透压，可以抑制微生物的生长繁殖。但在生产过程中，产品如被严重污染，特别是被活力很强的耐高渗透压的嗜糖性酵母菌污染时，就导致产生气体，造成胖罐，严重的胖罐率达 20%～70%，夏季十余天便可产生。因为酵母菌能分解蔗糖，产生酒精、二氧化碳和水。此外，储存于温度较高场所时，因厌氧性丁酸菌的繁殖产生气体也会造成胖罐，但较少见。

微生物性胖罐的具体原因：a. 设备、容器、管道的清洗、消毒不及时、不彻底，或消毒后被二次污染；b. 结晶缸或甜炼乳储存缸的盖不密闭，甜炼乳长时间暴露在不洁的空气中，造成空气污染；c. 使用含有转化糖较高的劣质蔗糖，为发酵创造条件。

甜炼乳微生物性胖罐目前还无理想的预测方法。冬季生产的甜炼乳要到次年气温 25℃以上时才可发现，往往给企业造成严重的损失。

防止微生物性胖罐的方法：a. 设计乳品车间时，设备管道的布置应紧凑，管道越短越好，弯头、节头越少越好，便于拆洗和消毒；b. 增强职工的卫生、质量意识，加强生产过程的卫生管理；c. 设备容器管道应每班彻底拆洗、消毒一次；d. 加强设备检修，防止均质机、溶糖锅、结晶缸等设备泄漏，造成制品污染；e. 不得使用潮湿、结块、含转化糖高的劣质蔗糖；f. 产品尽量在较低温度下储藏。

(2)物理性胖罐

物理性胖罐又称假胖罐，其罐内炼乳并不变质，但影响外观，也是罐头食品所不允许的。其形成原因有：a. 装罐时装得太满，使封罐后罐内产生很大的压力；b. 装罐温度过低，气温升高时造成底、盖凸起；c. 罐盖膨胀线(圈)过浅或制造底、盖的马口铁太薄；d. 封罐时底托板压力不足；e. 搬运甜炼乳箱时摔得太重。

防止物理性胖罐的方法：a. 装罐前宜将炼乳用温水加热至 25～28℃，夏季加温还可防止罐头“出汗”生锈；b. 底盖膨胀线(圈)宜用阶梯形，并有适当的深度；c. 装罐时宜多装 2 g 左右为宜，不要装得太满；d. 封罐机上压头及底托板应做成与膨胀线(圈)相吻合的形状，可有效防止假胖罐，还可减少甜炼乳挤出损失；e. 搬运时要轻拿轻放。

4. 乳糖晶体粗大和甜炼乳组织粗糙

甜炼乳的组织粗糙，主要原因是乳糖晶体粗大所致。如乳糖晶体大小为 15～20 μm，口感就会呈粉状或粗粉状感觉，20～30 μm 有明显的砂状感觉，30 μm 以上则有严重的砂状感。因此，乳糖晶体在 10 μm 以下，而且大小均匀者为佳。

(1)乳糖晶体粗大的主要原因及防止方法

①乳糖晶种未磨细。如添加未经研磨的晶种，乳糖晶体都在 30 μm 以上。可见晶种磨细的重要。研磨乳糖晶种，首先要烘干，选用超细微粉碎机研磨较好，并有足够的研磨时间或次数，磨后的晶种需经检验，使绝大部分颗粒达 3～5 μm。

②晶种量不足。有时因粉筛过细，乳糖粉吸水黏结，晶种未经过秤等原因而影响晶种的添加量。

③加晶种时温度过高，过饱和程度不够高，部分微细晶体颗粒溶解。

④结晶缸用毕后未经清洗，就进行下一锅的冷却结晶。

⑤冷却水温过高，冷却速度过慢。

⑥结晶缸搅拌器的转速过慢，或浓乳黏度过高，搅拌不均匀。采用真空冷却结晶器结晶效果较好。

(2)乳糖晶体在冷却结晶以后或储存期间增大的原因

①冷却结束时未冷却到 19～20℃，乳糖溶液的过饱和状态尚未消失，致使储存期气温下降而继续结晶，晶体增大。

②冷却搅拌时间太短，乳糖溶液的过饱和状态尚未消失就停止搅拌，此后晶体继续长大。故冷却搅拌时间应不少于 2 h。

③甜炼乳储存期间气温变化太大，也会使乳糖晶体增大。当温度升高时，乳糖溶液由饱和状态变为不饱和，使微细的晶体溶解。降温时则转变为过饱和溶液，使乳糖晶体增大。故甜炼乳应在较凉爽的仓库内储存。

5. 糖沉淀

甜炼乳储藏了一段时间或经培养以后，有时罐底会出现粉状或砂状沉淀，主要是乳糖的大晶体下沉所致。因为 α-含水乳糖在常温下的相对密度为 1.545 3，而甜炼乳相对密度为 1.30 左右，故大晶体势必会沉淀。炼乳中大晶体越多，甜炼乳的黏度越低，则沉淀速度越快，沉淀量也越多。但 10 μm 以下的微细晶体，在正常的初黏度下，是不会产生沉淀的。防止乳糖沉淀的方法是保持晶体在 10 μm 以下而且均匀，并控制适当的初黏度。

此外，当甜炼乳的糖水比超过 64.5%，并在低温下储存时，产生的蔗糖晶体亦沉于罐底。蔗糖的晶体更粗大，呈六角形，形状规则。乳糖晶体大部分呈长梯形，容易区别。防止蔗糖结晶的方法是加强标准化检验，提高检验的准确度，准确计量原料乳和白砂糖，控制蔗糖比在

64.0%以内。销售到寒冷地区的产品，蔗糖比还要低一些。

6. 纽扣状凝块

甜炼乳在常温储存3～4个月后，有时于罐盖上出现白色、黄色乃至红棕色大小不等的干酪样凝块，其形状似纽扣，故称“纽扣”或纽扣状凝块。甜炼乳储存的时间越长，温度越高，“纽扣”越大，严重的扩散至整个罐面。有“纽扣”的甜炼乳带金属臭及陈腐的干酪气味，失去食用价值。

“纽扣”主要是由霉菌引起的。产品被葡萄曲霉及其他霉菌所污染，在有氧气和适宜的温度条件下，生成霉菌菌落，约2～3周以后霉菌死亡，其分泌的酶促使甜炼乳局部凝固，同时变色，产生异味，约2～3个月后形成“纽扣”，并渐渐长大。此外还有几种球菌能形成白色纽扣状凝块，分布在盖上及罐内甜炼乳中。

还有一种叫绿斑，甜炼乳装罐后仅2～3 d，个别罐盖的膨胀线(圈)上往往黏有灰绿色的小凝粒。大部分直径仅2～3 mm，最大的有5～6 mm、每个盖1～2个，多则十多个，圆球形或扁圆形，严重影响外观。绿斑是由化学原因引起，一般分布在罐盖膨胀线的露铁点或擦伤处。人为地将罐盖用刃尖划伤，结果在划伤的膨胀线上形成了几个绿斑。泡沫多的甜炼乳会加剧绿斑的产生，使绿斑大而多。擦伤的罐口也会产生绿斑。

防止甜炼乳“纽扣”的发生，一是要避免霉菌污染，二是要防止甜炼乳产生气泡。具体措施如下：

①所有管道设备，使用前应经过有效的杀菌，并防止再污染。装乳间空气用乳酸熏蒸消毒和足够数量的紫外线灯照射30 min以上。

②空罐及罐盖经120℃、2 h杀菌。做到随消毒随使用，以免霉菌污染。

③避免甜炼乳暴露在空气中太久，储存缸等要密闭，装奶间顶棚及墙壁定期用防霉涂料粉刷，并搞好厂区的环境卫生。

④防止甜炼乳产生气泡，装罐要满，不留空隙。甜炼乳宜在20℃以下储存。

⑤防止绿斑的措施是选用符合甜炼乳罐头生产用的马口铁，制罐过程避免铁皮锡层擦伤，防止甜炼乳产生泡沫。

7. 褐变(棕色化)

褐变(棕色化)主要是由于乳中的蛋白质与蔗糖中所含的还原糖发生羰氨反应所造成的。甜炼乳在储藏过程中会逐渐生成褐色物质，从而失去特有的光泽而逐渐变成黄褐色，严重时会生成褐色的凝块。褐变会使甜炼乳的营养价值降低，主要表现在外观及滋味恶化，物理性质变差；维生素及氨基酸分解；蛋白质的生理价值及消化性降低；生成有毒物质或代谢抑制物质，如丁酸、丙酸、H_2S和NH_4^+等。

为防止甜炼乳褐变的产生，需要对蔗糖品质及甜炼乳生产工艺条件进行严格控制。

8. 钙盐沉淀

甜炼乳冲调后，有时会在杯底发现白色细小的沉淀，俗称“小白点”。这种沉淀物的主要成分是柠檬酸钙。因为甜炼乳中柠檬酸钙含量约为0.5%，折算为每1 000 mL甜炼乳中含柠檬酸钙19 g，而在30℃下1 000 mL水仅能溶解柠檬酸钙2.51 g。所以柠檬酸钙在甜炼乳中处于过饱和状态，因此柠檬酸钙结晶析出是必然的。此外，柠檬酸钙的析出与乳中的盐类平衡、柠檬酸钙存在状态与晶体大小等因素有关。实践证明，在甜炼乳冷却结晶过程中，添加15～20 mg/kg的柠檬酸钙粉剂，特别是添加柠檬酸钙胶体作为诱导结晶的晶种，可以促使柠檬酸钙晶核提前形成，有利于形成细微的柠檬酸钙结晶，可减轻或防止柠檬酸钙沉淀的生成。

9. 酸败臭及其他异味

酸败臭是由于乳脂肪水解而生成的刺激味。这可能是由于在原料乳中混入了含脂酶多的初乳或末乳，或污染了能生成脂酶的微生物。另外，预热温度低于70℃使乳中脂酶残留以及原料乳未先经加热处理就进行均质等都会使成品炼乳逐渐产生脂肪分解导致酸败臭味。但是一般在短期保藏情况下，不会发生这种缺陷。此外，鱼臭、青草臭味等异味多为饲料或奶畜饲养管理不良等原因所造成。乳品厂车间的卫生管理也很重要。使用陈旧的镀锡设备、管件和阀门等，由于镀锡层剥离脱落，也容易使炼乳产生氧化现象而具有异臭。如果使用不锈钢设备并注意平时的清洗消毒则可防止。

二、淡炼乳生产技术

淡炼乳也称无糖炼乳，是将牛乳浓缩到1/2.5～1/2后装罐密封，然后再进行灭菌的一种炼乳。淡炼乳的生产工艺过程大致与甜炼乳相同，但因不加蔗糖，缺乏蔗糖的防腐作用，因而这种炼乳封罐后还要进行加热灭菌。淡炼乳分为全脂和脱脂两种，一般淡炼乳是指前者，后者称为脱脂淡炼乳。此外，还有添加维生素D的强化淡炼乳，以及调整其化学组成使之近似于母乳，并添加各种维生素的专门喂养婴儿用的特别调制淡炼乳。

淡炼乳是将杀菌的浓缩乳装罐，封罐后又经过高压灭菌，使其中的微生物及酶等都完全杀死或破坏，所以可以在室温下长期储存。凡是不易获得新鲜乳的地方可以用淡炼乳代替。但因经过了高温灭菌，降低了乳的芳香风味和维生素含量，特别是维生素B_1及维生素C的损失程度较大。而且开罐后不能久存，必须在1～2 d内用完。淡炼乳如果复原为普通消毒乳一样的浓度时，其维生素含量，特别是维生素B_1、维生素C及维生素D不足，故长期饮用时需补充。此外，淡炼乳大量用作制造冰淇淋和糕点的原料，也可在喝咖啡或红茶时添加。

(一)淡炼乳的生产工艺

淡炼乳的制作方法与甜炼乳的主要区别有3点：第一不加糖；第二进行灭菌；第三需要添加稳定剂。淡炼乳的生产工艺流程如下。部分生产线示意图见图4-9。

原料乳验收→预处理→预热杀菌→真空浓缩→均质→冷却→再标准化→小样试验→装罐、封罐→灭菌→振荡→保藏试验→包装→成品。

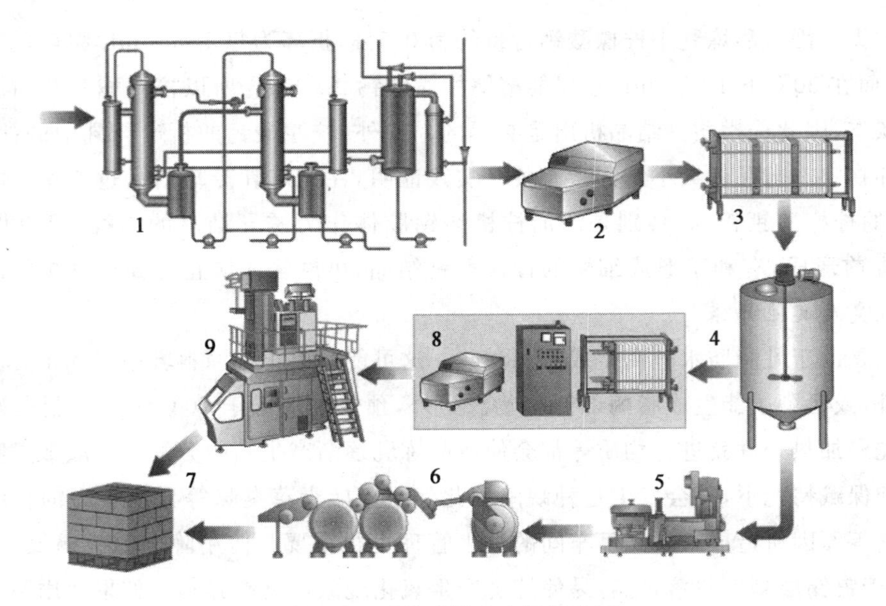

图 4-9 淡炼乳的生产线示意图

1.真空浓缩 2.均质 3.冷却 4.中间周转罐 5.灌装 6.杀菌 7.储存或冷却 8.UHT杀菌 9.无菌灌装

(二)工艺要求

1.原料乳的验收

因为淡炼乳的生产过程中要经过高温灭菌,所以对原料乳的要求较为严格。首先要求热稳定性高的牛乳,必须选择新鲜优质的牛乳,其中乳脂肪大于3.2%,总乳固体物11.5%,酸度不能超过18°T。对原料乳验收时,除对臭味、色泽等感官检查及酒精试验酸度测定等外,还应作热稳定性试验。同时,酒精试验时必须采用72%的酒精。

验收合格的牛乳再经过称量、净化、冷却、储乳、标准化等预处理,步骤与甜炼乳相同。有时为了增加原料乳的稳定性,可添加稳定剂,然后预热杀菌。

> 思考:高温灭菌乳用不用做磷酸盐试验,说明原因。

2.添加稳定剂

添加稳定剂的目的在于增加原料乳的热稳定性,防止在灭菌时发生凝固现象。影响牛乳热稳定性的因素主要有酸度、乳清蛋白的含量以及盐类平衡等。

乳清蛋白中主要是乳白蛋白及乳球蛋白,在酸度高时更容易受热凝固。此外,原料乳往往由于季节的变化而受到影响,一般在初春和晚秋易发生热凝固现象,这是在淡炼乳生产上应予注意的问题。其次,按照盐类平衡学说,牛乳成分中的钙、镁与柠檬酸、磷酸之间必须保持适当的平衡关系。一般常是钙、镁离子过剩,而使酪蛋白的热稳定性降低。在这种情况下加入柠檬酸钠、磷酸二氢钠或磷酸氢二钠则可使酪蛋白热稳定性提高。

添加稳定剂最好在浓缩后根据小样试验决定添加量为好。长期生产淡炼乳,对于一年四季原料乳的乳质变动规律有所掌握，稳定剂的添加量也大致一定时，可在预热前先添加一部分，小样试验后再决定最后的补足量，于装罐前添加。

添加量根据相关研究，100 kg 原料乳加磷酸氢二钠($Na_2HPO_4 \cdot 12H_2O$)或柠檬酸钠($C_6H_5O_7Na_2 \cdot 2H_2O$)5～25 g，或者 100 kg 淡炼乳加 12～60 g，另外，研究表明，使用磷酸氢二钠时，100 kg 原料乳最高添加量为 25 g，若超过此限度则褐变显著，风味也不好。

3. 预热杀菌

预热的目的不仅是为了杀菌，而是适当地加热可以使一部分乳清蛋白凝固，可提高酪蛋白的热稳定性以防止灭菌时凝固，成品组织状态良好，并赋予成品适当的黏度，使真空浓缩操作发挥较高的效能。

淡炼乳一般用 95～100℃，保持 10～15 min 的预热条件。如果温度低于 95℃时，其中乳的稳定性显著降低，如果采用超高温瞬时灭菌法，即将牛乳加热至 120℃，保持 25 s 的条件时，牛乳的热稳定性得到明显的改善，进行超高温瞬时处理就可降低稳定剂的使用量，甚至可不用稳定剂仍能获得稳定性高、褐变程度低的产品。

生产淡炼乳很少使用间歇式预热设备。大都使用连续式加热法：如连续预热器，有列管式加热器及板式热交换器等，具有生产量大，可连续生产，加热均匀，乳的受热时间短等优点，被广泛使用。另一种是超高温瞬时预热器，即管式或片式热交换器，生产含乳固体物 26% 的淡炼乳可用 120～140℃超高温瞬间预热处理，较 95℃的短时间预热处理可提高 6 倍的热稳定性成品。

思考：淡炼乳与甜炼乳生产中，预热杀菌有何区别？

4. 真空浓缩

淡炼乳的浓缩过程与甜炼乳基本相同，但淡炼乳因不加蔗糖其总乳干物质含量较低，可以使用 0.12 MPa 的蒸汽压力进行蒸发。浓缩时牛乳温度一般保持在 54～60℃。若预热温度高，浓缩时沸腾剧烈，易起泡和焦管，应注意对加热蒸汽的控制。一般 2.1 kg 的原料乳(乳脂肪 3.8%、非脂乳固体 8.55%)经浓缩可生产 1 kg 淡炼乳(乳脂肪 8%、非脂乳固体 18%)。

浓缩终点的确定与甜炼乳一样，可用波美比重计来测定。但因为蒸发速度比较快，因此必须迅速进行。关于浓缩设备，淡炼乳不必加糖，所以有利于使用各种类型的连续式多效蒸发设备。

5. 均质

一般达到均质要求的压力为 14.7～19.6 MPa。多采用二段均质，第一段压力为 14.7～16.7 MPa，第二段为 4.9 MPa。均质温度以 50～60℃为宜。均质效果可通过显微镜检查确定。

6. 冷却

均质后的炼乳温度一般为 50℃左右，如在这样的温度下停留时间过长，可能出现耐热性细菌繁殖或酸度上升的现象，从而使灭菌效果及热稳定性降低。因此，淡炼乳均质后应及时且迅速地将物料的温度降下来,以防止产品发生变稠和褐变,同时提高产品的稳定性。因此,均质后应尽快冷却至10℃以下。如当日不能装罐,则应冷却到4℃恒温贮存,可以防止微生物繁殖。冷却温度对浓缩乳稳定性有影响,冷却温度高,稳定性降低。

7.再标准化

原料乳已进行过标准化,浓缩后进行的再标准化仅是为了使其符合所要求的乳干物质而调节浓度。因为淡炼乳的浓度是比较难于正确掌握的,所以一般多浓缩到较要求的浓度稍高一点,浓缩后再加蒸馏水以调整到要求的浓度。所以再标准化习惯上就称为加水,加水量可按下式计算:

思考:加水操作对水质有何要求?

$$加水量=\frac{A}{F_1}-\frac{A}{F_2}$$

式中:A——标准化乳的脂肪含量;

F_1——成品的脂肪含量;

F_2——浓缩乳的脂肪含量。

8.小样试验

为了防止不能预见的变化而造成的大量损失,可先进行小样试验,即先按不同的剂量添加稳定剂,试封几罐进行灭菌,然后开罐检查以决定稳定剂的添加量及灭菌的温度和时间。

思考:在淡炼乳生产中为什么需要做小样试验?

(1)样品的制备

由储乳缸取样,调制成含有各种剂量稳定剂的样品,分别装罐供试验用。稳定剂可配制成饱和溶液,用刻度为0.1 mL的1 mL吸管添加比较方便。把样品装入小样用的灭菌机,把灭菌机的液面计的水位用水加满到1/2后,使其旋转,然后吹入蒸汽,同时打开排气阀。温度计的度数达到80℃时进汽减弱,根据指示,使80～116.5℃之间的温度正确地上升。在温度达到100℃之后,将排气阀关闭,然后在116.5℃保持16 min。保温完毕后,迅速冷却,冷却后即可取出小样开罐检查。

(2)样品的检查

检查的顺序是先检查有无凝固物,然后检查黏度、色泽、风味。检查有无凝固物时,将试样放入烧杯中,观察烧杯壁上的附着状态,烧杯壁呈均匀乳白状态者为良好;如有斑纹,或有明显的附着物则不好,可把温度降低0.5℃或缩短保持时间1 min,或使灭菌机旋转速度减慢,或者在保温时旋转5 min就停止。此时,若凝固物很明显时,可以用以上各种方法综合进行调整。一次小样试验如得不到良好结果时,可以改变条件进行再次试验,一直到获得良好的结果为止,从而决定最后采取的条件。

9.装罐、封罐

经小样试验后确定稳定剂的添加量,并将稳定剂溶于灭菌蒸馏水中加入到浓缩乳中,搅拌均匀后立即装罐、封罐。操作过程中应注意以下几点。

①装罐时注意不能装得太满，应留有余地，一般成品液面离顶盖有5～6 mm的间隙，以防止高温灭菌时容易胀罐，使罐变形。而装罐室温度最好低于乳温，乳温一般高出5～10℃，如温度过高，炼乳会发生泡沫，妨碍装罐操作，而且灭菌后罐里会出现黄色条纹。

思考：说明装罐时留有顶隙的原因？

②封罐最好使用真空封罐，以减少乳中气泡和顶隙的残留空气。

③空罐使用前应经过洗涤，并在95～98℃干燥箱中保持30 min进行干燥和杀菌。

④封罐后应及时灭菌，若不能及时灭菌，应在冷库中保藏以防变质。

⑤注意装罐，封罐室内的卫生消毒，对生产中使用的各种工具应在沸水中灭菌或用漂白粉水溶液杀菌，同时也应注意工作人员的卫生。

10. 灭菌、冷却

灭菌的目的是彻底杀灭微生物及酶类，使成品经久耐藏。另外，适当高温处理可提高成品黏度，有利于防止脂肪上浮，并可赋予炼乳特有的芳香味。不过淡炼乳的二次杀菌会引起美拉德反应而造成产品有轻微的棕色变化。灭菌方法如下：

(1)间歇式灭菌法

批量不大的生产可用回转式灭菌器进行保持式灭菌。一般按小试法控制温度和升温时间，要求在15 min内使温度升至116～117℃，一般的灭菌公式为：15 min—20 min—15 min/116℃，即升温15 min，至116℃保温20 min，然后在15 min内冷却到20℃以下。

(2)连续式灭菌法

大规模生产多采用连续式灭菌机。灭菌机由预热区、灭菌区和冷却区三部分组成。封罐后的罐内温度在18℃以下进入预热区被加热到93～99℃，然后进入灭菌区，升温至114～119℃，经一段时间运输进入冷却区冷至室温。

(3)UHT处理

将浓缩乳进行UHT杀菌(140℃，保持3 s)，然后无菌纸盒包装。

思考：乳酸链球菌素是如何生产出来的？

(4)乳酸链球菌素改进灭菌法

乳酸链球菌素是一种安全性高的国际上允许使用的食品添加剂，人体每日允许摄入量为每千克体重0～33 000 IU(1 mg=1 000 IU)。淡炼乳生产中必须采用强的杀菌制度，但长时间的高温处理，使成品质量不理想，而且必须使用热稳定性高的原料乳。如果添加乳酸链球菌素，可减轻灭菌负担，且能保证淡炼乳的品质，并为利用热稳定性较差的原料乳提供了可能性。如1 g淡炼乳中加100 IU乳酸链球菌素，以115℃、10 min的杀菌条件与对照组118℃、20 min杀菌条件相比较，效果更好。

11. 振荡

如果灭菌操作不当,或使用热稳定性较差的原料乳,则淡炼乳往往出现软的凝块。使用振荡机进行振荡,振荡可使凝块分散复原成均匀的流体。采用水平式振荡机,往复冲程为6.5 cm,300～400 次/min,在室温下振荡 15～60 s。如果延长振荡时间时,会降低炼乳的黏度。振荡操作应在灭菌后 2～3 d 内进行,不能高温下振荡,以免黏度降低。如果原料乳热稳定性好,灭菌操作及稳定剂添加量适当,没有凝块出现时,不必进行振荡。

12. 保藏试验

淡炼乳在出厂之前,一般要经过保藏试验。是将成品罐头擦干净后放在 25～30℃条件下保藏 3～4 周,观察有无膨罐现象。然后开罐检查是否有酸败、凝固、脂肪分离、沉淀等缺陷,必要时可抽取一定比例样品于 37℃条件下保藏 7～10 d 加以观察及检查。经过保藏检查合格的产品即可出厂。

思考:保藏试验有何作用?

13. 贴标与装箱

贴标与装箱是淡炼乳制造的最后一道工序。经检验合格后的成品罐首先进行去污、涂油,如有发现膨罐、漏罐与坏罐要剔除。然后将正品罐,以整齐、平服、美观要求贴上商标。

贴好商标的淡炼乳罐装箱时,不得少装。打包要整齐牢固不得松动,夹心纸板应与乳罐相平,以防乳罐互相碰伤。箱外必须标明品种、数量、毛重、净重、批号及制造日期号码。箱外的批号、年、月、日号码必须与厂检验报告单号码相符。

(三)淡炼乳的质量要求

1. 感官指标

①滋味与气味:应具有明显的高温灭菌乳的滋味和气味,无杂味。

②组织状态:组织细腻、质地均匀、黏度适中、无脂肪游离、无沉淀、无凝块、无机械杂质。

③色泽:均匀一致,有光泽,呈乳白(黄)色。

2. 理化指标

应符合表 4-9 的规定。

表 4-9 理化指标

项目	指标	项目	指标
总乳固体/%	≥25.0	杂质度/(mg/kg)	≤4
脂肪/%	≥7.5	水分/%	—
蔗糖/%	—	酸度/°T	≤48.0
蛋白质/%	≥6.0		

3. 卫生指标

应符合表 4-10 的规定。

表 4-10 卫生指标

项目	指标	项目	指标
铅/(mg/kg)	≤0.5	菌落总数/(CFU/g)	—
铜/(mg/kg)	≤10.0	大肠菌群/(MPN/100 g)	—
锡/(mg/kg)	≤10.0	致病菌	—
硝酸盐(以 $NaNO_3$)/(mg/kg)	≤28.0	微生物	商业无菌
亚硝酸盐(以 $NaNO_2$)/(mg/kg)	≤0.5		

(四)淡炼乳的质量控制

1. 脂肪上浮

脂肪上浮是淡炼乳常见的缺陷。这是由于黏度下降或均质不完全而出现的问题。如果热处理控制得当,使其保持适当的黏度,并注意均质操作,使脂肪球直径都在 2 μm 以下,就能够防止脂肪上浮现象。

2. 凝固

淡炼乳出现的凝固分为细菌性凝固和理化性凝固两种。

(1)细菌性凝固

淡炼乳受到耐热性芽孢杆菌严重污染,灭菌不彻底,或者封罐不严密,在微生物产生的乳酸或凝乳酶的浸入下,能出现凝固现象。细菌性凝固大多还伴随着苦味、酸味或腐败臭味等现象出现,并使乳清分离、蛋白质凝固。其防止措施是防止污染、保证封罐严密,并掌握正确的灭菌制度,则可以避免细菌性凝固发生。凡是细菌性凝固,其乳颜色均较淡。

(2)理化性凝固

若使用热稳定性差的原料乳或者在操作中浓缩过度、灭菌过度,都会造成理化性凝固。产生理化性凝固的原因有以下几个方面。

①牛乳的酸度高:牛乳的酸度越高,热稳定性越差,在低温时就会凝固。如酸度在 64°T 时,20℃左右就凝固。28°T 时在 82℃左右就凝固。19°T 时,则凝固温度为 119℃。

②蛋白质高:特别是乳清蛋白质含量高时,易产生凝固。

③无机盐含量平衡失常时易产生凝固。

④预热温度低,保持时间短时,也产生凝固。

⑤均质压力过高,超过 20.6 MPa 以上时,会降低其热凝固温度,容易产生凝固,所以应避免均质压力过高现象。

3. 黏度下降

淡炼乳在贮藏期间,一般会出现黏度降低的趋势。黏度降低显著时,就为脂肪上浮及沉淀的出现创造了条件。影响黏度的重要因素是热处理和贮藏温度。如在高温长时间的预热杀菌,使成品黏度降低,贮藏温度高,则黏度下降快。在 0~5℃时即可避免黏度的迅速下降。但也要防止在 0℃以下的温度贮藏,否则会导致蛋白质不稳定。

4. 胖罐

淡炼乳的胖罐现象可以分为细菌性胖罐、化学性胖罐及物理性胖罐三种类型。

由于细菌活动产气可能造成细菌性胖罐。其原因是污染严重或是灭菌不彻底，特别是受耐热性芽孢杆菌污染。预防措施是防止污染和加强灭菌控制。

如果淡炼乳酸度偏高并储存过久，乳中的酸性物质和罐壁的锡、铁等发生化学反应产生氢气，可能导致化学性胖罐。此外，如果装罐太满或运到高原或置于高空海拔高、气压低的场所，则可能出现物理性胖罐，也就是所谓的“假胖听”。

5. 褐变

淡炼乳经高温灭菌色泽转深呈黄褐色，灭菌温度及储藏温度越高，保温时间及储藏时间越长，这种褐变现象就越突出。褐变的原因是羰氨反应。为了防止褐变，要求在能达到灭菌目的的前提下避免过度的高温长时间加热处理，储藏温度与时间应予以控制，如果在5℃以下保藏就不会出现色泽加深变化。此外，所采用的稳定剂应注意质量和品种，碳酸钠容易促进褐变，以使用柠檬酸钠或磷酸钠为好，用量亦不要过多。

6. 沉淀

淡炼乳在保藏中，罐底常有不溶解的白色砂状的无定形结晶沉淀物。这些沉淀物的生成是由柠檬酸钙、磷酸三钙及磷酸镁构成的，这几种盐在冷水中比在热水中有易溶解的特性。所以淡炼乳保藏温度越高，沉淀的生成越多，浓度越高，则生成的沉淀物也越多。一般将淡炼乳贮藏于7.2℃的较低温度中，沉淀物可完全避免。

7. 异臭

淡炼乳在贮藏时，有时产生苦味或酸味。这主要是由于灭菌不彻底，残存的耐热性细菌繁殖而造成的。有时蛋白质分解，则会产生苦味，也有是芽孢杆菌等抗热性杆菌所造成。

另外淡炼乳还有一种特有的加热气味。这就是硫化物游离及生成巯基的因素。当牛乳加热到95℃时，开始硫化物激烈地游离出来，然后就逐渐减少，经过3.5 h后达到零。这种加热臭味在最初30 min内增加，一般称为焦煮气味。其后则有一种强烈焦糖臭味。这主要是由于对热不稳定的硫化物，它存在于乳清蛋白质和脂肪球膜中，随着加热温度和加热时间的增加，而这种臭味加重。

8. 在咖啡中的变色

淡炼乳加到咖啡中，有时变成灰绿色，这是因为炼乳中含有的铁与咖啡中的单宁起反应的结果。含铁量超过$(3\sim5)\times10^{-6}$的淡炼乳，就会产生这种现象。因此，在制造炼乳过程中应避免铁的混入。

【项目思考】

1. 生产甜炼乳时，对原料乳有哪些要求？

2. 简述甜炼乳的加工工艺及工艺要求？

3. 甜炼乳生产中加糖的方法有哪些？

4.简述真空浓缩的设备的种类及其特点?

5.浓缩终点如何确定?

6.晶种是如何制备的?如何添加?

7.甜炼乳与淡炼乳有何区别?

8.淡炼乳生产中稳定剂的种类有哪些?如何添加?

9.甜炼乳常见的质量缺陷及控制措施有哪些?

10.加糖量与蔗糖比计算:①含28%总乳固体及45%蔗糖的甜炼乳,其蔗糖比是多少?②总乳固体含量28%的甜炼乳其蔗糖比为62.5%时,蔗糖含量是多少?③用总乳固体含量11.8%的标准化后的原料乳制造总乳固体含最30%及蔗糖含量44%的甜炼乳,在100 kg原料乳中应添加多少千克蔗糖?

项目五　乳粉生产技术

【知识目标】

1. 熟悉乳粉的种类、生产方法及特性。

2. 熟悉乳粉的生产工艺流程及主要工段的加工方法和操作要点。

3. 知道配方乳粉的质量标准、配方设计原则，配方乳粉的生产工艺流程。

【技能目标】

1. 能知道乳粉生产的基本过程及设备，符合乳粉生产员工的基本素质及要求。

2. 能对乳粉质量问题进行初步的分析与控制。

【项目导入】

通过干燥脱去微生物生长所必需的水分来保存不同食品的方法已经使用了几个世纪。按照马可波罗在亚洲旅行的笔记记载，蒙古人通过在阳光下干燥牛乳以生产奶粉。乳粉中几乎保持了鲜乳的全部营养成分，而且冲调容易，食用方便，便于运输，可以调节产奶的淡旺季节。乳粉除可供人直接饮用外，还可供制造糖果、冷饮、糕点等食品加工用。

任务1　乳的真空浓缩

【要点】

1. 掌握真空浓缩的原理及方法。

2. 学会真空旋转蒸发仪的使用。

【设备与材料】

真空旋转蒸发仪、牛奶。

【工作过程】

(一)操作过程

1. 首先在加热盆中加入加热介质(牛乳)，接通冷却水。

2. 接通电源，将需浓缩物料加入蒸发瓶中，旋紧蒸发瓶。

3. 打开自动升降开关，使蒸发瓶进入加热盆中。

4. 打开真空泵开关，使蒸发瓶进入加热盆中。

5. 打开加热盆开关，缓慢升温至物料沸腾，直至浓缩完成。

6. 如在蒸发过程中需要补料，可通过自动进料管直接进料。

7. 蒸发完毕后，提起升降台，关闭真空泵、冷却水、加热盆开关，切断电源。

8. 破真空后，方可取下蒸发瓶，倒出浓缩好的物料。

9. 最后倒出加热介质，对仪器及玻璃容器进行清洗。

图 5-1 真空旋转蒸发仪

(二)实训记录

将真空旋转蒸发仪浓缩牛乳的数据记录在表 5-1 中。

表 5-1 牛乳浓缩记录

鲜牛乳质量 /kg	浓缩后牛乳质量 /g

【相关知识】

用真空旋转蒸发仪，经过一步很快的蒸馏操作，能使产品在很好的状态下实现浓缩的目的，操作的基本原理是将旋转蒸发瓶中的溶剂蒸发和浓缩，蒸发的过程是真空状态下进行的。

【友情提示】

1.玻璃容器只能用洗涤剂清洗，不能用去污粉和洗衣粉，防止划伤瓶壁。

2.当突然停电而又要提起升降台时，可用手动升降按钮。

3.升温速度一定要慢，尤其在浓缩易挥发物料时。

【考核要点】

1.真空旋转蒸发仪物料加入的方法。

2.物料在蒸发瓶蒸发过程的观察及终点判断。

3.出料及仪器的清洗步骤。

【思考】

1.真空蒸发的原理是怎样的？

2.真空旋转蒸发仪的操作过程？

3.为什么牛乳要进行"真空"浓缩？

【必备知识】

一、乳粉概述

乳粉是以新鲜牛乳为原料，或以新鲜牛乳为主要原料，添加一定数量的植物或动物蛋白质、脂肪、维生素、矿物质等配料，除去其中几乎全部水分而制成的粉末状乳制品。

思考：为什么乳粉贮藏期较长？

乳粉中水分含量很低，重量减轻、体积变小，为贮藏和运输带来了方便；同时由于水分活度较低，微生物不能发育繁殖，有的甚至死亡，所以贮藏期长，这是乳粉加工的目的之一。

（一）乳粉的种类及其化学组成

1.种类

根据乳粉加工所用原料及加工工艺的不同可以将乳粉分为：

①全脂乳粉。是新鲜牛乳标准化后，经杀菌、浓缩、干燥等工艺加工而成。由于脂肪含量高易被氧化，在室温可保藏3个月。根据是否加糖又分为全脂淡乳粉和全脂甜乳粉。

②脱脂乳粉。用离心的方法将新鲜牛乳中的绝大部分脂肪分离去除后，再经杀菌、浓缩、干燥等工艺加工而成。由于脱去了脂肪，该产品保藏性好（通常达1年以上），用于制点心、面包、冰淇淋、复原乳等。

③速溶乳粉。将全脂牛乳、脱脂牛乳经过特殊的工艺操作而制成的乳粉，对温水或冷水具有良好的润湿性、分散性及溶解性。

④配制乳粉。在牛乳中添加某些必要的营养物质后再经杀菌、浓缩、干燥而制成。配制乳粉最初主要是针对婴儿营养需要而研制的，供给母乳不足的婴儿食用。目前，配制乳粉已呈现

出系列化的发展势头，如中小学生乳粉、中老年乳粉、孕妇乳粉、降糖乳粉、营养强化乳粉等，对不同的人群具有一定的生理调节功能。

⑤加糖乳粉。新鲜牛乳经标准化后，加入一定量的蔗糖，再经杀菌、浓缩、干燥等工艺加工而成。

⑥冰淇淋粉。在牛乳中配以乳脂肪、香料、稳定剂、抗氧化剂、蔗糖或一部分植物油等物质经干燥而制成。

⑦奶油粉。将稀奶油经干燥而制成的粉状物，易氧化。与稀奶油相比保藏期长，贮藏和运输方便。

⑧麦精乳粉。在牛乳中添加可溶性麦芽糖、糊精、香料等经真空干燥而制成乳粉。

⑨乳清粉。将制造干酪的副产品乳清进行干燥而制成的粉状物。乳清中含有易消化、有生理价值的乳蛋白、球蛋白、非蛋白态氮化合物及其他有效物质。根据用途分为普通乳清粉、脱盐乳清粉、浓缩乳清粉等。

⑩酪乳粉。将酪乳干燥制成的粉状物。含有较多的卵磷脂，用于制造点心及复原乳之用。

2. 乳粉的化学组成

乳粉的化学组成依原料乳的种类和添加物不同而有所差别，表 5-2 中列举了几种主要乳粉的化学组成。

表 5-2 主要种类乳粉的化学组成 %

种类	水分	脂肪	蛋白质	乳糖	灰分	乳酸
全脂乳粉	2.00	27.00	26.50	38.00	6.05	0.16
脱脂乳粉	3.23	0.88	36.89	47.84	7.80	1.55
麦精乳粉	3.29	7.55	13.19	72.40*	3.66	
婴儿乳粉	2.60	20.00	19.00	54.00	4.40	0.17
母乳化乳粉	2.50	26.00	13.00	56.00	3.20	0.17
乳油粉	0.66	65.15	13.42	17.86	2.91	
甜性酪乳粉	3.90	4.68	35.88	47.84	7.80	1.55

注：* 包括蔗糖、麦精及糊精。

(二)乳粉的生产方法

1. 冷冻生产法

冷冻法制造乳粉可以分为离心冷冻法和低温冷冻升华法两大类。离心冷冻法是先将牛乳在冰点以下浇盘冻结，并经常搅拌，使其冻成雪花状的薄片或碎片，然后放入高速离心机中，将胶体状的乳固体分出再在真空下加微热使之干燥成粉。低温升华法是将牛乳在高度真空下，使乳中的水分冻结成极细的冰结晶，而后在此压力下加微热，使乳中的冰屑升华，乳中固体物质便成为干燥粉末。利用

> 思考：牛初乳中有丰富的免疫球蛋白，初乳粉的加工是如何保护其活性的？

冷冻法制造乳粉，因加工温度低，牛乳中营养成分损失少，几乎能全部保存，同时也可以避免加热对产品的色泽和风味等的影响，溶解度也极高。但此种生产方法设备造价很贵，成本很高。

2. 加热生产法

加热法分为滚筒法和喷雾干燥法。滚筒法又称为薄膜法，将经过浓缩或未浓缩的鲜乳均匀地淌在用蒸汽加热的滚筒上成为薄膜状，当滚筒转到一定位置，膜层被干燥，而后用刮刀刮下，粉碎、过筛而成。喷雾法是借助于离心力或压力的作用，将预先浓缩的乳在特制的热空气干燥室内喷成雾滴而干燥成粉末。

（三）乳粉的理化特性

1. 乳粉的组织结构

乳粉的物理组织结构指乳粉的化学成分分布与结合的方式。干燥技术对乳粉的组织结构具有最直接的影响。

（1）乳粉中的脂肪

乳粉颗粒中脂肪的状态由于干燥方式及操作方法的不同而有区别。脂肪的状态对乳粉的保藏性影响很大。凡是游离脂肪含量高的乳粉，都很容易氧化变质，不耐保藏。

喷雾干燥乳粉的脂肪呈微细的脂肪球状态，存在于乳粉颗粒的内部。压力喷雾的乳粉中脂肪球直径较小，一般为1～2 μm。离心喷雾干燥制得的乳粉脂肪球直径一般为1～3 μm。不论什么方式喷雾的乳粉，其脂肪球均较原乳中的小。

> 思考：什么因素会使乳粉游离脂肪含量增加？

滚筒干燥乳粉中游离脂肪都凝集在乳粉颗粒边缘，形成较大的脂肪团块，大小也不规则。脂肪球直径为1～7 μm，但大小范围幅度很大，脂肪球大者有时有几十微米的。这是因为在滚筒干燥过程中，牛乳与热的金属滚筒接触，牛乳中脂肪球膜受到损坏；再由于从滚筒上经刮刀刮下之际，又受到机械的摩擦作用，结果有些脂肪球彼此聚结成较大的脂肪团块。所以，这种乳粉的保藏性较差，容易氧化变质。

游离脂肪的含量可以在喷雾干燥前对浓乳进行两段均质而使其含量降低。在喷雾之后，出粉和输粉过程中避免剧烈的高速气流输粉，也可减少一些游离脂肪含量。出粉后应迅速冷却到20℃以下进行输粉为佳。乳粉在高温下长时间暴露也会增高游离脂肪的含量。此外，质量很好的喷雾乳粉如在保藏过程中管理不当，吸水分过多，致使乳糖吸水结晶，也会使脂肪游离。一般认为促使脂肪游离的水分含量范围是8.5%～9%。

> 思考：热处理对牛乳蛋白质有哪些影响？

（2）乳粉中的蛋白质

酪蛋白、乳清蛋白的稳定性对乳粉的复原性是非常重要的。为了保持乳粉的复原性，应在喷雾干燥过程中将牛乳的热处理降到最低限度。滚筒式干燥乳粉蛋白质容易发生变性，喷雾干燥乳粉变性很少。乳粉复原为鲜乳状态时，生成的不溶性沉淀，主要是由吸收了磷酸三钙的变性酪蛋白酸钙组成。

为了获得溶解度高的乳粉，必须控制加热条件。特别是对于脱脂乳粉来说，由于其用途方面的要求，目前都制订了热处理的分级标准，以表示脱脂乳粉中未变性乳清蛋白质的含量。此外，喷雾干燥的全脂乳粉，有时用水冲调复原为鲜乳时，牛乳液面上会出现一层泡沫状浮垢，这是脂肪-蛋白质络合物，其中约含脂肪 48%，蛋白质 34%。当乳粉在较高温度下(例如 30℃左右)贮存时，会增加这种泡沫状浮垢量；如果在较低温度下(例如 7℃左右)贮存，则很少形成浮垢。

(3)乳粉中的乳糖

乳粉颗粒中含有大量的乳糖，全脂乳粉含有大约 38%的乳糖，脱脂乳粉中约含 50%的乳糖，乳清粉中约含 70%的乳糖。新生产的喷雾干燥乳粉中，乳糖呈非结晶的玻璃状态，α-乳糖与 β-乳糖的无水物保持平衡状态，α-乳糖与 β-乳糖量之比约为 1∶5。玻璃状态的乳糖有很强的吸湿性(所以乳粉都很容易吸潮)，吸潮后则慢慢地变为含有一分子结晶水的结晶乳糖，由于乳糖的结晶作用，因而使乳粉颗粒表面产生很多微小的裂纹，这时，脂肪就会逐渐渗出，引起氧化变质，同时，外界空气很容易渗透到乳粉颗粒里面去。喷雾干燥的脱脂乳粉含水分 3%～5%者，可以在 37℃下存放 600 d，看不出有结晶现象。如果吸潮后含水分达到 7.6%以上时，则在 37℃下放置 1 d，就出现结晶。速溶乳粉的乳糖以结晶态存在。

思考：喷雾干燥乳粉中乳糖是以什么状态存在的？

(4)乳粉中的维生素

喷雾干燥对乳粉维生素含量的影响很小，影响最明显的有维生素 B_{12}(损失 20%～30%)、维生素 C(约 20%)和维生素 B_1(约 10%)，其余的维生素损失是很小的。

(5)乳粉中的气体

乳粉中的气体是指给定质量颗粒体积与相同质量的颗粒内部无空气时体积之差。每 100 g 乳粉中通常含有 10～30 mL 的气体。普通乳粉生产常要求乳粉颗粒中含有空气，因为含空气的乳粉粒子表面粗糙，有不同大小的毛细管可提高乳粉的润湿性。但空气使乳粉粒子密度降低，还原时易浮于水面，润湿后易形成气泡，使脂肪氧化，增加包装成本。

2. 乳粉颗粒大小

乳粉颗粒大小影响着乳粉的产品感官、复原性、流动性、填充密度以及粉尘性逸散率。影响乳粉颗粒大小的因素有乳粉的加工方法和喷雾干燥条件。采用较高的压力和较低的浓乳黏度，乳粉颗粒的直径较小；压力式喷雾干燥的乳粉较离心式的颗粒较小；雾化器喷嘴孔径大及内孔光泽度高时，得到的颗粒直径大且均匀一致。

3. 乳粉的密度

乳粉的密度有三种不同的表示方法，即：

①表观密度(或称体积密度)。系指单位体积内乳粉的质量(g/mL)，包括乳粉颗粒空隙中的空气在内，与乳粉颗粒大小及内部结构有关。

②粒子密度(颗粒密度)。表示乳粉颗粒的密度,仅包括颗粒本身内部的空气在内。

③真密度。表示乳粉除空气外本身真正的密度。

乳粉的表观密度受乳粉颗粒的内部结构及颗粒大小的影响,这与制造工艺有关。喷雾干燥法生产的全脂乳粉其表观密度为0.5~0.6 g/mL,真密度为1.26~1.32 g/mL;而脱脂乳粉的真密度为1.44~1.48 g/mL。

影响乳粉的密度,特别是表观密度的各种因素主要可归纳为:

①浓乳的浓度及黏度。

②喷雾时的热风温度。

③压力喷雾时的高压泵压力和喷孔直径。

④离心喷雾时的离心盘结构。

⑤出粉及输粉的方式。

4.乳粉的流动性和脆性

影响乳粉流动性的主要因素是粒子大小分布情况和表面结构。其他因素有结团、内部摩擦因数、细粉率、游离脂肪含量等。一般乳粉粒子直径在100 μm以上,则逸散性小,流动性好。乳粉的脆性是乳粉所能承受的机械加工的强度。

5.复原性

复原性是乳粉的重要功能特性,其描述了乳粉与水再结合的总现象,是表征乳粉的一个重要特性。它是综合性的概念,包括乳粉的可湿性、沉降性、分散性、溶解性。

(1)可湿性

可湿性是乳粉的重要物理性质,它以给定数量乳粉渗透入静止水面所需时间的长短来表示乳粉润湿性的优劣,一般以秒计,良好湿润性应低于30 s。润湿性差的乳粉接触后会在表面形成团块。滚筒干燥的乳粉较喷雾干燥的乳粉易吸湿;乳粉中脂肪的含量与分布也影响乳粉的润湿性,喷涂卵磷脂可明显提高乳粉的润湿性。

思考:为什么速溶乳粉要喷涂卵磷脂?

(2)沉降性

沉降性是指乳粉颗粒克服水的表面张力以及通过表面而沉入水中的能力。沉降性可表示为1 min内通过1 cm^2表面时的乳粉的毫克数。沉降性与颗粒密度有关,颗粒密度大时,颗粒更容易下沉。附聚的乳粉通常具有更好的沉降能力。

(3)分散性

分散性反映了吸湿的聚集乳粉颗粒均匀分散于水中的能力。通过附聚的大颗粒乳粉分散性提高。如果附聚乳粉中细粉比例升高,分散性下降。

影响分散性的关键因素在于加工过程中酪蛋白的所受热处理的总强度。为了提高总干物质而提高受热程度,容易引起酪蛋白较多的不可逆变性,导致分散性不稳定。

乳粉颗粒结构以及蛋白质分子的构造对乳粉的分散性具有极为重要的作用。当乳粉加入到水中分散成颗粒且并不存在团块时，即为具有良好分散性。含有大量变性蛋白质的乳粉，将很难分散，分散性最低达到90%是再制乳生产工艺对乳粉的一般要求。

(4)溶解性

乳粉的溶解度系指乳粉与水按一定的比例混合，使其复原为均一的鲜乳状态的性能。乳粉的溶解度与一般盐类的溶解度的含义是不同的。因牛乳不是纯粹的溶液，故乳粉的溶解度只是一般的习惯称呼而已。乳粉溶解度的高低反映了乳粉中蛋白质的变性状况。

溶解性是乳粉质量标准中必须测定的特征之一。溶解性差是乳粉一个很严重的缺陷。在复原过程中，不溶性成分会在底部沉降形成一沉淀层。溶解性差主要是乳蛋白质变性的结果，即变性程度严重影响乳粉的溶解性。表征乳粉具有良好溶解度的指标为50 mL再制乳中存在有不多于0.25 mL不溶性沉淀物。

6.吸湿性

乳粉的吸湿性是乳粉吸收和保持水分的倾向，主要取决于乳粉中乳糖的含量和存在状态。非结晶状态的乳糖很容易从周围吸收水分导致乳粉变黏。乳清粉中这种现象较为严重。采用乳糖结晶化或团粒化可减少这种现象。实际应用中，吸湿性以乳粉在80%相对湿度的空气中平衡水分含量来确定。

7.热稳定性

当乳粉用于热饮料、果冻、焙烤食品、再制炼乳、咖啡伴侣等产品时，其热稳定性尤为重要。如以脱脂乳粉为主要原料生产再制炼乳，必须经受较高的杀菌温度，从而保持产品的稳定性；用作咖啡伴侣时，脱脂乳粉也要有较好的热稳定性，以防止与热咖啡接触时出现“絮凝”现象。控制乳粉热稳定性的方法主要有原料乳的酸度控制、原料乳的热处理方法、浓缩的加热方法、乳清蛋白的去除等。

二、乳粉生产技术

(一)乳粉质量标准

依据食品安全国家标准乳粉GB 19644—2010中规定乳粉定义及质量标准如下：

> 思考：我国为什么重新制定食品安全国家标准？

乳粉：以生牛(羊)乳为原料，经加工制成的粉状产品。

调制乳粉：以生牛(羊)乳或及其加工制品为主要原料，添加其他原料，添加或不添加食品添加剂和营养强化剂，经加工制成的乳固体含量不低于70%的粉状产品。

表5-3、表5-4、表5-5是乳粉食品安全国家标准。

表 5-3 感官要求

项目	要求		检验方法
	乳粉	调制乳粉	
色泽	呈均匀一致的乳黄色	具有应有的色泽	取适量试样置于 50 mL 烧杯中，在自然光下观察色泽和组织状态。闻其气味，用温开水漱口，品尝滋味
滋、气味	具有纯正的乳香味	具有应有的滋味、气味	
组织状态	干燥均匀的粉末		

表 5-4 理化指标

项目	指标		检验方法
	乳粉	调制乳粉	
蛋白质/%	≥非脂乳固体[a] 的 34%	16.5	GB 5009.5
脂肪[b]/%	≥26.0	—	GB 5413.3
复原乳酸度/°T			
牛乳	≤18	—	GB 5413.34
羊乳	≤7～14	—	
杂质度/(mg/kg)	≤16	—	GB 5413.30
水分/%	≤5.0		GB 5009.3

注：[a] 非脂乳固体(%)＝100%－脂肪(%)－水分(%)；

[b] 仅适用于全脂乳粉。

思考：乳粉中存在有微生物为什么还能长时间保存？

表 5-5 微生物限量

项目	采样方案[a] 及限量[若非指定，均以 CFU/g(mL)表示]				检验方法
	n	c	m	M	
菌落总数[b]	5	2	50 000	200 000	GB 4789.2
大肠菌群	5	1	10	100	GB 4789.3 平板计数法
金黄色葡萄球菌	5	2	10	100	GB 4789.10 平板计数法
沙门氏菌	5	0	0/25 g	—	GB 4789.4

注：[a] 样品的分析及处理按 GB 4789.1 和 GB 4789.18 执行；

[b] 不适用于添加活性菌种(好氧和兼性厌氧益生菌)的产品。

(二)乳粉生产工艺及工艺要点

1. 乳粉生产工艺流程

全脂乳粉和调制乳粉生产工艺流程如图 5-2 所示。

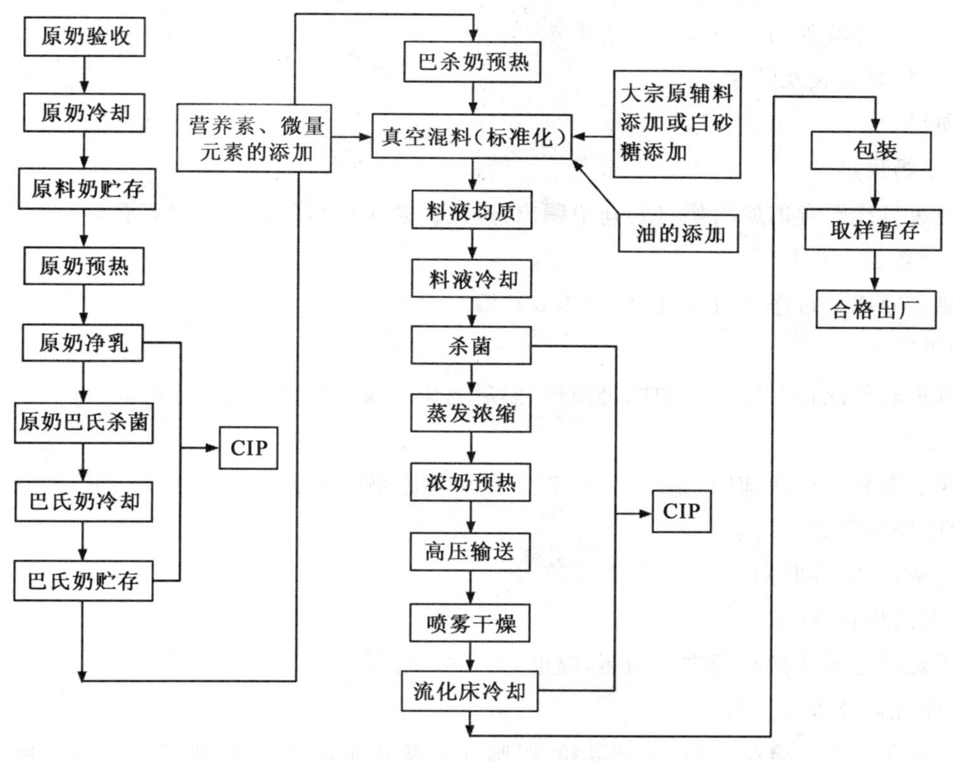

图 5-2　乳粉生产工艺流程图

注：①全脂淡乳粉生产过程中没有的过程：巴杀奶预热、预热奶真空混料、半成品料液均质、冷却、大宗原辅料添加和小料添加过程。②在生产全脂加糖粉的生产过程中没有小料添加过程，大宗原辅料添加为白砂糖添加。

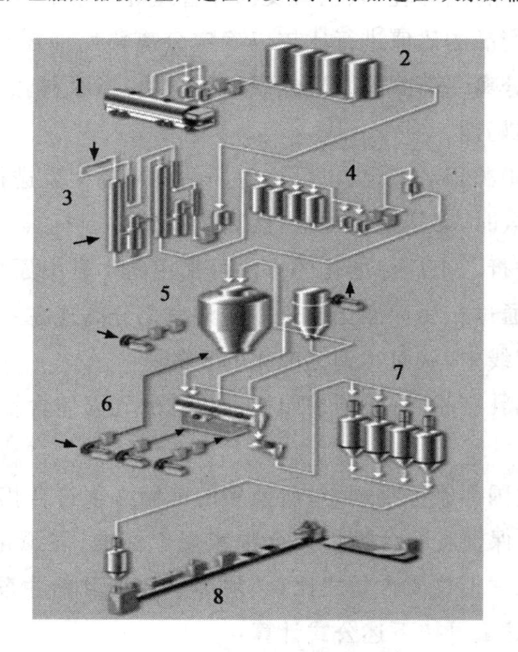

图 5-3　乳粉加工流程模拟图

1.收奶　2.储存　3.浓缩　4.进料　5.喷雾干燥　6.后道处理(流化床冷却)　7.粉末处理　8.粉末包装

2.全脂乳粉及调制乳粉生产工艺要点

(1)原料奶验收及贮存

见项目一。

(2)原奶预热

将经过打冷贮存的原料奶自奶仓中调出,进巴氏杀菌机组的预热段进行预热。

(3)净乳

预热后原奶经过净乳机净乳,残渣排放地漏。

(4)巴氏杀菌

通过板式换热器对净化后的原奶预热,然后巴氏杀菌。温度85℃,时间15 s。

(5)冷却

巴氏杀菌后经过冷却段,制冷至0～7℃,然后将原奶打入奶仓进行贮存。

(6)巴氏奶贮存

暂存备用,暂存时间≤24 h,温度≤7℃。

(7)巴氏奶预热

巴氏奶通过板式换热器进行加热,温度50～60℃。

(8)标准化及真空混料

①标准化。生产全脂乳粉、加糖乳粉、脱脂乳粉及其他乳制品时,必须对原料乳进行标准化。即必须使标准化乳中的脂肪与非脂乳固体之比等于产品中脂肪与非脂乳固体之比。但原料乳中的这一比例随乳牛品种、泌乳期、饲料及饲养管理等因素的变化而变动,为此,必须测定原料乳的这一比值,经与产品的比值进行比较以确定分离稀奶油还是添加稀奶油。如果原料乳中脂肪含量不足时,应分离一部分脱脂乳或添加稀奶油;当原料乳中脂肪含量过高时则可添加脱脂乳或提取一部分稀奶油。

在实际工作中,如果奶源相对稳定,也可将各奶站收来的牛乳进行合理搭配便可解决上述标准化问题,如果胸中无数时,必须通过测定,然后进行调整。标准化在储乳缸的原料乳中进行或在标准化机中连续进行。工厂标准化的方法可采用向牛乳中添加乳脂肪或乳固体的方法进行离线标准化,也可以通过在线标准化。这一步与净化分离连在一起,把分离的稀奶油按比例直接混合到脱脂乳生产线中,从而达到标准化的目的。

生产加糖乳粉及其他乳制品时,必须按照标准化乳的乳固体含量计算加糖量,使其符合该产品的要求。

乳粉的加糖须按照我国部颁标准规定,所使用的蔗糖必须符合相应国家标准。

a.加糖量的计算。为保证乳粉含糖量符合国家规定标准,需预先经过计算。根据标准化乳中蔗糖含量与标准化乳中干物质含量之比,必须等于加糖乳粉中蔗糖含量与乳粉中乳干物质含量之比,则牛乳中加糖量可按下述公式计算:

$$\text{牛乳中加糖量(kg)}=\text{牛乳中干物质含量}\times\frac{\text{牛乳中砂糖含量}}{\text{乳粉中干物质含量}}\times\text{标准化乳的数量(kg)}$$

b. 加糖方法。常用的加糖方法有以下三种：

第一种，将糖投入原料乳中溶解加热，同牛乳一起杀菌。

第二种，将糖投入水中溶解，制成浓度约为 65％的糖浆溶液进行杀菌，再与杀菌过的牛乳混合。

第三种，糖粉碎杀菌后，再与喷雾干燥好的乳粉混匀。

前两种属于先加糖法，制成的产品能明显改善乳粉的溶解度，提高产品的冲调性。第三种为后加糖法，采用该方法生产的乳粉体积小，从而节省了包装费用。由于蔗糖具有热熔性，在喷雾干燥塔中流动性较差，所以当生产含糖 35％的加糖乳粉时一般采用后加糖法，生产含糖 20％以下的加糖乳粉采用先加糖法。

思考：你认为后加糖即干法加糖会有怎样的弊端？

②真空混料过程。乳粉生产过程中，除了少数几个品种（如全脂乳粉、脱脂乳粉）外，都要经过配料工序，其配料比例按产品要求。配料时所用的设备主要有真空混料罐（图 5-4）、真空混料机（图 5-5）和加热器。大宗原辅料投入投粉仓，通过粉体输送系统送至粉仓（图 5-6）；经过预热后的巴杀奶进入真空混料罐，与在粉仓入口处投入的大宗原材料、油和营养素混合，被高速剪切均匀。在真空混料机处添加小料，此处为产品不合格返工点。物料不断地被吸入并在真空混料机内与牛乳混合，然后又回流到混料罐内，半成品在真空混料机与混料罐之间循环混料，直至所有的配料溶解完毕并混合均匀，物料符合标准为止。

要求：物料混合均匀，投料齐全，数量符合要求，温度 50～60℃，混料时间≤90 min，真空混料机的真空度控制在－0.07～－0.06 Mpa。

当生产全脂加糖粉时可以在此步骤完成白砂糖的投入，生产淡粉时无此步骤。

图 5-4 真空混料罐

图 5-5　真空混料机

图 5-6　投粉仓

(9)料液均质

生产全脂乳粉、全脂甜乳粉以及脱脂乳粉时，一般不必经过均质操作，但若乳粉的配料中加入了植物油或其他不易混匀的物料时，就需要进行均质操作。均质时的压力一般控制在

14～21 MPa,温度控制在50～60℃为宜。二级均质时,第一级均质压力为14～21 MPa,第二级均质压力为3.5 MPa左右。均质后脂肪球变小,从而可以有效地防止脂肪上浮,并易于消化吸收。

(10)料液冷却及半成品暂存

半成品冷却温度≤8℃;半成品在暂存罐中暂存,时间≤2 h(暂存时间不超过12 h,不会影响半成品品质),温度≤8℃。期间半成品取样送化验室检验,酒精实验呈阴性(一)为合格;杂质度<6,酸度及半成品浓度:一段粉为8～23°T,浓度15%～35%,二段、三段粉为15～23°T,浓度15%～23%。

> 思考:你认为配料后的半成品检验的目的是什么?

(11)杀菌

①预热杀菌的目的。

a.杀灭存在于牛乳中的全部病原微生物。

b.杀灭牛乳中绝大部分微生物,使产品中微生物残存量达到国家卫生标准的要求,成为安全食品。

c.破坏牛乳中各种酶的活性,尤其要破坏脂酶和过氧化物酶的活性,以延长乳粉的保存期。

d.提高牛乳的热稳定性。

e.提高浓缩过程中牛乳的进料温度,使牛乳的进料温度超过浓缩锅内相应牛乳的沸点,杀菌乳进入浓缩锅后即自行蒸发,从而提高了浓缩设备的生产能力。或牛乳的进料温度等于浓缩锅内牛乳的沸点,也同样可提高设备的生产能力,并可减少浓缩设备加热器表面的结垢现象。

f.高温杀菌可提高乳粉的香味,同时因分解含硫氨基酸,而产生活性硫氨基,提高乳粉的抗氧性,延长乳粉的保存期。

②杀菌方法。

牛乳常见的杀菌方法见表5-6,生产全脂乳粉时,杀菌温度及保持时间对乳粉的品质,尤其是溶解度和保藏性的影响很大。一般认为高温杀菌可防止或推迟脂肪的氧化,对乳粉的保藏性有利。但高温长时间加热会严重影响乳粉的溶解度,所以最好选用高温短时间杀菌方式。

牛乳杀菌设备使用片式或管式杀菌器,现在大多采用高温短时间杀菌或超高温瞬时杀菌法,目前使用较多的杀菌方式为88～90℃、保持15～30 s,或采用120～135℃、2～4 s的超高温瞬时杀菌。这样的杀菌条件不仅可以达到杀菌要求,对制品的营养成分破坏也小,特别是超高温瞬时杀菌,几乎可以达到灭菌效果,乳中蛋白质达到软凝块化,对提高制品的溶解度是有利的。

表 5-6 乳粉生产常见的杀菌方法

杀菌方法	杀菌温度/时间	杀菌效果
低温长时间杀菌法	60～65℃/30 min 70～72℃/15～20 min 80～85℃/5～10 min	可杀死全部病原菌，但不能破坏所有的酶类，即杀菌效果一般
高温短时间灭菌法	85～87℃/15 s 94℃/24 s	杀菌效果较好
超高温瞬间灭菌法	120～140℃/2～4 s	杀菌效果最好

(12)蒸发浓缩

①浓缩原理。浓缩就是把乳中的大部水(65%)除去，目前乳粉生产中最常用的是真空浓缩。它是利用真空状态下，液体的沸点随环境压力降低而下降的原理，使牛乳温度保持在40～70℃之间沸腾，因此可将加热过程中的损失降到最低程度。水分不断蒸发，最终牛乳的干物质含量不断提高，达到预定的浓度。

②牛乳真空浓缩的特点。由于牛乳属于热敏性物料，浓缩宜采用减压浓缩法。减压浓缩法的优点如下：

a. 牛乳的沸点随压力的升高或下降而增高或降低，真空浓缩可降低牛乳的沸点，避免了牛乳高温处理，减少了蛋白质的变性及维生素的损失，对保全牛乳的营养成分，提高乳粉的色、香、味及溶解度有益。

b. 真空浓缩可极大地减少牛乳中空气及其他气体的含量，起到一定的脱臭作用，这对改善乳粉的品质及提高乳粉的保存期有利。

c. 真空浓缩加大了加热蒸汽与牛乳间的温度差，提高了设备在单位面积、单位时间内的传热量，加快了浓缩进程，提高了生产能力。

d. 真空浓缩为使用多效浓缩设备及配置热泵创造了条件，可部分地利用二次蒸汽，节省了热能及冷却水的耗量。

e. 真空浓缩操作是在低温下进行的，设备与室温间的温差小，设备的热量损失少。

f. 牛乳自行吸入浓缩设备中，无需进行料泵。真空浓缩的不足之处一是真空浓缩必须设真空系统，增加了附属设备和动力消耗，工程投资增加。二是液体的蒸发潜热随沸点降低而增加，因此真空浓缩的耗热量较大。

③真空浓缩的设备及流程。真空浓缩设备种类繁多，按加热部分的结构可分为列管式、板式和盘管式三种；按其二次蒸汽利用与否，可分为单效和多效浓缩设备。

液膜式蒸发器是乳品厂经常使用的蒸发器，这类蒸发器的主要特点是，牛乳在蒸发器中只通过加热室一次，不做循环流动即行排除浓乳。牛乳通过加热室时，在管壁呈膜状流动。包括升膜式蒸发器和降膜式蒸发器两类。现在乳品厂大多采用多效降膜式蒸发器进行真空浓缩。

a. 降膜式浓缩设备。降膜蒸发器是乳品工业最常用的一种类型。在降膜蒸发器中，牛乳从顶部进入，垂直沿加热表面向下流，形成薄膜，加热面由不锈钢管或不锈钢板片组成，这些板片叠加在一起形成一个组件，板的一侧是产品，另一侧是蒸汽。当采用管式时，在管内壁中，乳形成薄膜，外壁围绕着蒸汽。

产品首先预热到等于或略高于蒸发温度的温度，如图 5-7 所示。产品从预热器流至蒸发器顶部的分配系统。蒸发器中的真空将蒸发温度降低到 100℃以下的要求的温度。液体在重力的作用下，沿管内壁成液膜状向下流动。由于向下加速，克服加速压头比升膜式小，沸点升高也小，加热蒸汽与料液间的温差大，所以传热效果好。汽液进入蒸发分离室，进行分离，二次蒸汽由分离室顶部排出，浓缩液由底部抽出。

使降膜蒸发器能良好运作的一个关键因素是要在加热表面获得均匀分散，要实现这一点有许多方法。使用管式蒸发器这一问题能得以解决，如图 5-8 所示，用一特殊形状的喷头 1，将产品喷淋分散在一分布板 2 上，产品被稍稍过热，因此，当它离开喷头时，即膨胀，部分水分立即汽化，生成的蒸汽迫使产品沿着管内面向下运动。图 5-9 更好地说明了这个问题。

b. 单效降膜蒸发器工艺流程。

思考：为什么蒸发温度是 50℃，却加热到 68℃？

图 5-10 是某食品企业由瑞士进口的单效降膜式蒸发器工艺流程图。

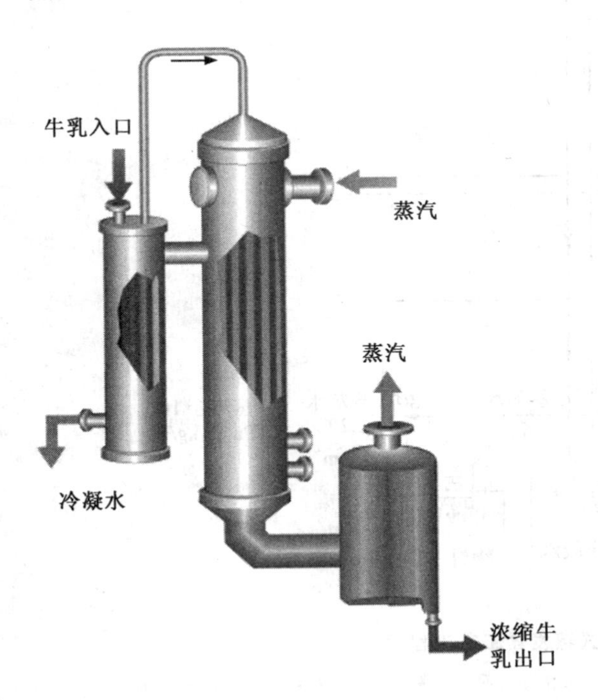

图 5-7 单效降膜蒸发器

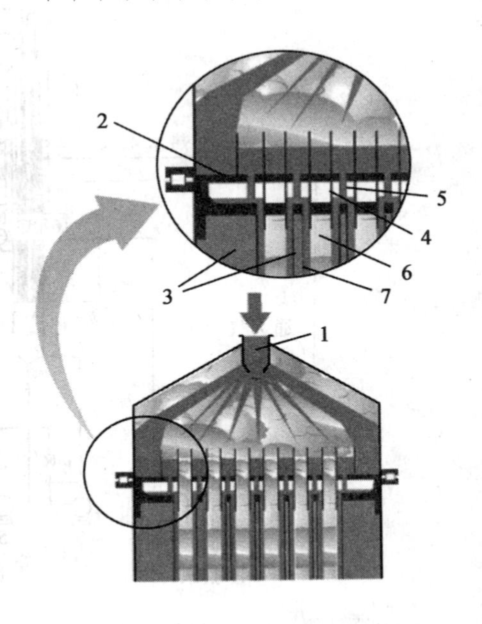

图 5-8 降膜式蒸发器上部结构

1. 产品供料喷嘴 2. 分布板 3. 加热蒸汽 4. 同轴管 5. 通道 6. 蒸汽 7. 蒸发管

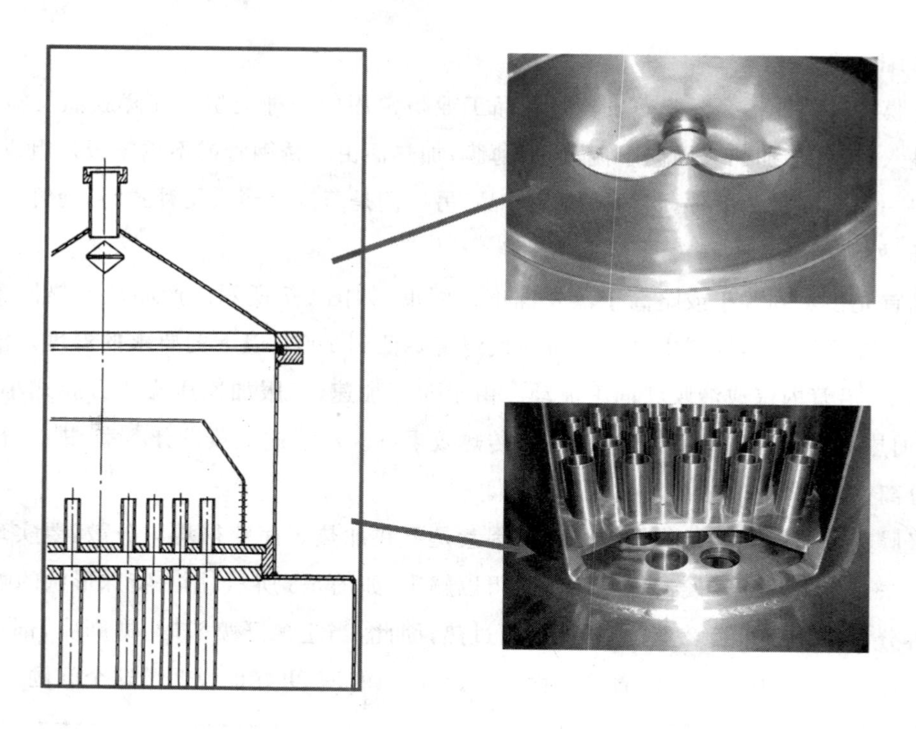

图 5-9 蒸发器分流结构

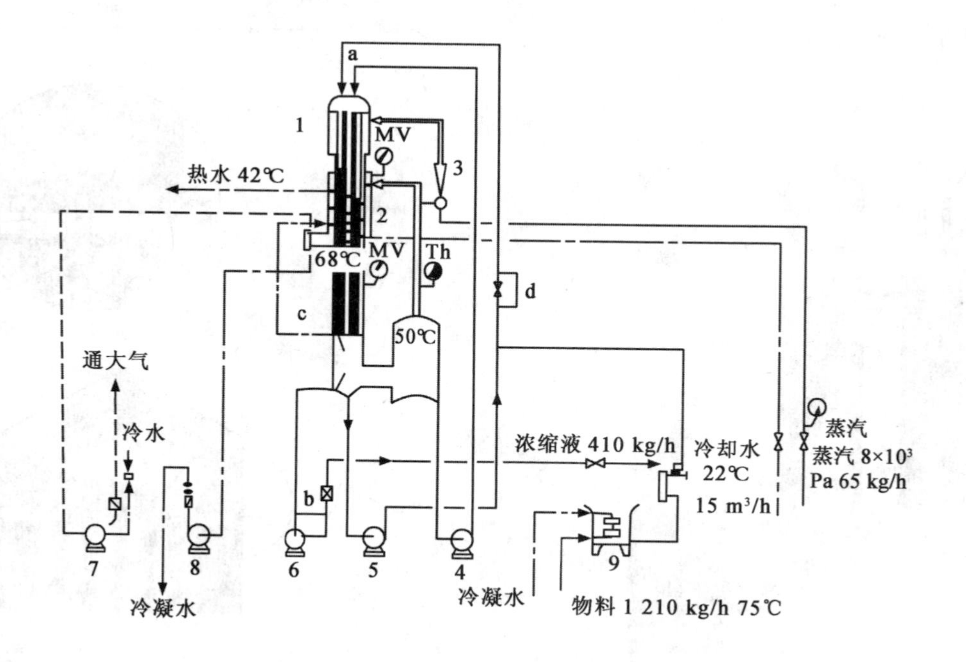

图 5-10 单效降膜式蒸发器工艺流程图

1.蒸发器身 2.冷凝器 3.热压泵 4、5.物料泵 6.浓缩液泵 7.真空泵 7.冷凝水泵 8.高位桶

物料孔板 a=Ø10 nm;物料孔板 b=Ø5 nm;冷凝水孔板 c=Ø14 nm;物料孔板 d=Ø5 nm

主要技术参数：

物料受热时间 ＜2 min；

蒸发量 800 kg/h；

加热温度 68℃；

蒸发温度 50℃；

蒸汽耗量 465 kg/h；

使用蒸汽压力 882 kPa；

冷却水耗量 15 m^3/h

冷却水进水温度 22℃

安装尺寸(长×宽×高) 3.5 m×3 m×7.2 m

电机总功率 10.4 kW

c. 双效降膜蒸发器工艺流程(图 5-11)。

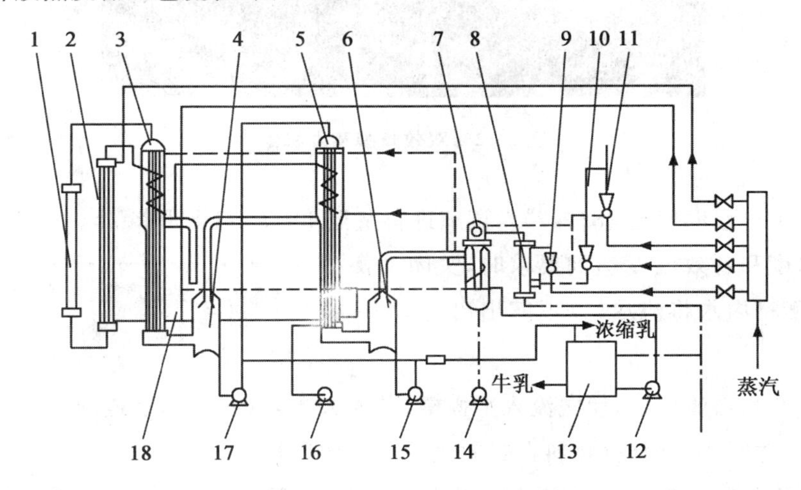

图 5-11 双效降膜蒸发器工艺流程

1.保温管 2.杀菌器 3.效加热器 4.效分离室 5.二效加热器 6.二效分离器 7.冷凝器 8.中间冷凝器 9.级蒸汽泵 10.二级蒸汽泵 11.启动蒸汽泵 12.进料泵 13.平衡泵 14.冷却水泵 15.出料泵 16.冷凝水泵 17.物料泵 18.热泵

双效降膜式浓缩设备(图 5-12)的操作方法如下：

开启泵冷却水给水阀，调水压力至 0.02～0.04 MPa(表压)。

打开平衡出料阀，依次开动进料阀、循环泵、出料泵，同时打开大回流阀，关闭出料泵。

当大回流阀有水流出时启动真空设备、水力喷射泵抽真空，打开水箱冷却水阀，启动水力喷射泵、给水泵。

当二效分离器真空度达到 0.082 MPa(表压)时，打开杀菌器和热压泵的蒸汽阀。调热压泵工作蒸汽约 0.5 MPa(表压)，杀菌器壳层真空度约 0.009 3～0.024 MPa(表压)。

图 5-12 双效降膜蒸发机组

调节冷却水排水温度至 38～42℃，调节进料量至 1 700～1 800 kg/h。

当出料温度和各效温度达到要求时，关闭平衡槽进水阀，当平衡槽内水将流尽（以不露出出料口为准）时开进料阀。

思考：生产时为什么先进水后进牛乳？

当回流管有物料流出时，使之流入平衡槽，进入大循环，同时调节进料量和杀菌温度等各有关工艺参数，并开小回流阀（物料在二效蒸发器的循环阀）。

当大回流管物料接近要求浓度时，开出料阀，同时关闭大回流阀。并根据出料浓度调整小回流阀，使出料浓度达到要求（甜粉 15～17°Bé，淡粉 11～13°Bé）。

多效蒸发器，其特点是上一效蒸发器的蒸汽作为下一效蒸发器的热源。各效蒸发器与一冷凝器和抽真空相连，真空度越高，蒸发温度就越低。牛乳通常是由高温到低温。在整个操作过程中，各效之间的温度差几乎是相等的，皆为 15℃左右，而且每一效蒸发掉的水分也大致相等。降膜式蒸发器的第一效温度最高，最后一效温度最低，最高温度与最低温度之间的温度差由各效平均分布。换句话说，效数越多，则相邻两效温差越小。要达到一定的蒸发速率，就必须增加加热面积，但是如果超过 4 效，能量的节省就会显著减少。大多数工厂选择 5 效或者 6 效的蒸发器，超过 7 效的很少见。

由于物料不断被浓缩，在后几效里物料的黏度不断增加，传热系数越来越低，所以需要更大的热交换表面。这样不但增加了设备造价，同时由于可能形成沉淀，从而引起操作上的困难。解决这一问题的办法就是让牛乳倒流，这样在蒸发温度最高的那一效牛乳的黏度也最大；

或者可以使得部分高黏性物料回流，从而确保物料布满整个加热表面。后者由于滞留之间不平衡，最终产品质量可能会降低。

思考：你能看出热能是如何再利用的吗？

d. 带机械式蒸汽压缩的三效降膜蒸发器工艺流程（图 5-13）。

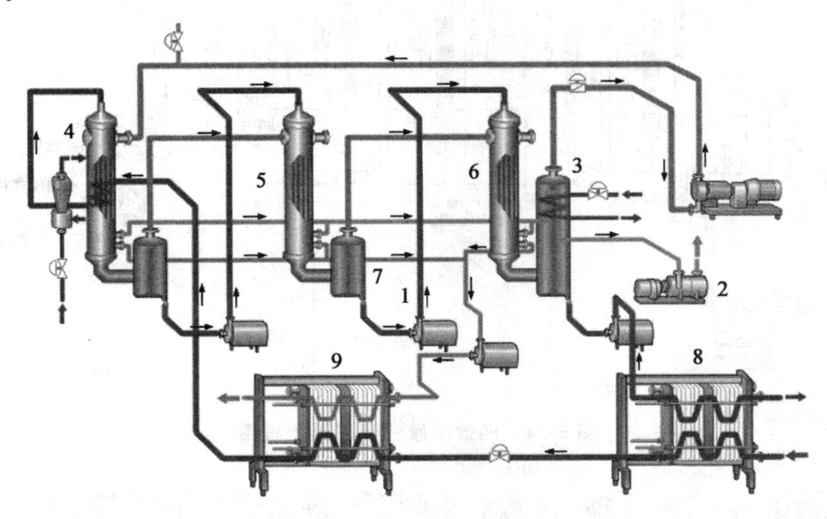

图 5-13 带机械式蒸汽压缩的三效降膜蒸发器工艺流程

1. 压缩机 2. 真空泵 3. 机械式蒸汽压缩机 4. 第一效 5. 第二效 6. 第三效 7. 蒸汽分离器 8. 产品加热器 9. 板式冷却器

机械式蒸汽压缩系统是将蒸发器里的所有蒸汽抽出，经压缩后再返回到蒸发器中。压力的增加是通过机械能驱动压缩机来完成的，无热能提供给蒸发器（除了一效巴氏杀菌的蒸汽），无多余的蒸汽被冷凝。在机械式蒸汽压缩过程中，所有的蒸汽在蒸发器里循环，这就使得热能的高度回收成为可能。如图 5-13 表示的是带机械压缩机的三效蒸发器。压缩蒸汽从压缩机 3 回到一效蒸发器加热产品，从一效出来的蒸汽用来加热二效的产品，从二效出来的蒸汽用来加热三效的产品……依此类推。图 5-14 是四效降膜式蒸发器流程图。

图 5-15 是降膜蒸发器主要设备的实物图片。

④影响浓缩效果的因素。

a. 浓缩设备条件的影响。主要有加热总面积、加热蒸汽与乳之间的温差、乳的翻动速度等。加热面积越大，供给乳的热量亦越大，浓缩速度就越快。加热蒸汽与乳之间温差越大，蒸发速度越快。一般用提高真空度降低牛乳沸点、增加蒸汽压力提高蒸汽温度的方法加大温差。但压力过大会出现“焦管”现象，影响产品质量，一般压力控制在 0.05～0.2 MPa，翻滚速度越大，乳热交换效果越好。

b. 乳的浓度与黏度。乳的浓度与黏度对乳的翻滚速度有影响。浓缩初期，由于乳的浓度低，黏度小，翻滚速度快。随着浓缩的进行，乳的浓度逐渐提高，黏度逐渐增大，翻滚速度减缓。

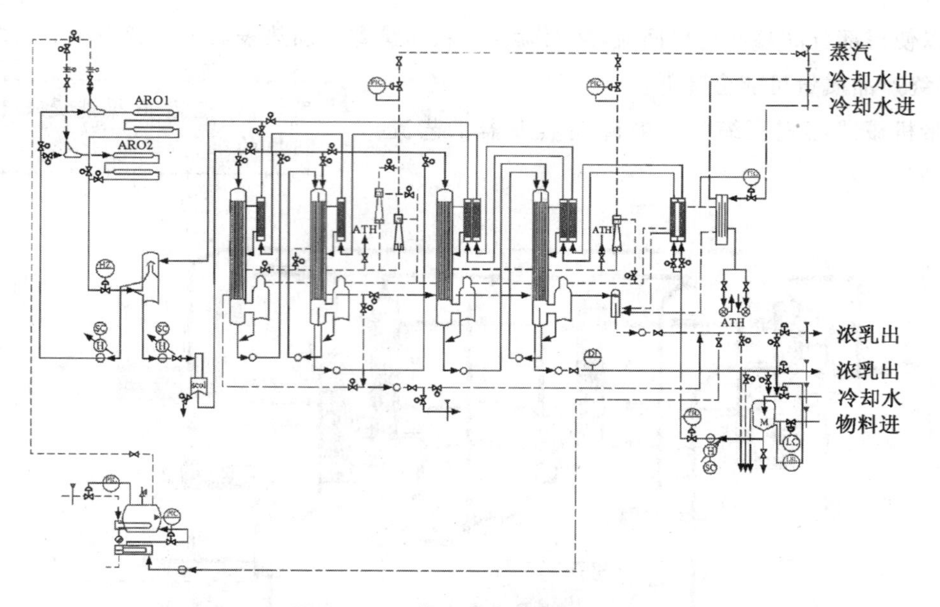

图 5-14 四效降膜式蒸发器流程图

1　　2

图 5-15 降膜蒸发器设备

1. 降膜蒸发器机组　2. 汽液分离器

c. 加糖的影响。加糖可提高乳的黏度，延长浓缩时间。

⑤浓缩终点的确定。牛乳浓缩的程度如何将直接影响到乳粉的质量。连续式蒸发器在稳定的操作条件下，可以正常连续出料，其浓度可通过检测而加以控制；间歇式浓缩锅需要逐锅测定浓缩终点。

在浓缩到接近要求浓度时，浓缩乳黏度升高，沸腾状态滞缓，微细的气泡集中在中心，表面稍呈光泽，根据经验观察即可判定浓缩的终点。但为准确起见，可迅速取样，测定其比重、黏度或折射率来确定浓缩终点。

浓缩程度视各厂的干燥设备、浓缩设备、原料乳的性状、成品乳粉的要求等方面而异。一般要求原料乳浓缩至原体积的 1/4，乳干物质达到 45%左右。浓缩后的乳温一般约 47～50℃，不同的产品浓缩程度：

> 思考：想一想为什么干燥前要预热呢？

全脂乳粉为 11.5～13°Bé，相应乳固体含量为 38%～42%；脱脂乳粉为 20～22°Bé，相应乳固体含量为 35%～40%；全脂甜乳粉为 15～20°Bé，相应乳固体含量为 45%～50%；大颗粒奶粉可相应提高浓度。当浓缩终了时，测其相对密度或黏度以确定浓缩终点。此时的相对密度、黏度(50℃)在下述范围(表 5-7)：

表 5-7　牛乳浓缩后相对密度及黏度要求

项目	相对密度	黏度(莫球尼尔黏度)
全脂浓缩乳	1.110～1.125	70 以下
脱脂浓缩乳	1.160～1.180	60 以下

企业链接：某企业浓缩岗位作业指导书

1　准备工作

1.1　进车间前穿戴整洁的工作服、鞋、帽、洗手消毒。

1.2　检查浓缩车间内的水、电、汽是否正常(挂牌标识)，浓缩前提前 30 min 通知锅炉房负责人做好供汽准备，并要求工作蒸汽压力达到 0.8 MPa 以上(到浓缩工段)。

1.3　操作员检查冷却循环水系统的循环泵、水箱水位、冷却塔的风机。

1.4　检查设备是否洗刷干净，尤其是蒸发器的降膜管和杀菌器的加热管，如有奶垢或其他污物，要重新清洗直至污垢及污物被清除干净。蒸发室内壁也要经常检查清洗，方可开机进行热水消毒。

1.5　检查设备的运转状态是否正常，各阀门的开关是否正确，各泵的密封是否泄漏。

1.6　操作工接到配料工段通知后，进行本工序岗位操作。

2　操作过程

2.1　开机

2.1.1　打开平衡槽进水阀并放满水，通知配料段和喷粉段做好相应准备。

2.1.2　打开物料泵、冷凝水泵、真空泵、循环泵的冷却水。

2.1.3　打开平衡槽出水阀，依次启动进料泵、循环泵及出料泵，打开排水阀把水排出，当排水管水流出正常时，关闭破空阀，开启进水泵、排水泵、冷却塔风机，同时启动真空泵抽真空。

2.1.4　抽真空时，三效真空达到－0.08 MPa 左右，再次认真检查，各泵运行及水密封情况，打开两个热压泵的蒸汽阀调整运行，使之接近操作参数。

2.1.5 当杀菌温度及各效蒸发温度达到要求时，关闭平衡槽进水阀，当平衡槽内水将要排尽时，立即打开进料阀，用物料将水换出。

2.1.6 当回流管有物料流出时，使之流入平衡槽内进行大回流，同时调节进料量，杀菌温度，各效蒸发温度，并视情况开小回流阀，大回流的时间不得超过 3 min。

2.1.7 当大回流管物料浓度接近工艺要求时，打开物料阀，同时关闭大回流阀，通过小回流阀调整至出料浓度全脂淡粉 12～14 °Bé，浓奶通过出料泵打入喷雾浓奶缸内。

2.1.8 严格按工艺参数指导生产。

a. 设备操作时的工艺参数

项目	名称	三效工艺参数
压力：		
	分汽缸	≥0.8 MPa
	热压泵	0.4～0.8 MPa
	杀菌器壳层	−0.02～0 MPa
	冷却水	>0.3 MPa
真空度：		
	一效壳层	−0.045～−0.039 MPa
	二效壳层	−0.071～−0.065 MPa
	三效壳层	−0.084～−0.081 MPa
	一效分离室	−0.071～−0.065 MPa
	二效分离器	−0.084～−0.081 MPa
	三效分离室	−0.091～−0.087 MPa
温度：		
	一效蒸发	68～72℃
	二效蒸发	56～60℃
	三效蒸发	44～48℃
	冷却水排水	<40℃
	杀菌	88±2℃

b. 配方粉的温度视情况定

2.1.9 全脂淡奶粉出料浓度控制在 12～14°Bé，浓奶浓度 0.5～1 h 检测一次，及时调节，勤换过滤袋 140～200 目。

2.1.10 操作过程中，应及时注意各仪表数值、设备运转情况，保持平衡罐内物料液面的平衡，防止跑料及断料。对突发性停电、故障停机应迅速切断杀菌蒸汽和浓缩蒸汽、平衡槽奶量，关闭进料阀、出料阀，打开大循环阀，打开破空阀。

2.2 清洗及关机

2.2.1 当蒸发量达不到要求时或一个班次生产完后清洗一次，其顺序为：清水洗 10 min →2%～5%碱液，30 min(温度 75～85℃)→水洗 10 min→2%～3%酸液清洗 20～25 min (温度 50～65℃以下)→水洗至 pH 显中性。

2.2.2 当物料快完时，通知喷粉工段做好顶奶准备，打开水箱阀门，将浓奶顶出，直至完全顶清。

2.2.3 当浓奶顶清，打开碱液罐阀门，关闭牛奶平衡缸阀门，当大回流碱液流出时使之流入碱液缸循环清洗，各效温度提高 10～20℃，进料量开到最大，根据结垢及污物情况，决定清洗时间，一般在 15～30 min。

2.2.4 关闭热压泵，杀菌器蒸汽阀门，破真空，停真空泵，冷凝水泵，进(排)清水泵，用清水将碱液顶入碱液缸，当杀菌器温度降至 45～50℃(一效蒸发温度)时，停止加热，进料量开最大，打开酸液缸阀门进行酸液清洗，清洗 20～25 min。待酸液清洗完毕后用清水将酸液顶出并循环 8～15 min，清洗结束时，用 pH 试纸测定管道中水为中性。

2.2.5 停车：关闭蒸汽阀门、打开破空阀破坏真空，依次停真空泵、进料泵、冷凝水泵、循环泵、出料泵、冷却水泵，关冷却水阀。

2.2.6 打开手孔检查降膜管的清洗效果，如发现结垢用钢丝网洗干净。生产过程中，做好质量记录，做好交接班记录并交值班长。

2.2.7 关闭冷却水，切断电源总开关，关闭蒸汽总阀。

3 注意事项

3.1 严禁浓缩段各泵无冷却水运转、空转，以免损坏密封圈。

3.2 每周定期拆卸分配盘、杀菌管及一、二、三段分离器，检查蒸发管是否干净，完毕后认真装好复原，确保无漏。

3.3 打扫卫生时，严禁用水直接冲洗电机、控制柜等电器设备，注意用电安全。

3.4 发现真空度高于工作要求或不能正常工作时，及时检查原因并维修好。

3.5 生产过程中，遇有停电，应首先关闭热压泵及蒸汽总阀门，依次是关闭一效、二效、三效蒸汽阀门，冷凝室进水阀，打开破空阀破坏真空。

3.6 维护设备外表卫生干净，将各种常用工具存放在规定的柜内。

3.7 打开窗户必须有纱窗，防止蚊虫进入车间。

3.8 注意所有发烫的蒸汽管路，防止烫伤。

3.9 酸碱清洗过程中，加酸、加碱时注意安全。

4 设备的维修与保养

4.1 由于浓缩设备每年的使用时间长短不一，停产前就必须进行清洗及检修，以减少设备的腐蚀，保证质量要求。

4.2 每次生产前必须检查泵的密封情况及运转情况，是否漏水、漏料、卡死现象。

4.3 每次生产前打开入孔，检查加热管的结垢情况。

4.4 每周定期拆卸分配盘及一、二、三段分离器、杀菌器，检查密封胶垫是否老化、损坏。

4.5 定期检查蒸汽阀门、水阀、气动隔膜阀是否工作正常，每月对浓缩工段的控制仪表进行自校，每年到指定部门校验一次。

4.6 每次拆卸检修设备应避免灰尘、其他杂质污染。

4.7 严禁设备带病运转。

4.8 电脑控制参数、数据不允许私自改动和删除。

5 相关记录

岗位操作记录。

岗位交接班记录。

(13)浓奶预热

浓奶自效体出来后进入浓奶预热器，浓奶预热器为低压直管式加热器，预热温度为60～80℃；由真空状态下的蒸汽完成加热，配有一个独立的真空装置用来排除非冷凝性物。

(14)高压输送

预热后的浓奶经高压泵输送至干燥塔顶，并提供18～24 MPa的压力以满足干燥塔喷雾需求，高压泵工作开度由干燥塔出口温度自动控制。

(15)喷雾干燥

①喷雾干燥原理：浓缩乳中一般含有50%～60%的水分，为满足乳粉生产的质量要求，必须将其所含的绝大部分水分除去，为此必须对浓缩乳进行干燥。目前广泛采用喷雾干燥法，使浓缩乳与干燥介质(热空气)进行强烈的热交换和质交换，使浓缩乳中的绝大部分水被干燥介质不断地带走而除去，得到符合标准要求的乳粉。

喷雾干燥法是乳和各种乳制品生产中最常见的干燥方法。其原理是使浓缩乳在机械力(压力或高速离心力)的作用下，在干燥室内通过雾化器将乳分散成极细小的雾状微滴(直径为10～100 μm)，使牛乳表面积增大。雾状微滴与通入干燥室的热空气(高温、食品级卫生标准的热风)直接接触，从而大大地增加了水分的蒸发速率，在瞬间(0.01～0.04 s)使微滴中的水分蒸发，乳滴干燥成乳粉，降落在干燥室底部，从塔底部排出。热风与液滴接触后温度显著降低，湿度增大，作为废气(湿气)由排风机抽出，废气中夹带的微粉经奶粉加工专用的双级旋风分离器回收。

喷雾干燥是一个较为复杂的过程，干燥过程包含浓缩乳微粒表面水分的汽化和微粒内部水分不断地向表面扩散然后蒸发两个过程，只有当微粒的水分超过其平衡水分、微粒表面的蒸汽压强超过干燥介质的蒸汽分压时，干燥过程才能进行。喷雾干燥过程一般可以分为以下

3 个干燥阶段。

a. 预热阶段。浓缩乳雾化微粒与干燥介质一经接触，干燥过程即行开始，微粒表面的水分即汽化。若微粒表面温度高于干燥介质的湿球温度，则微粒表面因水分的汽化而使其表面温度下降至干燥介质的湿球温度。

若微粒表面温度低于湿球温度，干燥介质供给其热量，使其表面温度上升至干燥介质的湿球温度，则称为预热阶段。预热阶段持续到干燥介质传给微粒的热量，与用于微粒表面水分汽化所需的热量达到平衡时为止。在这一阶段中，干燥速度便迅速地增大至某一最大值，即进入恒速干燥阶段。

b. 恒速率干燥阶段。当微粒的干燥速度达到最大值后，即进入恒速率干燥阶段。在此阶段，浓缩乳微粒水分的汽化发生在微粒的表面，微粒表面的水蒸汽分压等于或接近水的饱和蒸汽压；微粒水分汽化所需的热量取决于干燥介质，微粒表面的温度等于干燥介质的湿球温度（一般为 50～60℃）。

干燥速度与微粒的水分含量无关，不受微粒内部水分的扩散速度所限制。实际上，微粒内部水分的扩散速度大于或等于微粒表面的水分汽化速度。

干燥速度主要取决于干燥介质的状态(温度、湿度以及气流的状况等)。干燥介质的湿度越低，干燥介质的温度与微粒表面湿球温度间的温度差愈大，微粒与干燥介质接触愈好，则干燥速度愈快；反之，干燥速度则慢，甚至达不到预期的目的。恒速干燥阶段的时间是极其短促的，仅为 0.01～0.04 s。

c. 降速率干燥阶段。由于微粒表面水分的不断汽化，微粒内部水分的扩散速度不断变缓，不再使微粒表面保持潮湿时，恒速率干燥阶段即告结束，进入降速率干燥阶段。在降速率干燥阶段，微粒水分的蒸发将发生在其表面内部的某一界面上，当水分的蒸发速度大于微粒内部水分的扩散速度时，则水汽在微粒内部形成，若此时颗粒呈可塑性，就会形成中空的干燥乳粉颗粒，乳粉颗粒的温度将逐步超出干燥介质的湿球温度，并逐步接近于干燥介质的温度，乳粉的水分含量也接近或等于该干燥介质状态的平衡水分。此阶段的干燥时间较恒速率干燥阶段长，一般需 15～30 s。

②喷雾干燥的雾化方法。喷雾干燥按浓缩乳雾化方法分主要有压力喷雾干燥法和离心喷雾干燥法。

a. 压力喷雾法。浓缩牛乳经过高压泵以高压送到喷头处，以一定速度沿着斜线导乳沟进入喷嘴的旋转室，浓乳的部分静压能转化为动能，产生旋转运动，在喷嘴中央形成一股压力等于大气压的空气旋流，浓乳则形成围绕空气旋转的环形薄膜从喷嘴喷出，然后液膜厚度变薄并拉成丝，断裂成乳滴，乳滴群遇热会迅速干燥。

b. 离心喷雾法。浓缩乳的雾化是利用在水平方向做高速旋转的圆盘产生的离心力来完成的。其雾化的原理是当浓缩乳在泵的作用下进入高速旋转的转盘中央时，由于受到很大的离心力作用而以高速被甩向四周，甩出时呈薄膜状，与周围空气接触的瞬间受摩擦力作用而立即分散成微细的乳滴，从而达到雾化的目的，遇热后迅速干燥。

生产乳粉干燥时的工艺条件分别见表 5-8 和表 5-9。

表 5-8　压力喷雾干燥法生产乳粉的工艺条件

项目	全脂乳粉	全脂加糖乳粉
浓缩乳浓度/°Bé	11.5～13	15～20
乳固体含量/%	38～42	45～50
浓缩乳温度/℃	45～60	45～50
高压泵工作压力/MPa	10～20	10～20
喷嘴孔径/mm	2.0～3.5	2.0～3.5
喷嘴数量/个	3～6	3～6
喷嘴角/rad	1.047～1.571	1.222～1.394
进风温度/℃	140～180	140～180
排风温度/℃	75～85	75～85
排风相对湿度/%	10～13	10～13
干燥室负压/Pa	98～196	98～196

表 5-9　离心喷雾干燥法生产乳粉的工艺条件

项目	全脂乳粉	全脂加糖乳粉
浓缩乳浓度/°Bé	13～15	14～16
乳固体含量/%	45～50	45～50
浓缩乳温度/℃	45～55	45～55
转盘转速/(r/min)	5 000～2 000	5 000～2 000
转盘数量/个	1	1
进风温度/℃	140～180	140～180
排风温度/℃	75～85	75～85

③喷雾干燥塔体的形式。如图 5-16 所示。

复合型干燥塔，如图 5-17 所示。

复合型干燥塔优点：宽塔提供的逆向气流能保持黏性粉体在干燥腔中心减少产品附着；高塔提供高长的干燥路径，更好地控制水分，更好地控制黏度使产品沉聚最小化；高塔的设计提供紧密的结构所需空气导管更少、更直接，所需 CIP 喷嘴更少。

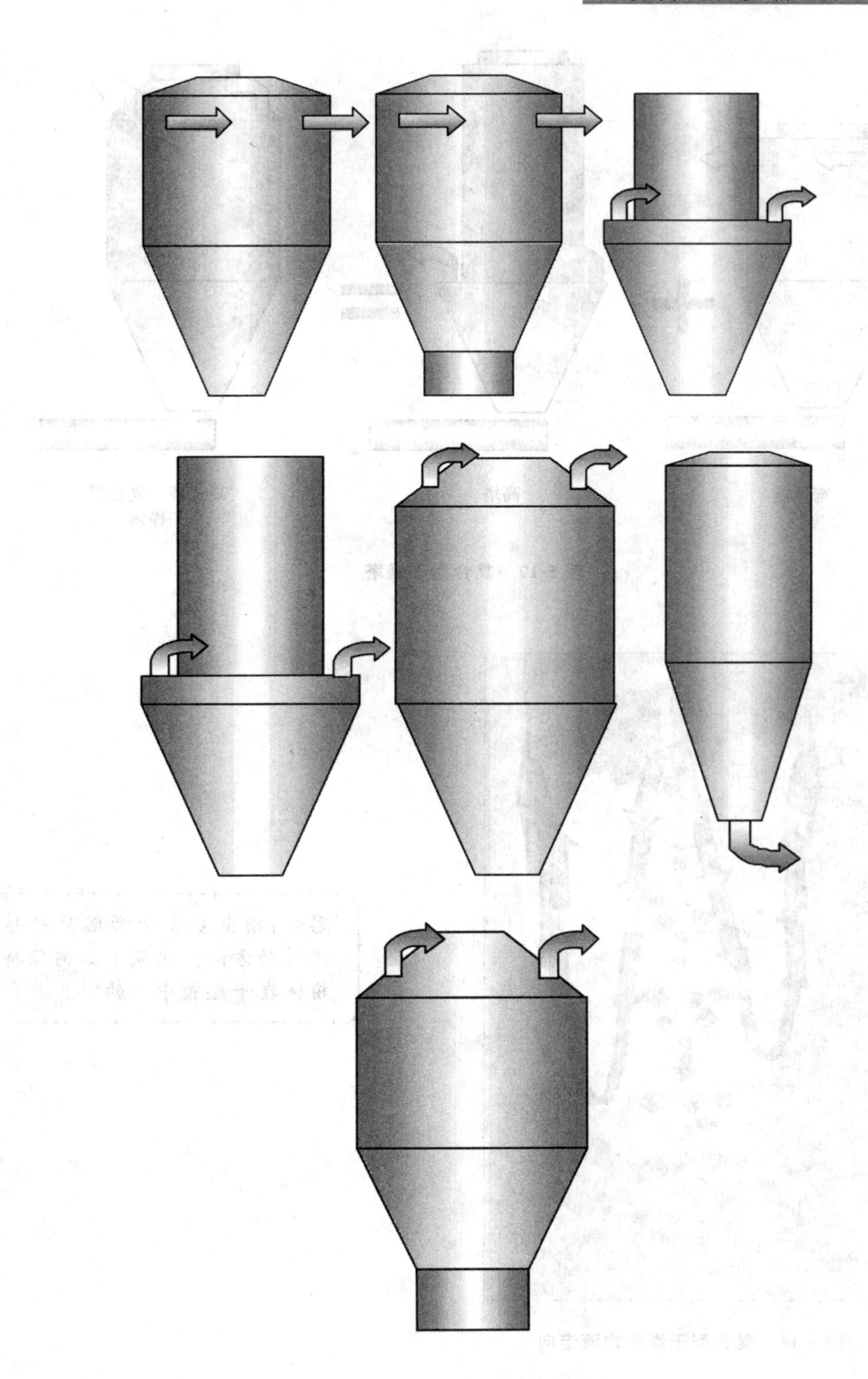

图 5-16 各种干燥塔体

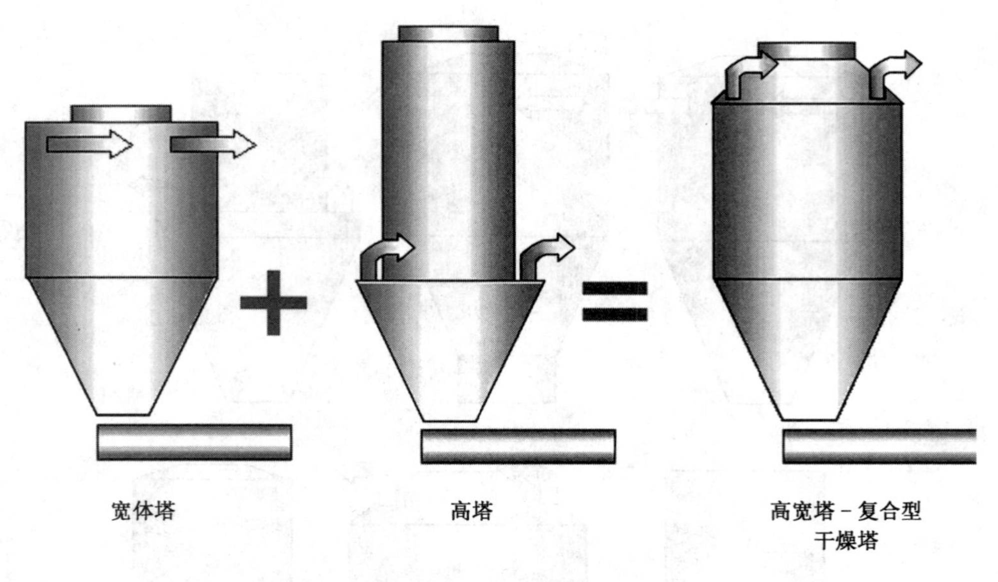

图 5-17　复合型干燥塔

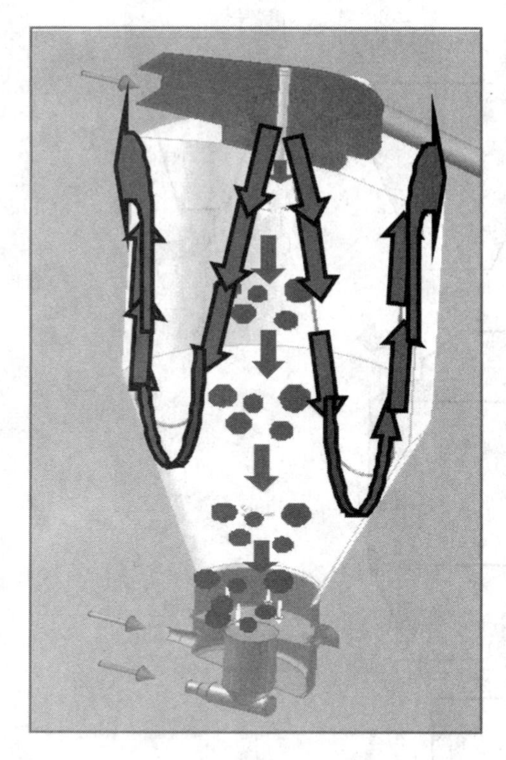

图 5-18　复合型干燥塔物流走向

思考：指出复合干燥塔里的热风流动方向？热风是如何保持粉体在干燥腔中心的？

根据物料雾化后的运动方向与干燥介质气流相对运动的方式可将喷雾干燥分为并流干燥法、逆流干燥法和混流干燥法，见表 5-10 和图 5-19。

表 5-10 喷雾干燥物流走向类型及其应用

干燥室类型	适用类型	工作状态	局限
水平并流型	压力喷雾	热空气与物料由干燥室同一侧进入，通过水平喷嘴喷雾，即使较高干燥温度也不会影响产品品质	当处理量增大时要相应增加喷嘴数量；同时喷雾距离小，喷雾角度有一定限制。生产能力不适于大容量者，已不常用
垂直下降并流型	压力喷雾，离心喷雾	热空气和物料从干燥室顶部进入，干燥后的粉末由底部排出，排废气的管道位于近干燥室底部的侧面	
垂直上升逆流型	压力喷雾	物料由上向下喷入，热风从底部两侧进入上升，废气从中央顶部排出。粗颗粒沉降于底部，细微粒随废气排出	成品最后与高温空气接触，焦粉产生率非常高
垂直上升混流型	压力喷雾，离心喷雾	热空气与物料均由干燥室底部进入，通过两次输入热空气保证室内高温。废气由顶部排出，细粉由底部分离	当粗微粒沉降时，和二次热空气接触，容易形成焦粉
垂直下降混流型	压力喷雾	热空气和物料由干燥室顶部进入，热空气沿内壁切线方向运动，废气由顶部的风管排出，物料干燥后沉降到底部排出	会产生涡流而导致部分微粒黏结在内壁，造成产品焦化

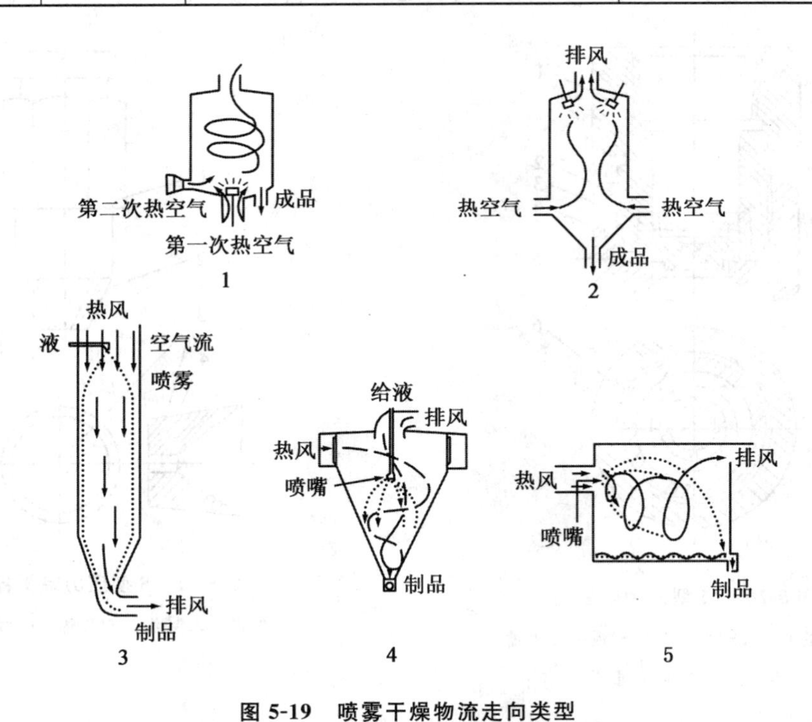

图 5-19 喷雾干燥物流走向类型

1.垂直上升混流型 2.垂直上升逆流型 3.垂直下降并流型 4.垂直下降混流型 5.水平并流型

④喷雾干燥的设备。各类喷雾干燥设备大体上均可分为以下几个系统：一是空气加热及输送系统，主要包括空气过滤器、空气加热器、导风器等，要求风量分配均匀，使热空气与乳滴

保持良好的接触，防止热空气形成滴流或逆流，减少焦粉量；二是乳液供应及喷雾系统，包括乳液输送管道、料泵、喷雾器等；三是干燥系统（主要是干燥室）。要求干燥室内表面与产品接触的部分都要用不锈钢材料，便于清理及消毒；四是产品回收及净粉系统，包括卸料器、粉尘回收器、除尘器等。要求卸料方便、回收率高。

a. 压力喷雾干燥设备。压力喷雾干燥法具有生产能力大、操作简便、技术成熟等特点，是目前广泛使用的干燥方法。在乳粉生产上，广泛使用顺流压力喷雾干燥设备，其主要有卧式和立式两种形式。

喷雾器是喷雾干燥的重要部件，能使浓缩乳稳定地喷洒成大小均匀的液滴，并使液滴均匀地分布于干燥室的有效部分，与干燥介质保持良好的接触。目前乳品厂使用最广泛的有 M 形和 S 形两种形式之雾化器。

M 形喷雾器（图 5-20），高压浓缩乳经分配板上的小孔、喷嘴的导沟从喷头喷出。M 形喷雾器流量可达 300 kg/h，喷孔直径较大，不易堵塞，乳粉颗粒大，冲调性好，适用于生产需要较大的喷雾干燥。

S 形喷雾器（图 5-21），高压浓缩乳沿着芯子上的螺旋状小沟以极高的速度通过喷嘴的锐孔，以一定角度（70°左右）喷射出去，呈漩涡状运动。其喷嘴直径较 M 形喷嘴小。

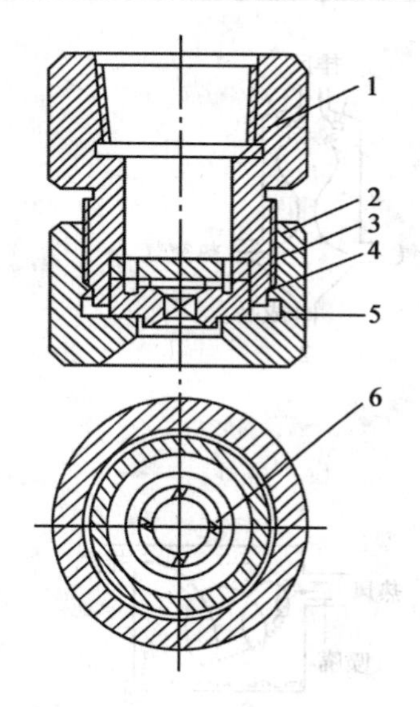

图 5-20 M 型压力喷雾器

1. 管接头 2. 螺母 3. 分配板 4. 喷嘴 5. 喷头 6. 切向通道

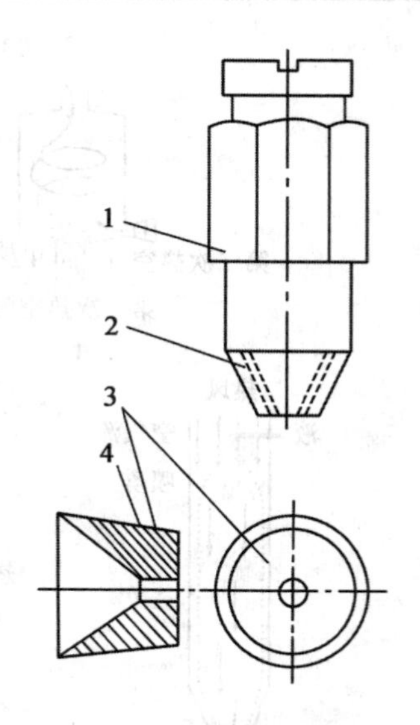

图 5-21 S 型压力喷雾器

1. 喷芯 2. 导沟 3. 喷嘴 4. 喷嘴孔

二者的区别在于 M 形喷嘴中导沟的轴线与喷嘴的轴线相互垂直但不相交，而 S 形喷雾器的导沟的轴线是和水平面呈一定角度的。其目的都是增加喷雾时料液的湍流程度。

调整喷雾器的角度，可以调整乳粉附聚的程度，速溶乳粉就是附聚成较大颗粒，提高速溶性的。如图 5-22 所示。

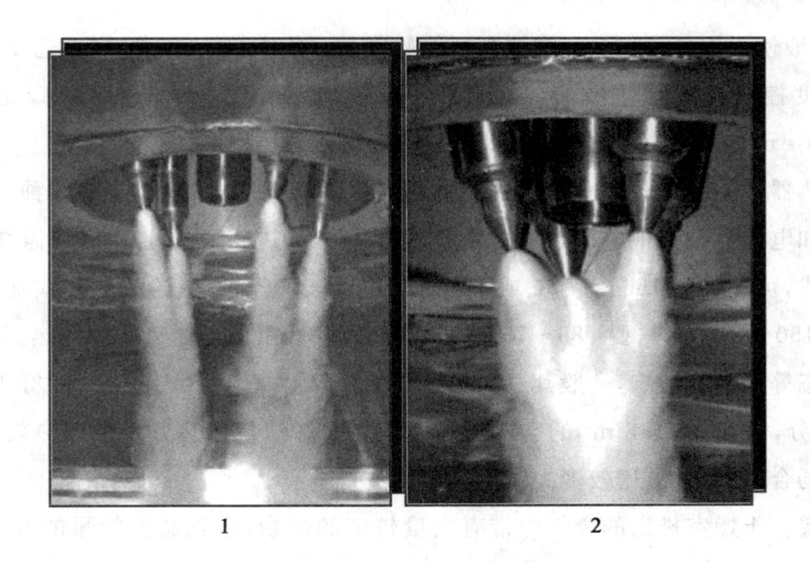

图 5-22 喷雾的压力喷雾器

1. 低度附聚喷头 2. 高度附聚喷头

b. 离心式喷雾干燥设备。由于离心喷雾几乎都沿主平面作圆周运动，故无论什么样的离心喷雾干燥设备，其干燥介质的流动方向与浓缩乳液滴的流动方向大部分呈顺流或混流，几乎很少有真正呈逆流的。在乳粉生产上大部分采用顺流型。

转盘有喷枪式和圆盘式两种类型。圆盘式又分叶板式、不滑式、喷嘴式几种。一般料液黏度小的，采用喷嘴式圆盘，黏度大的用叶板式圆盘。离心盘的转速根据直径的不同而异，一般食品工业上用的圆盘直径在 160～500 cm，转速为 5 000～20 000 r/min，如图 5-23 所示。离心盘的线速度不宜过低，在乳品工业上一般采用 100～160 m/s。经实践和研究表明，60 m/s 的线速度是工业上可以采用的最小值，否则喷洒所产生的液滴大小显著不匀，影响干燥效果。

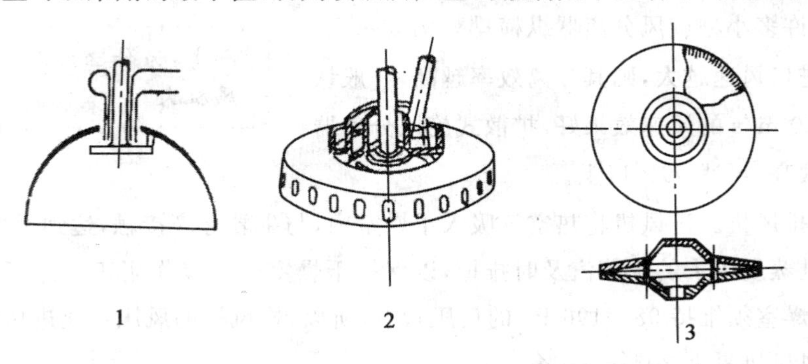

图 5-23 离心喷雾转盘

1. 喷枪式转盘 2. 蓝式(Niro)转盘 3. 碟式转盘

c. 辅助设备。压力式或离心式喷雾干燥设备各有特点，但二者都有共同的附属设备。

空气过滤器。清洁的空气是保证产品质量的重要条件之一，所以，对加热空气要设过滤器，过滤层一般使用钢丝、尼龙丝、泡沫塑料等物充填，约 10 cm 厚。按照工艺要求，空气穿过过滤层的速度控制在 2 m/s 左右，风压降控制在 147 Pa（15 mmHg）以内，处理空气量在 100 m^3/(min · m^2)，为保持过滤器的工作效率，应定期清洗滤层。

空气加热器。在喷雾干燥过程中都要用到热空气，空气的加热方式有 3 种，即蒸汽加热、燃油炉加热和电加热。其中电加热方式一般在中试设备中才有应用，国内厂家普遍采用的是蒸汽加热方式，可加热到 150～170℃或 180～200℃。以蒸汽加热的散热片式加热器，其加热温度一般为 150～170℃，需要 686～784 kPa 以上的蒸汽压力。加热器的加热面积受管径、叶片及排列状态等因素的影响，一般其总传热系数为 105 kJ/(m^2 · h · ℃)。喷雾干燥室每小时蒸发 1 kg 水分，需 1.2～1.8 m^2 的空气加热面积。而燃油炉加热方式由于热效率高，常由于需要高温的场合，在国外应用较多。

捕粉装置。干燥室排出的废气中带有大量较细的微粉，占到总乳粉量的 25%～45%，这些微粉必须借助一定的装置回收。常用的有旋风分离器，布袋过滤器或两者结合使用，也有湿回收器、静电回收器。

布袋过滤器系用多只织物组成的圆筒形滤袋组成。布袋均采用白色单面厚绒的棉织品或涤纶布织品制成，布袋外侧是绒面，其直径采用 140～280 mm，大多采用 140 mm，布袋长度一般为 1.5～2 m。有粉尘的废气进入布袋内，废气通过微细孔隙而排空，而乳粉微粒则滞留在布袋内得以回收。每组布袋均装有机械振动装置，振动频率为每分钟 200～250 次，可定时（一般每隔 30 min）逐组关闭排风闸门，开启振动装置以击拍布袋，将袋内积粉振下，以减少气流阻力，使排风顺利进行。布袋直径不宜过大，否则占地大；长度也不宜太长，否则难以清除袋内积粉。特点是回收率较高，但操作手续较繁杂，布袋更换时也需消毒灭菌。

近年来也有使用两级旋风分离器的，或者与布袋过滤器组合使用。有的采用多组旋风分离器，就是将许多小型旋风分离器纵横排列构成一组。旋风分离器进口风速越大，则其分离效率越高，一般认为采用 18～20 m/s 的风速效果好，扩散式旋风分离器的捕粉效率很高，可达 99%以上。

思考：为什么排风机风压比进风机大？

进风机、排风机。进风机将热空气吸入干燥室内，与牛乳雾滴接触，达到干燥目的。同时，排风机将牛乳蒸发出去的水蒸汽及时排掉，以保持干燥室的干燥作用正常进行。为防止粉尘向外飞扬，干燥室须维持 98～196 Pa 的负压状态，所以，排风机的风压要比进风机大。排风机风量要比进风机风量大 20%～40%。

气流调节装置。在热风进入干燥室分风室处安装有气流调节装置，目的是使进入的气流均匀无涡流，与雾滴进行良好的接触，避免干燥室内出现局部积粉、焦粉或潮粉现象。

图 5-24 是各种辅助设备。

⑤喷雾干燥工艺流程及分段干燥系统。如图 5-25 是喷雾干燥工艺模拟图。

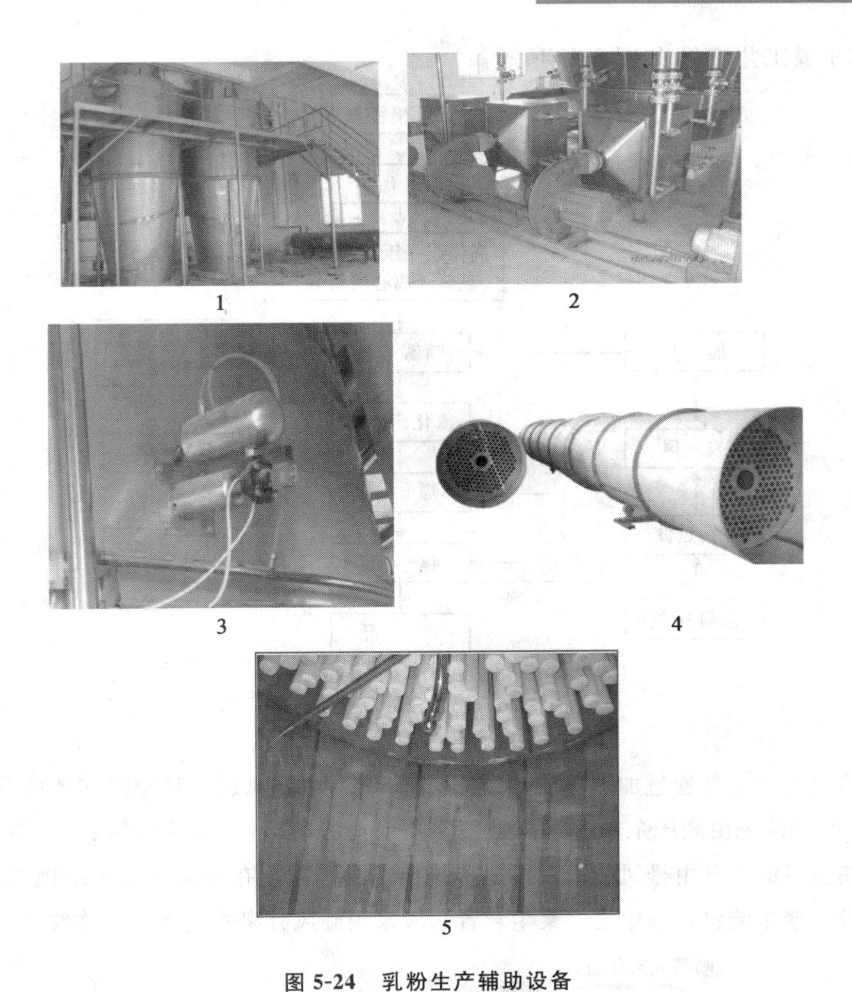

图 5-24 乳粉生产辅助设备

1.旋风分离器 2.热风风机 3.塔体外的气锤 4.空气过滤器 5.布袋式过滤器

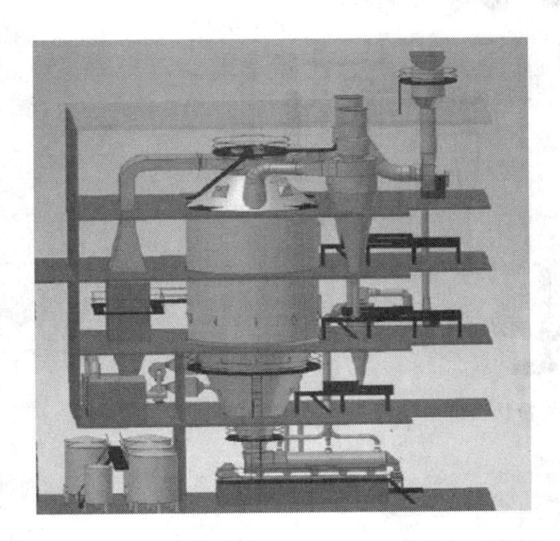

图 5-25 喷雾干燥工艺模拟图

思考:从这个模拟图中你看到了喷雾干燥的什么设备?

a.喷雾干燥工艺流程 如图 5-26 所示。

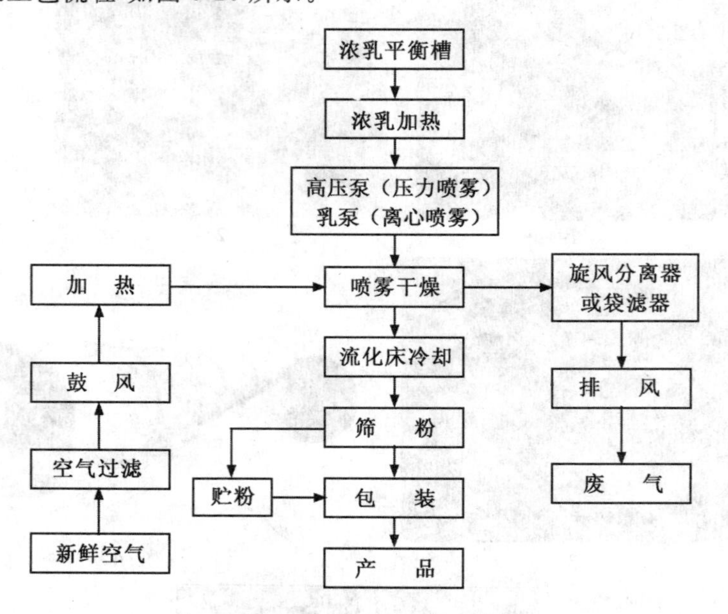

图 5-26 喷雾干燥工艺流程

首先,将过滤的空气通过加热器加热到 150～180℃,由鼓风机将热空气送入喷雾干燥室,同时将 50℃左右的浓乳由高压泵输送至压力喷雾器或离心喷雾器,喷成细微乳滴,与热风迅速接触,牛乳遇热蒸发的水分由排风管通过排风机排出。为了防止在排风中将极细微的乳粉排走造成损失,需设一聚尘装置以捕集之。聚尘装置一般采用旋风分离器或布带过滤器(图 5-27)。

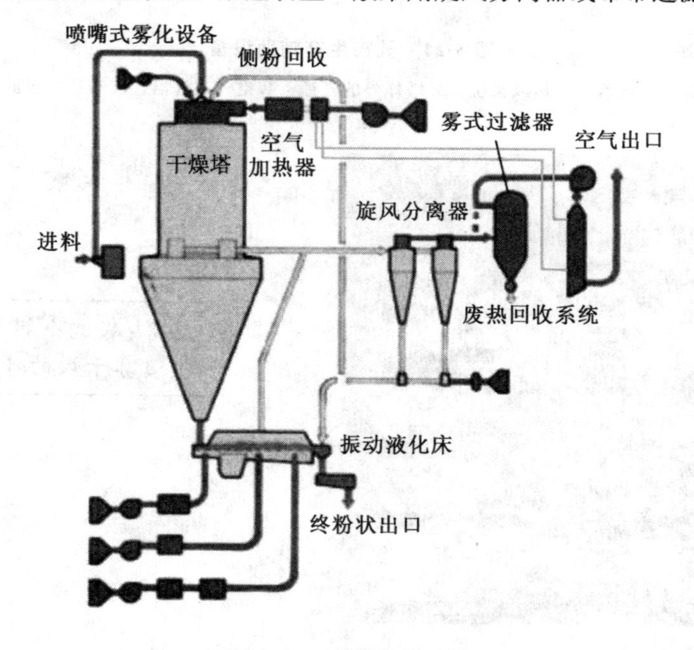

图 5-27 喷雾干燥系统

尽管热风温度较高(150～180℃)，但由于乳滴水分蒸发非常迅速(1/100～1/20 s)，此时，蒸发所需的汽化潜热很大，所以，实际蒸发干燥时，乳滴表面温度有 40～50℃，最高不超过 60℃。如果连续出粉，则乳粉在干燥室内的受热时间是很短的。

b. 一段干燥。最简单的生产奶粉的设备是一个具风力传送系统的喷雾干燥器，见图 5-28。

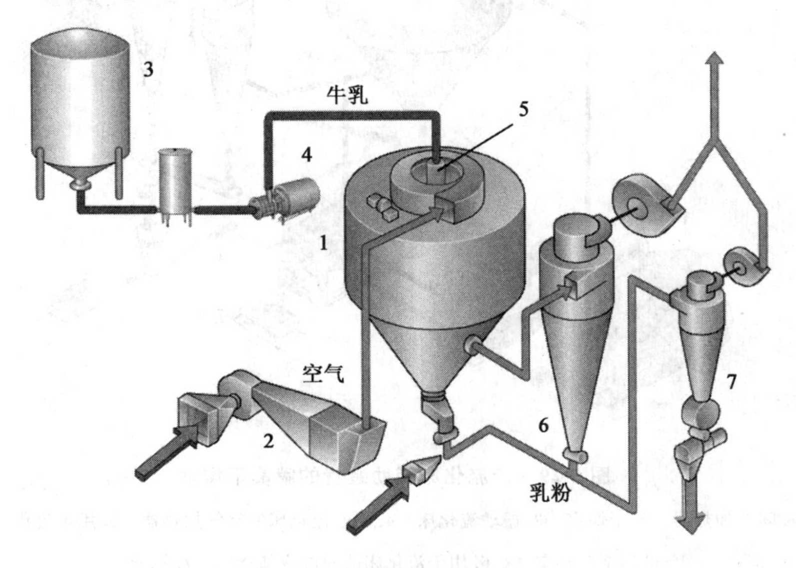

图 5-28　带有圆锥底的一段干燥室

1. 干燥室　2. 空气加热器　3. 牛乳浓缩缸　4. 高压泵　5. 雾化器
6. 主旋风分离器　7. 旋风分离输送系统　8. 抽气扇和过滤器

这一系统建立在一级干燥原理上，即将浓乳中水分除去至要求的过程全部在喷雾干燥塔室内 1 完成。相应风力传送系统收集奶粉和粉末，一起离开喷雾塔室进入到主旋风分离器 6 与废空气分离，通过最后一个分离器 7 冷却奶粉，并送入袋装漏斗。

c. 二段干燥。两段干燥方法生产奶粉包括了喷雾干燥第一段和流化床干燥第二段。如图 5-29 所示。

首先采用喷雾干燥，使物料水分下降至 5%～8%，和水分含量直接降至 3.5%～4% 的常规方法相比，可以采用较低的出风温度(如 85℃，常规一般为 95℃)。接着物料进入安置在喷雾干燥机底部出料口附近的流化床干燥机，在此使水分含量进一步下降至 3.5%～4%，并最后将奶粉冷却下来。

流化床内乳粉的厚度不能过厚，一般乳粉厚度控制在 100～200 mm。由于流化床内温度相对不高，乳粉在其中滞留时间比较长(一般在 15 min 左右)，可以采用较低温度的空气来达到干燥的目的。废气从流化床上部排出，经旋风分离器，回收细粉。从流化床内卸出的乳粉可

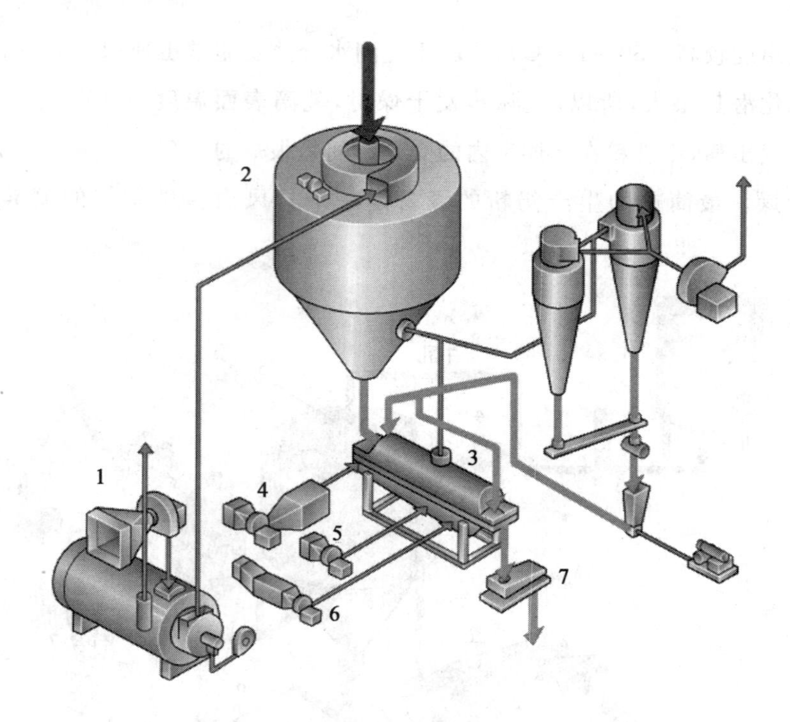

图 5-29　带流化床辅助装置的喷雾干燥室

1.间接加热器　2.干燥室　3.振动流化床　4.用于流化床的空气加热器　5.用于流化床的周围冷却空气　6.用于流化床的脱湿冷却空气　7.筛子

进入下一个包装工序。

与简单的一段喷雾干燥相比，二段干燥系统中采用较低的出风温度，可以节省15%～20%的能源，同时因为最终干燥阶段采用较低的温度使乳粉的质量提高了。一段法干燥生产出来的乳粉成品全部是由单个的乳粉小颗粒组成，容积小，密度大，粉粒轻，脂肪含量高的产品容易结团，复原奶冲调性不佳。二段法生产的乳粉有良好的溶解性，密度高，颗粒大，不易飞扬，这与干燥过程有着密切关系。一段干燥设备最后通过启动输送系统将成品转入包装工序，而二段干燥设备是通过流化床。

二段干燥的流化床有内置和外置两种方式，如图5-30所示。内置式流化床不可以振动，外置式可以振动，流化床设备如图5-31所示。

思考：内置流化床与外置流化床各有什么优点？

d.三段干燥。三段干燥中第二段干燥在喷雾干燥室的底部进行，而第三段干燥位于干燥塔外进行最终干燥和冷却。主要有两种三段式干燥器：具有固定流化床的干燥器和具有固定传送带的干燥器。图5-32是具有固定传送带的干燥器。三段干燥工艺模拟图见图5-33。

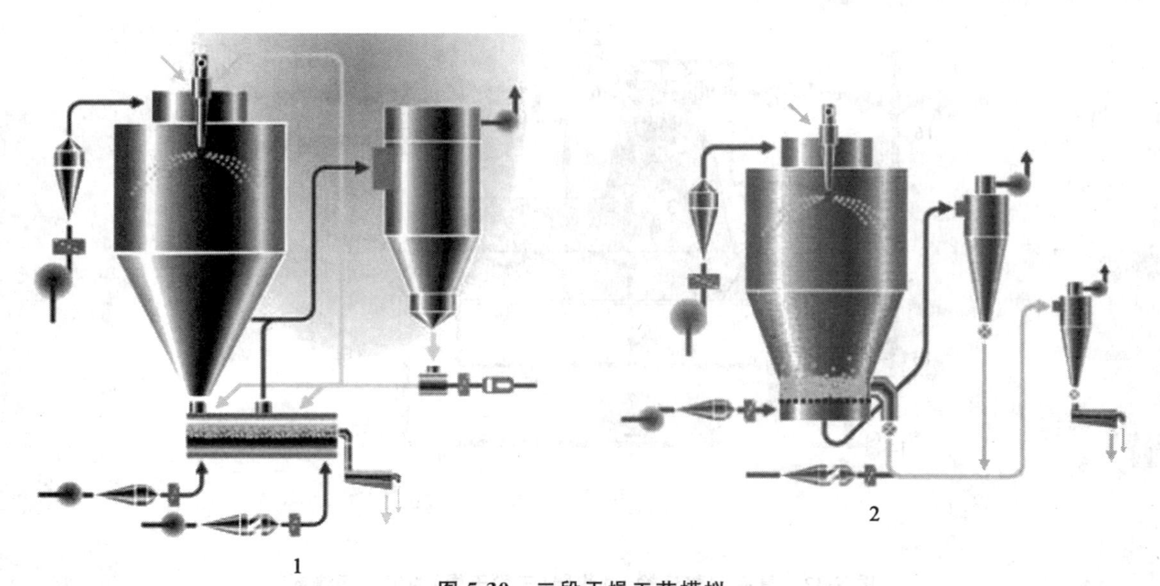

图 5-30 二段干燥工艺模拟

1.外置流化床二段干燥 2.内置流化床二段干燥

图 5-31 流化床设备

1.外置振动流化床 2.内置振动流化床

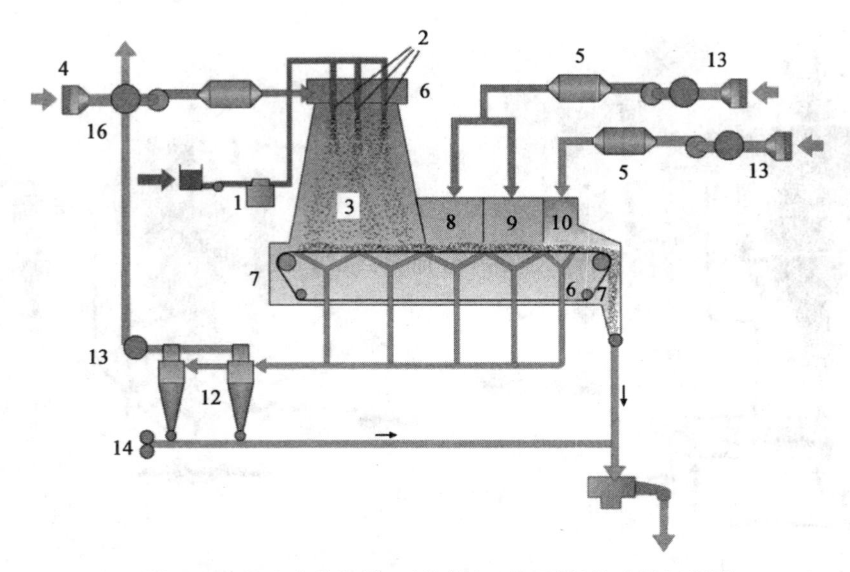

图 5-32 具有完整运输、过滤器(三段干燥)的喷雾干燥器

1. 高压泵 2. 喷头装置 3. 主干燥室 4. 空气过滤器 5. 加热器/冷却器 6. 空气分配器 7. 传送带系统 8. 保持干燥室 9. 最终干燥室 10. 冷却干燥室 11. 乳粉排卸 12. 旋风分离器 13. 鼓风机 14. 细粉回收系统 15. 过滤系统 16. 热回收系统

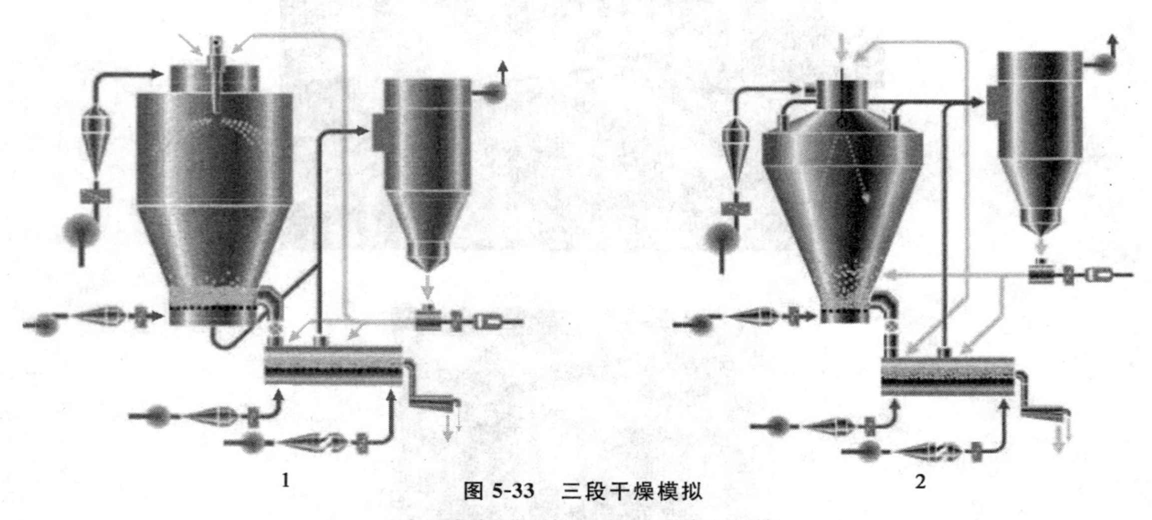

图 5-33 三段干燥模拟

1. 离心喷雾三段干燥 2. 压力喷雾三段干燥

图 5-32 为带过滤器型干燥器,它包括一个主干燥器 3 和三个小干燥室 8、9、10,用于结晶(当需要时,如生产乳清奶粉)最后干燥和冷却。产品经主干燥室顶部的喷嘴雾化,来料由高压泵泵送至喷雾嘴,雾化压力高达 20 MPa,绝大部分干燥空气环绕喷雾器供入干燥室,温度高达 280℃。液滴自喷嘴落向干燥室底部的过程被称为第一步干燥,奶粉在传送带上沉积或附聚成多孔层。第二段干燥的进行是由于干燥空气被抽吸过奶粉层。刚落在传送带 7 上时,奶粉的水分含量随产品不同为 12%~20%。在传送带上的第二段干燥减少水分含量至 8%~10%。水分含量对于奶粉的附聚程度和多孔率是非常重要的。第三段和最后一段对脱脂或全脂奶浓

缩物的干燥在两个室内 8、9 进行，在两室进口温度高达 130℃的热空气被吸过奶粉层和传送带，其方式与在主干燥室一样。奶粉在最后干燥室 10 中冷却。干燥室 8 用于要求乳糖结晶的情况(乳清奶粉)，如果乳糖结晶就不再向此室送入空气，以使其保持达 10%的较高的水分含量，第三段干燥在干燥室 9 进行，冷却在干燥室 10 中进行。

有一小部分奶粉细末随干燥空气和冷却空气离开干燥设备，这些细粉在旋风分离器组 12 与空气分离，这些粉进入再循环，进入主干燥室或进入产品类型需要或附聚需要的加工工艺点。

⑥喷雾干燥故障产生的原因及排除方法(表 5-11)。

表 5-11 喷雾干燥故障产生的原因及排除方法

序号	故障	原因	排除方法
1	喷嘴雾化不匀	喷嘴导槽被杂质堵塞 喷嘴有局部磨损 孔板被堵塞	清理喷嘴 更换喷嘴 清理孔板
2	喷雾角度太小	喷嘴加工没有达到设计要求	更换喷嘴
3	喷雾塔负压偏大	进风机阀门开启过小 空气过滤器滤层尘埃过多 进风机皮带松(C 型风机)	调整阀门 清理过滤层 调整皮带
4	喷雾塔负压偏小	排风机阀门开启过小 排风机皮带松(C 型风机)	调整阀门 调整皮带
5	进风温度偏低	蒸汽压力没有达到要求 加热器片内冷凝水过多	增加压力 检查疏水器 排除冷凝水
6	排风温度偏低	高压泵压力过高 物料浓度低 喷嘴孔径过大	降低压力 增高物料浓度 更换小孔径喷嘴
7	排风温度过高	高压泵压力低 喷嘴堵塞 喷嘴孔径小	增加压力 清洗喷嘴 更换大孔径喷嘴
8	成品水分含量高 有潮粉	物料浓度低 排风温度低 加热器渗漏	增高物料浓度 增加蒸汽压力 减少喷雾量 找出渗漏部位修复
9	成品杂质度高	空气过滤层损坏 塔内清扫不干净	更换过滤层 清扫干净
10	气锤不振击	气锤电磁脉冲阀堵塞	清除杂物
11	旋风分离器跑粉严重	旋风分离器出粉口堵塞 旋风分离器出口系统有泄漏处	清除堵塞奶粉 查找泄漏处
12	流化床出粉不畅	奶粉水分含量高 流化床振幅小 流化床进风量小	提高干燥塔进风温度 增大流化床振幅 增大进风量
13	卵磷脂雾化不好	卵磷脂温度低 压缩空气压力低 二流体喷嘴堵塞	提高卵磷脂温度 增加空气压力 清除喷嘴内的杂物

⑦乳粉速溶工艺。

a. 乳粉速溶机理。乳粉之所以能达到速溶的目的，主要是因为乳粉经过二次附聚后乳糖由非结晶状态变成了结晶状态。同时产生了疏松的毛细管样的结构，该结构十分有利于水分的渗入，从而加快了乳粉的溶解速度。

b. 速溶乳粉的特点。速溶乳粉的颗粒较大，一般为 100～800 μm。干粉不会飞扬，改善了工作环境，避免了不应有的损失。

速溶乳粉的溶解性、冲调性、可湿性、分散性等都有大的提高。用水复原时，无团块，即使用冷水直接冲调也可快速溶解，使用较为方便。

速溶乳粉颗粒中乳糖是呈结晶态的 α-含水乳糖，而不是非结晶无定形的玻璃态，所以这种乳粉在保藏中不易吸湿结块。

思考：为什么速溶乳粉乳糖呈结晶态的 α-含水乳糖？

速溶乳粉的不足之处是：

密度低(0.35 g/mL)，比容大，增大了包装容积。在一定程度上增加了成本。

速溶乳粉的含水量较高(3.5%～5%)，在贮藏过程中易变质。

速溶乳粉还具有粮谷的气味，这种不愉快的气味是由含羰基或含有甲硫醚基的化合物所形成的。

c. 速溶乳粉的生产方法。速溶乳粉的生产方法有两种，一段法和两段法。

一段法(直通法)：整个操作一次完成，即经喷雾干燥的乳粉与雾化浓奶乳滴在干燥塔塔顶或在流化床入口附聚造粒，在干燥塔或流化床内进行继续干燥。

两段法(再湿润法)：二段法是整个过程分两段进行，即用一般喷雾干燥的粉粒作为基粉，通过喷入湿空气或雾滴使其吸湿附聚成较大团粒，再进行干燥、冷却成速溶乳粉。

全脂速溶乳粉的制造比脱脂速溶乳粉复杂，除了脱脂速溶乳粉所考虑的因素外，还需考虑脂肪对乳粉速溶性的影响。由于全脂速溶乳粉中含有 25%左右的脂肪，其可湿性较差，不易达到速溶的目的。所以，全脂速溶乳粉的制造除了要使乳粉进行附聚，还要改善脂肪的可湿性。目前，一般采用附聚－喷涂卵磷脂法工艺，使全脂速溶乳粉产品质量得到很大的提高。

生产全脂速溶乳粉的工艺过程中，有两个关键的环节。一是用高浓度，低压力，大孔径喷头生产大颗粒的、附聚良好的全脂乳粉，使其具有良好的均匀度和下沉性；二是喷涂卵磷脂改善乳粉的可湿性、分散性，提高乳粉的速溶性。喷涂时常用的是卵磷脂—无水乳脂肪溶液，这种溶液是由 60%的卵磷脂和 40%的无水乳脂肪所组成。最终卵磷脂占乳粉总干物质的 0.2%～0.3%。另外，生产全脂速溶乳粉时要求所用的原料乳中游离脂肪酸的含量不能过高，应占总干物质的 1%以下。

思考：喷涂卵磷脂为什么能改善全脂乳粉的速溶性？

企业链接:喷雾岗位作业指导书

1　准备工作

1.1　值班长向喷雾干燥岗位操作工下达生产任务即生产的品种、数量。

1.2　操作工必须穿戴好全套工作衣、帽、鞋方可进行操作。

1.3　操作前用75%的酒精对手消毒、工具、振筛、门、接粉车等进行酒精喷洒消毒。

1.4　换好软连接、进风空气过滤布,关好浓奶过滤器与高压泵之间的阀门,打开浓奶罐罐底阀门,换好浓奶管道过滤器过滤网(双联过滤器),检查各项设备的运转情况,包括高压泵密封性、观察油位及冷却水是否正常。检查塔门、手孔、人孔是否关严,对所用的奶粉清扫工具要求用75%的酒精进行喷涂消毒。

1.5　换好鼓风机过滤袋、振动粉筛、喷粉塔与流化床软连接,更换出粉口的软连接。

1.6　检查流化床筛板和振动粉筛过滤网是否堵塞。

1.7　打开流化床观察孔,用毛刷将内里的细粉清除干净,发现筛板孔眼有堵塞时,应用钢刷刷干净,保证通畅。

1.8　首先打开蒸汽及冰水阀门,检查温度是否达到工作要求。

1.9　关闭视孔及清扫门。

1.10　检查各软连接是否接好。

2　操作工序

2.1　首先打开空气加热器冷凝水排出阀,慢慢地打开主蒸汽阀将其管内的残留水排尽,然后关闭冷凝水排出阀,清洗喷枪,喷头。

2.2　进料前,将平衡缸、高压泵、高压管路用85～90℃热水进行杀菌消毒8～10 min。

2.3　杀完菌后,打开高压泵旁通阀及放水阀,排掉管内余水及浓奶缸内残留水,用消毒水将缸底的残留杂质排干净,根据不同的奶粉的品种,将高压喷枪的喷嘴装好。

2.4　清塔:检查塔内有无余粉,如有需彻底清扫干净,重点清扫塔顶进风口处的焦粉,在塔底部收集,不得进入流化床。

2.5　关闭清扫门、人孔、手孔。

2.6　开启主蒸汽阀,同时开启进风机对干燥塔进行预热杀菌,温度85～90℃时,关闭蒸汽阀及进风机。待进风温度达到160℃,排风温度达到82℃,打开高压针阀、开启高压泵、塔顶冷却风机、罗茨鼓风机、吹粉器、空气压缩机、流化床、筛粉机,将流化床挡粉板设置到挡粉位置,并打开冰水阀门。

2.7　调整各阀门,使各参数稳定在规定的技术参数范围内。

2.8　将水注入卵磷脂系统中的热水罐,开启管道泵,待循环水回至热水罐,检查水位是否高过电热管,如果水位低于电热管,再加入水,直至水位高于电热管。

2.9　将电热管接通电源,把循环水加热到70～74℃。

2.10　按照奶粉单位产量的2%～3%卵磷脂计算出一天奶粉产量,一次注入配料罐进行配料,用齿轮泵打入平衡罐。

2.11　启动空气压缩机,电加热器,确定压缩空气温度68～70℃。

2.12　开启计量泵，依照喷涂卵磷脂量，调整计量泵、针阀，进行喷涂卵磷脂，同时调整热水温度，保证卵磷脂的温度 60～70℃，以便卵磷脂在最佳状态下喷涂。

2.13　操作人员必须经常观察喷雾情况，检查各测点的温度、压力，如发现不正常应及时调整。经常检查旋风分离器下部的吹粉器，是否有堵粉现象，一旦发现应立即清除。

2.14　生产中各参数指标控制：在保证水分在国标范围，冲调性合格的情况下，排风温度应控制在 75～90℃。

2.15　生产过程中，当班人员应经常观察设备运行情况：包括气锤震动、喷枪雾化角度、浓奶浓度及温度、蒸汽压力、进风机、排风机、冷风机、罗茨风机、风送阀、喷雾泵，勤换浓奶管道双联过滤器的过滤网(用 90℃以上热水对清洗好的过滤网进行消毒)。

2.16　操作人员必须经常观察喷雾情况，检查各测点的温度、压力，如发现不正常应及时调整。经常检查旋风分离器下部的吹粉器，是否有堵粉现象，一旦发现应立即清除。

2.17　每隔 0.5～1 h 对浓奶浓度进行检测，及时向浓缩工段反馈检测数据，每隔 0.5 h 观察仪表及设备运行情况，记录相关数据，发现问题应及时采取措施，解决不了及时报上级主管。

2.18　喷粉完毕前 10 min，通知锅炉房值班长，使其有所准备降压。奶缸中浓奶将喷完时，用消毒水冲洗缸内壁及缸底，使缸内余奶基本被喷完。

2.19　喷雾完毕后，应按顺序停机。停机顺序依次是高压泵进风机、蒸汽阀门、冰水阀门、排风机、罗茨鼓风机、塔顶冷却风机。如果排风机在运行，而进风机处在停车状态，一定要将塔门打开，以免塔内负压过大，损坏内壁。

2.20　卵磷脂喷涂完毕后，切断空气加热器电源，关闭空气压缩机，打开玉米油罐阀门，清洗配料罐、平衡罐及物料管道，清洗完毕后，将玉米油打回玉米油罐，关闭热水罐的电热管、管道泵、齿轮泵、计量泵。

3　清扫

3.1　打开清扫门，将风送系统接至振动流化床，启动罗茨鼓风机清扫塔内，旋风分离器、风管，清扫完毕后，空气压缩机、罗茨鼓风机、吹粉器、流化床风机、流化床、筛粉机依次停机。

3.2　穿戴好已消毒的全套扫塔工作服，用已消毒的扫把对塔内进行全面清扫，塔壁不得粘有细粉，先清扫塔锥体，应打电话给筛粉人员通知第一次扫塔(应从上往下扫)完毕，筛粉人员回筛后，停机进行第二次彻底清扫，并将旋风器的余粉清除干净。

3.3　关闭区内所有设备（包括水、电、汽)，将成品贮粉仓入口用塑料袋包扎好，搞好区域内卫生，做好质量记录，交接班手续。高压泵、平衡缸、高压管路用 2%的氢氧化钠溶液清洗后，再用温水冲洗干净。

3.4　用玉米油将卵磷脂系统清洗干净。

3.5　设备停止使用时应切断电源。

4　注意事项

4.1　注意和筛粉班、浓缩段衔接好。

4.2　注意浓缩段奶浓度、温度的变化，调解高压泵压力和蒸汽压力。

4.3 注意筛粉段出粉情况，防止堵塔、潮粉出现。如存在以上情况，应积极与筛粉人员配合、进行相应的处理。

4.4 注意床内负压、加热温度、粉层和奶粉粘筛板情况。

4.5 贮粉仓出口、粉筛出口、粉筛接粉口软连接 3 d 更换一次，其余 1 周更换一次。

4.6 随时了解产品水分、杂质以及冲调性的变化，并对相关设备做出有效地调整。

4.7 随时注意观察设备的运转情况，发现异常，应采取措施再及时通知车间主任，每天对输奶管、高压泵、高压管进行清洗，视情况对流化床、振动筛进行 80℃以上热水清洗消毒，每天用流化床热风 86～90℃对振动筛、接粉车，进行消毒 10 min 左右。

4.8 不得用未消毒的手接触奶粉和浓奶，更换过滤网时需用 90℃以上热水消毒后方可使用。

4.9 喷雾泵在运转过程中严禁断水、断油，严禁在没有物料的情况下运转，严禁在有负荷的情况下启动或关机，必须将调节手柄旋松才能启动或停机。停机后各手柄必须在旋松状态。机器只能额定压力下工作，不允许超负荷运转。操作喷雾泵时，应注意检查柱塞有无渗漏现象，如有，可适当调整螺母。

4.10 打开窗户必须有纱窗，防止蚊虫进入车间。

4.11 注意所有发烫的蒸汽管路，防止烫伤。

4.12 打扫卫生时，严禁用水直接冲洗电机、控制柜等电气设备，注意用电安全。

4.13 扫塔时注意系好安全带，防止跌伤。

5 设备的维护保养

5.1 定期拆洗喷雾泵泵头，1 d 一次(生产前必须检查)。

5.2 检查阀座、阀柱、阀芯的接触间磨损情况(生产前必须检查)。

5.3 如柱塞外渗漏严重，更换骨架密封或柱塞。

5.4 定期检查压力显示压力装置，根据电流大小对照压力表是否失真。

5.5 机器每使用 6 个月要更换润滑油，并清洗油箱。

5.6 定期检查曲轴连杆与曲轴之间的间隙(小于 0.25 mm)，连杆轴间隙(小于 0.20 mm)，否则需更换(3 个月一次)。

5.7 进风机、排风机的平衡座及设备内定期加油润滑。

5.8 每月对喷粉工段的温度仪表进行自校，每年到计量局校验一次。

(16)出粉冷却、贮粉、包装

a. 出粉冷却。在喷雾干燥中，对已干燥好的乳粉要连续不断地从干燥室内卸出并迅速冷却，尽量缩短乳粉的受热时间。由于干燥室下部的温度一般在 60～65℃，如果乳粉在干燥室内停留时间过长，会增加全脂乳粉中游离脂肪的含量，导致乳粉在贮藏时的脂肪受热，脂肪氧化变质，降低贮藏性，降低乳粉的溶解性和乳粉的品质，所以连续出粉迅速冷却对保证乳粉质量是很重要的。

目前，卧式干燥室采用螺旋输粉器出粉，而平底或锥底的立式圆塔干燥室则都采用气流输粉或流化床式冷却床出粉。

[气流输粉] 其输粉的优点是速度快，大约在 5 s 内就可将喷雾室内的乳粉送走，同时在输粉管中进行冷却。但因为气流速度快，约 20 m/s，乳粉在导管内易受摩擦而产生多量的微细粉尘，致使乳粉颗粒不均匀；筛粉筛出的微粉量也过多，不好处理；另一方面气流冷却的效率不高，使乳粉中的脂肪仍处于其熔点之上。如果先将空气冷却，则经济上又不合算。因此，目前采用流化床出粉冷却的方式较多。

[流化床输粉] 流化床输粉冷却的优点是：

第一，可大大减少微粉的生成。

第二，乳粉不受高速气流的摩擦，故质量不受损坏。

第三，乳粉在输粉导管和旋风分离器内出粉所占比例少，故可减轻旋风分离器的负担，同时可节省输粉中消耗的动力。

第四，冷却床所需冷风量较少，故可使用经冷却的空气来冷却乳粉，因而冷却效率高，一般乳粉可冷却到 18℃左右。

第五，因经过振动的流化床筛网板，故可获得颗粒较大而均匀的乳粉，从流化床吹出的微粉还可通过导管返回到喷雾室与浓乳汇合，重新喷雾产生乳粉。

在输粉过程中，全脂乳粉有时会在回转阀或蝶形阀处粘着结团而造成堵塞，形成“塔桥”，影响气流输粉的畅通。为克服这一缺点，多采用涡流式气闸(也叫涡流式气堰或涡旋气封或阻气阀)。

b. 贮粉。贮粉的原因一是可以集中包装时间(安排一个班白天包装)，二是可以适当提高乳粉表观密度，一般贮 24 h 后可提高 15%，有利于装罐。但是贮粉仓应有良好的条件，应防止吸潮、结块和二次污染。如果流化床冷却的乳粉达到了包装的要求，及时进行包装是可取的。

c. 包装。乳粉包装常使用的容器有马口铁罐、玻璃瓶、聚乙烯塑料袋等。全脂乳粉采用马口铁罐抽真空充氮包装是一种较理想的方式，规格有 454 g(1 lb)，1 135 g(2.5 lb)，2 270 g(5 lb)。短期内销售的产品，多采用聚乙烯塑料复合铝箔袋包装，规格有 454 g(1 lb)，500 g 或 250 g。

第一种小罐密封包装，包括以下几种方式：

[称量装罐] 自动称量装罐机有容量式和重量式两种。如图 5-34 所示。但容量式装罐对乳粉颗粒状态，装罐室的温、湿度等条件要求较高，采用较少。重量式装罐机的构造大致是有一个节流阀，经过一个闸门可徐徐地将需要称量的乳粉由于振动而降落到受器内，同时受器的下部闸门自动打开，使乳粉落入下面的空罐中。该法误差范围小，精度较高。较大的乳品厂采用的自动称量装罐机是由电磁阻尼、微动开关和电子管式自动控制装置组成。空罐都必须事先经过洗涤和灭菌。

[真空包装] 抽真空充氮包装是防止乳粉在贮藏中发生氧化的最有效方法。真空包装一

般利用真空封罐机，先对装有乳粉的实罐进行抽真空，使罐中的真空度达到 96.52 kPa，然后封盖密封。这样可使罐内氧的残存量在 3%以下，提高乳粉的贮藏性。这种方法对马口铁罐的质量要求很高，空罐必须坚固，在这样高的真空度下不能瘪听，但搬运中的损坏、变形很难避免，另外粉体较细时，抽真空会导致细粉飞散逸出，给封罐带来困难。一般的抽真空操作最高只能达到 66.66 kPa 左右，通常只有 33.33 kPa 左右，此时罐内的残氧量仍在 14%左右，这对防止氧化无多大效果，所以，多采用充氮包装。

图 5-34 乳粉的包装

[充氮包装] 利用半自动或全自动真空充氮封罐机，将填装好乳粉的罐中空气抽出，使真空度达到 86.45～93.1 kPa，然后在 0.1～0.2 kg/cm^2 的压力下将氮气(纯度在 99%以上的氮气)充入，立即密封。这种方法不仅能防止乳粉中的脂肪氧化，还可防止乳粉中强化的维生素破坏损失，可以延长乳粉的贮藏期，这是目前全脂乳粉密封包装的最好方法。

第二种塑料袋包装，采用由一层聚乙烯薄膜夹一层铝箔的双层复合薄膜或聚乙烯薄膜之间夹 1 层铝箔的 3 层复合薄膜制成的包装袋进行封口包装，用高频电热合焊接封口基本上可以避免光线、水分和气体的渗入。复合薄膜包装材料正广泛应用于乳粉包装，目前使用的三层复合材料主要有:K 涂硬纸/AI/PE(聚乙烯)、BOPP(双向拉伸聚丙烯)/AI/PE、纸/PVDC(聚偏二氯乙烯)/PE 等。

第三种大包装，大包装产品一般供应特殊用户，如出口或食品工厂用于制作糖果、面包、冰淇淋等工业原料。可分为罐装和袋装两种，罐装产品有规格为 12.5 kg 的方罐和圆罐两种。袋装时可由聚乙烯薄膜作为内袋，外面用三层牛皮纸套装，规格为 12.5 kg 和 25 kg 两种。

目前乳粉包装均采用定量包装机，主要由定量称重系统、封口机、缝包机、输送带等组成。

这种包装机能完成计量、夹袋、充填、封口、缝包、传送等工作，专为粉剂、颗粒物料包装而设计，适用于粉剂的包装。乳粉包装设备主要包括如下一些。

储料罐：粉料储存于储料罐中，储料罐上装有料位传感器，料位低于传感器位置时控制系统控制翻板阀自动下料。

碟阀：通过碟阀将储料罐与供粉仓隔开，从而使供粉仓中可以形成一定的正压保证粉料的流化。

供粉仓：位于供粉仓上的流化喷嘴向其内充入纯净氮气，使供粉仓内压力升高，从而使物料沿供粉管道流出。

供粉管道：流化物料经过的管道，管道出口部有阀板，通过气缸调节阀板的位置来控制下料速度。

下料仓：称重传感器及夹袋装置的载体，同时可防止下料时产生的粉尘污染环境。

称重传感器：称取包装物料的重量并反馈给控制系统，从而实现实时动态控制，保证计量精度。

夹袋装置：人工套袋后拨动旁边的开关，通过锁紧气缸将袋夹紧，从而完成下粉工作。

(17)入库

检测合格乳粉入库贮存。

(18)取样暂存待检

在包装过程中对产品按照采样计划进行采样，每日生产出配方粉现场经取样员取样后密封送入化验室检验。待检的产品统一摆放在暂存区域，待合格时入库。

(19)合格出厂

待化验室做感官指标、微生物指标、理化指标，下发产品质量报告单，区分合格与不合格的产品，合格品凭合格报告单方可出厂。

企业链接：乳粉包装岗位作业指导书

1 工作程序

1.1 卫生要求

1.1.1 进入车间前应穿戴好整洁的工作衣、帽及套鞋。操作者不得留长指甲，女工头发全部放入工作帽内，不得涂指甲油、口红。

1.1.2 上班时不得戴首饰、手表。非生产性物品不得带入车间，茶具应置于指定地点。

1.1.3 必须按规定做好设备、器具清洗、清洁工作。所用设备、器具保持光洁，不得有积垢、积灰。

1.1.4 进出车间时应按规定启用纱门，防止苍蝇、小昆虫等飞入车间。

1.1.5 必须按规定保持岗位环境整洁，地面、墙壁、窗户、控制柜、仪表箱、工作台无积垢、积灰。

1.2 准备事项

1.2.1 上班前各班班长应了解当天生产产品品种、数量、生产批号。

1.2.2 进入包装间必须穿戴好消毒好的全套工作服装，戴好口罩，头发拢在帽子里，不得披露，袖口必须扎紧，严禁用橡皮筋和别针扎袖口，不得将自己穿的衣服露在工作服外面。直接接触奶粉的工作人员要戴口罩。

1.2.3 将包装所有的纸箱用品、包装袋、粉瓢、封口机、电子秤准备好。

1.2.4 并对奶粉直接接触的用具用75%的酒精进行喷洒消毒、对手清洗后再用75%的酒精进行消毒。

1.2.5 每天对接粉口、粉筛用75%的酒精进行喷洒消毒，用消毒液对地面做一次消毒工作。

1.2.6 每周对包装间空气进行一次乙酸熏蒸消毒。

1.3 操作过程

1.3.1 成品包装

1.3.1.1 对袋装产品用天平校好样，校好的样品放在固定地方，经常对电子秤进行检测。

1.3.1.2 检查电子秤的灵敏度是否符合要求，保持电子秤的清洁。

1.3.1.3 由称秤人员检查重量是否符合标准，当重量偏高时，用小勺舀出，当重量偏低时，往袋内加奶粉，直到符合标准重量为止。

1.3.1.4 然后由排气人员进行排气，必须将袋内空气排尽防止涨袋，随时保持台面的干净，为下步封口工作做好准备。

1.3.1.5 封口员调整好封口温度，检查封口后的产品是否有漏粉、皱折、歪斜现象，出现问题及时纠正。

1.3.1.6 外包封口时，包装缝线平直、严密、牢固、无皱折、不掩盖生产日期。

1.3.1.7 将成品码堆时，轻拿轻放，点清数量，包装完后，在成品记录表中用大小写记录实际数量、品种，并签名，要求所有记录准确无误。

1.3.1.8 将封好的产品进行检查、看是否有漏粉、表面粘粉、划破现象，发现不合格的产品打开内包进行纠正，直至合格为止。

1.3.1.9 将不合格的粉分类码放，并注明不合格的原因。

1.3.1.10 包装完毕后，将空车推出包装间后进行清洗，然后做好工器具及场地卫生。

2 注意事项

2.1 火焰消毒后的用具需冷却后方可使用。

2.2 发现粉中有异物及时拿出，并做好详细记录。

2.3 严禁将工作服、鞋、帽穿出车间以外的地方。

2.4 封口时要仔细，避免袋口有奶粉、以保证封口的密封度。

2.5 奶粉称量时，应轻拿轻放，防止电子秤受损，影响计量。

2.6 称量排气时，奶粉撒在台面上，应及时清扫，只能做土粉，不得再直接装入袋内。

2.7 时刻保持包装间的卫生，地面不得有异物。

2.8 安全用电，清洗粉车时不得将水洒在电气设备上，非电气设备维修人员不得修理电气设备。

2.9 下班时，关好门窗、日光灯，并将紫外灯打开。

3 相关记录

岗位操作记录。

岗位交接班记录。

三、脱脂乳粉生产技术

以脱脂乳为原料，经杀菌、浓缩、喷雾干燥而制成的乳粉即脱脂乳粉，因含脂率低（不超过1.25%），所以其耐保藏，不易氧化变质。该产品一般多用作食品工业原料，如制饼干、糕点、面包、冰淇淋及脱脂鲜干酪等。

思考：你认为脱脂乳粉的加工与全脂乳粉会有什么不同？

（一）脱脂乳粉的质量标准

1. 脱脂乳粉感官要求

脱脂乳粉感官要求应符合表5-12的规定。

表5-12 脱脂乳粉的感官要求

项目	要求
色泽	呈均匀一致的乳白色
滋味，气味	具有清新、愉快的乳香味
组织形态	干燥粉末，无结块
冲调性	润湿下沉快，冲调后无团块、无沉淀

2. 脱脂乳粉理化指标

脱脂乳粉理化指标应符合表5-13的规定。

表5-13 脱脂乳粉理化指标

项目	指标（每100 g）	项目	指标（每100 g）
脂肪含量/g	≤1.5	复原乳酸度/°T	≤18
蛋白质含量/%	≥30	杂质度/(mg/kg)	≤6
乳糖含量/g	≥50	溶解度/%	≥99
水分含量/g	≤4.0		

3. 脱脂乳粉卫生指标

脱脂乳粉卫生指标应符合表5-14的要求。

表5-14 脱脂乳粉的卫生指标

项目	要求
铅含量/(mg/kg)	≤0.5
砷含量/(mg/kg)	≤0.5
硝酸盐含量(以 $NaNO_3$ 计)/(mg/kg)	≤100
亚硝酸盐含量(以 $NaNO_2$ 计)/(mg/kg)	≤2
黄曲霉毒素 M_1	不得检出
酵母和霉菌数/(CFU/g)	≤50
细菌总数/(CFU/g)	≤30 000
大肠菌群(最近似值)/(CFU/100 g)	40
致病菌(指肠道致病菌合致病性球菌)	不得检出

(二)脱脂乳粉的生产工艺流程

脱脂乳粉采用喷雾干燥法制得,其工艺流程如图5-35所示。

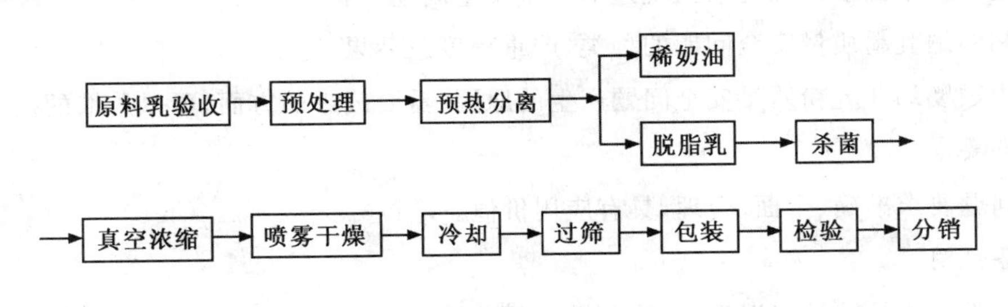

图5-35 脱脂乳粉生产工艺流程

原料乳经验收、过滤后,加热到35～38℃即可进行分离。用分离机分离牛乳可得两种产物,即稀奶油和脱脂乳。分离时应控制脱脂乳的含脂率不超过0.1%。脱脂乳的预热杀菌浓缩、喷雾干燥、冷却过筛、称量包装等过程与全脂乳粉完全相同。脱脂乳粉根据用途不同,工艺上可采用不同的热处理条件。

脱脂乳粉质量指标除国家规定的外,还有一项是乳清蛋白氮指数(简称为WPN指数)。该项指标反映了成品脱脂乳粉在加工工艺过程中的受热处理程度的大小。一般低热处理的脱脂乳粉WPN大,其乳清蛋白变性程度轻;而高热处理的脱脂乳粉WPN小。

乳清蛋白氮指数,即每克脱脂乳粉中乳清蛋白氮的毫克数来表示。取一定量的试验脱脂乳粉,用一定量的蒸馏水复原,然后用氯化钠溶液使酪蛋白及变性的乳清蛋白质沉淀。过滤后向滤液中加入一定量的弱酸缓冲液，则溶液中因含有未变性的乳清蛋白质会混浊，用一定波长的分光光度计测其光密度，并与标准曲线对照，即求出其乳清蛋白氮指数。

脱脂乳粉均采用大包装，用聚乙烯塑料薄膜袋包装，外面再用三层牛皮纸袋套装封口。

任务2 中国婴幼儿乳粉质量安全问题分析

【要点】

1. 获取资料及信息的基本方法。
2. 归纳整理的方法。
3. 综合分析问题的能力。

【工作过程】

(一)布置任务

1. 任务内容

收集近几年中国婴幼儿乳粉出现过的质量安全问题资料。

整理和归纳乳粉质量安全问题的种类、严重程度及后果。

分析中国婴幼儿乳粉质量安全问题产生的原因，需要改进的方面，可以采取的措施等。

2. 任务要求

分析问题要求准确、全面、合理，具有应用价值。

3. 任务说明

在仔细学习相关乳粉知识后，回答引导问题。可运用媒体工具作为辅助措施。这些伴随的提问涉及了对于这个工作任务重要的知识领域。

按照工作流程进行工作。

讨论引导问题及任务草案。

修改任务草案，并完成乳粉质量安全问题的分析。

(二)工作流程

制订工作计划→教材及参考资料的认知→引导问题的回答→进行中国乳粉质量安全问题的调查或网上查询→草稿的撰写→讨论→修改草稿→任务完成

1. 制订工作计划

制订工作过程的计划，填写如下表格。

工作计划表

班级________姓名________学号________小组________

时间________

任务：				
序号	工作阶段	工作内容	工作地点	时间

2.学习及问答

学习乳粉相关知识，回答引导问题。

(1)你了解乳粉的分类吗？

(2)乳粉的基本生产过程是怎样的？

(3)你熟悉婴幼儿乳粉生产操作要点吗？

(4)乳粉生产中关键控制的环节是什么？

(5)乳粉质量控制包括哪些方面？

(6)原料乳验收标准是什么？

以上问题如果不能正确回答，请认真查阅教材及参考资料，收集一些食品企业的相关资料。

3.收集资料，撰写草稿

通过各种手段收集近几年中国发生的一系列乳粉尤其是婴幼儿乳粉质量安全事件。

4.分析问题

分析中国婴幼儿乳粉质量安全问题，结合社会现状，找到质量安全问题症结所在，并研究解决的措施，展望中国乳粉质量安全的发展。撰写论文草稿。

5.讨论及任务的完成

各组讨论，指出相互的不足，修改后完成论文。

(三)检查与评估

各组论文互相进行检查，评价其工作状况。填写工作任务检查评估表。

工作任务检查评估表

班级＿＿＿＿＿＿姓名＿＿＿＿＿＿学号＿＿＿＿＿＿小组＿＿＿＿＿＿

时间＿＿＿＿＿＿

	能力	内容	评分		
			自评（30%）	互评（30%）	老师评价（40%）
专业能力评测	专业能力	能掌握乳粉生产的基本流程			
		能确定关键生产环节			
		能掌握乳粉的质量控制			
		能完成论文			
	通用能力	团结协作			
		学习能力			
		分析能力			
		口头表达能力			
	小计				

【考核要点】

1.工作计划制定的是否详细合理。

2.自主学习的效果。

3.收集资料的方法。

4.分析问题的能力。

5.撰写论文的过程。

【必备知识】

一、配方乳粉生产技术

配方乳粉（Modified Milk Powder）是指针对不同人的营养需要，在鲜乳中或乳粉中配以各种营养素经加工干燥而成的乳制品。

配方乳粉的种类包括婴儿乳粉、老人乳粉及其他特殊人群需要的乳粉。下面以婴儿乳粉为例加以说明。

思考：你知道多少种婴幼儿配方乳粉？

（一）概述

1.定义

①婴儿配方乳粉：以新鲜牛乳或羊乳（或乳粉）及其加工制品为主要原料，加入适量的维生素和矿物质和其他辅料，经加工制成的供0～6月龄婴儿食用的产品。

②较大婴儿配方乳粉：以新鲜牛乳或羊乳（或乳粉）及其加工制品为主要原料，加入适量的

维生素和矿物质和其他辅料，经加工制成的供6～12月龄较大婴儿食用的产品。

③幼儿配方乳粉：以新鲜牛乳或羊乳（或乳粉）及其加工制品为主要原料，加入适量的维生素和矿物质和其他辅料，经加工制成的供12～36月龄较大婴儿食用的产品。

④婴儿配方乳粉Ⅰ：以新鲜牛乳或羊乳、白砂糖、大豆、饴糖为主要原料，加入适量的维生素和矿物质，经加工制成的供婴儿（0～12个月）食用的粉末状产品。

⑤婴儿配方乳粉Ⅱ、Ⅲ：适用于以新鲜牛乳或羊乳（或乳粉）、脱盐乳清粉（配方Ⅱ）、麦芽糊精（配方Ⅲ）、精炼植物油、奶油、白砂糖为主要原料，加入适量的维生素和矿物质，经加工制成的供6个月以内婴儿食用的粉末状产品。

2.婴儿乳粉配方的国家标准（表5-15）

表5-15 中国婴幼儿配方乳粉标准

成分	婴儿配方乳粉[a]	较大婴儿配方乳粉和幼儿配方乳粉[b]	婴儿配方奶粉Ⅰ[c]	婴儿配方奶粉Ⅱ、Ⅲ[d]
能量/kJ	≥1 925(460 kcal)	≥1 820(436 kcal)	≥1 862(445 kcal)	≥2 046(489 kcal)
蛋白质/g	10.0～20.0	15.0～25.0	≥18.0	12.0～18.0（其中乳清蛋白≥60%）
脂肪量/g	≥20	15.0～25.0	≥17.0	25.0～31.0
亚油酸量/g	≥1 500	≥1 600	—	≥3 000
灰分/g	≤5.0	—	≤5.0	≤4.0
维生素A量/IU	1 200～2 600	1 200～3 900	1 250～2 500	1 250～2 500
维生素D量/IU	200～520	200～600	200～400	200～400
维生素E量/mg	≥2.0	≥2.4	≥4.0	≥5.0
维生素 K_1 量/μg	≥20	≥20	—	≥22
维生素 B_1 量/μg	≥300	≥240	≥400	≥400
维生素 B_2 量/μg	≥300	≥240	≥500	≥500
维生素 B_6 量/μg	≥180	≥230	—	≥189
维生素 B_{12} 量/μg	≥0.8	≥0.8	—	≥1.0
烟酸量/μg	≥3 000	≥2 400	≥4 000	≥4 000
叶酸量/μg	≥20	≥20	—	≥22
泛酸量/μg	≥1 500	≥1 500	—	≥1 600
维生素C量/mg	≥40	≥40	≥40	≥40
生物素量/μg	≥8.0	≥8.0	—	≥8.0
胆碱量/mg	—	—	—	≥38
钙量/mg	≥300	≥360	≥500	≥300

续表 5-15

成分	婴儿配方乳粉[a]	较大婴儿配方乳粉和幼儿配方乳粉[b]	婴儿配方奶粉Ⅰ[c]	婴儿配方奶粉Ⅱ、Ⅲ[d]
磷量/mg	≥150	≥180	≥400	≥220
铁量/mg	5.0～11.0	5.0～11.0	30～80	7.0～11.0
锌量/μg	2.0～7.0	3.0～7.0	6.0～10	2.5～7.0
锰量/μg	≥25	—	—	≥25
钠量/mg	≤310	≤450	≤300	≤300
钾量/mg	≤1 000	400～1 500	400～1 000	≤1 000
镁量/mg	≥30	≥30	—	≥30
铜量/μg	200～650	160～750	270～750	320～650
氯量/mg	270～780	≤1 120	≤600	275～750
碘量/μg	30～150	30～150	30～150	30～150
钙：磷	1.2～2.0	1.2～2.0	—	1.2～2.0
牛磺酸/mg	—	—	—	≥30

注：[a] 适用于以牛奶(或羊奶)及其加工制品、或(和)谷物、豆类及其加工制品为主要原料制备，适用于 0～12 个月婴儿，其营养成分能满足 0～6 个月正常婴儿发育所需的营养素；

[b] 适用于 6～36 个月婴儿；

[c] 适用以牛奶(或羊奶)、大豆、白砂糖、饴糖为主要原料制备；

[d] 适用以鲜牛奶或羊奶(或奶粉)、脱盐乳清粉(配方Ⅱ)、麦芽糊精(配方Ⅲ)、精炼植物油、奶油、白砂糖为主要原料制备，适于 0～6 个月婴儿。配方Ⅱ要求蛋白质中乳清蛋白≥60%，乳糖占总碳水化合物≥90%。

(二)母乳与牛乳的区别及配方设计

人乳是哺育婴儿的最好食品，当母乳不足时，才不得不依靠人工喂养。牛乳被认为是最好的代乳品，但人乳和牛乳无论是感官上还是组成上都有很大区别，见表 5-16。故需要将牛乳中的各种成分进行调整，使之近似于母乳，并加工成方便食用的粉状乳产品。

> 思考：为什么提倡母乳喂养婴幼儿？

表 5-16　母乳与牛乳的成分区别

乳的成分	蛋白质		脂肪	乳糖	灰分	水	热能/kJ
	乳清蛋白	酪蛋白					
人乳	0.68	0.42	3.5	7.2	0.2	88.0	274
牛乳	0.69	2.21	3.3	4.5	0.7	88.6	226

1.蛋白质、氨基酸、核苷酸

母乳与牛乳中的蛋白质，含量与组成有很大区别。牛乳蛋白质中酪蛋白占 78%以上，母乳中蛋白质含量为1.0%～1.5%，酪蛋白∶乳清蛋白=4∶6。酪蛋白在婴幼儿胃内易形成较大的坚硬凝块。为了使牛乳蛋白质的消化性与人乳相近，可增加乳清蛋白质或植物蛋白质调整蛋白的组成和含量，使酪蛋白与乳清蛋白的比与人乳相同。一般用脱盐乳清粉、大豆分离蛋白调整。

思考：为什么用脱盐乳清粉调整蛋白质？

在婴儿配方乳粉中，还要考虑满足婴幼儿必需氨基酸的要求。牛磺酸是一种非蛋白氨基酸，人乳各个阶段的乳汁中都含有牛磺酸，牛乳中几乎不含牛磺酸。强化牛磺酸对婴儿的体格和智力发育有促进作用。

国际标准中对核苷酸的添加不做强制规定，如果添加不许超过其规定的上限。胆碱是合成磷脂酰胆碱的前体，磷脂酰胆碱是大脑、肝脏及其他组织的主要磷脂。通常，配方乳粉中胆碱的含量会低于常乳，所以需要额外补充。

人工喂养的婴幼儿对疾病抵抗力低的原因之一，可以考虑是抗体蛋白质的问题。人乳中蛋白质还有一类免疫球蛋白、乳铁蛋白等，提供一些生物学功能。

2. 脂类物质

人乳与牛乳的脂肪含量大致相同，但脂肪酸组成有很大区别。牛乳中饱和脂肪酸特别是挥发酸含量多；而人乳中不饱和脂肪酸，特别是亚油酸、亚麻酸含量多。亚油酸、亚麻酸均为必需脂肪酸，在体内不能合成。但过高的亚油酸摄入可能会对生理功能产生一定的不良影响。调整时可采用植物油脂替换牛乳脂肪的方法，以增加亚油酸的含量。亚油酸的量不宜过多，规定的上限用量为：ω-6 亚油酸不应超过总脂肪量的2%，ω-3 长链脂肪酸不得超过总脂肪的1%。富含油酸、亚油酸的植物油有橄榄油、玉米油、大豆油、棉籽油、红花油等，调整脂肪时须考虑这些脂肪的稳定性、风味等，以确定混合油脂的比例。

3. 碳水化合物

碳水化合物主要供给婴儿能量，促进发育。母乳中90%是乳糖，牛乳中乳糖含量比人乳少得多，牛乳中主要是α-型，人乳中主要是β-型。新生儿也可消化吸收淀粉、葡萄糖和蔗糖等。但蔗糖会导致龋齿的发生，果糖会对果糖不耐受的婴儿健康有危害，因此，配方应以乳糖为主。调制乳粉中通过加可溶性多糖类，如葡萄糖、麦芽糖、糊精等或平衡乳糖，来调整乳糖和蛋白质之间的比例，平衡α-和β-型的比例，使其接近于人乳（α∶β=4∶6）。较高含量的乳糖能促进钙、锌和其他一些营养素的吸收。麦芽糊精可用于保持有利的渗透压，并可改善配方食品的性能。一般婴儿乳粉含有7%的碳水化合物，其中6%是乳糖，1%是麦芽糊精。

4. 维生素和矿物质

牛乳是维生素B_2的良好来源，但维生素C和烟酸含量不足，维生素D含量也不足，维生素A和维生素B_1也并不十分充足。人乳和牛乳大致相同。所以婴儿用调制乳粉应充分强化维生素，特别是维生素A、维生素C、维生素D、维生素K、烟酸、维生素B_1、维生素B_2、叶酸等。其中，水溶性维生素过量摄入时不会引起中毒，所以没有规定其上限。脂溶性维生素 A、维生素 D 长时间过量摄入时会引起中毒,因此须按规定加入。

添加微量元素时应慎重,因为微量元素之间的相互作用,以及微量元素与牛乳中的酶蛋白、豆类中植酸之间的相互作用对食品的营养性影响很大。

思考:为什么新生儿不能直接食用鲜牛乳?

牛乳中矿物质含量高于母乳 3 倍,而婴幼儿的肾脏功能尚未健全,不能充分排泄体内蛋白质所分解的过剩电解质,过多摄入无机成分会增加婴儿肾脏负担,引起高电解质血症、脱水症及水肿等疾病,特别是初生婴儿,灰分含量应该更低,所以,采用乳清粉时应该使用脱盐率大于90%或采用乳清浓缩蛋白和乳糖。

(三)婴儿配方乳粉的生产技术

1. 湿法生产婴幼儿配方乳粉(图 5-36)

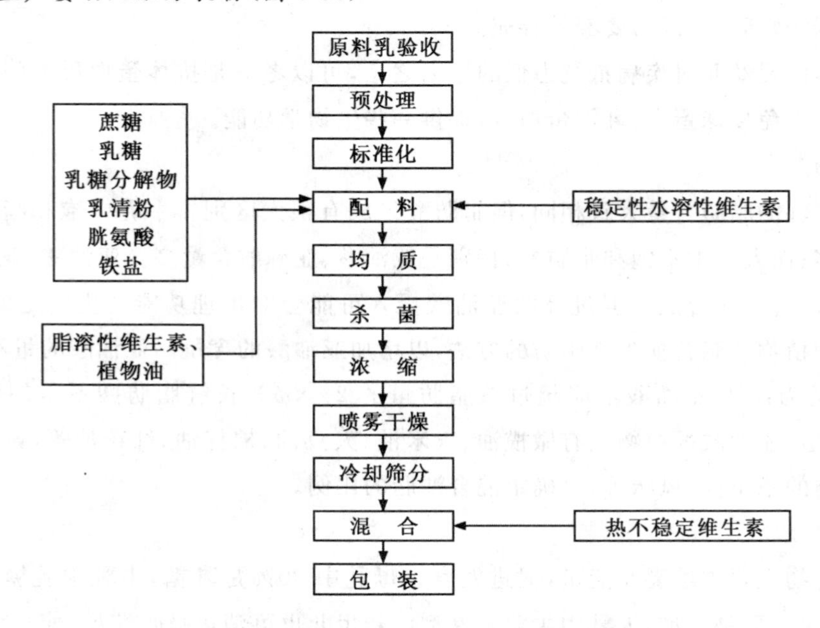

图 5-36 婴幼儿配方乳粉生产技术流程

2. 干法生产婴幼儿配方乳粉

干法生产是将生产婴幼儿配方乳粉的原料用特殊的干混设备加以混合,然后再包装出厂。这种方法没有乳清粉等配料重新溶解,再喷雾干燥的过程,节约能源,缩短生产周期,有利于营养元素的保存。但这种方法维生素和微量元素容易混合不均匀,混合过程中微生物不好控制。

二、乳粉的质量控制

在乳粉的生产过程中,如果操作不当,就有可能出现各种质量问题。目前,乳粉常见的质量问题主要有

思考:乳粉的质量应该从哪些方面进行控制?

水分含量过高、溶解度偏低、易结块、颗粒形状和大小异常、有脂肪氧化味、色泽较差、细菌总数过高、杂质度过高等。

(一)乳粉水分含量

乳粉的水分含量在3%～5%,水分含量过高,将会促进乳粉中残存的微生物生长繁殖,产生乳酸,从而使乳粉中的酪蛋白发生变性而变得不可溶,这样就降低了乳粉的溶解度。当乳粉水分含量提高至6.5%～7%时,贮存一小段时间后其中的蛋白质就有可能完全不溶解,产生陈腐味,同时产生褐变。但乳粉的水分含量也不宜过低,否则易引起乳粉变质而产生臭味,一般喷雾干燥生产的乳粉当水分含量低于1.88%时就易引起这种缺陷。

> 思考:乳粉水分含量过低容易引起乳粉怎样的化学变化?

乳粉水分含量过高的原因:

①喷雾干燥过程中进料量、进风温度、进风量、排风温度、排风量控制不当。

②雾化器因阻塞等原因使雾化效果不好,导致雾化后的乳滴太大而不易干燥。

③乳粉包装间的空气相对湿度偏高,乳粉吸湿而使水分含量上升。包装间的空气相对湿度应该控制在50%～60%。

④乳粉冷却过程中冷风湿度太大,从而引起乳粉水分含量升高。

⑤乳粉包装封口不严或包装材料本身不密封。

(二)乳粉溶解度

乳粉溶解度的高低反映了乳粉中蛋白质的变性程度。溶解度低,说明乳粉中蛋白质变性的量大,冲调时变性的蛋白质不能溶解,或黏附于容器的内壁,或沉淀于容器的底部。

导致乳粉溶解度下降的因素:

①原料乳的质量差,混入了异常乳或酸度高的牛乳,蛋白质热稳定性差,受热容易变性。

②牛乳在杀菌、浓缩或喷雾干燥过程中温度偏高,或受热时间过长,引起牛乳蛋白质受热过度而变性。

③喷雾干燥时雾化效果不好,使乳滴过大,干燥困难。

④牛乳或浓缩乳在较高的温度下长时间放置会导致蛋白质变性。

⑤乳粉的贮存条件及时间对其溶解度也会产生影响,若乳粉贮存于温度高、湿度大的环境中,其溶解度会有所下降。

⑥不同的干燥方法生产的乳粉溶解度亦有所不同,一般来讲,滚筒干燥法生产的乳粉溶解度较差,仅为70%～85%,喷雾干燥法生产的乳粉溶解度可达99%以上。

(三)乳粉结块

乳粉极易吸潮而结块,这主要与乳粉中含有的乳糖及其结构有关。采用一般工艺生产出来的乳粉,其乳糖呈非结晶的玻璃态,其中α-乳糖与β-乳糖之比为1∶1.5,两者保持一定的平衡状态。非结晶状态的乳糖具有很强的吸湿性,吸湿后则生成1分子结晶水的结晶乳糖。

造成乳粉结块的原因:

①在乳粉的整个干燥过程中,由于操作不当而造成乳粉水分含量普遍偏高或部分产品水分含量过高,这样就容易产生结块现象。

②在包装或贮存过程中,乳粉吸收空气中的水分,导致自身水分含量升高而结块。

(四)乳粉颗粒的形状和大小

乳粉颗粒的形状随干燥方法的不同而不同。滚筒干燥法生产的乳粉颗粒呈不规则的片状,且不含气泡;而喷雾干燥法生产的乳粉呈球状,可单个存在或几个粘在一起呈葡萄状。压力喷雾法生产的乳粉直径较离心喷雾法生产的乳粉颗粒直径小。

乳粉颗粒直径大,色泽好,则冲调性能及润湿性能好,便于饮用,反之亦然。如果乳粉颗粒大小不一,而且有少量黄色的焦粒,则乳粉的溶解度就会较差,且杂质度高。

影响乳粉颗粒形状及大小的因素:

①雾化器出现故障,将有可能影响到乳粉颗粒的形状。

②干燥方法不同,乳粉颗粒的平均直径及直径的分布状况亦有所不同。

③同一干燥方法,不同类型的干燥设备,所生产的乳粉颗粒直径亦有所不同。例如,压力喷雾干燥法中,立式干燥塔较卧式干燥塔生产的乳粉颗粒直径大。

④浓缩乳的干物质含量对乳粉直径有很大影响,在一定范围内,干物质含量越高,则乳粉颗粒直径就越大,所以,在不影响产品溶解度的前提下,应尽量提高浓缩乳的干物质含量。

⑤压力喷雾干燥中高压泵压力的大小是影响乳粉颗粒直径大小的因素之一,使用压力低,乳粉颗粒直径就大,但不能影响干燥效果。

⑥离心喷雾干燥中转盘的转速也会影响乳粉颗粒直径的大小,转速越低,乳粉颗粒的直径就越大。

⑦喷头的孔径大小及内孔表面的光洁度状况也影响乳粉颗粒直径的大小及分布情况。喷头孔径大,内孔光洁度高,则得到的乳粉颗粒直径大,且颗粒大小均一。

(五)乳粉中的脂肪氧化和酸败

乳粉中游离脂肪含量的高低决定了乳粉脂肪氧化和酸败发生的程度。

1.影响乳粉游离脂肪含量的因素

①喷雾干燥前浓缩乳若采用二级均质法,可使乳粉中游离脂肪含量下降。

②在出粉及乳粉输送过程中应避免高速气流的冲击和机械损伤,干燥后的乳粉应迅速冷却,应采用真空包装或抽真空灌惰性气体的密封包装,产品应贮存于适宜的温度下,这样可防止游离脂肪的增加。

③当乳粉水分含量增加到8.5%～9.0%时,因乳糖的结晶促使游离脂肪增加。

2.乳粉脂肪氧化味产生的原因

①乳粉的游离脂肪酸含量高,易引起乳粉的氧化变质而产生氧化味。

②乳粉中的脂肪在酯酶及过氧化物酶的作用下产生游离的挥发性脂肪酸，使乳粉产生刺激性的臭味。

③乳粉贮存环境温度高、湿度大或暴露于阳光下，易产生氧化味。

3. 防止乳粉产生脂肪氧化味的措施

①严格控制乳粉生产的各种工艺参数，尤其是牛乳的杀菌温度和保温时间，必须使酯酶和过氧化物酶的活性丧失。

②严格控制产品的水分含量在2%左右。

③保证产品包装的密封性。

④产品贮存在阴凉、干燥的环境中。

(六)乳粉的色泽

正常的乳粉一般呈淡乳黄色。乳粉的色泽受以下因素影响：

①如果原料乳酸度过高而加入碱中和，所制得的乳粉色泽较深，呈褐色。

②若牛乳中脂肪含量较高，则乳粉颜色较深。

③若乳粉颗粒较大，则颜色较黄，乳粉颗粒较小，则颜色呈灰黄。

④空气过滤器过滤效果不好或布袋过滤器长期不更换，会导致回收的乳粉呈暗灰色。

⑤乳粉生产过程中物料热处理过度或乳粉在高温下存放时间过长，会使产品色泽加深。

⑥乳粉水分含量过高或贮存环境的温度和湿度较高，易使乳粉色泽加深，严重的甚至产生褐色。

(七)细菌总数

乳粉中细菌总数过高主要与下列因素有关：

①原料乳污染严重，细菌总数过高，杀菌后残留量太多。

②杀菌温度和时间没有严格按照工艺条件的要求进行。

③板式换热器垫圈老化破损，使生乳混入杀菌乳中。

④生产过程中受到二次污染。

(八)杂质度

杂质度过高的主要因素如下：

①原料乳净化不彻底。

②生产过程中受到二次污染。

③干燥室热风温度过高，导致风筒周围产生焦粉。

④均风器热风调节不当，生产涡流，使乳粉局部受热过度而产生焦粉。

三、乳粉质量控制综合分析举例

1. 喷雾干燥系统质量控制示意总图(图5-37)

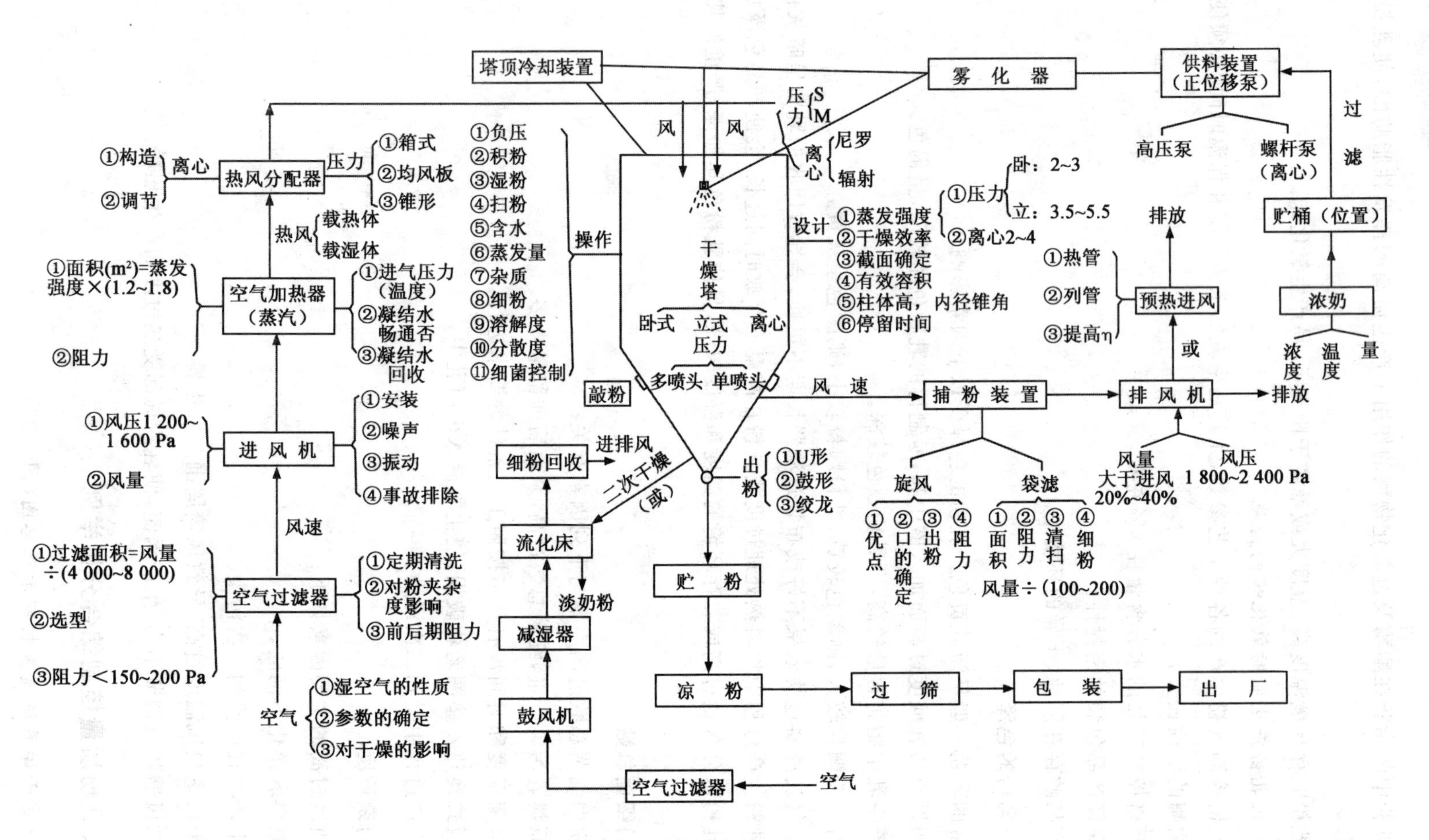

图 5-37 喷雾干燥系统质量控制示意图

2.喷雾干燥设备生产中问题分析

表5-17 喷雾干燥设备生产中问题分析及处理表

出现问题	原因分析	补救措施
1.产品含水量高	(1)料液雾化不均匀,喷出的粒子太大	(1)提高离心机转速 (2)提高高压泵压力 (3)发现喷嘴有线流时应及时更换
	(2)进料量太快	适当改变进料量
	(3)排出空气的相对湿度太高	提高进风温度,相应地提高排风温度
2.塔顶及喷雾器附近有积粉	热风分配未调整好	校正热风分配器的位置,使进风均匀,消除积粉
3.塔壁到处都有粘着湿粉	(1)进料太多	减低供料泵进料速度
	(2)喷雾开始前干燥塔加热不足	排风温度没有达到规定时不要喷雾
4.塔壁局部地方有积粉	(1)气流分布不规则	调整热风分配器,使塔内空气均匀
	(2)多喷嘴喷雾时,使喷嘴堵塞	更换堵塞喷嘴
	(3)离心喷雾盘液体分配器的部分孔洞堵塞,使喷雾盘液料分布不规则	检查和清洗喷雾盘液体分配器
5.蒸发量降低	(1)整个系统空气量减少	(1)检查进排风机转数是否正常 (2)检查进排风调节蝶阀是否正常 (3)检查空气过滤器及加热器管道是否堵塞
	(2)热风入口温度太低	(1)检查加热器压力是否符合要求 (2)检查燃烧系统是否工作正常
	(3)设备漏风会造成热量散失和引进冷空气	检查设备,同时修补损坏处,特别注意各组件连接处的严密性
6.产品夹杂度高	(1)空气过滤器的效果差	提高空气过滤效果,及时清洗或更换过滤器
	(2)生产中焦粉混入产品	(1)检查热风入口处焦粉情况,调整气流速度克服涡流 (2)在热风分配器出口周边采用水冷或气冷夹套
	(3)料液夹杂度高	喷雾前将料液过滤
	(4)设备不清洁	清洗设备
7.产品粉粒太细	(1)料液固形物含量低	提高喷雾料液浓度
	(2)喷嘴孔径太小	采用较大孔径
	(3)高压泵压力太大	适当降低压力
	(4)离心盘转速太快	适当降低转速能使粉粒增大
	(5)离心喷雾进料太小	提高供料泵转速
	(6)离心盘选用不合适	改进喷雾结构,可用切向小孔代替径向小孔,或采用蝶式转盘

续表 5-17

出现问题	原因分析	补救措施
8.产品得率低，跑粉损失大	(1)旋风分离器效率低	(1)检查旋风分离器是否由于敲击而变形 (2)提高旋风进出口的气密性检查器内及出口有否积料、堵塞
	(2)袋滤器接口松脱或袋穿孔	修好接口，定期检查更换布袋
9.离心喷雾机速度降低而电流增大	(1)进料速度太高，使其超负荷	降低供料量
	(2)喷雾机和电机机械事故	停止喷雾、检查、排除故障
10.喷雾机速率波动	通常由于电机缺陷，因此产生喷雾机和电机的机械共振现象	对电机做周密检查

3. *奶粉杂质的综合分析举例*

首先应当明确杂质的范围，即两大类：有机杂质和无机杂质。有机杂质包括焦粉、溶性蛋白、乳石、牛毛、饲草、饲料和纤维等。而无机杂质包括机械杂质、泥沙和不溶性盐类等。明确了杂质的范围以后，我们就可以从整个系统中分段检测查找出如下可能的杂质主要来源。

①原料：清洁度、酸度和新鲜度。

②辅料：砂糖中的杂质。

③容器：奶桶、奶缸、奶称及平衡槽等。

④管道：物料输送及热风管道。

⑤清洁用水中的泥沙。

⑥机械杂质：金属摩擦或机械维修时残留的碎屑。

⑦净乳机：转速不够，净化不彻底，或无净乳机。

⑧杀菌器和蒸发器焦管。

⑨空气过滤器不及时清洗。

⑩空气加热器表面不清洁。

⑪热风分布器或热风口焦粉清扫不及时。

⑫盛粉箱或储粉仝污染。

⑬局部奶粉过热产生焦粉，塔内余粉没有扫净，引起过热而焦粉。

⑭空气污染，如大小包装分隔不好，门窗不严，风沙太大，灰尘污染。

⑮包装物料不洁。

⑯操作人员责任心不强，过滤网穿孔或掉下，不及时更换，或者其本身对奶粉的污染。

分析出以上 16 个来源以后，就可以采取以下的相应措施。

①原辅料：生产中必须用“好”奶，白砂糖中所含杂质符合一级品的要求（灰分≤0.1%，水不溶物≤4.9 mg/kg），清洗用水均应过滤。

②容器、管道、工器具和设备：

a. 对容器、工器具和管道必须彻底清洗。

b. 及时清洗金属件间摩擦或维修时的碎屑与金属沫。

c. 净乳机的转速必须达到设计的转速，无净乳机应加强过滤措施。

d. 空气过滤器必须定期清洗，如为油浸钢丝绒，则必须定期换油。目前中孔泡沫塑料或尼龙毡使用的较多，效果也好，但必须注意应与过滤框架吻合，不留缝隙，并定期洗涤。

e. 对蒸汽加热器的散热片要定期擦洗，防止灰尘或回粉污染。

f. 防止进风机出现故障而使细粉吹入热风管道造成焦粉。

g. 盛粉箱每日盛粉前必须擦洗干净，同时定期用酒精消毒。盛粉后必须盖好，防止重复污染。

③杀菌器或蒸发器的焦粉必须及时清除，同时严格把好过滤关。另外，加热分布器或热风口的焦粉必须每班清扫，另行存放不得与好粉混合。

④包装过程：隔离好大小包装间，防止大包装间的灰尘进入小包装间，门窗安装得要严实，防止灰尘进入。要严格注意包装物是否洁净和印刷袋是否掉涂料。

⑤操作人员：需要操作人员进入塔内扫粉或包装时，操作人员的工作服洁净与否和个人卫生都很重要，如手指不洁，指甲过长存有污物，或头发外露，袖口不扎紧，致使毛衣或绒衣的纤维屑落入产品，因此对操作人员应有严格的要求。

另外，加强各岗位操作人员的责任心也很重要，一定严格按照工艺操作规程办事。

提示：以上分析比较细致，采取的措施也比较全面和严密。因此，只要心中有了这张总图，从物料和空气这两条路线入手进行系统的分析，头脑就会清醒，就会从很多可能的原因中找出问题，究竟是哪一个或几个主要原因造成的，加以解决。采用这种办法，不断地总结经验，不断地实践，乳粉加工质量就会越来越好，从而可以大大地提高企业的经济效益。

【项目思考】

1. 乳粉的密度有哪几种？区别是什么？

2. 不同种类的乳粉生产过程中有什么不同？

3. 乳粉生产中预热杀菌的目的是什么？

4. 乳粉生产中如何进行混料？

5. 降膜蒸发器的基本工作过程是怎样的？

6. 多效蒸发器是怎样利用热能的？
7. 简述喷雾干燥的原理。
8. 简述喷雾干燥的工艺流程。
9. 影响乳粉溶解度的因素有哪些？
10. 结合乳粉杂质度分析的举例，谈谈乳粉质量问题应该如何综合分析？

项目六　奶油生产技术

【知识目标】

1. 掌握奶油的概念、分类、特点及质量标准。

2. 掌握奶油的加工工艺、要求及其质量控制。

3. 了解奶油加工过程中出现的缺陷及原因。

【技能目标】

1. 能够按照工艺加工奶油及其制品。

2. 能够对奶油品质进行检验和评价。

【项目导入】

奶油又称黄油，白脱油。是将牛乳经分离后选取的稀奶油再经成熟、搅拌、压炼而制成的一种淡乳黄色稠状乳制品，是乳制品的第一个分离品种。由于其脂肪富有润滑性和渗透起酥性以及品味(色、香、味)俱全、营养价值高，所以称为“食品之王”。现在，以奶油为主要原料制成的各种各样的奶油蛋糕、点心、糖果、饮品等，琳琅满目，美不胜数，引人喜爱。奶油根据制造方法、选用原料、生产地区的不同，可以分成不同的种类。如甜性奶油、酸性奶油、重制奶油、无水奶油(黄油)、加盐奶油、无盐奶油、人造奶油、花色奶油以及含乳脂肪 30%～35%的发泡奶油、惯奶油。另外，我国少数民族还有传统产品“奶皮子”、“乳扇子”等。

任务　甜性奶油的加工

【要点】

1. 稀奶油加工基本方法。

2. 稀奶油分离方法和标准化要求。

【仪器与材料】

牛乳分离机、2 000 mL 三角烧杯 1 个(带塞),1 dm^2 见方的纱布 1 块,100 mL 烧杯 1 个,刀 1 个,硫酸纸(20 cm×20 cm)2 张,洗涤剂、食盐适量,10%碳酸氢钠溶液。

【工作过程】

(一)工艺流程

乳的分离→原料稀奶油→中和→杀菌→冷却→物理成熟→搅拌→排酪乳→洗涤→加盐压炼→包装→贮藏

↑ 加色素

(二)操作过程

1. 牛乳的分离

牛乳分离可以采用手摇或电动牛乳分离机,牛乳预热至 35~40℃,启动分离机,待其达到规定转速后将 40~50℃热水倒入受乳器内,打开开关,热水进入分离机钵内进行预热,当水流出停止后关闭开关。预热好的乳倒入受乳器,慢慢打开开关进行乳的分离。分离 3~5 min 后,观察稀奶油和脱脂乳的流量之比,并按要求进行稀奶油含脂率的调整。

供奶油用的稀奶油含脂率有一定的要求,用搅拌器加工奶油时要求稀奶油含脂率为 30%~35%。因此,在乳分离时应注意调整使稀奶油与脱脂乳含量比至 1∶10 左右。

2. 中和、杀菌、冷却、成熟

原料稀奶油灌入大三角瓶中,用 10%碳酸氢钠溶液中和至 20~22°T,在瓶内经巴氏杀菌后冷却至 6~10℃,物理成熟 10~12 h。

3. 搅拌

成熟的稀奶油,进行人工搅拌,两手抓紧瓶塞不要开盖,上下用力摔打,摔打十几下以后打开塞排放气,再盖紧摔打,放气反复几次后,再摔打约 30 min,待瓶壁出现透亮时,要注意小心摔打,不要过劲,当瓶壁完全透亮时马上停止,观察温度控制在 8~10℃。

4. 排酪乳

排出乳酪,瓶口用纱布包住后将瓶内酪乳倒出,注意不要让奶油粒流失。

5. 洗涤

洗涤水要求质量是杀菌后的冷却水,每次用量与排出酪乳量相同,水温要求在 8~10℃,加入水后上下摔打 2~3 下,排出洗涤水,再洗涤 1~2 次,但水温比第一次低 1~12℃。

6. 压炼、加盐、加色素

在洗涤好的奶油粒上撒入 1%的食盐和色素,上下摔打几下再加入 1%的盐,摔打几下后最后加入 1%的食盐,摔打几下至色泽均匀,质地均匀,断面无游离水珠为止,表面光滑细腻。

7. 包装

将压炼好的奶油用力倒在硫酸纸上,用木制模具成型,模具一般为长方形,使产品大小在 50 g、100 g 或 250 g 等之后再用硫酸纸包装,外面包上装潢纸。

【相关知识】

不同流量比之稀奶油含脂率见表 6-1。

表 6-1 不同流量比之稀奶油含脂率 %

原料乳含脂率	稀奶油与脱脂乳之流量比			
	1∶10	1∶8	1∶7	1∶6
3.2	31.5	26.5	22.6	20.0
3.4	33.5	28.5	24.0	21.0
3.6	36.5	29.6	25.4	22.2
3.8	37.5	31.3	26.8	23.5
4.0	39.5	32.9	28.2	24.7
4.2	41.5	34.6	29.7	26.6
4.4	43.5	36.3	31.0	27.8

【友情提示】

1. 中和时碳酸氢钠溶液要缓慢加入，防止产生泡沫溢出。

2. 杀菌、冷却可以采用水浴的方式。

3. 加盐要均匀分次加入。

【考核要点】

1. 牛乳分离机的操作及稀奶油含脂率的控制。

2. 稀奶油中和、杀菌、冷却、成熟的操作。

3. 搅拌捧打的技巧。

4. 洗涤的方法。

【思考】

1. 稀奶油如何控制含脂率？

2. 食盐如何加入？

3. 加工后的奶油怎样保存？

【必备知识】

一、稀奶油生产技术

(一)稀奶油生产工艺流程(图 6-1)

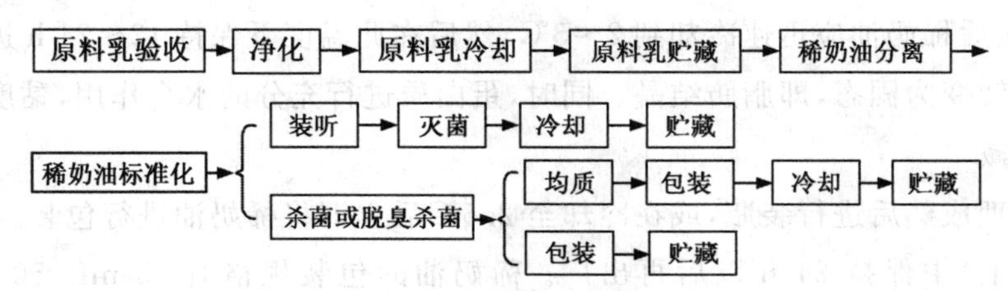

图 6-1 稀奶油生产工艺流程

(二)稀奶油生产工艺要点

1. 稀奶油的分离

稀奶油分离的方法一般有“重力法”和“离心法”两种。

“离心法”是现代化生产普遍采用的方法。生产操作时将离心机开动，当达到稳定时(4 000～9 000 r/min)，将预热到35～40℃(分离时乳温为32～35℃)的牛乳输入。最终将牛乳分离成含脂率为35%～45%的稀奶油和含脂率非常低的脱脂乳。

2. 稀奶油的标准化

为正确掌握奶油搅拌规律和稀奶油含脂率，获得良好组织状态的奶油，减少酪乳中脂肪含量，提高劳动生产率，缩短工作时间，节约脂肪，采用含脂率接近的稀奶油进行搅拌，对奶油生产是极为重要的。稀奶油的标准化计算，具体见“项目二 液态乳生产技术”。

> 思考：稀奶油为什么要进行标准化？

(三)稀奶油的杀菌和真空脱臭

杀菌方法与消毒牛乳的方法基本相同。稀奶油的杀菌使用间歇式杀菌法(即保持式杀菌法)时应注意升温速度，即保持2.5～3℃/min之幅度，并定期检查杀菌效果。稀奶油的杀菌温度与时间有以下几种方法：72℃、15 min，77℃、5 min，82～85℃、30 s，116℃、3～5 s或再经过脱臭器以除去一些不良的气味，当使用直接蒸汽喷射杀菌法时，经过脱臭器还可除去因蒸汽喷入而增加的水分，保持总的化学成分符合原有的组成。

若生产稀奶油的原料乳来源于牧场，则稀奶油中混有来源于牧草的异味。一般用专用的真空杀菌脱臭机来处理，在真空脱臭机中，稀奶油被喷成雾状，与蒸汽完全混合加热，在真空状态下将冷凝汽及挥发性物质排出。

(四)稀奶油的冷却、均质、包装

1. 均质

在杀菌后，冷却至5℃前，宜进行一次均质。均质的目的是在保持良好口感的前提下提高黏度，以改善稀奶油的热稳定性，避免稀奶油倒入热咖啡中去时出现絮状沉淀。均质的温度和压力，必须根据稀奶油的质量进行仔细的试验和选择。均质压力范围一般为8～18 MPa，均质温度在45～60℃。均质泵可串联在加热设备系统中，也可在杀菌前进行均质。

2. 物理成熟

杀菌、均质后稀奶油应迅速冷却到2～5℃，然后在此温度下保持12～24 h进行物理成熟，使脂肪由液态转变为固态，即脂肪结晶。同时，蛋白质进行充分的水合作用，黏度提高。

3. 包装贮藏

在完成物理成熟后进行装瓶，或在冷却至2.5℃后立即将稀奶油进行包装。然后在5℃以下冷库(0℃以上)中保持24 h以后再出厂。稀奶油的包装规格有15 mL、50 mL、125 mL、250 mL、0.5 L、1 L等规格。在一些发达国家大部分使用软包装，即容器为一次性消耗。

二、甜性和酸性奶油生产技术

(一)奶油概述

奶油是将稀奶油经成熟、搅拌、压炼而制成的一种乳制品,营养丰富,可直接食用或作为其他食品等的原料。

1. 奶油的种类

①奶油根据制造方法不同,可分为表6-2所示的不同种类。

表6-2　奶油的主要种类

种类	特征
甜性奶油	以杀菌的甜性奶油制成,分为加盐和不加盐的,具有特有的乳香味,含乳脂肪80%～85%
酸性奶油	以杀菌的稀奶油用纯乳酸菌发酵(也有天然发酵)后加工制成,有为加盐和不加盐的,具有微酸和较浓的乳香味,含乳脂肪80%～85%
重制奶油	以稀奶油或甜性、酸性奶油经过熔融除去蛋白质和水分制成,具有特有的脂香味,含乳脂肪98%以上
脱水奶油	杀菌的稀奶油制成奶油粒后经熔化,用分离机脱水和脱蛋白,再经过真空浓缩而制成。含乳脂肪高达99.9%
连续式机制奶油	用杀菌的甜性或酸性稀奶油,在连续式操作制造机内加工制成,其水分及蛋白质含量有的比甜性奶油高,乳香味较好

②根据加盐与否奶油又可分为:无盐、加盐和特殊加盐的奶油。

③根据脂肪含量分为:一般奶油和无水奶油(即黄油),以及植物油替代乳脂肪的人造奶油。

2. 奶油组成及组织状态

(1)组成

一般加盐奶油的主要成分为脂肪(80%～82%)、水分(15.6%～17.6%)、盐(约1.2%)以及蛋白质、钙和磷(约1.2%)。奶油还含有脂溶性的维生素A、维生素D和维生素E。

(2)组织状态

奶油应呈均匀一致的颜色,稠密而味纯。水分应分散成细滴,从而使奶油外观干燥。硬度应均匀,这样奶油就易于涂抹,有舌感即融化的感觉。

(二)奶油的质量标准

1. 感官要求

奶油的感官特性见表6-3。

表 6-3　奶油的感官特性

项目	感官要求	鉴定评分
滋味及气味	有该种奶油特有的纯香味，无异味	65
组织状态(10～20℃)	组织均匀，稠度及展性适宜，边缘与中部一致，微有光泽，水分分布均匀，切开不发现水点，重制奶油呈沥状，在熔融状态下完全透明，无任何沉淀	20
色泽	呈均匀一致的微黄色	5
食盐	食盐分布均匀一致，无食盐结晶	5
成型及包装	包装紧密，切开的断面无空隙	5

2. 奶油的理化指标

奶油的理化指标见表 6-4。

表 6-4　奶油的理化指标

成分	无盐奶油	加盐奶油	连续式机制奶油	重制奶油
水分含量/%	≤16	≤16	≤20	≤1
脂肪含量/%	≥82.0	≥80	≥78	≥98
盐含量/%	—	2.0	—	—
酸度/°T	≤20	≤20	≤20	—

3. 奶油的卫生指标

奶油的卫生指标见表 6-5。

表 6-5　奶油的卫生指标

项目	等级		
	特级品	一级品	二级品
杂菌数/(CFU/g)	≤20 000	≤30 000	≤50 000
大肠菌群/(CFU/g)	≤40	≤90	≤90
致病菌	不得检出	不得检出	不得检出

(三)甜性和酸性奶油的生产工艺

1. 甜性和酸性奶油生产工艺流程(图 6-2)

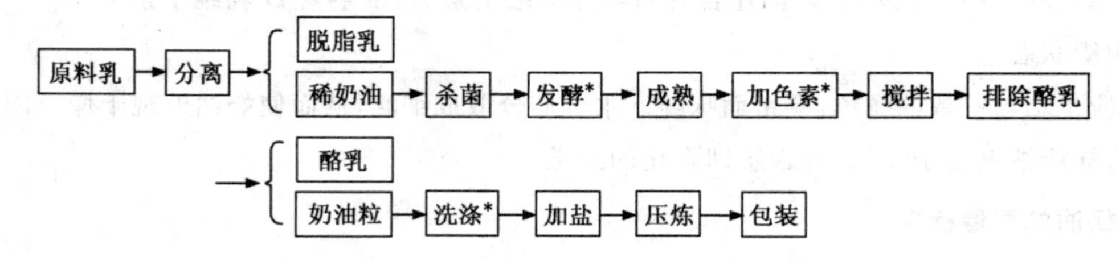

图 6-2　甜性和酸性奶油生产工艺流程

注：* 为加工酸性或加盐、加色素的奶油生产流程中需增加的部分

批量和连续生产发酵奶油的生产线见图 6-3。

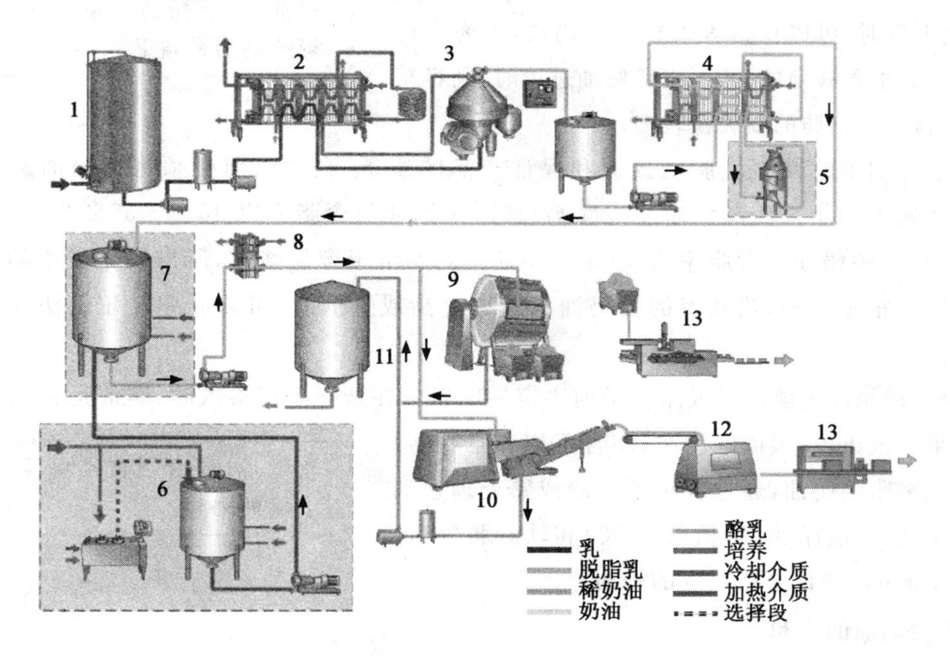

图 6-3 批量和连续生产发酵奶油的生产线

1.原料贮藏罐 2.板式热交换器(预热) 3.奶油分离机 4.板式热交换器(巴氏杀菌) 5.真空脱气机 6.发酵剂制备系统 7.稀奶油的成熟和发酵 8.板式热交换器(温度处理) 9.批量奶油压炼机 10.连续压炼机 11.酪乳暂存罐 12.带传送的奶油仓 13.包装机

2.甜性和酸性奶油生产工艺要点

(1)原料的要求

①原料乳和稀奶油质量要求。供生产用原料乳,其酸度应低于 22°T,符合标准《生鲜牛乳的一般技术要求》,稀奶油在加工前必须进行检验,以决定其质量,并根据质量划分等级,切勿将不同等级的稀奶油混杂,以免影响良好的奶油,并且含抗菌素或消毒剂的稀奶油不能用于生产酸性奶油。

> 思考:为什么含抗生素或消毒剂的稀奶油不能用于生产酸性奶油?

②食品添加剂和食品营养强化剂。应选用 GB 2760 和 GB 14880 中允许使用的品种,并应符合相应国家标准或行业标准的规定。

(2)原料乳的初步处理

用于生产奶油的原料乳要过滤、净乳,其过程同前所述。

首先进行稀奶油的分离,同样采用离心法来实现。分离时控制稀奶油和脱脂乳的流量比为 1∶(6～12)(视具体情况而定)。

稀奶油的含脂率直接影响奶油的质量及产量。例如,含脂率低时,可以获得香气较浓的奶油,因为这种稀奶油较适于乳酸菌的发育;当稀奶油过浓时,则容易堵塞分离机,乳脂肪的损失量较多。

思考:稀奶油的含脂率为什么影响奶油的质量?

为了在加工时减少乳脂的损失和保证产品的质量,在加工前必须将稀奶油进行标准化。用间歇方法生产新鲜奶油及酸性奶油时,稀奶油的含脂率以30%~35%为宜;连续法生产时,规定稀奶油的含脂率为40%~45%。夏季由于容易酸败,所以用比较浓的稀奶油进行加工。根据标准,当获得的稀奶油含脂率过高或过低时,可以利用皮尔逊法进行计算调节。

另外,稀奶油的碘值是成品质量的决定性因素。在选择生产参数时,碘值是决定性的因素。如果不校正,高碘值的脂肪(即含不饱和脂肪高)将生产出多脂的奶油,通过各种不同的成熟处理达到适当的碘值后,硬脂肪(碘值低于28)和软脂肪(碘值高达42)都可以制成合格黏度的奶油。

思考:为什么碘值高将生产出多脂的奶油?

(3)稀奶油的中和

奶油酸度过高时会加速奶油变质,影响奶油的保存性。所以需进行中和,调整酸度。

①中和的目的。一方面可防止稀奶油在杀菌时由于酸度高,遇热时使蛋白质形成凝块,影响奶油质量。另一方面可延长奶油保存期,改善奶油风味,减少酪乳中脂肪含量,使奶油质量保持一致性。

②中和剂的选择。使用的中和剂必须无毒、无害、对人体健康没有影响。一般使用的中和剂有碳酸钠、碳酸氢钠、氢氧化钠、氢氧化钙(石灰)等。但最常使用的是碳酸钠。其他中和剂的使用主要看稀奶油的酸度高低而决定。

③中和剂添加方法。中和剂的添加方法要比中和剂的选择更为重要。将稀奶油加热到25~30℃,然后取样检验其酸度,以求得需添加中和剂用量。再将中和剂配制成一定浓度的溶液,将中和剂缓缓地散布在搅动着的稀奶油上面,使加入的中和剂均匀地分布于稀奶油中。一般中和稀奶油酸度到20~22°T。不应加碱过多,否则产生不良气味,影响奶油质量。

(4)真空脱气

可将具有挥发性异常风味物质除掉,首先将稀奶油加热到78℃,然后加压输送到一个压力相当于62℃沸点的真空室。压力的降低引起所有挥发性香料和芳香物质以气体的形式逸出,稀奶油通过沸腾而冷却下来,稀奶油经这一处理后,回到热交换器进行巴氏杀菌。

(5)稀奶油的杀菌

①杀菌的目的。a.杀灭病原菌和腐败菌以及其他杂菌和酵母等,即消灭能使奶油变质及危害人体健康的微生物;b.破坏各种酶,提高奶油保存性和增加风味;c.稀奶油中存在各种挥

发性物质,使奶油产生特殊的气味,由于加热杀菌可以除去那些特异的挥发性物质,故杀菌可以改善奶油的香味。

②杀菌及冷却。杀菌温度直接影响奶油的风味。脂肪的导热性很低,能阻碍温度对微生物的作用;同时为了使酶完全破坏,有必要进行高温巴氏杀菌。一般可采用85～90℃的巴氏杀菌,杀菌时还应注意稀奶油的质量。例如,稀奶油含有金属气味时,就应该将温度降低到75℃、10 min杀菌,以减轻它在奶油中的显著程度。如果有特异气味时,应将温度提高到93～95℃,以减轻其缺陷。

杀菌。方法可分为间歇式和连续式两种。小型工厂可用间歇式,大型工厂多采用连续式巴氏杀菌器进行。稀奶油经杀菌后,应迅速进行冷却。迅速冷却对奶油质量有很大作用,既利于物理成熟保证无菌,又能制止芳香物质的挥发。

冷却。采用片式杀菌器进行杀菌,可以连续进行冷却。用表面冷却器进行冷却时,对稀奶油的脱臭有很大效果,可以改善风味。但实际上大型工厂多采用成熟槽进行冷却。制造新鲜奶油时,可冷却至5℃以下,酸性奶油则冷却至稀奶油的发酵温度。

(6)稀奶油的发酵

生产甜性奶油时,则不经过发酵过程,在稀奶油杀菌后立即进行冷却和物理成熟。

生产酸性奶油时,须经发酵过程。有些工厂先进行物理成熟,然后再进行发酵,但是一般都是先进行发酵,然后才进行物理成熟。

①发酵的目的。a.加入专门的乳酸菌发酵剂可产生乳酸,在某种程度上起到抑制腐败性细菌繁殖的作用;b.专门发酵剂中含有产生乳香味的嗜柠檬酸链球菌和丁二酮乳链球菌,故发酵法生产的酸性奶油比甜性奶油具有更浓的芳香风味。

②发酵用菌种。生产酸性奶油用的纯发酵剂是产生乳酸的菌类和产生芳香风味的混合菌种。一般选用的菌种有下列几种:乳酸链球菌(Streptococcuslactis),乳脂链球菌(Str. Cremoris),嗜柠檬酸链球菌(Str. Citrverus),副嗜柠檬酸链球菌(Str. Paracttlovorus),丁二酮乳链球菌(Str. Diacetilactis,弱还原型),丁二酮乳链球菌(Str. Diacetilactis,强还原型)。发酵剂的制备方法同酸乳的相似。

发酵剂必须具有较强活力以使细菌迅速生长和产酸,并取得大量的细菌数(每毫升成熟的发酵剂约有10亿个细菌)。发酵剂接种量为1%,生长温度为20℃,在7 h后产酸12°SH,10 h应产酸18～20°SH。发酵剂必须平衡,最重要的是产酸、产香和随后的丁二酮分解之间有适当的比例关系。

③发酵。经过杀菌、冷却的稀奶油打到发酵成熟槽内,温度调到18～20℃后添加相当于稀奶油5%的工作发酵剂,添加时进行搅拌,徐徐添加,使其均匀混合。发酵温度保持在18～20℃,每隔1 h搅拌5 min。控制稀奶油酸度最后达到表6-6中规定程度时,则停止发酵,转入物理成熟。

思考:怎样才能使发酵剂添加均匀?

表 6-6 稀奶油发酵的最终酸度控制表

稀奶油中脂肪含量/%	最终酸度/°T	
	加盐奶油	不加盐奶油
24	30.0	38.0
26	29.0	37.0
28	28.0	36.0
30	28.0	35.0
32	27.0	34.0
34	26.0	33.0
36	25.0	32.0
38	25.0	31.0
40	24.0	30.1

(7)稀奶油的物理成熟

物理成熟:稀奶油冷却至脂肪的凝固点,以使部分脂肪变为固体结晶状态,这一过程称之为稀奶油的物理成熟。

稀奶油中的脂肪经加热杀菌融化后,为了使后续搅拌操作能顺利进行,保证奶油质量(不致过软及含水量过多)以及防止乳脂肪损失,需要冷却至奶油脂肪的凝固点,以使部分脂肪变为固体结晶状态。

通常制造新鲜奶油时,在稀奶油冷却后,立即进行成熟;制造酸性奶油时,则在发酵前后,或与发酵同时进行。一般根据乳脂肪中碘值变化来确定不同的物理成熟条件,如表 6-7 所示。在夏季,当乳脂肪中易于溶解的甘油酯含量增加时,要求稀奶油的物理成熟更为透彻。

表 6-7 稀奶油成熟时间与冷却温度的关系

碘值/g	稀奶油成熟温度/℃	搅拌温度/℃	碘值/g	稀奶油成熟温度/℃	搅拌温度/℃
28	8-21-21-16	12	35～37	10-13-14-15	12
28～31	8-20-12-14	14	38～40	20-20-9-11	11
32～34	8-19-12-18	13	40	20-20-7-10	10

注:表中稀奶油成熟温度下所列第一个数字表示稀奶油杀菌后冷却温度,第二个数字表示发酵温度,第三个数字表示大约发酵 5 h 后降低的温度,第四个数字表示搅拌前稀奶油应保持的温度。

(8)稀奶油的搅拌

①搅拌的目的和条件。搅拌是奶油制造的一个重要工艺过程。搅拌的目的是使脂肪球互相聚结而形成奶油粒,同时析出酪乳。此过程要求在较短时间内奶油粒形成彻底,且酪乳中残留的脂肪愈少愈好。达此目的须注意下列几个因素。

思考:碘值不同,成熟温度及搅拌温度有怎样的变化?

a. 稀奶油的脂肪含量。稀奶油中含脂率的高低决定脂肪球间的距离，稀奶油中含脂率愈高则脂肪球间距离愈近，形成奶油粒也愈快。但如稀奶油含脂率过高，搅拌时形成奶油粒过快，小的脂肪球来不及形成脂肪粒，使排除的酪乳中脂肪含量增高。一般稀奶油达到搅拌的适宜含脂率为30%～40%。

b. 物理成熟的程度。成熟良好的稀奶油在搅拌时产生很多的泡沫，有利于奶油粒的形成，使流失到酪乳中的脂肪大大减少。搅拌结束时奶油粒大小的要求随含脂率而异。一般脂肪率低的稀奶油为2～3 mm，中等脂肪率的稀奶油为3～4 mm，脂肪率高的稀奶油为5 mm。

c. 搅拌的最适温度。实践证明，稀奶油搅拌时适宜的最初温度：夏季为8～10℃，冬季为11～14℃。若比适宜温度过高或过低时，均会延长搅拌时间，且脂肪的损失增多。稀奶油搅拌时温度在30℃以上或5℃以下，则不能形成奶油粒，必须调整到适宜的温度进行搅拌才能形成奶油粒。

d. 搅拌机中稀奶油的添加量。搅拌时，如搅拌机中装的量过多或过少，均会延长搅拌时间。一般小型手摇搅拌机要装入其容积的30%～36%，大型电动搅拌机装入50%为适宜。如果稀奶油装得过多，则因形成泡沫困难而延长搅拌时间，但最少不得低于20%。

e. 搅拌的转速。稀奶油在非连续操作的滚筒式搅拌机中进行搅拌时，一般采取40 r/min左右的转速。如转速过快或过慢，均延长搅拌时间(连续操作的奶油制造机例外)。

②搅拌方法。先将冷却成熟好的稀奶油的温度调整到所要求的范围后装入搅拌机，开始搅拌时，搅拌机转3～5圈，停止旋转排出空气，再按规定的转速进行搅拌到奶油粒形成为止。在遵守搅拌要求的条件下，一般完成搅拌所需的时间为30～60 min。生产常用搅拌器如图6-4所示。

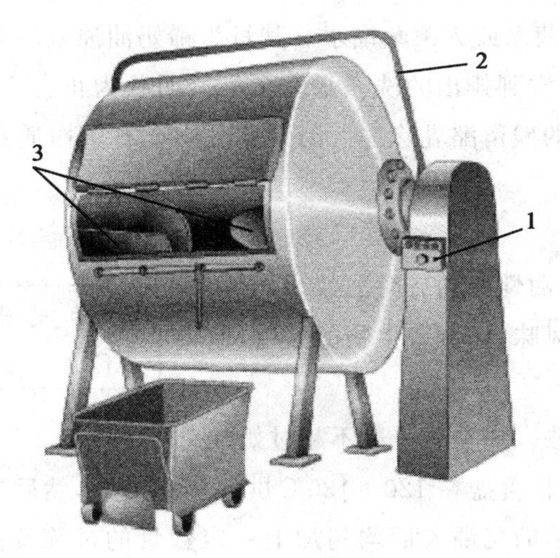

图6-4 间歇式生产中的奶油搅拌器

1. 控制板 2. 紧急停止 3. 角开挡板

搅拌程度可根据以下情况判断：a. 在窥视镜上观察，由稀奶油状变为较透明、有奶油粒生成；b. 搅拌到终点时，搅拌机里的声音有变化；c. 手摇搅拌机在奶油粒快出现时，可感到搅拌较费劲；d. 停机观察时，形成的奶油粒直径以 0.5～1 cm 为宜，搅拌终了后放出的酪乳含脂率一般为 0.5%左右。如酪乳含脂率过高，则应从影响搅拌的各因素中找原因。

③奶油的调色。为了使成品奶油具有均匀柔和的淡乳黄颜色，保持全年一致，赢得消费者的喜欢，有时需进行加色。当颜色太淡时，可对照标准奶油色，添加适量色素调整。合成色素添加必须根据卫生标准规定，不得任意采用。

常用的一种色素叫安那妥。是天然的植物性色素，对人体无害，添加简便。将安那妥用食用植物油配制成 3%的油液，即称奶油黄。用量为稀奶油的 0.01%～0.05%，通常在搅拌前直接加入搅拌器中。

④奶油颗粒的形成。稀奶油从成熟罐通过一台将其温度提高到所需温度的板式热交换器，泵入奶油搅拌机或连续式奶油制造机。稀奶油搅拌时，形成了蛋白质泡沫层。因为表面活性作用，脂肪球的膜被吸到气-水界面，脂肪球被集中到泡沫中，搅拌继续时，蛋白质脱水，泡沫变小，使得泡沫更为紧凑，因此对脂肪球施加压力，可引起一定量的液体脂肪球被挤出，并使部分膜破裂。这种含有液体脂肪也含有脂肪结晶的物质，以一薄层形式分散在泡沫的表面和脂肪球上。当泡沫变得相当稠密时，更多的液体脂肪被压出，这种泡沫因不稳定而破裂。脂肪球凝结进入奶油的晶粒中，即脂肪从脂肪球变成奶油粒。

(9)奶油粒的洗涤

①洗涤目的。除去奶油粒表面的酪乳和调整奶油的硬度，同时可排除不良气味。

②洗涤方法。将酪乳排出后，用冷却(3～10℃)的灭菌水在搅拌机中进行。加入量为稀奶油量的 30%，注入洗涤水后可再慢慢转动搅拌机 3～5 圈，停止旋转，将水放出；然后再加入比稀奶油温度低 1～3℃的杀菌水或灭菌蒸馏水。其量为稀奶油油量的 50%，慢慢旋转 8～10 圈后停止，放出洗涤水。直至洗到排出的洗涤水完全呈透明状为止。一般洗涤两次已足够。经过洗涤可将奶油粒中附着的残留酪乳除去。因为酪乳中含有蛋白质和乳糖，适于微生物的生长繁殖。

(10)奶油的加盐

酸性奶油一般不加盐，甜性奶油有时加盐。

思考：为什么洗涤要分几次进行？

①加盐的目的。增进风味，抑制微生物的繁殖，增加保存性。

②食盐用量及加盐方法。加盐量一般不超过奶油总量的 2%。

a. 固体盐加入法：事先将食盐在 120～130℃烘焙 3～5 min，然后过 30 目筛备用。将在奶油搅拌机内排出洗涤水以后的奶油表面均匀加上一定数量的过筛食盐，静置 10～15 min，再旋转奶油搅拌机 3～5 圈，又静置 15～20 min 之后，可进行压炼，这种加固体结晶盐的方法，缺点是食盐不易分布均匀。b. 食盐溶液法：将 1 kg 食盐加入事先煮沸过的热水 2.7 L 中溶解，经过滤后冷却至比奶油高 1～2℃时，放入洗涤后的奶油中，其用量为食盐水 1 L 容量。旋转搅拌 3～4 圈，排出食盐溶液，然后再加其余 2 L 容量的食盐水，旋转搅拌机 8～9 圈，排出食盐水再进行压炼。此法能使食盐均匀分布于奶油中，但用水量高。

(11)奶油的压炼

将奶油粒压成奶油层的过程称压炼。小规模加工奶油时，可在压炼台上用手工压炼。一般工厂均在奶油制造器中进行压炼。

①压炼的目的。使奶油粒变为组织致密的奶油层，使水滴分布均匀，使食盐完全溶解并均匀分布于奶油中，同时调节奶油中水分的含量。

②压炼程度及水分调节。新鲜奶油在洗涤后立即进行压炼，应尽可能完全地除去洗涤水，然后关上旋塞和奶油制造器的孔盖，并在慢慢旋转搅桶的同时开动压榨轧辊。

奶油压炼一般分为三个阶段：

a. 压炼初期，被压榨的颗粒形成奶油层，同时，表面水分被压榨出来。此时，奶油中水分显著降低。奶油中水分含量最低的状态称为压炼的临界时期，压炼的第一阶段到此结束。

b. 压炼的第二阶段，奶油水分又逐渐增加。在此阶段水分的压出与进入是同时发生的。第二阶段开始时，这两个过程进行速度大致相等。但是，末期从奶油中排出水的过程几乎停止，而向奶油中渗入水分的过程则加强。这样就引起奶油中的水分增加。

c. 压炼的第三阶段，奶油的水分显著增高，而且水分的分散加剧。根据奶油压炼时水分所发生的变化，使水分含量达到标准化，每个工厂应通过实验方法，确定在正常压炼条件下调节奶油中水分的曲线图（即在压炼中，每通过压榨轧辊 3～4 次，必须测定一次含水量，绘制出曲线图）。

③压炼方法及调整水分。压炼开始时碾压 5～10 次，形成奶油层，并将表面水分压出。然后稍微打开旋塞和桶孔盖排气，再旋转 2～3 转，随后使桶口向下排出游离水，并从奶油层的不同地方取出平均样品，以测定含水量。在这种情况下，奶油中含水量如果低于许可标准，可以按下列公式计算不足的水分。

思考：为什么从奶油层不同地方取出样品？

$$X=\frac{M(A-B)}{100}$$

式中：X——不足的水量(kg)；

M——理论上奶油的重量(kg)；

A——奶油中容许的标准水分(%)；

B——奶油中含有的水分(%)。

将不足的水量加到奶油制造器内，关闭旋塞而后继续压炼，不让水流出，直到全部水分被吸收为止。压炼结束之前，再检查一次奶油的水分。如果已达到了标准再压榨几次，使其分散均匀。

奶油质量要求在制成的奶油中，水分应成为微细的小滴均匀分散。当用铲子挤压奶油块时，不允许有水珠从奶油块内流出。奶油压炼过度会使奶油中含有大量空气，致使奶油中物理化学性质发生变化。正确压炼的新鲜奶油、加盐奶油和无盐奶油，水分都不应超过16%。

(12)奶油的包装

奶油一般根据其用途可分为餐桌用奶油、烹调用奶油和食品工业用奶油。餐桌用奶油是直接涂抹面包食用(称涂抹奶油)。小包装一般用硫酸纸、塑料夹层纸、铝箔纸等包装材料，也有用小型马口铁罐真空密封包装或塑料盒包装。烹调或食品加工用奶油一般都用较大型的马口铁罐、木桶或纸箱包装。

小包装用的包装材料应具有下列条件：a. 韧性好并柔软；b. 不透气，不透水，具有防潮性；c. 不透油；d. 无味，无臭，无毒；e. 能遮蔽光线；f. 不受细菌的污染。小包装有几十到几百克，大包装有25～50 kg，根据不同要求有多种规格。

包装都应特别注意：a. 保持卫生，切勿以手接触奶油，要使用消毒的专用工具。b. 包装时切勿留有间隙，以防发生霉斑或氧化等变质。

(13)奶油的贮藏和运输

成品奶油包装后须立即送入冷库内冷冻贮藏，冷冻速度越快越好。一般在－15℃以下冷冻和贮藏，如需较长期保藏时须在－23℃以下。奶油出冷库后在常温下放置时间越短越好，在10℃左右放置最好不得超过10 d。

思考：奶油为什么不能与有异味的物质存放一起？

奶油的另一个特点是较易吸收外界气味，所以贮藏时应注意不得与有异味的物质贮放在一起，以免影响奶油的质量。奶油运输时应注意保持低温，以用冷藏汽车或冷藏火车等运输为好，如在常温运输时，成品奶油到达用货部门时的温度不得超过12℃。

(四)连续化生产

上面所述的奶油生产法为不连续的间歇生产法。现随着奶油生产的发展，在工艺上趋向于连续化生产，其与间歇法的最大区别在于增加了连续式奶油制造机，将物理成熟后的稀奶油连续进入连续式奶油制造机，在其中连续完成搅拌、洗涤、加盐、压炼等过程，从而提高了自动化水平。

思考：奶油生产间歇方法与连续化生产的区别是什么？

稀奶油从成熟罐连续进入奶油制造机之前，制备工艺与传统搅拌法中稀奶油的制备相同。如图6-5所示，连续式奶油制造机是由一个水平圆筒形的搅拌器和一个倾斜状的加工圆筒组成主要部分。将含脂率40%～45%的稀奶油用普通方法杀菌、冷却、成熟，然后送入连续制造机的搅拌筒内。

稀奶油首先加到双重冷却的装有搅打设施的搅拌筒1中，搅打设施由一台变速马达带动。在搅拌筒中，进行快速转化，当转化完成时，奶油团粒和酪乳通过分离口2，也叫第一压炼口，

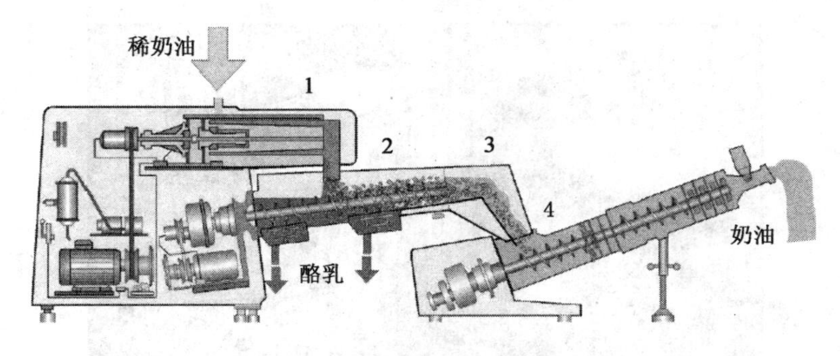

图 6-5 连续奶油制造机

1. 搅拌器 2. 压炼区 3. 榨干区 4. 第二压炼区

在此奶油与酪乳分离。奶油团粒在此用循环冷却水洗涤。在分离口，螺杆把奶油进行压炼，同时也把奶油输送到下一道工序。

在离开压炼工序时，奶油通过一锥形槽道和一个打孔的盘，即榨干段 3 以除去剩余的酪乳，然后奶油颗粒继续到第二压炼段 4，每个压炼段都有自己不同的马达，使它们能按不同的速度操作以得到最理想的结果，正常情况下第一阶段螺杆的转动速度是第二段的两倍。紧接着最后压炼阶段可以通过高压喷射器将盐加入到喷射室 1，如图 6-6 所示。

下一个阶段是真空压炼区 2，此段和一个真空泵连接，在此可将奶油中的空气含量减到和传统制造奶油的空气含量相同。最后阶段 3 由四个小区组成，每个区通过一个多孔盘相分隔，不同大小的孔盘和不同形状的压炼叶轮使奶油得到最佳处理。第一小区也有一射器用于最后调整水分含量，一旦经过调整，奶油的水分含量变化限定在 0～1%的范围保证稀奶油的特性保持不变。

感应水分含量、盐含量、密度和温度的传感器 4。可以配备在机器的出口，设计这些仪器可以用来对上述这些参数进行自动控制。图 6-7 是连续奶油生产设备图。

最终成品奶油从该机器的末端喷头呈带状连续排出，进入奶油仓，再被输送到包装机。连续奶油生产机用酸性稀奶油每小时可生产容积为 200～500 kg 的奶油，用甜稀奶油每小时可生产 200～10 000 kg 的奶油。

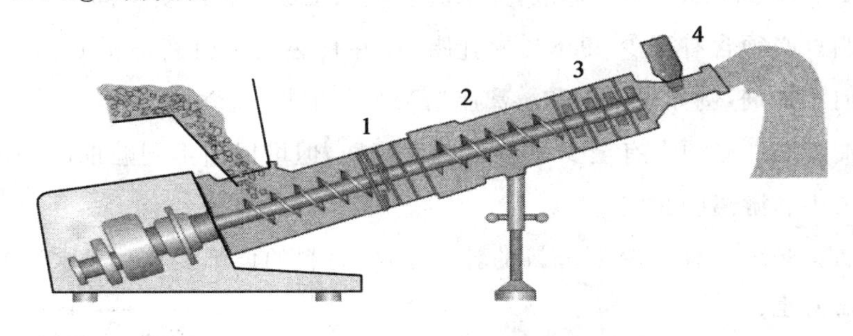

图 6-6 真空压炼区

1. 喷射区 2. 真空压炼区 3. 最后压炼阶段 4. 水分控制设备

图 6-7 连续奶油生产设备

企业链接:奶油生产关注提示

1.巴氏杀菌或 UHT 灭菌、均质后的稀奶油必须迅速冷却到 6～8℃。贮存时间宜少于 24 h(发酵奶油除外)。

2.甩油时的温度 8～11℃。

3.奶油贮存温度－15℃;稀奶油贮存温度 2～8℃。

4.安那妥(β-胡萝卜素)的使用。

5.人员及器具、工作环境的卫生条件。

(五)无水奶油的生产

无水奶油(Butter Oil)也叫无水乳脂(Anhydrous Milk Fat,AMF),是一种几乎完全由乳脂肪构成的产品。

1.无水奶油的种类

根据 FIL-IDF,68A:1997 国际标准,无水乳脂被加工成三种品质不同的类型。

①无水乳脂。必须含有至少 99.8%的乳脂肪,并且必须是由新鲜稀奶油或或奶油制成,不允许含有任何添加剂,例如由于中和游离脂肪酸的添加物。

②无水奶油脂肪。必须含有至少 99.8%的乳脂肪,但可以由不同贮期的奶油或稀奶油制成。允许用碱去中和游离脂肪酸。

③奶油脂肪。必须含有至少 99.3%的乳脂肪,原材料的详细要求和无水奶油脂肪相同。

2.无水奶油的生产

思考:如果无水奶油的原材料质量不够好应该怎样解决?

无水奶油有两种生产方法:一种是直接用稀奶油(乳)来生产 AMF;另一种是通过奶油来生产 AMF,工艺流程图6-8表示了这两种方法。AMF的质量是原材料质量的结果，无论选用什么方法加工，如果认定稀奶油和奶油个别质量不够，在最终蒸发步骤进行之前可以通过处理(洗涤)或中和乳油等手段提高产品质量。

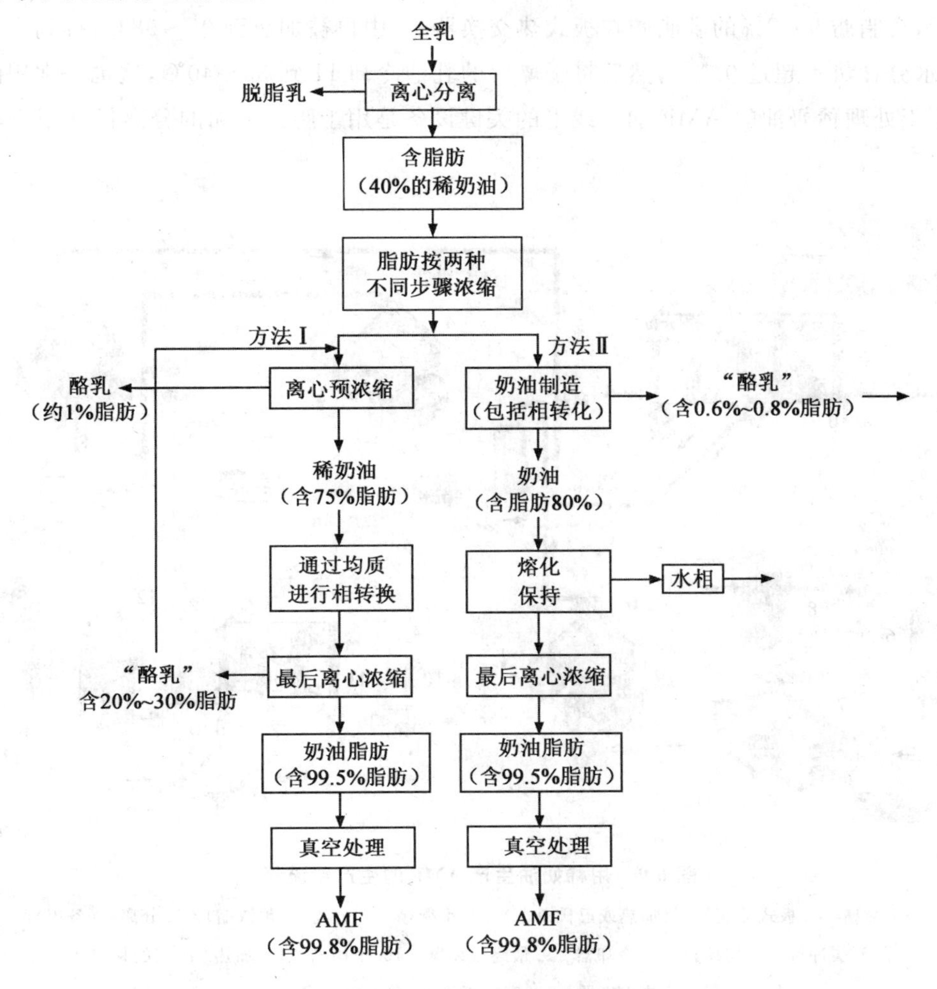

图6-8 无水奶油的生产流程

(1)用稀奶油生产AMF

用稀奶油生产AMF的生产线概括如图6-9所示。巴氏杀菌的或没有经过巴氏杀菌的含脂肪35%～40%的稀奶油由平衡槽1进入AMF加工线，然后通过板式热交换器2调整温度或巴氏杀菌后再被排到离心机4进行预浓缩提纯，使脂肪含量达到约75%(预浓缩和到板式热交换器时的温度保持在约60℃)，"轻"相被收集到缓冲罐6，待进一步加工。同时"重"相(即酪乳部分)可以通过分离机5重新脱脂，脱出的脂肪再与稀奶油3混合，脱脂乳再回到板式热交换器2进行热回收后到一个贮存罐。经在罐6中间贮存后，浓缩稀奶油被输送到均质机7进行相转换，然后被输送到最终浓缩器9。

由于均质机工作能力比最终浓缩器高，所以多出来的浓缩物要回流到缓冲罐 6。均质过程中部分机械能转化成热能，为避免干扰生产线的温度平衡，这部分过剩的热要在冷却器 8 中去除。

最后，含脂肪 99.8%的乳脂肪在板式热交换器 11 中再被加热到 95～98℃，排到真空干燥器 12 使水分含量不超过 0.1%，然后将干燥后的乳油冷却 11 到 35～40℃，这也是常用的包装温度。用于处理稀奶油的 AMF 加工线上的关键设备是用于脂肪浓缩的分离机和用于转换的均质机。

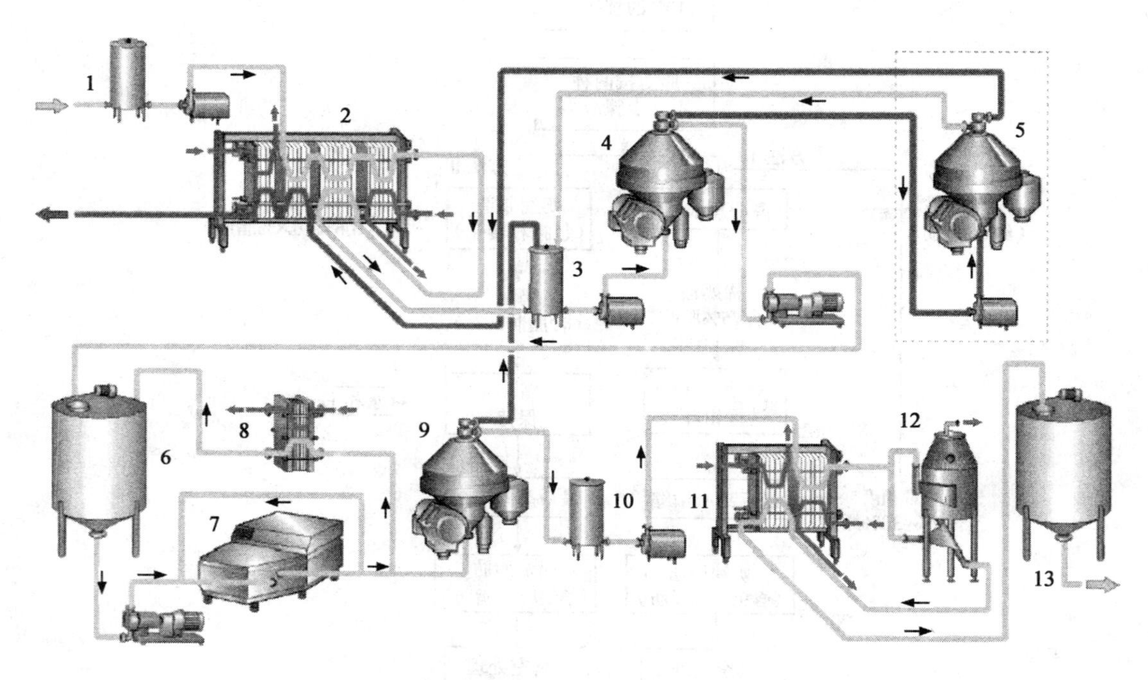

图 6-9 用稀奶油生产 AMF 的生产线流程

1. 平衡槽 2. 板式热交换器(加热或巴氏杀菌) 3. 平衡槽 4. 分离机(预浓缩) 5. 分离机(备用) 6. 缓冲罐 7. 均质机 8. 冷却器 9. 最终浓缩器 10. 平衡槽 11. 加热/冷却的板式热交换器 12. 真空干燥器 13. 贮存罐

(2)奶油生产 AMF

AMF 经常用奶油来生产，尤其是那些预计在一定时间内消化不了的奶油。实验证明当使用新生产的奶油作为原料时，通过最终浓缩要获得鲜亮的乳油有一些困难，乳油会产生轻微混浊现象。当用贮存 2 周或更长时间的奶油生产时，这种现象则不会产生。产生这种现象的原因还不十分清楚，但知道在搅拌奶油时要用一定时间奶油状态才会妥善，并且还注意到，加热奶油时新鲜奶油的乳浊液比贮存一段时期的奶油的乳浊液难于破坏，并且看起来也不那么鲜亮。

> 思考：奶油贮存时间的长短对于 AMF 的加工有什么不同？

不加盐的甜性稀奶油常被用做AMF的原料，但酸性稀奶油和加盐奶油也可以作为原料。图6-10是用奶油生产AMF的标准生产线。原材料也可以是在−25℃下贮存过的冻结奶油。奶油在不同设备中被直接加热熔化，在最后浓缩开始之前，熔化的奶油温度应达到60℃。熔化和加热后，热产品被输送到保温罐2，在此可以贮存一定的时间，20～30 min，主要是确保完全熔化，但也是为了使蛋白质絮凝。从保温罐2产品被输送到最终浓缩器3，浓缩后上层轻相含有99.5%脂肪，再转到板式热交换器5，加热到90～95℃，再到真空干燥器6，最后再回到板式热交换器5，冷却到包装温度35～40℃。重相可以被输送到酪乳罐或废物收集罐，这要根据它们是否是纯净无杂质的或是否有中和剂污染来决定。

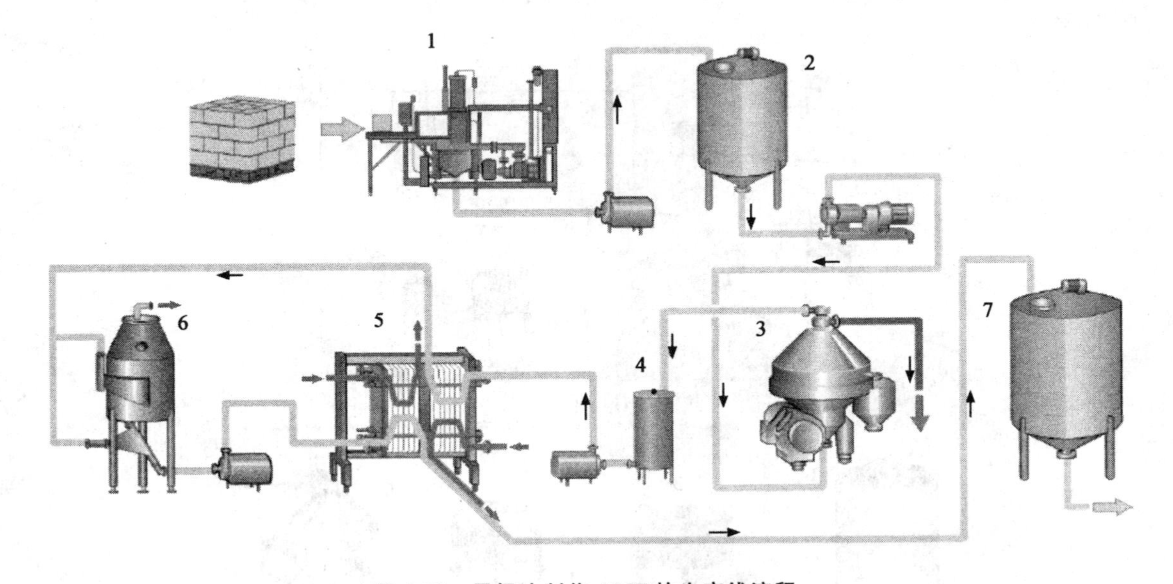

图6-10 用奶油制作AMF的生产线流程

1.奶油熔化和加热器 2.贮存罐 3.浓缩器 4.平衡槽 5.加热/冷却用板式热交换器 6.真空干燥器 7.贮藏罐

如果所用奶油直接来自连续的奶油生产机，也会和前面讲的用新鲜奶油的情况相同，出现云状油层上浮的危险，然而使用密封设计的最终浓缩器（分离机）通过调整机器内的液位就可能得到容量稍微少点的含脂肪99.5%的清亮油相。同时重相相对脂肪含量高一些，大约含脂肪7%，容量略微多一点，因此，重相应再分离，所得稀奶油和用于制造奶油的稀奶油原料混合，再循环输送到连续奶油生产机。

（3）AMF的精制

对AMF精制有各种不同的目的和用途，精制方法举例如下：

①磨光。磨光包括用水洗涤从而获得清洁、有光泽的产品，其方法是在最终浓缩后的油中加入20%～30%的水，所加水的温度应该和油的温度相同，保持一段时间后，水和水溶性物质（主要是蛋白质）一起又被分离出来。

②中和。通过中和可以减少油中游离脂肪酸的含量。高含量的游离脂肪酸(FFA)会引起乳油及其制品产生臭味。

将浓度为 8%～10%的碱(NaOH)加到乳油中，其加入量和油中游离脂肪酸的含量要相当，大约保持 10 s 后再加入水，加水比例和洗涤相同，最后皂化的游离脂肪酸和水相一起被分离出来，油应和碱液充分地混合，但混合必须柔和，以避免脂肪的再乳化，这一点是很重要的。

图 6-11 是中和过程所用设备，碱在罐 1，溶解成 8%～10% 的浓度，温度等于离开最终浓缩器的油相温度，将碱和油流 2 混合，通过搅拌 3，液流通过保持段 4 保持 10 s 后，将热水加入液流 5，最后借助于搅拌设备 7 排到第二浓缩分离器 6，所加水量是经过第二浓缩分离器液流的 20%。

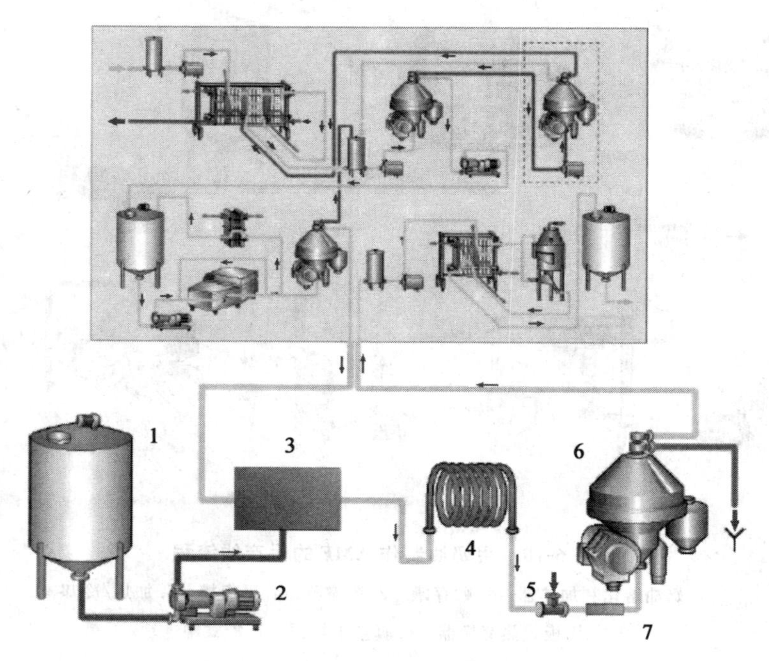

图 6-11 游离脂肪酸(FFA)的中和

1. 碱罐 2. 计量泵 3. 搅拌设备 4. 贮存槽 5. 进入 6. 皂化游离脂肪酸 7. 油/水分离器

③分馏。分馏是将油分离成为高熔点和低熔点脂肪的过程，分馏物有不同的特点，可用于不同产品的生产。

思考：AMF 生产中分馏有怎样的目的？

有几种分级脂肪的方法，但常用的方法是不使用添加剂，其过程被简单地描述如下：

将无水乳脂(AMF)即通常经洗涤所得到的尽可能高的“纯脂肪”熔化，再慢慢冷却到适当温度，在此温度下，高熔点的分馏物结晶析出，同时低熔点的分馏物仍保持液态，经特殊过滤就可以获得一部分晶粒，然后再将滤液冷却到更低温度，其他分馏物结晶析出，经过滤又得到一级晶粒，可以一次次分馏得到不同熔点的制品。

④分离胆固醇。分离胆固醇是将胆固醇从无水乳脂中除去的过程。分离胆固醇经常用的方法是用改性淀粉或β-环状糊精和乳脂混合，β-环状糊精(β-CD)分子包裹胆固醇，形成沉淀，此沉淀物可以通过离心分离的方法除去。

(4)包装

无水乳脂可以装入大小不同的容器，比如对家庭或饭店来说，1～19.5 kg 的包装盒比较方便，而对工业生产来说，用最少能装 185 kg 的桶比较合适。通常先在容器中注入惰性气体氮(N_2)，因为 N_2 比空气重，装入容器后下沉到底部，又因为无水乳脂 AMF 比 N_2 重，当往容器中注 AMF 时，AMF 渐渐沉到 N_2 下面，N_2 被排到上层，形成一个“严密的气盖”保护 AMF，防止 AMF 吸入空气产生氧化作用。

思考：无水奶油桶包装为什么充氮气？

(六)奶油的品质及质量控制

1.影响奶油性质的因素

奶油中主要是脂肪，因此，脂肪的性质直接可以支配奶油的性状。

(1)脂肪性质与乳牛品种、泌乳期季节的关系

乳牛品种荷兰牛、爱尔夏牛的乳脂肪中，干油酸含量高，因此制成的奶油比较软，娟姗牛的乳脂肪由于油酸含量比较低，而熔点高的脂肪酸含量高，因此制成的奶油比较硬。

泌乳初期挥发性脂肪酸多，而油酸比较少，随着泌乳时间的延长，这种性质变得相反。

春夏季由于青饲料多，因此油酸的含量高，奶油也比较软，熔点也比较低。由于这种关系，夏季的奶油很容易变软。为了要得到较硬的奶油，在稀奶油成熟、搅拌、水洗及压炼过程中，应尽可能降低温度。

思考：夏季奶油为什么比较软？怎样处理？

(2)奶油的色泽

奶油的颜色从白色到淡黄色，深浅各有不同。这种颜色主要是由于其中含有胡萝卜素的关系。通常冬季的奶油为淡黄色或白色。为了使奶油的颜色全年一致，秋冬之间往往加入色素以增加其颜色。奶油长期暴晒于日光下时，自行褪色。

(3)奶油的芳香味

奶油有一种特殊的芳香味，这种芳香味主要是由于丁二酮、甘油及游离脂肪酸等综合而成。其中丁二酮主要来自发酵时细菌的作用。因此，酸性奶油比新鲜奶油芳香味更浓。

(4)奶油的物理结构

奶油的物理结构是水在油中的分散系(固体系)。此外还含有气泡。水滴中溶有乳中除脂肪以外的其他物质及食盐，因此也称为乳浆小滴。

2.奶油常见的缺陷

思考：怎样防止奶油一些常见的缺陷？

奶油的质量除了理化指标和微生物指标必须符合国家标准规定以外，还应具备良好的风味，正常的组织

状态和色泽。但往往因原料、加工和贮藏等因素造成一些缺陷。常见的缺陷及其产生的原因如下：

(1)风味缺陷

正常的奶油应该具有乳脂肪的特有香味和乳酸菌发酵的芳香味(酸性奶油)，但有时出现下列异味。

①鱼腥味。这是奶油贮藏时很容易出现的异味，其原因是卵磷脂水解，生成三甲胺造成的。如果脂肪发生氧化，这种缺陷更易发生，这时应提前结束贮存。生产中应加强杀菌和卫生措施。

②脂肪氧化与酸败味。脂肪氧化味是空气中氧气和不饱和脂肪酸反应造成的。而酸败味是脂肪在解脂酶的作用下生成低分子游离脂肪酸造成的。奶油在贮藏中往往首先出现氧化味，接着便会产生脂肪水解味。生产时应该提高杀菌温度，既杀死有害微生物，又要破坏解脂酶。在贮藏中应该防止奶油长霉，霉菌不仅能使奶油产生土腥味，也能产生酸败味。

③干酪味。奶油呈干酪味是生产卫生条件差、霉菌污染或原料稀奶油的细菌污染导致蛋白质分解造成的。生产时应加强稀奶油杀菌以及设备和生产环境的消毒工作。

④肥皂味。稀奶油中和过度或者中和操作过快，局部皂化会引起肥皂味。生产时应控制碱的用量或改进操作。

⑤金属味。由于奶油接触铜、铁设备而产生的金属味。应该防止奶油接触生锈的铁器或铜制阀门等。

⑥苦味。产生的原因是使用泌乳末期的牛乳或稀奶油被酵母污染。

(2)组织状态缺陷

①软膏状或黏胶状。原因是压炼过度、洗涤水温度过高或稀奶油酸度过低和成熟不足等。当液态油较多，脂肪结晶少则形成黏性奶油。

②奶油组织松散。压炼不足、搅拌温度低等造成液态油过少，出现松散状奶油。

(3)砂状奶油

此缺陷出现于加盐奶油中，盐粒粗大，未能溶解所致，有时出现粉状，并无盐粒存在，乃是中和时蛋白凝固，混合于奶油中。

(4)色泽缺陷

①条纹状。此缺陷容易出现在干法加盐的奶油中，盐加得不匀、压炼不足等。

②色暗而无光泽。压炼过度或稀奶油不新鲜。

③色淡。此缺陷经常出现在冬季生产的奶油中，由于奶油中胡萝卜素含量太少，致使奶油色淡，甚至白色。可以通过添加胡萝卜素加以调整。

④表面褪色。奶油曝露在阳光下，发生光氧化造成。

知识拓展:新型的涂抹制品

近年来,乳品工业一直在研制食用脂肪的新种类,目的是研制一种低脂产品,它在所有其他方面与奶油相似,但更易涂布,甚至在冷冻温度下也容易涂抹。在瑞典就有名称为拉特和拉贡(Latt & Lagom)和布里高特(Bregott)的产品在销售。

1. 拉特和拉贡

它比奶油或人造奶油的脂肪含量都低,另外还含有酪乳中的蛋白质。在瑞典被称作一种“软”人造黄油,即每 100 g 中脂肪含量不得低于 39 g,不高于 41 g。该产品用作涂抹食品,因为脂肪含量低不用于烹调或烘烤,更不能用于油炸。主要原料为无水奶油和大豆油按比例混合,混合比例决定于待藏温度下的良好涂抹性和高含量的不饱和脂肪酸的双重要求。当脂肪与蛋白质浓缩物混合后,将混合物巴氏杀菌和冷却压炼。制造完成后,立即进行包装。

产品的味道,首先来自酪乳蛋白的天然优良风味,主要是在奶油制造前,通过奶油发酵而形成的奶油芳香味。然后,通过添加少量的芳香物质来稍稍加强风味。因为含脂率不超过 40%,硬度必须用特殊硬化剂来稳定。

与奶油和人造黄油相比,该产品含有较高的水分,并且蛋白质和碳水化合物含量也高。这就为微生物提供了较好的生长条件。为了抑制细菌的生长,可添加山梨酸钾。

2. 布里高特(Bregott)

也主要是一种涂抹食品,但可用于烹调。因为它含有高质量的植物油和乳脂,所以它被当作人造黄油一类。但是,在其组分和制造方法方面,不同于其他的人造黄油。它具有很浓的黄油味。并且软植物油的混合,使得它甚至于在冷冻温度下,也容易涂抹。

如同奶油一样,布里高特是经过搅拌的,这是一种不改变脂肪营养成分的制造方法。稀奶油用天然乳酸发酵剂来变酸,添加植物油的数量根据滋味和硬度进行细致地调整。该产品不仅在冷藏温度下容易涂抹,而且在室温下,也要保持良好的稠度和外观。除稀奶油和植物油外,在制造中还使用了一种特殊的盐,它是一种普通烹调用盐和天然的、中和了的营养盐,经平衡的混合物。产品含 1.4%~2%的盐。

因为不添加色素,该产品的颜色,随着一年中不同时间乳脂的色泽而变化。如奶油和人造黄油一样,每 100 g 布里高特含 80 g 脂肪,乳脂占脂肪含量的 4/5,其余是高质量的植物油(大豆油)。乳脂中存在着天然的脂溶性的维生素 A 和维生素 D,但不存在于植物油部分中。

因此,布里高特中维生素的含量需强化,使每 100 g 中维生素 A 保持在 3 000 IU,维生素 D 300 IU。贮存温度最高为 10℃。如果在两个月内食用,则该产品的滋味和其他特性保持不变。

【项目思考】

1. 奶油的定义、种类有哪些？

2. 影响奶油质量的因素有哪些？

3. 奶油的生产过程中进行标准化的方法？

4. 试述稀奶油的加工工艺及工艺要求。

5. 简述奶油搅拌时需注意的问题。

6. 试述酸性奶油的加工工艺及工艺要求。

7. 奶油粒为什么要洗涤？

项目七　干酪素、乳糖与乳清粉生产技术

【知识目标】

1.掌握干酪素生产中加酸点制的原理与方法。

2.熟识乳糖的理化特性与质量标准。

3.熟知乳清粉按加工方法与加工程度的分类及典型乳清粉产品的成分。

【技能目标】

1.能够进行干酪素的感官指标测定。

2.能够依据食品加工的功能和工艺需要合理添加乳糖。

3.能够依据国家标准对乳清粉进行质量检测。

【项目导入】

干酪素、乳糖、乳清粉与众多百姓日常食用的乳制品略有不同,虽然其生产工艺已十分先进,但是其产品往往不可直接食用,而是更多的用于食品工业、医药工业、化工工业的生产中,用途十分广泛。熟悉干酪素、乳糖、乳清粉的理化特性与功能特性,掌握三种乳制品的生产工艺及质量标准,有助于指导生产、改进工艺,以生产出更加优质、安全的产品。

任务 1　干酪素的加工

【要点】

1.脱脂乳的选择与加热温度控制。

2.盐酸的稀释与点制控制。

3.使用干燥箱、离心机、电子天平等操作。

【仪器与试剂】

1 000 mL 烧杯或者玻璃缸(2 000 mL)1 个,玻璃棒 1 支,纱布 2 块,100 mL 烧杯 1 个,50 mL 烧杯 1 个,10 mL 吸管 1 支,30～40 目尼龙筛 1 个,电炉 1 台,离心机 1 台,浓盐酸 1 瓶共用,干燥箱共用,托盘 1 个,脱脂乳 2 kg。

【工作过程】

思考：脱脂乳加热的温度过高或者过低对干酪素生产有何影响？

1. 脱脂乳加热

脱脂乳 500 mL 先置于 1 000 mL 烧杯中于电炉上加热至 40～44℃（不可低于 40℃或者高于 44℃）。

2. 加酸

点制用的酸一般先用盐酸（30%～38%），以 8 倍水稀释后再使用。点胶前先做小样试验，测量一下加酸的百分量为多少。点胶时边搅拌边加酸，直到出现细小凝块，pH 4.6～4.8 时停止加酸和搅拌，除去乳清，注意加酸量过高蛋白溶解，过少会使产品中灰分增高。

3. 洗涤过滤

洗涤用凉水的量与排除乳清的量相同，洗涤 2 次，洗涤时轻轻搅拌，然后用纱布过滤。

4. 脱水

用离心机或者纱布挤压脱水。

5. 造粒与干燥

用 30～40 目的筛子，将脱水后的干酪素在筛内搓擦，使之从筛孔落下形成均匀一致的小颗粒，用小盘接收，铺放均匀后放入 80℃以下的干燥箱内烘干（最佳干燥温度是 55℃，不超过 6 h）；冷却收集后，即为干酪素。

【相关知识】

除盐酸外，生产中还可以以硫酸作为酪蛋白的沉淀剂，将硫酸以 4 倍的水稀释后使用，脱脂乳加酸量，以最终乳清酸度达 0.3%～0.32%为适当，搅碎凝块、洗涤、干燥而制成。硫酸干酪素灰分含量高的主要原因在于硫酸使酪蛋白凝固时，容易得到不溶的硫酸钙沉淀，混入酪蛋白颗粒中成为灰分，而且此沉淀难以除去，会对制品品质有一定影响。以乳酸作为酪蛋白沉淀剂，它能形成硬的颗粒，且稀乳酸及乳酸盐皆不溶解酪蛋白。由于盐酸干酪素中含有大量的氯离子，应用于集成电路时会发生锈蚀，而乳酸干酪素可解决这一问题。

【友情提示】

1. 牛乳中不能含有杂质、异味，凝块和颜色深黄的原料乳。

2. 注意点制时的脱脂乳的温度以及盐酸酸度的控制。

【考核要点】

1. 稀盐酸的配置方法及注意事项。

2. 盐酸法制干酪素的工艺要点。

3. 干燥箱、离心机的使用。

【思考】

1. 加酸点制的原理是什么？

2. 除了盐酸外，是否还可以选择其他无机酸进行点制？

【必备知识】

干酪素生产技术

(一)干酪素概述

1. 概念

干酪素也叫酪蛋白，是利用脱脂乳为原料，在皱胃酶或酸的作用下生成酪蛋白凝聚物，经过洗涤、脱水、粉碎、干燥工艺生产出的物料。因此所谓的干酪素即是乳中的含氮化合物，约占乳的 2.5%，以酪蛋白酸钙的形态存在，通常与乳中的磷酸钙结合为复合物，以胶体状态分散于乳中。干酪素的主要成分是酪蛋白，比重为 1.25～1.31，白色或微黄色、无味，具有非结晶性与非吸湿性的特点。25℃条件下，在水中可溶解 0.2%～2.0%，但不溶于有机溶剂。

思考：你认为干酪素与干酪生产中有何差别？

2. 分类

干酪素依其凝固条件可分为三类，即酸干酪素、酶干酪素和酪蛋白与乳清蛋白共沉物。酸干酪素又有加酸法与乳酸发酵法之分，加酸法中，由于所使用的酸的种类不同，又可分为乳酸、盐酸和硫酸干酪素等。

干酪素在皱胃酶、酸、酒精或加热至 140℃以上时，可从乳中凝固沉淀出来，经干燥后即为成品。工业上使用的干酪素，大多是酸干酪素，它的生产原理是用酸使磷酸盐及与蛋白质直接结合的钙游离而使蛋白质沉淀。酶法生产干酪素时酶先使酪蛋白转化为副酪蛋白，副酪蛋白在钙盐存在的情况下凝固，与钙离子形成网状结构而沉淀。酶干酪素的生产，一般以皱胃酶为主，但皱胃酶因来源有限，价格昂贵，因此亦可用动物性蛋白酶(如胃蛋白酶)、植物性蛋白酶(如木瓜酶和无花果蛋白酶)、微生物蛋白酶(如微小毛霉凝乳酶)等来代替，尤其是微生物凝乳酶的发展更为迅速，已成为皱胃酶的代用品。

3. 用途

干酪素因其特殊性质有很多用途，而且有些作用是其他原料所不能代替的。目前干酪素主要在以下几个方面应用较多。

①食用。干酪素约有 15%供食用，而且其用量在逐年增加。蛋白共沉物因保留了牛乳的全部蛋白质和与酪蛋白结合的钙和磷，具有很高的营养价值和作为食品配料的良好功能特性。因此，干酪素被广泛地应用于食品工业中，如澳大利亚的牛奶饼干。另外，较低级的产品可用作饲料等。

②强力黏接剂。干酪素与碱反应，其产物具有很强的黏结力，因此常用于制造黏接剂。

③塑料制品。干酪素与福尔马林反应可制成塑料，这种塑料具有象牙光泽，而且可自由染色，可做装饰品及文具。

④涂料。在造纸工业上，用干酪素涂料容易染色且具有光泽，可做某些容器及特殊绘

画用纸张。

⑤其他。在皮革工业上用作上光涂色剂；在医药工业上用途也很广泛。

(二)干酪素的生产工艺

干酪素的加工，因凝固条件不同，其生产工艺也有区别，因此分别介绍干酪素的 4 种生产工艺。

1. 无机酸法干酪素

在工业用的干酪素中，加酸干酪素最为多见。加酸法干酪素采用的是“颗粒制造法”，此法生产中形成小而均匀的颗粒，不致使酪蛋白形成大而致密的凝块，因而被颗粒所包围的脂肪较少，成品含脂率较低，同时粒状干酪素便于洗涤、压榨和干燥，生产操作时间短。这种方法制得的干酪素遇碱易溶，黏结力很强，生产过程中排出的乳清，很适合制造乳糖。加酸法制干酪素生产中常用的无机酸是硫酸和盐酸，由于硫酸干酪素的灰分较高，质量较差，所以以加盐酸最普遍。

以盐酸干酪素为例介绍生产干酪素的工作过程。

(1)盐酸干酪素的生产工艺流程

乳清
↑
原料乳脱脂→加热→加酸点制→酪蛋白沉淀物→洗涤→脱水→粉碎→干燥→粉碎、分级→包装

图 7-1 是无机酸法干酪素的生产线。

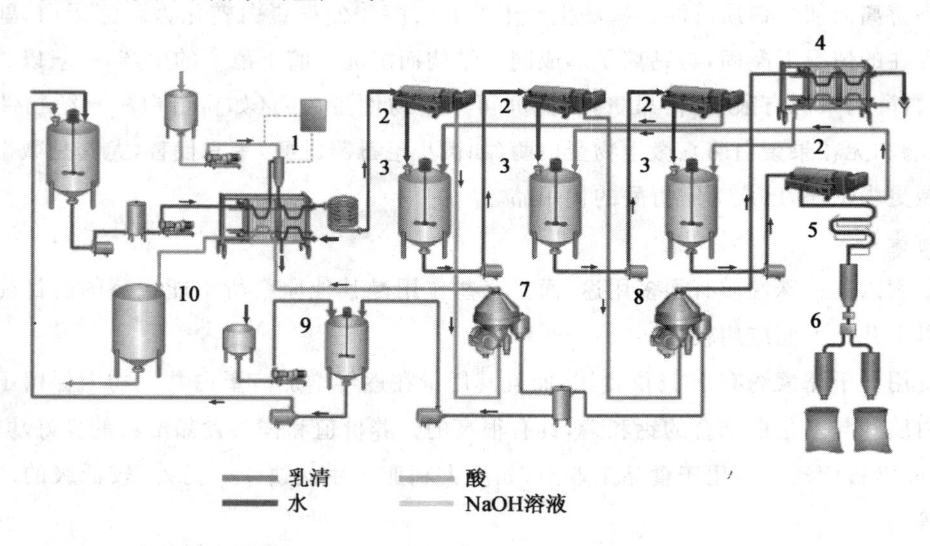

图 7-1 无机酸法干酪素的生产线

1. pH 控制 2. 倾析离心机 3. 洗缸 4. 热交换器 5. 干燥 6. 粉碎过筛及包装 7. 从乳清中回收干酪素碎屑 8. 清洗水中碎屑回收 9. 碎屑溶解 10. 乳清贮存

(2)工艺要求

①原料乳脱脂加热。将原料乳加热至 32～33℃后，经过分离机离心可得到含脂率在 0.05%以下的脱脂牛乳，它是制造干酪素的初始原料。脱脂乳的含脂率直接影响到产品的质量，也是获得优质干酪素的关键，优质干酪素要求含脂率应在 0.03%以下。然后将脱脂乳加热至 34～35℃，此时控制加热温度至关重要。如果温度过高，形成的颗粒较大；过低则形成的颗粒软而细，甚至不形成颗粒。例如，当凝块温度在 34～35℃时乳清最容易分离。例如，当温度上升到 54～57℃或者更高时，加热的凝块呈胶皮状或塑料状，不能很好地水洗以达到洗脱灰分和游离酸的目的，从而严重影响成品品质。因此，新鲜脱脂乳(酸度 16～18°T)可加热至 35℃，新鲜度较差的脱脂乳(酸度 22～24°T)，其加热温度以 34℃为宜。同时脱脂乳必须干净，无机械杂质。

> 思考：盐酸、硫酸等强酸应如何存放？如何稀释？

②酸化点制。

a.盐酸的选择与稀释。生产盐酸干酪素所用的工业合成盐酸(食用)应符合国标 GB 320—2006 工业合成盐酸各项指标要求，酸液配置时需要经过过滤除去杂质后使用。

将过滤后的浓盐酸用 30～38℃的温水稀释，在搅拌的同时慢慢加入稀盐酸，或者在凝乳槽的底部将稀盐酸以喷雾状加入，则更加能有效避免泡沫产生。根据生产用原料乳的不同，盐酸浓度不一。点制正常牛乳时浓盐酸与水的体积比为 1∶6，点制中和变质牛乳时浓盐酸与水的体积比是 1∶2。

b.点胶。脱脂乳加温到 40～44℃，不断搅拌下徐徐加入稀盐酸，使酪蛋白形成柔软的颗粒，加酸至乳清透明为止，所需时间不少于 3～5 min。停止搅拌 30 s 后再进行第二次加酸，并且应在 10～15 min 内完成，不可过急，边加酸边检查颗粒硬化情况，以便及时准确的确定终点。

c.静置沉淀。停止加酸后，继续搅拌 30 s，而后停止搅拌并静置沉淀 5 min，再放出乳清。加酸到终点时，乳清应清澈透明，干酪素颗粒均匀一致(其大小应该在 4～6 mm 之间)，致密结实，富有弹性，呈松散状态。乳清的最终滴定酸度为 56～58°T。

d.点制过程中影响品质的因素。点制温度——脱脂乳加热温度过高容易使酪蛋白形成粗大、不均匀、硬而致密的颗粒或者凝块。不均匀的颗粒中，小颗粒已经酸化好，大颗粒却并未完全酸化，因此颗粒中的钙不能充分分离出来，从而存留在颗粒之中，致使产品灰分增高，影响产品质量。温度低容易形成软而细小的颗粒，点制中加酸微量过剩则干酪素容易溶解，造成乳清分离困难，不易洗涤和脱水。

点制酸度——点制中加酸量的多少是影响干酪素灰分高低的主要原因。点制中由于加酸量的不同，酪蛋白酸钙-磷酸钙复合体中钙被酸取代的情况也有差异。当加酸到 pH 5.2 时，Ca_3-$(PO_4)_2$ 先行分离，酪蛋白酸钙开始沉淀；继续加酸到 pH 4.6 时，钙从酪蛋白酸钙中分离，得到纯净的酪蛋白沉淀。点制中必须准确地控制加酸量，加酸不足，成品灰分高，影响质量。

如加酸过量，干酪素可重新溶解，影响产量，并且溶化了干酪素颗粒，给后续水洗、干燥都带来非常大的困难。

点制时间——点制时间长短决定了凝结酪蛋白颗粒的酸化程度。点制时间短，酪蛋白颗粒酸化不充分，钙分离不完全，导致成品灰分高，影响成品的含量。适当地延长点制时间，既可以降低干酪素的灰分，又可以节约酸的用量。但点酸时间过程过长会延长生产周期，降低设备利用率。点制过程中搅拌和静置的时间总和在 19～26 min 之间。

搅拌速度——加酸点制是在不断搅拌下进行的。点制中要控制搅拌速度，太慢或者太快都不适宜，一般以 40 r/min 最适。点制中也可根据搅拌的速度来决定点制的温度、加酸速度和配置酸液的浓度。

③酪蛋白沉淀。当酪蛋白开始产生凝块时，可用 pH 试纸进行试验。如达到 pH 4.6～4.8，加酸应暂时中止，凝块即沉淀。此时可除去 1/2 的乳清，然后再加酸，使 pH 值达到 4.2（乳清酸度约为 0.5%），这时颗粒约为米粒的 2 倍左右，并成为颗粒坚实而颗粒间松散的状态。但必须注意加酸切勿过多，以免蛋白质溶解。

制造干酪素，重要的是凝块与乳清不要长时间一起放置。如果放置时间过长，会给后续操作带来困难。

④洗涤和脱水。加酸后经过短时间搅拌即可放出乳清，然后加入与原料脱脂乳等量的温水进行搅拌洗涤。放出第一次的洗涤水后再用约半量的冷水搅拌洗涤两次，然后过滤。

排出乳清后的干酪素要用水洗涤，以除去灰分和一些游离酸。洗涤后的干酪素用压榨机或者放入脱水机中脱水，脱水后的湿干酪素含水量不应高于 60%。

⑤粉碎和干燥。脱水后的干酪素，用粉碎机粉碎成一定大小的颗粒或置于 20 目的筛板上用刮板使干酪素通过筛孔而粉碎，将粉碎的干酪素迅速干燥。干燥温度不应超过 55℃，时间不应超过 6 h，干燥后进行粉碎分级。

⑥包装贮藏。干酪素及干酪素盐制品种类较多，市场上依据其不同的级别、用途进行包装，见图 7-2。

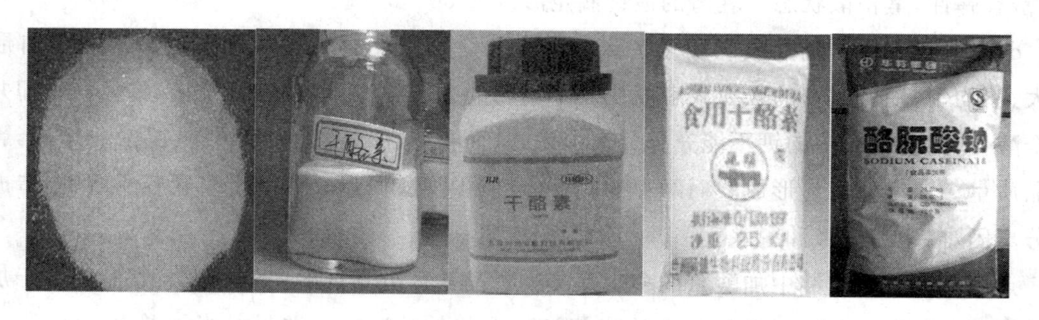

图 7-2 干酪素及产品展示图

2.乳酸发酵法干酪素

乳酸发酵干酪素是通过乳酸菌分解乳糖后产生乳酸而使酪蛋白凝结沉淀来完成的，此方法制造的干酪素溶解性较好，黏结力也较强。此外，不经发酵添加乳酸的方法也被广泛的应用。

(1)乳酸发酵法干酪素的生产工艺流程

发酵剂
↓
脱脂乳→加热→保温发酵→加热搅拌→排除乳清→洗涤→压榨→粉碎→干燥

(2)工艺要求

乳酸发酵法生产干酪素时对脱脂乳的要求较高，脱脂乳必须新鲜，不含抗生素等药物，含脂率应在0.03%以下。将新鲜脱脂乳加热到37℃条件下接入2%～4%的发酵剂，保温发酵。当发酵度达到pH 4.6或滴定酸度0.45%～0.50%时，脱脂乳形成凝块，即可停止发酵。通常如果发酵剂的活力高，几小时即可达到要求。在排除分离出来的乳清时，要边搅拌边加热到50℃左右，使酪蛋白凝块使乳清分离，凝结的酪蛋白搅拌成颗粒状，然后用冷水洗涤凝块，经压榨、粉碎、干燥即为成品。

将最后分离出来的乳清部分，在32～40℃条件下保温发酵8～10 h，供下次生产时作为发酵剂使用，添加量为5%～10%。生产中可按照此法逐次循环，节约发酵剂。乳酸发酵法生产干酪素时，发酵酸度的控制是关键。如果酸度过高则凝块软，变为微细凝块过滤困难，反之，发酵不充分则乳清不透明凝固的也不好，变为软质凝块，过滤不良，收率下降。

3.酶法干酪素

酶法干酪素是指利用凝乳酶使酪蛋白形成凝块沉淀而提纯制成的干酪素，此种干酪素灰分含量高、酸度低，只能溶解于15%的氨溶液中，不溶于3%的四硼酸钠溶液。

凝乳酶的加入量因酶的种类、活力不同而异。生产中一般要求能在15～20 min凝固即可，其他操作同酸干酪素的生产。此法生产的干酪素，要求灰分7.5%以下，脂肪1.0%以下。

(1)酶法干酪素的生产工艺流程

凝乳酶溶液　乳清　　　　　乳清
↓　　　　↑　　　　　　↑
脱脂乳→加热→加酶凝固→搅拌→切碎→加热→凝块→洗涤→压榨→破碎→干燥→包装→成品

(2)工艺要求

①凝乳酶的制备。凝乳酶是一种天冬氨酸蛋白酶，存在于新生牛的皱胃，以无活性的酶原形式分泌到胃里，在胃液的酸性环境中被活化，能促使原奶凝结，排出乳清。凝乳酶以液态、粉状和片剂三种状态存在。

a.凝乳酶的来源。传统上利用牛犊第四胃的皱胃酶提取制作凝乳酶，因皱胃酶的限制，酶法干酪素已不太常用，但微生物凝乳酶的发现，使此法又兴起，而且逐渐盛行。目前乳酶的来源包括三类:动物性凝乳酶,来源于牛胃、猪胃和羊胃;植物性凝乳酶,来源于无花果树液和菠萝果实;微生物凝乳酶,来源于霉菌和酵母菌。

皱胃酶——皱胃酶是从犊牛或者羔羊的第四胃(皱胃)的胃壁中提取的。皱胃酶的等电点为 pH 4.6,相对分子质量为 40 000 左右,由于其自身的水解相对分子质量下降到 31 000～36 000 之间。在弱酸、中性或者弱碱性环境中能将酪蛋白水解,在强碱、强酸、热、超声波的作用下易失活,20℃以下或 50℃以上凝乳酶活性减弱。凝乳酶作用的最适 pH 为 5.2～6.3,最适温度为 39～42℃时,低温能强烈抑制皱胃酶的作用。当 pH＞7.8 时,皱胃酶不起作用;当 pH＝8 时,皱胃酶由于变性而失活。液体凝乳酶不稳定,而固体凝乳酶比较稳定。但经过实验证明,小牛皱胃酶(液体)在－20℃时保存 15 d,其酶活力保持不变。胃蛋白酶最适 pH 为 1.5～2.0,最适温度为 33～40℃。

胃蛋白酶——胃蛋白酶一般是从猪胃和牛、羊皱胃黏膜中提取的,它由胃蛋白酶原形成,最适合的 pH 为 1.5～2.0,最适合的温度为 33～40℃。

b. 凝乳酶的凝固作用。酪蛋白在凝乳酶(如胃蛋白酶)作用下转变为副酪蛋白,并在酪蛋白分子中的磷酸酰胺键上发生水解。副酪蛋白的磷酸基上的—OH 同钙离子结合,于是副酪蛋白的微粒发生团聚作用而凝固。只有当乳中存在钙离子时,才能使酪蛋白凝固。

用凝乳酶凝乳的速度与温度、酸度有关。应掌握最适合的凝固温度,降低温度或提高温度都会影响形成凝块的速度和硬度。凝乳的密度依照乳的酸度而定。随着原料乳酸度的提高,乳的凝固速度加快,同时胶体脱水收缩作用加强。

c. 凝乳酶的活力的测定。凝乳酶活力的含义及测定方法见“项目八　干酪生产技术”。标准液态凝乳酶的活力通常是 1.2 万～1.5 万,粉状凝乳酶是前者 10 倍,为 12 万～15 万。

d. 影响凝乳酶活性的因素。

pH——在酸性环境中凝乳酶活力最强,原奶酸度的任何微小变化均能显著影响凝乳酶的活力。凝乳酶活力大部分来源于其中的胰蛋白酶,小部分来源于牛胃蛋白酶(不过猪凝乳酶中的有效成分是猪胃蛋白酶)。胰蛋白酶的最适 pH 为 5.4,而胃蛋白酶的最适 pH 低于胰蛋白酶。

温度——凝乳酶的最适温度是 42℃(到 55～60℃,酶本身受到破坏),因为乳温明显影响凝结速度。乳温 30℃时原奶凝结时间是 42℃的 2～3 倍。

Ca^{2+} 浓度——只有原奶中存在自由钙离子时,被凝乳酶转化的酪蛋白才能凝结。因此,钙离子浓度将会影响凝乳时间、凝块硬度和乳清排出。

②凝乳要点。脱脂乳升温至 35℃,添加在 15～20 min 内可以凝固酪蛋白的凝乳酶,需要预先测定凝乳酶的活力。加入酶待乳凝结后,把形成的凝块慢慢地搅拌,然后加快速度,继续加酶到透明的黄中带绿的乳清分离为止。酪蛋白黏结成颗粒,进行第二次加热,加到 55℃。加热要缓慢进行,使乳清从干酪素颗粒中分离出来,此颗粒具有弹性。静置 10 min 后排乳清,用 25～32℃

思考:凝乳需要注意哪些方面?

水洗涤两次，经脱水、粉碎，在43～46℃温度下干燥，最后包装入库。图7-3是酶凝干酪素的逆向洗涤生产线。除酶凝技术不同外，其他步骤和方法与生产酸法干酪素相似，在此不再赘述。

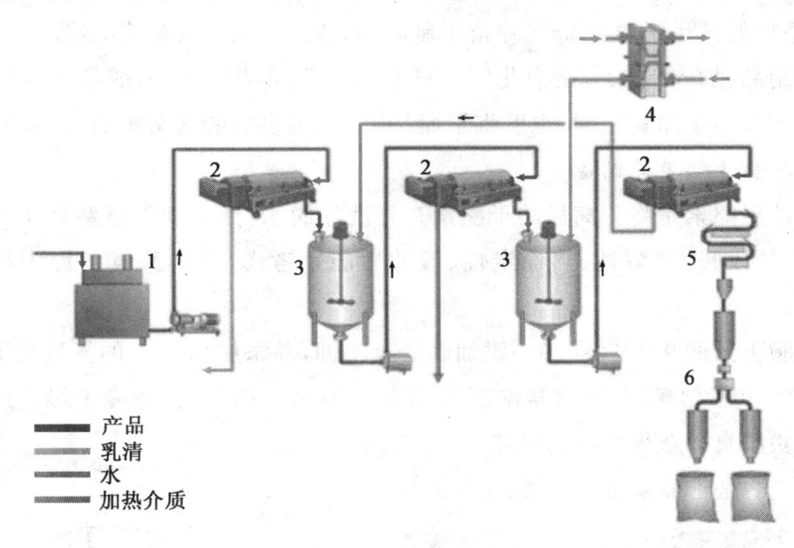

图7-3　酶凝干酪素的逆向洗涤生产线

1.用于干酪素生产的槽　2.倾析机　3.洗缸　4.加热器　5.干燥　6.磨碎、过筛与包装

凝乳酶干酪素是一种蛋白含量较高的干酪素产品，根据产品用途有两种不同选择，若不作为食品配料而是以工业用为目的的可以不用巴氏杀菌。这一点非常重要，已发现巴氏杀菌脱脂乳制得凝乳酶酪蛋白原料具有较深的颜色。食用级凝乳酶干酪素主要用在食用乳酪及酸奶业中；工业级凝乳酶干酪素因具有良好的染色附着力和很强的抗挤压能力，主要用在工业合成酪素塑料方面，如电器附属器具、钢琴琴键、按钮、织衣针、珠宝用塑料配料等。凝乳酶干酪素是干酪素的钙盐，其灰分含量高，酸度低，特别适合制造塑料。

4. 共沉淀物干酪素

此法是在加酸(pH 4.6～5.3)或不加酸而加入大约0.03%～0.20%的钙(通常为氯化钙)的情况下，加热至90℃以上由脱脂乳酪蛋白及乳清蛋白沉淀的方法制得的产品，其蛋白质的回收率约占95%～97%。共沉淀物干酪素是成本低廉、回收营养价值高的乳蛋白的最佳制造方法。

共沉淀物中酪蛋白约占80%～85%，乳清蛋白约占15%～20%，将其用4%～6%的多磷酸盐溶解，用胶体磨粉碎溶解，该法因加入氯化钙的量及残留量不同而分高、中、低三种灰分含量的制品，工艺及参数略有不同。

①高灰分制品：脱脂乳在保温罐中加热至88～90℃，用泵定量送乳，加入0.2%的氯化钙，混合物约用20 s通过保温管，倾斜排出，凝块在此处被过滤网分离，洗涤1～2次，洗涤用水要求pH 4～4.6，成品中灰分含量在8%～8.5%。

②中灰分制品：在约45℃的脱脂乳中加入0.06%的氯化钙，热交换及在保温罐中加热到

90℃，加热的脱脂乳在罐中停留 10 min，然后用泵送乳，这时在泵的前后注入经过稀释的酸，调整 pH 为 5.2～5.3，以便于沉淀。在保温管中保持 10～15 s，然后用与高灰分制品同样的方法进行洗涤，添加的氯化钙约有 25%存留于制品中，成品的灰分含量为 5%。

③低灰分制品：加入 0.03%的氯化钙，pH 4.5，90℃保持 20 min，成品灰分含量为 3.0%。

共沉物的干燥与干酪素相同，也可将干燥品用 2%的多磷酸盐溶解后，再喷雾干燥。

5. 食用可溶性干酪素的制备

食用可溶性干酪素是将分离后的干酪素充分洗涤脱水，然后加碱溶解后干燥。此法可使用各种碱类，但从风味、溶解性、热稳定性、缓冲性能来考虑，以磷酸氢二钾为最好。其制法如下：

通常按脱脂乳量的 0.1%～0.3%添加磷酸氢二钾，并添加 0.05%的氢氧化钠以调节 pH。然后加温至 50～60℃溶解，使干酪素浓度在 15%～16%。杀菌后，喷雾干燥。这种干酪素最好用粒状活性炭脱臭以获得良好的风味。

图 7-4、图 7-5 是干酪素生产设备。

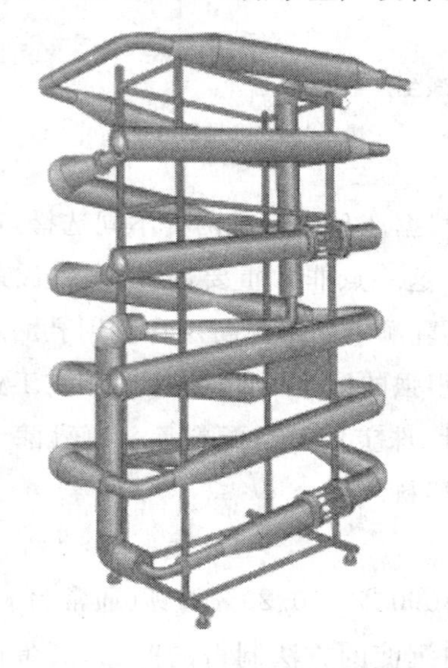

图 7-4 用于酸法和酶法干酪素生产的连续凝固、蒸煮和脱水装置

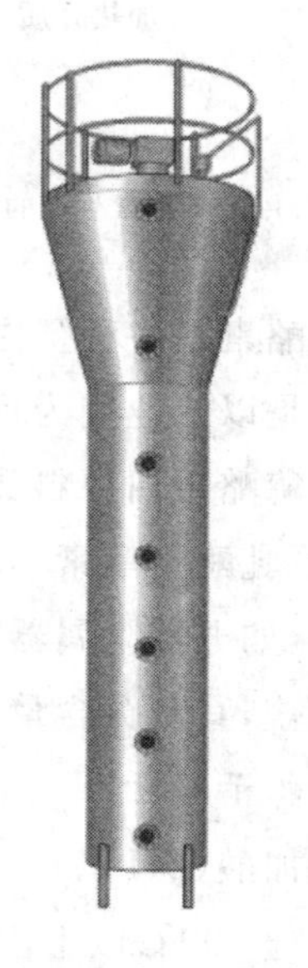

图 7-5 用于乳酸以及酶法干酪素的凝块洗涤塔

(三)干酪素的干燥方法

1. 干燥方法

经粉碎后的湿干酪素是一种松散无团块的颗粒均匀的物料。湿干酪素的干燥工艺对干酪素的品质有很大的影响，它要求干燥温度低、时间短，以保证产品水分、色泽、灰分及酸度等指标符合要求。目前，干酪素常采用沸腾干燥法，这种方法一般适用于干燥直径在 30 μm～6 mm 的颗粒状物料。

沸腾干燥又名流化干燥，是流化技术在物料干燥中的新发展。所谓流化床，是指在一个设备中，将颗粒物料堆放在分布板上，当气流由设备的下部通入床层，随着气流速度加大到某种程度，固体颗粒在床内就会产生沸腾状态，这种床层就称为流化床。采用这种方法进行干燥的则称为流化床干燥。

2.设备的选择

(1)设备的分类

目前流化床干燥器有以下分类方法。工业上常用的流化床干燥机，从结构上分，大体上有如下几种：

①按被干燥的物料，可分为粒状物料、膏状物料、悬浮液和溶液等具有流动性的物料。

②按操作情况，可分为间歇式和连续式。

③按设备结构形式，可分为：单层流化床干燥器、多层流化床干燥器、卧式分室流化床干燥器、喷动床干燥器、脉冲流化床干燥器、振动流化床干燥器、惰性粒子流化床干燥器、锥形流化床干燥器等。

干酪素的干燥主要以单层沸腾干燥器为主。这是一种流化床干燥器中结构最为简单的干燥器，因其结构简单，操作方便，生产能力大，故在食品工业中应用广泛。单层流化床干燥器一般适用于床层颗粒静止高度较低，约300～400 mm情况下使用。根据干燥介质的不同，每平方米分布板可从物料中干燥水分500～1 000 kg/h，空气消耗量为3～12 kg/h，适宜于较易干燥或要求不严格的湿粒状物料。单层流化床干燥的缺点是干燥后的产品湿度不均匀。

(2)常用设备

①工作原理。物料自进料口进入机内，在振动力作用下，物料沿水平方向抛掷向前连续运动，热风向上穿过流化床同湿物料换热后，湿空气经旋风分离器除尘后由排风口排出；干燥物料由排料口排出。

②设备实物图及简图(图7-6、图7-7)。

图7-6 流化床干燥设备实物图

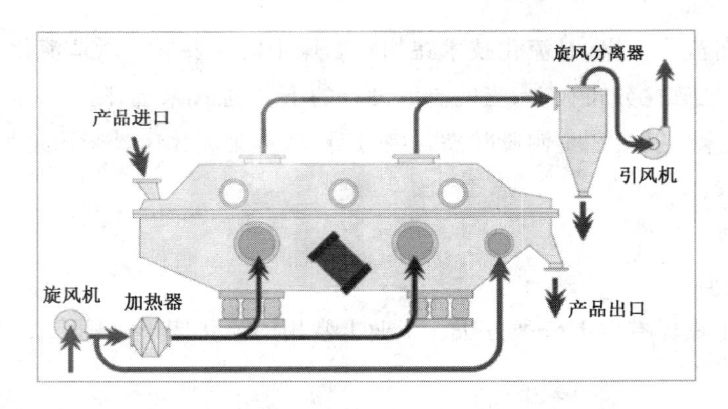

图 7-7 流化床设备工作简图

(四)干酪素的质量标准及控制

1. 干酪素的质量标准及测定

干酪素在国际上一般分为三级，即适合食用或特级品、一级品、二级品，其在质量上最重要的要求是溶解性、黏结性及加工性等，脂肪含量尽可能少。干酪素的质量标准及检验方法符合QB/T 3780—1999，QB/T 3781—1999。

(1)感官指标

感官指标的检验应符合表 7-1。

表 7-1 感官指标

项目	特级	一级	二级	检验方法
色泽	白色或浅黄色，均匀一致	浅黄色到黄色，允许存在5%以下的深黄色颗粒	浅黄色到黄色，允许存在10%以下的深黄色颗粒	QB/T 3781—1999
颗粒	最大颗粒不超过 2 mm	最大颗粒不超过 2 mm	最大颗粒不超过 3 mm	
纯度	不允许有杂质存在	不允许有杂质存在	允许有少量杂质存在	

(2)理化指标

理化指标的检验应符合表 7-2。

表 7-2 理化指标

项目	特级	一级	二级	检验方法
水分/% ≤	12.00	12.00	12.00	QB/T 3781—1999
脂肪/% ≤	1.50	2.50	3.50	GB 5413.3—2010
灰分/% ≤	2.50	3.00	4.00	QB/T 3781—1999
酸度/°T ≤	80	100	150	QB/T 3781—1999

(3)精品

根据国内外市场的需要，可生产精一级品工业干酪素，其质量指标应高于特级品，具体要求可按照双方合同办理。

2. 干酪素生产过程中的质量控制

干酪素性质中最重要的是溶解度、黏度以及加工性能。影响干酪素这些性能的主要因素是干酪素成品中的脂肪和灰分含量。一般来讲，干酪素成品含脂肪越低越佳；灰分含量和干酪素物理特性有密切关系，其含量越低则溶解度越高，黏度越大。

思考：干酪素如何进行质量控制？

①干酪素质量控制的关键是有效控制脂肪和灰分的含量。干酪素中脂肪含量取决于脱脂乳的含脂情况，即脱脂效果。要想获得含脂率低的脱脂乳，必须采用分离效果好的分离机，必要时进行二次分离以达到较好的脱脂效果。

②生产过程是影响干酪素中灰分高低的主要因素。对于盐酸干酪素而言，最主要的是点制操作，如点制温度、点制酸度、搅拌速度、酸化速度、盐酸质量、洗涤充分与否、干燥温度等。

任务 2　低乳糖牛奶水解率的快速测定方法

【要点】

1. 低乳糖牛奶的生产。

2. 751 分光光度计、RS-1 型恒温水浴锅、PHS 数字式酸度计的使用。

3. 乳糖水解率的测定、计算。

4. 乳糖不耐症的典型症状、成因分析及乳制品消费指导。

【仪器与试剂】

10 mL 量筒、25 mL 移液管、50 mL 滴定管、250 mL 碘量瓶、250 mL 容量瓶、1 000 mL 容量瓶、751 分光光度计、RS-1 型恒温水浴锅、PHS 数字式酸度计、电子分析天平、5% 氟化钠溶液、1% 淀粉溶液、20% 醋酸铅溶液、0.1% 甲基橙水溶液、0.1 mol/L 碘溶液、0.5 mol/L 盐酸溶液、0.1 mol/L 氢氧化钠溶液、0.1 mol/L 硫代硫酸钠溶液、草酸钾-磷酸二氢钠缓冲溶液、碘化钾、硫酸铜、葡萄糖测定试剂、乳糖酶制剂（2 000 NLU/mL，进口）。

【工作过程】

（一）低乳糖牛奶的制备

称取大约 1 200 g 的新鲜牛奶（pH 6.6～6.8），经过煮沸消毒后冷却至 38℃，再准确称取 1 000 g（其余部分留作待测样品）添加乳糖酶制剂至其浓度为 2 000 NLU/L，然后立即将牛奶样品放入 38℃ 的恒温水浴锅中，并不断搅拌，一定时间后取出牛奶样品并迅速做灭酶处理。

（二）低乳糖牛奶水解率的测定

1. 酶解前牛奶中乳糖含量的测定

用 50 mL 的小烧杯准确的称取酶解前留用待测的牛奶样品 10 g，转移至 250 mL 的容量瓶中，再用一定量的蒸馏水洗涤小烧杯二次，每次的洗涤溶液都转入到容量瓶中，在容量瓶中分别加入20%的醋酸铅溶液4 mL及草酸钾-磷酸二氢钠缓冲溶液4 mL，调整瓶中的溶液温度至20℃，再加入蒸馏水至其刻度并摇匀，静置后过滤备用。

用移液管准确的移取25 mL的上述滤液置于250 mL的碘量瓶中，加入一滴0.1%的甲基橙水溶液，5%的氟化钠溶液0.5 mL，0.1 mol/L的标准碘溶液25 mL，再加入0.1 mol/L的氢氧化钠溶液37.5 mL，盖紧瓶塞并用水密封后置于黑暗处30 min，然后加入0.5 mol/L的硫代硫酸钠的标准溶液滴定至反应溶液的颜色呈现出淡粉色（这是由于溶液中有甲基橙指示剂存在的缘故），这时所消耗的硫代硫酸钠标准溶液的毫升数为V_1。

2.酶解后牛奶中乳糖表观含量的测定

低乳糖牛奶样品的处理过程及其乳糖表观含量的测定过程与上述方法一致，此时所测得的硫代硫酸钠标准溶液的消耗量为V_2。

（三）低乳糖牛奶水解率的计算

$$水解率=\frac{M_0V_1-M_0V_2}{M_1V_0-M_0V_1}\times 100\%$$

式中：M_0——硫代硫酸钠标注溶液的物质的量的浓度；

M_1——单质碘的标准溶液的物质的量的浓度；

V_0——在每次进行测定时所准确移取的单质碘的标准溶液的毫升数；

V_1——在每次进行酶解前牛奶滤液的滴定时所消耗的标准硫代硫酸钠溶液的毫升数；

V_2——在每次进行低乳糖牛奶滤液的滴定时所消耗的硫代硫酸钠标准溶液的毫升数。

【相关知识】

乳制品中富含容易吸收的优势蛋白质和钙、磷、钾等矿物质，是人类饮食中能够提供丰富营养的重要食品，但亚洲和非洲人群体内乳糖酶缺乏导致的乳糖不耐受严重影响了人们对乳制品的摄入。乳糖不耐症是指人体不能分解并代谢乳糖，从而导致饮用牛乳后出现渗透性腹泻的症状，这是由于肠道内缺乏所需的乳糖酶，或者是由于乳糖酶的活性已减弱而造成的。目前，低乳糖牛奶的研究与生产已经成为液态乳制品发展的趋势，因而对乳糖水解率的测定至关重要。

【友情提示】

乳糖不耐症人群食用乳制品时的注意事项：

1.进行测试，调整乳糖摄取量，找出适合自己的食用量。

2.补充钙质，以免因乳糖不耐症少喝牛奶而导致钙质不足。

3.喝牛奶时配以其他食物。

4.从每天的饮用量中一点一点增加，训练自己的可耐性。

5.食用酸奶，最好是未经二次低温杀菌且脱脂的酸奶，在食用乳制品前吃一点，可减轻乳糖不耐症的症状。

6. 吃奶酪或起司，特别是发酵完全的硬奶酪。

7. 谨防填充剂，因乳糖是许多药物及营养补充品里的填充剂。

【考核要点】

1. 751 分光光度计的使用。

2. 乳糖分解率的测定、计算。

【思考】

1. 国家标准中对乳糖含量的测定方法有哪些？

2. 原料奶中如含有蔗糖、葡萄糖，对结果有何影响？

【必备知识】

乳糖生产技术

(一)乳糖的概述

乳糖是由哺乳动物乳腺分泌的碳水化合物，是乳中主要成分之一。乳糖是婴幼儿及动物幼子哺乳期营养的主要来源，是微生物在牛乳中生长的主要碳源。乳糖的分子式为 $C_{12}H_{22}O_{11} \cdot H_2O$，是乳中最主要的一种碳水化合物，在动物的其他器官中没有这种糖或者含量很少。乳糖的甜度比较小，相当于蔗糖甜度的 1/5～1/6，甜菜糖的 1/6，20℃时相对密度为 1.545 3。

思考：乳糖对婴幼儿智力发育有无影响。

乳糖是半乳糖和葡萄糖缩合而成的二糖，乳糖水解产生 *D*-葡萄糖和 *D*-半乳糖。它以游离态存在于哺乳动物的乳汁中，牛乳中含 4.5%～5.5%，平均为 4.8%；人乳中含 5.5%～8.0%，平均为 7%。乳糖在食品工业中，用作婴儿食品及炼乳品种；在医药工业中，用作药品的甜味剂和赋形剂；此外，还可作细菌培养基。

1. 乳糖的异构体及其特性

乳糖在溶液中以全溶解状态存在，是乳中含量最稳定的一种成分。由于温度的不同，乳糖有不同的结晶类型。已知有三种结晶形态的乳糖：α-乳糖水合物、α-乳糖无水物和 β-乳糖。

①α-乳糖水合物。即普通乳糖。α-乳糖水合物在常温下可从溶液中结晶出来。乳糖溶液浓缩液在 93.5℃以下结晶，得到的乳糖为 α-含水乳糖，结晶晶体形状为单斜晶体，常温下较稳定，熔点 202℃。α-乳糖水合物带有一个结晶水，其分子式为 $C_{12}H_{22}O_{11} \cdot H_2O$。市售乳糖一般为 α-乳糖水合物。α-乳糖水合物比旋光度 $[\alpha]_D^{20}$ 为 +89.4°。α-乳糖水合物晶体与其他糖比较在水中溶解度小，质地也坚硬，在口中会产生砂质感，解决的办法是将它转化为 β-乳糖。

②α-乳糖无水物。α-乳糖水合物在 150℃以上加热或在减压条件下加热到 65℃以上时，失去 1 分子结晶水而成为 α-乳糖无水物，熔点 223℃。无水 α-乳糖比旋光度为 $[\alpha]_D^{20}$ +52.3°。

③β-乳糖。乳糖溶液浓缩液在 93.5℃以上结晶得到的晶体为 β-乳糖，比 α-乳糖易溶于水，且较甜，甜度较 α-乳糖大 1.5 倍。β-乳糖比旋光度 $[\alpha]_D^{20}$ 为 +35.5°。

α和β型乳糖在水溶液中，可由这一种转变成另一种，最终这两种形态达到平衡，此现象称为变旋作用。平衡状态的乳糖比旋光度为$[\alpha]_{20}^{D}=+55.3°$，α-乳糖和β-乳糖浓度分别为37.3%和62.7%。α-乳糖所占比例随着温度升高而升高。乳糖异构体性质比较如表7-3所示。

表7-3 乳糖异构体性质比较

特性	α-乳糖水合物	β-乳糖
比旋光度($[\alpha]_D^{20}$)	+89.4	+35.5
熔点/℃	202	253
溶解度 20℃	8	55
100℃	70	95
相对密度	1.54	1.59
比热	0.299	0.289 5
甜味	较淡	较浓

乳糖除了具有上述三种结晶形态外，还有其他几种结晶形态存在。使用某种溶液（甲醇或乙醇）或者是加入少量浓缩的酸、碱或者盐可以使α-乳糖和β-乳糖以不同的比例共存。这些乳糖分子混合物不同于纯的α-乳糖水合物及β-乳糖，并且当α-乳糖与β-乳糖的比例为5∶3时，乳糖分子混合物发生结晶。

2.溶解度

(1)最初溶解度

乳糖加大量水时，有一定的量立即溶解，这是α-型含水乳糖被溶解，称为初期溶解度。

(2)最终溶解度

初溶解度是暂时的。随着溶解的进行，由于变旋光作用，α-乳糖转变为β-乳糖，而β-乳糖溶解度比α-乳糖高，所以溶解度随之上升直到平衡为止，达到该温度下的饱和溶解度，剩余的乳糖不再溶解，此时的溶解度为该温度下乳糖的终溶解度。终溶解度实际上就是平衡状态的α-乳糖溶解度和β-乳糖溶解度的总和。乳糖的终溶解度由温度决定，而与溶解的是α-乳糖或β-乳糖无关。温度低于93.5时，乳糖的终溶解度可用以下经验公式计算：

$$乳糖的终溶解度=(R+1)\times[\alpha\text{-乳糖溶解度}]$$

式中：R——1.64－0.002 7 T；

T——温度(℃)。

通过这个公式计算出的最终溶解度与实验数据稍有差异。

(3)饱和溶解度

将某一温度下的乳糖饱和溶液冷却到一定温度下，乳糖结晶，这种状态称为该温度下的饱和溶解度，上述关系如表7-4、表7-5所示。

表 7-4　乳糖溶液的温度与初期溶解度和终期溶解度

温度/℃	初期溶解度		终期溶解度	
	乳糖/%	与水 100 对比的乳糖量	乳糖/%	与水 100 对比的乳糖量
0	4.8	5.0	10.6	11.9
15	6.8	7.3	14.5	16.9
25	8.2	8.9	17.8	21.6
39	11.0	12.4	24.0	31.5
49	15.0	17.6	29.8	42.4
64	21.0	26.6	39.8	65.8
74	26.0	35.1	46.3	86.2
89	37.0	58.7	58.2	139.2

表 7-5　乳糖溶液的温度与饱和浓度及 α-型、β-型的比例

温度/℃	饱和浓度/%	α-型、β-型的比例		平衡常数 (B/A×100)
		α-(A)	β-(B)	
0	10.1	37.7	62.3	1.65
10	13.1	38.2	61.8	1.62
20	16.1	38.6	61.4	1.59
30	19.9	38.9	61.1	1.57
40	24.6	39.4	60.6	1.54
50	30.4	39.8	60.2	1.51
60	37.0	40.3	59.7	1.48
70	43.9	40.8	59.2	1.45
80	51.0	41.2	58.8	1.43
90	59.0	41.7	58.3	1.40
100	61.2	42.9	57.1	1.33

(二)乳糖生产的原理

乳糖自过饱和溶液中形成晶体析出，称为结晶。结晶分为两个过程：晶核的形成和晶体的生长。

冷却饱和溶液即得到过饱和溶液，这时立即形成晶核，溶液可以较长时间保持过饱和状态。继续冷却则形成晶体，析出的结晶为 α-乳糖结晶。晶核形成的速度与溶液的过饱和系数有密切的关系。过饱和系数越高，形成晶核的速度就越快，形成的晶核就越小。乳清中的乳糖的过饱和系数与乳糖结晶晶体的大小之间的关系如表 7-6 所示。单位时间内晶体增长的大小，称为晶体成长速度。晶体成长速度与溶液过饱和系数、浓缩乳清的黏度及搅拌条件也有一定的关系。

表 7-6 过饱和系数与结晶晶体大小的关系

过饱和系数 KB	结晶大小/μm		过饱和系数 KB	结晶大小/μm	
	平均	最大		平均	最大
1.07	554	1 000	1.80	114	320
1.54	250	400	1.93	92	160
1.63	276	480	2.49	60	80
1.76	180	380			

乳糖的结晶性与溶解性互相关联着。乳糖的结晶是乳清在真空浓缩罐中蒸发浓缩。为防止乳糖的焦糖化，浓缩温度应控制在 50～60℃。乳清浓缩到 10～20 倍时，浓缩乳清中的干物质的含量达到 60%～70%，乳糖含量为 54%～55%，其浓缩乳清密度为 1.281 2 g/mL。

在浓缩过程中乳清会发生色泽变深和沉淀的现象，这主要与浓缩温度和乳清的酸度较高有关。温度控制在 55～60℃下浓缩，即使在乳清的最初酸度很高的情况下色泽的变化也不显著。当在 75～80℃的温度下浓缩时，色泽很快变深，酸度较高的乳清尤其严重。

浓缩乳清在此温度下进入结晶器，当温度下降至结晶温度时，α-乳糖水合物由溶液中结晶出来。由于 α-乳糖的结晶析出破坏了 α-乳糖水合物与 β-乳糖水合物之间的平衡状态，β-乳糖向 α-乳糖转化，析出的部分 α-乳糖又重新溶解。如果浓缩乳清迅速冷却至 20℃甚至更低的温度，溶液中溶解度降低并产生迅速结晶现象，达到过饱和。在过饱和条件下，结晶作用明显，但是由于温度比较低，所以反应速度很慢，平衡的建立速度也很慢，对乳糖的结晶作用影响很大。受时间和温度条件的影响，乳糖溶液结晶出来的乳糖数量也不同，以含 60%的乳糖溶液为例见表 7-7。

表 7-7 不同时间和温度时乳糖结晶数量

时间/h	温度/℃				
	0	10	20	30	40
0	40.0	40	40	40.0	40.0
1	42.0	45	54	70.0	89.0
2	43.0		64	85.0	98.0
5	48.0	62	83	98.0	99.9
10	55.0	76	95	99.9	100
100	97.0	100	100	100	100
200	99.8	100	100	100	100

由表 7-7 可以看出，随着温度的上升，乳糖结晶所需的时间减少。当温度低于 30℃时，乳糖完全结晶出来需要 100 h，这样长的时间在工业生产中是不能接受的；而温度为 40℃时，乳糖完全结晶的时间可以缩短到 10 h。在实际生产中，为了避免产量的损失，一般在生产中要严格控制结晶作用持续时间和温度，常采用将温度控制在 30～40℃、时间在 4～5 h 之间的快

速结晶法。

(三)乳糖的生产工艺

乳糖按照加工精度可分为粗制乳糖的生产和精制乳糖两种，粗制乳糖是精制乳糖生产的工艺前端，因此，以精制乳糖的生产工艺为例，讲解乳糖的加工工艺。

1. 乳糖生产工艺流程

乳清→加入石灰乳混合加热→沉淀过滤→蒸发浓缩→冷却晶体→分除母液→洗涤结晶→分除洗水→干燥→粗制乳糖→溶解→压滤→结晶→分除母液→洗涤→干燥→粉碎→筛选→包装

2. 工艺要求

①原料选择：生产乳糖所用的原料为生产干酪、酸乳、干酪素时所剩下的乳清。乳清是一种总固形物含量在6.0%～6.5%的不透明的浅黄色液体，其主要成分为乳糖、部分的乳清蛋白和矿物质。乳清的化学成分随原料乳的来源和干酪生产工艺的不同而略有变化。乳清的组成成分见表7-8。

表7-8 乳清的化学组成 %

成分	甜乳清	酸乳清
总固体含量	6.35	6.50
总蛋白质含量	0.80	0.75
水分含量	93.65	93.50
脂肪含量	0.04	0.50
乳糖含量	4.85	4.90
灰分含量	0.50	0.80
乳酸含量	0.05	0.40

②乳清脱脂：将乳清加热至35℃左右，经奶油分离机分离，使干酪乳清含脂肪为0.4%。

③乳清蛋白的分离：干酪乳清的滴定酸度为14～20°T，直接加热至90～92℃，然后加入经发酵处理的酸乳清(150～200°T)，使乳清酸度提高30～35°T，再重新加热至90℃，乳清蛋白即可凝固、静止，使乳清和蛋白质分离，也可用压滤机使其分离。

④乳清浓缩：采用单效或多效浓缩罐，对乳清进行浓缩以除去大部分水分。为防止乳糖焦化，浓缩温度不超过70℃，终了时，浓缩糖液的比重不应低于40°Bé，浓缩度为90%～92%，干物质达60%～70%，乳糖含量为54%～55%。

⑤乳糖结晶：浓缩糖液冷却后进行乳糖结晶，可采用平锅式自然结晶法和带夹层水冷却的结晶机中强制结晶法。平锅式自然结晶法，结晶的最初阶段要进行搅拌，待温度下降到30℃以后，可停止搅拌，结晶时间不少于30 h，强制结晶法可分为快速结晶和缓慢结晶两种，都在带夹层的、可通入冷水冷却并装有搅拌器的结晶机中完成。已结晶好的糖液，具有良好的、明显的结晶结构，结晶体应为1～2 mm，呈黏稠状。

⑥脱除母液与乳糖的洗涤:结晶后的乳糖,利用离心脱水机使乳糖晶体与糖蜜分离,再加入结晶糖量30%的水洗涤乳糖,以除去残存的母液和大部分盐类。经洗涤脱水后的乳糖称为湿糖,其含水量15%以下。为避免洗涤水温度过高而溶解乳糖,洗涤水的温度应低于10℃。

⑦乳糖的干燥:可在半沸腾床式干燥机或气流干燥机中进行,干燥机内带有搅拌装置,干燥温度小于80℃,干燥后乳糖呈乳黄色的分散状态,水分小于1%～1.5%。也可用微波来干燥乳糖。

⑧母液的回收:母液中含乳糖约为牛乳糖总量的1/3,内含有蛋白质和盐类。将母液用直接蒸汽加热至沸腾,静置,使蛋白质、盐类等不纯物沉淀,吸上层清净母液,在70℃下进行浓缩,除去大部分水分,使浓度达到42～43°Bé,然后进行结晶、洗涤、干燥,制成粗制乳糖。粗制乳糖的成品率为牛乳总量的3%～4%。粗制乳糖呈淡黄色结晶粉末状,含有蛋白质(特别是乳白朊含量较多)、灰分等不纯物。用活性炭吸附法精制。

⑨粗制乳糖的溶解:在溶糖锅中,于机械搅拌下加入2%活性炭,使乳糖溶解并与活性炭充分混合,用直接蒸汽加热至沸点,浓度为30～31°Bé。再用少许石灰乳调节糖液的pH至4.6,由于活性炭的作用,吸附了糖液中的色素。

⑩压滤:上述混合液通过板框压滤机,滤出活性炭和被吸附的杂质和蛋白质,得到纯净的糖液,颜色为淡黄色或白色,然后入结晶缸内。

⑪结晶:糖液在间隙搅拌下进行自结晶,结晶时间不少于24 h。

⑫母液的脱除及洗涤:结晶后的乳糖有明显的结晶体,大小为1～2 mm。结晶后的糖液在离心脱水机中脱除母液,用蒸馏水或经活性炭吸附处理后的水进行洗涤,以除去残存的母液、可溶性蛋白质和盐类等。洗涤水温度在10℃以下。

⑬干燥、粉碎和筛选:含水分15%以下的半成品湿糖,可用架盘干燥箱进行干燥,干燥温度应在80℃以下,边干燥边搅拌,避免局部温度过高而产生焦化。然后用万能粉碎机进行粉碎,80目筛筛选,包装。

⑭母液、洗涤水和活性炭中乳糖的回收:精制乳糖的母液和洗涤液中含有较多的乳糖,可浓缩至35～38°Bé后再进行结晶。经板框压滤出的废炭饼内,含糖量也很高,可用水使之溶解、压滤,滤液加入母液和洗涤水一起浓缩、结晶。精制乳糖的收得率为牛乳中乳糖含糖量的一半,即2.35%左右,占原料中精制乳糖的68%～70%。

(四)乳糖的生理功能

1.对钙的吸收

乳糖是微生物生长的主要碳源。在肠道中,由于微生物的作用乳糖分解产生了乳酸。一方面乳酸的产生使肠道中的pH降低,促进胃肠的蠕动;另一方面乳与钙形成复合钙,提高了钙盐的溶解性,提高了钙的吸收率。

2.对肠道菌群的作用

乳糖经微生物作用产生乳酸,肠道中的酸性环境抑制嗜碱性细菌的生长,有利于嗜酸性细菌的生长。

乳中除糖类外还有糖结合物，如糖蛋白、糖肽、糖脂等物质，这些物质不但能抑制肠内的病原体及其病毒与消化道上皮的结合，还有促进有益菌增殖的作用。乳中含有的非免疫球蛋白部分是抗原体细菌的黏附物质，同时能抑制这些病原体产生的肠毒素的结合。

3. 乳糖与细胞的关系

乳糖是糖蛋白、糖脂的组成成分，参与细胞的多种功能，乳中的寡糖有抗感染作用。因此，用母乳喂养婴儿，在1月龄内胃肠道和呼吸道感染的机会减少，对尿道感染也有防护作用。除了乳中的免疫成分外，乳中的寡糖及糖蛋白是新生儿的抗感染剂，在抗感染初期能有效地抑制病原菌生长。

4. 其他生理功能

乳糖的水解产物之一半乳糖，可直接形成内膜内黏多糖，因此不会干扰血液中的葡萄糖平衡，可有助于内膜组织的迅速再生，延迟动脉硬化的形成，是很好的疗效食品和增重饮食。

另外，乳糖还具有以下作用：

①乳糖不会引起龋齿，乳糖水解形成葡萄糖和半乳糖，进一步形成有机酸，但不形成牙斑。

②乳糖对脂肪的代谢有一定的作用。

③乳果糖能防止含有胆固醇的胆结石的形成。

(五)乳糖的质量标准

1. 我国粗制乳糖的质量标准

粗制乳糖的质量标准应符合我国的国家标准(QB/T 3779—1999)，本标准适用于以乳清为原料，经过结晶、干燥等工序制成的粗制乳糖。粗制乳糖的感官指标应该符合表7-9的要求，理化指标应该符合表7-10的要求，微生物指标要求产品不得含有致病菌。

表 7-9 粗制乳糖的感官指标

项目	特征
滋味和气味	有乳糖特有的甜味，无酸味、焦糊味和臭味
颗粒状态	能过30目筛，呈结晶或者粉状
色泽	淡黄色，不得有褐色
杂质	无任何机械杂质

表 7-10 粗制乳糖的理化指标 %

项目	一级粗制乳糖	二级粗制乳糖
乳糖含量≥	90.0	85.0
氯化物含量≤	2.0	3.0
灰分含量≤	3.0	4.0
水分含量≤	2.0	2.5

2. 我国精制乳糖的质量标准

精制乳糖的质量标准应该符合《中国药典》(1990年版)的规定。

①性状:本品为白色颗粒或者粉末状结晶,无臭、味微甜。

②比旋度:+52.0°~+53.6°。

③溶液的澄清度:溶液应澄清。

④蛋白质:取待测样品5.0 g,加热水25 mL溶解后,冷却至室温,加硝酸汞试液0.5 mL,5 min内不得生成絮状沉淀。

⑤炽热残渣:不得超过0.1%。

⑥重金属含量:不得大于5 mg/kg。

⑦酸度:pH应为4.0~7.0。

提示:乳糖可以通过酶法和加酸水解方法制得水解产品,将乳糖变为葡萄糖和半乳糖后,甜度增高,产品适合乳糖不耐症的人群食用。乳糖水解乳制品可分为四个主要大类:巴氏杀菌乳糖水解牛乳、为乳糖不耐地区再制的乳糖水解奶粉、UHT乳糖水解牛乳、从乳糖或过滤液中制得糖浆作为食品加工中的甜味剂。

任务3 发酵型乳清饮料的加工

【要点】

1. 乳清的制备及发酵过程的控制。

2. 均质机、牛奶分离机的使用。

3. 凝乳酶的选择与添加量、添加方法确定。

4. 乳清粉在婴幼儿奶粉中的添加方法及应用。

【仪器与试剂】

鲜牛乳、凝乳酶、保加利亚乳杆菌、嗜热链球菌、蔗糖、柠檬酸、苹果酸、果汁、CMC、黄原胶、香精等。恒温水浴锅、pH计、电子天平、牛奶分离机、均质机、恒温培养箱等。

【工作过程】

(一)乳清的制备

鲜乳→过滤净化→巴氏杀菌(63℃、30 min)→加发酵剂→预酸化→加氯化钙→加凝乳酶→凝乳(32℃、40 min)→切割→排乳清

(二)发酵型乳清饮料的加工工艺

乳清→巴氏杀菌(85℃,15 min)→冷却(42℃)→接种发酵(42℃,6 h)→调配—均质→冷却→灌装→二次杀菌(90℃,15 min)→冷却→成品

①乳清制备时,加入0.02%的氯化钙,搅拌15 min,加入2%的凝乳酶搅拌后,需要32℃下静置40 min。

思考:凝固型酸奶生产发酵剂的制备方法。

②发酵剂为保加利亚乳杆菌和嗜热链球菌组成的混合发酵剂,两者对应比例为2∶1。

③接种后的发酵条件为:42℃,6 h左右。发酵终点酸度应该为75°T,此时风味最佳,溶液呈乳黄色,状态均匀,泡沫细腻,乳香柔和。

④制备酸液:柠檬酸和苹果酸按照1∶1加水溶解成3%的溶液,加入果汁制成酸液。调配时应调整溶液pH为4.0左右。

⑤均质条件为均质温度55℃,均质压力为20~25 MPa。

(三)成品评价

评价依据:GB/T 21732—2008《含乳饮料》。

①感官指标:色泽呈均匀一致的淡乳白色,组织状态为乳浊液,均匀一致,不分层,无肉眼可见杂质,滋味和气味是具有浓郁的发酵乳清风味,清新爽口,口感细腻柔和。

②理化指标:蛋白质≥0.7%,脂肪≤0.2%,总固形物≥12%,酸度≥70°T。

③微生物指标:乳酸菌≥1×10^5 CFU/mL,大肠杆菌≤3 MPN/100 mL,无致病菌检出。

【相关知识】

参考配方:氯化钙用量为0.02%、凝乳酶(用1%的食盐水制成2%的酶溶液)2%、发酵剂接种量3%、蔗糖用量为8%、果汁3%、稳定剂CMC-黄原胶(2∶1)0.3%、酸度0.3%、香精0.1%。

【友情提示】

1.乳清粉的简易鉴别方法。感官上,正常的乳清粉其色泽呈现为白色至浅黄色,有奶香味。如果在加工过程中经过漂白处理,其产品呈乳白色;如不经过漂白处理,颜色由白色至浅黄色不等,这是由于生产不同品种的奶酪得到的乳清颜色有差异。

方法:将少量乳清粉充分溶于水中,静置。

表7-10 高、低蛋白乳清粉的感官鉴别标准

品名	溶液外观	气味
低蛋白乳清粉	澄清,呈荧光黄绿色,偶尔有乳糖析出	典型的乳清味道,有奶香
高蛋白乳清粉	分层,上层为澄清液;下层为絮状沉淀	典型的乳清味道,有奶香

注:乳清呈现荧光黄绿色,是因为水溶性核黄素的存在。

2.根据脱盐率的不同又有系列产品,一般为50%、75%或者更高的产品,广泛应用于婴儿配方粉的是75%脱盐率的乳清粉。

【考核要点】

1. 乳清粉的原料选择及处理方法。

2. 均质机、牛奶分离机的使用。

3. 乳清粉及乳清蛋白制品的加工工艺。

【思考】

1. 发酵乳清饮料和发酵酸奶饮料有何差别?

2. 调研市场上添加乳清粉的婴幼儿配方奶粉的品牌、添加量及功能。

【必备知识】

乳清粉生产技术

(一)乳清粉的概述

乳清是用酸、热或者凝乳酶对牛乳进行凝乳处理时分离出来的水质部分,是一种总固体含量在6.0%~6.5%的不透明的浅黄色液体。乳清是生产干酪或干酪素时的副产品,乳清总固体占原料乳总干物质的一半,其主要成分有乳糖、乳清蛋白、矿物质等。乳清蛋白占总乳蛋白的20%,牛乳中维生素和矿物质也都存在于乳清中,具有很高的营养价值。

生产硬质干酪、半硬质干酪、软干酪和凝乳酶干酪素所获得的副产品乳清称为甜乳清,其pH为5.9~6.6;盐酸法沉淀制造干酪素而得到的乳清其pH为4.3~4.6,为酸乳清。

表7-11 乳清的化学组成 %

成分/%	甜乳清		酸乳清
	干酪乳清	干酪素乳清	
固形物	6.4	6.5	6.5
水	93.6	93.50	93.5
脂肪	0.05	0.04	—
蛋白	0.55	0.55	0.04
NPN(非蛋白氮)	0.18	0.18	—
乳糖	4.8	4.9	4.9
矿物质(灰分)	0.5	0.8	0.80
钙	0.043	0.12	—
磷	0.040	0.065	—
钠	0.050	0.050	—
钾	0.16	0.16	—
氯	0.11	0.11	—
乳酸	0.05	0.4	0.40

乳清粉的种类如下：

(1)乳清粉

属全乳清产品，它是以乳清为原料，采用真空浓缩和喷雾(或滚筒)干燥工艺制成。根据来源不同将其分为甜乳清粉和酸乳清粉；根据脱盐与否将其分为含盐乳清粉和脱盐乳清粉；根据蛋白分离程度可将其分为高、中、低蛋白乳清粉；根据加工方法和程度不同可将其分为甜性乳清粉产品、改性乳清粉产品、乳清蛋白制品。

根据加工方法和程度，乳清粉的具体分类如下：

甜性乳清粉产品：分低、中、高蛋白乳清粉。

①低蛋白乳清粉(渗析乳清粉)——指从未添加任何防腐剂的新鲜乳清中，提取部分蛋白后的高乳糖产品；再经巴氏杀菌并干燥后，得到蛋白质含量为2.0%～4.0%。

用途：用于饲料配方中，提供高含量的乳糖，作为幼小动物的能量来源，亦能促进乳酸的合成，并提供多种氨基酸及微量元素，改善饲料质地及口感。在食品行业中，可以作为补充乳糖的来源。

②中蛋白乳清粉是一种光亮有颜色，自由流动的粉末，由新鲜甜乳清在特定条件下加工而成，并保存了乳清产品的营养。主要被用作乳清的替代品。蛋白质含量≥5.5%。

③高蛋白乳清粉——指未添加任何防腐剂的新鲜乳清，经巴氏杀菌并干燥后，得到蛋白质含量为11.0%～14.5%。

思考：婴儿配方奶粉加入乳清粉的利弊？

用途：在乳品、冷冻食品、焙烤、休闲食品、糖果和其他食品中用作经济的乳固形物来源。在高温蒸煮和焙烤中强化色泽的形成；作为高温乳粉的替代品，对优质面包膨松起重要作用。

(2)改性乳清粉产品

包括低乳糖乳清粉，脱盐乳清粉。

(3)乳清蛋白制品

乳清浓缩蛋白(WPC)和乳清分离蛋白(WPI)。

乳清浓缩蛋白制品(WPC)系列：通常有WPC-34、WPC-50、WPC-60、WPC-75、WPC-80几种，数字代表制品中蛋白质的最低含量，其中WPC-34制品的理化指标十分接近脱脂乳粉。

乳清分离蛋白(WPI)：乳清分离蛋白特指蛋白质含量不低于90%的乳清蛋白制品。

表7-12 乳清粉、部分脱盐乳清粉及部分脱糖乳清粉的大致化学组成

种类	蛋白质	乳糖	脂肪	灰分
低蛋白乳清粉	2～4	80.0	0.1～1.0	6.5～9.2
高蛋白乳清粉	12.9	74.5	1.1	8.1
部分脱盐乳清粉	15.0	78.0	2.0	5.0
部分脱糖乳清粉	16～24	60(最高)	1～4	11～27

(二)乳清粉的生产工艺(图7-8)

1.普通乳清粉的生产工艺流程

乳清的预处理→杀菌→浓缩→乳糖的预结晶→喷雾干燥(滚筒干燥)→冷却→筛粉→包装

2.技术要点

乳清的预处理:生产干酪或干酪素排除的新鲜乳清首先要除去乳清中的酪蛋白微粒,然后分离除去脂肪和乳清中的残渣。

①杀菌:浓缩前先进行杀菌处理,杀菌条件为85℃、15 s。

②浓缩:将乳清浓缩至干物质为30%左右的浓度,排除的浓缩液再与新鲜乳清混合成10%~15%浓度的中间乳清,再经另一套蒸发器浓缩至最终所需浓度。乳清的浓缩也可以利用反渗透设备进行浓缩。

③乳糖的预结晶:乳清浓缩至干物质浓度的60%左右,然后放入贮藏罐中,为制得无结块乳清粉,浓缩之后要使浓缩乳清通过冷却结晶获得最多最细的乳糖结晶,并使乳糖以乳糖结晶状态析出。因为如果立即喷雾干燥,乳清粉中乳糖含量高,生产的乳清粉有很强的吸湿性。

首先将蒸发器排除的温度约为40℃的浓缩乳清迅速冷却至28~30℃,然后将此浓缩液冷却至16~20℃,泵入结晶缸进行乳糖的预结晶。在结晶缸中,温度20℃左右下保温3~4 h,搅拌速度控制在10 r/min左右。浓缩乳清中含有85%的乳糖结晶时,停止结晶。

④喷雾干燥(或滚筒干燥)

乳清粉的喷雾干燥工艺基本上与乳粉相同,但采用浓缩乳清中乳糖预结晶的工艺后,要求选用离心雾化喷雾器。

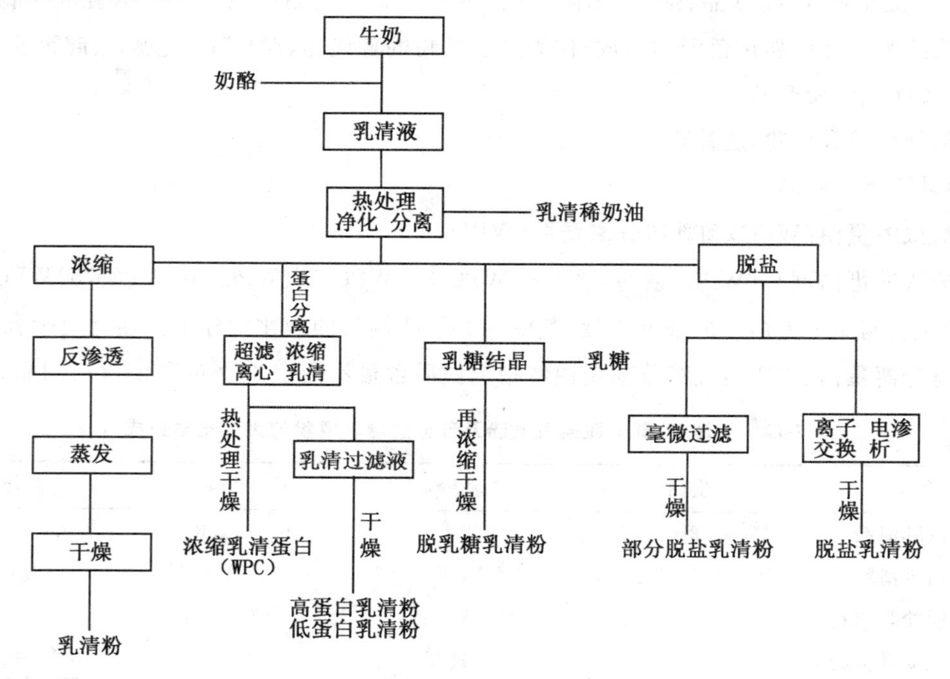

图7-8 乳清粉及其制品生产工艺流程图

3.脱盐乳清粉的加工工艺

脱盐乳清粉生产工艺基本与普通乳清粉相同,所不同的是脱盐乳清生产所用的原料乳清经脱盐处理,改变乳清中的离子平衡。

因为未脱盐乳清中保留了牛乳中绝大多数无机盐,灰分较高,因此得到的制品有涩味。而脱盐乳清粉采用离子交换树脂法和离子交换膜法的电渗析法来达到脱盐的目的,克服了这些缺点,味道良好,蛋白质的质量、组织的稳定、营养价值等都得到极大改善,拓宽了乳清粉的应用。脱盐乳清粉用于制造婴儿食品或者母乳化奶粉,更能满足婴儿生理要求和生长需要。当然,由于乳清粉的乳糖含量高,极易吸潮,因此限制了它的应用。可通过去除部分乳糖制得低乳糖乳清粉加以改善。事实上,随着乳糖的降低,该产品逐渐转向到乳清浓缩蛋白方面。

(三)乳清粉的质量标准

依据 GB 11674—2010 分别从感官指标、理化指标、微生物限量指标规定了乳清粉的质量标准,分别见表 7-13、表 7-14、表 7-15,其中的污染物限量应符合 GB 2762 的规定、真菌毒素限量应符合 GB 2761 的规定,食品添加剂和营养强化则应分别符合 GB 2760 和 GB 14880 的规定。

表 7-13 感官指标

项目	要求	检验方法
色泽	具有均匀一致的色泽	取适量试样置于 50 mL 烧杯中,在自然光下观察色泽和组织状态。闻其气味,用温开水漱口,品尝滋味
滋味、气味	具有产品特有的滋味、气味、无异味	
组织状态	干燥均匀的粉末状产品、无结块、无正常视力可见杂质	

表 7-14 理化指标

项目	指标			检验方法
	脱盐乳清粉	非脱盐乳清粉	乳清蛋白粉	
蛋白质/(g/100 g)≥	10.0	7.0	25.0	GB 5009.5
灰分/(g/100 g) ≤	3.0	15.0	9.0	GB 5009.4
乳糖/(g/100 g) ≥	61.0		—	GB 5413.5
水分/(g/100 g) ≤	5.0		6.0	GB 5009.3

表 7-15 微生物限量

项目	采样方案[a] 及限量(若非制定,均以 CFU/g)表示				检验方法
	n	e	M	M	
金黄色葡萄球菌	5	2	10	100	GB 4789.10 平板计数法
沙门氏菌	5	0	0/25 g	—	GB 2789.4

注:[a]样品的分析及处理按 GB 4789.18 执行。

(四)乳清蛋白制品的生产技术

1. 乳清浓缩蛋白制品(WPC)生产工艺

(1)乳清预处理

首先采用自动排渣、离心分离机去除乳清中的细菌、发酵剂细胞。干酪乳清通过滚筒筛过滤去除大量小粒,用72℃、15 s巴氏杀菌,在6℃下冷藏。酸乳清通常不经巴氏杀菌,在乳清自然pH(pH 4.6)下可导致乳清变性。

(2)乳清超滤

超滤的适宜温度是50℃(最高为55℃)。对蛋白质含量超过60%～65%的产品,有必要采用重过滤。

(3)干燥

超滤后的截留液需在冷藏条件下贮存(4℃),可采用66～72℃、15 s热处理截留液,可降低细菌总数。干燥前需要将截留液浓缩以降低水分,喷雾干燥,使用的进口温度为160～180℃,出口温度要高于80℃,依据产品需要决定是否采用流化床干燥。

2. 乳清分离蛋白(WPI)

乳清分离蛋白特指蛋白质含量不低于90%的乳清蛋白制品。要求在WPC的基础上去除非蛋白组分更充分,通常需要离子交换技术与超滤技术相结合或超滤与微滤相结合制得。

(五)乳清蛋白的营养特性和应用

乳清蛋白是营养最全面的天然蛋白质之一,比常见的其他来源的蛋白质更优越。乳清浓缩蛋白和乳清分离蛋白可以应用于运动员、婴儿、健美爱好者及节食者的营养食品中。乳清蛋白是目前市场上营养价值最高的蛋白质产品,乳清蛋白富有支链氨基酸,即亮氨酸、异亮氨酸和缬氨酸,这些支链氨基酸非常适用于运动员饮料和食品的开发。

【项目思考】

1. 干酪素如何分类?
2. 干酪素有哪几种生产方法?
3. 无机酸法生产干酪素点制过程中影响品质的因素有哪些?
4. 乳糖加工工艺流程如何?
5. 乳糖有哪些生理功能?
6. 乳清粉生产工艺要点有哪些?

项目八 干酪生产技术

【知识目标】

1. 了解干酪的概念、种类及营养价值。

2. 掌握干酪用发酵剂的种类及作用，了解制备方法。

3. 了解常见干酪的加工方法。

【技能目标】

1. 通过本项目的学习初步具备制作常见干酪的能力。

2. 熟悉典型干酪的生产工艺，能对干酪质量问题进行分析。

【项目导入】

干酪历史悠久，品种繁多，仅法国一个国家就有400多种。近几年干酪生产在我们国家发展也比较迅速。目前，乳业发达国家六成以上的鲜乳用于干酪的加工，在世界范围内干酪也是耗乳量最大的乳制品。干酪在西方国家是一种非常普遍的食物，消耗量很大。世界主要干酪生产国包括美国、加拿大、澳大利亚和新西兰等，近几年来干酪的产量和消费量一直保持增长的势头。

任务 天然干酪的制作

【要点】

1. 干酪的加工工艺。

2. 各个步骤的操作要点。

【仪器与材料】

干酪槽、压榨机、干酪切刀、包布、干酪模、温度计、干酪耙、压板、筛子、凝乳酶（用1%食盐水配成2%溶液）、10% $CaCl_2$、发酵剂。

【工作过程】

(一)工艺流程

原料乳→ 杀菌→冷却→加发酵剂→调酸(至 22°T)→ 加 $CaCl_2$[0.01%～0.02%(10%溶液)] → 加凝乳酶[0.002%～0.004%(粉末)] → 凝乳切块 (25～40 min 切 0.7～0.8 cm^3 见方小块)→ 搅拌(慢速)→ 排乳清(排乳量的 1/3)→ 二次加热 (37～40℃)→搅拌(慢速)→ 排乳清(见凝块层为止、乳清酸度 0.12%～0.13%)→堆积→成型→ 预压(20～30 min、4～5 kg/cm^2)→反转→ 压榨(3～6 h、4～5 kg/cm^2)→整饰→ 加盐腌制(16～22°Bé、盐水渍 1～3 d)→成熟 (6～8 个月,10～14℃相对湿度 75%～85%)→包装 →上色、挂蜡

(二)操作过程

1.原料验收与标准化。原料乳要符合鲜乳理化及卫生指标,标准化是将原料乳的含脂率调至 2.0%～2.5%。

2.将乳用纱布滤入杀菌锅内,杀菌条件 73～78℃、15 s,然后再滤入干酪槽中(图 8-1)。

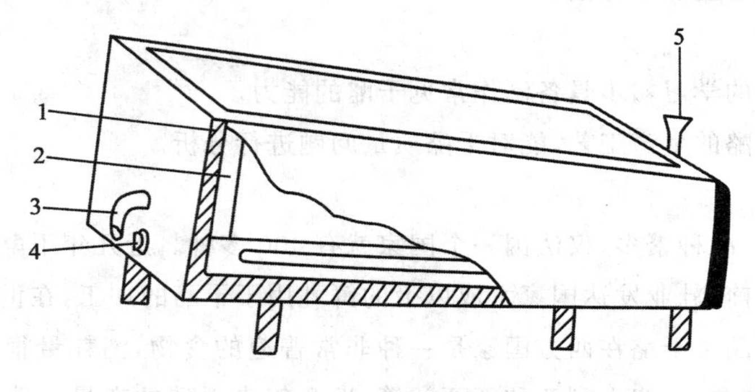

图 8-1 小型干酪槽

1.夹层 2.内槽 3.连桶内槽的排乳清管 4.排水孔 5.水或蒸汽进口

3.马上冷却至凝乳温度(29～31℃)并加入约 2%的发酵剂和 0.02% $CaCl_2$(配成 10%溶液)。

4.加凝乳酶(用 1%的食盐水配制 2%的溶液,每 100 kg 乳加 2 g),迅速搅拌混匀,保温 25～40 min 进行凝乳(凝乳酶量按其效价计算后加入)。

5.调酸:加发酵剂 10 min 后,用 1 mol/L HCl 调整乳的酸度至 22°T(0.2 乳酸度)。

6.切块及凝块处理:切块前先要检查乳凝固是否正常,即用手指先插入凝乳中,指肚向上挑开凝块,如果裂口整齐,质地均匀,乳清透明,即可用纵槽切刀(图 8-2)将凝块切成 6 块 6～8 cm^3 的小方块,然后用木耙轻轻搅拌切块 15 min 左右,以排出乳清、增加切块硬度,开始搅拌 10 min 后排出乳量的 1/3 乳清(搅拌要缓慢),余下的部分进行第二次加温处理(升温至 40℃,每分钟升温 1℃)。同时搅拌可以促进乳酸菌的发育及使切块进一步挤出乳清,时间 30～40 min。

7.堆积成型:二次加温搅拌结束后,干酪粒下沉,形成粒层,此时用耙将其堆至干酪槽一

侧，放出乳清并用带孔的木板堆压 15 min 左右，压成干酪层，之后用刀切成与模型大小形状相宜的块放入模型中，手压成型。

8. 压榨：先用预先洗净的干酪布（33 cm^3 见方白棉布即可），以对角方向将成型好的干酪团包好（防止出皱褶）放入模型中，然后置于压榨器上方压 30 min 左右，取下打开包布，洗布后重新包好，以前次颠倒方向再放入模型内再上架压榨，如此反复 5～8 次，转入最后压榨 3～6 h，压榨结束后进行干酪团的整饰。

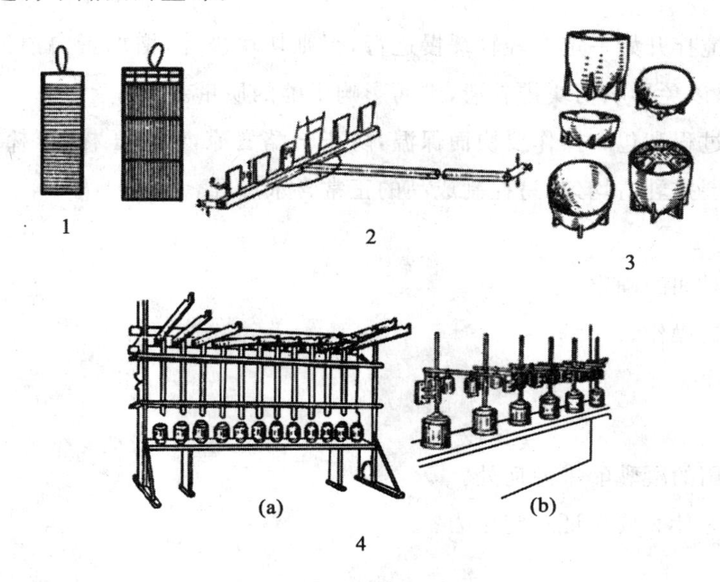

图 8-2 干酪加工设备

1. 干酪槽纵切刀 2. 木制干酪耙 3. 干酪模型 4. 干酪压榨器

9. 盐渍：将干酪团置于饱和盐水内，顶部撒些干盐，盐渍 5～7 d，或于 16～22°Bé 的盐水内渍 1～3 d，室温 10℃左右，相对湿度 93%～95%，每天翻转一次。

10. 成熟：盐渍后将干酪团用 90℃热水洗后干燥，再置于成熟室架上进行成熟，成熟室温度 10～14℃，相对湿度前期 90%～92%，后期 85%左右，成熟时间至少 2～2.5 个月以上，成熟期间每 7～8 d 用热水清洗一次防霉。

11. 上色、挂蜡、包装：成熟好的干酪清洗干燥后，用盐基品红上色，然后挂蜡即为成品，成品在 5℃相对湿度 80%～90%条件下保存。

【相关知识】

1. 原料乳的 pH 是影响凝乳酶活性的一个重要因素，一般胃蛋白酶 pH 5.0 以下稳定，pH 6.0 以上受破坏，一般正常乳 pH 6.5。因此，凝乳中应加适量稀盐酸（1 mol/L）调节乳中 pH 促进胃蛋白酶活性增大，加速凝乳过程。

2. 凝乳分为两个阶段进行，首先酪蛋白被凝乳酶转化为副酪蛋白，副酪蛋白在钙盐存在的情况下凝固。也就是说牛奶中的酪蛋白胶粒，受凝乳酶的作用变成副酪蛋白，副酪蛋白结合钙离子形成网状结构，把乳清包围在中间。

【友情提示】

1. 凝乳时间应控制在 25～40 min，过长过短均对干酪质量有影响，可通过酶量、凝乳温度控制。

2. 虽不同品种切块大小不一，但对同一品种的必须切块大小均匀，否则因排乳清不均影响干酪的质量。

3. 切块后的搅拌开始一定要轻轻缓慢进行，否则切块破碎，增加蛋白损失影响产量，二次加温要缓慢升温，以免影响切块排乳清，进而影响干酪的质量。

4. 成型预压过程和包布操作要快而保温，防止干酪变凉，影响压榨，压榨时要逐渐加压使干酪团内部和表层排乳清均匀，易控制成品的正常含水量等。

【考核要点】

1. 凝乳切块时间的确定。

2. 排放乳清的操作。

3. 压榨的操作。

【思考】

1. 生产干酪用的凝乳酶来源何处？

2. 在压模时为什么要保证一定压力？

【必备知识】

干酪是指在乳（也可以用脱脂乳或稀奶油等）中加入适量的乳酸菌发酵剂和凝乳酶，使乳蛋白（主要是）酪蛋白凝固后，排除乳清，将凝块压成所需形状而制成的产品。制成后未经发酵成熟的产品称为新鲜干酪，经长时间发酵成熟而制成的产品称为成熟干酪。国际上将这两种干酪统称为天然干酪。

一、干酪概述

（一）干酪的种类

国际乳品联合会（IDF）以干酪含水量为标准，将干酪分为硬质、半硬质、软质三大类，并根据成熟的特征或固形物中的脂肪含量来分类，现习惯以干酪的软硬度及与成熟有关的微生物来进行分类和区别。表 8-1 是以干酪中水分含量多少为标准分类的。干酪种类繁多，目前尚未有统一且被普遍接受的分类方法，还可以依据干酪的原产地、制造方法、外观、理化性质或微生物学特征来进行划分。国际上通常把干酪划分为三类：天然干酪、再制干酪和干酪食品，这三类干酪的主要规格及要求如表 8-2 所示。

表 8-1　干酪的分类

<table>
<tr><th colspan="3">形体的软硬及与成熟有关的微生物</th><th>代表</th></tr>
<tr><td>特别硬质
水分 30%～35%</td><td colspan="2">细菌</td><td>珀尔梅散(Parmesan)
罗马诺(Romano)</td></tr>
<tr><td rowspan="3">硬质
水分 30%～40%</td><td rowspan="3">细菌</td><td>大气孔</td><td>埃曼塔尔(Emmenthal)
格鲁耶尔(Gruyere)</td></tr>
<tr><td>小气孔</td><td>荷兰干酪(Gouda)
荷兰圆形干酪(Edam)</td></tr>
<tr><td>无气孔</td><td>切达干酪(Cheddar)</td></tr>
<tr><td rowspan="2">半硬质
水分 38%～45%</td><td colspan="2">细菌</td><td>砖状干酪(Brick)
林堡干酪(Limburgar)</td></tr>
<tr><td colspan="2">霉菌</td><td>罗奎福特(Roquefort)
青纹干酪(Blue)</td></tr>
<tr><td rowspan="2">软质
水分 40%～60%</td><td colspan="2">霉菌</td><td>卡门培尔(Camembert)</td></tr>
<tr><td colspan="2">不成熟的</td><td>农家干酪(Cottage)
稀奶油干酪(Cream)</td></tr>
<tr><td>融化干酪
水分 40%以下</td><td colspan="2">—</td><td>融化干酪(Process)</td></tr>
</table>

表 8-2　干酪的分类

名称	规格
天然干酪	以乳、稀奶油、部分脱脂乳、酪乳或混合乳为原料，经凝固后，排出乳清而获得的新鲜或成熟的产品，允许添加天然香辛料以增加香味和滋味
再制干酪	用一种或一种以上的天然干酪，添加食品卫生标准所允许的添加剂(或不加添加剂)，经粉碎混合、加热溶化、乳化后而制成的产品，含乳固体 40%以上。此外，还有下列两条规定： ①允许添加稀奶油、奶油或乳脂以调整脂肪含量； ②为了增加香味和滋味，添加香料、调味料及其他食品时，必须控制在乳固体的 1/6 以内，但不得添加脱脂乳粉、全脂乳粉、乳糖、干酪素以及不是来自乳中的脂肪、蛋白质及碳水化合物
干酪食品	用一种或一种以上的天然干酪或再制干酪，添加食品卫生标准所规定的添加剂(或不加添加剂)，经粉碎、混合、加热融化而成的产品。产品中干酪数量须占 50%以上。此外还规定： ①添加香料、调味料或其他食品时，须控制在产品干物质的 1/6 以内； ②添加不是来自乳中的脂肪、蛋白质、碳水化合物时，不得超过产品的 10%

(二)干酪的成分与营养价值

> 思考：为什么说干酪是一种营养价值非常丰富的食品？

1. 干酪的成分

(1)水分

干酪的水分含量与干酪的种类、形体及组织状态有着直接关系，并影响着干酪的发酵速度。以半硬质干酪为例，水分多时酶的作用迅速进行，发酵时间短并形成有刺激性的风味；水分少时发酵时间长，成品具有良好风味。干酪的水分调节可以在制造过程中通过调节原料的成分及含量，加工工艺条件等来实现。

(2)脂肪

干酪中脂肪含量一般占干酪总固形物量的45%以上。脂肪分解产物是干酪风味的主要来源，同时干酪中的脂肪使组织保持特有的柔性及湿润性。

(3)蛋白质

酪蛋白为干酪的重要成分。原料乳中的酪蛋白被酸或凝乳酶作用而凝固，成为凝块形成干酪组织；由于酪蛋白水解产生水溶性氮化物，如肽、氨基酸等，也构成干酪的风味物质。

乳清蛋白不被酸或凝乳酶凝固，只是一小部分在形成凝块时机械地包含于凝块中。当干酪中乳清蛋白含量多时，容易形成软质凝块。

(4)乳糖

原料乳中的乳糖大部分转移到乳清中，残存在干酪中的一部分乳糖促进乳酸发酵。乳酸的生成抑制杂菌繁殖，与发酵剂中的蛋白质分解酶共同使干酪成熟。发酵剂的活性依赖乳糖，即使是少量的乳糖也显得十分重要。一部分乳糖变成的羰基化合物也是形成干酪风味的组分之一。成熟2周后干酪中的乳糖几乎全部消失。

(5)无机物

牛乳无机物中含量最多的是钙和磷，其在干酪成熟过程中与蛋白质融化现象有关。钙可促进凝乳酶的凝乳作用，加快凝块的形成。此外，钙还是某种乳酸菌，特别是乳酸杆菌生长所必需的营养素。

2.干酪的营养价值

干酪中含有丰富的蛋白质、脂肪等有机成分和钙、磷等无机盐类，并有多种维生素和微量元素。就蛋白质和脂肪而言，等于将原料乳中的蛋白质和脂肪浓缩10倍。所含的钙、磷等无机成分，除能满足人体的营养物质外，还具有重要的生理功能。干酪中的维生素主要是维生素A，其次是胡萝卜素、B族维生素和烟酸等。干酪中的蛋白质经成熟发酵后，由于发酵剂微生物产生的蛋白分解酶的作用而生成胨、肽、氨基酸等可溶性物质，极易被人体消化吸收。干酪中蛋白质的消化率达96%～98%。

思考：你吃过什么样的奶酪？

近年来，除传统干酪的生产外，新的功能性干酪产品的研制与开发已经引起了许多国家的重视。如钙强化型、低脂肪型、低盐型等类型的干酪；还有添加膳食纤维、N-乙酰基葡萄糖胺、低聚糖、酪蛋白磷酸肽(CPP)等保健成分的干酪；添加植物蛋白的复合蛋白干酪等。这些成分的添加，增加了干酪的种类，给干酪制品增添了新的魅力。

(三)干酪的质量标准

1. 硬质干酪理化指标(表 8-3)

表 8-3　硬质干酪理化指标

项目	指标	项目	指标
水分含量/%	≤42.00	食盐含量/%	1.50～3.00
脂肪含量/%	≥25.00	汞(以 Hg 计)含量/(mg/kg)	按鲜乳折算≤0.01

2. 硬质干酪的微生物指标(表 8-4)

表 8-4　硬质干酪微生物指标

项目	指标
大肠菌群(近似数)/(CFU/100 g)	≤90
霉菌数/(CFU/g)	≤50
致病菌(指肠道致病菌和致病性球菌)	不得检出

(四)对原料及其他原料的质量要求

1. 原料乳

生产干酪的原料乳必须是符合国家规定的优良新鲜乳。感官检验合格后，测定酸度，必要时进行抗菌素试验。

2. 凝乳酶

生产干酪所用的凝乳酶，一般以皱胃酶为主。使用前需测定凝乳酶的活力，其测定方法也比较简单。

> 思考：什么是凝乳酶？干酪生产中凝乳酶有哪些来源？

3. 其他原料

除在原料乳中加入凝乳酶外，还需加入盐、硝酸钾、氯化钙、色素等。

①盐。加盐有以下几个目的：a. 调节酸度。盐可以抑制乳酸菌的生长；b. 改善干酪的组织状态。当盐含量一定时，干酪组织状态也较好；c. 改进风味。干酪中蛋白质成熟产生的香味和盐保持平衡时风味最好；d. 抑制其他腐败菌的生长。

> 思考：干酪生产过程中加盐有什么作用？

加盐方法有三种。a. 干加法：直接将盐加入；b. 湿加法：将盐制成 2%溶液加入；c. 混合法：上述两种方法的混合。

②水。生产干酪所用的水必须是高质量的软水且无菌，所以水的软化和脱氯处理是十分必要的。

③氯化钙。在生产干酪时，钙盐在使原料乳凝结方面起着重要的作用，这与凝乳酶原理有很大关系。当牛乳中钙含量不足时获得不了理想的凝乳，所以加入氯化钙。加入量应符合标准。

④硝酸钾等防腐剂。硝酸钾为防腐剂,加入后可防止产气菌的生产繁殖。此外,还有8%丙酸、0.05%山梨酸、0.01%脱氢乙酸等防腐剂。

⑤色素。为了使干酪具有统一的色泽,需添加色素。常用的色素为胭脂树橙,应在添加凝乳酶之前添加。

(五)干酪中的微生物

1.有害微生物

在制造干酪的过程中有时易污染一些有害菌,例如大肠菌、丁酸菌、丙酸菌等,真菌类包括酵母菌、霉菌以及噬菌体。这些有害菌的污染容易引起干酪以下的缺陷。

(1)产气

干酪中微生物的产气又分为成熟初期产气和成熟后期产气。

①成熟初期产气。当原料乳杀菌不彻底时,在干酪压榨成形至其后2~3 d发生产气现象。这主要是由大肠菌引起的。此外,乳糖发酵性酵母菌、孢子形成杆菌等也能够发酵乳糖产生二氧化碳、氢气等。

②成熟后期产气。干酪成熟后期产气以丁酸菌产气为主。

(2)微生物引起的腐败及风味缺陷

微生物繁殖常使硬质干酪表面软化、褪色,产生不愉快的臭味。

(3)颜色缺陷

微生物引起的干酪颜色变化有:霉菌繁殖引起的干酪表面的褐色或黑色斑点,细菌产生色素引起的锈色斑点。

2.干酪发酵剂

(1)发酵剂的种类

干酪发酵剂是指用来使干酪发酵与成熟的特定微生物的培养物。干酪发酵剂可分为细菌发酵剂和霉菌发酵剂两类。

细菌发酵剂主要以乳酸菌为主,应用的主要目的是在于产酸和产生相应的风味物质。其中主要有乳酸链球菌、乳油链球菌、干酪乳杆菌、丁二酮乳链球菌、嗜酸乳杆菌、保加利亚乳杆菌以及嗜柠檬酸明串珠菌等。有时为了使干酪形成特有的组织状态,还要使用丙酸菌。

霉菌发酵剂主要是利用对脂肪分解强的干酪青霉、娄地青霉等。

(2)发酵剂的作用

思考:干酪发酵剂的作用和目的是什么?

发酵剂依据其菌种组成、特性及干酪的生产工艺条件,主要有以下作用。

a.由于在原料乳中添加一定量的发酵剂,产生乳酸,使酸乳中可溶性钙的浓度升高,为凝乳酶创造一个良好的酸性环境,而促进凝乳酶凝乳作用;b.乳酸可促进凝块的收缩,产生良好的弹性,利于乳清的渗出,赋予制品良好的组织状态;c.一定浓度的乳酸以及有的菌种产生的相应的抗生素,可以较好地抑制产品中污染杂菌繁殖,保证成品品质;d.发酵剂中的某些微生物可以产生相应的分解酶分解蛋白质、脂肪等物质,从而提高制品的营养价值、消化吸收率,并且还可形成制品特有的的芳香气味;e.由于丙酸菌的丙酸发酵,使乳酸菌所产生的乳酸还原,产生丙酸和二氧化碳气体，在某些硬质干酪中产生特殊的孔眼特征。

二、干酪的一般加工技术

（一）干酪的生产工艺流程

由于干酪种类很多，加工技术也多种。但半硬质及硬质干酪加工技术基本相同，其工艺流程如图 8-3、图 8-4 所示。

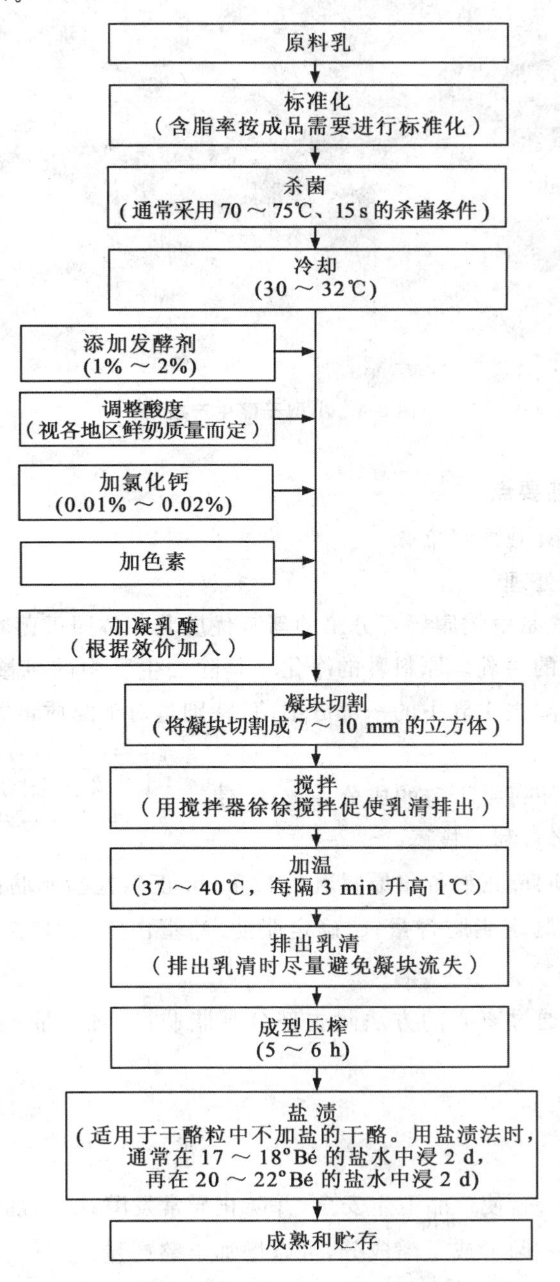

图 8-3　硬质及半硬质干酪加工工艺流程图

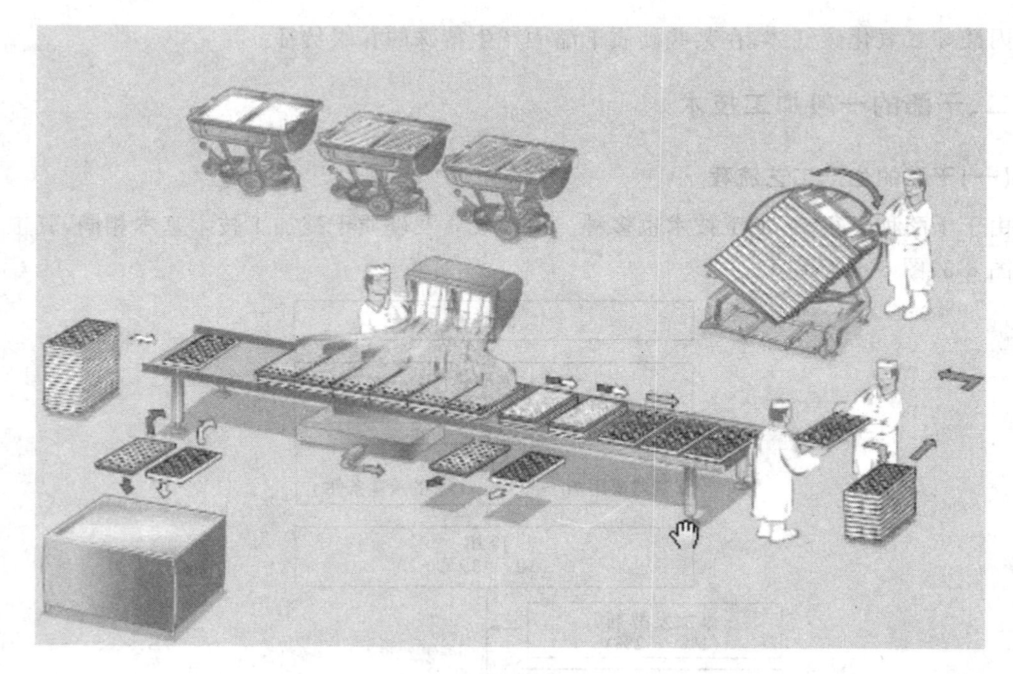

图 8-4　小型干酪生产线

(二)干酪的生产工艺要点

1.原料乳的验收、预处理及标准化

(1)原料乳验收及预处理

生产干酪的原料必须是由健康奶畜分泌的新鲜优质乳。按照灭菌乳的原料乳标准进行验收,不得使用含有抗菌素的牛乳。原料乳的净化一是除去生乳中的机械杂质以及黏附在这些机械杂质上的细菌;二是除去生乳中的一部分细菌,特别是对干酪质量影响较大的芽孢菌。

(2)标准化

思考:为什么必须用无抗奶?

①标准化的目的:a.使每批干酪的成分一致;b.使成品符合标准;c.质量均匀,利于核算。

②标准化的注意事项:a.正确称量原料乳的数量;b.正确检验脂肪的含量;c.测定或计算酪蛋白含量;d.每槽分别测定脂肪含量;e.确定脂肪/酪蛋白之比,然后计算需加入的脱脂乳(或除去稀奶油)数量。

③标准化的方法:a.通过离心的方法除去部分乳脂肪;b.加入脱脂牛奶;c.加入稀奶油;d.加入脱脂奶粉。

2.原料乳的杀菌和冷却

(1)杀菌的目的

a.杀灭有害菌和致病菌,使产品卫生安全,并防止异常发酵;b.增加干酪保存性;c.用加热使白蛋白凝固,随同凝块一起形成干酪成分,可以增加干酪产量。

(2)杀菌的方法

杀菌的条件直接影响着产品质量。若杀菌温度过高,时间过长,则蛋白质热变性量增多,用凝乳酶凝固时,凝块松软,且收缩后也较软,往往形成水分较多的干酪。所以多采用63℃、30 min或71~75℃、15 s的杀菌方法。杀菌后的牛奶冷却到30℃左右,放入干酪槽中。

用于生产成熟时间在1个月以上类型的干酪的原乳没有必要非巴氏杀菌不可,但通常都进行巴氏杀菌。用于生产埃门塔尔、珀尔梅散和Grana等一些超硬质干酪的原料乳的热处理不能超过40℃,以免影响滋味、香味和乳清析出。虽然使用不经巴氏杀菌的牛乳生产的干酪被认为具有更佳的滋味和香味,但是生产者(除了超硬质类型干酪的生产)仍使用消毒乳,因为乳的质量很难保证,生产者不愿意承担乳不进行消毒所带来的风险。

巴氏消毒必须足以杀死那些可能影响干酪质量的细菌,如能够引起干酪的早期"膨胀"和不良滋味的大肠菌群。然而,芽孢菌生成的芽孢不会被巴氏杀菌所杀死,芽孢在干酪的成熟期会引发一系列的质量问题,如丁酸梭状芽孢杆菌,它能通过发酵乳酸生成丁酸和大量氢气,这种气体会完全破坏干酪的组织,更不用说丁酸的难闻气味了。虽然更加强烈的热处理可以减少这种特殊风险,但也会严重破坏干酪生产用乳的性能,因此,需使用其他能减少耐热菌的方法。随着化学药品的使用被广泛地限制,机械减除不良微生物的方法已被采用,如机械离心除菌。

知识拓展:离心除菌

离心除菌是使用特殊设计的密封分离机,称为离心除菌机,从牛乳中将细菌,尤其是一些特殊种属的细菌形成的芽孢分离出去的加工方法。离心除菌经实验证明是一种有效减少乳中芽孢数的方法,因为芽孢的比重比乳大。离心除菌通常将乳分离成几乎不含细菌的部分和含有细菌和芽孢的浓缩物部分,后者占进入离心除菌机来料的3%。离心除菌是乳预处理的一部分,以提高用于干酪和乳粉生产的原乳的质量为目的。离心除菌机与离心分离机串联使用,安装在上游或下游。

当经过在线标准化后的过量稀奶油的质量要求非常重要时,则离心除菌机必须安装在离心分离机的上游,通过这样做,稀奶油的质量提高,因为需氧芽孢菌的芽孢如蜡状芽孢杆菌的数量会被减少。

通常离心除菌时的选用的温度与离心分离时相同,如55~65℃或更典型为60~63℃。

离心除菌机有两种类型:两相离心除菌机,单相离心除菌机。

两相离心除菌机在其顶部有两个出口:一个出口通过特殊顶部分离盘连续排出重相。另一个出口排出已除去细菌的液相。单相离心除菌机在分离钵顶部只有一个出口,用于排放已除去细菌的牛乳,而细菌浓缩液收集于分离钵中的沉渣空间并按预订的时间间隔自钵体内经孔隙排放出来。这两种类型可供选择与其他设备组合以期达到最佳的牛乳微生物学状态,用于干酪生产和其他目的。如果准备生产乳清蛋白浓缩物作为婴儿配方产品的物料,则应在回收了乳清中的细粒和脂肪之后对乳清进行离心除菌处理。

3.添加发酵剂、调整酸度

乳经杀菌后，直接打入干酪槽(图8-5)中，冷却到30～32℃。然后加入经过搅拌并用灭菌筛过滤的发酵剂，充分搅拌。根据制品的质量和特征，选择合适的发酵剂种类和组成。加入量为原料乳的1%～2%，将发酵剂搅拌均匀后边搅拌边加入。并在30～32℃条件下充分搅拌3～5 min。为了使干酪在成熟期间能获得预期的效果，达到正常的成熟，加发酵剂后应使原料乳进行短时间的发酵，也就是预酸化。约经20～30 min的预酸化后，取样测定酸度。

添加发酵剂并经20～30 min发酵后，酸度为0.18%～0.22%，但由于乳酸发酵酸度很难控制，为了保证干酪成品质量一致，一般用1 mol/L的盐酸调整酸度，使酸度达到0.21%左右，具体的酸度值根据干酪的品种而定。

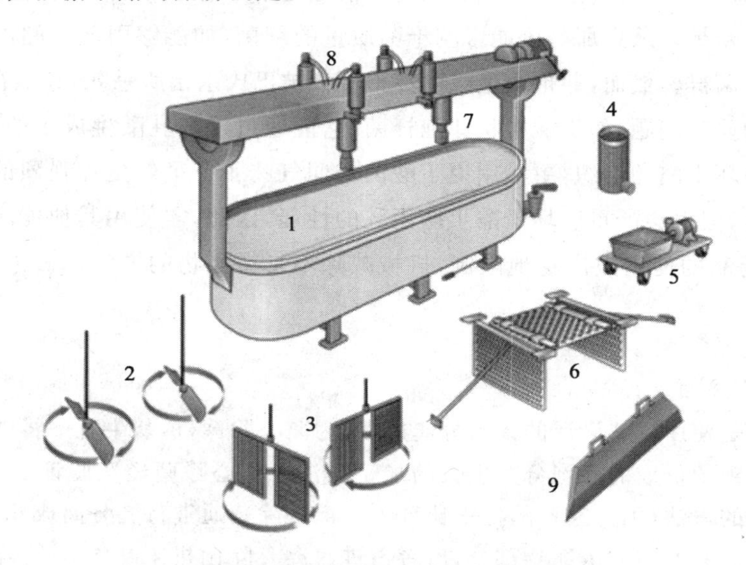

图8-5 带有干酪生产用具的普通干酪槽

1.带有横梁和驱动电机的夹层干酪槽 2.搅拌工具 3.切割工具 4.置于出口处过滤器干酪槽内侧的过滤器 5.带有一个浅容器小车上的乳清泵 6.用于圆孔干酪生产的预压板 7.工具支撑架 8.用于预压设备的液压筒 9.干酪切刀

4.添加剂的加入

在干酪生产过程中，最基本的添加剂是发酵剂和凝乳酶。在某些情况下，为了改善乳的凝固性能，提高干酪的质量，也可能有必要使用其他添加剂。根据计算好的量，将以下添加剂加入。

> 思考：生产干酪时用哪些添加剂？

(1)氯化钙

当原料乳的质量不够理想时，往往会出现凝块松散现象，切割后碎粒很多，以致蛋白质、脂肪的损失也很大。为了改善凝固性能，提高干酪质量，可在原料乳中添加一定量的氯化钙，主要是由于一定量的钙离子可以促进凝乳酶的作用，促进酪蛋白凝块的形成。氯化钙的添加量一般是每 100 kg 原料乳中添加 5～20 g，用灭菌水将氯化钙溶解后加入，并搅拌均匀。添加时不能过量，否则凝块太硬，难于切割。

(2)硝酸盐

原料乳中如有丁酸菌或产气菌时，会使牛奶发酵异常，因此，可以通过添加硝酸盐(硝酸钠或钾)来抑制这些细菌的生长，防止干酪发生膨胀现象。硝酸盐的添加量要根据牛奶的成分和生产工艺进行计算，一般用量是每 100 kg 原料乳中添加 20～30 g，用灭菌水将硝酸钾溶解煮沸后加入到原料乳中，搅拌均匀。但要注意不能添加过量，否则会抑制发酵剂中细菌的生长，影响干酪的成熟，也容易使干酪变化，产生红色条纹和特殊的味道。

(3)色素

思考：你吃过的奶酪是什么颜色的，加入色素了吗？

牛乳的色泽随季节和所喂饲料而异。不同季节的牛奶胡萝卜素的含量不同，其颜色差异较大，为保持全年干酪产品颜色的一致性，需要在原料乳中添加适量的色素，可加入 β-胡萝卜素或安那妥(胭脂红)等色素，使干酪的色泽不受季节影响。其添加量通常为每 1 000 kg 原料乳中加 30～60 g 浸出液。在青纹干酪生产中，有时添加叶绿素，来反衬霉菌产生的青绿色条纹。用少量灭菌水将色素稀释溶解后加入到原料乳中，搅拌均匀。

(4)其他添加剂

干酪中还可加入二氧化碳、烟熏剂、酒类辅助剂等辅助添加剂。

5. 添加凝乳酶

生产干酪所用的凝乳酶，一般以皱胃酶为主，如无皱胃酶时也可用胃蛋白酶代替。凝乳酶的添加量根据酶活力而定。一般在 35℃保温下经 30～35 min 能进行切块为准。

(1)活力的测定

所谓皱胃酶的活力(或称效价)即指 1 mL 皱胃酶溶液(或 1 g 干粉)在一定温度下(35℃)、一定时间内(通常为 40 min)能凝固原料乳的毫升数来表示。

活力的测定方法为：取 100 mL 原料乳于烧杯中，加热到 35℃然后加入 10 mL 1%皱胃酶食盐溶液，迅速搅拌均匀，并加入少许炭粒或纸屑为标记，准确记录开始加入酶溶液直到乳凝固时所需的时间，此时间为皱胃酶的绝对强度，然后按下面公式计算活力。

$$\text{活力}=\frac{\text{供试乳数量}}{\text{皱胃酶量}}\times\frac{2\ 400(40\ \text{min})}{\text{凝乳时间(s)}}$$

(2)凝乳酶加入方法

先用 1%的食盐水(或灭菌水)将酶配成 2%的溶液，并在 28～32℃下保温 30 min，然后加到原料乳中，均匀搅拌后(2～3 min)加盖，使原料乳静置凝固。

注意事项：a. 不要使原料乳中产生气泡；b. 沿边徐徐加入；c. 搅拌时间不要太长，不超过 2～3 min。为进一步利于凝乳酶分散，自动计量系统可用适量水稀释凝乳酶并通过分散喷嘴将凝乳酶喷洒在牛乳表面。

6.凝块的切割

当凝块达到适当的硬度时开始切割，切割的目的在于切割大凝块为小凝块，从而缩短了乳清从凝块中流出的时间，并增加了凝块的表面积，改善了凝块的收缩脱水特性。正确的切割对于成品干酪的质量和产量都有重要意义，不正确的切割和凝乳处理，比如切割过细会导致凝乳细粒，所包埋的乳清脂肪也会随着乳清排出。

一般在凝乳形成后 25 min～2 h 开始切割。也有的生产企业把凝乳所需时间乘以 3 作为切割的时间。典型的凝乳或凝固时间大约是 30 min。切割把凝块柔和地分裂成 3～15 mm 大小的颗粒，其大小决定于干酪的类型。

(1)切割时机的判断方法

思考：你知道什么时候、怎样切割凝乳吗？

①用刀在凝乳表面切深为 2 cm、长 5 cm 的切口，用食指斜向从切口的一端插入凝块中约 3 cm，当手指向上挑起时如果切面整齐平整，指上无小片凝块残留，渗出的乳清澄清透明时，即可切割。

②玻璃棒以 45°角斜插入凝乳中，再缓慢抽出，凝乳裂口如锐刀切割，有透明乳清析出时即可切割。

(2)切割的尺寸

凝乳粒的大小对于干酪乳清排出起着重要的作用，最终影响干酪的水分含量。切块大时，则含水分高，切块小时，则含水量低。一般切得越小，越多的表面暴露出来，同时越多脂肪会损失。而切得太大，则大块的凝乳容易在后面搅拌时被弄碎。而好的被切割凝乳能合并在新凝乳表面形成切割护层，从而防止脂肪和其他乳组分损失。通常，需加热至较高温度的凝乳应切割成较小块，如凝乳不是非常酸，加热至较低温度的凝乳应切割成较大块状。

通常按照以下规格切割尺寸：

①高温处理且低水分含量的干酪，如意大利硬质干酪要求切得最小，通常连续切割至米粒大小。

②中等水分含量的干酪，契达干酪和带孔眼的组织缜密型干酪，其颗粒直径为 5～7 mm。

③高水分含量的品种，主要是软质干酪如丹麦蓝纹干酪、法国卡门培尔干酪，其颗粒直径为 1～2 mm。

(3)切割的方式

①手动切割。手动切割通常用固定有金属丝的不锈钢框架来切割。由于在切割的过程中凝乳在不断地翻动，总的切割时间不要超过 10 min(最好＜5 min)。切割刀具应该快速通过凝乳，干净利落，而不要来回拖动。

②机器切割。机器切割以旋转刀片切割。这种方法不易获得均匀一致的凝乳粒，金属丝和刀刃的间距根据生产干酪的种类有所不同。使用机械刀片，凝块的尺寸由干酪槽和搅拌器的设计、旋转切割的速度和持续的时间所决定。关键的是刀要锋利，切凝乳时干净而不能捣碎

凝乳或遗漏了某些部分。

7. 搅拌、二次加温及排出乳清

凝块切割后(此时测定乳清酸度),小凝块易粘在一起,所以应不停地搅拌。搅拌工具如图 8-6 所示,开始时徐徐搅拌,防止将凝块碰碎。大约 15 min 后搅拌速度可逐渐加快,同时在干酪槽的夹层中通入热水,使温度逐渐上升。温度升高速度为:初始时每 3～5 min 升高 1℃,当温度升到 35℃时,则每隔 3 min 升高 1℃,当温度达到 38～42℃(应根据干酪的品种具体确定终止温度)时,停止加热并维持此温度。加温的时间按乳清的酸度而定,酸度越低加温时间越长,酸度高则可缩短加温时间。

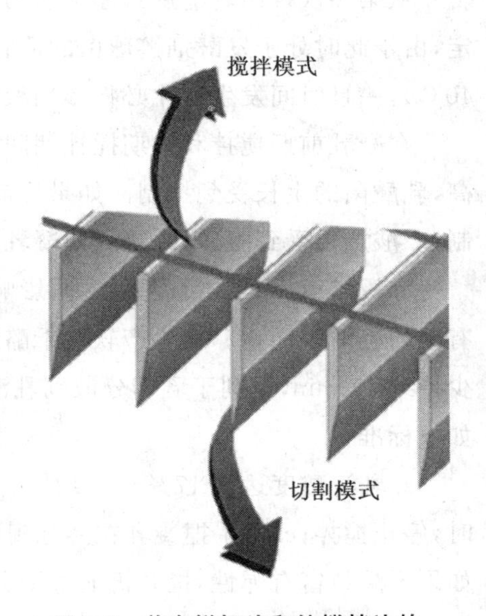

图 8-6 兼有锐切边和钝搅拌边的切割搅拌工具的截面

酸度与加温时间对照如下:

酸度 0.13%,加温 40 min;

酸度 0.14%,加温 30 min。

开始加温时间也可根据如下标准判断:

①乳清酸度达 0.17%～0.18%时。

②凝乳粒的大小收缩为切割一半时。

③凝乳粒以手捏感觉到弹性时。

通常加温温度越高,排出的水分越多,干酪越硬。如果加温速度过快,会使干酪粒表面结成硬膜,影响乳清排出,最后成品水分含量过高。加温的目的是为了调节凝乳颗粒的大小和酸度。加热能限制产酸菌的生长,从而调节乳酸的生成,此外,加热能促进凝块的收缩和乳清的排出。搅拌中凝乳在乳清中保持悬浮状态,内部的乳清排出,表面形成光滑薄膜可防止蛋白质、脂肪的损失。

思考:为什么要逐渐升温?

由于凝块切割后的凝乳粒较软、较弱,搅拌需温和。生产中混揉和浸渍干酪时搅拌前应静置数分钟,使凝乳粒变硬。在生产软干酪和半硬干酪时,凝乳切割后可不搅拌,而是应用模具和布袋盛装凝乳排出乳清,随着乳清排出和凝乳收缩,凝乳具有了模具的形状。

当凝乳粒和乳清达到标准要求时需立即将乳清排出,排出可分几次进行,为了保证干酪生产中均匀的处理凝块,要求每次排出同样数量的乳清,排放乳清可在不停止搅拌的情况下进行。

前期搅拌持续到第一次乳清排出时为止,这时颗粒较硬且不易堆积,历时 15～25 min,结束后可以开始排乳清。在乳清排出时可静置凝乳粒约 5 min,但通常情况下不停止搅拌,这样可避免颗粒粘连在一起。乳清排出量一般为牛奶体积的 30%～50%。排出乳清的目的是为漂烫时加水提供空间并降低漂烫时的能源消耗,同时使强有力的搅拌成为可能。

从第一次排出乳清后到漂烫前的搅拌称为中期搅拌，历时 5～20 min，搅拌时间应保持恒定，由于此时处于发酵剂链球菌的适宜生长温度(链球菌的最适生长温度是 30℃，温度上限是 40℃)，一旦时间发生变化必将影响酸度。

在凝乳前期搅拌和中期搅拌期间，最适合乳酸菌生长。在随后的加热过程中由于温度升高，乳酸菌的生长受到抑制。如果提前漂烫即改变中期搅拌时间，乳酸菌的生长则提前受到抑制，产酸严重受到阻碍，结果致使凝乳粒酸度不足。

漂烫结束后凝乳粒需要冷却，影响冷却的因素有室温、空气流通状况、搅拌强度、与体积数有关的乳清表面积。在生产软质干酪时通常在后期搅拌时加入冷水进行冷却，加水后搅拌至少持续 15 min，以利于乳糖分散到乳清中，但具体的时间随不同的干酪种类而异，一般可参考如下标准：

a. 乳清酸度达 0.17%～0.18%时即可停止搅拌；b. 凝乳粒的体积收缩到切割时的一半时，停止搅拌；c. 用手捏凝乳粒感觉到弹性适中，或用手握一把干酪粒，用力压出水分后放开，如果干酪粒富有弹性，搓开仍能重新分散时即可排出乳清。

8. 压榨成型

干酪压榨的目的是使松散的凝乳颗粒成型为紧密的能包装的固态形状，同时排出游离的乳清。

乳清排出后，将干酪粒堆积在干酪槽的一端或专用的堆积槽中，上面用带孔木板或不锈钢板压，使其成块，并继续排出乳清，在此过程中应注意避免空气进入干酪凝块当中，以便使凝乳粒融合在一起，形成均一致密的块状。

(1)入模定型

乳清排出后，将干酪粒堆在干酪槽的一端，用带孔木板或不锈钢压 5～10 min，使其成块，并继续压出乳清，此过程称为堆积。然后将其切成砖状小块，装入模型中，成型 5 min。

(2)压榨

压榨可使干酪成型，同时进一步排出乳清，干酪可以通过自身的重量和通过压榨机的压力进行长期和短期压榨。为了保证成品质量，压力、时间、酸度等参数应保持在规定值内。压榨用的干酪模必须是多孔的，以便将乳清从干酪中压榨出来。

在内衬网的成型器内装满干酪凝块后，放在压榨机上进行压榨定型。压榨的压力与时间依干酪的品种不同而有所不同，但目的都是为了更好得排出乳清，促进凝乳颗粒完成融合。首先进行预压榨，一般压力为 0.2～0.3 MPa，时间为 20～30 min。预压榨后取下进行调整，视其情况，可以再进行一次预压榨或直接正式压榨。将干酪反转后装入成型器内以 0.4～0.5 MPa 的压力在 15～20℃(有的品种要求在 30℃左右)条件下再压榨 12～24 h。

压榨结束后，需将干酪从成型器中取出，并切除多余的边角。切除边角应使用锋利小刀，以减少对干酪的破坏。压榨结束后，从成型器中取出的干酪称为生干酪。

图 8-7 是干酪槽各种功能示意图。图 8-8 是带有搅拌和切割工具以及升降乳清排放系统

的水密闭式干酪缸。

图 8-9 所示的是用于大批量凝块生产的预压榨系统,生产能力可达 1 000 kg 或更多。借助于重力或转子泵,凝块从干酪槽或罐中排出,并通过带有特殊喷嘴的多孔管或通过特殊的分散和铺平装置将其均匀分散铺平。如果使用多孔管,则凝块必须用耙子,手工进行铺平。

图 8-10 至图 8-13 是工厂设备及生产操作图。

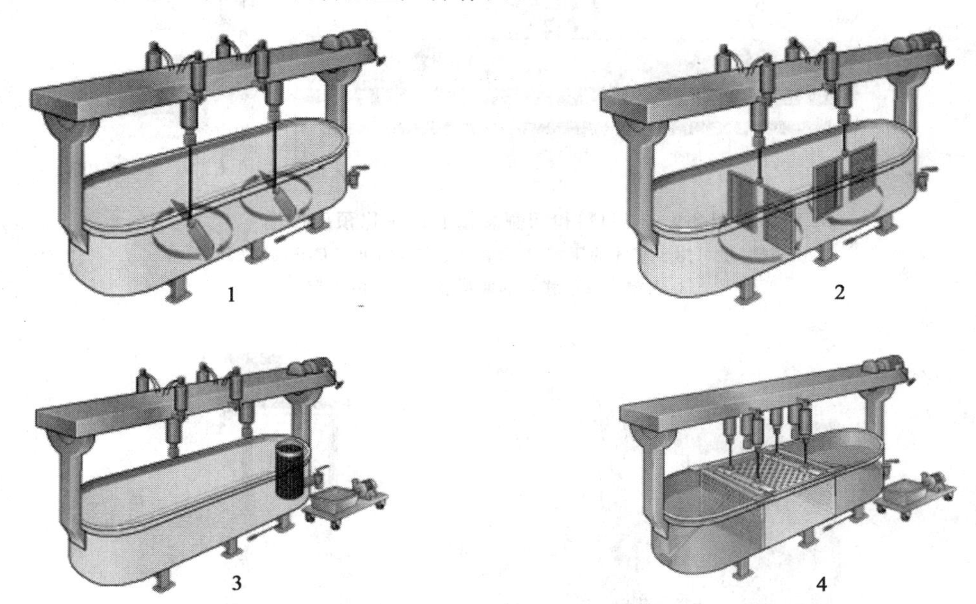

图 8-7 干酪槽各种功能

1.槽中搅拌 2.槽中切割 3.乳清排放 4.槽中压榨

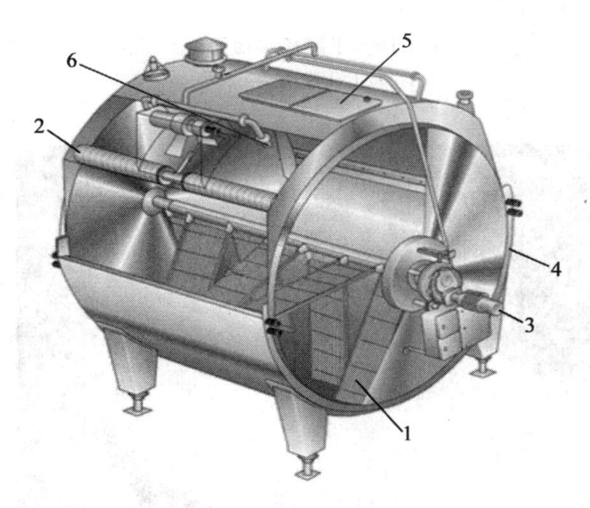

图 8-8 带有搅拌和切割工具以及升降乳清排放系统的水密闭式干酪缸

1.切割与搅拌相结合的工具 2.乳清排放的滤网 3.频控驱动电机

4.加热夹套 5.入孔 6.CIP 喷嘴

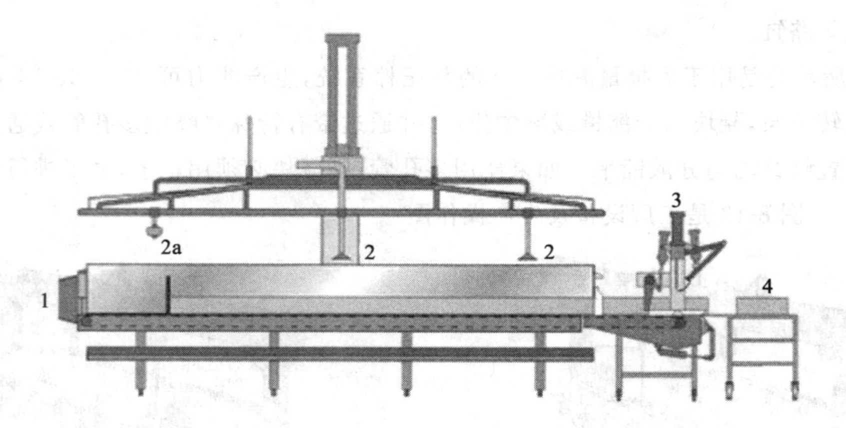

图 8-9　带卸料和切割装置的机械化预压榨槽

1.预压槽(也可用于整体的压榨)　2.凝块分布器,可与 CIP 喷嘴(2a)调换
3.固定式或便移式的卸料装置　4.传送带

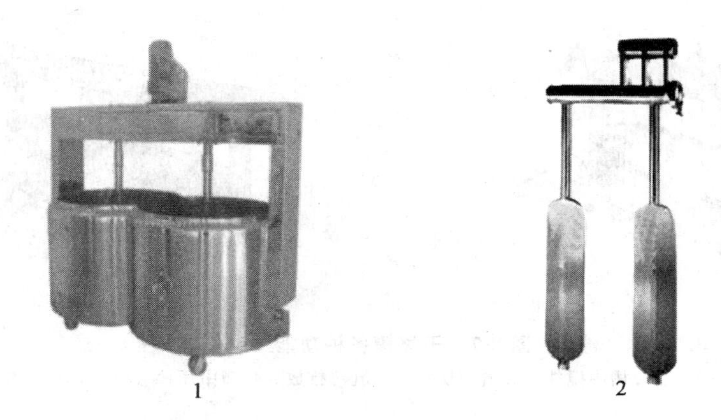

图 8-10　干酪槽实物图片

1.1 000 L 干酪槽　2.切刀

图 8-11　工人用特殊工具在手工切割

图 8-12　干酪的凝乳罐(封闭式,替代干酪槽)

图 8-13　凝乳粒

9. 加盐

在干酪制作过程中,加盐可以改善干酪风味、组织状态和外观,调节乳酸发酵程度,抑制腐败微生物生长还能够降低水分,起到控制产品最终水分含量的作用。几乎所有种类的干酪都需要加盐,只是程度不同。

思考:你认为加盐方法的不同对于干酪有什么影响?

干酪的加盐方法,通常有下列 4 种。

①将盐撒在干酪粒中,并在干酪槽中混合均匀。

②将食盐涂布在压榨成型后的干酪表面。

③将压榨成型后的干酪取下包布,置于盐水池中腌渍,盐水的浓度,第一天到第二天保持在 17%～18%,以后保持在 22%～23%。为防止干酪内部产生气体,盐水温度应保持在 8℃左右,腌渍时间一般为 4 d。

④以上几种方法的混合。

生产契达干酪采用第一种加盐方法,青纹干酪和卡门伯尔干酪则采用第二种方式加盐。加盐的量因品种而异,取决于不用种类的干酪对风味、硬度、保藏和成熟的要求,通常加盐量

(按 NaCl 计)为干酪水分的 2%～8%,也就是占含水率为 50%的干酪的 1%～4%。

图 8-14 是带有容器和盐水循环设备的盐渍系统,图 8-15 是两种盐渍方法。

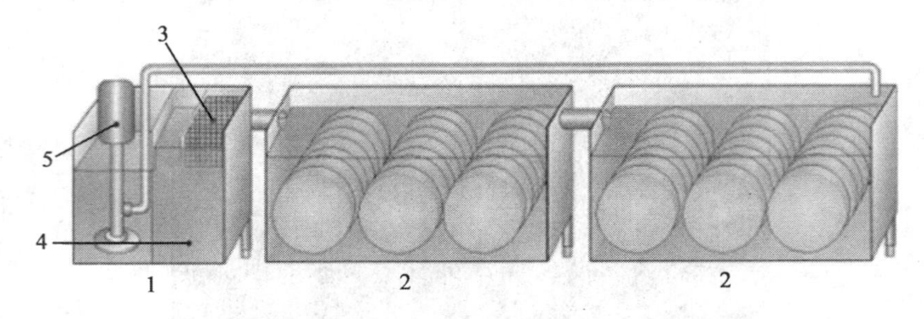

图 8-14 带有容器和盐水循环设备的盐渍系统

1.盐溶解容器 2.盐水容器 3.过滤器 4.盐溶解 5.盐水循环泵

10.干酪的成熟

新鲜干酪如农家干酪和稀奶油干酪一般认为是不需要成熟的,而契达干酪、瑞士干酪则是成熟干酪。

图 8-15 干酪表面涂抹盐渍

(1)成熟的条件

干酪的成熟是指在一定条件下,干酪中包含的脂肪、蛋白质及碳水化合物等在微生物和酶的作用下分解并发生其他生化反应,形成干酪特有的风味、质地和组织状态的过程。这一过程通常在干酪成熟室中进行。不同种类的干酪成熟温度的要求不同,一般为 5～15℃,室内空气相对湿度为 65%～90%,成熟时间为 2～8 个月。干酪商品零售时需要冷藏(0～6℃)。

(2)成熟过程中的变化

在成熟过程中,干酪的质地逐渐变得软而有弹性,粗糙的纹理逐渐消失,风味越来越浓郁,气孔慢慢形成,这些外观变化从本质上归功于干酪内部主要成分的变化。

思考:干酪成熟对产品会产生什么意义?

①蛋白质的变化。干酪中的蛋白质在乳酸菌、凝乳酶以及乳中自身蛋白酶的作用下发生降解,生成多肽、肽、氨基酸、胺类化合物以及其他产物。由于蛋白质的降解,一方面干酪的蛋白质网络结构变得松散,使得产品质地柔软;另一方面,随着因肽键断裂产生的游离氨基和羧基数的增加,蛋白质的亲水能力大大增强,干酪中的游离水转变为结合水,使干酪内部因凝块堆积形成的粗糙纹理结构消失,质地变得细腻并有弹性,外表也显得比较干爽,另外蛋白质也易于被人消化吸收,此外蛋白质分解产物还是构成干酪风味的重要成分。

②乳糖的变化。乳糖在生干酪中含量为 1%～2%,而且大部分在 48 h 内被分解,且成熟 2 周后消失变成乳酸。乳酸抑制了有害菌的繁殖,利于干酪成熟,并从酪蛋白中将钙分离形成

乳酸钙。乳酸同时与酪蛋白中的氨基反应形成酪蛋白的乳酸盐。由于这些乳酸盐的膨胀，使干酪粒进一步黏合在一起形成结实并具有弹性的干酪团。

③水分的变化。干酪在成熟过程中，由于水分蒸发而重量减轻，到成熟期由于干酪表面已经脱水硬化形成硬皮膜，使水分蒸发速度逐渐减慢，水分蒸发过多容易使干酪形成裂缝。

水分的变化由下列条件所决定：

a. 成熟的温度和湿度；b. 成熟的时间；c. 包装的形式，如有无石蜡或塑料膜等；d. 干酪的大小与形状；e. 干酪的含水量。

④滋味、气味的形成。干酪在成熟过程中能形成特有的滋味、气味，这主要与下列因素有关：

a. 蛋白质分解产生游离态氨基酸。据测定，成熟的干酪中含有 19 种氨基酸，给干酪带来新鲜味道和芳香味；b. 脂肪分解产生游离脂肪酸，其中低级脂肪酸是构成干酪风味的主体；c. 乳酸菌发酵剂在发酵过程中使柠檬酸分解，形成具有芳香风味的丁二酮；d. 加盐可使干酪具有良好的风味。

⑤气体的产生。由于微生物的生长繁殖，将在干酪内产生多种气体。即使同一种干酪，各种气体的含量也不一样，其中以 CO_2 和 H_2 最多，H_2S 也存在，从而形成干酪内部圆形或椭圆形且分布均匀的气孔。

(3)影响干酪成熟的因素

影响干酪成熟的因素有以下几个方面：

a. 成熟时间。成熟时间长则水溶性含氮物量增加，成熟度高；b. 温度。若其他成熟条件相同，温度越高，成熟程度越高；c. 水分含量。水分含量越多越容易成熟；d. 干酪大小。干酪越大成熟越容易；e. 含盐量。含盐量越多成熟越慢；f. 凝乳酶添加量。凝乳酶添加量越多干酪成熟越快；g. 杀菌。原料乳不经杀菌则容易成熟。

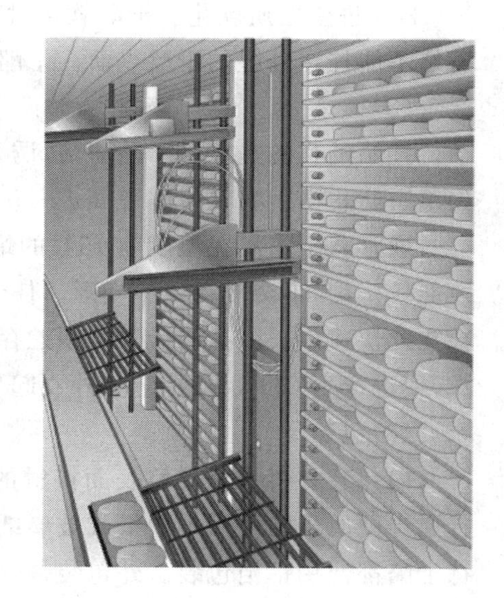

图 8-16 干酪机械化贮存室

图 8-16 是干酪机械化贮存室，调湿空气经塑料喷嘴被吹入每一层干酪。

11. 表面处理

组织细密型和浸渍干酪在成熟期表面都形成一种涂层，同时生成一层外衣，保护干酪不变形，不受有害微生物的破坏。

(1)形成涂层

形成涂层的目的是促进表面成熟和抑制霉菌生成。干酪在盐渍后外表可以包塑料薄膜作为保护层，防止霉菌侵入。表面处理要求贮存湿度较低(最高 80%)，通常在塑料薄膜上形成一层白色的薄薄的霉菌层，可在挂蜡前用乙酸液擦去。

(2)翻转

在干酪成熟期间,直至合适的外皮形成之前,需经常翻转。起初每天都需翻转,其目的是便于干酪双面蒸发,防止干酪变形。当较硬的外皮形成后,干酪转至低温贮藏,翻转频率可降低,但是不能不翻转,否则底部外皮将最终被破坏。在翻转干酪时须轻微,特别是在发酵贮存阶段,因为任何碰撞均会破坏较软的外皮,促使干酪形成过多的小孔。

(3)外皮形成

外皮的作用是保护软质干酪免受微生物侵害,免于干燥和机械损伤,起到包裹内部可食部分的作用。外皮形成的速度和程度取决于成熟期间的温度、湿度和空气流通。

12. 干酪的清洗、挂蜡和包装

大部分干酪在出售前都必须清洗和包装,只要少数品种如法式坎培波尔特干酪(Camembert)在包装前不必清洗。半硬质干酪通常在清洗、挂蜡后包装。

(1)清洗

在清洗前将干酪泡在20~25℃水中软化15~30 min,在软化水中加入极少量的熟石灰或NaCl,促进蛋白质软化。干酪软化时间不宜过长,否则会软化外皮。清洗后干酪须干燥,否则石蜡不能挂在潮湿的干酪表面。干酪在不能超过60℃热空气的温度下进行干燥24~48 h。

(2)挂蜡

挂蜡的目的是赋予干酪清洁、诱人的外观;减少干酪在贮存和运输过程中的水分蒸发(即失重);防止微生物在干酪表面进一步生长繁殖。

通常将干酪浸在温度为15℃的蜡中持续4~5 s,干酪在挂蜡前须冷却至12℃,这样干酪才能较坚硬,不会浸在蜡中变形。任何干酪表面蜡衣受到破坏的地方都须再次上蜡,否则霉菌会在此快速生长。挂蜡后干酪须贮存在12℃条件下,如果温度过高,则干酪易于变形,破坏蜡衣,促进产生CO_2,导致起泡,外衣起裂痕。

(3)包装

内包装材料指与干酪表面接触的包装材料。这层材料很薄,主要作用是保持干酪清洁。普通半硬质干酪使用羊皮纸或玻璃纸。丹麦哈瓦蒂多孔干酪、德纳布鲁干酪和法式坎培波尔特干酪都使用铝箔包装。外包装是保证干酪从生产厂家到零售商的过程中不受机械损伤,其包装材料是木箱、瓦楞纸箱等,应符合质量要求。

企业链接:干酪生产关注提示

· 干酪奶的杀菌:63~65℃、30 min或72℃、15 s。

· 人员及器具、工作环境的卫生条件。

· 凝块切割并缓慢搅拌后,当乳清的酸度达到特定要求时,才可排放乳请,如契达为0.2%。

· 乳酸度%与滴定酸度°T换算系数为0.009。如22°T× 0.009=0.198%乳酸度。

· 库房的成熟架,应为光滑硬质的原木板,不用任何漆面处理。

· 工艺水、发酵剂、盐酸、氯化钙、色素、凝乳酶、盐等的安全控制。

三、常见干酪的制作工艺

(一)荷兰高达干酪

荷兰高达干酪(Gouda)是世界上著名的干酪之一,出产于荷兰南部和乌得勒克地区,其普通型直径30 cm,厚10 cm,圆形,重为5～15 kg,风味温和。高达可能是最知名的圆孔干酪类型的代表。图8-17所示为荷兰高达干酪机械化生产流程图。

思考:请举出两种代表性干酪产品,并简述他们在工艺上有何特点?

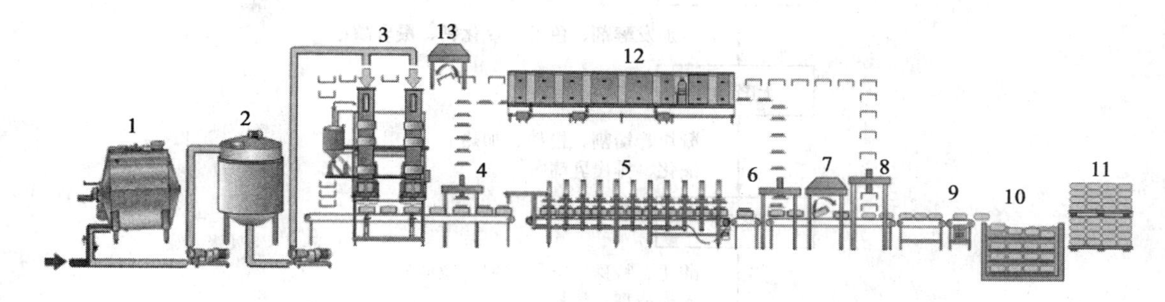

图8-17 荷兰高达干酪机械化生产流程图

1.干酪槽 2.缓冲缸 3.预压机 4.加盖 5.传送压榨 6.脱盖 7.模子翻转 8.脱模 9.称重 10.盐化 11.成熟贮存 12.模子与盖清洗 13.模子翻转

1.工艺流程

荷兰高达干酪的生产工艺流程见图8-18。

思考:荷兰高达干酪生产工艺有什么特殊之处?

2.操作要求

(1)原料乳标准化、杀菌、冷却

原料乳经标准化后含脂率为2.8%～3.0%,净乳后经73～78℃,15 s杀菌然后冷却到30～32℃,通过80～100目孔眼的不锈钢过滤后进入干酪槽内。

(2)添加剂的加入

①发酵剂的加入。发酵剂通常使用混合菌株,以乳酪链球菌为主添加乳酸链球菌及双乙酰链球菌,后者与产生香味有关。添加量0.5%～1.5%,通过过滤后边搅拌边加入到原料乳中。

②加入氯化钙及硝酸盐。加入发酵剂,通常经30～60 min后酸度达到0.18%以上。此时加入0.01%的氯化钙及0.02%的硝酸钾水溶液。

③加入凝乳酶。加入上述添加剂后,加入用2%食盐溶解的凝乳酶。添加后搅拌4～5 min静置。

(3)凝块的切割

切割的时间应根据上述凝块形成的程度进行,这时乳清酸度大致为0.08%～0.10%,凝块的酸度为0.15%左右。切割时常先用水平刀,然后用垂直刀,将硬质干酪切成小凝块。一般切成1～2 cm的方块。接着进行搅拌,初低速,再逐渐加速。最后再用低速搅拌,共5～10 min。这时,凝块粒有小豆粒大小。凝块由于已被切碎,乳清由内部排出速度加快,表面形成光滑的膜以防止脂肪损失。切成的小凝块容易再融合,一般轻轻搅拌即可。

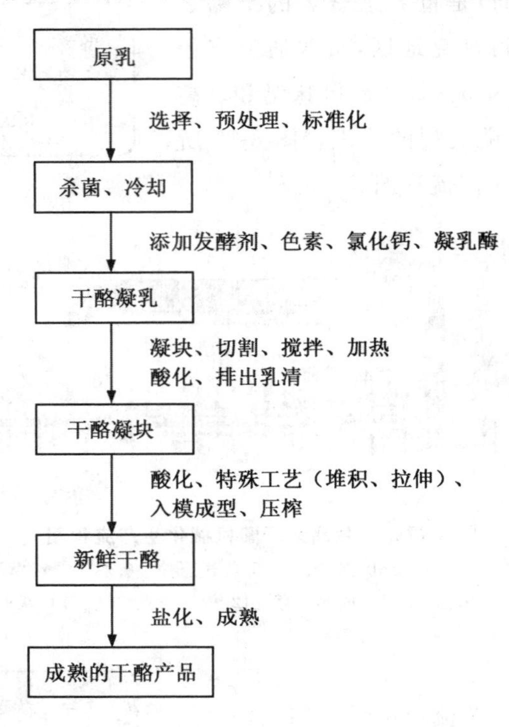

图 8-18 荷兰高达干酪的生产工艺流程

(4)乳清的排出

搅拌后乳清酸度达0.11%～0.12%时,第一次排出乳清总量的1/4～1/3,此时,凝块的酸度为0.2%～0.23%。然后加热,加热速度不要过快,以每2 min上升1℃为限。逐渐加温到37～40℃,酸度为0.11%～0.13%。

(5)堆积、入模

乳清排出后,将凝块堆积在槽内进行压榨。一般使用有孔堆积板,用0.5～0.6 MPa的压缩空气压榨30～40 min。压榨时,乳清温度36℃以上、酸度0.14%较好,凝块酸度0.5%～0.6%,压榨后水分含量为43%。

压榨后,将捏合粘在一起的凝块切成10～11 kg大小的块,然后放入衬有包布的不锈钢圆形模中,注意用布包时不使干酪产生皱纹。包布先用200 mg/kg的氯水杀菌后使用。

(6)压榨、加盐

用196～294 kPa的压力预压20～40 min后,将干酪翻转重新入模,再用392～491 kPa的压力徐徐压榨,压榨后干酪标准水分含量为41.5%～43%。压榨完后,将干酪连同模一起放入 10℃左右水中浸泡 10 h 以上进行冷却。

将食盐配成 20～21°Bé 的食盐水，水温 10～15℃时将干酪浸渍 2～4 d，使食盐水浸透干酪。干酪露出部分每日翻转 2～3 次。干酪腌渍后其盐浓度达 2%～3%范围。干酪浸渍后放置 1 d 除去水分，每日调整盐水相对密度，3 个月内更新一次盐水。

(7)成熟

成熟室温度为 13～15℃，相对湿度 80%～90%，发酵开始约 1 周内。每日翻转干酪一次并进行整理。1～2 周后涂蜡或用塑料涂层。也有使用收缩薄膜进行包装的。

3. 制品的组成

荷兰干酪水分含量 36%～43%(一般为 42%)，脂肪含量 29%～30.5%(总固形物中脂肪占 46%以上)，蛋白质 25%～26%，食盐 1.5%～2.0%。

(二)契达干酪

契达干酪是世界上生产最广泛的干酪，原产地为英国。传统的契达干酪为鼓形，质量为 26 kg 左右，有一层天然外皮，外面用绷带裹上以确保其具有优质的浅灰色带棕色的硬质外皮。质地光滑、坚硬，内部为金黄色，随着成熟颜色会加深。新鲜的契达干酪风味比较柔和，且常带有轻微的咸味，成熟后具有非常浓郁的味道，且带有辛辣味，成熟期长的契达干酪咸味和酸味非常重。

1. 工艺流程

契达干酪的生产工艺流程见图 8-19。

原料乳→标准化(酪蛋白/乳脂肪＝0.69～0.7)→巴氏杀菌(72℃、15 s)→冷却(30～32℃)→添加发酵剂→静置培养(15～30 min)→添加凝乳酶(0.5～1.5 mL/1 000 L 中速搅拌 5 min)→保温静置→(30～32℃，45 min 成形)→凝块切割→恒温搅拌→热烫(45 min 内缓慢升高至 39℃；38℃、45 min 保温)→排出乳清→重叠堆积(39℃每隔 15 min 翻转 1 次或 2 次，排出乳清的 pH 为 5.2～5.3 时停止)→粉碎→加盐→包装→成熟

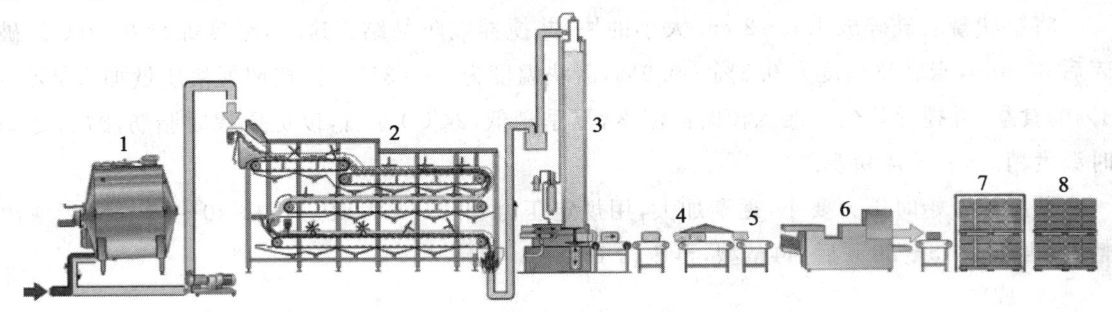

图 8-19 契达干酪机械化生产流程

1. 干酪槽 2. 契达机 3. 坯块成形及装袋机 4. 真空密封 5. 称重 6. 纸箱包装机 7. 排架 8. 成熟贮存

2.操作要点

(1)杀菌冷却

将合格的牛乳经标准化使脂肪含量为2.7%～3.5%后，净乳，然后加热至75℃、15 s杀菌，并冷却到30～32℃注入干酪槽内。

(2)添加剂的加入

①发酵剂。使用乳酸链球菌或与乳酪链球菌混合的发酵剂。发酵剂的酸度为0.75%～0.80%，加入量为原料乳的1%～2%。

② 氯化钙。将氯化钙溶液加入原料乳中，加入量为原料乳的0.01%～0.02%。

③凝乳酶。当乳温30～31℃，酸度0.18%～0.20%时，添加发酵剂30 min后，添加用2%食盐水溶解的凝乳酶0.002%～0.004%，慢慢加入并搅拌均匀，搅拌4～5 min。

(3)切割

当凝块可切割时进行切割，切割成0.5～1.5 cm的小块，然后进行加温及乳清的排出，凝块大小如大豆，乳清酸度为0.09%～0.12%，凝块的搅拌一般在静置15 min后进行，最初搅拌要轻缓，以不使物料黏结为度，搅拌时间5～10 min。

(4)排出乳清

静止后当酸度达0.16%～0.19%时，排出约1/3量乳清，然后加热，边搅拌边以每4～6 min温度上升1℃的速度升高到38～40℃，然后静置60～90 min。在静置中，要保持温度，为了不使凝块黏结在一起，应经常进行搅拌。

(5)凝块的翻转堆积

排出乳清后，将凝块堆积、干酪槽加盖，放置15～20 min。在干酪槽底两侧堆积凝块，中央开沟流出乳清，凝块厚为10～15 min，堆积成饼状后切成15 cm×25 cm大小的块，将块翻转。视酸度、凝块的状态加盖加热到38～40℃，再翻转将两块堆在一起，促进乳清排出，也有将3块、4块堆在一起的。

(6)破碎、加盐、压榨

将饼状凝块破碎成1.5～2 cm大小的块，并搅拌以防黏结。这时，温度保持在30℃。破碎后30 min，当乳清酸度为0.8%～0.9%，凝块温度为29～31℃时，按照凝块质量加入2%～3%的食盐，并搅拌均匀。装入模时的温度，夏季稍低(24℃)左右，以免压榨时脂肪渗出；冬季时温度稍高，利于凝块黏结。

预压榨开始时压力要小，逐渐加大，用规定压力(392～491 kPa)压榨20～30 min后取出整型，再压榨15～20 h后，再整型，再压榨1～2 d。

(7)成熟

发酵室温度13～15℃，湿度为85%。经压榨后的干酪放入发酵室，每日翻转1次持续1周。涂上亚麻仁油，每日擦净表面，反复翻转。发酵成熟期为6个月。

3.制品的组成

水分含量37%～38%，脂肪含量32%，蛋白质25%，食盐1.4%～1.8%。

（三）农家干酪

农家干酪是一种不需成熟立即供消费者食用的典型软质干酪。产品稠度均一、圆润、味道爽口、新鲜，具有柔和的酸味及香味。适合于做午餐、快餐及甜点食用。

1. 工艺流程

农家干酪的生产工艺流程见图 8-20、图 8-21。

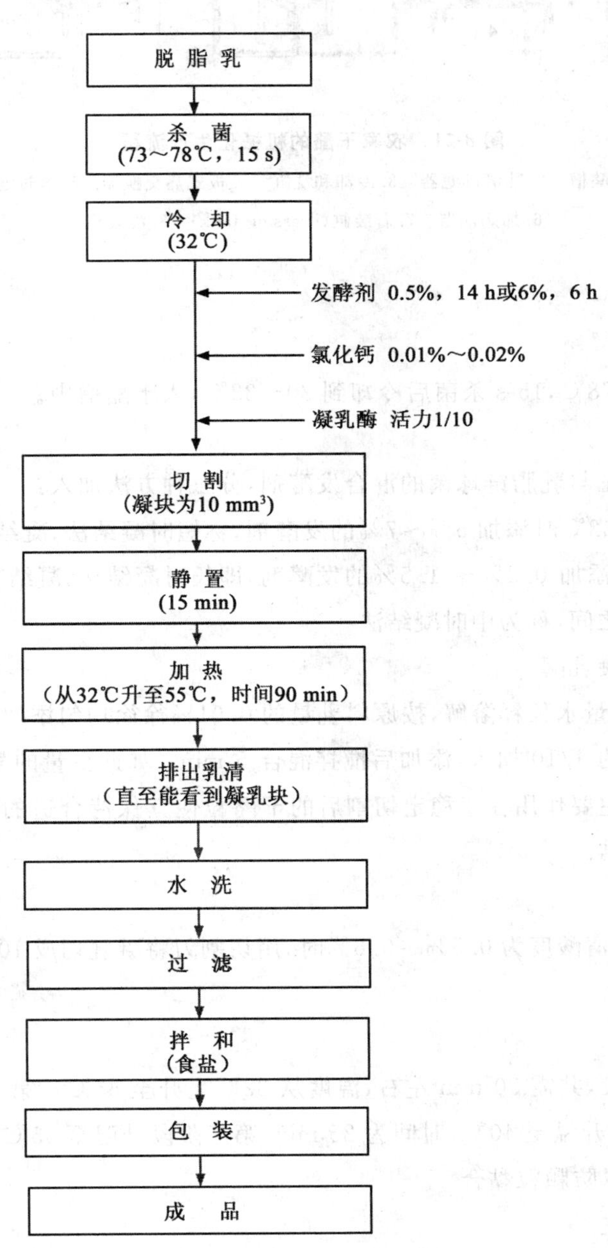

图 8-20　农家干酪的生产工艺流程

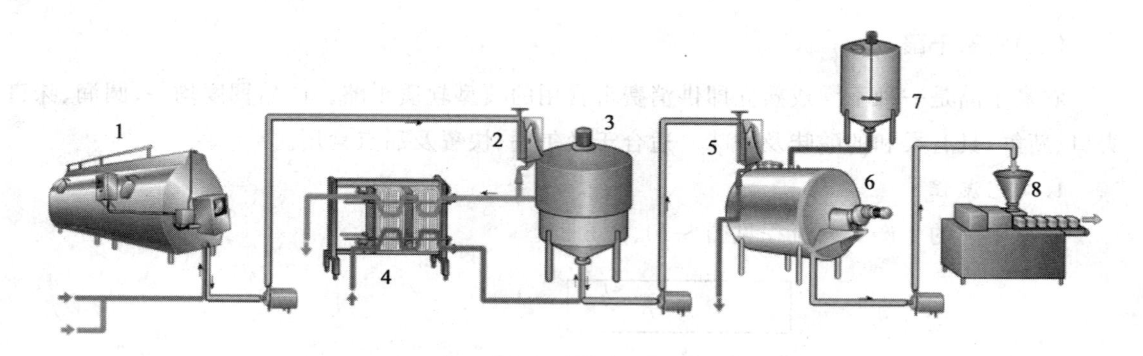

图 8-21 农家干酪的机械化生产流程

1. 干酪槽 2. 乳清过滤器 3. 冷却和洗缸 4. 板式热交换器 5. 水过滤器 6. 加奶油器 7. 着装缸(dressing tank) 8. 灌装机

2. 操作要点

(1)杀菌、冷却

将脱脂乳经 73～78℃,15 s 杀菌后冷却到 30～32℃,入干酪槽中。

(2)添加发酵剂

一般用乳酸链球菌与乳脂链球菌的混合发酵剂,分三种方法加入:

①杀菌后于 30～32℃时添加 5%～7%的发酵剂,称短时凝结法,凝结时间 6 h 左右。

②在 21～22℃时添加 0.3%～ 1.5%的发酵剂,即长时凝结法,凝结时间 14 h 左右。

③介于上述两者之间,称为中时凝结法。

(3)添加氯化钙、凝乳酶

将氯化钙用 10 倍量水稀释溶解,按原料乳量的 0.01%徐徐均匀添加。将凝乳酶用 2%盐水溶解后按其活力值的 1/10 加入,添加后搅拌混合 5 min。如此少量的凝乳酶不足以起到凝乳的作用。凝乳酶的主要作用在于稳定切割后的干酪粒使其保持合适的硬度,以及在加热过程中避免颗粒互相黏结。

(4)切割、静置

凝乳达到要求,乳清酸度为 0.5%～0.6%时,用切割刀将凝乳切成 10 mm^3 的立方体。切割完后静置 15 min。

(5)加温

加热分为 3 个阶段,共需 90 min 左右,温度从 32℃上升至 55℃。第一阶段升温至 35℃,时间 25 min;第二阶段升温至 40℃,时间为 25 min;第三阶段升温至 55℃,时间 40 min。在加热的同时要不停搅拌以防颗粒黏合。

(6)排出乳清、水洗

当温度达到 55℃时,用滤网盖住干酪的排水口,开阀门使乳清排出,每次排出 1/3 左右的乳清,同时加入等量 15℃的灭菌水,水洗 3 次。

(7)拌和、包装

将滤去水分的干酪与食盐一起拌均匀,若制作稀奶油干酪,经过标准化后使稀奶油含脂率达到一定要求,再进行 90℃,30 min 灭菌,冷却到 50℃进行均质,再冷却到 2～3℃,然后与干酪粒一起拌和均匀。

包装可用塑料盒等容器。

3. 制品组成

水分 79%,蛋白 17%,脂肪 0.3%,食盐 1%。

(四)融化干酪

融化干酪,将同一种类或不同种类的两种以上的天然干酪,经粉碎、加乳化剂、加热搅拌、充分乳化、浇灌包装而制成的产品叫做融化干酪,又称再制干酪或加工干酪。含乳固体量 40%以上,该种干酪风味温和,无异味,易保藏,是发达国家较普遍食用的乳制品。

1. 工艺流程

融化干酪的加工工艺流程见图 8-22。

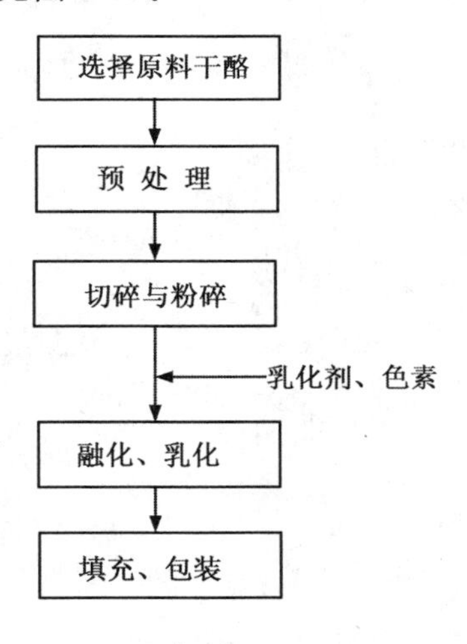

图 8-22 融化干酪的加工工艺流程

2. 操作要点

(1)选择细菌成熟的硬质干酪

一般使用荷兰干酪、契达干酪、荷兰圆形干酪,注意:有缺陷的干酪不能用。

(2)预处理与配料

①预处理。去掉包装、削去表皮、清拭表面、清除霉菌污染处等。

②配料。根据干酪成熟周期配成平均成熟期为 5 个月的原料干酪。

(3)切碎与粉碎

用切碎机切成合适的小块,再用粉碎机粉碎成 4～5 mm 的面条状,最后用磨碎机磨碎。

(4)融化与乳化

将磨碎后的干酪装入熔化锅,并往其夹层中通入蒸汽开始加热。然后按最终制品的水分含量加入一定量水。加水的同时,加入盐水以及磷酸氢二钠、柠檬酸钠结晶粉末,先混合后再加入,充分混合。在60～70℃,20～30 min或80～120℃,30 s条件下经数分钟搅拌,使之完全融化。当要达到融化终点时,采有简易方法检测水分、pH、风味等。乳化终了时真空脱气。

(5)填充及包装

经过乳化的干酪应趁热包装,否则降温后流动性差。常见的包装形式以小包装为主。

3.制品组成

成熟干酪占75%,水分占10%,奶油占10%,乳化盐占4%,风味剂占1%。

【项目思考】

1.干酪如何分类?

2.干酪加工需要哪些原料?

3.干酪发酵剂有哪些种类?

4.干酪加工工艺流程如何?

5.干酪切割时机如何判断?

6.影响干酪成熟的因素有哪些?

7.干酪清洗挂蜡的目的是什么?

项目九　冰淇淋生产技术

【知识目标】

1.掌握冰淇淋加工工艺及技术要点。

2.了解冰淇淋生产原料的质量特性及在产品中的作用。

3.熟知冰淇淋质量标准、质量缺陷及防治措施。

4.了解冰淇淋加工常用的生产设备及使用维护。

【技能目标】

1.能够进行冰淇淋产品的加工。

2.能够针对冰淇淋常见质量缺陷进行分析,制定防治措施。

【项目导入】

冷冻饮品简称冷饮,又称冷冻固态饮料,是以饮用水、甜味料、乳制品、果品、豆品、食用油脂等为主要原料,加入适量的香精香料、着色剂、增稠剂、乳化剂等食品添加剂,经配料、灭菌、凝冻等工艺制成的冷冻固态饮品。在我国行业标准《冷冻饮品分类》(SB/T 10007—1999)中规定冷冻饮品包括冰淇淋、雪糕和奶冰类、雪泥和冰霜类、棒冰类。其中冰淇淋以其浓郁的香味、细腻的组织、可口的风味、清凉的口感和诱人的色泽,丰富营养,而备受人们喜爱。

早在1770年前后,在欧洲一些国家,冰淇淋就已广为人知了。后来,可能是英国殖民者把冰淇淋的生产知识从欧洲带到了美国,美国人成了冰淇淋工业生产的先锋。19世纪上半叶,冰淇淋在美国渐渐受到欢迎。19世纪50年代,牛乳生产商Jacob Fussel建起了第一家冰淇淋加工厂,标志着冰淇淋迅速发展时期的到来。

任务1　冰淇淋配方设计

【要点】

1.明确冰淇淋配方中常用原辅料。

2.熟悉冰淇淋配方设计基本原则。

3.能够对冰淇淋典型配方进行设计。

【工作过程】

(一)明确所设计奶油冰淇淋产品的理化标准

分组讨论明确所要加工奶油冰淇淋的理化标准,并将其填在表 9-1 中。

表 9-1 奶油冰淇淋目标理化标准 %

总固形物含量	脂肪含量	蛋白质含量	膨胀率

(二)原辅材料的选择

查阅相关资料选择奶油冰淇淋加工所用的原料、辅料、添加剂种类,并将所选材料名称填在表 9-2 中。

表 9-2 原辅料、食品添加剂种类记录

<table>
<tr><td colspan="2">名称</td><td>1</td><td>2</td><td>3</td><td>4</td></tr>
<tr><td colspan="2">原料名称</td><td></td><td></td><td></td><td></td></tr>
<tr><td colspan="2">辅料名称</td><td></td><td></td><td></td><td></td></tr>
<tr><td rowspan="3">添加剂</td><td>增稠剂种类</td><td></td><td></td><td></td><td></td></tr>
<tr><td>乳化剂种类</td><td></td><td></td><td></td><td></td></tr>
<tr><td>香精</td><td></td><td></td><td></td><td></td></tr>
</table>

(三)明确原辅料理化指标

查阅相关资料或询问各原辅料厂家,明确所选原辅料理化标准,并将结果填入原辅料理化标准表 9-3 中。

表 9-3 原辅料理化标准 %

序号	材料名称	水分	脂肪	蛋白	总固形物
1					
2					
3					
4					

(四)配方设计及成本核算

运用Microsoft Office软件Excel文档根据成品目标理化标准,利用物料衡算原理计算各原辅料添加量;查阅资料掌握各种添加剂推荐添加量,并通过小样实验明确各类添加剂最适添加量;同时与所选用各类原辅料、添加剂厂家联系,询问各材料单价,核算出所有内容物成本。最后将其结果填入奶油冰淇淋配方设计及成本核算记录,如表9-4所示。

思考:如何增加产品在市场上的竞争力,各类原料对成本有何影响?

表9-4 奶油冰淇淋配方设计及成本核算记录 %

配方一				配方二			
材料名称	用量	单价	金额	材料名称	用量	单价	金额
内容物成本				内容物成本			

【相关知识】

1. 冰淇淋理化标准

冰淇淋的一般理化标准,如表9-5所示。冰淇淋混合料是各类原料的混合液,要生产出品质合格的冰淇淋,首先要准确掌握各种原辅料水分、脂肪、蛋白质、固形物等成分组成,常用原辅材料参考成分标准,如表9-6所示。

表9-5 冰淇淋一般理化标准 %

项目标准	清型		混合型		组合型	
	全脂乳	半乳脂	全脂乳	半乳脂	全脂乳	半乳脂
总固形物≥	30		30		30	
脂肪含量≥	8	6	7	5	7	6
蛋白质含量≥	2.5		2.2		2.5	2.2
膨胀率≥	80～120	60～140	50		—	

表 9-6 常用原辅料参考成分标准 %

原料		总固形物	脂肪	非脂乳固体
稀奶油	脂肪 25	31.90	25	6.9
	脂肪 30	36.44	30	6.44
	脂肪 40	45.52	40	5.52
	脂肪 50	54.60	50	4.60
无水奶油		99.80	99.80	—
白砂糖		99.9		—
麦芽糖		95		—
葡萄糖浆		75		—
鲜乳		11.8	3.2～3.4	2.8～2.9
全脂甜炼乳		33	8	6.8
全脂乳粉		97	26～40	24～25
脱脂乳粉		96	0.88	24～25
乳清粉		95	1.50	34～80
全蛋(平均)		35	11～15	12.8
蛋黄粉		96	60	30
新鲜蛋黄		53	32.5	17.5
可可粉		95	20～22	—

2. 设计基本原则

根据产品标准、消费嗜好、原料成本和产品销售情况来选取基本原料，再根据标准来确定各种原料的用量，以保证在同样成本要求设计出最佳配方方案。

①根据标准计算乳及乳制品的用量或植物脂肪的用量。

②从组织结构角度，计算蔗糖和淀粉糖浆的用量。

③根据总固形物的含量要求，计算其他辅料的添加量。

④根据脂肪含量及固形物计算乳化剂和稳定剂用量。

⑤根据感官评定确定香精和色素用量。

思考：如何在保证产品质量的基础上降低成本？

3. 增稠剂的使用

增稠剂的添加量要根据增稠剂的种类和对产品所产生的增稠效果而定，一般依据以下四个方面：

①配料的总固体含量。

②配料的脂肪含量。

③凝冻机的种类。

④增稠剂的用量范围。

现将常用增稠剂的添加量及特性列于表 9-7 中。

表 9-7 增稠剂的添加量及特性 %

名称	类别	来源	特性	参考用量
明胶	蛋白质	牛猪骨、皮	热可逆性胶体,可在低温时融化	0.50
CMC	改性纤维	植物纤维	增稠、稳定作用	0.2
海藻酸钠	聚合多糖	海带、海藻	热可逆性凝胶、增稠稳定作用	0.25
卡拉胶	多糖	红色海藻	热可逆性凝胶,稳定作用	0.08
角豆胶	多糖	角豆树	增稠和乳化蛋白作用	0.25
瓜尔胶	多糖	瓜儿豆树	增稠作用	0.25
果胶	聚合多糖	柑橘类果皮	胶凝、稳定作用,在 pH 较低时保持稳定	0.15
微晶纤维	纤维素	植物纤维	增稠、稳定作用	0.5
魔芋胶	多糖	魔芋块茎	增稠、稳定作用	0.3
黄原胶	多糖	淀粉发酵	增稠、稳定作用,pH 变化适应性强	0.2
淀粉	多糖	玉米制粉	提高黏度	3.0

4.常用乳化剂性能及添加量

乳化剂的添加量与混合料中脂肪含量有关,一般随脂肪含量增加而增加。不同乳化剂的性能及添加量见表 9-8。

表 9-8 乳化剂的添加量及特性 %

名称	来源	特性	参考用量
单甘酯	油脂	乳化性强,并抑制冰晶生长	0.2
蔗糖酯	蔗糖脂肪酸	可与单甘酯(1∶1)合用于冰淇淋	0.1~0.3
吐温	山梨糖醇脂肪酸	延缓融化时间	0.1~0.3
斯潘	山梨糖醇脂肪酸	乳化作用,与单甘酯合用,又复合效果	0.2~0.3
PG 酯	丙二醇、油脂	与单甘酯合用,提高膨胀率,保形性	0.2~0.3
卵磷脂	蛋黄粉中含 10%	常与单甘酯合用	0.1~0.5
大豆磷脂	大豆	常与单甘酯合用	0.1~0.5

5.典型冰淇淋配方及实例

冰淇淋典型配方见表 9-9,表中脂肪来自于牛乳、稀奶油、奶油或植物油;非脂干物质指的是除脂肪以外的乳成分蛋白质、盐类、乳糖等;糖指蔗糖、葡萄糖或甜味剂;乳化剂和增稠剂如单干酯类、海藻酸钠、明胶等;膨胀率指的是产品中空气含量。其次还可添加其他成分,如鸡蛋、果料、巧克力碎片等,配方实例如表 9-10 所示。

表 9-9　典型的冰淇淋配方　%

冰淇淋类型	脂率	非脂干物质	糖	乳化剂/稳定剂	水分	膨胀率
甜点冰淇淋	15	10	15	0.3	59.7	110
冰淇淋	10	11	14	0.4	64.4	100
奶冰	4	12	13	0.6	70.4	85
莎白特	2	4	22	0.4	71.6	50
棒冰	0	0	22	0.2	77.8	0

表 9-10　冰淇淋配方实例　kg

清型全脂乳脂奶油香草冰淇淋配方		清型半乳脂草莓味冰淇淋配方	
材料名称	用量	材料名称	用量
全脂乳粉	160	全脂乳粉	110
白砂糖	150	白砂糖	120
稀奶油(40%)	100	葡萄糖浆	40
天然黄油	30	鲜牛奶	400
蛋黄粉	10	椰子油	60
糊精	25	单甘酯	2.0
单甘酯	2.0	黄原胶	0.3
黄原胶	0.5	瓜尔豆胶	2.0
瓜尔胶	2.0	CMC	1.2
CMC	1.0	蔗糖酯	0.5
蔗糖酯	0.5	食盐	0.3
食盐	0.3	柠檬酸	0.2
香精	适量	香精	适量
水	加水至1 000	水	加水至1 000

【友情提示】

1. 若要提高冰淇淋口感的细腻程度,可在产品标准的基础上适当提高脂肪含量。

2. 所有原辅料的成分指标要准确检测,否则在设计添加量时会影响其精准。

3. 设计配方时在考虑口感、风味的同时还要提升成本意识。

【考核要点】

1. 配方设计的合理性。

2. 原辅料、添加剂的选择是否符合相关标准要求。

3. 能否利用电脑中 Microsoft Office 软件中 Excel 表格进行配方设计和成本核算。

4. 配方设计过程中是否有成本意识。

【思考】

1. 如何提高冰淇淋配料中的脂肪含量？

2. 奶油冰淇淋中总干物质含量多少口感比较好？如何提升总干物质？

3. 冰淇淋配方中常用乳化剂和增稠剂，两者在配料中的应用意义如何？

4. 冰淇淋配方设计的基本原则是什么？

【必备知识】

一、冰淇淋概述

(一)冰淇淋定义

根据我国现行行业标准(SB/T 10013—2008)将冰淇淋定义如下：冰淇淋是以饮用水、乳品(乳蛋白质的含量为原料总量的2%以上)、蛋品、甜味料、香味料、食用油脂等为主要原料，加入适量的香料、稳定剂、着色剂、乳化剂等食品添加剂，经混合、灭菌、均质、老化、凝冻等工艺或再经成形、硬化等工艺制成的体积膨胀的冷冻饮品。

(二)冰淇淋的组成

冰淇淋的组成根据各个地区和品种不同而异。例如，美国联邦标准规定，冰淇淋含有不少于10%的乳脂肪和20%的总乳固体。但对散装的冰淇淋，乳脂肪和总乳固体量分别不低于8%和16%。我国冰淇淋中的脂肪含量一般在6%～12%，个别产品高达16%以上；蛋白质含量为3%～4%；蔗糖13%～20%，而水果冰淇淋中含糖量可达17%；稳定剂和乳化剂0～0.7%；总固形物36%～43%。表9-11和表9-12所示分别为美国和中国各种冰淇淋的组成变化情况。

表 9-11 美国各种冰淇淋的成分组成 %

冰淇淋类型	脂肪	非脂乳固体	糖分	乳化剂和稳定剂	水分	膨胀率
甜食冰淇淋	15	10	15	0.3	59.7	110
普通冰淇淋	10	11	14	0.4	64.6	100
牛奶冰淇淋	4	12	13	0.6	70.4	85
冰冻果子露	2	4	22	0.2	77.8	0

表 9-12 中国冰淇淋的组成成分 %

成分	Ⅰ	Ⅱ	Ⅲ	Ⅳ	Ⅴ	Ⅵ
脂肪	3.0	6.0	8.0	10.0	12.0	16.0
糖分	15.0	15.0	15.0	15.0	15.0	15.0
乳化剂和稳定剂	0.35	0.35	0.30	0.30	0.30	0.30
总固形物	30.5	32.5	34.3	35.8	36.4	40.3
非脂乳固体	11.7	11.0	11.0	10.5	10.0	10.0

(三)冰淇淋的分类

冰淇淋的种类很多,分类方法各异,现将常用分类方法介绍如下:

1.按含脂率分类

①高级奶油冰淇淋:脂肪含量为14%~16%,为高脂冰淇淋,总固形物含量为38%~42%;

②奶油冰淇淋:脂肪含量为10%~12%,为中脂冰淇淋,总固形物含量为34%~38%;

③牛奶冰淇淋:脂肪含量为6%~8%,为低脂冰淇淋,总固形物含量为32%~34%。

以上类别冰淇淋还可按照其成分不同又可分为香草、可可、鸡蛋、果味、夹心和咖啡等品种。

2.按冰淇淋的组分分类

①完全用乳制品制备的冰淇淋。

②含有植物油脂的冰淇淋。

③添加了乳脂和非脂干物质的果汁制成冰淇淋。

④由水、糖和浓缩果汁制成的雪糕、冰淇淋。

思考:你能说出平时吃的冰淇淋哪些是软质冰淇淋?哪些是硬质冰淇淋吗?

3.按照冰淇淋软硬度分类

(1)软质冰淇淋

冰淇淋经适度凝冻后,现制现售,供鲜食。因温度只有-5~-3℃,因此含有大量的未冻结水,其脂肪含量和膨胀率相当低。一般膨胀率为30%~60%,凝冻后不再速冻硬化,口感没有硬化的好。

(2)硬质冰淇淋

通常使用小包装,有时包裹巧克力外衣。在-25℃或更低的温度下,经搅拌凝冻后低温速冻而成,未冻结水含量低,因此它的质地很硬。硬质冰淇淋有较长的货架期,一般可达数月之久,膨胀率为100%左右。

4.按外形形状分类

①砖状冰淇淋。将冰淇淋包装在六面体纸盒中,冰淇淋外形如长方形砖状,有单色、双色和三色。一般呈三色,以草莓、香草和巧克力最为普遍。

②杯状冰淇淋。将冰淇淋分装在不同容量的指杯或塑料容器中硬化而成。

③锥状冰淇淋。将冰淇淋分装在不同容量的锥形容器,如蛋筒中硬化而成。

④异形冰淇淋。将冰淇淋灌注于异形模具中硬化而成,或通过异形模具挤压、切割成形,硬化而成。

⑤装饰冰淇淋。以冰淇淋为基料,在其上面裱注各种奶油图案或文字,有一种装饰美感,如冰淇淋蛋糕。

5.按冰淇淋的组织结构分类

①清型冰淇淋。一般为单一风味的冰淇淋,不含颗粒或块状辅料,如香草冰淇淋、奶油冰淇淋等。

②混合型冰淇淋。在冰淇淋中加入含颗粒或块状辅料的制品，如草莓冰淇淋、葡萄冰淇淋等。

③组合型冰淇淋。组合型冰淇淋是和其他种类冷冻饮品或巧克力、饼坯等组合而成的制品，如脆皮冰淇淋、蛋卷冰淇淋和三明治冰淇淋等。

6.按照添加物所处位置分类

①涂层冰淇淋。将凝冻后分装而未包装的冰淇淋蘸于特制的物料中，在冰淇淋外部包裹一种涂层制品，如巧克力冰淇淋。

②夹心冰淇淋。这种冰淇淋是在经凝冻后分装硬化而中心还未硬化的冰淇淋的中间位置加入其他浆料，继续硬化而成的产品。如夹心冰淇淋，是把水果等添加物夹在中心位置而得的产品。

7.按所加的特色原料分类

①果仁冰淇淋。这类冰淇淋中含有粉碎的果仁，如花生仁、核桃仁、杏仁、栗仁等，加入量为2%～6%，其品名一般按加入的果仁种类来命名。

②水果冰淇淋。这类冰淇淋含有水果碎块，如菠萝、草莓、苹果、樱桃等，再加入相应的香精和色素，并按所用的水果种类来命名。

③布丁冰淇淋。这类冰淇淋含有大量的什锦水果、碎核桃仁、葡萄干、蜜饯等，有的还加入酒类，具有特殊的浓郁香味。

④豆乳冰淇淋。这类冰淇淋中添加了豆乳，是近年来新发展的品种，有各种不同花色，如核桃豆腐冰淇淋、杨梅豆腐冰淇淋等。

(四)冰淇淋的特点

冰淇淋具有轻滑而细腻的组织、紧密而柔软的形体、醇厚而持久的风味，具有营养丰富、冷凉甜美等特点。冰淇淋的构造较为复杂，气泡包围着结晶连续向液相中分散，在液相中含有固态脂肪、蛋白质、不溶性盐类、乳糖结晶、溶液状蔗糖、糖、盐类等，即由液相、气相、固相三相构成，如图9-1所示。气泡平均直径为11～18 μm，气泡之间的距离10～15 μm，冰结晶间的平均距离0.6～0.8 μm。

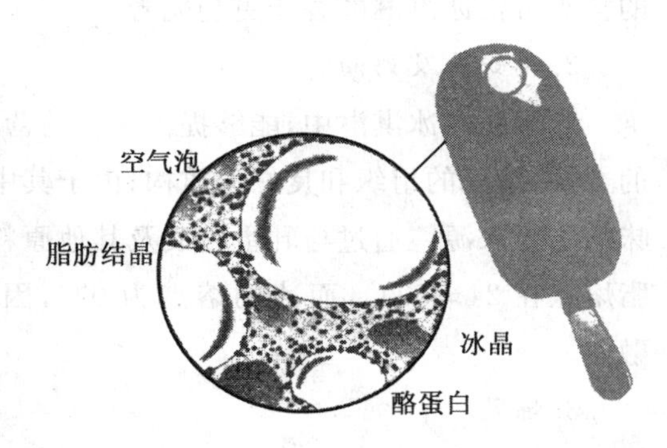

图9-1 冰淇淋的结构

二、原辅料的选择及添加剂作用

冷冻饮品要求具有色泽鲜艳、风味独特及组织细腻、柔软、光滑、润口等特点，这与原料和辅料的质量及配方有密切的关系。用于冷冻饮品生产的原料很多，除饮用水外，主要有乳与乳制品、食用油脂、蛋与蛋制品、甜味料、稳定剂及乳化剂、香精香料、着色剂等各种材料。

(一)水和空气

> 思考:冰淇淋中的水分来源于哪些原辅料?

水在冰淇淋中的作用是溶解盐和糖以及形成冰晶体,是冷冻饮品生产中不可缺少的一种重要原料,一般占65%~80%。

冰淇淋内空气的数量直接影响冰淇淋的质量和利润,必须符合要求。保持空气数量的均匀、一致性是控制产品品质的关键,有些冷冻机配有空气过滤器来保证空气质量。

(二)乳及乳制品

冰淇淋使用的乳与乳制品包括牛乳、稀奶油及奶油、炼乳、奶粉、乳清粉等,此类物质主要是提供冰淇淋以脂肪和蛋白质等乳固体(包括乳糖、盐类等)。乳与乳制品质量的优劣,直接关系到冰淇淋的品质。因此,冰淇淋生产中,乳与乳制品的选择极为重要。在选择乳与乳制品原料时应考虑如下因素:

①鲜乳的风味、组织状态、理化指标及新鲜度是否符合国家收奶标准。

②所用乳制品产品是否有QS认证、出厂检验报告及各项指标是否合格。

③成本及使用的便利性。

④风味及对产品组织结构的影响。

1. 牛乳

牛乳是冰淇淋的主要原料,其中乳脂肪能够赋予冰淇淋浓郁的香味;牛乳蛋白质在满足冰淇淋物理、感官特性的同时,又具有较高的营养价值;乳糖可使所加糖类的甜味为柔和;牛乳中的盐类可使冰淇淋的香味更趋完善。

2. 稀奶油及奶油

乳脂肪在冰淇淋中,能够提供丰富的营养及热能;凝冻时形成网状结构,赋予冰淇淋特有的柔润、细腻的组织和良好的质构;由于其中含有较多的挥发性脂肪酸,因此它是冷冻饮品风味的主要来源。通过与乳蛋白质及其他原料的配合,赋予产品独特的芳香风味;另一方面,油脂熔点在24~50℃,而冰的熔点为0℃,因此适当添加稀奶油、奶油,可以增加冰淇淋的抗融性。

3. 炼乳

炼乳,易于保藏和便于运输,具有一种特有的奶香风味,故被广泛应用于冷冻饮品中。添加一定比例的炼乳,会使冰淇淋配料具有较高的黏度和较好的凝冻效果,成品具有更佳的抗融性和保形性。

4. 乳粉

在冰淇淋生产中乳粉使用比较广泛,常用的有全脂乳粉、脱脂乳粉、全脂加糖乳粉等。乳粉中含有较高的脂肪和非脂乳固体,在冰淇淋生产中能赋予产品良好的营养价值,使成品具有柔润细腻的口感。物料经均质以后,蛋白质的乳化性得到进一步的提升,可使料液黏度增加,促进物料凝冻搅拌的膨胀;同时,乳蛋白质良好的水合作用,还能防止冰晶的扩大,使成品组织细腻而有弹性，口感润滑。

5. 乳清粉

冰淇淋生产中使用较多的为脱盐乳清粉，因其没有咸腥味，乳糖经降解酶作用，可以防止产品口感砂化。冷冻饮品配方中若全部采用乳粉或其他乳制品配制，由于其蛋白质的稳定性较差，会影响组织的细致性与冰淇淋的膨胀率，易导致产品收缩，特别是溶解度不良的乳粉，则更易降低产品质量，所以使用时应注意添加量。

(三)蛋及蛋制品

蛋与蛋制品能提高冰淇淋的营养价值，改善其组织结构、状态及风味。由于蛋黄中富含卵磷脂，能使冰淇淋形成永久性乳化的能力，口感细腻；而鸡蛋白具有较好的发泡性，在冰淇淋生产中也能赋予料液较好的搅打性和蜂窝效果。在过去，蛋及蛋制品是冰淇淋制品的主要原料，这大大增加了冰淇淋的成本。近年来，由于新型稳定剂、乳化剂的出现，蛋及蛋制品逐渐被替代。但由于使用蛋制品(特别是鲜蛋)的冷饮可产生一种特殊的清香味，而且膨胀率较高，所以目前一些高端产品仍被应用。其用量一般为0.3%～1.5%，含量过高则有蛋腥味产生。在冰淇林生产中常用的蛋制品还有冰蛋黄、蛋黄粉和全蛋粉。鲜蛋内各成分含量见表9-13。

思考：你能列举出市售冰淇淋产品，哪些品种添加蛋及蛋制品了？

表9-13 鲜蛋内各成分含量 %

项目	水分	乳糖	蛋白质	脂肪	灰分
全蛋	73	11.0～11.5	14.5～15.0	0.5	1.2
蛋白	84～86	0.2～0.4	11.0～12.5	0.8～0.9	0.6～0.8
蛋黄	49～52	31～32	16.0～16.7	0.2	1.0～1.5

(四)食用油脂

冰淇淋中脂肪含量是最高的，一般用量为6%～12%，最高可达16%左右，是冰淇淋的主要组成部分。可以改善产品的组织结构，赋予产品浓郁的风味，减少冰晶，具有良好的抗融性。但由于乳脂肪价格昂贵，为降低生产成本，目前普遍使用相当量的植物脂肪来替代乳脂肪，主要有起酥油、人造奶油、棕榈油、椰子油等。

(五)甜味剂

甜味剂具有提高冰淇淋甜味，降低物料冰点，防止重结晶，增加混合料的黏性，增加总固体物含量，是冰淇淋的主要组成成分物质，对产品的色泽、风味、组织状态、保形性、口感和保藏性都起着极其重要的影响。

思考：冰淇淋配方中为什么要添加甜味剂？

从风味的观点来看，最理想的甜味剂是蔗糖，白砂糖不仅可以赋予冰淇淋以甜味，还赋予冰淇淋细腻的组织状态，同时能降低其凝冻时冰淇淋料液结晶温度。一般用量为14%～16%。过少会使制品甜味不足，过多则缺乏清凉爽口的感觉，并使料液冰点降低（一般增加2%的蔗糖则其冰点相对降低0.22℃），凝冻时膨胀率不易提高，易收缩，成品容易融化。甜味剂与甜度和冰点下降的关系见表9-14。

表9-14 甜味剂与甜度和冰点下降的关系

甜味剂	平均相对分子质量	冰点下降因子	相对甜度	甜味剂	平均相对分子质量	冰点下降因子	相对甜度
蔗糖	324	1.0	1.0	果糖	180	1.9	1.7
葡萄糖糖浆(DE42)	445	0.8	0.3	转化糖	180	1.9	1.3
高果糖浆(HFCS,42%果糖)	190	1.8	1.0	乳糖	342	1.9	0.2
右旋葡萄糖	180	1.9	0.8	山梨糖	182	1.9	0.5

注：DE为葡萄糖当量值(Dextrose Equivalenxce)；HFCS为玉米淀粉高果糖浆(High Fructose Com Syrup)

随着现代人们对低糖、无糖食品的需求以及改进风味、增加品种或降低成本的需要，在冰淇淋加工中常配合使用其他甜味剂，如蜂蜜、转化糖浆、阿斯巴甜、安赛蜜、甜蜜素、山梨糖醇、麦芽糖醇、葡聚糖等，但如超过1/2的蔗糖用量，则风味将会受到影响。通常对各种甜味料甜度的衡量是以蔗糖为参照，一般将蔗糖的甜度定为100，它与其他甜味料的甜味对比见表9-15。工业上普遍采用果葡糖浆代替部分蔗糖。有助于提高冰淇淋的硬度和咀嚼性，使产品口感更丰润圆滑，提供抗融特性，突出水果风味，延长成品的货架期。

表9-15 甜味料的甜味对比

名称	蔗糖	三氯蔗糖	果葡糖浆	蛋白糖	高麦芽糖	环己基氨基黄酸钠
甜味	100	60 000	100	5 000	30	4 800
名称	淀粉糖浆	葡萄糖粉	糖精钠	山梨糖醇	乙酰磺胺酸钾	天冬酰苯丙氨酸甲酯
甜味	40	70	30 000～50 000	50～80	20 009	20 000

(六)乳化剂

乳化剂是一种分子中具有亲水基和亲油基的物质，它介于油和水中间，使一相均匀地分散于另一相的中间而形成稳定的乳浊液。冰淇淋的成分复杂，在混合料中加入乳化剂的作用可归纳为：

①改善脂肪在混合料中的分散性，使均质后的物料呈较稳定的乳浊液。

②在凝冻过程中改善混合料的起泡性和光滑性，提升膨胀率，有助于成型。

③乳化剂富集于冰淇淋的气泡中，具有稳定和阻止热传导的作用，可增加在室温下的抗融性，使产品更好地保持固有的形状。

④提高冰淇淋混合物料的搅打能力，使内含冰晶的无数气泡变得更小，且更均匀地分布在

冰淇淋混合料中防止或控制粗大冰晶的形成，使冰淇淋组织更细腻。

冰淇淋中常用的乳化剂有卵磷脂、大豆磷脂、蔗糖脂肪酸酯、甘油脂肪酸酯（单甘酯）、山梨糖醇酐脂肪酸酯、丙二醇脂肪酸酯（PG 酯）等。

（七）增稠剂

增稠剂提高了料液的黏度和冰淇淋膨胀率，使凝冻的物料组织坚挺、易于成型；同时，提高冰淇淋贮藏的稳定性，延迟在贮藏过程中因温度波动（热冲击而造成的冰晶体的重结晶和乳糖晶体的生长）引起的冰屑感质构的形成，具有一定的抗融性、减少收缩。改善冰淇淋的组织状态使其质地更为润滑、细腻。

增稠剂的种类较多，在冰淇淋生产中较为常用的有明胶、海藻酸钠、琼脂、CMC、黄原胶、卡拉胶、刺槐豆胶、变性淀粉等，在选择时要根据其特性进行选择。

国内的复合乳化稳定剂多为干拌型，其加工方法简单、成本较低。复合稳定剂在冰淇淋生产中应用时，其添加量视生产条件不同，依原料的成分组成而变化，尤其是依总固形物含量而异。一般来说，总固形物含量越高，复合稳定剂的用量越少。其添加量通常在 0.1%～0.5%。

常见的复配类型有：CMC＋明胶＋单甘酯；CMC＋卡拉胶＋单甘酯＋蔗糖酯；CMC＋明胶＋卡拉胶＋单甘酯；CMC＋角豆荚胶＋卡拉胶＋单甘酯；海藻酸钠＋明胶＋单甘酯；CMC＋明胶＋魔芋胶＋单甘酯等。

（八）香精香料

按其风味种类可分为：果蔬类、干果类、奶香类；按其溶解性分为：水溶性和脂溶性。在冰淇淋中最常用的是香草、奶油、巧克力、草莓和坚果香精。香精可单独或搭配使用。香气类型接近的较易搭配，反之较难。例如，水果与乳类、干果与乳类易搭配，而干果类和水果类之间则较难搭配。除了用上述香精调香外，亦可直接加入果仁、鲜水果、鲜果汁、果冻等，进行调香调味。

香精一般在冰淇淋中用量为 0.025%～0.15%，但实际用量尚需根据食用香精的品质及工艺条件而定。因香精香料都有较强的挥发性，故一般在老化后的物料中添加，以减少挥发损失。

（九）着色剂

混合料中加入色素以提高冰淇淋的外观品质，大大增进人们的食欲。调色时，要注意均匀一致，应选择与产品名称相适应的着色剂，以淡薄为佳，符合添加剂的卫生标准。常用的着色剂有红曲色素、姜黄色素、叶绿素铜钠盐、焦糖色素、红花黄、β-胡萝卜素、辣椒红、胭脂红、柠檬黄、日落黄、亮蓝等。

（十）酸度调节剂

冰淇淋常用的酸味剂主要有柠檬酸、苹果酸、乳酸、酒石酸等，其中以柠檬酸较为常用。柠檬酸的酸味柔和、爽口，入口后即达到酸感峰值，后味延续时间短，常应用于各种水果冰淇淋；苹果酸酸味强度较柠檬酸略高，酸味较为刺激，持续时间长，与柠檬酸合用可产生真实的果味口感;乳酸有微弱的发酵酸味,常用于酸乳冰淇淋酸度的调节;酒石酸酸味具有稍涩的收敛味,后味长,适用于葡萄香型冰淇淋产品。冰淇淋中使用的酸度调节剂主要为柠檬酸钠,它的使用可使酸味圆润绵长,改善其他酸味剂在使用中的不足。

(十一)其他原料

在冰淇淋生产中为了达到一定的干物质含量或使其达到某种风味,需要填充一些物质,主要填充物有淀粉、糊精等,主要的风味物质有坚果、果浆、果汁、可可粉、咖啡粉、巧克力等。

任务2　冰淇淋加工

【要点】

1. 设计冰淇淋加工工艺流程。
2. 明确香草味冰淇淋加工操作要点。
3. 使用冰淇淋加工设备。

【设备与材料】

1. 设备

冰淇淋实验设备包括:巴氏杀菌机、暂存罐、高速混料罐、凝冻机、成型及灌装设备、均质机、冰淇淋杯、冰箱(有冷冻室和冷藏室)、温度计、滤布、台秤等。

2. 材料

牛乳(或乳粉)、鸡蛋、蔗糖、稀奶油、棕榈油、甜味料、淀粉、香草粉牛乳、蔗糖、蛋黄、稀奶油、香草粉。

【工作过程】

(一)准备工作

对所用设备进行检点,同时要对其进行严格杀菌。

(二)冰淇淋产品加工

1. 配方计算与原料称量

按照配方比例计算所用原辅料具体数量,并称量。

2. 物料的混合

在干净的容器里倒入温热70～75℃纯牛奶,在搅拌的条件下将蛋黄打散,混合于牛乳中,然后加入预混好的白砂糖和稳定剂干混料搅拌10～15 min,最后将稀奶油、蔗糖、香草粉加入快速搅拌15 min,使物料混合均匀。

思考:为什么在物料混合时一定要将牛乳加热到70～75℃以上?

3. 均质

混合均匀的物料要趁热使用均质机进行均质，一级均质压力为 17～20 MPa，二级均质压力 3.5～5 MPa。

思考：物料均质时，为什么一定要趁热均质？最佳均质温度是多少？

4. 杀菌和老化

均质后的料液，将物料加热至 95℃，保持 5 min；然后将混合料液立即冷却至 20℃，放入冰箱冷藏在 2～4℃下，老化 6～8 h。

5. 凝冻

老化完成时，将物料倒入冰淇淋凝冻机，开启搅拌器和冷凝器，搅拌 10～12 min，使物料温度降至时－6～－4℃。若做软质冰淇淋，物料出冰淇淋凝冻机后即可食用。

6. 添加果料

可根据个人喜好加入巧克力碎片、葡萄干、芝麻、杏仁、水果、布丁等。

7. 硬化

将装有料液的模具放入速冻柜，在－24℃的温度下冷冻 10～16 h；在－18～－16℃的冷柜里回温 4～5 h 后，即可食用。

(三)填写任务记录

将加工过程中涉及的参数分别填写于硬质冰淇淋加工记录表 9-16 和软质冰淇淋加工记录表 9-17 中。

表 9-16 硬质冰淇淋加工记录

工作过程记录	硬质冰淇淋加工	
	加工工艺	记录
	原料称取	
	物料混合	用奶量： 溶解时间： 溶解状态：
	均质压力	
	杀菌条件	温度： 时间：
	冷却老化	温度： 时间：
	凝冻	搅拌转数： 时间： 最终温度：
	添加辅料	
	冷冻	温度： 时间：

表 9-17 软质冰淇淋加工记录表

工作过程记录	软质冰淇淋加工	
	加工工艺	记录
	原料称取	
	冰淇淋粉溶解	用奶量： 溶解时间：
	均质压力	
	杀菌条件	温度： 时间：
	冷却老化	温度： 时间：
	冷冻	温度： 时间：

【相关知识】

配方的计算方法举例：

现备有脂肪含量30%、非脂乳固体含量为6.4%的稀奶油，含脂率4%、非脂乳固体含量为8.8%的牛奶，脂肪含量8%、非脂乳固体含量20%、含糖量为40%的甜炼乳及蔗糖等原料。拟配制100 kg脂肪含量12%、非脂乳固体含量11%、蔗糖含量为14%、明胶稳定剂0.5%、乳化剂0.4%、香料0.1%的混合料。试计算各种原料的用量。

(1)先计算稳定剂、乳化剂和香精的需要量

稳定剂(如明胶)：$0.005\times100=0.5$(kg)

乳化剂：$0.004\times100=0.4$(kg)

香料：$0.001\times100=0.1$(kg)

(2)求出乳与乳制品和糖的需要量

由于冰淇淋的乳固体含量和糖类分别由稀奶油、原料牛奶、甜炼乳引入，而糖类则由甜炼乳和蔗糖引入，故可设：

稀奶油的需要量为A，原料牛奶需要量为B，甜炼乳的需要量为C，蔗糖的需要量为D。

则：$A+B+C+D+0.5+0.4+0.1=100$(kg)

各种原料采用的物料量：

脂肪：$0.3A+0.04B+0.08C=12$

非脂乳固体：$0.064A+0.088B+0.2C=11$

糖：$0.4D+D=14$

解上述方程式，分别得：$A=26.98$ kg(稀奶油)，$B=41.03$ kg(原料乳)，$C=28.31$ kg(甜炼乳)，$D=2.68$ kg(蔗糖)。

(3)核算

①100 kg混合料中要求含有

脂肪:100×0.12=12(kg),非脂乳固体:100×0.11=11(kg),蔗糖:100×0.14=14(kg),

②所配制的100 kg混合原料中现含有

脂肪量:共11.99 kg。由稀奶油引入:26.98×0.3=8.09(kg),由原料乳引入:41.03×0.04=1.64 kg,由甜炼乳引入:28.31×0.08=2.26(kg)。

非脂乳固体:共11.0 kg。由稀奶油引入:26.98×0.064=1.73(kg),由原料乳引入:41.03×0.088=3.61(kg),由甜炼乳引入:28.31×0.2=5.66(kg)。

蔗糖:共14.0 kg。由甜炼乳引入:26.98×0.4=11.32(kg),由砂糖引入:2.68 kg。最后将上述原辅料、添加剂配比及用量填入到材料准备表9-18中。

表9-18 材料准备一览 kg

稀奶油	原料乳	甜炼乳	蔗糖	明胶	乳化剂	香料	合计
26.9	41.03	28.31	2.68	0.5	0.5	0.1	37.99

【友情提示】

1. 注意物料的混合过程,特别是使用乳粉的情况,应充分水合。

2. 严格控制均质温度和压力,保证其有效性。

3. 准确称量原辅料、添加剂,特别是甜味剂、香精、色素等添加剂,对成品的品质影响较大。

4. 物料要进行充分的灭菌,保证产品的卫生指标合格。

5. 注意设备的正确操作。

【考核要点】

1. 对冰淇淋加工工艺流程的掌握。

2. 能够正确使用加工设备。

3. 加工过程中关键控制点掌握是否准确。

【思考】

1. 影响冰淇淋品质的关键环节包括哪些?

2. 冰淇淋混合物料为何要均质?

3. 冰淇淋的体积膨胀通过哪一加工过程实现?

4. 冰淇淋凝冻和硬化有何区别?

【必备知识】

一、冰淇淋加工工艺流程

冰淇淋加工的一般生产工艺流程如图9-2和图9-3所示。

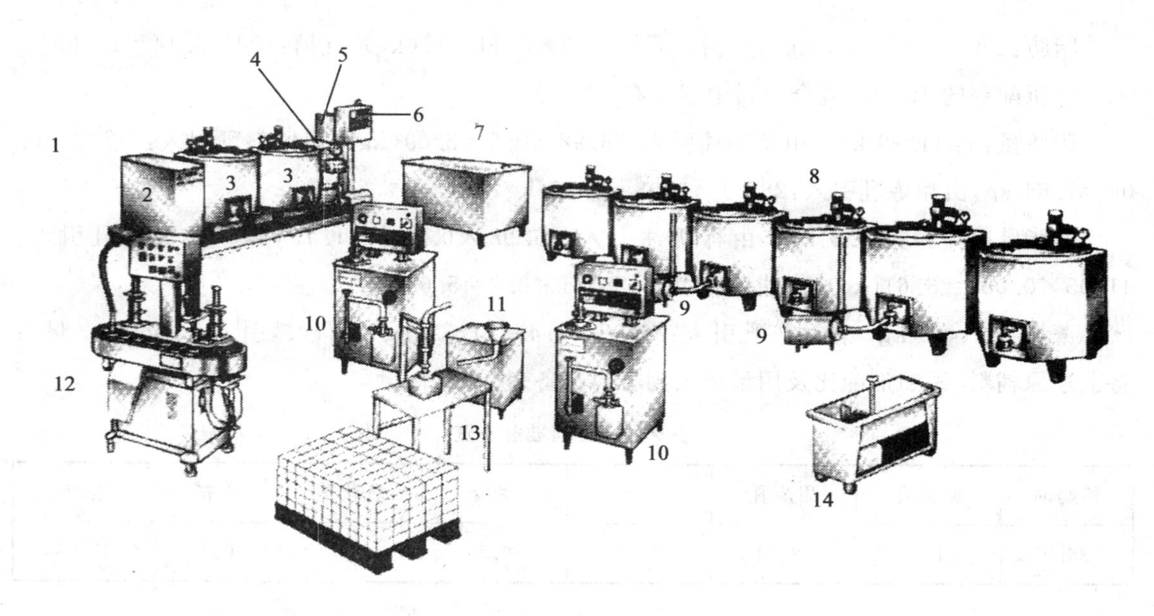

图 9-2 冰淇淋生产线

1. 混料预处理 2. 水加热器 3. 混合罐和生产罐 4. 均质机 5. 板式热交换器 6. 控制盘 7. 冷却水 8. 老化缸 9. 排料泵 10. 连续式凝冻机 11. 脉动泵 12. 回转注料 13. 灌注、手动 14. CIP 系统

二、冰淇淋生产技术要点

(一)原料储藏及验收

各种原料必须严格按照相关标准进行检验。查看原料是否有 QS 标志编号、出厂检验报告、卫生许可证及生产许可证,没有 QS 标志坚决不准入库和使用;查看包装是否完整,有没有包装破损或人为拆开二次封口等现象,如若发现即退回;进行感官检验,如外观有变色、异常结块、有异味、异物混入等都不得入库使用。同时检测原料理化指标和微生物指标是否符合相应标准。

用于加工冰淇淋的原料在储藏时要保持库房的温度、湿度正常,通风良好,防止产品受潮、结块、发霉。液体物料和固体粉末要分开放置,新鲜水果、鸡蛋、稀奶油等易变质物料应送冷库储存;固体粉末类物料要放在贮物隔板上,并且堆放整齐,距四周墙壁 20 cm 左右,距地面保持在 12 cm 以上,库房还应有防鼠、防虫措施。

(二)配方计算及称重

冰淇淋的口味、硬度、质地和成本都取决于各种配料成分的选择及比例。合理的配方设计,有助于配料的平衡、产品质量的一致。

1. 原料配比的原则

冰淇淋的种类很多,原料的配合各种各样,故其成分也不一致。设计配方时,原则上充分

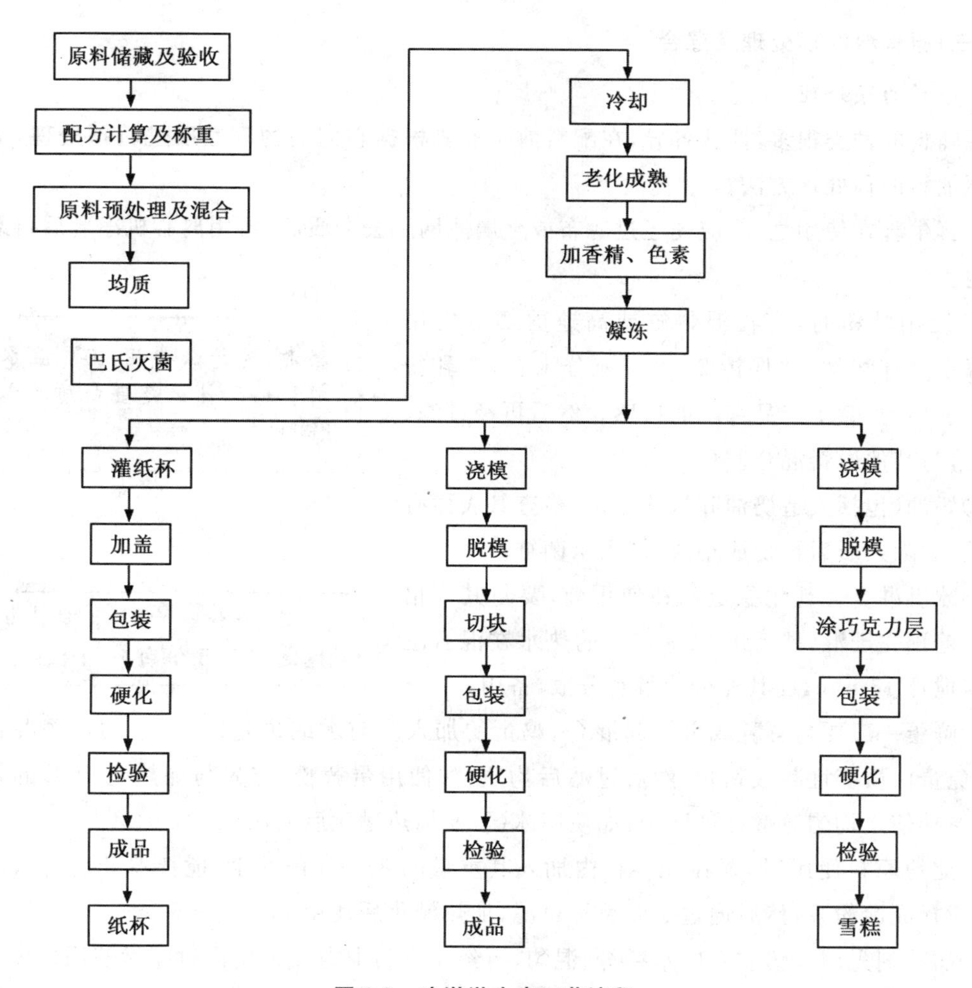

图 9-3 冰淇淋生产工艺流程

考虑脂肪与非脂乳固体成分的比例、总干物质量、糖的种类和添加量、乳化剂和稳定剂的选择与添加量等,同时还需要适当考虑原料成本对成品质量的影响。例如,为适当降低成本,一般在奶油或牛奶冰淇淋中可以采用部分优质氢化植物油代替奶油。

2. 配方的计算

根据标准要求计算各种原料的添加量,从而保证产品质量符合技术标准。在具体计算时,还要掌握原料的成分,然后按冰淇淋不同的质量标准进行计算,即无论使用哪些原料进行配合,最终产品都要达到各项指标要求。

3. 原料的称重量取

为保证成品的质量,应经常对台秤等称量器具进行校验,严格按照生产量、产品配方进行各种原料的准确称重。同时,要定期对计量器具进行清洗消毒,控制原辅料、添加剂的微生物标准。

(三)原辅料的预处理及混合

1. 原料的预处理

原辅料的种类很多,性状各异,在配料前一般要根据它们的物理性质进行预处理,下面是各种原辅料的预处理方法。

①鲜牛乳在使用之前,应先经过滤布或金属滤网除去杂质后,再用离心机净乳后再泵入配料缸内。

②使用乳粉时,应在混料缸或高速剪切缸内用40℃温水搅拌溶解,并保持2~3 h充分水合,使乳粉分散更加均匀,赋予产品细腻的口感。然后再经过滤、均质后,与其他原料混合。

> 思考:为什么要用40℃温水溶解乳粉?什么是蛋白质的水合作用?

③奶油(包括人造奶油和氢化油)先检查其表面有无杂质,去除杂质后再切成小块,加入杀菌缸。

④冰淇淋复合乳化稳定剂在使用前,要与其5倍以上砂糖预先干混,然后用70~75℃的热水在混合缸内高速搅拌15 min,使其充分溶解和分散,备用。

> 思考:为什么要将冰淇淋复合稳定剂与5倍白砂糖干混?

⑤鲜蛋一般要与鲜乳或水一起混合,鸡蛋的加入应与水或牛乳以1∶4的比例混合后加入,以免蛋白质变性凝成絮状,然后过滤后均质;如使用蛋黄粉,应先与加热至50℃的奶油混合,并搅拌使之均匀分散在油脂中;如使用冰蛋,要加热融化后使用。

⑥淀粉原料使用时,要在配料缸内加入其重量的8~10倍的水,搅拌器开启的状态下加入,并搅拌成淀粉浆,然后通过100目筛过滤,加热糊化后使用。

⑦甜味剂先用5倍左右的水稀释、混匀,再经100目尼龙或金属网过滤后使用。

⑧果汁在静置存放过程中会出现沉淀,在使用前应搅匀或经均质处理才可使用。

2. 原料的混合

由于冰淇淋配料种类较多,组织状态差别较大,因此配制时的加料顺序显得尤为重要。一般先加入水分含量高的物料,如鲜牛乳、水、乳粉溶解液、蛋液等黏度小的原料及半量的水和剩余蔗糖;再加入黏度稍高的原料,如淀粉糖浆、乳化稳定剂溶液等,并进行搅拌和加热;同时再加入稀奶油、炼乳、果葡糖浆等黏度高的原料;最后以水或牛乳定容,使料液总固体控制在规定的范围内,混合溶解时的温度通常为65~70℃。同时,要求混合料的酸度以0.18%~0.2%为宜,酸度过高应在杀菌前进行调整,调节时可用NaOH或$NaHCO_3$进行中和,但不得过度,否则会产生涩味。香料、色素应在冰淇淋混合料老化成熟后添加;水果、果仁、点心在混合料凝冻后添加。

> 思考:混合料酸度如果超过0.18%~0.2%,会出现什么现象?

一般而言,干物料需称重,而液体物料既可称重,也可进行容积计量。在小型工厂,生产能力小,所以干物料通常称重后加入到配料缸中,这种配料缸均配有加热及搅拌装置。现代化冰淇淋生产企业现已采用自动化生产系统，设备均按生产商特定要求进行制造。一般的物料经过配制后，要经过滤器过滤后进入平衡槽，随后在板式换热器中预热到 60～70℃后进行均质。

3. 配料设备

(1)普通混料缸

此混料缸为单层不锈钢容器，配有减速搅拌结构，在缸中装有蒸汽加热盘管，用于冰淇淋生产中溶化糖、棕榈油等原辅料，还可对料液进行加温，缩短混料、杀菌时间。常用配料罐如图 9-4 和图 9-5 所示。

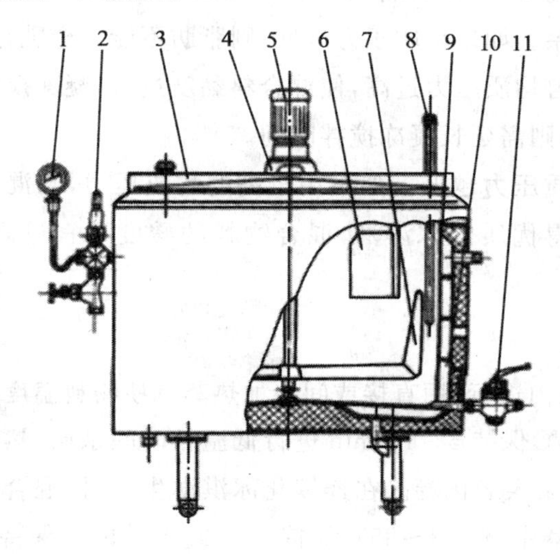

图 9-4 蒸汽加热配料缸

1. 压力表 2. 安全阀 3. 缸盖 4. 电动机底座 5. 电动机 6. 挡板 7. 搅拌器 8. 温度计 9. 内胆 10. 夹套 11. 放料塞

图 9-5 蒸汽加热配料缸实物图

(2)高速混料罐

在高速混料罐具有均质、乳化作用，罐体夹壁有蒸汽加热管，在混料的同时又进行杀菌处理，在罐内能进行自动清洗，一般电机功率均在 20 kW 以上。

图 9-6 高速混料罐

(四)均质

均质是冰淇淋生产中必不可少的工序之一，对于冰淇淋获得良好的组织状态与理想的膨胀率具有极为重要的作用。

混合料经过均质可以使脂肪球微细化至 1 μm 左右，破裂的脂肪球在冰淇淋料液中，大小均一，处于稳定、均匀的分散状态，防止脂肪层的形成。同时可以提高料液的黏度，改善冰淇淋的组织状态，使其更细腻滑爽，形成更鲜明浓郁的口感；增加产品稳定和持久性，减少乳化剂和增稠剂用量；有效地预防在凝冻过程中形成奶油颗粒，还可以对混合料液提前充气，以此提高膨胀效果。

> 思考:冰淇淋混合料液温度对均质效果有何影响?

在实际的生产前物料需要进行预热,一般冰淇淋混合料最适宜的预热温度为65～70℃;均质方法一般采用二段式,即第一段均质压力使用3.5～5 MPa,目的是破碎脂肪球。第二段均质压力使用17～20 MPa,目的是分散已破碎的小脂肪球,防止粘连,形成脂肪层。在使用手动高压均质机中,要先进行第一级压力的调节,然后进行二级压力的调节。

控制混合原料的温度和均质的压力是很重要的,混合料温度和均质压力的选择与混合料的凝冻操作及冰淇淋的形体组织有密切的关系。如果均质压力过低,则脂肪不能完全乳化,造成混合料凝冻搅拌不良,影响冰淇淋的形体;若均质压力过高,使混合料黏度过大,凝冻搅拌时空气不易混入,这样为了达到所要求的膨胀率则需延长凝冻搅拌时间。

冰淇淋混合物料的酸度越高则采用的均质压力越低。如采用较高的均质压力,则混合物料的黏度增高,影响冰淇淋膨胀率。为了获得优质的冰淇淋,混合物料的酸度不宜过高,以<0.2%为宜。

(五)杀菌

在间歇式生产时,冰淇淋混合料在配料缸内进行,用直接或间接加热蒸汽使物料温度达到80℃保持20 min、70℃保持30 min或85～90℃保持5～10 min进行低温长时间杀菌,然后送到均质机均质后经板式换热器冷却至2～4℃泵入老化罐。在连续化冰淇淋生产时,混合料常常先经预热均质后再返回到板式或管式换热器中,经83～85℃保持15 s或90～95℃保持10 s的高温短时巴氏杀菌法杀菌后,冷却至2～4℃泵入老化罐中。但是,应当指出的是,冰淇淋物料比其他大多数牛乳制品的黏度大很多,所以巴氏杀菌的效果也不可直接进行比较。黏度也意味着热处理冰淇淋物料液的换热器应具有与处理稀奶油相似的流动性,否则,由于压力逐渐增大,会出现泄漏。

冰淇淋混合料液通过杀菌可以实现:

①杀死冰淇淋物料中几乎全部的致病菌和绝大部分的非致病菌,破坏微生物产生的毒素,钝化酶,保证冰淇淋的微生物指标达到标准,确保产品的食用安全性,延长保质期。通常在融化的冰淇淋样品中允许细菌最大检出量为10^5 CFU/g,大肠菌群最大检出量为100 CFU/g。

②增加混合料的黏度。

③可使部分乳清蛋白变性,改变蛋白质的网状结构,使冰淇淋获得更好的奶油感和更滑润的质构。

④通过加热处理可使一些不良风味挥发,如蛋腥味,提高产品的风味。

(六)混合料的冷却

混合原料经过均质处理后,温度在60℃以上,在这么高的温度下,混合料中的脂肪粒容易分离,必须将其迅速冷却,通过换热器可将混合料液迅速冷却至老化温度2～4℃。以便尽快进入老化阶段。冷却温度要适合老化,不宜过低(不能低0℃),否则易使混合料产生冰晶,影响冰淇淋质量。冷却的目的可以总结如下：

1. 防止脂肪上浮

混合料经均质后，大脂肪球变成了小脂肪微粒，但这时的形态并不稳定，加之温度较高，混合料黏度较低，脂肪球易于相互聚集、上浮；而迅速降低温度，可使物料黏度增大，防止脂肪上浮。

2. 适应老化操作的需要

混合料的老化温度为 2～4℃，使温度在 60℃以上的混合料得以尽快进入老化操作，必须使其中的温差迅速缩小，而冷却正是为了适应这种需要，从而缩短工艺操作时间。

3. 提高产品质量

均质后的混合料温度过高，会使混合料的酸度增加，降低风味并使香味逸散加快，而温度的迅速降低，则可避免这些缺陷，稳定产品质量。

用于物料冷却的设备较多，常用的有圆筒式冷热缸、板式热交换器。前者结构简单，易于操作，但生产不连续，生产能力低；板式热交换器是较为完善的快速冷却设备，冷却速度快，生产能力较高，冷却效果好。

（七）老化

冰淇淋老化是将经均质、冷却后的混合料置于老化缸中，在 2～4℃的低温下冷藏一段时间使混合料进行物理成熟的过程，亦称为“成熟”或“熟化”。其实质是使脂肪、蛋白质和稳定剂充分水合，料液黏度增加，形成良好、稳定的乳浊液，使料液在凝冻时提高膨胀率，缩短凝冻时间，改善冰淇淋的形体与组织结构状态。

1. 老化的目的

通过老化，促进冰淇淋中脂肪凝结物与蛋白质和稳定剂的水合作用，减少游离水的数量，防止混合料在凝冻时形成较大的冰结晶体；进一步提高混合料的稳定性和黏度，缩短凝冻操作的时间，起到改善冰淇淋组织的作用；促使脂肪进一步乳化，防止脂肪上浮、有利于凝冻时膨胀率的提高，从而使冰淇淋具有细致、均匀的空气泡分散，赋予冰淇淋细腻的质构，增加冰淇淋的融化阻力，提高冰淇淋的贮藏稳定性。

2. 老化的工艺条件及要求

一般说来，老化温度控制在 2～4℃，时间为 6～12 h 为佳，老化时间长短与温度有关。随着温度的降低，老化的时间也将缩短。如在 2～3℃时，老化时间需 6～10 h；而在 0～1℃时，只需 4 h 即可；若温度过高，如高于 6℃，即使延长了老化时间也得不到良好的效果。老化持续时间与混合料的组成成分也有关，干物质越多，黏度越高，老化所需要的时间越长。现由于制造设备的改进和乳化剂、稳定剂性能的提高，老化时间可缩短。

思考：为什么冰淇淋混合料中干物质越多，黏度越高，老化所需要的时间越长？

为提高老化效率，老化可以分两个阶段进行，首先，将混合原料在冷却缸中冷却至15～18℃，并在此温度下保持2～3 h，此时混合料中的稳定剂在水中得以充分的溶胀，提高水化程度；然后混合原料冷却至2～3℃保持3～4 h，这样进行的混合原料黏度大大提高，并能缩短老化时间，提高老化效果。老化时要注意避免杂菌污染，老化缸必须事先经过严格的消毒杀菌，以确保产品的卫生质量。香精、色素可在此环节加入，通过强力搅拌，在短时间内使之混合均匀，然后送到凝冻工序。

（八）冰淇淋的凝冻

凝冻是冰淇淋加工中的一个重要工序。它是将配料、杀菌、均质、老化后的混合物料在强制搅拌下进行冷冻，使空气以极微小的气泡均匀地混入混合物料中，使冰淇淋中的水分在形成冰晶时呈微细的冰结晶的过程。图9-7所示为凝冻器工作原理。这些小冰结晶的形成对于冰淇淋质地的光滑、硬度、可口性及膨胀率来说都是必须的。

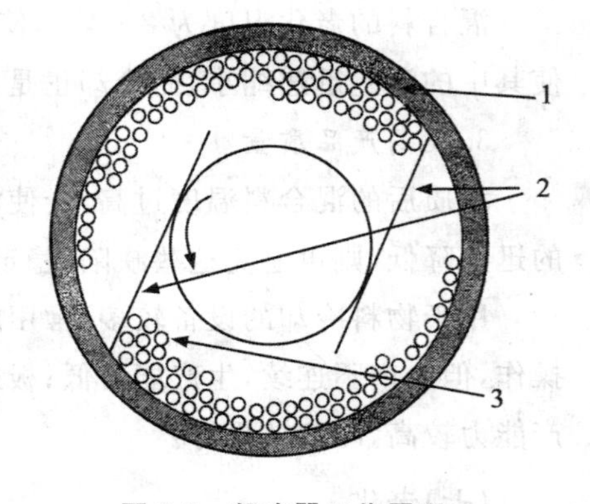

图9-7 凝冻器工作原理

1.制冷剂 2.凝冻刮刀

3.冰晶被切削并与气体混合

1.凝冻目的

(1)使混合料液更加均匀

经均质后的混合料，还需添加香精、色素等，在凝冻时由于搅拌器的不断搅拌，使混合料中各组分进一步混合均匀。

(2)使冰淇淋组织更加细腻

凝冻是在－6～－2℃的低温下进行的，此时料液中的水分会结冰，但由于搅刮器转动将筒壁的料液源源不断地刮下，水分只能形成4～10 μm均匀的小结晶，而使冰淇淋的组织细腻、体积膨胀、口感滑润并有弹性，利于成型硬化。

思考：冰淇淋在凝冻过程中形成的冰晶与组织状态有何关系？

(3)使冰淇淋获得适当的膨胀率

在凝冻搅拌过程中，空气的混入可使冰淇淋的体积增加，质地变得松软，适口性得到改善。

(4)使冰淇淋稳定性提高

在凝冻时，由于空气的逐渐混入，能够均匀的分布于冰淇淋组织之中，能阻止热传导的作用，可使产品抗融化作用增强。

2.凝冻的过程

冰淇淋混合料液的凝冻过程大体分为以下三个阶段：

液态阶段：料液经过凝冻机凝冻搅拌一段时间（2～3 min）后，料液的温度从进料温度4℃降低到2℃。由于此时料液温度尚高，未达到使空气混入的条件，故称这个阶段为液态阶段。

半固态阶段：继续将料液凝冻搅拌2～3 min，此时料液的温度降至－2～－1℃，料液的黏度也显著提高。由于料液黏度提高了，空气得以大量混入，料液开始变得浓厚而体积膨胀，这个阶段为半固态阶段。

固态阶段：此阶段为料液即将形成软冰淇淋的最后阶段。经过半固态阶段以后，继续凝冻搅拌料液 3～4 min，此时料液的温度已降低到 －6～－4℃，在温度降低的同时，空气继续混入，并不断地被料液层层包围，这是冰淇淋料液内的空气含量已接近饱和。整个料液随着体积的不断膨胀，最终成为浓厚、体积膨大的固态物质，此阶段即是固态阶段。

3. 影响凝冻因素

凝冻的好坏，对冰淇淋质量具有十分重要的影响。影响凝冻的因素主要有以下几点：

(1)混合料的含糖量

在所有固形物中，含糖量是影响凝冻的最主要因素。在凝冻过程中水分冻结是逐渐形成的，而随着水分的冻结，剩余液体中糖的浓度越来越高，要完成凝冻所需的冰点就会越低。否则会造成混合料中水分含量过高，硬化则困难。因此，只有相应降低凝冻温度，才不会影响硬化。一般的，温度每降低 1℃，其硬化所需的持续时间可缩短 10%～20%，但温度不能无限制的降低，若凝冻温度低于－6℃，冰淇淋难以从凝冻机中放出，所以含糖量不宜过多。凝冻温度与含糖量的关系如表 9-19 所示。

表 9-19 凝冻温度与含糖量的关系

含糖量/%	12	14	16	17.5	19	20
冻结温度/℃	－6	－2.4	－2.7	－3	－3.6	－4.1

(2)凝冻温度

混合料经老化后进入凝冻机，温度进一步降低到凝冻温度。若混合料温度较低或控制制冷剂的温度较低，出现凝冻温度过低时，虽凝冻操作时间可缩短，但空气不易混入，导致冰淇淋膨胀率较低；或者空气混合不匀，组织不疏松，缺乏持久性。

若混合料温度高、制冷剂温度控制较高，出现凝冻温度过高时，会使凝冻时间过长，且易使组织粗糙并有脂肪粒存在，或使冰淇淋组织发生收缩现象。

(3)凝冻设备

因为凝冻设备的种类和型式很多，所以凝冻设备对凝冻也有很大影响。连续式凝冻机由于可连续工作，且工作稳定，故比间歇式凝冻机凝冻速度快；若搅刮器转速快，可以产生足够的离心力使冰淇淋混合料能展及凝冻桶的四壁，可提高凝冻速度；搅刮器的刮刀锋利与否和刮刀与筒壁的间距大小对凝冻速度也有影响，其间距以不超过 0.3 mm 为宜。

(4)膨胀率

从凝冻机出来的即是达到膨胀要求的冰淇淋，对膨胀率若要求高，则凝冻时间会长；若膨胀率要求低，则凝冻速度可加快。

(5)混合料的成分

除糖类物质外，还有很多成分对凝冻亦产生影响，乳总固形物含量高、非脂乳固体含量高、稳定剂含量高等，均会使凝冻时间延长。

4. 冰淇淋在凝冻过程中发生的变化

(1)空气混入

冰淇淋混合物料在凝冻过程中，一般会有50%体积的空气混入其中。物料在机械转动的作用下，空气被分散成空气泡。其空气分布的均匀性利于产品形成光滑的质构和细腻的口感。而且，抗融性和贮藏稳定性在相当程度上也取决于空气泡分布是否均匀、适当。

(2)水冻结成冰

由于冰淇淋混合物料中的热量被迅速转移走，水冻结成许多小的冰晶，混合物料中大约50%的水冻结成冰晶。在随后的冻结(硬化)过程中，水分仅仅凝结在产品中的冰晶表面上。因而，如果在连续式凝冻机中形成的冰晶多，最终产品中的冰晶就会少些，质构就会光滑些，贮藏中形成冰屑的趋势就会大大减小。

5. 凝冻设备

(1)凝冻机原理

冰淇淋混合料在强烈搅拌作用下，通入空气进行冷冻结晶。混合料进入凝冻筒处于一种剧烈、不停的搅拌状态，在制冷剂的连续换热作用下，料液中的水分在凝冻筒壁冻结成细微的冰结晶，冰结晶不断地被匀速旋转的刮刀刮下，形成微粒状的冰晶进入冰淇淋混合料中，随着凝冻过程的进行，连续形成的冰结晶均匀地分布在冰淇淋混合料中。同时，专门的空气输入装置连续不断的加入定量的空气，在刮刀搅拌作用下形成极小的气泡均匀地分布在冰淇淋混合料中，使冰淇淋的体积增大，形成膨胀效果。当冰淇淋中的冰结晶和微小空气泡达到一定比例时，就成为具有一定膨胀率的冰淇淋，换一句话说，凝冻后的冰淇淋就是冰结晶、空气泡和浆料的均匀混合物，呈膏体状态，其温度为-6～-4℃，属软质冰淇淋。市售软质冰淇淋凝冻机如图9-8所示。

图9-8 软质冰淇淋凝冻机

(2)凝冻机的基本结构

①送料装置。能保证送料的均匀性、连续性、较高的送料压力和较小的压力波动性。

②刮刀装置。能保证刀口与凝冻筒壁的贴合可靠，把微小的冰结晶有效地从凝冻筒壁刮削下来。

③搅拌装置。使冰淇淋在凝冻过程中，冰结晶和空气泡能够均匀地分布在冰淇淋混合料中。

④空气输入装置。能有效、均匀地向冰淇淋混合料中输入空气，保证冰淇淋具有合适的膨胀率。

⑤凝冻筒。是一个热交换装置，具有很强的热交换能力，凝冻筒应具有较好的筒壁粗糙度和形状精度，以保证和刮刀的紧密贴合。简易凝冻机基结构如图 9-9 所示。

(3)凝冻设备

凝冻主要靠凝冻机来实现，凝冻机有间歇式和连续式两种。

①间歇式凝冻机。这种凝冻机的生产是周期性进行的，在进料和出料时需停机，其生产量一般较小，适用于小企业使用。间歇式凝冻机如图 9-10 所示。

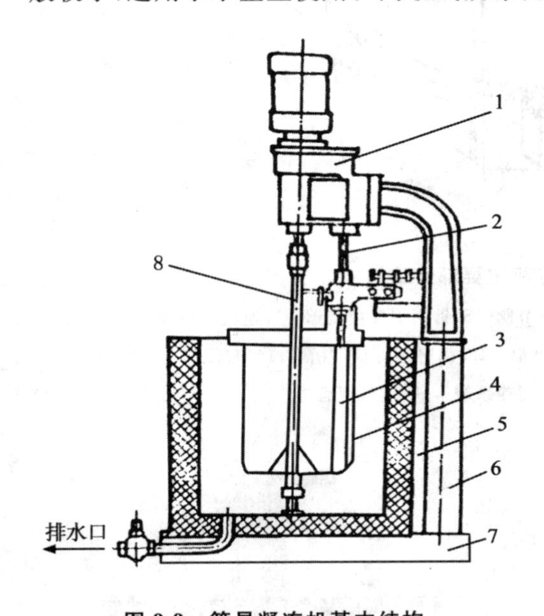

图 9-9 简易凝冻机基本结构

1. 搅拌装置 2. 刮刀轴 3. 刮刀 4. 凝冻桶 5. 保温桶 6. 机身 7. 底座 8. 主轴

图 9-10 间歇式冰淇淋凝冻机

②连续式凝冻机。连续式凝冻机的结构主要由立式搅刮器、空气混合泵、料箱、制冷系统、电器控制系统等部分组成，其结构如图 9-11、图 9-12 所示。

③双筒或三筒连续式冰淇淋凝冻机。此机有两套以上独立的制冷凝冻系统，可同时产生两种以上冰淇淋料液，一般采用卧式搅拌机构，出料细腻，是产生花色冰淇淋的理想设备。三筒连续式冰淇淋凝冻机如图 9-13 所示。

(九)包装成型

凝冻后的冰淇淋呈半流体状，称为软质冰淇淋。软质冰淇淋凝冻机示意。它的组织松软，无一定形状，还要经过包装成型，送入低温环境中硬化处理，再进入冷库或进入商业销售。

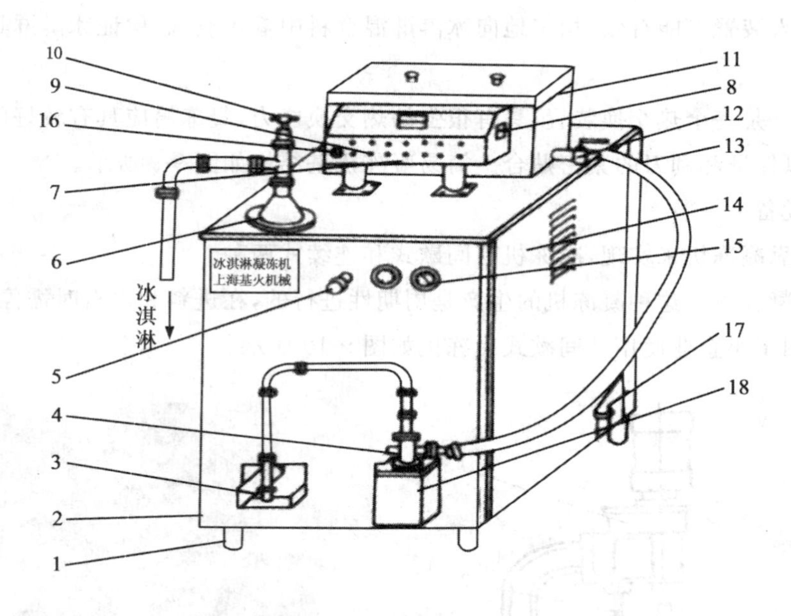

图 9-11 连续式凝冻机主要部件结构

1.可调支脚 2.左侧门 3.溢流阀 4.空气调节阀 5.针阀 6.搅刮器 7.电气控制箱 8.总开关 9.控制按钮 10.膨胀阀 11.料箱 12.出料阀 13.料管 14.右侧门 15.压力表 16.变频旋钮 17.制冷系统 18.空气混合器

图 9-12 连续式冰淇淋凝冻机

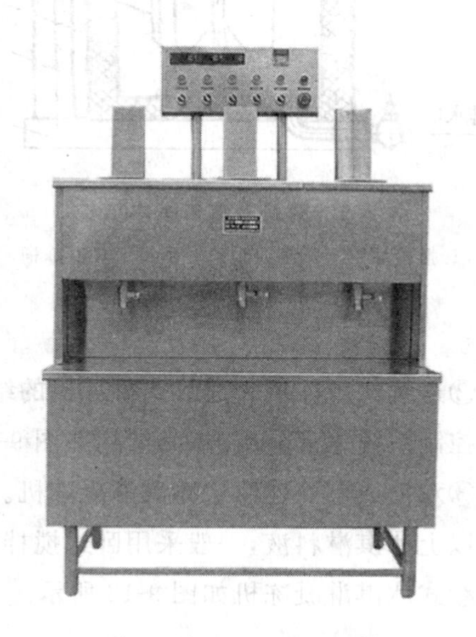

图 9-13 三筒连续式冰淇淋凝冻机

冰淇淋的形状和包装类型多种多样，有盒装的、也有插棒式的、还有蛋卷锥式的，还有在杯中、蛋卷或其他容器中，填入不同风味的冰淇淋或用坚果、果料和巧克力等装饰的冰淇淋。其重量有 320 g、160 g、80 g、50 g，也有供家庭用装 1 kg、2 kg 不等。冰淇淋成型方法可分为浇模成型、挤压成型和灌装成型三大类。

1.浇模成型

浇模成型的特点是冰淇淋注入特制的模具成型，随同模具进入低温盐水槽(一般低于－28℃)进行速冻硬化，载冷剂通常为氯化钙。硬化后的冰淇淋产品从模具中脱模送入下道工序。自动化程度高的浇模机有定量灌装、自动插棒、灌注果酱、夹注干果粒、表面巧克力浸渍、表面干果粒喷洒等各种功能，并通过各种功能组合，生产出多种多样的花色冰淇淋。新型浇模机采用电脑控制，还具备 A、B 模具交换功能。常用浇模成型设备分长槽形浇模机和圆缸形浇模机。

①长槽形浇模冻结槽。全套包括浇浆台、冻结槽、插棒台、空模输送带、烫模槽、拔棒包装台、液压油泵箱七部分，冰模传送采用液压装置。长槽形浇模冻结槽如图 9-14 所示。

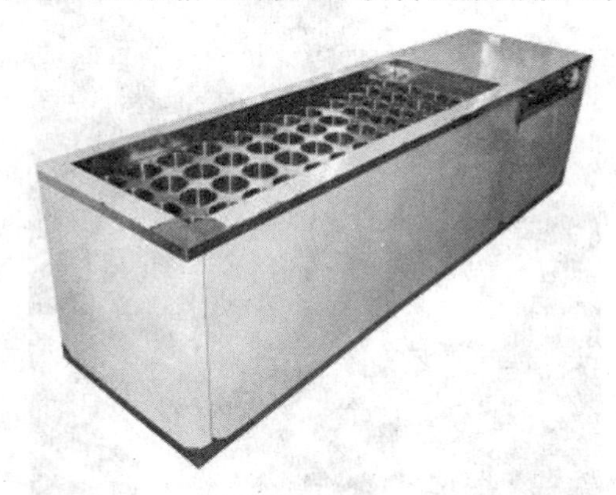

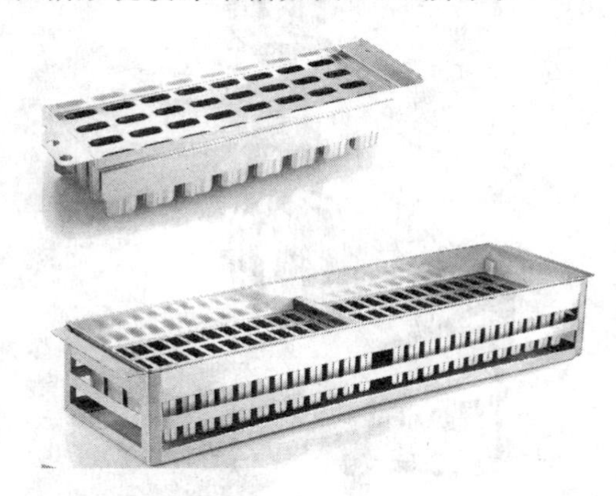

图 9-14 长槽形浇模冻结槽

②圆缸形浇模生产设备。模子保持有冷冻盐水，圆盘模具在第一次灌料机构处进行第一次灌浆，随着圆盘转动，在圆盘模具中的浆料从接触模具的表面开始冻结；在抽心机构处，抽吸管向下插入模具，在真空条件下将模具中没有冻结的浆料抽出；当圆盘模具旋转至第二次灌料机构处，由二次灌料机构灌注夹心心料(内料)，运动至自动插棒机构处，自动插入雪糕棒；随着圆盘模具旋转，雪糕全部硬化；经自动拔棒机构将雪糕拔出并向前运动，涂挂巧克力，形成具有夹心外涂巧克力的花色雪糕。圆缸形浇模设备如图 9-15 所示。

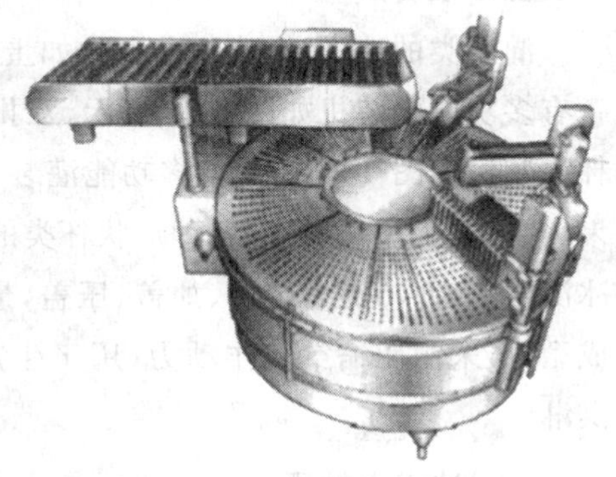

图 9-15 圆缸形浇模设备

2.挤压成型

挤压成型是一种较新的冰淇淋成型技术，具有连续凝冻、挤压成型、速冻硬化、自动包装的特点。

挤压成型是由两台(或两台以上)凝冻机输出不同颜色、风味的软质冰淇淋,连续均匀地通过模具挤压成特定形状的条状坯料,然后用插棒机插入木棒,经切割装置切成冰淇淋片后,落入输送托板时入速冻隧道进行速冻硬化。隧道中装有功率强大的风冷蒸发器,输出低于-35℃的冷空气流对冰淇淋进行强制换热。冰淇淋在隧道中经过约20 min的运行后,出隧道时的温度可达-22℃,这时,冰淇淋中80%以上的水分冻结成冰结晶。由于速冻时间短,冰结晶小,冰淇淋组织柔滑、口感细腻、质量稳定。挤压盘如图9-16所示。

挤压成型的冰淇淋产品,也可根据需要进行巧克力浸渍和喷洒干果粒。随着挤压型冰淇淋生产技术的发展,这类设备已经具备了大量的灌装类功能,如拉花、裱花、灌装等。冰淇淋挤压示意如图9-17所示。

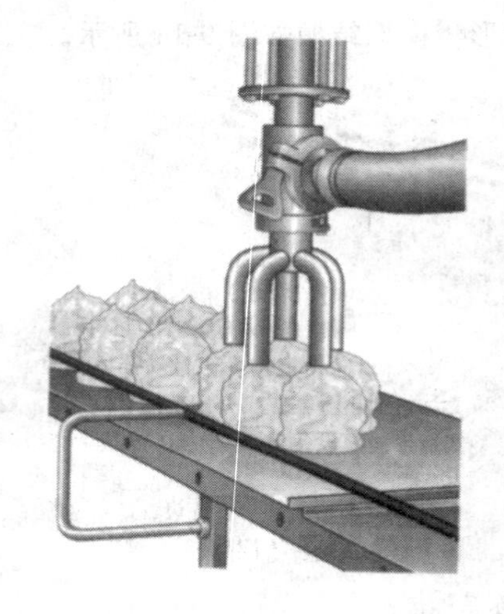

图9-16 挤压盘示意

图9-17 冰淇淋挤压示意

3. 灌装类成型

灌装类的冰淇淋产品,典型的如蛋筒、塑杯等内,经速冻后随容器一起进行销售。灌装设备有多功能灌装机如图9-18所示、双排灌装机、平板式灌装机、甜筒灌装机如图9-19所示、圆杯灌装机如图9-20所示。多功能灌装机,可一次完成落杯、巧克力喷涂、冰淇淋灌注、添加干果、包装等工序,能适应各种形状杯类的灌装。首先完成落杯定位,然后进行巧克力喷淋、灌注冰淇淋、表面巧克力装饰、加盖、压盖,最后送杯完成整个灌装过程。如图9-21为三明治自动成型机,采用压缩空气作动力,用于生产华夫三明治冰淇淋,可生产多规格、多味、多色的冰淇淋。

(十)冰淇淋的硬化

凝冻后的冰淇淋为半流体状,又称软质冰淇淋,一般是现制现售。而多数冰淇淋需经成型灌装机灌装和包装后迅速置于-25℃以下的温度,经过一定时间的速冻,品温保持在-18℃以下,使其组织状态固定、硬度增加,此过程通常称为冰淇淋的硬化。

图 9-18　多功能冰淇淋灌装机

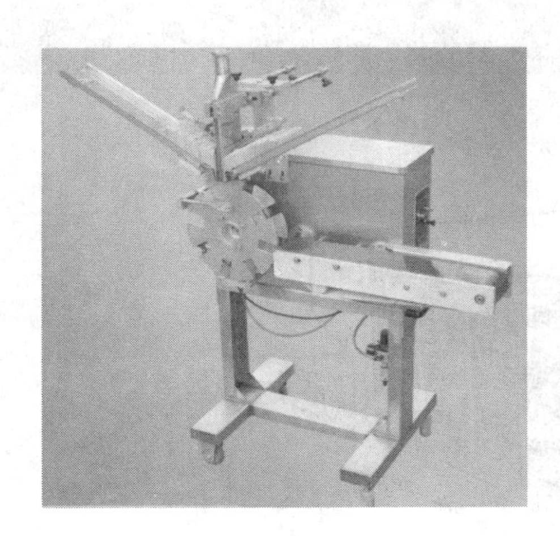

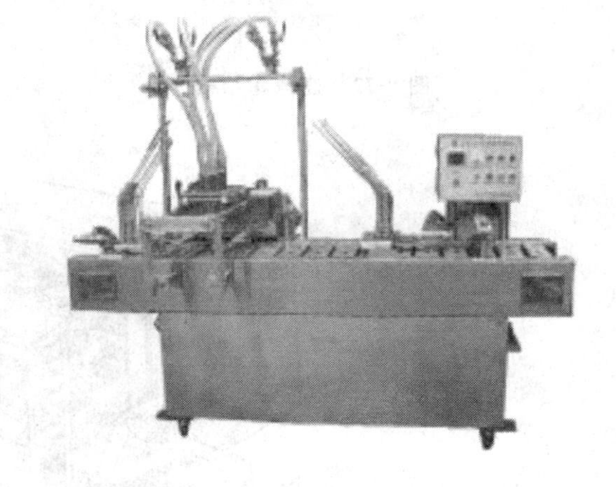

图 9-19　三明治冰淇淋灌装机

图 9-20　圆杯冰淇淋灌装机

图 9-21　甜筒冰淇淋灌装机

冰淇淋的硬化根据所选则硬化设备不同而不同，一般速冻硬化可用速冻库，在－35～－23℃的条件下保持6～12 h，速冻库如图9-22和图9-23所示；采用速冻隧道，在－40～－35℃的条件下速冻30～50 min，速冻隧道如图9-24、图9-25、图9-26所示；采用简易的盐水硬化设备，需在－27～－25℃的条件下保持12～16 h。

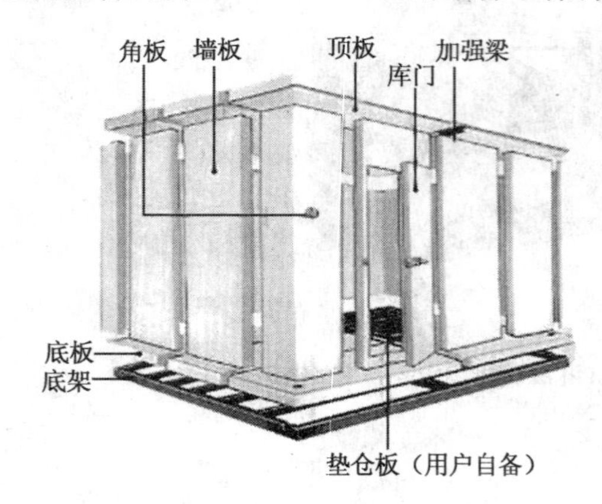

图9-22 速冻库结构

图9-23 冰淇淋速冻库

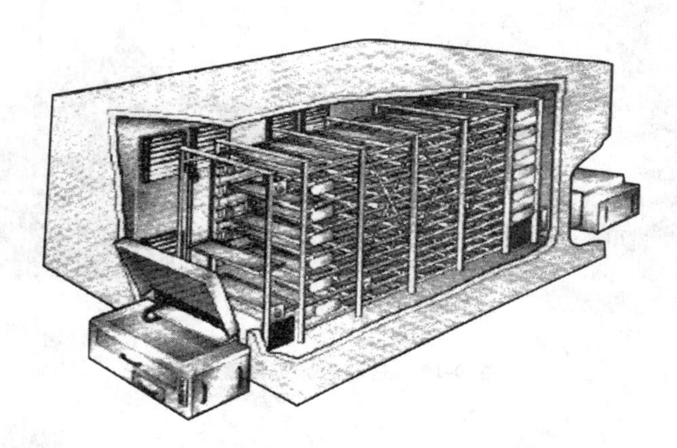

图9-24 速冻隧道外形结构

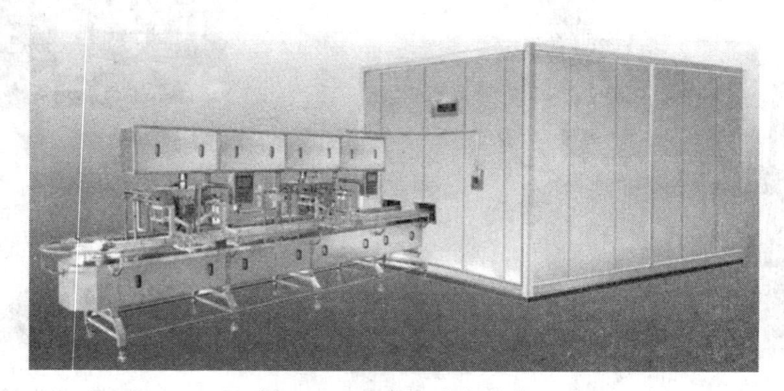

图9-25 冰淇淋速冻隧道

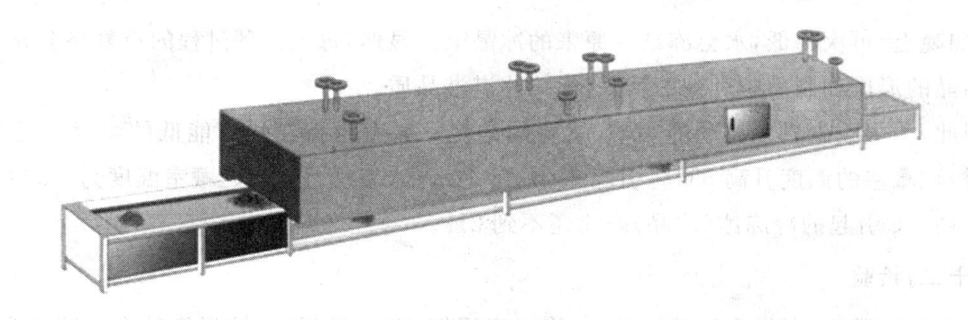

图 9-26 冰淇淋速冻隧道

硬化是保证冰淇淋质量的重要工序，在生产中应强化管理，影响硬化的主要因素主要包括以下几方面。

(1)设备方面

设备不同，硬化效果有很大差异，如速冻隧道的硬化时间最短，是采用首选。对于速冻室来讲，由于产品在其中是固定不动的，因此，产品所处的位置很重要，如靠近蒸发器处的硬化速度就会快得多。另一方面，冷空气的循环好坏，对硬化有很大影响。

(2)操作方面

a. 冰淇淋被放入硬化冷冻机时的温度越低，硬化越快，而且包装操作要迅速。有研究表明，从凝冻机出来的冰淇淋物料温度每升高 1℃，硬化时间就会增加 10%～15%。b. 速冻室中冰淇淋的堆放方式。若产品靠得太近，中间空隙太小，影响冷气流通，势必降低硬化速度。c. 若膨胀率增加，里面所含气泡多，降低传热系数，硬化时间也延长。

(3)配料方面

当配料中的脂肪含量降低，而混合料的冰点上升时，硬化时间就会缩短。

(4)其他方面

成型的尺寸和形状以及包装容器的导热性也是影响硬化的因素。

(十一)贮藏

硬化后的冰淇淋，可立即销售，也可置于冷库中贮藏。冷库的温度应保持在－30～－25℃，库内相对湿度为 85%～90%，以使产品具有良好的稳定性。在此温度下，冰淇淋中近 90%的水被冻结成冰晶，余下 10%的水溶解糖和盐以无定形状态存在。冰淇淋的贮藏时间取决于产品类型、包装和恒定低温的保持，贮藏时间为 3～9 个月。

> 思考：冰淇淋在贮藏期间如冷库出现温度波动会对产品品质有何影响？

在一些小型的冰淇淋加工厂为了降低生产成本，常采用－20～－18℃的条件进行贮藏。而在实际的生产中，贮藏室的门不可避免地要经常打开，产品要入库、销售，这将导致贮藏室温度上升。理论上讲，若温度高于－16℃时，会使部分或全部冰淇淋的冰晶融化。当温度出现波动(例如晚上)再次降低,水会冻结在原来的冰晶上。显然,每天这种过程的重复将会导致产品中冰结晶的形成和制品中乳糖的结晶,影响冰淇淋品质。

因此,为了减少温度波动的影响,重要的是使贮藏室维持在尽可能低的温度。温度为-20℃时,贮藏室的温度升高5℃将引起7%的冷冻水(冰晶)融化,而贮藏室温度为-30℃时,同样地升高5℃引起的冷冻冰(冰晶)融化还不到2%。

(十二)检验

在生产过程中,通过在线检测控制,将成型不好、净含量不足、被污染等有缺陷次品挑出。出厂前对产品感官、膨胀率、微生物等进行检验,确保出厂产品合格。

企业链接:冰淇淋生产关注提示

- 原料的安全性(尤其是奶粉)。
- 其他辅料的安全性(卫生消毒保证)。
- 老化成熟罐严格的消毒杀菌。
- -40~-30℃的速冻硬化。
- 老化成熟时的冷却温度2~5℃、4~24 h。
- 内包装物的卫生性、完整性(防止后期污染)。
- 贮存、运输、零售的温度(低于-22℃)。

任务3 冰淇淋膨胀率的测定

【要点】

1. 掌握冰淇淋膨胀率测定的方法及原理。
2. 明确冰淇淋膨胀率测定的意义。

【工作过程】

(一)样品准备

准确量取体积为50 cm^3 的冰淇淋样品。

(二)消泡

将冰淇淋样品,放入插在250 mL容量瓶内的玻璃漏斗中,缓慢地加入200 mL蒸馏水,将冰淇淋全部移入容量瓶中,并将容量瓶放在温水(40~50℃)中水浴保温,待泡沫消除后冷却至与加入蒸馏水相同温度。用移液管吸取2 mL乙醚注入容量瓶中,去除溶液中的泡沫。

(三)滴加蒸馏水

然后以滴定管滴加蒸馏水于容量瓶中,至容量瓶刻度止,记录从滴定管滴加的蒸馏水体积

（加入乙醚容积和滴加的蒸馏水之和，相当于 50 cm³ 冰淇淋中的空气量）。

（四）计算

$$x=\frac{V_1+V_2}{V-(V_1+V_2)}\times 100$$

式中：x——样品的膨胀率（%）；

V——取样器体积（mL）；

V_1——加入乙醚的体积（mL）；

V_2——加入蒸馏水的体积（mL）。

【相关知识】

1. 膨胀率

冰淇淋在生产过程中，一般在－5℃～－3℃时凝冻，这时由于室温下空气（约 25～30℃）具有较好的蒸汽压（30℃蒸汽压为 4.2 kPa，0℃时为 0.59 kPa），所以空气容易通过凝结机的搅拌混进冰淇淋混合料中去。另一方面，由于冰淇淋的部分水在凝冻过程中，体积也会稍有增加，使冰淇淋成品体积比混合料的体积要大。冰淇淋体积的增加用膨胀率来表示。所谓膨胀率是指产品的体积对混合原料体积增加的百分率，可用下式表示：

$$x=\frac{V_1-V}{V}\times 100\%$$

式中：x——膨胀率；

V_1——冰淇淋成品的体积（L）；

V——混合原料体积（L）。

2. 膨胀率测定原理

取一定体积的冰淇淋融化，以乙醚消泡后加蒸馏水定容。测定滴加蒸馏水的体积计算混合料体积增加百分率。

【仪器与试剂】

1. 仪器

50 cm³ 量器、250 mL 容量瓶、200 mL 移液管、Ø50 mm 玻璃漏斗、50 mL 滴定管。

2. 试剂与材料

蒸馏水、乙醚、冰淇淋。

【友情提示】

1. 注意将冰淇淋全部转移到容量瓶中，否则影响准确度。

2. 要准确判断消泡完全。

3. 对玻璃仪器能够准确度数。

【考核要点】

1. 正确使用移液管、容量瓶、滴定管。

2. 准确称取 50 cm^3 冰淇淋方法。

3. 冰淇淋膨胀率计算准确。

【思考】

1. 冰淇淋膨胀率对冰淇淋的品质有何影响？

2. 冰淇淋膨胀率测定的关键环节在哪儿？

【必备知识】

冰淇淋的膨胀率

冰淇淋的膨胀是指混合原料在凝冻操作时，空气以极微小的气泡混合于混合料中，使其体积膨胀，而体积增加的百分率就是冰淇淋的膨胀率。

（一）混合料膨胀的目的

1. 大大改善冰淇淋品质

经膨胀后的冰淇淋，里面含有众多微小气泡，从而得到优良的组织与形体，使其品质比不膨胀或膨胀不足的冰淇淋要适口得多，食用起来倍感柔软、滑润。

2. 稳定性提高

由于空气以极微小气泡的形式均匀分布于冰淇淋组织中，因空气是热的不良导体，使热传导作用大为降低，使产品抗融化性作用增强，在成型硬化后持久不融，提高了稳定性。

（二）影响冰淇淋膨胀率的因素

冰淇淋膨胀率一般为 80%～100%。奶油冰淇淋最适宜的膨胀率为 90%～100%，果味冰淇淋则为 60%～70%。如果冰淇淋的膨胀率控制不当，则得不到优良的品质。膨胀率过高，则组织松软、气泡大，缺乏持久性，保形性和保存性不好，食用时溶解过快、风味弱、凉爽感小；过低时，则风味过浓，食用时溶解不好，组织粗糙，口感不良。因此，在制造冰淇淋时应适当地控制膨胀率，为了达到这个目的，对影响冰淇淋膨胀率的各种因素必须加以适当的选择。

思考：冰淇淋的膨胀率是不是越高越好？如何控制冰淇淋的膨胀率？

1. 原料成分

冰淇淋的原料种类很多，各种原料对膨胀率的影响并不一样，下面是主要原料对膨胀率的影响：

①乳脂肪。乳脂肪含量越高，混合料的黏度越大，有利空气进入，但乳脂肪含量过高时，则效果反之。一般乳脂肪含量以 6%～12% 为好，此时膨胀率最好。

②非脂乳固体。混合原料中非脂乳固体含量高，能提高膨胀率，但非脂乳固体中的乳糖结晶、乳酸的产生及部分蛋白质的凝固对混合原料膨胀有不良影响，一般为 10% 为好。

③含糖量。混合原料中糖分含量过高，可使冰点降低、凝冻搅拌时间加长，则不利于膨胀

率的提高，一般以13%～15%为宜。

④稳定剂。适量的稳定剂，能提高膨胀率。但用量过多则黏度过高，空气不易进入而降低膨胀率，一般不宜超过0.5%，适量的鸡蛋蛋白可使膨胀率增加。

⑤无机盐。无机盐对膨胀率有影响，如钠盐能增加膨胀率，而钙盐则会降低膨胀率。

⑥果汁、果块、可可粉、巧克力等会降低膨胀率，而蛋白、蛋黄、乳化剂等会提高乳化率。

2. 设备方面

①刮刀不锋利，不能把凝冻的冰淇淋及时地刮下，或刮刀与筒壁距离过大，均降低膨胀率。

②空气混合泵出现故障，不能把需要量的空气泵入凝冻筒，使膨胀率下降。

③搅拌器转速太慢，不能将空气尽快地混入混合料中，也使膨胀率下降。

3. 操作方面

①均质。适度的均质，能提高混合料黏度，空气易于进入，使膨胀率提高，但均质过度则黏度高，空气难以进入，膨胀率反而下降。

②杀菌。比起采用瞬间高温杀菌，低温巴氏杀菌法会使混合料中蛋白成分变性少，膨胀率高。

③老化。保证一定时间的老化，促使脂肪与水“互溶”，增加混合料的内聚力，提高黏度，从而获得较高的膨胀率和细腻的组织。在混合料不冻结的情况下，老化温度越低，膨胀率越高。

④凝冻。凝冻搅拌器的结构及其转速、混合原料凝冻程度等与膨胀率同样有密切关系，要得到适宜的膨胀率。除控制上述因素外，尚需有丰富的操作经验或采用仪表控制。

任务4 冷冻饮品的品质评定

【要点】

1. 熟悉冷冻饮品的评定方法及标准。

2. 掌握冷冻饮品常见的质量缺陷及防治措施。

【仪器与样品】

烧杯、小勺、小刀、市售冷冻饮品样品。

【工作过程】

(一)对冷冻饮品进行品质评定

> 思考：在进行冰淇淋品质评定时，应注意哪些事项？

(1)包装检验。首先目测包装是否有松散、歪斜、破碎、反包等不良现象。

(2)质量检验。采用天平进行称量，总质量减去干包装质量即为冰淇淋的净重，相对误差允许±3%，抽样件平均超过以上标准时，立即通知生产车间和有关部门，严重者作不合格处理，不得出厂。

(3)色、香、味的检验。采用目测、嗅和口尝等方法，将检验样打开包装，置于容器中，观察色泽是否符合要求，有无杂质；形态是否完整，大小是否均匀，有否收缩现象，冻结是否结实，组织是否粗糙、松散等；再嗅香味是否纯正，口尝滋味是否醇和等。如发现有异味或影响人体健康的杂质，作不合格处理。

思考：冰淇淋品质评定包括哪些方面？

(二)填写评定结果

根据冷冻饮品评定标准通过自评、他评、教师评对样品进行描述、给出分数，并将结果填于表9-20中。

(三)分析产品质量缺陷

根据样品品质评定结果，分析产品质量缺陷形成原因，并将结果填于表9-21中。

表9-20 冷冻饮品品质评定

	品评项目		描述	得分	自评	小组评价	教师评价
硬质冰淇淋评价	感官检验	色泽					
		香味					
		滋味					
		形体					
		组织					
	包装检验						
	重量						
软质冰淇淋评价	品评项目		描述	得分	自评	小组评价	教师评价
	色泽						
	香味						
	滋味						
	形体						
	组织						

表9-21 产品质量分析

质量缺陷类型	分析原因	教师评价

【相关知识】

1. 冷冻饮品的评定方法

品质评定，一般可采用记分的办法，满分为100分，其中色泽为10分，风味为25分，组织25分，色泽为10分，包装和重量分别为10分。

定级标准：96分以上为特级品；85～95分为一级品；75～85分二级品，75分以下为不合格产品；卫生指标达不到指标为不合格。

①品质评定人员，可由检验部门为主，组织技术部门、生产车间的有关人员组成。

②品质评分工作应在成品入库后，由检验部门按规定进行抽样与评定。

③抽样经品质评分后，可根据总分多少给予一定的等级。特级品除以总分评定外，尚可给予其他项目限制：如滋味与气味应不少于23分，组织应不少于22分，否则仍作一级品论。另外，在微生物或化学检验不合格时，品质评定虽评为特级品或一级品，但仍作为不合格品论。

④品质评分结果应有详细的记录，用统一印刷的表格填写，以便于查考。记录表格中应包括评定的产品名称、生产日期、班次、重量。感官评定项目、评定分数与等级、扣分原因、造成缺陷的原因分析以及初步改进措施与建议等。

2. 冷冻饮品品质评分标准

冷冻饮品品质评定标准，如表9-22所示。

表9-22 冷冻饮品品质评定标准

项目	标准	分值	扣分
滋味与气味	1. 甜味不足或过甜(按标准要求) 2. 香味不足或不正 3. 有咸味、油腻味、煮熟等异味 4. 有酸败味、金属味、哈喇为、焦味、发酵味、霉味及其他异味	25分	1～5分 4～10分 2～10分 5～15分
组织	1. 冰淇淋中发现冰结晶 2. 冰淇淋中发现严重冰结晶 3. 巧克力涂层组织粗糙 4. 雪糕和冰棒组织不细腻、松软、冻结不结实	25分	3～8分 10～15分 3～10分 5～10分
形体	1. 冰淇淋形体不完整，有收缩现象 2. 冰淇淋太黏或有缝块 3. 雪糕或棒冰有空头现象 4. 雪糕或棒冰有歪扦或断扦现象	20分	3～8分 10～15分 3～10分 5～10分
色泽	1. 双色或三色，分层不清 2. 色泽过深或过浅与品种不符(产品色泽，可与预测标注色板对比)	10分	1～5分 1～10分
包装	1. 不清洁，有渗透现象 2. 包装松散	10分	1～5分 1～3分
重量	1. 冰淇淋正负公差每超过3% 2. 雪糕或棒冰正负公差每超过1 g	10分	1分 1分

【友情提示】

1. 感官评价宜在饭后 2～3 h 内进行，避免过饱或饥饿状态。

2. 参与评价的人员在检验前 0.5 h 内不得吸烟、不得吃强刺激性食物，如果食品的余味很辛辣、很油腻则可用茶漱口。

3. 还应为评价人员准备一杯温水，用于漱口，以除去口中样品的余味，然后再接着品尝下一个样品。

4. 为了确保产品品质评定的可靠性，在品评过程中，品评人员尽量不要流露表情或进行交谈。

【考核要点】

1. 是否掌握冷冻饮品品质评定项目。

2. 能够对样品进行评定并且做出相应描述。

3. 是否能够对冷冻饮品产品出现的质量缺陷进行分析总结。

【思考】

1. 冰淇淋质量缺陷体现在哪些方面？

2. 冷冻饮品品质评定在生产中的实际意义？

3. 冷冻饮品在进行品质评定时应注意哪些事项？

【必备知识】

冷冻饮品的质量控制

（一）冷冻饮品常见质量缺陷及防范措施

1. 风味

冷冻饮品的风味缺陷主要是指出现各种异味，这些异味使产品的风味变劣，严重影响产品质量。

（1）过甜或甜味不足

甜味是冰淇淋主要风味特征之一，甜度过度会使口感过腻；甜度不足会使香气、口感不协调。主要原因是配料时加水过多或过少，配料不准确，以及在使用蔗糖代用品时没有按甜度要求计算用量，导致甜度不准。因此，要抽样化验含糖量与总干物质含量，加强配方管理工作。

（2）香气不正

冰淇淋产品香气不够纯正，主要体现在香气不足、过于刺激或不能体现该类产品应具有的香气。其原因主要为香精未按要求添加，添加过多或过少；本身品质太差；或由于冰淇淋的吸附能力较强，吸收外界气味，如油漆味、氨气味等。因此，再生产过程中应严格控香精的品质和用量，并在贮存时，应使用专用冷库，尤其不能与有强烈气味的物品放在一起。

（3）异味

冰淇淋产品有时还会出现油哈味、烧焦味及蒸煮味、酸败味、咸味等。

①油哈味。油哈味主要是由脂肪氧化引起。

②烧焦味。烧焦味是由于对某些原料处理温度过高导致的，如花生冰淇淋或咖啡冰淇淋，由于加入炒焦的花生仁或咖啡而引起焦糊味，因此如在加工中严格控制原料质量，可防止此缺陷的发生；另一方面，在冷冻饮品混合原料加热处理时，如对料液加热杀菌时温度过高、时间过长或使用酸度过高的牛乳也会出现烧焦味。因此，要严格执行杀菌操作规程。

③酸臭味。酸败味主要是由于细菌繁殖所产生。冰淇淋混合料杀菌不彻底，搅拌凝冻前混合原料搁置过久或老化温度回升，致使细菌繁殖所产生的代谢产物脂肪酶分解脂肪，产生小分子化合物醛、酮、酸，而使制品具有较刺激的酸臭味。因此严格按照技术要点操作至关重要。另一方面，使用酸度较高的奶油、鲜乳、炼乳为原料，也可使产品出现酸败味。

④咸味。混合原辅料中采用含盐分较高的乳清粉或奶油，或浇注模具漏损以及冻结硬化时漏入盐水，均会产生咸味或苦味。

⑤金属味。在制造时采用铜制设备，如间歇式冰淇淋凝冻机内凝冻搅拌所用铜质刮刀等，能促使产生金属味。

⑥煮熟味。加工过程中加入经高温处理的含有较高非脂乳固体的乳制品，或者混合原料经过长时间的热处理，均会产生蒸煮味。

思考：要防止冰淇淋出现风味缺陷，应从哪几方面控制？

2.形体

(1)有乳酪粗粒

冰淇淋中有星星点点的乳酪粗粒，这主要是由于混合原料中脂肪含量过高、混合原料均质不良、凝冻时温度过低、混合原料酸度较高以及老化冷却不及时或搅拌方法不当而引起。

(2)融化后有细小凝块

冰淇淋融化后有许多细小凝块出现，这一般是混合料中使用的牛乳或乳粉酸度过高或钙盐含量过高，使冰淇淋中的蛋白质凝固造成的。因此要严格控制使用的原料质量。

(3)融化后成泡沫状

由于制造冰淇淋时稳定剂用量不足或稳定剂选用不当，造成混合原料的黏度较低或有较大的空气泡分散在混合原料中，当冰淇淋融化时，会产生泡沫现象。解决办法是选用合适稳定剂并融化彻底，降低生产线中机械搅拌的强度。

(4)砂砾现象

在食用冰淇淋时，口腔中感觉到的不易溶解的粗糙颗粒，其有别于冰结晶。通过显微镜的观察为一种小结晶体，这种物质实际上是乳糖结晶体，常将这种乳糖结晶体称为砂砾。这主要是由于冰淇淋长期储藏在冷库中，混合料中存在晶核和适宜的黏度以及适当的乳糖浓度和结晶温度时，乳糖即可在冰淇淋中形成晶体。为防止此现象的发生，可降低硬化室温度，使冰淇淋快速降温，同时要尽量避免冰淇淋从制造到销售的过程中出现温

思考：乳糖在什么条件下出现结晶？如何防止？

度波动。

(5)冰的分离

冰淇淋会随着其酸度增高，而出现冰分离增加的现象，其主要原因是稳定剂采用不当、混合原料中总干物质不足以及混合料杀菌温度低。

3.组织

在冰淇淋产品中，常出现组织状态不佳的现象，主要表现在以下几个方面。

(1)组织粗糙

在制造冰淇淋时，由于冰淇淋组织的总干物质量不足，砂糖与非脂乳固体量配合不当，所用稳定剂的品质较差或用量不足，混合原料所用乳制品溶解度差，均质压力不当，凝冻时混合原料进入凝冻机温度过高，机内刮刀的刀刃太钝，空气循环不良，硬化时间过长以及冷藏库温度不稳定等因素，均能造成冰淇淋组织中产生较大的冰结晶体而使组织粗糙。为避免该缺陷的发生，应及时调整配方，提高总干物质含量，尤其是非脂乳干物质与砂糖的比例，同时使用质量好的稳定剂，经常抽样检查均质效果，并严格控制凝冻、硬化、贮藏条件，得以防范。

(2)组织松软

冰淇淋组织强度不够，过于松软，这主要与冰淇淋中含有过多的气泡、干物质不足、均质效果太差、膨胀率过高有关。通过提高总固形物含量、均质效果、控制膨胀率，可改变组织松软缺陷。

(3)组织坚实

冰淇淋组织过于坚硬，是由于所含总干物质过高或膨胀率较低所致。应适当降低总干物质的含量，降低料液黏性，提高膨胀率。

(4)质地过黏

由于在原料中使用稳定剂过多或质量差，膨胀率过低，总干物质含量过高所致。冰淇淋的黏度过大，解决途径是控制原料用量及质量、规范工艺操作。

(5)面团状组织

在配制冰淇淋混合料时，稳定剂用量过多或加入时溶解搅拌不均匀、均质压力过高、硬化过缓等均能产生这种组织缺陷。应严格控制稳定剂用量，并充分溶解搅拌均匀，选用合适的均质压力。

(6)奶油状组织

高脂肪的冰淇淋在凝冻中，有时脂肪球不稳定，被搅打成奶油状。这种奶油状组织主要是由于脂肪球的乳化分散不完全形成的。另外，进入凝冻机的混合料温度过高、凝冻机的运转效果不良也会产生这种缺陷。

(7)融化较快或缓慢

冰淇淋融化较快是由于在原料中所含稳定剂和总干物质过低，因此，应适当增加稳定剂和总干物质的含量，或另选用品质好的稳定剂。相反，冰淇淋融化过慢，是由于原料中含脂量过高、稳定剂用量过多以及使用较低的均质压力等因素所造成的。

4. 冰淇淋的收缩

冰淇淋的收缩现象是冰淇淋生产中典型的质量缺陷。冰淇淋在硬化室中被冷至很低的温度，硬化后转储于冷藏库中，由于冷藏库的温度通常低于硬化温度，因此冰淇淋表面会因温度的升高而逐渐变软，甚至产生部分融化现象，黏度也相应降低，而此时冰淇淋组织中空气泡的压力会随外界温度的上升而增加，接近冰淇淋表面的空气气泡由于压力的增加而破裂逸出，变软或甚至融化的冰淇淋即陷落而代替逸出的空气，再加上在转储至冷藏库的过程中，很可能受到一些撞击。由此，冰淇淋体积发生了缩小现象。

思考：为什么温度升高，会使冰淇淋组织中空气气泡的压力增加？

引起冰淇淋收缩的原因可以总结如下：

(1)原料组成及用量

①蛋白质稳定性差。冰淇淋加工过程中如果使用经高温脱水的乳粉或酸度高的牛乳及乳脂肪，会降低混合料液中蛋白质的稳定性，其持水性明显下降，从而出现冰淇淋的收缩现象。

思考：混合料凝固点高，为什么会促进冰淇淋出现收缩？

②糖类及其品种。在凝冻时，如果混合料的凝固点高，则操作时间短，且收缩性也小。糖类是冰淇淋的主要组分，对凝固点的影响较大，如果其中糖分含量高，相对地降低了混合料的凝固点，增加了产品出现收缩的可能性。另一方面，如果使用淀粉糖浆或蜂蜜等，则将延长混合原料在冰淇淋凝冻机中搅拌凝冻的时间，制品容易出现收缩现象，其主要原因是因为相对分子质量低的糖类的凝固点较相对分子质量高者的低。

思考：为什么分子质量低的糖类凝固点较相对分子量高的糖类凝固点低？

(2)凝冻

①膨胀率。凝冻是使冰淇淋体积膨胀的重要操作，合适的膨胀率使冰淇淋具有优良的组织。但是膨胀率过高，则相对减少了固体的数量及流体的成分，易使组织陷落，冰淇淋发生收缩。

②冰晶大小。冰淇淋在凝冻过程中时，会产生数量极多且极细小的冰晶，它们能使组织致密、坚硬，并可抑制空气气泡的逸出，避免组织的收缩；但若是冰晶粗大，则难以有效保护气泡。

③空气气泡直径与压力。冰淇淋混合原料在冰淇淋凝冻机中进行凝冻搅拌时，由于凝冻机搅拌器的快速搅拌，而使空气在一定压力下被搅拌成许多很细小的空气气泡，这种空气气泡的压力与气泡本身直径呈反比，气泡小者其压力反而大，故细小的空气气泡易于破裂从其组织中逸出，而使组织收缩。因此冰淇淋在凝冻过程中要避免凝冻搅拌过于剧烈。

④温度。空气气泡是以微细状态留在冰淇淋组织中，其气泡内的压力一般比外界的空气

压力大，而温度的变化，将对冰淇淋组织产生重要影响。当温度上升或下降时，气泡内的空气压力也相应地随着温度的变化而变化；若压力差足以使气泡冲破组织的禁锢而逸出，或外界压力能压破气泡时，则冰淇淋组织就会陷落而形成收缩。

针对上述冰淇淋的收缩原因，如在工艺操作上采用下列一些措施，严格地加以控制，可以得到一定的改善：

(1)采用合格的原料

在使用鲜牛乳、乳粉等蛋白含量高的原料前，应先检验其酸度或热稳定性，保证其蛋白质的稳定性，并采用低温老化，可以增加蛋白质的水合能力，对冰淇淋膨胀率能有一定的提高。另一方面，冰淇淋混合原料中，糖分含量不宜过高，且不宜采用淀粉糖浆、蜂蜜等相对分子质量小的糖类，以防凝冻点降低。

思考：如何通过控制凝冻操作来防止膨胀率过高？

(2)防止膨胀率过高

严格控制冰淇淋凝冻搅拌操作，防止膨胀率过高。

(3)采用快速硬化

冰淇淋经凝冻、成型后，即进入冷冻室进行硬化，采用快速硬化，组织中形成冰结晶细小，融化慢，产品细腻、轻滑，能有效地防止空气气泡的逸出，减少冰淇淋的收缩。

(4)严格控制冷藏库内的温度

保持冷藏库内恒定低温，防止温度升降，尤其当冰淇淋膨胀率较高时更需注意，以免使冰淇淋受热变软或融化等。

(二)冷冻饮品的质量控制

影响冷冻饮品质量的主要因素有原辅料质量、配方及工艺控制、包装和储藏、微生物残留等几个方面，为了保证产品的质量通常通过以下几方面进行质量控制。

1.原辅料的质量

原辅料应尽可能选择对产品最适宜的原料，并要对原辅料制定相应的进厂检验标准，原辅料进厂必须符合相应的标准才可进厂，以此保证原料品质优良。

2.配方及工艺控制

各种原料按最佳使用量配比，不能过高或过低。配方计算及投料要准确。在生产过程中要严格执行工艺要求，注意环境及设备的消毒。

3.包装

产品包装要求整洁和结实，以便于运输和防止产品遭受污染，还应考虑消费者食用方便。

4.贮藏

产品的贮藏温度以－30～－25℃为宜，要防止贮藏期间温度波动，否则会形成冰结晶而降低其质量。

5.卫生控制

冷冻饮品的卫生指标是质量控制的重要内容之一，对于冰淇淋产品来说主要控制的细菌总数和大肠菌群的数量。

(1)个人卫生制度的要求

做好进入车间前脚穿胶鞋的消毒工作(即浸入氯水池内),凡经过消毒的手除因工作需要必须接触的器具外,切勿接触身体、头发、皮肤、工作台,否则必须重新清洗、消毒一次。每个操作人员须是经体检健康者。操作时不得戴首饰、手表,必须将头发全放入帽内,工作场地不得带个人物品及非生产用品。

(2)设备卫生制度的要求

凡车间的设备、器具应做到彻底刷清、消毒。清洗工作比消毒工作更为重要。

a.凡使用的设备、器具都须随时注意密封,以防污染。不使用时都应打开盖,通风干燥;b.凡因设备器具、管道装配不善、衔接不严密而溢出的料液须及时用干净的容器盛接,重新消毒后使用;c.包装台用前用热水冲洗,再用氯水每小时再擦一次(次氯酸钙溶液)彻底擦台面,以保持工作中的清洁;d.所有的器具用完后置于规定的地点,不得任意乱放。

(3)车间卫生制度的要求

a.生产车间的墙壁及天花板都应铺上乳白色或乳黄色的瓷砖,地面应铺上耐酸、耐碱的红钢砖或水磨石;b.车间的下水道要做成明沟,以利刷洗与畅通;c.车间地面不得乱扔杂物并保持清洁;d.车间应备有消毒水及消毒设备,并经常保持清洁;e.车间内不得发现苍蝇、蚊子或其他害虫;f.车间内消毒后的氯水废液要倒在车间外面。

(4)环境卫生制度的要求

a.车间四周围要经常保持清洁,要有专人负责打扫;b.楼梯入口处地面要保持清洁干燥;c.严禁随地吐痰与乱扔杂物等。

(5)工艺卫生制度的要求

工艺卫生要求系指冰淇淋工艺流程中所规定原料的杀菌温度及保温时间,各种设备与器具的清洗温度、方法以及杀菌方式等。在加工过程中要严格遵守工艺控制制度。

(6)冷库卫生工作的要求

冷库是冷饮品储藏的地方,因此加强库房卫生管理是保证冷饮品质量的中心环节,一般要做到以下几点。

a.棉工作服要求定期更换,外罩衣、帽子、手套要定期洗换;b.手推车或其他运货设备都应保持清洁;c.木垫板应光滑并保持洁净;d.冷库、穿堂、走廊、楼梯、地面都要经常打扫,保持清洁。

【项目思考】

1.冰淇淋有哪些分类?

2.冰淇淋加工原料有哪些?

3.冰淇淋加工工艺流程如何?

4.什么是老化？老化的目的是什么？

5.凝冻的机理是怎样的？

6.影响凝冻的因素有哪些？

7.引起冰淇淋收缩的原因有哪些？

8.冷冻饮品质量控制应该从哪些方面入手？

项目十　清　　洗

【知识目标】

1. 了解清洗的概念、清洗的类型和清洗剂的种类。

2. 明确乳品设备清洗杀菌的必要性，熟悉各种清洗消毒的方法。

3. 熟练掌握主要设备、容器的清洗和消毒的方法。

4. 理解 CIP 概念并掌握 CIP 清洗程序。

【技能目标】

能根据需要正确进行 CIP 清洗。

【项目导入】

鲜乳富含营养物质，是微生物繁殖的理想营养基质，控制不当就可能造成微生物污染导致产品质量事故。乳品工厂清洗是为满足食品安全的需要，减少微生物的污染以获得高质量的产品，加工器具是乳品生产硬件之一，直接影响到产品质量，要避免微生物污染事故的发生，除了加强原料乳及生产、环境、卫生和个人卫生管理之外，对加工器具的清洗消毒也显得尤为重要。

任务　对 CIP 清洗的学习交流

【要点】

1. 阅读并归纳整理的技能。

2. 分析问题的能力。

3. 讲解问题的能力。

【工作过程】

(一)布置任务

1. 任务内容

(1)自学 CIP 清洗的相关知识,准备交流议题。

(2)各小组对交流议题展开学习交流及讨论。

2. 学习要求

(1)充分理解 CIP 清洗的重要性。

(2)了解 CIP 清洗的内涵和影响因素。

(3)掌握 CIP 清洗的程序。

(4)掌握 CIP 清洗效果的检验。

3. 交流要求

(1)能充分阐述本小组观点,论点正确,论据充足。

(2)能结合实际案例论证观点。

(3)准备充分,语言简洁,态度积极。

(4)发扬团队合作精神。

4. 交流议题

(1)你知道 CIP 清洗的准确定义吗?

(2)你知道清洗的具体内容吗?

(3)CIP 清洗对乳品企业有何重要意义?

(4)在生产中都有哪些影响 CIP 清洗效果的因素?

(5)你是否知道 CIP 清洗活动的实施程序?对于不同的设备和生产阶段,CIP 清洗都有哪些不同?

(6)你知道 CIP 清洗的管理规范吗?

(7)如何检验 CIP 清洗的效果?

(二)工作流程

仔细阅读学习交流任务书→任务分工→查阅资料、学习教材→整理资料→制作 PPT→准备发言→交流活动

1. 阅读学习交流任务,进行任务分工并填写如下表格。

学习交流任务分工表

班级__________ 姓名__________ 学号__________ 小组__________

时间__________

序号	工作内容	完成时间	责任人	小组任务分工
				网络资料收集
				刊物资料收集
				资料整理及议题的回答
				PPT 制作
				小组交流

2. 在交流议题的引导下,查阅资料、学习教材,准确回答每个问题。

3. 对交流内容进行分析整理,总结归纳并制作 PPT。

4. 准备交流议题的讲解发言内容,进行交流发言。

(三)检查与评估

各组互相评价交流状况。填写学习交流任务检查评估表。

学习交流任务评估表

组别	序号	项目	要求	分值	实得分	总分
		议题回答	回答准确全面	40		
		创新意识	积极思考,思路新颖	30		
		现场表现	语言流畅、表达清晰	20		
		整体合作	团队协作、配合默契	10		
		议题回答	回答准确全面	40		
		创新意识	积极思考,思路新颖	30		
		现场表现	语言流畅、表达清晰	20		
		整体合作	团队协作、配合默契	10		

【考核要点】

1. 工作计划制定得是否详细合理。

2. 自主学习的效果。

3. 分析问题的能力。

【思考】

1. 清洗目的。

2. 如何判断清洗是否彻底？

【必备知识】

在食品的生产经营(指一切食品的生产、采集、收购、加工、贮存、运输、陈列、供应、销售等活动)过程中必须充分重视洗涤的重要性，要树立预防性消毒的观念。从原料到工厂机器、设备、使用容具、器械、用具直至工作人员的手，在各环节均应保持良好的卫生状况，才能保证食品的安全、卫生，生产出高质量的产品。

一、清洗概述

所谓清洗与消毒是通过物理和化学的方法去除被清洗表面上的可见和不可见的杂物及有害微生物的过程。

(一)清洗的意义

由于微生物肉眼看不见，很难引起警觉。设备使用前可能会附着污物并含有微生物，而设备使用后如果不进行彻底清洗，也会有污物残留。黏结在乳品设备表面污物的成分主要是乳中的成分，细菌很容易藏匿于其中，并利用这些物质生长繁殖，造成对原料乳、半成品及成品乳制品的污染，从而使最终产品发生严重的腐败变质，因此及时除去乳品加工设备表面的污物，彻底的清洗和消毒是乳品加工的必不可少的部分。

加工设备表面的污物主要为牛乳黏附和乳石。冷表面为牛乳黏附，当牛乳加热到 60℃ 以上时，"乳石"开始形成，如图 10-1 所示。乳石就是磷酸钙(和镁)、蛋白质、脂肪等的沉积物。在设备表面上，运行时间超过 8 h，沉淀物的颜色从稍带白色变成褐色。

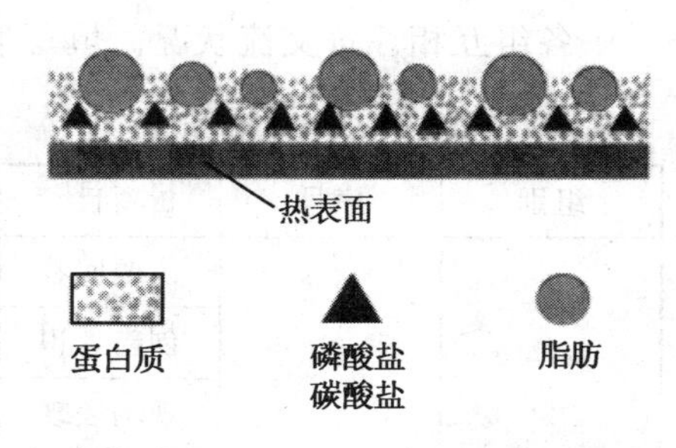

图 10-1 受热表面的沉积物

清洗除去污物的意义在于：a. 减少微生物的绝对数。通过洗涤操作可以除去附着在物体上 80% 的微生物，进行周期性、反复性的洗涤就可以将微生物控制在不能产生危害的界限以内；b. 除去微生物赖以生存的营养源，就不会引起大量繁殖，这是防御微生物生存的有效手段；c. 增强杀菌效果。进行充分清洗后，尽可能清除污垢和微生物以后，则只要短时间使用少量杀菌剂，就能达到理想的杀菌效果；d. 有利于维护机械设备的性能。食品生产的机械设备使用前和使用一段时间后都要进行清洗，可以保证更好地发挥机械设备的性能，也有利于延长设备的使用寿命；e. 保证了产品的质量。

(二)清洗要求

乳品工厂清洗是为满足食品安全的需要，减少微生物的污染以获得高质量的产品，维护设备的正常运转，避免出现故障。清洗与消毒是相辅相成的，只有有效的清洗，才能达到彻底消毒的结果。清洗所要达到的清洗标准是指所要达到的清洁程度，常用以下术语来表示：

①物理清洁度——去除了清洗表面上肉眼可见的全部污垢。物理清洁可能会在被清洗表面上留下化学残留物，但这通常是为了阻止微生物在被清洗表面上繁殖的目的。

②化学清洁度——不仅可除去被清洗表面上肉眼可见的污垢，而且还去除了微小的、通常为肉眼不可见但可嗅出或尝出的沉积物。

③微生物清洁度——通过消毒杀死了清洗表面绝大部分附着的细菌和病原菌。微生物清洁通常会伴有物理清洁，但不一定伴有化学清洁。

④无菌清洁度——杀灭清洗表面上附着的所有的微生物。这是UHT和无菌操作的基本要求。同微生物清洁一样，无菌清洁通常伴有物理清洁，但不一定伴有化学清洁。

虽然乳品厂设备不经过物理或化学清洗也能达到细菌清洁度，但进行物理清洗设备更容易达到细菌清洁度。因此，乳品厂清洗工作的要求是要经常达到化学和微生物清洁度。因此，设备表面首先用化学洗涤剂进行彻底清洗，然后再进行消毒。

思考：在乳品厂设备清洁基本标准应该是哪种清洁？

（三）清洗剂的选择

1.清洗剂选择的依据

在生产结束时，残留在设备与管道表面上的物质，如脂肪、蛋白质、乳糖、钙盐和细菌等，需要有效的洗涤剂加以清除，污物特性见表10-1。

表10-1 化学作用和污物特性

表面成分	溶解性	除去的难易程度	
		低温和中温巴氏杀菌	高温巴氏杀菌和超高温
糖	溶于水	容易	发生焦糖化，除去困难
脂肪	不溶于水	用碱困难	发生聚合作用，除去困难
蛋白质	不溶于水	用碱非常困难，用酸稍好些	发生变性作用，除去困难
无机盐	不一定溶于水	大多数盐溶于酸	发生变化不一定，除去难易程度不一定

2.清洗剂种类

一般的清洗过程首先需要将污物从被清洗表面分离，再将此污物在清洗液中分散形成一种稳定的悬浮状态，并防止污物重新沉淀在被清洗物的表面上。污物分离的过程是颇为复杂的，不是一种单一的化学品就能达到目的，实际上都是几种清洗剂混合使用。清洗剂按pH可分为3类：中性清洗剂、酸性清洗剂和碱性清洗剂。

（1）中性清洗剂

水和表面活性剂均属此类。水几乎是所有清洗剂和食品的基本成分，当污物完全可溶于水时，就不需要其他清洗剂能清洗干净。表面活性剂可分为阳离子型、阴离子型和非离子型。当进行碱性清洗时，如添加表面活性剂可促进润湿性，并具有乳化和分散功能。对于油脂污物较小的清洗对象，可以降低水的表面张力，扩大污物与机械表面的接触面积，使洗剂能够渗透而提高清洗效果。

(2)酸性清洗剂

酸性清洗剂是用是蛋白质、钙盐和乳石的溶解剂与软化剂，如用碱性洗涤剂所不易除掉的乳石除去必须用酸去除。凡是受热或高温处理的乳制品设备，通常均须在碱性洗涤液处理后，再用酸或酸性洗涤液作为补充洗涤剂，进行循环酸洗。有时在碱清洗的前后均用酸洗处理。常使用的无机酸为硝酸、磷酸、硫酸，常用的浓度是0.5%～1.5%；有机酸为醋酸、葡萄糖酸、柠檬酸、乳酸和酒石酸。但酸对金属有腐蚀性当清洗剂对设备有腐蚀的威胁时，应添加一定的抗腐蚀剂或用清水冲洗干净。

> 思考：乳品厂既要达到良好清洗效果，又要保护设备不受腐蚀，用哪种酸更好？

由于国内有饮用热乳的习惯，即使是UHT乳(特别是大包装产品)也喜欢加热后饮用。所以当使用磷酸作为清洗剂时，要注意冲洗一定要彻底，否则PO_4^{3-}的残留会导致产品出现质量问题，带来消费投诉。

> 思考：磷酸冲洗不彻底，产品进入市场，容易出现什么样的质量问题？

(3)碱类清洗剂

碱性清洗剂是食品工厂使用最广泛的清洗剂。碱与脂肪结合形成肥皂。与蛋白质形成可溶性物质而易于被水清除。最常用的碱为氢氧化钠(NaOH)、氢氧化钾(KOH)等，NaOH的缺点是很难过水，过水时要冲洗很长时间。但是，由于NaOH的清洗效果是$NaHCO_3$的4倍，且在适当的温度下具有杀菌效果，因而得到最广泛的应用。其他碱性清洗剂有碳酸钠、碳酸氢钠、原硅酸钠、磷酸三钠等。这些原料按最后配方要求可配成需要的碱度、缓冲性和冲洗能力。我国目前对乳品设备的清洗所采用的洗涤剂，多数为单纯的洗涤剂，如1%～1.5%苛性钠液、1%～2%纯碱溶液以及3%～5%小苏打溶液。

3.影响清洗效果的因素

为了达到良好的清洗效果，满足微生物清洁的要求，同时考虑生产效率和生产成本。在做好清洗方式设计的同时，还需要对清洗过程的每个要素进行有效的控制，这些要素包括以下几个方面。

(1)清洗液种类

被清洗物体的污垢性质不同，清洗液的清洗效果也不相同，应根据清洗物体选择相应的清洗液。

(2)清洗液浓度

清洗液的浓度直接影响清洗效果，浓度较低不易达到清洗效果，或者需要延长清洗时间；提高清洗液的浓度可以增强清洗效果，但会增加清洗费用，并且浓度太高并不

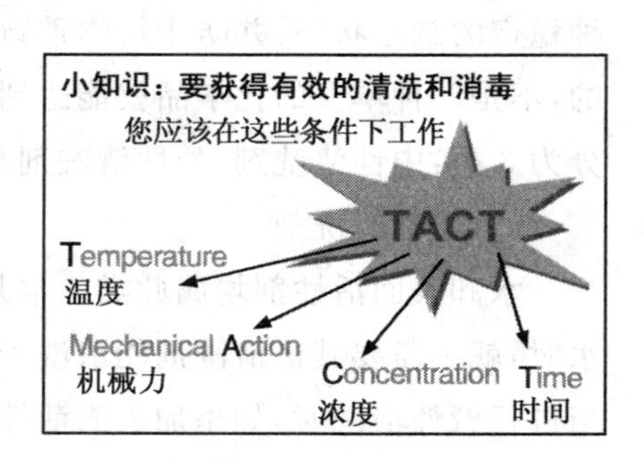

一定能有效地提高清洁效果，有时甚至会导致清洗时间的延长。因此，清洗过程中必须随时监控清洗液的浓度，使之保持均匀稳定的状态，特别在酸碱排空时应检测清洗液的浓度。

(3)清洗时间

清洗时间受清洗种类、浓度、温度、被清洗物体种类、设备、管道布局等影响。清洗时间延长会造成生产效率下降、生产成本提高，但如果一味地追求缩短清洗时间，将可能会导致无法达到清洗效果。因此需要根据清洗要求设定恰当的清洗时间。

(4)清洗温度

清洗温度指清洗循环时清洗液所保持清洗液温度，该温度在清洗过程中应保持稳定。一般来说，温度每升高10℃，化学反应速度会提高1.5～2倍。乳品加工的主要残留是奶垢（蛋白质、脂肪、碳水化合物、无机盐等），因此清洗温度不应低于60℃，通常情况下氢氧化钙的清洗温度设定为70～90℃，硝酸的清洗温度设定为60～80℃。

思考：清洗温度的测定点应设置在管线的哪个部位？为什么？

(5)清洗流量

为了保证清洗过程中能产生足够的机械作用，可以通过提高清洗液流量来提高冲击力，获得良好的清洗效果，并可以相对补偿清洗液浓度、清洗时间、清洗温度不足而造成的影响。

此外，管路的设计、清洗液的流动方向对清洗效果也会产生一定的影响，其中影响较大的就是管路的末端设计。

二、杀菌消毒

消毒杀菌是指使用消毒杀菌介质杀灭微生物，从而使微生物污染降到公共卫生要求的安全水平，或在没有公共卫生要求情况下降到一个很低的水平的过程。

(一)杀菌消毒的方法

乳品加工厂常用的消毒方法有物理法和化学法两种，应根据不同的什么对象选择合适的消毒方法，杀菌消毒方法见表10-2。乳品设备可用热消毒（沸水，热水，蒸汽）和化学消毒（氯，酸，碘剂，过氧化氢等）。

表10-2 杀菌消毒法分类

分类		方法
加热杀菌法	火焰灭菌法	喷灯，酒精灯火焰中20 s
	干热灭菌法	135～145℃，3～5 h；160～170℃，2～4 h；180～200℃，0.5～1 h；200℃以上，0.5 h
	高压蒸汽灭菌法	110℃，70 kPa，30 min；121℃，100 kPa，20 min；126℃，140 kPa，15 min
	煮沸灭菌法	沸水中浸没煮沸15 min以上，沸水中可加碳酸钠1%～2%
	间歇灭菌法	80～100℃水中或蒸汽中，每24 h加热一次，每次30～60 min，如此反复加热3～5次

续表 10-2

分类		方法
照射杀菌法	放射性杀菌法	钴[60]或铯[137]之 γ 射线
	紫外线杀菌法	200～300 nm 紫外线
	高频灭菌法	915 MHz 或 2450 MHz 高频
化学杀菌法	气体灭菌法	环氧乙烷、冰醋酸、甲醛等气体
	药液灭菌法	乙醇、过氧化物、次氯酸钠、含碘杀菌剂、季铵盐化合物等

(二)清洗与杀菌的关系

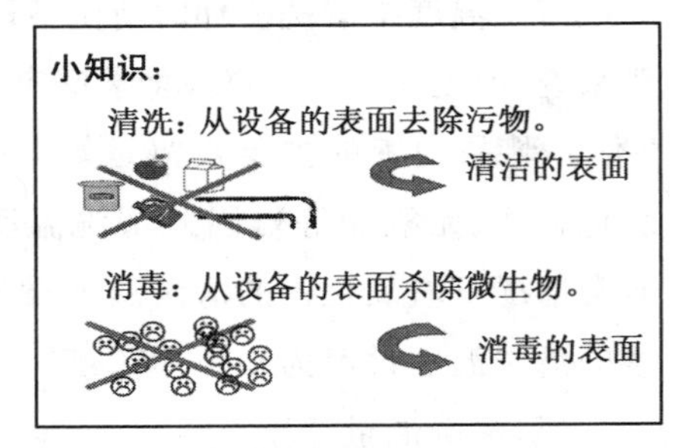

清洗与杀菌的目的在于除去污垢及有害微生物,单凭清洗不可能完全彻底除去微生物,所以通常是先用清洗手段除去全部污垢及大部分微生物,然后再采用杀菌手段以消除残余的微生物。乳品厂设备的清洗和消毒必须分两个不同操作阶段进行,不能将这两个过程同时进行,否则得不到清洗和消毒的预期效果。在清洗和消毒两个过程中,清洗是首要的,有效的清洗是取得良好消毒效果的根本保证。使用过的设备和管路首先必须立即清洗,然后才能加热进行消毒、杀菌。

清洗与杀菌两者之关系概括如下:a. 利用清洗以除去污垢,排除影响杀菌效率的障碍,同时尽可能降低微生物的绝对数,以减少杀菌剂的消耗(杀菌效果);b. 利用清洗以除去成为微生物营养源的污垢,抑制微生物的生长繁殖;c. 利用清洗以除去成为微生物隐蔽物和载体的污垢,增强并提高杀菌效果;d. 单凭清洗所不能完成的除菌作用,可由杀菌来完成,以降低清洗消耗(节水、节能)。清洗与杀菌相互关系密切,要从效率、效果、经济 3 个方面考虑。清洗是杀菌的前提,多数情况下没有清洗就不存在有效的杀菌。

三、主要设备、容器的清洗和消毒

乳品加工中的一些盛装品不能采用 CIP 方法清洗、消毒(如乳桶),或由于条件限制没有采用 CIP 方法清洗、消毒(如奶槽车、贮奶罐等),这些器具的清洗、消毒效果的好坏也直接关系到产品质量。

1. 乳桶

现在许多小型牧场和个体农场还是采用乳桶送乳,部分小加工厂也采用乳桶对生产中的产品进行周转,还有部分桶装鲜乳直接供应学校、宾馆等公共场所。乳桶经常出现的问题主要是生成黏泥状黄垢,该现象通常是受藤黄八叠球菌等耐热菌的污染所致,一般清洗程序如下:

①38～60℃清水预冲洗。

②60～72℃热碱清洗(如用浓度为 0.2%的氢氧化钠溶液)。

③90～95℃热清水冲洗。

④乳桶经热水冲洗后立刻进行蒸汽消毒。

⑤60℃以上热空气吹干,防止剩余水再次污染。

2. 储乳罐

不能进行CIP处理的储乳罐可采用以下3种方法清洗和消毒。

(1)蒸汽杀菌法

①清水充分冲洗。

②用温度为40～45℃,浓度为0.25%的碳酸钠溶液喷洒于罐内壁保持10 min。

③清水冲洗,除去洗液。

④通入蒸汽20～30 min,直到冷凝水出口温度达到85℃,放尽冷凝水,自然冷却至室温。

(2)热水杀菌法

按上述程序经①、②、③三道工序后,在储乳桶中注满85℃的热水保持10 min。此法热能消耗大,仅适宜小型储乳罐。

(3)次氯酸钠杀菌法

①将储乳桶用清水彻底冲洗后,用0.25%碳酸钠或含其他洗剂(如铝制储乳槽需用含硅酸钠的洗剂)的洗液清洗,液温43～46℃。

②清水喷射清洗。

③喷射次氯酸钠洗液。将次氯酸钠溶于0.25%碳酸钠溶液中,使有效氯含量为250～300 mg/kg,喷射面积不超过1.88 m^2/min,喷射速度2.28 L/min。每平方米需要洗液1.23 L。例如,喷射900 L容积的储乳槽约需32 L次氯酸钠洗液,需喷射14 min。

④消毒结束后,可用消毒清水或含有5～10 mg/kg有效氯的洗液冲洗罐壁。

3. 管道的清洗和消毒

①沸水消毒法。用清水冲洗干净后,通入沸水使管内温度达到90℃以上,并保持2～3 min。

②蒸汽消毒法。管道清洗干净后通入蒸汽,当冷凝水出口温度达82℃,即可放出冷凝水。

③次氯酸盐消毒法。这是乳品工业中最为常用的消毒方法。因次氯酸盐容易腐蚀金属(包括不锈钢),特别是使用软水而且pH很低时更容易腐蚀。因此,使用软水时应添加0.01%的碳酸钠,并控制氯的浓度和pH。对于彻底清洗过的管道,一般消毒剂浓度控制在150～300 mg/kg,温度不超过27℃,保持0.5～2.0 min,就可以达到杀菌的目的。消毒结束后须用清水冲洗至无氯味为止。

4. 导管、阀门的清洗和消毒

各种不锈钢导管,阀门或泵等,在使用前必须按下列步骤进行清洗消毒。

①用水细致地洗刷。

②零件放入洗涤桶内55～60℃的热碱水中进一步洗刷。

③对于长的不锈钢导管,可将管子置于管架上,管内采用特制的通管毛刷通洗,管外以长

柄毛刷用碱水刷洗。

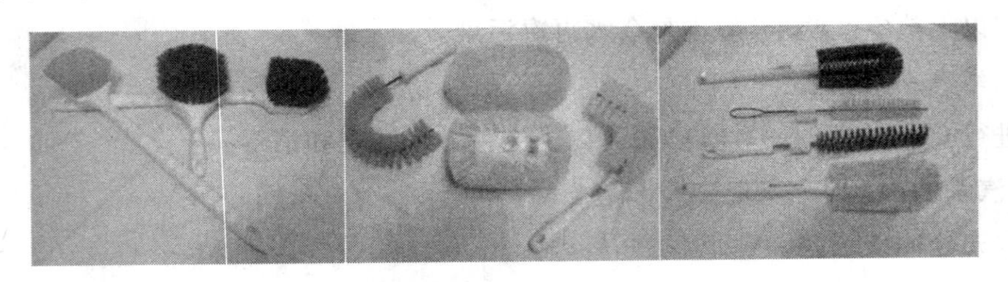

图 10-2 清洗用毛刷

④最后用温水洗去碱渍，浸于 93～94℃热水中，保温 10～15 min，或采用蒸汽通入管中进行消毒后备用。

思考：手工清洗，刷子应有哪些要求？

5.净乳、均质等设备的清洗和消毒

(1)过滤器和离心净乳机

各种过滤器均需定时拆洗，并严格消毒。对于离心净乳机压力水腔内形成的水垢，经常用 1%的硝酸溶液加缓蚀剂配成的清洗剂进行除垢清洗。

(2)均质机

所有均质机在生产前，应彻底地进行清洗消毒，在生产中，每周至少进行 1～2 次彻底消毒，以防止细菌繁殖，其清洗与消毒方法，可按下列次序进行。

①将均质机头上零件全部拆下，用温水刷洗干净。

②将各零件用 65℃左右的碱性溶液刷洗一遍，再用温水冲洗除去碱渍。

③洗净后的零件及机身部分用蒸汽直接喷射一遍，以初步消毒，然后将零件装配起来。

④开动电动机，将 200 L 左右沸水注入均质机内，进行 10 min 左右的灭菌。均质机使用后，应立即清洗，不得留下任何污垢及杂质，并用 90℃以下的热水通入机器，时间约 10 min，以达到消毒目的。

四、CIP 清洗

CIP 完全不用拆开机械装置和管道，即可进行刷洗、清洗和杀菌。在清洁过程中能合理地处理洗涤、清洗、杀菌与经济性、能源的节约等关系，是一种优化的清洗管理技术。CIP 装置适于与流体物料直接接触的多管道食品饮料与发酵生产机械装置，最先在美国的乳品工业得到应用，现已普遍地在啤酒、饮料、果蔬汁、药业、乳制品工业中得到应用，成为企业在生产过程中不可缺少的一部分，它直接影响产品的质量。

(一)定义及特点

CIP 为 cleaning in place(洗涤定位)或 in-place cleaning(定位洗涤)的简称。设备(罐体、管道、泵等)及整个生产线在无须人工拆开或打开的前提下，在闭合的回路中进行清洗，而清洗过程是在增加了流动性和流速的条件下，对设备表面的喷淋或在管路中的循环，此项技术被称为就地清洗。

与传统的手工拆卸机器零件的清洗方式(clean out of place，COP)相比，CIP 有如下的优点：

①安全标准高。设备无需拆卸，人工流程减少，不需要员工进入大型乳罐或其他处理设备，不需要员工直接接触化学品溶液，节省劳动力，防止清洗作业中的危险，能增加机器部件的使用年限。

②卫生质量提高。清洗效果好，按设定程序进行，缩短清洗时间，减少和避免了人为失误。

③成本控制更加合理。清洗成本低，水、清洗液、杀菌剂及蒸汽的消耗量少，人力开支减少，生产效率提高。

CIP 清洗具有以上的优点，但是一次投资费用高，管路多而长，成本较高。

(二)CIP 清洗装置

在乳品厂建立一个 CIP 中心站，该站设有水、酸、碱以及被冲洗下来的乳液等的贮存罐，设有供冷水、酸、碱加热的热交换器，还包括用来维持清洗液浓度的计量设备及中和废弃酸碱液的贮存罐，清洗时清洗液通过一系列管道输送到需要清洗的设备，管路上的阀门可通过中心控制室按照程序自动开关。整体组成一个清洗循环系统，如图 10-3 至图 10-6。CIP 清洗主要是适用于对配料罐、管道、热交换器、泵、阀门、分离机、灌装机等内部的清洗。

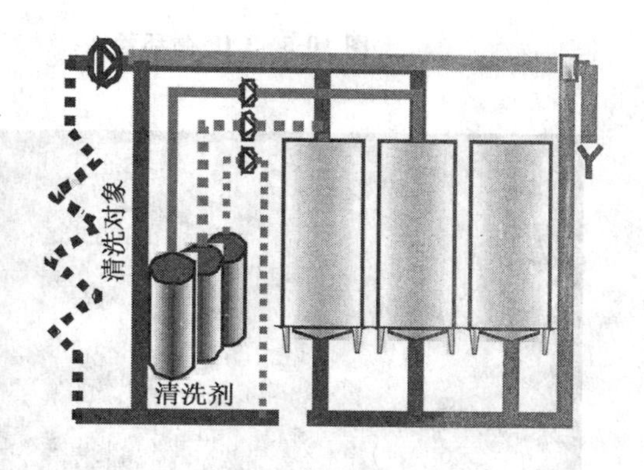

图 10-3 CIP 循环系统图

图 10-4 CIP 贮存罐

图 10-5　CIP 循环管路

思考：CIP 清洗装置中，清洗剂一般用什么？

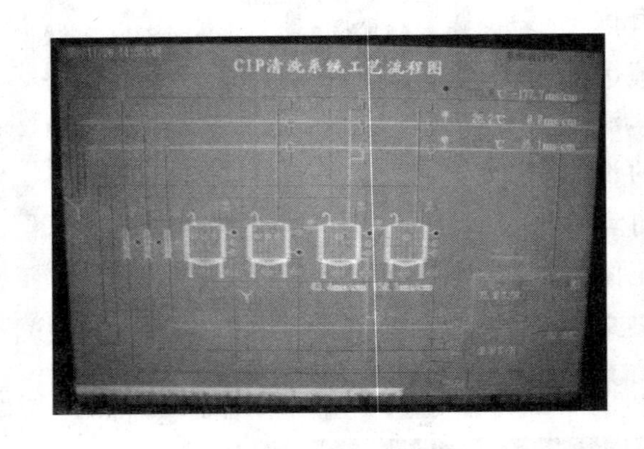

图 10-6　CIP 控制屏（直接触屏操作）

（三）CIP 清洗程序说明

乳品厂每次生产结束后立即用温水（35～50℃）进行预清洗，由泵循环清洗直到排出的水中无乳汁痕迹为止，然后用碱液循环清洗，再用水冲洗，用酸液清洗，最后用水冲洗。

思考：CIP 清洗程序，碱洗在前、酸洗在后，是什么原因？

乳品厂的 CIP 程序要根据清洗的线路中是否存在有受热表面，而采用不同的清洗程序，将其划分为：一是用于由管道系统、奶缸及其他无受热面的加工设备所组成的 CIP 程序；二是用于有巴氏消毒器及其他有受热面的设备回路 CIP 程序（UHT 等）。两种类型的主要区别在于第二类中包含一个酸洗循环，以除去受热设备表面上的凝固蛋白质和钙盐沉淀物。

1. 冷管路及其设备的 CIP 清洗程序

乳品生产中的冷管路主要包括收乳管线、原料乳贮存罐等设备。牛乳在这类设备和连接管路中由于没有受到热处理，所以相对结垢较少。因此，建议的清洗程序如下：

①水冲洗 3～5 min。

②用 75～80℃热碱性洗涤剂循环 10～15 min(若选择氢氧化钠，建议溶液浓度为 0.8%～1.2%)。

③冲洗 3～5 min。

④建议每周用 65～70℃的酸液循环一次 10～15 min(如浓度为 0.8%～1.0%的硝酸溶液)。

⑤用 90～95℃热水消毒 3～5 min。

⑥逐步冷却 10 min(储乳罐一般不需要冷却)。

清洗大罐时，在罐的顶部装置一个清洗喷射装置，洗涤剂溶液由上沿罐壁靠其重力流下。球形喷头结构简单，清洗效果好，球形喷头的罐内模拟清洗状态如图 10-7 所示。涡轮旋转喷头可产生更大的冲击力，所以其清洗效果更好。涡轮旋转喷头由水平喷嘴和垂直喷嘴组成，喷嘴的转动是由喷头本身的曲线设计所决定的。图 10-8 为球形喷头和涡轮旋转喷头。

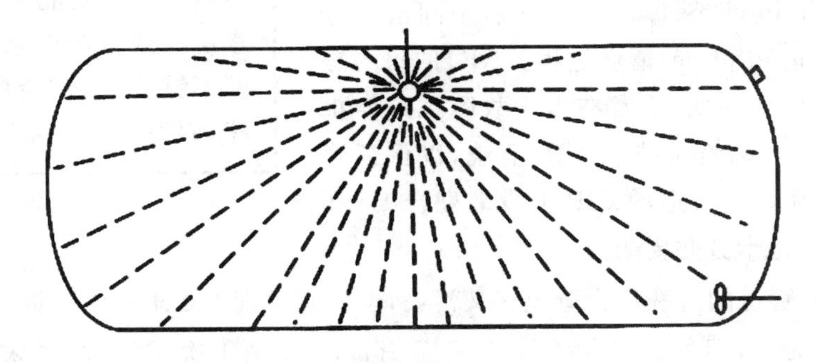

图 10-7　罐内球形喷头模拟清洗状态

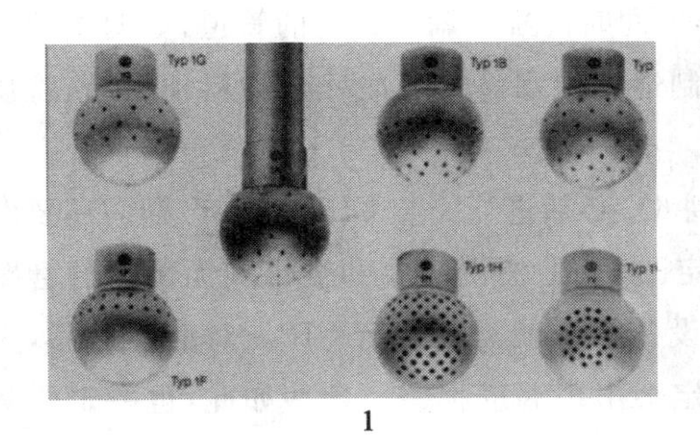

1

2

图 10-8　储乳罐内部喷头

1. 球形喷头　2. 涡轮旋转喷头

2. 热管路及其设备的 CIP 清洗程序

乳品生产中，由于各段热管路生产工艺目的的不同，牛乳在相应的设备和连接管路中的受热程度也有所不同，所以要根据具体结垢情况，选择有效的清洗程序。

①受热设备的清洗。a. 用水预冲洗 5～8 min。b. 用 75～80℃热碱性洗涤剂循环 15～20 min。c. 用水冲洗 5～8 min。d. 用 65～70℃热碱性洗涤剂循环 15～20 min。e. 用水冲洗 5 min。

生产前一般用 90℃热水循环 15～20 min，以便对管路进行杀菌。

②巴氏杀菌系统的清洗。对巴氏杀菌设备及其管路一般建议采用以下的清洗程序。

a. 用水预冲洗 5～8 min；b. 用 75～78℃热碱性洗涤剂（若浓度为 1.2%～1.5%氢氧化钠溶液）循环 15～20 min；c. 用水冲洗 5 min；d. 用 65～70℃酸性洗涤剂（若浓度为 0.8%～1.0%的硝酸溶液或 2.0%的磷酸溶液）循环 15～20 min；e. 用水冲洗 5 min。

③UHT 系统的清洗。UHT 系统的正常清洗相对于其他热管路的清洗来说要复杂和困难。UHT 系统的清洗程序与产品类型、加工系统工艺参数、原材料的质量、设备的类型等有很大的关系。UHT 设备都需要 AIC(aseptic intel-mediate cleaning)中间清洗过程和 CIP(cleaning in place)清洗过程。AIC 的目的是为了进行下一个生产周期，通常在由于故障强迫停止生产时进行；而生产后都应进行 CIP 清洗，以保证管道的无菌状态。所以用合适的 CIP 工段来配合 UHT 工作，这在工艺上是十分必要的。

小知识

超高温乳生产加工中中间清洗(AIC)，一般先使用水赶出乳，然后加入碱运行一段时间后，用水洗去残留的碱液，如果水洗时间不够就进料，会使乳中残留碱味，而使乳呈现碱味。

a. 配料设备、管道的清洗。为避免交叉污染，配料罐原则上要求清空一锅清洗 1 次。日常清洗以纯水冲洗为主，但每天必须有 1 次高温消毒，3 d 做 1 次碱清洗，周末进行 1 次酸碱清洗。

管道的清洗分两部分：调配罐后的管道与 UHT 同时清洗。调配罐前的管道，如两次使用间隔时间短，不清洗，最好在前一次泵完物料后控制适量顶水将管道内残余物料顶干净，将质量隐患产生的可能性降到最低。

b. 换热器的清洗。UHT 的清洗除了温差达到 6℃必须进行完整 CIP 外，生产期间还要随时监控温度的变化趋势，及时做出 AIC 清洗的决定。UHT 清洗时要和输出到无菌罐的管路一起清洗。对中性产品，一般连续生产 8 h 左右，设备本身就需要进行 CIP。对酸性产品，灭菌温度在 110℃左右，就是连续生产 24 h，也不一定会出现温度报警。即使如此，也一定要坚持 24 h 内停机清洗的制度。

c. 无菌罐的清洗。应严格执行 24 h 内做 1 次完整清洗的制度。无菌罐的无菌空气滤芯也要严格执行每使用 50 次更新 1 次的规定，确保无菌条件随时有效。无菌罐清洗要和无菌罐输出到包装机的管路一起清洗。遗留任何一处，都将影响整条线的清洗效率。此外，在生产线更换产品时，一定要进行 CIP 清洗，免得前后产品的风味互相影响。

d. 包装机的清洗。当停机超过 40 min，要求对包装机及其管路进行 CIP 清洗后才能继续生产。连续生产 24 h 内要确保做 1 次 CIP。

(四)CIP 清洗注意事项

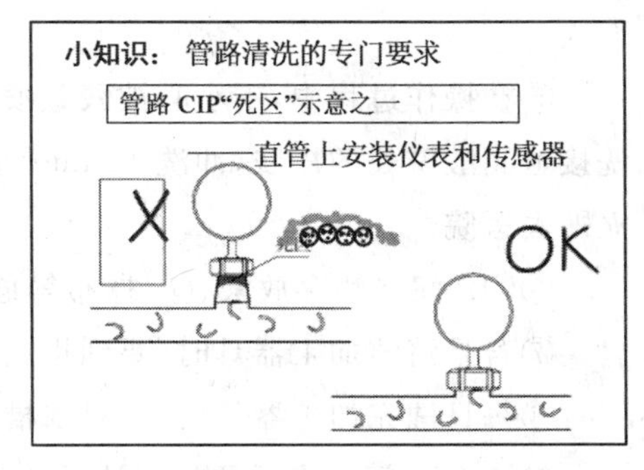

死角是 CIP 清洗中很难解决的问题，每一个死角便是一个污染源，要是这种死角存在于熟奶部分，那它对产品质量的影响将不可忽视，一个死角便足以使整批产品微生物超标，造成巨大的经济损失。死角一般存在于 CIP 清洗中所不能洗到的部位，常见的死角主要由于安装质量造成的管内焊接口凹凸所形成的死角，或由于工艺设计上的不足而形成的死角。

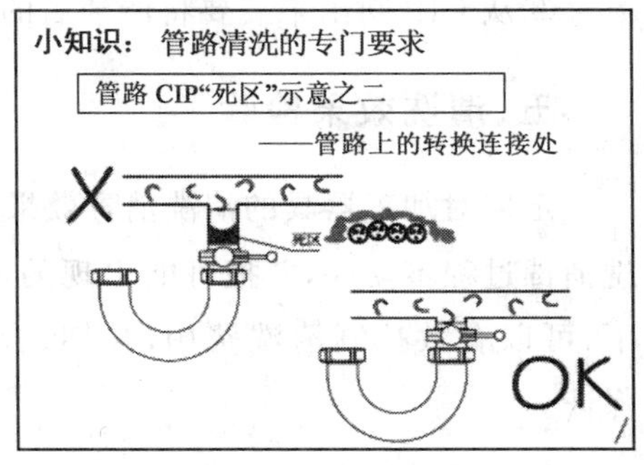

这些死角的存在，无疑给产品质量造成隐患，这就要求在日常生产中，采取一些办法来消除这些隐患，可拆部位应每天手工拆下来进行清洗并用过氧乙酸浸泡，再用蒸汽进行消毒。而不可拆部位，则应有意识的在进行 CIP 清洗时单独处理或进行改造，使之易于生产而不形成死角。死角的存在是清洗中的一大障碍，我们应及时发现死角并采取有效措施进行消除。

将所有可以拆下来的零部件拆下，并进行人工清洗(COP)。这些零部件包括管道垫圈、入孔垫圈、产品进料管、容器通风帽、取样阀、节流阀、三通阀、管道内滤器以及产品加工入料管段等。相关零件都人工清洗，随后放回原处。清洗注意点如图 10-9 所示。

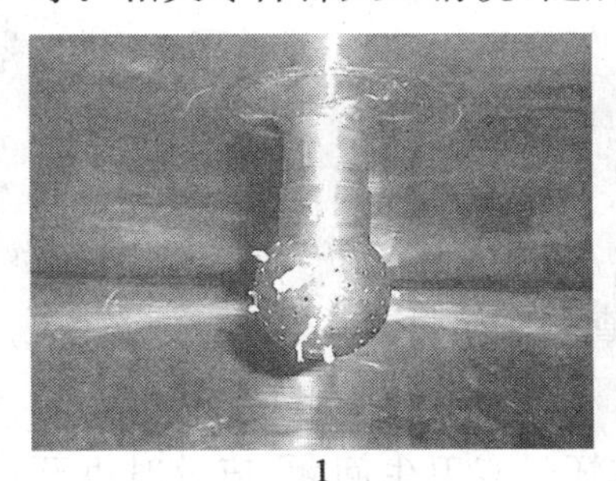
1

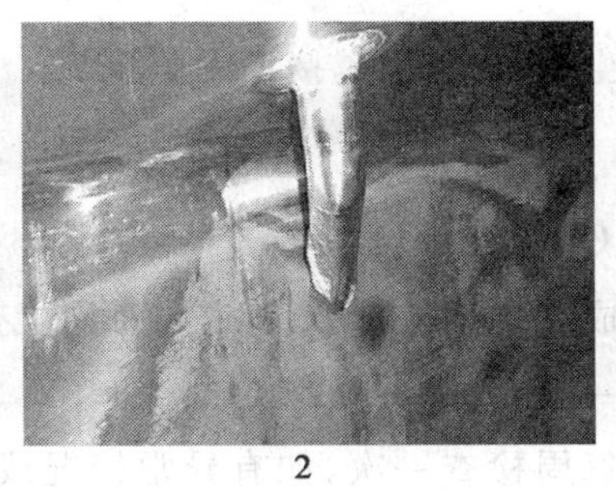
2

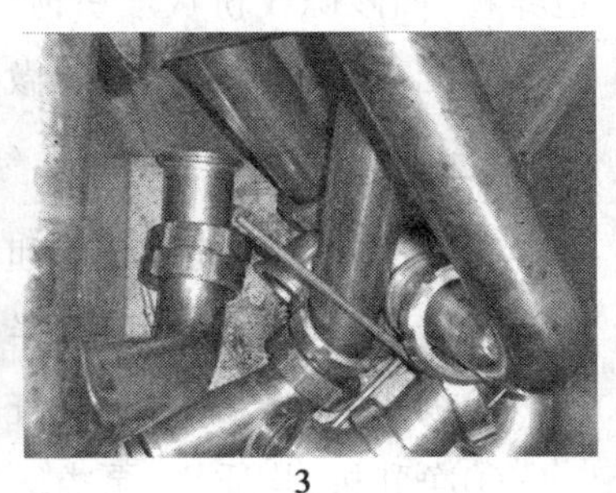
3

图 10-9 清洗注意点

1. 洗球堵塞 2. 管内壁及下料管的清洗 3. 零配件转换件

(五)进出入 CIP 间管理规范

为了确保人员安全，保证食品安全，CIP 间人员进出应遵循以下管理规范：

①无关人员不得进入 CIP 间。

②人员在进入 CIP 间前，一定要同前处理中控人员打招呼。

③凡进入 CIP 间进行取样、开阀、处理卫生或进行其他工作的人员，须佩戴眼罩、耐酸碱手套等防护用具。

④凡进入 CIP 间进行操作的人员，严禁打开各罐入孔盖，以免在清洗时酸、碱及热水喷溅伤人。

⑤在操作过程中，不小心被酸碱喷溅到皮肤时，要立即打开 CIP 间内的喷淋水阀，然后冲洗接触到酸碱处的皮肤，冲洗 10 min 左右后，再用毛巾擦拭，若感觉不舒服或有红肿现象，要立即去医院。

⑥CIP 间严禁存放酸、碱、抹布等危险物品或用具等。

⑦若是清洁加工器具时，要到指定的位置进行清洗(加工器具清洁处)。

⑧每日洗完加工器具后，要对水槽进行清洁。

⑨从 CIP 间出来后要将清洁后的眼罩及手套放到器具架上。

五、清洗效果检验

定期对加工器具的清洗消毒效果进行评估具有积极的意义，可以及时发现可能出现的清洗消毒过程不彻底，并把可能出现的质量问题消灭在事故之前；在达到清洗消毒要求的情况下，可以有效控制清洗费用；长期、合格、稳定的清洗消毒效果也为生产高质量产品提供了保证。

(一)检验标准的设定

①气味。适当清洗过的设备应无不良气味、有清新的气味。

②设备的视觉外观。不锈钢罐、管道、阀门等表面应光亮，无积水，表面无膜，无乳垢和其他异物(如砂砾或粉状堆积物)。

③无微生物污染。没有微生物污染，但越接近无菌越好。

(二)检验频率

①乳槽车。生乳接收前和 CIP 清洗消毒后。

②储乳罐(包括生乳罐、半成品罐、成品罐)、管道。每周检查一次。

③板式换热器。每月检查一次，或按供应商要求。

④净乳机、均质机、泵类。每周检查一次，如有异常情况或怀疑有卫生问题，应及时拆开检查。

⑤罐装机。每天罐装前检查一次，手工清洗的部分，安装前应仔细检查清洗效果，并避免安装时的再次污染。

(三)检验方法

①取样人员的手应干净清洁，取样前及时消毒，取样容器应为无菌，确保取样在无菌条件下进行，取样过程中应尽可能地避免污染。

②被取样品应通过外观检查、酸度滴定、风味等来判断是否被清洗消毒液污染。

③热处理开始的产品应取样进行大肠菌群的检测，取样点包括巴氏杀菌器冷却出口、成品乳罐、罐装第一包装单元产品等。

④罐装机是一个潜在的污染源，大部分罐装机都会有手工清洗消毒部分，这部分在安装时最易被污染的地方或消毒死角容易被再次污染，罐装的第一份产品应进行大肠杆菌检测，而且结果应呈阴性。

⑤微生物检测。检查加工器具清洗消毒后的微生物状况，一般有两种方法。

a. 涂抹法，涂抹地点是最易出现问题的地方，涂抹面积为$(10\times10)cm^2$，理想结果如下（每100 cm^2）：细菌总数＜100 CFU；大肠杆菌＜1 MPN；酵母菌＜1 CFU；霉菌＜1 CFU。

b. 是冲洗试验，即清洗消毒后取残留的水进行微生物检测，理想效果应达到如下标准：理想结果为：细菌总数＜100 CFU/mL 或者与最后冲洗冷水的细菌数一样多，或＜3 CFU/mL（若水来自热水杀菌或冷凝水）；大肠菌群＜1 CFU/mL。

（四）记录并报告检测结果

化验室对每一次检验结果都要有详细的记录，遇到问题、情况时应及时将信息反馈给相关部门。除对检验结果需要记录外，设备、管线的清洗都要做好相应记录，如表10-3、表10-4所示。

表10-3　设备、管路清洗质量监控记录

检验日期及时间	样品来源	样品名称编号	取样时间	碱液浓度	酸液浓度	循环时间	对应温度	取样人	检验人	确认人

（五）采取行动

发现清洗问题后应尽快采取措施，跟踪检查是必要的。同时也建议生产和品控人员及时总结，及时发现问题，防微杜渐，把问题解决在萌芽状态。

表 10-4　前处理清洗记录

日期：　　年　　月　　日　　　　班组：　　班　　　　负责人：

名称	开始时间	清水	碱液			清水	酸液			清水	热水		结束时间	杂质板	执行人
		t	t	T(℃)	%	t	t	T(℃)	%	t	t	T(℃)			
1 号奶仓	:											:			
2 号奶仓	:												:		
奶仓去配料管线	:												:		
奶仓去暂存管线	:												:		
1 号巴杀	:												:		
2 号巴杀	:												:		
配料 A 罐	:												:		
配料 B 罐	:												:		
混料 A 罐	:												:		
混料 B 罐	:												:		
剪切罐	:												:		
高搅罐	:												:		
配料管线	:												:		
收奶管线	:												:		

大 CIP	配酸前	%	配酸后	%	加酸数量	kg	执行人：	二次配酸前	%	二次配酸后	%	加酸数量	kg	执行人：
	配碱前	%	配碱后	%	加碱数量	kg	执行人：	二次配碱前	%	二次配碱后	%	加碱数量	kg	执行人：
小 CIP	配酸前	%	配酸后	%	加酸数量	kg	执行人：	配碱前	%	配碱后	%	加碱数量	kg	执行人：

操作人 A：　　B：　　C：　　D：　　车间主管：

六、某厂 UHT CIP 优化项目实施实例

针对 FLEX-1 机型和 FLEX-10 机型某食品厂采用 ECOLAB 清洗剂(易康清洗剂)进行清洗,以下的一些清洗程序及方案,ECOLAB 可以确保清洗效果。

(一)清洗质量评估标准

(1)设备的外观检测

清洗后的 UHT 管道内表面应光亮,表面无白膜,无乳垢和其他异物(如蛋白质、油脂、粉状等堆积物)。

(2)pH 试纸检测

对冲洗水或排出水与正常的生产用水(即对照)用精密 pH 试纸做指示,以分辨是否有清洗剂残留。

(3)ATP 检测验证

三磷酸腺苷无检出。ATP 在乳品生产环境中有三类存在形式:自由 ATP;乳品源 ATP 以及微生物源 ATP。在乳品生产设备表面检测到 ATP 说明在该表面有过细菌、霉菌、酵母、生物膜以及有机残留。ATP 的存在说明有污染:a. 在设备表面有乳品或原料残留,牛乳中含有 ATP;b. 设备表面的污染,一般的污垢中均含有 ATP;c. 标准卫生清洗失控;d. 微生物污染;e. 水源污染。

(4)ATP 检测方法

使用 CHARM ATP 检测仪在设备表面 M(4×4 英寸^2)的区域内进行涂膜,涂膜结束后将探头插入检测仪内部然后读数,根据读数结果可判定清洗质量。

(二)调整清洗剂浓度的检测方法

1. 碱性清洗剂(AC-110)使用液实验室检测方法

a. 取 10 mL 使用液;b. 加 3~5 滴酚酞指示剂;c. 用 0.5 mol/L(N) HCl 标准溶液滴定至无色,记录所耗 HCl 毫升数 V。

计算方法:清洗液浓度%(wt/v)= $0.855\times N\times V$

2. 酸性清洗剂(AC-310)使用液实验室检测方法

a. 取 10 mL 使用液;

b. 加 3~5 滴酚酞指示剂(最好用 pH 计判断终点,pH=8.3 为终点);

c. 用 1.0 mol/L(N) NaOH 标准溶液滴定至红色,记录所耗 NaOH 毫升数 V。

计算方法:清洗液浓度%(wt/v)= $1.193\times N\times V$

3. 调整纯牛奶和花色奶清洗剂的浓度标准

UHT 碱清洗剂浓度标准:3.0%~4.0%(wt/v)

UHT 酸清洗剂浓度标准:2.5%~3.5%(wt/v)

调整高酸产品清洗剂的浓度标准为:

UHT 碱清洗剂浓度标准:1.8%~2.8%(wt/v)

UHT 酸清洗剂浓度标准：0.8%～1.8%(wt/v)

(三)清洗工艺的改造

1.酸洗温度的调整及测试

根据酸的清洗特性，酸较理想的清洗温度为 75℃左右，但随着温度的升高其清洗的活性没有较明显的加强，较高的酸洗温度会对设备有一些定的腐蚀，但为了确保整个 UHT 的管道(尤其是无菌输送管道)的温度在 70℃左右我们选择酸洗的加热温度为 90℃。

由于 UHT 的热交换考虑到能量的充分利用因而热水回路在经过保持管后一部分的热量被热水回路吸收，这样若单纯降低酸洗温度会延长整个管道尤其是无菌输送管道的清洗温度达到要求的时间，因而在酸洗时间我们将 V61 阀激活从而加快整个管道的温度上升(图 10-10)。

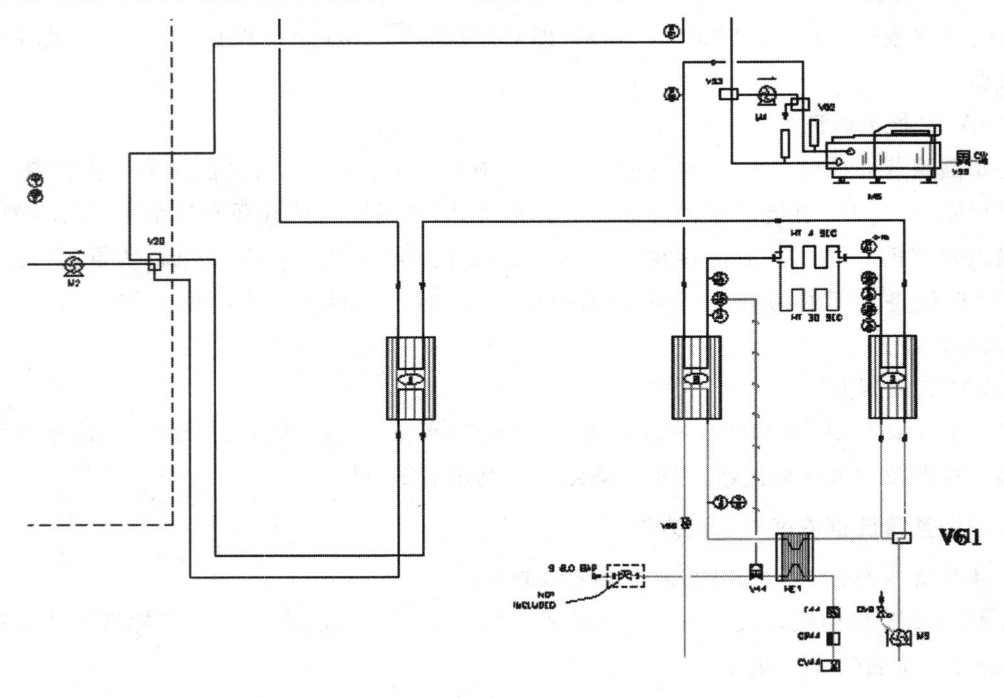

图 10-10 酸洗温度的调整线路图

经过上述程序的修改实际将酸洗温度 TT71 提前达到其门槛值，以上清洗程序的优化利用 ECOLAB 清洗剂进行清洗，并结合生产时间为 10.5 h 的生产方案，经过连续半年的测试，清洗效果较为理想。

2.专用酸酸乳 CIP 的清洗程序方案

针对酸酸乳的结垢特性和较易清洗的特点专门为其设计了一套较为简单的清洗程序从而避免了任何品种仅使用一种单一固定的清洗程序的方案，这样将整个 CIP 的时间节省了 20 min，并且降低了蒸汽和冷却水的消耗。同时当选择酸酸乳清洗程序后，PLC 自动对酸碱的投配量进行计算，自动减去某一设定值这就较大地降低清洗剂的浓度为酸酸乳产品的生产带来可观的节约，我们进行了1个多月的测试清洗效果比较满意。

酸酸乳的UHT清洗工艺：碱洗温度121℃，碱循环时间2 400 s；酸洗温度90℃，酸循环时间1 200 s。

表10-5 酸酸乳清洗程序的测试记录

	清洗剂添加量	清洗剂单价	清洗剂成本	水电气物耗成本	清洗时间
优化前的清洗方案（贝克清洗剂）	碱：28 kg 酸：24 kg	3.95元/kg	205.4元	碱洗3 000 s 酸洗1 800 s	125 min
使用酸酸乳专用清洗工艺（艺康清洗剂）	碱：18 kg 酸：14 kg	碱：4.42元/kg 酸：5.89元/kg	162.02元	碱洗2 400 s 酸洗1 200 s	105 min
对比	减少20 kg		减少43.38元	至少减少17元	节省20 min

酸酸乳专用清洗程序的设计需要对UHT的触摸屏和PLC程序进行相应的修改（图10-11、图10-12），对于TA FLEX 10由于配置了酸碱平衡缸，因而可以自动进行运算，从而设定相关的投配量，酸酸乳产品大多数均为利乐砖，为专用酸酸乳程序的设计提供了较为优越的条件。

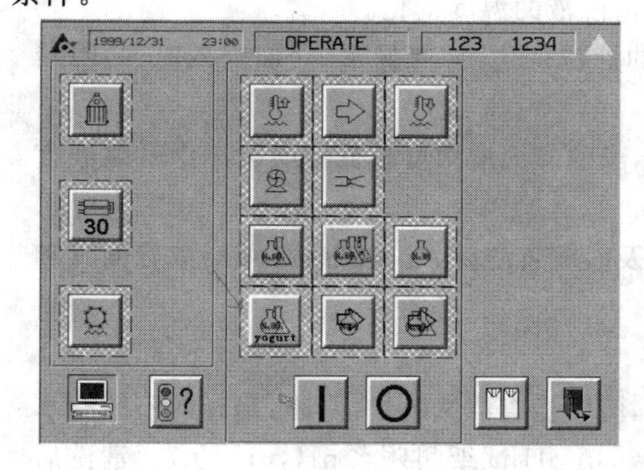

图10-11 新增TA FLEX 1的TPOP触摸屏选择画面

图10-12 新增TA FLEX 10的TPOP画面

3. 酸洗时间的调整

对纯牛奶的生产10.5 h后用ECOLAB清洗剂进行了3个多月的CIP酸洗循环时间减为20 min的测试，通过ATP涂抹检测和观察满足清洗效果要求的程度，效果较好。针对生产产品的种类，纯牛奶的矿物质结垢较其他品种严重，因而通过以上的测试我们认为该酸洗方案可以推广到其他纯牛奶、花色奶等产品的清洗。

4. 清洗剂浓度的优化

在厂内用ECOLAB的清洗剂进行了酸碱浓度的优化测试，优化前的控制标准为碱清洗剂浓度标准：3.0%～4.0%（wt/v）；酸清洗剂浓度标准：2.5%～3.5%（wt/v），当我们试图降低碱的投配量时偶尔发现在管道内存在油污状物质，该物质能够溶于碱。针对上述现象为了确保我们的清洗效果，因而我们认为酸碱的清洗浓度已没有优化空间。

企业链接:某乳品厂 CIP 清洗操作规程

1　目的

为保证工厂所用设备清洗干净,从而保证产品质量,特制定本操作规程。

2　范围

本操作规程适用于 CIP 岗位的操作工。

3　操作规程

3.1　CIP 清洗操作

3.1.1　由各岗位操作工和预处理当班班长通知 CIP 人员进行清洗操作,当生产任务比较紧时,CIP 主操作应对各罐或管路的清洗做好计划,以免因清洗不及时而耽误生产。如果清洗设备异常或其他各种原因所致的生产延误应向当班车间主任汇报。

3.1.2　所需清洗的罐和管线确定后,正确连接清洗管线(清洗线路附后),连接管线时,各管接头应注意是否拧紧,各罐罐盖是否盖严,排地阀是否关闭,并仔细检查所连接管线是否由 CIP 间出并向 CIP 间回,而构成正确循环回路,同时开启管路中各气动阀。

3.1.3　按照清洗要求的时间、温度参数、设置清洗程序,参照 3.2 程序选用。

3.1.4　启机并开启各回液泵,起机后注意检查清洗液的温度变化。

3.1.5　启机后密切注意清洗管路沿线的各罐的液位变化,如有异常,立即查找原因,防酸碱打入储奶罐导致生产损失。

3.1.6　清洗时,CIP 操作人员应注意酸碱回收,当酸碱回液浓度较低但酸碱罐中酸碱浓度较少时,可考虑手动回收。

3.1.7　当酸碱罐中酸碱不够时,CIP 操作工应及时配置酸碱,配酸碱时必须穿戴好面具和防护罩,并有人监护,准备好流动水管。

3.1.8　当配电柜断电时,一切 CIP 操作立即停止。

3.1.9　清洗结束后,CIP 操作人员应恢复管线,同时检查清洗效果:奶罐、奶仓内不能有水残留,清洗后的管线、罐、设备不能有清洗液残留,用 pH 试纸测残水 pH,pH 为 7。清洗后的管线、罐、设备应清洁、明亮无肉眼可见杂质,无污垢,残水清澈。同时关闭所使用的泵。

3.2　程序选用

3.2.1　清洗鲜奶

如选用水洗程序,水洗时间为时间列表中最后水洗时间。

3.2.2　清洗花色奶

如选用水洗程序,水洗时间为时间列表中最后高温水洗时间+100 s

如选用碱洗程序,完全依据时间列表中的时间设置。

3.2.3　清洗可可奶或酸奶

必须选用碱加酸清洗程序。

3.2.4　生奶管线、罐(包括 奶仓)、设备要每 10 d 至少走一遍碱加酸清洗。

3.2.5　中贮罐每 7 d 至少走一次酸碱清洗。

3.2.6 配料间的罐、管线及设备每 10 d 至少走一次酸碱清洗。

3.3 清洗液要求

3.3.1 水液要求达到水处理所供自来水的要求，酸液浓度为 60～80 MS(与浓度相对应的电导率)，且无肉眼可见杂质，无污浊。

3.3.2 碱液浓度为 80～100 MS，且无肉眼可见杂质，无污浊。

3.3.3 要求每 7 d 对酸罐、碱罐排污。

3.3.4 清洗液出口压力。清洗灌装机 IP、中亚、康美时以灌装机要求的清洗压力来设置 CIP 出口压力，清洗冷排、板式换热器、净乳机时，清洗出口压力设置于应略低于设备所能承受的压力。

3.4 各罐、管线、设备清洗时间列表

清洗时间、温度列表(时间:s)

清洗路线	92℃ 水洗	85℃ 碱洗	80℃ 水洗	75℃ 酸洗	98℃ 水洗	0℃ 降温
配料罐，中贮罐，无抗罐，鲜奶缓冲罐，生奶贮罐	400～500	600	400～500	500	900	300
奶仓	400～500	600	400～500	500	1 000	300
如奶仓洗后杀菌可设为	400～500	600	400～500	500	600	0
2 线收奶线，奶仓阀阵，无抗阀，无抗出料管，奶仓出料管，生贮阀阵	300～400	600	300～400	500	600～700	200～300
生贮到冷排	500	700	600	500	1 000	300
中贮到 UHT	200～300	600	200～300	500	600～700	200
发酵罐，酸奶缓冲罐，5T 罐，高位罐，果料罐	500～600	600	500～600	500	1 000	200
发酵罐出料管	400～500	800	500～600	600	1 200	100
果料罐出料管	600	300	600	200	1 100	200
净乳机到生贮	400～500	700	600～700	500～600	1 000	300
小巴杀	600～700	1 200	600～700	700	1 100	200
配料间	600～700	1 200	1 500	900	1 500	300
配料到冷排到中贮	500～600	900	500～600	700	1 000	200
配料到 401 到中贮(不带保温片)	600～700	1 200	600～700	900	1 100	200
配料到 401 到发酵(带保温片)	800～900	1 200	1 300	900	1 600	200
酸奶缓冲罐到中亚，5T 罐到 IP	600～700	600	700～800	600	1 000	400

【项目思考】

1. CIP 清洗中哪些部位容易引发产品的二次污染？

2. CIP 清洗程序使用维护应该注意哪些问题？

3. 查找一下食品工厂现在所用的 CIP 设备型号。

附录1　乳品相关标准

生鲜牛乳收购管理规范 DB 13/T 1365—2011

1　范围

本标准规定了生鲜牛乳收购及收购过程中的基本要求。

本标准适用于乳品企业生鲜牛乳的收购。

2　基本要求

2.1　基础设施

2.1.1　生鲜牛乳收购站应建在奶牛场(小区)的一侧,应有专用的运输通道。

2.1.2　生鲜牛乳收购站应有管道式机械化挤奶厅、消毒区、贮奶间、化验室、设备间、更挤奶厅衣室、办公室等设施。

2.1.3　消毒区的建设应保证每班奶牛进入待挤区前能够完成正常的消毒工作。

2.1.4　挤奶厅的地面应采用防渗、防滑、耐压材料,设一个或多个排水口,防止积水。墙壁应有瓷砖墙裙。

2.1.5　进出挤奶厅的通道应是直道。通道宽度应为95～105 cm。通道栏杆可以用胶管或抛光的钢管制作,挤奶厅的下水道应保持通畅,并安装便于清洗的防返味装置。

2.1.6　挤奶厅周围3 m内禁止有堆积的牛粪、垃圾堆、臭水坑等现象。挤奶厅、制冷间地面保持干净,保证下水通畅,禁止有积水、杂物等,玻璃、墙壁、顶棚保持干净。

2.1.7　贮奶间物品要摆放整齐、禁止有特殊气味、禁止在挤奶厅内存放车辆、饲料等物品。

2.1.8　贮奶间应通风、防尘,有条件的可安装监控摄像头,对贮奶罐的开启部位进行实时监控,并应保留视频记录。视频记录应至少保留6个月。

2.1.9　设备间应留有足够的空间以供配电、真空泵、冷却设备以及其他配套设备的安装和操作。

2.1.10　手工清洗和清洗死角的检查,需要检查的部位包括:奶杯内套、集乳器、过滤器、各管路接口、制冷罐搅拌器的上、下轴以及叶片与轴的连接处、奶泵、奶管等。

2.2　机械设备

2.2.1　应配备管道式机械挤奶设备与收奶量相适应的冷却、冷藏、低温运输以及发电机、热水器等配套设备。

2.2.2 挤奶厅应根据覆盖的泌乳牛头数和单班挤奶时间确定机械挤奶设备的挤奶位数，因地制宜选择挤奶厅(台)的形式。

2.2.3 贮奶罐应采用光滑、非吸湿性、抗腐蚀、无毒的材料制成，保温层厚度不低于50 mm，密封良好，内设搅拌装置。

2.2.4 生鲜乳运输罐应保温隔热、防腐蚀、便于清洗。

2.2.5 生鲜乳收购站用于收集生鲜乳的管道及相关部件均应选用符合国家相关标准的材料。

2.2.6 设备检查与维护

2.2.6.1 真空泵油量是否保持在要求的范围内；集乳器进气孔是否被堵塞；橡胶部件是否有磨损或漏气；检查套杯前与套杯后，真空表读数是否稳定；真空调节器是否有明显的放气声，以确认真空储气量是否充足；奶杯内衬/杯罩间是否有液体进入，以确认内衬是否有破裂。

2.2.6.2 脉动率与内衬收缩状况；奶泵止回阀的工作情况。

2.2.6.3 真空泵皮带松紧度；清洁真空调节器和传感器的工作状况；浮球阀密封情况；冲洗真空管、清洁排泄阀密封状况。

2.2.6.4 由专业技术工程师每年定期对挤奶设备进行一次全面检修与保养。不同类型的设备应根据设备要求进行相应维护。

2.3 人员

2.3.1 挤奶工应有健康证，建立员工健康档案。

2.3.2 管理人员应熟悉奶业管理相关法律法规，熟悉生鲜乳生产、收购相关专业知识。

2.3.3 应对员工进行定期的卫生安全培训和教育，增强质量安全观念。

2.3.4 从事生鲜乳化验检测的人员应经培训合格，熟悉生鲜乳生产质量控制及相关的检验检测技术。

2.4 卫生

2.4.1 进入挤奶厅、贮奶间的人员应穿工作服和工作鞋、戴上工作帽。要洗净双手，工作服、工作鞋以及工作帽应用紫外线消毒。

2.4.2 生鲜乳在挤奶、冷却、贮存、运输过程中，应在密闭条件下操作，不得与有毒、有害、挥发性物质接触，生鲜乳运输罐在起运前由企业驻站监管员对外界相通的口加铅封，同时在交接单上签字。

2.4.3 挤奶厅与相关设施在每班次牛挤奶后应彻底清洗干净，并进行喷雾消毒。

2.4.4 应严格按照设备清洗规程对挤奶、贮奶设备进行清洗、消毒，并保存有完整的清洗前后水温、冲洗时间、酸碱液浓度记录。如果清洗消毒后超过12 h未使用，再次使用前应重新清洗消毒。

2.4.5 贮奶罐外部应保持清洁、干净，没有灰尘。贮奶罐的盖子应注意保持关闭状态。交奶后应及时清洗消毒贮奶罐并将罐内的水排净。

2.4.6 清洗完毕后，应排干或烘干管道内以及所有和生鲜乳接触过的容器表面的水，奶泵、奶管、节门用后及时清洗。

2.4.7 挤奶厅、贮奶间不得堆放任何化学物品和杂物；有防鼠防害虫措施。

2.4.8 许可使用的化学物质和产品应存放在不会对生鲜乳造成直接或间接污染的位置。

2.4.9 收购站周围环境每周应用2%氢氧化钠溶液或其他高效低毒消毒剂至少消毒一次。站内排污池和下水道等每月用漂白粉至少消毒一次。

2.5 质量检测

2.5.1 收购的生鲜乳应留存样品,并做好样品的编号、登记。样品应冷冻保存,并至少保留10 d。

2.5.2 应按照国家规定对生鲜乳进行常规检测。应有与检测项目相适应的化验、计量、检测仪器设备。

2.6 生鲜乳收购站管理

2.6.1 生鲜乳收购站应建立完善的管理制度,至少应包括卫生保障、质量安全保障、化学品管理等制度以及挤奶操作规程。

2.6.2 生鲜乳收购站应建立生鲜乳收购、销售和检测记录,并保留2年。生鲜乳收购记录应载明收购站名称、收购许可证编号、畜主姓名、单次收购量、收购日期和地点。生鲜乳销售记录应载明生鲜乳装载量、装运地、运输车辆牌照及准运证明、承运人姓名、装运时间、装运时生鲜乳温度等。生鲜乳检测记录应载明检测人员、检测项目、检测结果、检测时间。

3 生鲜乳的收购

3.1 生鲜乳收购流程

奶牛进挤奶厅→机器挤奶→计量瓶→制冷罐→奶车→运输到工厂→编号→采样→化验→出具结果→过磅→收奶→过滤→净乳→冷却→入仓

3.2 生鲜乳收购操作规程

3.2.1 挤奶

3.2.1.1 正在使用抗菌药物治疗以及处于停药期的奶牛;产犊7 d内的奶牛;不符合《乳用动物健康标准》相关规定的奶牛不得入挤奶厅挤奶。

3.2.1.2 挤奶前应对乳房进行清洁与消毒。先用35~45℃温水清洁乳房、乳头,然后用专用药液药浴乳头15~20 s后擦干。每头奶牛应有专用的毛巾,鼓励用一次性纸巾擦干。药浴液应在每班挤奶前现用现配,并保证有效的药液浓度。

3.2.1.3 手工将头2~3把奶挤到专用容器中,检查是否有凝块、絮状物或水样物,乳样正常的牛方可上机挤奶。乳样异常时应及时报告兽医,并对该牛只单独挤奶,单独存放,不得混入正常生鲜乳中。

3.2.1.4 用药浴液对牛乳头进行的浸泡2~3 s,浸泡时最好要超过乳头的2/3,然后让药浴液在乳头上保留15~20 s。

3.2.1.5 使用干净干燥的毛巾或一次性纸巾将乳头(尤其是乳头导管)上的药浴液擦干,不得有药浴的残留。

3.2.1.6 检查挤奶真空表是否在标准范围,安装挤奶杯进行挤奶。

3.2.1.7 挤奶时间一般在5~8 min,不超过10 min,挤奶过程中不得使用凡士林。

3.2.1.8 初乳、末乳、絮状奶、水样奶、血乳等异常乳不得与正常乳混合。

3.2.1.9　应在45 s内将奶杯稳妥地套在乳头上，使奶杯均匀分布在乳房底部，并略微前倾。挤奶时间4～7 min，出奶较少时应对乳房进行自上而下地按摩，防止空挤。挤奶套杯时应避免空气进入杯组中。挤奶过程中应观察真空稳定性、挤奶杯组奶流，必要时调整奶杯组的位置。

3.2.1.10　挤出的生鲜乳应在2 h之内冷却到0～4℃保存。贮奶罐内生鲜乳温度应保持0～4℃。生鲜乳挤出后在贮奶罐的贮存时间不应超过48 h。

3.2.2　设备的清洗

每次挤奶结束后对挤奶设备进行清洗。

3.2.3　生鲜乳的储运

3.2.3.1　挤下奶到制冷时间不超过2 h，搅拌应在32 r/min左右。

3.2.3.2　将奶温度降到0～4℃之内，进入储存罐，放置不超过24 h，储存温度在6℃之内。

3.2.3.3　牛奶入储存罐后不允许进行人工调配等添加任何物质。

3.2.3.4　奶车装奶后由奶站负责人填写生鲜牛乳销售记录和生鲜乳交接单，驻站监管员在交接单上签字，并将与运输罐外界相通的口用铅封封好。

3.2.3.5　挤奶后要在24 h内拉运到达生产企业工厂。

3.2.4　收奶

3.2.4.1　采样员对采样器具进行消毒处理，并准备好取样瓶，按入厂编号顺序进行采样。

3.2.4.2　采样员核对生鲜乳收购许可证(副本)、运奶车辆的准运证明、生鲜乳交接单，核实无误后留存一联生鲜乳交接单。对奶车铅封的完好性、与相符性、奶车夹层罐及抽奶口与罐口对应情况进行检查。

3.2.4.3　采样后采样员将样品编号送入化验室进行化验。

3.2.4.4　化验员接收到样品进行检测，并出具检测报告。

3.2.5　过磅

经检测合格的奶车进行称重。

3.2.6　接管收奶

奶车收奶前，操作人员检查出奶口无污物，启动收奶泵将牛奶通过过滤器收入暂存罐。

3.2.7　过滤

在每次对收奶管线进行CIP清洗时需对过滤器进行手工清洗，同时检查过滤器是否完好。

3.2.8　净乳

根据每种净乳机设备的排渣时间不同，确定时间要对排渣物进行一次检查。

3.2.9　冷却与入仓

牛乳经过冷却器，奶温降到0～7℃。

生鲜牛乳快速检验方法 DB 13/T 746—2005

1 范围

本标准规定了生鲜牛乳的感官、理化、微生物及牛奶掺伪的快速检验方法。

本标准适用于生鲜牛乳的快速检验。

2 规范性引用文件

下列文件中的条款通过本标准的引用而成为本标准的条款。凡是注日期的引用文件，其随后所有的修改单(不包括勘误的内容)或修订版均不适用于本标准，然而，鼓励根据本标准达成协议的各方研究是否可使用这些文件的最新版本。凡是不注日期的引用文件，其最新版本适用于本标准。

GB/T 4789. 27—2003 食品卫生微生物学检验鲜乳中抗生素残留量检验

GB/T 5009. 46—2003 乳与乳制品卫生标准的分析方法

GB/T 5409—1985 牛乳检验方法

GB/I' 5413. 30—1997 乳与乳粉杂质度的测定

GB/T 6914—1986 生鲜牛乳收购标准

3 抽样

按 GB/T 6914—1986 中 3.1 进行。取样量不少于 250 mL。

4 检验方法

4.1 感官检验

取适量样品于干净的烧杯中，按 GB/T 691—1985 中第 2.2 条进行。另外，取适量样品于干净的烧杯中，加热至 85℃，观察组织形态，嗅其气味、品尝滋味，应无沉淀、无凝块、无杂质，具有新鲜牛乳固有的香味，无异味。

4.2 理化检验

第一法——化学法

4.2.1 蛋白质

4.2.1.1 原理

氨基酸是构成蛋白质的基本单位。牛乳中蛋白质含量与氨基酸含量呈良好的正相关。氨基酸为两性电解质，在接近中性的水溶液中，全部解离为双极离子。当甲醛溶液加入后，与中性的氨基酸中非解离型氨基反应，生成单羟甲基和二羟甲基诱导体，使氨基酸失去氨基特性，游离的羧基(—COOH)可以用标准碱溶液滴定，根据碱溶液的消耗量，计算出蛋白质的含量。加入草酸钾的目的是使它与乳中的钙生成不溶性稳定化合物，消除钙离子的影响，有利于终点的判断。

4.2.1.2 试剂

4.2.1.2.1 饱和草酸钾溶液：330 g/L。

4.2.1.2.2 酚酞指示液：5 g/L 乙醇溶液。

4.2.1.2.3 氢氧化钠标准溶液[$c(NaOH)=0.1$ mol/L]。

4.2.1.2.4 氢氧化钠标准滴定溶液[$c(NaOH)=0.05$ mol/L]。

4.2.1.2.5 中性甲醛溶液。

4.2.1.3 分析步骤

准确吸取乳样 10.0 mL 于三角瓶中，加入 0.5 mL 饱和草酸钾溶液和 0.5 mL 酚酞指示液，经 2 min 后用 0.1 mol/L 氢氧化钠标准溶液滴定至粉红色。然后加入 2 mL 中性甲醛溶液。再用 0.05 mol/L 氢氧化钠标准滴定溶液滴定至粉红色，记录滴定消耗的 0.05 mol/L 氢氧化钠标准滴定溶液的毫升数。

4.2.1.4 分析结果的表述与计算

样品中蛋白质的含量 X_1 按下式计算：

$$X_1=\frac{c\cdot v_1\times 0.014\times 6.38\times \frac{100}{5.006}}{V}\times 100$$

式中：X_1——样品中蛋白质的含量，单位为克每百毫升(g/100 mL)

c——氢氧化钠标准滴定溶液的浓度，单位为摩尔每升(mol/L)；

v_1——加入中性甲醛溶液后，滴定试样消耗氢氧化钠标准滴定溶液的体积，单位为毫升(mL)；

0.014——1 mol/L 氢氧化钠标准溶液 1 mL 相当于氮的克数；

6.38——氮换算为蛋白质的系数；

100/5.006——经验常数；

V——样品的体积，单位为毫升(mL)。

计算结果保留 3 位有效数字。

4.2.1.5 允许差

同一样品的两次测定结果之差，不得超过平均值的 5.0%。

4.2.2 脂肪

4.2.2.1 试剂

4.2.2.1.1 碱试剂：将 30 g 氢氧化钠用 300 mL 水溶解于第一个烧杯中；将 40 g 无水碳酸钠用 300 mL 水溶解于第二个烧杯中；将 75 g 氯化钠用 300 mL 65～70℃水溶解于第三个烧杯中。然后，将 3 种溶液混合，加水定容至 1 000 mL，用脱脂棉滤入试剂瓶中，备用。

4.2.2.1.2 异戊醇-乙醇混合液：异戊醇＋乙醇＝65 mL＋105 mL。

4.2.2.2 仪器

4.2.2.2.1 盖勃氏乳脂计。

4.2.2.2.2 恒温水浴锅。

4.2.2.3 分析步骤

吸取 10 mL 碱试剂于盖勃氏乳脂计中，加入混匀的牛乳 11 mL，再加入异戊醇-乙醇混合液 1 mL，用橡皮塞将乳脂计塞紧，轻轻振荡使其混合，直至出现泡沫使牛乳凝块溶解。将乳脂计放入 70～73℃恒温水浴锅内保持 10 min，约 5 min 振荡一次。然后，将乳脂计倒置，使橡皮塞向下，再置 70～73℃恒温水浴锅内 10～15 min，至脂肪柱不含泡沫时取出，立即读数。读数时要将乳脂肪柱下弯月面放在与眼同一水平面上，以弯月面下限为准。所读数值即为脂肪百分率。

4.2.2.4 允许差

同一样品的两次测定结果之差，不得超过平均值的 10.0%。

4.2.3 相对密度

按 GB/T 5009.46—2003 中 4.1 测定。

4.2.4 非脂乳固体(计算法)

样品中非脂乳固体含量 X_2 按下式计算：

$$X_2=0.25L+1.2F+0.14-F$$

式中：X_2——样品中非脂乳固体含量，单位为克每百毫升(g/100 mL)；

L——乳稠计(15℃/15℃)的读数，密度计(20℃/4℃)的读数加 2°；

F——脂肪含量，单位为克每百毫升(g/100 mL)。

4.2.5 滴定酸度

4.2.5.1 试剂

4.2.5.1.1 酚酞指示液：5 g/L 乙醇溶液。

4.2.5.1.2 氢氧化钠标准溶液[$c(NaOH)=0.1$ mol/L]。

4.2.5.2 仪器

4.2.5.1.1 100 mL 三角瓶。

4.2.5.1.2 50 mL 碱式滴定管。

4.2.5.1.3 吸管：10 mL。

4.2.5.3 分析步骤

准确吸取乳样 10 mL 于三角瓶中，加入 0.5 mL 酚酞指示液。用 0.1 mol/L 氢氧化钠标准溶液滴定至粉红色，并在 0.5 min 内不退色，为滴定终点。记录 0.1 mol/L 氢氧化钠标准溶液消耗的毫升数。

4.2.5.4 分析结果的表述与计算

消耗 0.1 mol/L 氢氧化钠标准溶液的毫升数乘以 10 即为酸度(°T)。

用乳酸来表示牛乳的酸度水平，即每 100 mL 牛乳中所含有的乳酸克数。样品中乳酸的含量 X_3 按下式计算：

$$X_3=\frac{c\cdot v\times 0.09}{10}\times 100$$

式中：X_3——样品中乳酸含量，单位为克每百毫升(g/100 mL)；

c——氢氧化钠标准溶液的浓度，单位为摩尔每升(mol/L)；

v——消耗氢氧化钠标准溶液的体积，单位为毫升(mL)；

0.09——1 mL 1 mol/L 氢氧化钠标准溶液相当乳酸的克数，单位为克(g)。

4.2.5 杂质度

按 GB/T 5413.30—1997 操作。

4.2.6 酒精试验

4.2.6.1 试剂

4.2.6.1.1 75%中性酒精溶液(用酚酞检验)。

4.2.6.1.2 72%中性酒精溶液(用酚酞检验)。

4.2.6.1.3 70%中性酒精溶液(用酚酞检验)。

4.2.6.2 仪器

4.2.6.2.1 试管：20 mL。

4.2.6.2.2 移液管：1 mL 或 2 mL。

4.2.6.3 分析步骤

取 3 支试管分别加入 1 mL 70%中性酒精溶液或 72%中性酒精溶液或 75%中性酒精溶液，再加入等量牛乳。转动试管，充分混匀，观察有无絮状沉淀。如果无絮状沉淀，表明乳是新鲜的，称为酒精试验阴性乳。出现絮状的乳，为酸度较高的乳，称为酒精试验阳性乳。

4.2.6.4 分析结果的表述

如果在 70%中性酒精溶液中不出现絮片，表示牛乳酸度在 200°T 以下；如果在 72%中性酒精溶液中不出现絮片，表示牛乳酸度在 18°T 以下；如果在 75%中性酒精溶液中不出现絮片，则牛乳酸度在 170°T 以下。

第二法——仪器法

4.2.7 脂肪、非脂乳固体、相对密度、掺水率、冰点、蛋白质的测定(快速乳成分分析仪法——超声波传感器)

4.2.7.1 方法提要

进样系统吸入乳样至超声波传感器，发射超声波并反馈信号到微型计算机，信号强度与组分含量呈正比，计算机按照一定的固定参数把反馈信号转化成分析结果并保存。

4.2.7.2 仪器

MILKYWAY 快速乳成分分析仪。

4.2.7.3 样品预处理

取样适量放于恒温水浴中，使样品温度控制在 25～30℃。搅拌均匀，用玻璃棒同方向圆周搅拌，使样品表面无明显气泡。

4.2.7.4 测定

开电源，显示 WARM UP(预热)字样，约 5～15 min 结束，仪器显示 EKOMILK，准备就序，按仪器使用说明书用 GB/T 5009.46、GB/T 5409 或本标准所规定理化检验方法校正仪器。如果校正多项指标,应先校正非脂乳固体,然后校正密度,最后校正脂肪和蛋白质。每校正一个指标后,应使用同一牛奶重新测定其他指标再进行校正,存储校正值。

把预处理完毕的样品,倒入进样杯中,倒入量为容器的80%,防止吸空。把进样杯放入进样口,选择菜单,显示COWMILK,点击“确定”仪器显示WORKING(工作)字样,进样开始检测。快速乳成分分析仪直接显示乳样中脂肪、非脂乳固体、相对密度、掺水率、冰点、蛋白质的测定结果,接记录仪可自动打印。

4.2.7.5 清洗

每天工作的开始或两次测样间隔大于10 min或每天工作的结束时,按仪器使用说明书规定方法清洗仪器。

4.2.8 脂肪、蛋白质、乳糖、全乳固体、酸度、冰点的测定(牛乳成分快速分析仪——红外光谱法)

4.2.8.1 方法提要

进样系统吸入乳样至样品室,采用红外光谱扫描样品,样品各组分的红外光谱强度与其含量呈正比,计算机根据固定的参数把红外信号转化成分析结果输出并保存。

4.2.8.2 仪器

红外牛乳成分快速分析仪。

4.2.8.3 样品预处理

所有由冷藏处取出的样品均须升温至40℃,剧烈上下颠倒摇荡,使内部脂肪完全融开并混合均匀。

4.2.8.4 测定

先打开计算机,再打开红外分析仪电源,预热90 min。在WINDOWS窗口下进入检测程序。检查清洗液和调零液是否够用。用鼠标点击“清洗”按钮,对仪器进行3次清洗,用鼠标点击“调零”按钮,仪器自动调零。选定被检样品,将样品摇匀,放于吸管下,用鼠标点击“检测”按钮进行检测,样品检测完一批后对仪器进行3次清洗。

4.2.8.5 仪器校正

为保证仪器的准确性,每月需用国家标准方法对牛乳成分分析仪进行考核校正。

a. 选取10份不同的生鲜牛乳样品,先将样品混匀后用国家标准方法对脂肪、蛋白质、乳糖、全乳固体、酸度、冰点进行检测(脂肪:盖勃法;蛋白质:凯氏定氮法;乳糖:莱因-埃农氏法;全乳固体:烘箱干燥法;酸度:直接滴定法;冰点:冰点仪),得到一组数据。

b. 用牛乳成分快速分析仪对同一组鲜奶样品的脂肪、蛋白质、乳糖、全乳固体、酸度、冰点指标进行快速检测,得到另一组数据,对两组数据的平均值进行比较,计算其相对偏差。脂肪、蛋白质、酸度、全乳固体的最大相对偏差为±1.5%;乳糖的最大相对偏差为±2.5%。

c. 当相对偏差超出要求时,应对仪器中生鲜牛乳检测曲线的斜率和截距参数进行调整,再次进行测定,直至符合要求。

4.2.8.6 仪器保养

每隔3 d按仪器使用说明文件规定方法,用专用强力清洗液清洗仪器。

4.3 微生物指标

按 GB/T 6914—1986 中 3.10 进行。其中美蓝溶液的配制：称取分析纯美蓝（又名亚甲蓝）5.0 mg 于 100 mL 容量瓶中，加适量新煮沸放冷的蒸馏水使其溶解并定容至刻度，塞上瓶盖，放冰箱中贮存备用。使用期限为 14 d。

4.4 牛奶掺伪的检验

4.4.1 掺碱（碳酸钠）的检验

4.4.1.1 试剂

玫瑰红酸酒精溶液（0.5 g/L）：称取 0.05 g 玫瑰红酸溶于 100 mL 95％酒精中（pH 范围 6.9～8.0）。

4.4.1.2 分析步骤

吸取 5 mL 乳样于试管中，加入 5 mL 玫瑰红酸酒精溶液，摇匀，乳样呈肉桂黄色为正常，呈玫瑰红色为加碱，加碱越多玫瑰红色越鲜艳，应以正常作对照。

4.4.2 掺亚硝酸盐的检验

4.4.2.1 试剂

格里斯试剂：对氨基苯磺酸 10 g，1-萘胺 1 g，酒石酸 89 g。3 种试剂分别称好后于乳钵中研碎，在棕色瓶中干燥保存备用。

4.4.2.2 分析步骤

取乳样 2 mL 于试管中，加入固体混合试剂 0.2 g，混匀。乳中有亚硝酸盐存在时，即出现桃红色，同时做空白对照。

4.4.3 掺尿素的检验

4.4.3.1 试剂

4.4.3.1.1 亚硝酸钠溶液（10 g/L）。

4.4.3.1.2 浓硫酸。

4.4.3.1.3 格里斯试剂：对氨基苯磺酸 10 g，1-萘胺 1 g，酒石酸 89 g。3 种试剂分别称好后于乳钵中研碎，在棕色瓶中干燥保存备用。

4.4.3.2 分析步骤

取乳样 3 mL 于试管中，向试管中加入亚硝酸钠溶液 1 mL，浓硫酸 1 mL，摇匀后再加入少量格里斯试剂混合均匀，观察其颜色变化，如有尿素存在则颜色不变（因尿素与亚硝酸盐作用在酸性溶液中生成二氧化碳、氮气和水），乳中无尿素存在时，即出现紫红色。同时做空白对照。

4.4.4 掺淀粉的检验

4.4.4.1 试剂

碘溶液：取碘化钾 4 g 溶于少量蒸馏水中，然后，用此溶液溶解结晶碘 2 g，待结品碘完全溶解后，移入 100 mL 容量瓶中，加水至刻度。

4.4.4.2 分析步骤

吸取乳样 5 mL 于试管中，加入碘溶液 2～3 滴，乳中掺有淀粉时，即出现蓝色、紫色或暗红色及沉淀。牛乳中掺豆浆，加碘溶液后呈现浅污绿色。同时做空白对照。

4.4.5 掺过氧化氢的检验

4.4.5.1 试剂

4.4.5.1.1 硫酸溶液:1+1。

4.4.5.1.2 碘化钾-淀粉溶液:称取 3 g 淀粉用少量温水混合成乳浊液,然后,边搅拌边加入沸水 100 mL,冷却后加入碘化钾溶液 5 mL(事先取碘化钾 3 g 溶于 5 mL 水中)。

4.4.5.2 分析步骤

吸取乳样 1 mL 于试管中,加 1 滴硫酸溶液,然后,滴加碘化钾-淀粉溶液 3～4 滴,摇动混匀后,观察结果。如果,立即呈现蓝色,判断为过氧化氢阳性,否则为阴性。

4.4.6 掺甲醛的检验

4.4.6.1 试剂

4.4.6.1.1 溴化钾。

4.4.6.1.2 硫酸溶液:5+1。

4.4.6.2 分析步骤

吸取 3 mL 硫酸溶液(5+1)注入试管中,加溴化钾小晶粒 1 粒,摇匀后,立即沿试管壁徐徐注入 1 mL 乳样,静置于试管架上,观察接触面上的环变化,如有甲醛存在则很快出现紫色环,否则为橙黄色。

4.4.7 掺氯化钠的检验

4.4.7.1 试剂

4.4.7.1.1 硝酸银溶液(0.01 mol/L)。

4.4.7.1.2 铬酸钾溶液(1 g/L)。

4.4.7.2 分析步骤

吸取乳样 1 mL 于试管中,滴加铬酸钾溶液 2～3 滴后,再加入硝酸银溶液 5 mL,摇匀观察溶液颜色。溶液呈黄色表明掺有食盐,呈棕红色表明未掺食盐。

4.4.8 抗生素残留量的检验

4.4.8.1 方法一

按 GB/T 4789.27—2003 进行。

4.4.8.2 方法二

将 20 mL 被检奶样注入试管中,浸入沸水浴中 10～15 min,然后冷却至 43℃,加入 1～2 mL 酸乳。将试管置于 43℃水浴保温 3 h,测试 pH 应≤4.2。

4.4.9 掺陈乳的检验

4.4.9.1 分析步骤

吸取乳样 10～20 mL 于烧杯中,加热煮沸,然后,加入等体积中性蒸馏水(新煮沸 10 min,冷却至室温),观察有无凝块生成。

4.4.9.2 结果判定

煮沸试验不能单纯理解为酸度试验,因为,蛋白质凝块和多种因素有关,单从酸度看可认为是新鲜乳,但加热煮沸试验出现凝块,遇此情况应判断为:在新鲜乳中掺有陈乳。

食品安全国家标准——生乳 GB 19301—2010

1 范围

本标准适用于生乳，不适用于即食生乳。

2 规范性引用文件

本标准中引用的文件对于本标准的应用是必不可少的。凡是注日期的引用文件，仅所注日期的版本适用于本标准。凡是不注日期的引用文件，其最新版本（包括所有的修改单）适用于本标准。

3 术语和定义

3.1 生乳（raw milk）

从符合国家有关要求的健康奶畜乳房中挤出的无任何成分改变的常乳。产犊后 7 d 的初乳、应用抗生素期间和休药期间的乳汁、变质乳不应用作生乳。

4 技术要求

4.1 感官要求：应符合表 1 的规定。

表 1 感官要求

项目	要求	检验方法
色泽	呈乳白色或微黄色	取适量试样置于 50 mL 烧杯中，在自然光下观察色泽和组织状态。闻其气味，用温开水漱口，品尝滋味
滋味、气味	具有乳固有的香味，无异味	
组织状态	呈均匀一致液体，无凝块、无沉淀、无正常视力可见异物	

4.2 理化指标：应符合表 2 的规定。

表 2 理化指标

项目	指标	检验方法
冰点[a,b]/（℃）	≥－0.500～－0.560	GB 5413.38
相对密度/（20℃/4℃）	≥1.027	GB 5413.33
蛋白质/（g/100 g）	≥2.8	GB 5009.5
脂肪/（g/100 g）	≥3.1	GB 5413.3
杂质度/（mg/kg）	≤4.0	GB 5413.30
非脂乳固体/（g/100 g）	≥8.1	GB 5413.39
酸度/（°T） 牛乳[b] 羊乳	 12～18 6～13	GB 5413.34

注：[a]挤出 3 h 后检测；[b]仅适用于荷斯坦奶牛。

4.3 污染物限量:应符合 GB 2762 的规定。

4.4 真菌毒素限量:应符合 GB 2761 的规定。

4.5 微生物限量:应符合表 3 的规定。

表 3 微生物限量

项目	限量[CFU/g(mL)]	检验方法
菌落总数	$\leqslant 2\times 10^6$	GB 4789.2

4.6 农药残留限量和兽药残留限量。

4.6.1 农药残留量应符合 GB 2763 及国家有关规定和公告。

4.6.2 兽药残留量应符合国家有关规定和公告。

食品安全国家标准——巴氏杀菌乳 GB 19645—2010

1 范围

本标准适用于全脂、脱脂和部分脱脂巴氏杀菌乳。

2 规范性引用文件

本标准中引用的文件对于本标准的应用是必不可少的。凡是注日期的引用文件，仅所注日期的版本适用于本标准。凡是不注日期的引用文件，其最新版本(包括所有的修改单)适用于本标准。

3 术语和定义

3.1 巴氏杀菌乳(pasteurized milk)

仅以生牛(羊)乳为原料，经巴氏杀菌等工序制得的液体产品。

4 技术要求

4.1 原料要求：生乳应符合 GB 19301 的要求。

4.2 感官要求：应符合表 1 的规定。

表 1 感官要求

项目	要求	检验方法
色泽	呈乳白色或微黄色	取适量试样置于 50 mL 烧杯中，在自然光下观察色泽和组织状态。闻其气味，用温开水漱口，品尝滋味
滋味、气味	具有乳固有的香味，无异味	
组织状态	呈均匀一致液体，无凝块、无沉淀、无正常视力可见异物	

4.3 理化指标：应符合表 2 的规定。

表 2 理化指标

项目	指标	检验方法
脂肪[a]/(g/100 g)	≥3.1	GB 5413.3
蛋白质/(g/100 g) 牛乳 羊乳	 ≥2.9 ≥2.8	GB 5009.5
非脂乳固体/(g/100 g)		GB 5413.39
酸度/°T 牛乳 羊乳	 12～18 6～13	GB 5413.34

注：[a]仅适用于全脂巴氏杀菌乳。

4.4 污染物限量:应符合 GB 2762 的规定。

4.5 真菌毒素限量:应符合 GB 2761 的规定。

4.6 微生物限量:应符合表 3 的规定。

表 3 微生物限量

项目	采样方案[a] 及限量(若非指定,均以 CFU/g 或 CFU/mL 表示)				检验方法
	n	c	m	M	
菌落总数	5	2	50 000	100 000	GB 4789.2
大肠菌群	5	2	1	5	GB 4789.3 平板计数法
金黄色葡萄球菌	5	0	0/25 g(mL)	—	GB 4789.10 定性检验
沙门氏菌	5	0	0/25 g(mL)	—	GB 4789.4

[a]样品的分析及处理按 GB 4789.1 和 GB 4789.18 执行。

5 其他

5.1 应在产品包装主要展示面上紧邻产品名称的位置,使用不小于产品名称字号且字体高度不小于主要展示面高度 1/5 的汉字标注“鲜牛(羊)奶”或“鲜牛(羊)乳”。

食品安全国家标准——灭菌乳 GB 25190—2010

1 范围

本标准适用于全脂、脱脂和部分脱脂灭菌乳。

2 规范性引用文件

本标准中引用的文件对于本标准的应用是必不可少的。凡是注日期的引用文件，仅所注日期的版本适用于本标准。凡是不注日期的引用文件，其最新版本(包括所有的修改单)适用于本标准。

3 术语和定义

3.1 超高温灭菌乳(ultra high-temperature milk)

以生牛(羊)乳为原料，添加或不添加复原乳，在连续流动的状态下，加热到至少132℃并保持很短时间的灭菌，再经无菌灌装等工序制成的液体产品。

3.2 保持灭菌乳(retort sterilized milk)

以生牛(羊)乳为原料，添加或不添加复原乳，无论是否经过预热处理，在灌装并密封之后经灭菌等工序制成的液体产品。

4 技术要求

4.1 原料要求

4.1.1 生乳:应符合GB 19301的规定。

4.1.2 乳粉:应符合GB 19644的规定。

4.2 感官要求:应符合表1的规定。

表1 感官要求

项目	要求	检验方法
色泽	呈乳白色或微黄色	取适量试样置于50 mL烧杯中，在自然光下观察色泽和组织状态。闻其气味，用温开水漱口，品尝滋味
滋味、气味	具有乳固有的香味，无异味	
组织状态	呈均匀一致液体，无凝块、无沉淀、无正常视力可见异物	

4.3 理化指标:应符合表2的规定。

表2 理化指标

项目	指标	检验方法
脂肪[a]/(g/100 g)	≥3.1	GB 5413.3
蛋白质/(g/100 g) 牛乳 羊乳	 ≥2.9 ≥2.8	GB 5009.5
非脂乳固体/(g/100 g)	≥8.1	GB 5413.39
酸度/°T 牛乳 羊乳	 12～18 6～13	GB 5413.34

注：[a]仅适用于全脂巴氏杀菌乳。

4.4 污染物限量:应符合 GB 2762 的规定。

4.5 真菌毒素限量:应符合 GB 2761 的规定。

4.6 微生物要求:应符合商业无菌的要求,按 GB/T 4789.26 规定的方法检验。

5 其他

5.1 仅以生牛(羊)乳为原料的超高温灭菌乳应在产品包装主要展示面上紧邻产品名称的位置,使用不小于产品名称字号,且字体高度不小于主要展示面高度 1/5 的汉字标注“纯牛(羊)奶”或“纯牛(羊)乳”。

5.2 全部用乳粉生产的灭菌乳应在产品名称紧邻部位标明“复原乳”或“复原奶”;在生牛(羊)乳中添加部分乳粉生产的灭菌乳应在产品名称紧邻部位标明“含××% 复原乳”或“含××% 复原奶”。

注:“××%”是指所添加乳粉占灭菌乳中全乳固体的质量分数。

5.3 “复原乳”或“复原奶”与产品名称应标识在包装容器的同一主要展示版面;标识的“复原乳”或“复原奶”字样应醒目,其字号不小于产品名称的字号,字体高度不小于主要展示版面高度的 1/5。

食品安全国家标准——调制乳 GB 25191—2010

1 范围

本标准适用于全脂、脱脂和部分脱脂调制乳。

2 规范性引用文件

本标准中引用的文件对于本标准的应用是必不可少的。凡是注日期的引用文件，仅所注日期的版本适用于本标准。凡是不注日期的引用文件，其最新版本（包括所有的修改单）适用于本标准。

3 术语和定义

3.1 调制乳（modified milk）

以不低于 80% 的生牛（羊）乳或复原乳为主要原料，添加其他原料或食品添加剂或营养强化剂，采用适当的杀菌或灭菌等工艺制成的液体产品。

4 技术要求

4.1 原料要求

4.1.1 生乳：应符合 GB 19301 的规定。

4.1.2 其他原料：应符合相应的安全标准和/或有关规定。

4.2 感官要求：应符合表 1 的规定。

表 1 感官要求

项目	要求	检验方法
色泽	呈调制乳应有的色泽	取适量试样置于 50 mL 烧杯中，在自然光下观察色泽和组织状态。闻其气味，用温开水漱口，品尝滋味
滋味、气味	具有调制乳应有的香味，无异味	
组织状态	呈均匀一致液体，无凝块、可有与配方相符的辅料的沉淀物、无正常视力可见异物	

4.3 理化指标：应符合表 2 的规定。

表 2 理化指标

项目	指标	检验方法
脂肪[a]/(g/100 g)	≥2.5	GB 5413.3
蛋白质/(g/100 g)	≥2.3	GB 5009.5

注：[a]仅适用于全脂产品。

4.4 污染物限量:应符合 GB 2762 的规定。

4.5 真菌毒素限量:应符合 GB 2761 的规定。

4.6 微生物要求

4.6.1 采用灭菌工艺生产的调制乳应符合商业无菌的要求,按 GB/T 4789.26 规定的方法检验。

4.6.2 其他调制乳应符合表 3 的规定。

表 3 微生物限量

项目	采样方案[a] 及限量(若非指定,均以 CFU/g 或 CFU/mL 表示)				检验方法
	n	c	m	M	
菌落总数	5	2	50 000	100 000	GB 4789.2
大肠菌群	5	2	1	5	GB 4789.3 平板计数法
金黄色葡萄球菌	5	0	0/25 g(mL)	—	GB 4789.10 定性检验
沙门氏菌	5	0	0/25 g(mL)	—	GB 4789.4

[a]样品的分析及处理按 GB 4789.1 和 GB 4789.18 执行。

4.7 食品添加剂和营养强化剂

4.7.1 食品添加剂和营养强化剂质量应符合相应的安全标准和有关规定。

4.7.2 食品添加剂和营养强化剂的使用应符合 GB 2760 和 GB 14880 的规定。

5 其他

5.1 全部用乳粉生产的调制乳应在产品名称紧邻部位标明“复原乳”或“复原奶”;在生牛(羊)乳中添加部分乳粉生产的调制乳应在产品名称紧邻部位标明“含××% 复原乳”或“含××% 复原奶”。

注:“××% ”是指所添加乳粉占调制乳中全乳固体的质量分数。

5.2 “复原乳”或“复原奶”与产品名称应标识在包装容器的同一主要展示版面;标识的“复原乳”或“复原奶”字样应醒目,其字号不小于产品名称的字号,字体高度不小于主要展示版面高度的 1/5。

食品安全国家标准——发酵乳 GB 19302—2010

1 范围

本标准适用于全脂、脱脂和部分脱脂发酵乳。

2 规范性引用文件

本标准中引用的文件对于本标准的应用是必不可少的。凡是注日期的引用文件，仅所注日期的版本适用于本标准。凡是不注日期的引用文件，其最新版本(包括所有的修改单)适用于本标准。

3 术语和定义

3.1 发酵乳(fermented milk)

以生牛(羊)乳或乳粉为原料，经杀菌、发酵后制成的 pH 降低的产品。

3.1.1 酸乳(yoghurt)

以生牛(羊)乳或乳粉为原料，经杀菌、接种嗜热链球菌和保加利亚乳杆菌(德氏乳杆菌保加利亚亚种)发酵制成的产品。

3.2 风味发酵乳(flavored fermented milk)

以 80% 以上生牛(羊)乳或乳粉为原料，添加其他原料，经杀菌、发酵后 pH 降低，发酵前或后添加或不添加食品添加剂、营养强化剂、果蔬、谷物等制成的产品。

3.2.1 风味酸乳(flavored yoghurt)

以 80% 以上生牛(羊)乳或乳粉为原料，添加其他原料，经杀菌、接种嗜热链球菌和保加利亚乳杆菌(德氏乳杆菌保加利亚亚种)发酵前或后添加或不添加食品添加剂、营养强化剂、果蔬、谷物等制成的产品。

4 指标要求

4.1 原料要求

4.1.1 生乳:应符合 GB 19301 规定。

4.1.2 其他原料:应符合相应安全标准和/或有关规定。

4.1.3 发酵菌种:保加利亚乳杆菌(德氏乳杆菌保加利亚亚种)、嗜热链球菌或其他由国务院卫生行政部门批准使用的菌种。

4.2 感官要求:应符合表 1 的规定。

表1 感官要求

项目	要求		检验方法
	发酵乳	风味发酵乳	
色泽	色泽均匀一致，呈乳白色或微黄色	具有与添加成分相符的色泽	取适量试样置于 50 mL 烧杯中，在自然光下观察色泽和组织状态。闻其气味，用温开水漱口，品尝滋味
滋味、气味	具有发酵乳特有的滋味、气味	具有与添加成分相符的滋味和气味	
组织状态	组织细腻、均匀，允许有少量乳清析出；风味发酵乳具有添加成分特有的组织状态		

4.3 理化指标：应符合表2的规定。

表2 理化指标

项目	指标		检验方法
	发酵乳	风味发酵乳	
脂肪[a]/(g/100 g)	≥3.1	≥2.5	GB 5413.3
非脂乳固体/(g/100 g)	≥8.1	—	GB 5413.39
蛋白质/(g/100 g)	≥2.9	≥2.3	GB 5009.5
酸度/°T	≥70.0		GB 5413.34

注：[a]仅适用于全脂产品。

4.4 污染物限量：应符合 GB 2762 的规定。

4.5 真菌毒素限量：应符合 GB 2761 的规定。

4.6 微生物限量：应符合表3的规定。

表3 微生物限量

项目	采样方案[a]及限量(若非指定，均以 CFU/g 或 CFU/mL 表示)				检验方法
	n	c	m	M	
大肠菌群	5	2	1	5	GB 4789.3 平计数法
金黄色葡萄球菌	5	0	0/25 g (mL)	—	GB 4789.10 定性检验
沙门氏菌	5	0	0/25 g (mL)	—	GB 4789.4
酵母	≤100				GB 4789.15
霉菌	≤50				

注：[a]样品的分析及处理按 GB 4789.1 和 GB 4789.18 执行。

4.7 乳酸菌数：应符合表4的规定。

表4 乳酸菌数

项 目	限量[CFU/g(mL)]	检验方法
乳酸菌数[a]	$\geq 1\times 10^{6}$	GB 4789.35

注：[a]发酵后经热处理的产品对乳酸菌数不作要求。

4.8 食品添加剂和营养强化剂

4.8.1 食品添加剂和营养强化剂质量应符合相应的安全标准和有关规定。

4.8.2 食品添加剂和营养强化剂的使用应符合 GB 2760 和 GB 14880 的规定。

5 其他

5.1 发酵后经热处理的产品应标识“××热处理发酵乳”、“××热处理风味发酵乳”、“××热处理酸乳/奶”或“××热处理风味酸乳/奶”。

5.2 全部用乳粉生产的产品应在产品名称紧邻部位标明“复原乳”或“复原奶”；在生牛(羊)乳中添加部分乳粉生产的产品应在产品名称紧邻部位标明“含××% 复原乳”或“含××% 复原奶”。

注：“××%”是指所添加乳粉占产品中全乳固体的质量分数。

5.3 “复原乳”或“复原奶”与产品名称应标识在包装容器的同一主要展示版面；标识的“复原乳”或“复原奶”字样应醒目，其字号不小于产品名称的字号，字体高度不小于主要展示版面高度的 1/5。

食品安全国家标准——炼乳 GB 13102—2010

1 范围

本标准适用于淡炼乳、加糖炼乳和调制炼乳。

2 规范性引用文件

本标准中引用的文件对于本标准的应用是必不可少的。凡是注日期的引用文件，仅所注日期的版本适用于本标准。凡是不注日期的引用文件，其最新版本（包括所有的修改单）适用于本标准。

3 术语和定义

3.1 淡炼乳（evaporated milk）

以生乳和（或）乳制品为原料，添加或不添加食品添加剂和营养强化剂，经加工制成的黏稠状产品。

3.2 加糖炼乳（sweetened condensed milk）

以生乳和（或）乳制品、食糖为原料，添加或不添加食品添加剂和营养强化剂，经加工制成的黏稠状产品。

3.3 调制炼乳（formulated condensed milk）

以生乳和（或）乳制品为主料，添加或不添加食糖、食品添加剂和营养强化剂，添加辅料，经加工制成的黏稠状产品。

4 技术要求

4.1 原料要求

4.1.1 生乳：应符合 GB 19301 的要求。

4.1.2 其他原料：应符合相应的安全标准和/或有关规定。

4.2 感官要求：应符合表1的规定。

表1 感官要求

项目	要求			检验方法
	淡炼乳	加糖炼乳	调制炼乳	
色泽	呈均匀一致的乳白色或乳黄色，有光泽		具有辅料应有的色泽	取适量试样置于 50 mL 烧杯中，在自然光下观察色泽和组织状态。闻其气味，用温开水漱口，品尝滋味
滋味、气味	具有乳的滋味和气味	具有乳的香味，甜味纯正	具有乳和辅料应有的滋味和气味	
组织状态	组织细腻，质地均匀，黏度适中			

4.3 理化指标：应符合表2的规定。

表 2 理化指标

项目	指标				检验方法
	淡炼乳	加糖炼乳	调制炼乳		
			调制淡炼乳	调制加糖炼乳	
蛋白质/(g/100 g)	非脂乳固体[a] 的 34%		≥4.1	≥4.6	GB 5009.5
脂肪(X)/(g/100 g)	$7.5 \leqslant X < 15.0$		$X \geqslant 7.5$	$X \geqslant 8.0$	GB 5413.3
乳固体[b]/(g/100 g)	≥25.0	≥28.0	—	—	
蔗糖/(g/100 g)	—	≤45.0	—	≤48.0	GB 5413.5
水分/%	—	≤27.0	—	≤28.0	GB 5009.3
酸度/°T	≤48.0				GB 5413.34

注：[a] 非脂乳固体(%)=100%－脂肪(%)－水分(%)－蔗糖(%)；

[b] 乳固体(%)=100% －水分(%)－蔗糖(%)。

4.4 污染物限量:应符合 GB 2762 的规定。

4.5 真菌毒素限量:应符合 GB 2761 的规定。

4.6 微生物要求

4.6.1 淡炼乳、调制淡炼乳应符合商业无菌的要求，按 GB/T 4789.26 规定的方法检验。

4.6.2 加糖炼乳、调制加糖炼乳应符合表 3 的规定。

表 3 微生物限量

项目	采样方案[a] 及限量(若非指定，均以 CFU/g 或 CFU/mL 表示)				检验方法
	n	c	m	M	
菌落总数	5	2	30 000	100 000	GB 4789.2
大肠菌群	5	1	10	100	GB 4789.3 平板计数法
金黄色葡萄球菌	5	1	0/25 g(mL)	—	GB 4789.10 定性检验
沙门氏菌	5	0	0/25 g(mL)	—	GB 4789.4

注：[a]样品的分析及处理按 GB 4789.1 和 GB 4789.18 执行。

4.7 食品添加剂和营养强化剂

4.7.1 食品添加剂和营养强化剂质量应符合相应的安全标准和有关规定。

4.7.2 食品添加剂和营养强化剂的使用应符合 GB 2760 和 GB 14880 的规定。

5 其他

5.1 产品应标示“本产品不能作为婴幼儿的母乳代用品”或类似警语。

食品安全国家标准——乳粉 GB 19644—2010

1 范围

本标准适用于全脂、脱脂、部分脱脂乳粉和调制乳粉。

2 规范性引用文件

本标准中引用的文件对于本标准的应用是必不可少的。凡是注日期的引用文件,仅所注日期的版本适用于本标准。凡是不注日期的引用文件,其最新版本(包括所有的修改单)适用于本标准。

3 术语和定义

3.1 乳粉(milk powder)

以生牛(羊)乳为原料,经加工制成的粉状产品。

3.2 调制乳粉(formulated milk powder)

以生牛(羊)乳或及其加工制品为主要原料,添加其他原料,添加或不添加食品添加剂和营养强化剂,经加工制成的乳固体含量不低于70%的粉状产品。

4 技术要求

4.1 原料要求

4.1.1 生乳:应符合 GB 19301 的规定。

4.1.2 其他原料:应符合相应的安全标准和/或有关规定。

4.2 感官要求:应符合表1的规定。

表1 感官要求

项目	要求		检验方法
	乳粉	调制乳粉	
色泽	呈均匀一致的乳黄色	具有应有的色泽	取适量试样置于50 mL烧杯中,在自然光下观察色泽和组织状态。闻其气味,用温开水漱口,品尝滋味
滋味、气味	具有纯正的乳香味	具有应有的滋味、气味	
组织状态	干燥均匀的粉末		

4.3 理化指标:应符合表2的规定。

表 2 理化指标

项目	指标		检验方法
	乳粉	调制乳粉	
蛋白质/%	≥非脂乳固体[a]的 34%	16.5	GB 5009.5
脂肪[b]/%	≥26.0	—	GB 5413.3
复原乳酸度/°T			
牛乳	≤18	—	GB 5413.34
羊乳	7～14	—	
杂质度/(mg/kg)	≤16	—	GB 5413.30
水分/%	≤5.0		GB 5009.3

注：[a] 非脂乳固体(%)=100%－脂肪(%)－水分(%)；

[b] 仅适用于全脂乳粉。

4.4 污染物限量：应符合 GB 2762 的规定。

4.5 真菌毒素限量：应符合 GB 2761 的规定。

4.6 微生物限量：应符合表 3 的规定。

表 3 微生物限量

项目	采样方案[a]及限量(若非指定，均以 CFU/g)				检验方法
	n	c	m	M	
菌落总数[b]	5	2	50 000	200 000	GB 4789.2
大肠菌群	5	1	10	100	GB 4789.3 平板计数法
金黄色葡萄球菌	5	2	10	100	GB 4789.10 定性检验
沙门氏菌	5	0	0/25 g	—	GB 4789.4

注：[a] 样品的分析及处理按 GB 4789.1 和 GB 4789.18 执行；

[b] 不适用于添加活性菌种(好氧和兼性厌氧益生菌)的产品。

4.7 食品添加剂和营养强化剂

4.7.1 食品添加剂和营养强化剂质量应符合相应的安全标准和有关规定。

4.7.2 食品添加剂和营养强化剂的使用应符合 GB 2760 和 GB 14880 的规定。

婴幼儿配方乳粉产品质量监督抽查实施规范 CCGF 114.3—2007

1 适用范围

本规范适用于国家及省级质量技术监督部门组织的婴幼儿配方乳粉产品质量监督抽查，其他质量技术监督部门组织的及针对特殊情况的监督抽查可参考本规范执行。监督抽查产品范围包括婴儿配方乳粉、较大婴儿配方乳粉、幼儿配方乳粉。本规范内容包括产品分类、术语和定义、企业规模划分、检验依据、抽样、检验要求、判定原则及异议处理复检。

2 产品分类

2.1 产品分类及代码

产品分类	一级分类	二级分类	三级分类
分类代码	1	114	114.3
分类名称	食品	乳制品	婴幼儿配方乳粉

2.2 产品种类

婴幼儿配方乳粉可分为婴儿配方乳粉、较大婴儿配方乳粉、幼儿配方乳粉。

3 术语和定义

下列术语和定义适用于本规范。

婴儿配方乳粉：以新鲜牛乳或羊乳（或乳粉）及其加工制品为主要原料，加入适量的维生素和矿物质和其他辅料，经加工制成的供0～6月龄婴儿食用的产品。

较大婴儿配方乳粉：以新鲜牛乳或羊乳（或乳粉）及其加工制品为主要原料，加入适量的维生素和矿物质和其他辅料，经加工制成的供6～12月龄较大婴儿食用的产品。

幼儿配方乳粉：以新鲜牛乳或羊乳（或乳粉）及其加工制品为主要原料，加入适量的维生素、矿物质和其他辅料，经加工制成的供12～36月龄幼儿食用的产品。

婴儿配方乳粉Ⅰ：以新鲜牛乳（或羊乳）、白砂糖、大豆、饴糖为主要原料，加入适量的维生素和矿物质，经加工制成的供婴儿（0～12个月）食用的粉末状产品。

婴儿配方乳粉Ⅱ、Ⅲ：适用于以新鲜牛乳或羊乳（或乳粉）、脱盐乳清粉（配方Ⅱ）、麦芽糊精（配方Ⅲ）、精炼植物油、奶油、白砂糖为主要原料，加入适量的维生素和矿物质，经加工制成的供6个月以内婴儿食用的粉末状产品。

4 企业规模划分

根据婴幼儿配方乳粉产品行业的实际情况，生产企业规模以婴幼儿配方乳粉产品年销售额为标准划分为大、中、小型企业。见下表：

企业规模	大型企业	中型企业	小型企业
销售额/万元	≥30 000	≥3 000 且<30 000	<3 000

5 检验依据

下列文件凡是注明日期的，其随后所有的修改单或修订版均不适用于本规范。凡是不注明日期的，其最新版本适用于本规范。

GB 2760 食品添加剂使用卫生标准

GB/T 4789.18 食品卫生微生物学检验 乳与乳制品检验

GB/T 5009.11 食品中总砷及无机砷的测定

GB/T 5009.12 食品中铅的测定

GB/T 5009.24 食品中黄曲霉毒素 M_1 与 B_1 的测定

GB/T 5009.33 食品中亚硝酸盐与硝酸盐的测定

GB/T 5413 婴幼儿配方食品和乳粉通用检验方法

GB 7718 预包装食品标签通则

GB 10765 婴儿配方乳粉Ⅰ

GB 10766 婴儿配方乳粉Ⅱ、Ⅲ

GB 10767 婴幼儿配方乳粉及婴幼儿补充谷粉通用技术条件

GB 13432 预包装特殊膳食用食品标签通则

GB 14880 食品营养强化剂使用卫生标准

国标委农轻联[2004]63 号关于实施《婴幼儿配方乳粉及婴幼儿补充谷粉通用技术条件》等三项强制性国家标准有关问题的通知

国家质检总局第 13 号令 产品质量国家监督抽查管理办法

经备案现行有效的企业标准及产品明示质量要求

6 抽样

6.1 抽样型号或规格

原则上抽取企业的主导产品，优先抽取预包装产品。

6.2 抽样方法、基数及数量

在企业的成品库内或市场随机抽取经企业检验合格或以任何方式表明合格的产品，所抽取产品的保质期应能满足检验工作的进行。

在企业成品库抽样时，同一批次产品抽样基数应不少于 200 个销售包装，从同一批次样品堆的 4 个不同部位抽取 4 个或 4 个以上的大包装，分别取出相应的小包装样品。抽取样品量为，净含量不超过 500 g 包装的产品抽取 10 个包装，其中 6 个包装用于检验，4 个包装为备用样品；净含量超过 500 g 包装的产品抽取 8 个包装，其中 5 个包装用于检验，3 个包装为备用样品。备用样品封存在检验机构。

在市场上抽样时，抽样基数应不少于抽取样品量，抽取样品量要求与企业成品库抽样时相同。

6.3 样品处置

对检验样品和备用样品分别签封，应按标签标注的储存要求处置。所抽样品应采取可靠、有效的措施，防止样品在运输、储存过程中发生丢失、失效、变质及交叉污染。

6.4 抽样单

按有关规定填写抽样单，并记录被抽查产品及企业相关信息。同时记录被抽查企业上一年度生产的婴幼儿配方乳粉产品销售总额及被抽查产品的销售额(以万元计)。若上一年未生产此类产品，记录本年度已实际生产产品的销售总额。

7 检验要求

7.1 检验项目及重要程度分类

序号	检验项目	依据法律法规或标准条款	强制性/推荐性	检测方法	重要程度分类	
					A类	B类
1	脂肪	GB 10767 4.3、GB 10765 3.3、GB 10766 3.3	强制性	GB/T 5413.3	●	
2	蛋白质	GB 10767 4.3、GB 10765 3.3、GB 10766 3.3	强制性	GB/T 5413.1	●	
3	亚油酸	GB 10767 4.3、GB 10766 3.3	强制性	GB/T 5413.4		●
4	灰分	GB 10767 4.3、GB 10765 3.3、GB 10766 3.3	强制性	GB/T 5413.7		●
5	维生素 A	GB 10767 4.3、GB 10765 3.3、GB 10766 3.3	强制性	GB/T 5413.9		●
6	维生素 D	GB 10767 4.3、GB 10765 3.3、GB 10766 3.3	强制性	GB/T 5413.9		●
7	维生素 E	GB 10767 4.3、GB 10765 3.3、GB 10766 3.3	强制性	GB/T 5413.9		●
8	维生素 K_1	GB 10767 4.3、GB 10766 3.3	强制性	GB/T 5413.10		●
9	维生素 B_1	GB 10767 4.3、GB 10765 3.3、GB 10766 3.3	强制性	GB/T 5413.11		●
10	维生素 B_2	GB 10767 4.3、GB 10765 3.3、GB 10766 3.3	强制性	GB/T 5413.12		●
11	维生素 C	GB 10767 4.3、GB 10765 3.3、GB 10766 3.3	强制性	GB/T 5413.18		●
12	维生素 B_6	GB 10767 4.3、GB 10766 3.3	强制性	GB/T 5413.13		●
13	维生素 B_{12}	GB 10767 4.3、GB 10766 3.3	强制性	GB/T 5413.14		●
14	烟酸	GB 10767 4.3、GB 10765 3.3、GB 10766 3.3	强制性	GB/T 5413.15		●
15	叶酸	GB 10767 4.3、GB 10766 3.3	强制性	GB/T 5413.16		●
16	泛酸	GB 10767 4.3、GB 10766 3.3	强制性	GB/T 5413.17		●
17	生物素	GB 10767 4.3、GB 10766 3.3	强制性	GB/T 5413.19		●
18	钙	GB 10767 4.3、GB 10765 3.3、GB 10766 3.3	强制性	GB/T 5413.21		●
19	铁	GB 10767 4.3、GB 10765 3.3、GB 10766 3.3	强制性	GB/T 5413.21		●
20	锌	GB 10767 4.3、GB 10765 3.3、GB 10766 3.3	强制性	GB/T 5413.21		●

续表

序号	检验项目	依据法律法规或标准条款	强制性/推荐性	检测方法	重要程度分类	
					A类	B类
21	锰	GB 10767 4.3、GB 10766 3.3	强制性	GB/T 5413.21		●
22	铜	GB 10767 4.3、GB 10765 3.3、GB 10766 3.3	强制性	GB/T 5413.21		●
23	镁	GB 10767 4.3、GB 10765 3.3、GB 10766 3.3	强制性	GB/T 5413.21		●
24	碘	碘	强制性	GB/T 5413.23		●
25	铅	GB 10767 4.4、GB 10765 3.4、GB 10766 3.4	强制性	GB/T 5009.12	●	
26	砷	GB 10767 4.4、GB 10765 3.4、GB 10766 3.4	强制性	GB/T 5009.11	●	
27	硝酸盐（以 $NaNO_3$ 计）	GB 10767 4.4、GB 10765 3.4、GB 10766 3.4	强制性	GB/T 5413.32	●	
28	亚硝酸盐（以 $NaNO_2$ 计）	GB 10767 4.4、GB 10765 3.4、GB 10766 3.4	强制性	GB/T 5413.32	●	
29	尿酶定性	GB 10767 4.4、GB 10765 3.4	强制性	GB/T 5413.31	●	
30	细菌总数	GB 10767 4.4、GB 10765 3.4、GB 10766 3.4	强制性	GB/T 4789.18	●	
31	大肠菌群	GB 10767 4.4、GB 10765 3.4、GB 10766 3.4	强制性	GB/T 4789.18	●	
32	酵母和霉菌	GB 10767 4.4、GB 10765 3.4、GB 10766 3.4	强制性	GB/T 4789.18	●	
33	致病菌	GB 10767 4.4、GB 10765 3.4、GB 10766 3.4	强制性	GB/T 4789.18	●	
34	黄曲霉毒素 M1 或 B1	GB 10767 4.4、GB 10765 3.4、GB 10766 3.4	强制性	GB/T 5009.24	●	
35	标签	GB 10767 7.1、GB 13432	强制性	GB 10767,7.1、GB 13432		●

注：A类——极重要质量项目，B类——重要质量项目。

7.2　产品实物质量检验项目和标签质量检查项目

产品实物质量检验项目包括 7.1 表中除标签外的检验项目。

标签项目包括食品名称、配料清单(配料表)、制造者经销者的名称和地址、生产日期(或包装日期)和保质期、产品标准号、配料的定量标示。

7.3　检验应注意的问题

7.3.1　检验机构接收样品应当有专人负责检查、记录样品的外观、状态、封条有无破损及其他可能对检测结果或者综合判定产生影响的情况，并确认样品与抽样单的记录是否相符，对检测和备用样品分别加贴相应标识后入库。

7.3.2　产品标签中明示的质量要求严于标准规定时，应按产品明示的质量要求判定。

8　判定原则

8.1　产品实物质量判定原则

经检验，所抽取样品实物质量检验项目全部合格者判定产品实物质量合格；所抽取样品实物质量检验项目有一项或一项以上不合格者判定产品实物质量不合格，当产品存在 A 类项目不合格时，属于严重不合格；当产品仅有 B 类项目不合格时，属于较严重不合格。

8.2 标签判定原则

所检食品标签不存在以下7种严重情况，判定该批产品标签合格。存在以下7种严重情况中任意一种或一种以上的，判定该批产品标签不合格，属于较严重不合格。

1.无食品名称，或者食品名称不能反映食品真实属性且存在欺骗性的；

2.无配料清单（单一配料产品除外），或者配料清单（配料表）中未按标准要求标注所使用味剂、防腐剂、着色剂等添加剂名称（检测值低于0.1倍标准规定最大限值的除外）；

3.未标注制造者、经销者的名称和地址；

4.未标注生产日期（或包装日期）和保质期，或者生产日期（或包装日期）和保质期无法辨识的；

5.未标注产品执行标准，或者所标示的执行标准与产品实物属性严重不符；

6.如果在食品标签或食品说明书上特别强调添加了某种（或数种）有价值、有特性的配料，或者特别强调某种（或数种）配料含量较低时，未标示所强调配料的添加量或在成品中的含量；

7.应注明产品的类别（婴儿配方粉或较大婴儿和幼儿配方粉）及适用年龄（月龄）段。婴儿配方乳粉应标明“婴儿最理想的食品是母乳，在母乳不足或无母乳时可食用本产品”；适宜0～12个月婴儿食用的婴儿配方粉，须标明“6个月以上婴儿食用本产品时，应配合添加辅助食品”；较大婴儿配方粉，须标明“须配合添加辅助食品”。

除上述情况外，标签其他项目按相关标准规定进行检查，不作判定。将不符合规定的情况（包括食品添加剂检测值低于0.1倍标准规定最大限值而未标示添加剂名称的）写入检验报告附页。

8.3 产品检验结果综合判定原则

经检验，所抽取样品实物质量和标签均合格时，综合判定该批产品合格。反之，判定该批产品不合格，当产品存在A类项目不合格时，属于严重不合格；当产品仅有B类项目不合格时，属于较严重不合格。

9 异议处理复检

对判定不合格产品进行复检时，按以下方式进行：

9.1 核查不合格项目相关证据，能够以记录（纸质记录或电子记录或影像记录）、检验后缺陷特征样品、与不合格质量数据相关联的其他质量数据等检验证据证明，并得到申请复检者认可的，可作出维持原检验结论的复检结论。

9.2 对不合格项目复检时，可以在原样上进行的，应采用原样检验。不可以在原样上进行的，可采用备用样检验。当复检结果仍不合格，维持原检验结果不变。当复检结果合格，以复检结果为准。

9.3 不进行复检

（1）被检方提出复检时，产品在复检有效期内于正常贮存条件下已变质；

（2）产品微生物检验项目不合格。

含乳饮料卫生标准 GB 11673—2003

1 范围

本标准规定了含乳饮料的指标要求、食品添加剂、生产加工过程的卫生要求、包装、标识、贮存及运输要求和检验方法。

本标准适用于以鲜乳或乳粉为原料，加入适量辅料配制而成的具有相应风味的含乳饮料。

2 规范性引用文件

下列文件中的条款通过本标准的引用而成为本标准的条款。凡是注日期的引用文件。其随后所有的修改单(不包括勘误的内容)或修订版均不适用于本标准，然而，鼓励根据本标准达成协议的各方研究是否可使用这些文件的最新版本。凡是不注日期的引用文件，其最新版本适用于本标准。

GB 2760　食品添加剂使用卫生标准

GB/T 4789.21　食品卫生微生物学检验　冷冻食品、饮料检验

GB/T 5009.5　食品中蛋白质的测定

GB/T 5009.6　食品中脂肪的测定

GB/T 5009.11　食品中总砷及无机砷的测定

GB/T 5009.12　食品中铅的测定

GB/T 5009.13　食品中铜的测定

GB 12695　饮料厂卫生规范

3 指标要求

3.1 原料要求

应符合相应的标准和有关规定。

3.2 感官指标

应具有加入物相应的色泽、气味和滋味。无异味，质地均匀，无肉眼可见的外来杂质。

3.3 理化指标

理化指标应符合表1的规定。

表1　理化指标

项目	指标
蛋白质/(g/100 mL)	≥1.0
脂肪[a]/(g/100 mL)	≥1.0
总砷(以 As 计)/(mg/L)	≤0.2
铅(Pb)/(mg/L)	≤0.05
铜(Cu)/(mg/L)	≤5.0

注：[a]仅适用于以鲜奶为原料。

3.4 微生物指标

微生物指标应符合表2的规定。

表2 微生物指标

项目	指标
菌落总数/(CFU/mL)	≤1 000
大肠杆菌/(MPN/100 mL)	≤40
霉菌/(CFU/mL)	≤10
酵母/(CFU/mL)	≤10
致病菌(沙门氏菌、志贺氏菌、金黄色葡萄球菌)	不得检出

4 食品添加剂

4.1 食品添加剂质量应符合相应的标准和相关规定。

4.2 食品添加剂的品种和使用量应符合GB 2760的规定。

5 食品生产加工过程的卫生要求

应符合GB 12965的规定。

6 包装

包装容器和材料应符合相应的卫生标准和有关规定。

7 标识

定型包装的标识要求应符合有关规定。

8 贮存及运输

8.1 贮存

成品应贮存在干燥、通风良好的场所。不得与有毒、有害、有异味、易挥发、易腐蚀的物品同处贮存。

8.2 运输

运输成品时应避免日晒、雨淋。不得与有毒、有害、有异味或影响产品质量的物品混装运输。

9 检验方法

9.1 理化指标

9.1.1 蛋白质

按GB/T 5009.5规定的方法测定。

9.1.2 脂肪

按GB/T 5009.6规定的方法测定。

9.1.3 铅

按 GB/T 5009.12 规定的方法测定。

9.1.4 总砷

按 GB/T 5009.11 规定的方法测定。

9.1.5 铜

按 GB/T 5009.13 规定的方法测定。

清洁生产标准——乳制品制造业（纯牛乳及全脂乳粉）HJ/T 316—2006

1 范围

本标准适用于乳制品制造（纯牛乳及全脂乳粉）企业的清洁生产审核和清洁生产潜力与机会的判断、清洁生产绩效评定和清洁生产绩效公告制度。

2 规范性引用文件

下列文件中的条款通过本标准的引用而成为本标准的条款。当下列标准被修订时，其最新版本适用于本标准。

GB 5408.1　巴氏杀菌乳

GB 5408.2　灭菌乳

GB 5410　全脂乳粉、脱脂乳粉、全脂加糖乳粉和调味乳粉

GB 11914　水质　化学需氧量的测定　重铬酸盐法

GB/T 5409　牛乳检验方法

GB/T 6914　生鲜牛乳收购标准

GB/T 24001　环境管理体系、规范及使用指南

3 定义

3.1　清洁生产

指不断采取改进设计、使用清洁的能源和原材料、采用先进的工艺技术与设备、改善管理、综合利用等措施，从源头削减污染，提高资源利用效率，减少或者避免生产、服务和产品使用过程中污染物的产生和排放，以减轻或者消除对人类健康和环境的危害。

3.2　纯牛乳

指以检验合格（符合标准 GB/T 5409《牛乳检验方法》要求）的牛乳为原料，不脱脂、不添加辅料，经杀菌、灌装制成的符合 GB 5408.1《巴氏杀菌乳》及 GB 5408.2《灭菌乳》要求的液体产品。

3.3　全脂乳粉

指仅以牛乳为原料，不添加辅料，经杀菌、浓缩、干燥制成的符合标准 GB 5410《全脂乳粉、脱脂乳粉、全脂加糖乳粉和调味乳粉》要求的粉状产品。

3.4　就地清洗（CIP）

指在无需进行设备拆卸的情况下，冲洗水和洗涤剂溶液循环通过罐、管道和其他加工线而达到清洗、消毒的清洗方法。

4 要求

4.1 指标分级

本标准给出了纯牛乳和全脂乳粉生产过程清洁生产水平的三级技术指标。

一级：国际清洁生产先进水平；

二级：国内清洁生产先进水平；

三级：国内清洁生产基本水平。

4.2 指标要求

纯牛乳和全脂乳粉生产企业清洁生产标准的指标分别见表1和表2。

表1 乳制品制造业(纯牛乳)清洁生产标准的指标要求

项目	一级	二级	三级
一、资源能源利用指标			
1. 原料乳合格率/%	≥98.5	≥98.0	≥97.0
2. 原料乳损耗率/%	≤0.5	≤2.5	≤5.0
3. 物质利用率/%	≥99.5	≥99.0	≥98.5
4. 耗水量(m^3/t)	≤1.0	≤3.5	≤7.0
5. 综合耗能/(GJ/t)	≤1.0	≤10.0	≤15.0
二、产品指标			
包装材料	50%以上采用可循环使用、可降解材料	20%以上采用可循环使用、可降解材料	
三、装备要求			
1. 设备	与物料接触的部门采用不锈钢材质		
2. 清洗装置	可采用CIP清洗的部位，全部采用CIP清洗	关键设备及管路采用CIP清洗	关键设备采用CIP清洗
四、污染物产生指标			
COD生产量/(kg/t)	≤2.0	≤7.0	≤14.0
五、环境管理要求			
1. 环境法律法规	符合国家和地方有关法律、法规、污染物排放达到国家和地方排放标准、总量控制和排污许可证管理要求		
2. 生产过程环境管理	具有节能、降耗、减污的各项具体措施，生产过程有完善的管理制度		
3. 相关方环境管理	制定措施对原材料供应方施加影响，使其防止或最大程度减少细菌等的污染，提供优质合格原料乳及包装材料 制定措施使产品代销机构具备相应的贮存条件，避免因销售管理不当致使产品变质		
4. 清洁生产审核	按照有关要求进行了清洁生产审核		
5. 环境管理制度	按照GB/T 24001《环境管理体系 规范及使用指南》建立并运行环境管理体系、管理手册、程序文件及作业文件齐备	环境管理制度健全、原始记录及统计数据齐全有效	环境管理制度健全、原始记录及统计数据基本齐全

表2　乳品制造业(全脂乳粉)清洁生产标准的指标要求

项目	一级	二级	三级
一、资源能源利用指标			
1.干物质利用率/%	99.0	98.5	98.0
2.每吨全脂乳粉耗用鲜乳量/(kg/t)	≤8 400.0	≤8 800.0	≤9 100.0
3.耗水量/(m^3/t)	≤30.0	≤70.0	≤120.0
4.综合耗能/(GJ/t)	≤10.3	≤22.0	≤40.0
二、产品指标			
1.包装材料	全部采用可循环使用、可降解材料	50%以上采用可循环使用、可降解材料	
2.产品合格率	≥99.8	≥98.5	≥98.0
三、装备要求			
1.设备	与物料接触的部门采用不锈钢材质		
2.清洗装置	可采用CIP清洗的部位,全部采用CIP清洗	关键设备及管路采用CIP清洗	关键设备采用CIP清洗
四、污染物产生指标			
COD生产量/(kg/t)	≤12.0	≤28.0	≤48.0
五、环境管理要求			
1.环境法律法规	符合国家和地方有关法律、法规、污染物排放达到国家和地方排放标准、总量控制和排污许可证管理要求		
2.生产过程环境管理	具有节能、降耗、减污的各项具体措施,生产过程有完善的管理制度		
3.相关方环境管理	制定措施对原材料供应方施加影响,使其防止或最大程度减少细菌等的污染,提供优质合格原料乳及包装材料 产品代销机构具备相应的贮存条件		
4.清洁生产审核	按照有关要求进行了清洁生产审核		
5.环境管理制度	按照GB/T 24001《环境管理体系　规范及使用指南》建立并运行环境管理体系、管理手册、程序文件及作业文件齐备	环境管理制度健全、原始记录及统计数据齐全有效	环境管理制度健全、原始记录及统计数据基本齐全

5　数据采集和计算方法

本标准所设计的各项指标均采用乳制品行业和环保部门最常用的指标,易于理解和执行。

5.1　本标准的各项指标的采样和监测按照国家标准监测方法执行。

5.2　污染物产生指标系末端处理之前的指标,应分别在监测各个车间或装置的排水后进行累计,并和总集水口的数据进行对比,两者相差不能超过10%。

5.3　生产中,每个采样点至少选取3组以上样品进行数据分析。

5.4 各项指标的计算方法

5.4.1 原料乳合格率

$$原料乳合格率=\frac{进入原料奶仓的原料乳量(t)}{原料乳供应商处验收合格的原料乳量(t)}\times 100\%$$

注：子项按标准 GB 6914 经检验合格的原料乳量；

$$原料乳损耗率=\frac{损耗乳量(t)}{进入原料奶仓的原料乳(t)}\times 100\%$$

注：损耗乳量系指生产加工工艺过程中损耗乳量(即原料乳供应商处验收合格的原料乳量－纯牛乳产品总量)；

5.4.2 干物质利用率(纯牛乳)

$$干物质利用率=\frac{产品干物质含量\times 产品产量(t)}{原料乳干物质含量\times 原料乳量(t)}\times 100\%$$

5.4.3 干物质利用率(全脂乳粉)

$$干物质利用率=\frac{成品总干物质量(t)}{原料乳总干物质量(t)}\times 100\%$$

5.4.4 综合能耗

是指在计划统计期内，对实际消耗的各种能源，经综合计算后所得的能源消耗量。仅计算生产工艺过程中能源消耗量，不包括生活设备设施等用能消耗。

$$综合耗能(GJ/t)=\frac{总耗能(GJ)}{产品产量(t)}$$

5.4.5 产品合格率

$$产品合格率=\frac{全脂乳粉合格品产量(t)}{检验全脂乳粉产品产量(t)}\times 100\%$$

注：a. 全脂乳粉合格品产量指检验部门检验各项指标一次性符合 GB 5410 的产品产量(计算时可采用检验总数量－不合格品数量)；b. 检验全脂乳粉产品总量指检验部门检验全脂乳粉的总数量。

5.4.6 耗水量

仅指用于纯牛乳和全脂乳粉生产过程中耗用的新鲜水量(回收使用水不重复就算)。全年用水量之和除以全年乳品产量，即为耗水量。

5.4.7 COD 产生量

COD 产生量指纯牛乳和全脂乳粉生产过程排放废水中的 COD 量，生产车间产生的废水在进入废水处理设施前的 COD 测定值。其浓度监测方法采用 GB 11914《水质 化学需氧量的测定 重铬酸盐法》本标准的监测下限位 3 mg/L。

COD 浓度取 1 年中 12 个月的平均值。

$$\text{COD 浓度(mg/L)} = \sum_{1}^{12} \text{COD 的月平均浓度值(mg/L)}/12$$

$$\text{COD 产生量(kg/t)纯牛乳} = \frac{\text{COD 浓度(mg/L)} \times \text{年废水产生量(m}^3\text{)}}{\text{年全脂乳粉生产量(t)} \times 1\,000}$$

$$\text{COD 产生量(kg/t)全脂乳粉} = \frac{\text{COD 浓度(mg/L)} \times \text{年废水产生量(m}^3\text{)}}{\text{年全脂乳粉生产量(t)} \times 1\,000}$$

6 标准的实施

本标准由各级人民政府环境保护行政主管部门负责组织实施。

食品安全国家标准——乳制品良好生产规范 GB 12693—2010

1 范围

本标准适用于以牛乳(或羊乳)及其加工制品等为主要原料加工各类乳制品的生产企业。

2 规范性引用文件

本标准中引用的文件对于本标准的应用是必不可少的。凡是注日期的引用文件,仅所注日期的版本适用于本标准。凡是不注日期的引用文件,其最新版本(包括所有的修改单)适用于本标准。

3 术语和定义

3.1 清洁作业区(cleaning work area)

清洁度要求高的作业区域,如裸露待包装的半成品贮存、充填及内包装车间等。

3.2 准清洁作业区(quasi-cleaning work area)

清洁度要求低于清洁作业区的作业区域,如原料预处理车间等。

3.3 一般作业区(commonly work area)

清洁度要求低于准清洁作业区的作业区域,如收乳间、原料仓库、包装材料仓库、外包装车间及成品仓库等。

4 选址及厂区环境

按照 GB 14881 有关规定执行。

5 厂房和车间

5.1 设计和布局

5.1.1 凡新建、扩建、改建的工程项目均应按照国家相关规定进行设计和施工。

5.1.2 厂房和车间的布局应能防止乳制品加工过程中的交叉污染,避免接触有毒物、不洁物。

5.1.3 车间内清洁作业区、准清洁作业区与一般作业区之间应采取适当措施,防止交叉污染。

5.2 内部建筑结构

5.2.1 屋顶

5.2.1.1 加工、包装、贮存等场所的室内屋顶和顶角应易于清扫,防止灰尘积聚,避免结露、长霉或脱落等情形发生。清洁作业区、准清洁作业区及其他食品暴露场所(收乳间除外)屋顶若为易于藏污纳垢的结构,宜加设平滑易清扫的天花板;若为钢筋混凝土结构,其室内屋顶应平坦无缝隙。

5.2.1.2 车间内平顶式屋顶或天花板应使用无毒、无异味的白色或浅色防水材料建造,若喷涂涂料,应使用防霉、不易脱落且易于清洗的涂料。

5.2.1.3 蒸汽、水、电等配管不应设置于食品暴露的正上方,否则应安装防止灰尘及凝结水掉落的设施。

5.2.2 墙壁

5.2.2.1 应使用无毒、无味、平滑、不透水、易清洗的浅色防腐材料构造。

5.2.2.2 清洁作业区与准清洁作业区的墙角及柱角应结构合理，易于清洗和消毒。

5.2.3 门窗

5.2.3.1 应使用光滑、防吸附的材料，并且易于清洗和消毒。

5.2.3.2 生产车间和贮存场所的门、窗应装配严密，应配备防尘、防动物及其他虫害的设施，并便于清洁。

5.2.3.3 清洁作业区、准清洁作业区的对外出入口应装设能自动关闭(如安装自动感应器或闭门器等)的门和(或)空气幕。

5.2.4 地面

5.2.4.1 地面应使用无毒、无味、不透水的材料建造，且须平坦防滑、无裂缝并易于清洗和消毒。

5.2.4.2 作业中有排水或废水流经的地面，以及作业环境经常潮湿或以水洗方式清洗作业等区域的地面宜耐酸耐碱，并应有一定的排水坡度及排水系统。

5.3 设施

5.3.1 供水设施

5.3.1.1 应能保证生产用水的水质、压力、水量等符合生产需要。

5.3.1.2 供水设备及用具应取得省级以上卫生行政部门的涉及饮用水卫生安全产品卫生许可批件。

5.3.1.3 供水设施出入口应增设安全卫生设施，防止动物及其他物质进入导致食品污染。

5.3.1.4 使用二次供水的，应符合 GB 17051 的规定。

5.3.1.5 使用自备水源的供水过程应符合国家卫生行政管理部门关于生活饮用水集中式供水单位的相关卫生要求。

5.3.1.6 不与食品接触的非饮用水(如冷却水、污水或废水等)的管道系统与生产用水的管道系统应明显区分，并以完全分离的管路输送，不应有逆流或相互交接现象。

5.3.1.7 生产用水的水质应符合 GB 5749 的规定。

5.3.2 排水系统

5.3.2.1 应配备适当的排水系统，且在设计和建造时应避免产品或生产用水受到污染。

5.3.2.2 排水系统应有坡度、保持通畅、便于清洗，排水沟的侧面和底面接合处应有一定弧度。

5.3.2.3 排水系统入口应安装带水封的地漏，以防止固体废弃物进入及浊气逸出。

5.3.2.4 排水系统内及其下方不应有生产用水的供水管路。

5.3.2.5 排水系统出口应有防止动物侵入的装置。

5.3.2.6 室内排水的流向应由清洁度要求高的区域流向清洁度要求低的区域，并有防止废水逆流的设计。

5.3.2.7 废水应排至废水处理系统或经其他适当方式处理。

5.3.3 清洁设施

应配备适当的专门用于食品、器具和设备清洁处理的设施以及存放废弃物的设施等。

5.3.4 个人卫生设施

5.3.4.1 个人卫生设施应符合 GB 14881 的规定。

5.3.4.2 进入清洁作业区前应设置消毒设施，必要时设置二次更衣室。

5.3.5 通风设施

5.3.5.1 应具有自然通风或人工通风措施，减少空气来源的污染、控制异味，以保证食品的安全和产品特性。乳粉生产时清洁作业区还应控制环境温度，必要时控制空气湿度。

5.3.5.2 清洁作业区应安装空气调节设施，以防止蒸汽凝结并保持室内空气新鲜；一般作业区应安装通风设施，及时排除潮湿和污浊的空气。厂房内进行空气调节、进排气或使用风扇时，其空气应由清洁度要求高的区域流向清洁度要求低的区域，防止食品、生产设备及内包装材料遭受污染。

5.3.5.3 在有臭味及气体（蒸汽及有毒有害气体）或粉尘产生而有可能污染食品的区域，应有适当的排出、收集或控制装置。

5.3.5.4 进气口应距地面或屋面 2 m 以上，远离污染源和排气口，并设有空气过滤设备。排气口应装有易清洗、耐腐蚀的网罩，防止动物侵入；通风排气装置应易于拆卸清洗、维修或更换。

5.3.5.5 用于食品、清洁食品接触面或设备的压缩空气或其他气体应经过滤净化处理，以防止造成间接污染。

5.3.6 照明设施

5.3.6.1 厂房内应有充足的自然采光或人工照明，车间采光系数不应低于标准Ⅳ级。质量监控场所工作面的混合照度不宜低于 540 lx，加工场所工作面不宜低于 220 lx，其他场所不宜低于 110 lx，对光敏感测试区域除外。光源不应改变食品的颜色。

5.3.6.2 照明设施不应安装在食品暴露的正上方，否则应使用安全型照明设施，以防止破裂污染食品。

5.3.7 仓储设施

5.3.7.1 企业应具有与生产经营的乳制品品种、数量相适应的仓储设施。

5.3.7.2 应依据原料、半成品、成品、包装材料等性质的不同分设贮存场所，必要时应设有冷藏（冻）库。同一仓库贮存性质不同物品时，应适当隔离（如分类、分架、分区存放），并有明显的标识。

5.3.7.3 仓库以无毒、坚固的材料建成，地面平整，便于通风换气，并应有防止动物侵入的装置(如仓库门口应设防鼠板或防鼠沟)。

5.3.7.4 仓库应设置数量足够的栈板(物品存放架),并使物品与墙壁、地面保持适当距离,以利于空气流通及物品的搬运。

5.3.7.5 冷藏(冻)库,应装设可正确指示库内温度的温度计、温度测定器或温度自动记录仪,且对温度进行适时监控,并记录。

6 设备

6.1 生产设备

6.1.1 一般要求

6.1.1.1 应具有与生产经营的乳制品品种、数量相适应的生产设备,且各个设备的能力应能相互匹配。

6.1.1.2 所有生产设备应按工艺流程有序排列,避免引起交叉污染。

6.1.1.3 应制定生产过程中使用的特种设备(如压力容器、压力管道等)的操作规程。

6.1.2 材质

6.1.2.1 与原料、半成品、成品直接或间接接触的所有设备与用具,应使用安全、无毒、无臭味或异味、防吸收、耐腐蚀且可承受反复清洗和消毒的材料制造。

6.1.2.2 产品接触面的材质应符合食品相关产品的有关标准,应使用表面光滑、易于清洗和消毒、不吸水、不易脱落的材料。

6.1.3 设计

6.1.3.1 所有生产设备的设计和构造应易于清洗和消毒,并容易检查。应有可避免润滑油、金属碎屑、污水或其他可能引起污染的物质混入食品的构造,并应符合相应的要求。

6.1.3.2 食品接触面应平滑、无凹陷或裂缝,以减少食品碎屑、污垢及有机物的聚积。

6.1.3.3 贮存、运输及加工系统(包括重力、气动、密闭及自动系统)的设计与制造应易于维持其良好的卫生状况。物料的贮存设备应能密封。

6.1.3.4 应有专门的区域贮存设备备件,以便设备维修时能及时获得必要的备件;应保持备件贮存区域清洁干燥。

6.2 监控设备

6.2.1 用于测定、控制、记录的监控设备,如压力表、温度计等,应定期校准、维护,确保准确有效。

6.2.2 当采用计算机系统及其网络技术进行关键控制点监测数据的采集和对各项记录的管理时,计算机系统及其网络技术的有关功能可参考本标准附录A的规定。

6.3 设备的保养和维修

6.3.1 应建立设备保养和维修程序,并严格执行。

6.3.2 应建立设备的日常维护和保养计划,定期检修,并做好记录。

6.3.3 每次生产前应检查设备是否处于正常状态,防止影响产品卫生质量的情形发生;出现故障应及时排除并记录故障发生时间、原因及可能受影响的产品批次。

7 卫生管理

7.1 卫生管理制度

7.1.1 应制定卫生管理制度及考核标准,并实行岗位责任制。

7.1.2 应制定卫生检查计划,并对计划的执行情况进行记录并存档。

7.2 厂房及设施卫生管理

7.2.1 厂房内各项设施应保持清洁,及时维修或更新;厂房屋顶、天花板及墙壁有破损时,应立即修补,地面不应有破损或积水。

7.2.2 用于加工、包装、贮存和运输等的设备及工器具、生产用管道、食品接触面,应定期清洗和消毒。清洗和消毒作业时应注意防止污染食品、食品接触面及内包装材料。

7.2.3 已清洗和消毒过的可移动设备和用具,应放在能防止其食品接触面再受污染的适当场所,并保持适用状态。

7.3 清洁和消毒

7.3.1 应制定有效的清洁和消毒计划和程序,以保证食品加工场所、设备和设施等的清洁卫生,防止食品污染。

7.3.2 可根据产品和工艺特点选择清洁和消毒的方法。

7.3.3 用于清洁和消毒的设备、用具应放置在专用场所妥善保管。

7.3.4 应对清洁和消毒程序进行记录,如洗涤剂和消毒剂的品种、作用时间、浓度、对象、温度等。

7.4 人员健康与卫生要求

7.4.1 人员健康

7.4.1.1 企业应建立并执行从业人员健康管理制度。

7.4.1.2 乳制品加工人员每年应进行健康检查,取得健康证明后方可参加工作。

7.4.1.3 患有痢疾、伤寒、甲型病毒性肝炎、戊型病毒性肝炎等消化道传染病的人员,以及患有活动性肺结核、化脓性或者渗出性皮肤病等有碍食品安全疾病的人员,以及皮肤有未愈伤口的人员,企业应将其调整到其他不影响食品安全的工作岗位。

7.4.2 个人卫生

7.4.2.1 乳制品加工人员应保持良好的个人卫生。

7.4.2.2 进入生产车间前,应穿戴好整洁的工作服、工作帽、工作鞋(靴)。工作服应盖住外衣,头发不应露出帽外,必要时需戴口罩;不应穿清洁作业区、准清洁作业区的工作服、工作鞋(靴)进入厕所,离开生产加工场所或跨区域作业。

7.4.2.3 上岗前、如厕后、接触可能污染食品的物品后或从事与生产无关的其他活动后,应洗手消毒。生产加工、操作过程中应保持手部清洁。

7.4.2.4 乳制品加工人员不应涂指甲油,不应使用香水,不应佩戴手表及饰物。

7.4.2.5 工作场所严禁吸烟、吃食物或进行其他有碍食品卫生的活动。

7.4.2.6 个人衣物应贮存在更衣室个人专用的更衣柜内，个人用其他物品不应带入生产车间。

7.4.3 来访者

来访者进入食品生产加工、操作场所应符合现场操作人员卫生要求。

7.5 虫害控制

7.5.1 应制定虫害控制措施，保持建筑物完好、环境整洁，防止虫害侵入及滋生。

7.5.2 在生产车间和贮存场所的入口处应设捕虫灯(器)，窗户等与外界直接相连的地方应当安装纱窗或采取其他措施，防止或消除虫害。

7.5.3 应定期监测和检查厂区环境和生产场所中是否有虫害迹象，若发现虫害存在时，应追查其来源，并杜绝再次发生。

7.5.4 可采用物理、化学或生物制剂进行处理，其灭除方法应不影响食品的安全和产品特性，不污染食品接触面及包装材料(如尽量避免使用杀虫剂等)。

7.6 废弃物处理

7.6.1 应制定废弃物存放和清除制度。

7.6.2 盛装废弃物、加工副产品以及不可食用物或危险物质的容器应有特别标识且要构造合理、不透水，必要时容器可封闭，以防止污染食品。

7.6.3 应在适当地点设置废弃物临时存放设施，并依废弃物特性分类存放，易腐败的废弃物应定期清除。

7.6.4 废弃物放置场所不应有不良气味或有害、有毒气体溢出，应防止虫害的滋生，防止污染食品、食品接触面、水源及地面。

7.7 有毒有害物管理

按照 GB 14881 有关规定执行。

7.8 污水、污物管理

7.8.1 污水排放应符合 GB 8978 的要求，不符合标准时应采取净化措施，达标后方可排放。

7.8.2 污物管理按照 GB 14881 有关规定执行。

7.9 工作服管理

按照 GB 14881 有关规定执行。

8 原料和包装材料的要求

8.1 一般要求

8.1.1 企业应建立与原料和包装材料的采购、验收、运输和贮存相关的管理制度，确保所使用的原料和包装材料符合法律法规的要求。不得使用任何危害人体健康和生命安全的物质。

8.1.2 企业自行建设的生乳收购站应符合国家和地方相关规定。

8.2 原料和包装材料的采购和验收要求

8.2.1 企业应建立供应商管理制度，规定供应商的选择、审核、评估程序。

8.2.2 企业应建立原料和包装材料进货查验制度。

8.2.2.1 使用生乳的企业应按照相关食品安全标准逐批检验收购的生乳，如实记录质量检测情况、供货方的名称以及联系方式、进货日期等内容，并查验运输车辆生乳交接单。企业不应从未取得生乳收购许可证的单位和个人购进生乳。

8.2.2.2 其他原料和包装材料验收时，应查验该批原料和包装材料的合格证明文件（企业自检报告或第三方出具的检验报告）；无法提供有效的合格证明文件的，应按照相应的食品安全标准或企业验收标准对所购原料和包装材料进行检验，合格后方可接收与使用。应如实记录原料和包装材料的相关信息。

8.2.3 经判定拒收的原料和包装材料应予以标识，单独存放，并通知供货方做进一步处理。

8.2.4 如发现原料和包装材料存在食品安全问题时应向本企业所在辖区的食品安全监管部门报告。

8.3 原料和包装材料的运输和贮存要求

8.3.1 企业应按照保证质量安全的要求运输和贮存原料和包装材料。

8.3.2 生乳的运输和贮存

8.3.2.1 运输和贮存生乳的容器，应符合相关国家安全标准。

8.3.2.2 生乳在挤奶后 2 h 内应降温至 0～4℃。采用保温奶罐车运输。运输车辆应具备完善的证明和记录。

8.3.2.3 生乳到厂后应及时进行加工，如果不能及时处理，应有冷藏贮存设施，并进行温度及相关指标的监测，做好记录。

8.3.3 其他原料和包装材料的运输和贮存

8.3.3.1 原料和包装材料在运输和贮存过程应避免太阳直射、雨淋、强烈的温度、湿度变化与撞击等；不应与有毒、有害物品混装、混运。

8.3.3.2 在运输和贮存过程中，应避免原料和包装材料受到污染及损坏，并将品质的劣化降到最低程度；对有温度、湿度及其他特殊要求的原料和包装材料应按规定条件运输和贮存。

8.3.3.3 在贮存期间应按照不同原料和包装材料的特点分区存放，并建立标识，标明相关信息和质量状态。

8.3.3.4 应定期检查库存原料和包装材料，对贮存时间较长，品质有可能发生变化的原料和包装材料，应定期抽样确认品质；及时清理变质或者超过保质期的原料和包装材料。

8.3.4 合格原料和包装材料使用时应遵照“先进先出”或“效期先出”的原则，合理安排使用。

8.4 保存原料和包装材料采购、验收、贮存和运输记录。

9 生产过程的食品安全控制

9.1 微生物污染的控制

9.1.1 温度和时间

9.1.1.1 应根据产品的特点，规定用于杀灭微生物或抑制微生物生长繁殖的方法，如热处理，冷冻或冷藏保存等,并实施有效的监控。

9.1.1.2 应建立温度、时间控制措施和纠偏措施,并进行定期验证。

9.1.1.3 对严格控制温度和时间的加工环节,应建立实时监控措施,并保持监控记录。

9.1.2 湿度

9.1.2.1 应根据产品和工艺特点,对需要进行湿度控制区域的空气湿度进行控制,以减少有害微生物的繁殖;制定空气湿度关键限值,并有效实施。

9.1.2.2 建立实时空气湿度控制和监控措施,定期进行验证,并进行记录。

9.1.3 生产区域空气洁净度

9.1.3.1 生产车间应保持空气的清洁,防止污染食品。

9.1.3.2 按 GB/T 18204.1 中的自然沉降法测定,清洁作业区空气中的菌落总数应控制在 30 CFU/mL 以下。

9.1.4 防止微生物污染

9.1.4.1 应对从原料和包装材料进厂到成品出厂的全过程采取必要的措施,防止微生物的污染。

9.1.4.2 用于输送、装载或贮存原料、半成品、成品的设备、容器及用具,其操作、使用与维护应避免对加工或贮存中的食品造成污染。

9.1.4.3 加工中与食品直接接触的冰块和蒸汽,其用水应符合 GB 5749 的规定。

9.1.4.4 食品加工中蒸发或干燥工序中的回收水以及循环使用的水可以再次使用,但应确保其对食品的安全和产品特性不造成危害,必要时应进行水处理,并应有效监控。

9.2 化学污染的控制

9.2.1 应建立防止化学污染的管理制度。

9.2.2 应选择符合要求的洗涤剂、消毒剂、杀虫剂、润滑油,并按照产品说明书的要求使用;对其使用应做登记,并保存好使用记录,避免污染食品的危害发生。

9.2.3 化学物质应与食品分开贮存,明确标识,并应有专人对其保管。

9.3 物理污染的控制

9.3.1 应通过采取设备维护、卫生管理、现场管理、外来人员管理及加工过程监督等措施,确保产品免受外来物(如玻璃或金属碎片、尘土等)的污染。

9.3.2 应采取有效措施(如设置筛网、捕集器、磁铁、电子金属检查器等)防止金属或其他外来杂物混入产品中。

9.3.3 不应在生产过程中进行电焊、切割、打磨等工作,以免产生异味、碎屑。

9.4 食品添加剂和食品营养强化剂

9.4.1 应依照食品安全标准规定的品种、范围、用量合理使用食品添加剂和食品营养强化剂。

9.4.2 在使用时对食品添加剂和食品营养强化剂准确称量,并做好记录。

9.5 包装材料

9.5.1 包装材料应清洁、无毒且符合国家相关规定。分析可能的污染源和污染途径，并提出控制措施。

9.5.2 包装材料或包装用气体应无毒，并且在特定贮存和使用条件下不影响食品的安全和产品特性。

9.5.3 内包装材料应能在正常贮存、运输、销售中充分保护食品免受污染，防止损坏。

9.5.4 可重复使用的包装材料如玻璃瓶、不锈钢容器等在使用前应彻底清洗，并进行必要的消毒。

9.5.5 在包装操作前，应对即将投入使用的包装材料标识进行检查，避免包装材料的误用，并予以记录，内容包括包装材料对应的产品名称、数量、操作人及日期等。

9.6 产品信息和标签

产品标签应符合 GB 7718、相应产品国家标准及国家其他相关规定。

10 检验

10.1 企业可对原料和产品自行检验，也可委托获得食品检验机构资质的检验机构进行检验。自行检验的企业应具备相应的检验能力。

10.2 应按相关标准对每批产品进行检验，并保留样品。

10.3 应加强实验室质量管理，确保检验结果的准确性和真实性。

10.4 应完整保存各项检验记录和检验报告。

11 产品的贮存和运输

11.1 应根据产品的种类和性质选择贮存和运输的方式，并符合产品标签所标识的贮存条件。

11.2 贮存和运输过程中应避免日光直射、雨淋、剧烈的温度、湿度变化和撞击等，以防止乳制品的成分、品质等受到不良的影响；不应将产品与有异味、有毒、有害物品一同贮存和运输。

11.3 用于贮存、运输和装卸的容器、工具和设备应清洁、安全，处于良好状态，防止产品受到污染。

11.4 仓库中的产品应定期检查，必要时应有温度记录和（或）湿度记录，如有异常应及时处理。

11.5 经检验后的产品应标识其质量状态。

11.6 产品的贮存和运输应有相应的记录，产品出厂有出货记录，以便发现问题时，可迅速召回。

12 产品追溯和召回

12.1 应建立产品追溯制度，确保对产品从原料采购到产品销售的所有环节都可进行有效追溯。

12.2 应建立产品召回制度。当发现某一批次或类别的产品含有或可能含有对消费者健康造成危害的因素时，应按照国家相关规定启动产品召回程序，及时向相关部门通告，并做好相关记录。

12.3 应对召回的食品采取无害化处理、销毁等措施，并将食品召回和处理情况向相关部门报告。

12.4 应建立客户投诉处理机制。对客户提出的书面或口头意见、投诉，企业相关管理部门应作记录并查找原因，妥善处理。

13 培训

13.1 应建立培训制度，对本企业所有从业人员进行食品安全知识培训。

13.2 应根据岗位的不同需求制定年度培训计划，进行相应培训，特殊工种应持证上岗。

13.3 应定期审核和修订培训计划，评估培训效果，并进行常规检查，以确保计划的有效实施。

13.4 应保持培训记录。

14 管理机构和人员

14.1 应建立健全本单位的食品安全管理制度，采取相应管理措施，对乳制品生产实施从原料进厂到成品出厂全过程的安全质量控制，保证产品符合法律法规和相关标准的要求。

14.2 应建立食品安全管理机构，负责企业的食品安全管理。

14.3 食品安全管理机构负责人应

14.4 机构中的各部门应有明确的管理职责，并确保与质量、安全相关的管理职责落实到位。各部门应有效分工，避免职责交叉、重复或缺位。对厂区内外环境、厂房设施和设备的维护和管理、生产过程质量安全管理、卫生管理、品质追踪等制定相应管理制度，并明确管理负责人与职责。

14.5 食品安全管理机构中各部门应配备经专业培训的专职或兼职的食品安全管理人员，宣传贯彻食品安全法规及有关规章制度，负责督查执行的情况并做好有关记录。

15 记录和文件的管理

15.1 记录管理

15.1.1 应建立相应的记录管理制度，对乳制品加工中原料和包装材料等的采购、生产、贮存、检验、销售等环节详细记录，以增加食品安全管理体系的可信性和有效性。

15.1.1.1 应如实记录食品原料、食品添加剂、食品相关产品的名称、规格、数量、供货者名称及联系方式、进货日期等内容。

15.1.1.2 应如实记录产品的加工过程（包括工艺参数、环境监测等）、产品贮存情况及产品的检验批号、检验日期、检验人员、检验方法、检验结果等内容。

15.1.1.3 应如实记录出厂产品的名称、规格、数量、生产日期、生产批号、发货地点、收货人名称及联系方式、发货日期等内容。

15.1.1.4 应如实记录发生召回的食品名称、批次、规格、数量、发生召回的原因及后续整改方案等内容。是企业法人代表或企业法人授权的负责人。

15.1.2 各项记录均应由执行人员和有关督导人员复核签名或签章，记录内容如有修改，不能将原文涂掉以致无法辨认，且修改后应由修改人在修改文字附近签名或签章。

15.1.3 所有生产和品质管理记录应由相关部门审核，以确定所有处理均符合规定，如发现异常现象，应立即处理。

15.1.4 对本规范所规定的有关记录，保存期不应少于2年。

15.2 文件管理

15.2.1 应建立文件的管理制度，并建立完整的质量管理档案，文件应分类归档、保存。分发、使用的文件应为批准的现行文本。已废除或失效的文件除留档备查外，不应在工作现场出现。

15.2.2 鼓励企业采用先进技术手段(如电子计算机信息系统)，进行文件和记录的管理。

食品安全国家标准——食品微生物学检验 乳与乳制品检验 GB 4789.18—2010

1 范围

本标准适用于乳与乳制品的微生物学检验。

2 规范性引用文件

本标准中引用的文件对于本标准的应用是必不可少的。凡是注日期的引用文件，仅所注日期的版本适用于本标准。凡是不注日期的引用文件，其最新版本（包括所有的修改单）适用于本标准。

3 设备和材料

3.1 采样工具

采样工具应使用不锈钢或其他强度适当的材料，表面光滑，无缝隙，边角圆润。采样工具应清洗和灭菌，使用前保持干燥。采样工具包括搅拌器具、采样勺、匙、切割丝、刀具（小刀或抹刀）、采样钻等。

3.2 样品容器

样品容器的材料（如玻璃、不锈钢、塑料等）和结构应能充分保证样品的原有状态。容器和盖子应清洁、无菌、干燥。样品容器应有足够的体积，使样品可在测试前充分混匀。样品容器包括采样袋、采样管、采样瓶等。

3.3 其他用品

包括温度计、铝箔、封口膜、记号笔、采样登记表等。

3.4 实验室检验用品

3.4.1 常规检验用品按 GB 4789.1 执行。

3.4.2 微生物指标菌检验分别按 GB 4789.2、GB 4789.3、GB 4789.15 执行。

3.4.3 致病菌检验分别按 GB 4789.4、GB 4789.10、GB 4789.30 和 GB 4789.40 执行。

3.4.4 双歧杆菌和乳酸菌检验分别按 GB/T 4789.34、GB 4789.35 执行。

4 采样方案

样品应当具有代表性。采样过程采用无菌操作，采样方法和采样数量应根据具体产品的特点和产品标准要求执行。样品在保存和运输的过程中，应采取必要的措施防止样品中原有微生物的数量变化，保持样品的原有状态。

4.1 生乳的采样

4.1.1 样品应充分搅拌混匀，混匀后应立即取样，用无菌采样工具分别从相同批次（此处特指单体的贮奶罐或贮奶车）中采集 n 个样品，采样量应满足微生物指标检验的要求。

4.1.2 具有分隔区域的贮奶装置，应根据每个分隔区域内贮奶量的不同，按比例从中采集一定量经混合均匀的代表性样品，将上述奶样混合均匀采样。

4.2 液态乳制品的采样

适用于巴氏杀菌乳、发酵乳、灭菌乳、调制乳等。取相同批次最小零售原包装，每批至少取 n 件。

4.3 半固态乳制品的采样

4.3.1 炼乳的采样

适用于淡炼乳、加糖炼乳、调制炼乳等。

4.3.1.1 原包装小于或等于 500 g(mL)的制品：取相同批次的最小零售原包装，每批至少取 n 件。采样量不小于 5 倍或以上检验单位的样品。

4.3.1.2 原包装大于 500 g(mL)的制品(再加工产品，进出口)：采样前应摇动或使用搅拌器搅拌，使其达到均匀后采样。如果样品无法进行均匀混合，就从样品容器中的各个部位取代表性样。采样量不小于 5 倍或以上检验单位的样品。

4.3.2 奶油及其制品的采样

适用于稀奶油、奶油、无水奶油等。

4.3.2.1 原包装小于或等于 1 000 g(mL)的制品：取相同批次的最小零售原包装，采样量不小于 5 倍或以上检验单位的样品。

4.3.2.2 原包装大于 1 000 g(mL)的制品：采样前应摇动或使用搅拌器搅拌，使其达到均匀后采样。对于固态制品，用无菌抹刀除去表层产品，厚度不少于 5 mm。将洁净、干燥的采样钻沿包装容器切口方向往下，匀速穿入底部。当采样钻到达容器底部时，将采样钻旋转 180°，抽出采样钻并将采集的样品转入样品容器。采样量不小于 5 倍或以上检验单位的样品。

4.4 固态乳制品采样

适用于干酪、再制干酪、乳粉、乳清粉、乳糖和酪乳粉等。

4.4.1 干酪与再制干酪的采样

4.4.1.1 原包装小于或等于 500 g 的制品：取相同批次的最小零售原包装，采样量不小于 5 倍或以上检验单位的样品。

4.4.1.2 原包装大于 500 g 的制品：根据干酪的形状和类型，可分别使用下列方法：a. 在距边缘不小于 10 cm 处，把取样器向干酪中心斜插到一个平表面，进行一次或几次。b. 把取样器垂直插入一个面，并穿过干酪中心到对面。c. 从两个平面之间，将取样器水平插入干酪的竖直面，插向干酪中心。d. 若干酪是装在桶、箱或其他大容器中，或是将干酪制成压紧的大块时，将取样器从容器顶斜穿到底进行采样。采样量不小于 5 倍或以上检验单位的样品。

4.4.2 乳粉、乳清粉、乳糖、酪乳粉的采样

适用于乳粉、乳清粉、乳糖、酪乳粉等。

4.4.2.1 原包装小于或等于 500 g 的制品：取相同批次的最小零售原包装，采样量不小于 5

倍或以上检验单位的样品。

4.4.2.2 原包装大于500 g的制品:将洁净、干燥的采样钻沿包装容器切口方向往下,匀速穿入底部。当采样钻到达容器底部时,将采样钻旋转180°,抽出采样钻并将采集的样品转入样品容器。采样量不小于5倍或以上检验单位的样品。

5 检样的处理

5.1 乳及液态乳制品的处理

将检样摇匀,以无菌操作开启包装。塑料或纸盒(袋)装,用75%酒精棉球消毒盒盖或袋口,用灭菌剪刀切开;玻璃瓶装,以无菌操作去掉瓶口的纸罩或瓶盖,瓶口经火焰消毒。用灭菌吸管吸取25 mL(液态乳中添加固体颗粒状物的,应均质后取样)检样,放入装有225 mL灭菌生理盐水的锥形瓶内,振摇均匀。

5.2 半固态乳制品的处理

5.2.1 炼乳

清洁瓶或罐的表面,再用点燃的酒精棉球消毒瓶或罐口周围,然后用灭菌的开罐器打开瓶或罐,以无菌手续称取25 g检样,放入预热至45℃的装有225 mL灭菌生理盐水(或其他增菌液)的锥形瓶中,振摇均匀。

5.2.2 稀奶油、奶油、无水奶油等

无菌操作打开包装,称取25 g检样,放入预热至45℃的装有225 mL灭菌生理盐水(或其他增菌液)的锥形瓶中,振摇均匀。从检样融化到接种完毕的时间不应超过30 min。

5.3 固态乳制品的处理

5.3.1 干酪及其制品

以无菌操作打开外包装,对有涂层的样品削去部分表面封蜡,对无涂层的样品直接经无菌程序用灭菌刀切开干酪,用灭菌刀(勺)从表层和深层分别取出有代表性的适量样品,磨碎混匀,称取25 g检样,放入预热到45℃的装有225 mL灭菌生理盐水(或其他稀释液)的锥形瓶中,振摇均匀。充分混合使样品均匀散开(1~3 min),分散过程时温度不超过40℃。尽可能避免泡沫产生。

5.3.2 乳粉、乳清粉、乳糖、酪乳粉

取样前将样品充分混匀。罐装乳粉的开罐取样法同炼乳处理,袋装奶粉应用75%酒精的棉球涂擦消毒袋口,以无菌手续开封取样。称取检样25 g,加入预热到45℃盛有225 mL灭菌生理盐水等稀释液或增菌液的锥形瓶内(可使用玻璃珠助溶),振摇使充分溶解和混匀。对于经酸化工艺生产的乳清粉,应使用pH(8.4±0.2)的磷酸氢二钾缓冲液稀释。对于含较高淀粉的特殊配方乳粉,可使用α-淀粉酶降低溶液黏度,或将稀释液加倍以降低溶液黏度。

5.3.3 酪蛋白和酪蛋白酸盐

以无菌操作,称取25 g检样,按照产品不同,分别加入225 mL灭菌生理盐水等稀释液或增菌液。对黏稠的样品溶液进行梯度稀释时,应在无菌条件下反复多次吹打吸管,尽量将黏附

在吸管内壁的样转移到溶液中。

5.3.3.1 酸法工艺生产的酪蛋白：使用磷酸氢二钾缓冲液并加入消泡剂，在 pH(8.4±0.2)的条件下溶解品。

5.3.3.2 凝乳酶法工艺生产的酪蛋白：使用磷酸氢二钾缓冲液并加入消泡剂，在 pH(7.5±0.2)的条件下解样品，室温静置 15 min。必要时在灭菌的匀浆袋中均质 2 min，再静置 5 min 后检测。

5.3.3.3 酪蛋白酸盐：使用磷酸氢二钾缓冲液在 pH(7.5±0.2)的条件下溶解样品。

6 检验方法

6.1 菌落总数：按 GB 4789.2 检验。

6.2 大肠菌群：按 GB 4789.3 中的直接计数法计数。

6.3 沙门氏菌：按 GB 4789.4 检验。

6.4 金黄色葡萄球菌：按 GB 4789.10 检验。

6.5 霉菌和酵母：按 GB 4789.15 计数。

6.6 单核细胞增生李斯特氏菌：按 GB 4789.30 检验。

6.7 双歧杆菌：按 GB/T 4789.34 检验。

6.8 乳酸菌：按 GB 4789.35 检验。

6.9 阪崎肠杆菌：按 GB 4789.40 检验。

中华人民共和国国家标准——乳品设备安全卫生 GB 12073—89

1 主题内容与适用范围

本标准规定了乳品加工专用设备的材料卫生要求，机械设计原则和设备安全要求。

本标准适用于乳品加工专用设备、不适用于动力供应设备（如锅炉、电机等）、实验室检验仪器。

2 引用标准

GB 1173 铸造铝合金技术条件

GB 3190 铝及铝合金加工产品的化学成分

GB 3280 不锈钢冷轧钢板

GB 4807 食品用橡胶垫片（圈）卫生标准

GB 4808 食品用高压锅密封圈卫生标准

GBn 84—89 塑料成型品卫生标准

3 术语定义

3.1 产品：指乳与乳制品

3.2 工作空气：指用于产品加热、冷却、干燥、输送或检查设备密封等的洁净空气。

3.3 产品接触表面：指所有暴露于产品的表面和有液体、固体会从其上进入产品中的表面。

3.4 非产品接触表面：所有其他暴露的表面。

4 材料及其卫生要求

4.1 金属材料

4.1.1 不锈钢：用于制造产品接触表面。如输送管、贮藏内壁、喷雾塔内壁等。含碳量不应超过0.15%。推荐采用GB 3280中规定的0 Cr19 Ni 9Ti号不锈钢或其他具有与上述材料相近抗蚀性能的不锈钢。不得采用焊接后可能生锈的材料作为同液体产品接触的设备表面。不锈钢材料应无毒性、无吸收性。

4.1.2 铝合金：用于制造乳桶、搅拌轮、旋转空气阀门等产品接触表面。推荐采用GB 1173中ZL104号铸造铝合金。铝合金材料应无毒、无吸收性。

4.1.3 其他钢材：用于制造非产品接触表面。如贮罐外壁、爬梯、设备支架、底座等，应具备一定的抗蚀性能，满足使用条件下的强度要求，可以电镀、油漆。

4.2 非金属材料

4.2.1 塑料：可制刮刀、窥镜、具弹性接头、隔热、过滤、密封材料等。用于制造产品接触表面的塑料应无毒性、抗磨损、在工作条件（清晰、杀菌、高温）下，应不改变其固有的性状，如形态、形状、色泽、透明度、韧性、弹性、尺寸等。并满足GBn 84—89的卫生要求。

4.2.2 橡胶:可制弹性接头、密封件等。具有产品接触表面的橡胶应满足 GB 4807 和 GB 4808 的卫生要求,在工作环境中相对稳定,具抗油能力,可经受正常清洗与杀菌,易清洗、不溶解、无毒性、无吸收性。

4.2.3 纤维材料:棉纤维、亚麻制品、丝绸和人造纤维等。可作为过滤材料、筛网材料、弹性连接材料。这些材料应无毒性、不溶于水、并不得有任何影响产品的气味。

4.2.4 在乳品设备上不得使用玻璃纤维材料。

4.3 其他具有产品接触表面的材料

4.3.1 焊接材料:应具有与被连接材料相近的抗腐蚀性,在焊接区域应形成紧密、坚固的组织。

4.3.2 视镜或其他光线入口处可使用耐热玻璃。

4.3.3 过滤介质:可采用棉纤维、木纤维、金属丝、活性炭、活性氧化铝等。过滤介质可为其中的一种或树种。在使用条件下,过滤介质应无毒性、无脱落物,不应带有有毒挥发物或其他可能污染空气和产品的物质,也不应具有可能影响产品的挥发性气味。

为净化空气,可以采用电力空气净化器。其原理是通过静电沉降,捕捉空气中的尘埃。

4.3.4 粘接材料:在使用条件下应保证被粘接物体具足够的强度、粘接牢靠,无挥发性和无溶解性。

5 机械设计原则

5.1 表面粗糙度

5.1.1 不锈钢板、管的产品接触表面,其表面粗糙度 Ra 值不得大于 1.6,塑料制品和橡胶制品的表面粗糙度 Ra 值不得大于 0.8。

5.1.2 产品接触表面不得电镀,喷漆。

5.1.3 产品接触表面上应无凹坑、无瑕点、无裂痕、无丝状条纹。

5.1.4 非产品接触表面表面粗糙度 Ra 值不得大于 3.2,无疵点、无裂缝。如果电镀和油漆,要求镀面和漆面与本底粘接牢固,不易脱落。形成的表面应美观、耐久、易清洗。

5.1.5 对于既有产品接触表面,又有非产品接触表面,需要拆卸清洗的零件,不可喷涂油漆。

5.1.6 用于加热工作空气的表面应为耐蚀金属材料,或采用镀面。不可使用油漆。如属于应清洗部位,则应采用不锈钢制造。

5.1.7 与产品接触的软连接处,表面应抻直而无褶皱。

5.2 连接要求

5.2.1 产品接触表面上所有连接连接处应平滑,装配后应易于自动清洗。永久性连接处应无间断地焊接,焊口应平滑,无凹坑。经喷砂处理或抛光后 Ra 值不得大于 3.2。非产品接触面上的焊缝应平滑、连续、无凹坑。

5.2.2 下列情况时可以互搭焊接:

a. 对垂直方向倾斜的角度在 15°~45°的侧壁。

b. 可以进行机械情理的水平上部表面。互搭焊接的焊接材料厚度不应超过 0.4 mm。

5.2.3 对于焊接件，如果其中有一件厚度小于 5 mm，则允许加嵌条焊接。

5.2.4 空气接触表面上的焊缝应连续、严密，不允许为过滤的过滤的空气加入。

5.2.5 在产品接触表面上粘接的橡胶件、塑料件(如需固定的密封垫圈、视镜胶框)等应连续粘接，并保证在正常的工作条件(清洗、升温、加压)下，不会脱落。粘接材料应满足第 4.3.4 条的要求。

5.3 槽、角及圆角半径

5.3.1 放置密封圈的槽和产品接触的键槽，其宽度不得小于深度。在安装位置允许的情况下，槽的宽度不得小于 6.5 mm。

5.3.2 产品接触表面上任何等于或小于 135°的内角，都应加工成圆角。

5.3.3 圆角半径一般不得小于 6.5 mm，但下列情况除外：

a. 互搭连接(焊接或粘接)处、嵌条焊接处、键槽内角和密封垫圈放置槽的内角处，其圆角半径不应小于 3 mm。

b. 导向阀、逆止阀、三角阀、截止阀，其内角的圆角半径不得小于 1.6 mm。

c. 乳泵、压力表、流量表、液面高度指示装置等，由于功能要求，必须小于 0.8 mm 的圆角半径部位，应易于接触，便于手工清洗和检查。

5.3.4 雾化装置的圆孔半径最小值暂不规定。

5.4 轴承

5.4.1 任何与产品接触的轴承都应为非润滑型。

5.4.2 润滑型轴承如必须穿过产品接触表面，或可能污染产品，轴承的周围必须设计密封装置以防污染。

5.5 其他要求

5.5.1 凡与产品接触的弹簧，其簧圈之间的距离(包括两端)，在无应力状态下，不得小于 2.4 mm。

5.5.2 凡与产品接触、不易自动清洗的零件，应做到易拆卸以便清洗。但高压部件、叶片驱动器、各种气阀、流量控制阀、离心喷雾盘、压力喷雾喷嘴除外。

5.5.3 设有窥镜或其他光线开口的设备，开口的内部面积至少应为 100 cm^2。

5.5.4 工作空气过滤装置应保证不得使 5 μm 以上的灰尘颗粒通过。

6 机械安全要求

6.1 机械设备的齿轮、皮带、链条、摩擦轮等转动部件，应设置防护罩，使之在运行时，人体任意部位难于接触。

6.2 机械设备的电路设计应满足电力安全的有关标准。操作台位置合理，便于操作。导线的绝缘电阻不应小于 0.5 MΩ，接地导线的电阻不应大于 4 Ω。

6.3 具压力、高温内腔的机械应设置安全阀、泄压阀、自动报警装置等。压力设备上安全装置的动作压力不应超过额定压力的1.2倍。

6.4 各机械设备的安全操作方法，如额定压力，额定电压、最高加热温度等，应在铭牌上标出。

6.5 带有搅拌装置设备上的人孔盖、储乳罐上的罐盖，应与搅拌装置联锁，开盖时应自动断开搅拌装置的电源。

6.6 各种腔、室、罐、塔设备上的人孔盖，不可自动锁死。人孔直径至少为460 mm，或为380 mm×510 mm以上的椭圆形，人孔盖一般向外开。高度超过2 m以上的立式或卧式储乳罐，设在底部和侧部的人孔盖应向内开，但应设计成椭圆形，以便拆卸和安装。

6.7 备有梯子和操作台的设备，台面及梯子踏板材料应具有防滑性能。与塔壁、灌壁平行的梯子，应设置等距踏条，踏条间距不得大于350 mm；踏条与塔壁、灌壁之间的距离不得小于165 mm。安装固定后，梯子前面与最近固定物之间距离不得小于750 mm。

6.8 底子在高度3 m以上部位应设置安全护栏。操作台上应设置护栏，护栏高度不得低于1 m。操作平台面积不得小于1 m，最狭窄处不得小于750 mm。

6.9 机械的外表面应光滑、无棱角、无尖刺。

6.10 在正常运行的情况下，乳品设备的噪声不应超过85 dB。

6.11 设备设置要求：

a. 设备如带有支腿，其支腿高度应使设备机体的最低点距地面至少110 mm；如放置在平台上，平台的高度至少应150 mm；如采用落地式空心支座，则支座四周应封严，以免污水聚集。支腿应边角圆滑、无尖刺。

b. 设备距墙壁的距离至少为110 mm；如需固定到墙壁上，应牢固可靠。

7 对某些乳品设备的特殊要求

下列乳品设备除须满足第4条、第5条和第6条的要求外，尚须满足下列条件。

7.1 储乳罐

7.1.1 储乳罐应绝热良好，当罐内外温差大于16℃、罐内贮满水放置不超过18 h时，罐内温度变化不应超过1℃。在设计时应考虑，使绝热材料不脱落、不聚堆。

7.1.2 储乳罐底部应向排出口方向倾斜。立式贮罐的倾斜角度至少为3.5°，相当于每100 mm提高6 mm；卧式贮罐倾斜角度至少为1.2°，相当于每100 mm提高2 mm，底部不得下凹、弯曲变形，不得使液体聚集。小于10 m^3的贮罐，应带有可调解的支座。

7.1.3 温度计放置的高度应使其当贮罐内内容物等于容积的20%时，仍可指示内容物的温度。温度计插口直径不应大于0.1%。

7.1.4 搅拌：可采用机械搅拌和空气搅拌两种方式。搅拌应有效地防止脂肪上浮，24 h之内全脂鲜牛乳脂肪变化不应大于0.1%。

7.1.5 机械搅拌可分为垂直式和水平式两种。如果搅拌器需拆卸清洗，罐上应留一个至少25 mm的孔，以便插入搅拌器的轴。水平式搅拌应设置密封圈。如为固定式搅拌器，则内表面上孔的半径至少应比轴的半径大 25 mm，并应设计一伞形防护盖，既便于清洗又可防止空气、灰尘、油、昆虫和其他污染物进入。

7.1.6 储乳罐上应设有取样阀，其内管直径不应小于 25 mm。

7.1.7 在储乳罐上部应设有呼吸阀，以防止装罐时产生正压和排出时产生负压，透气孔内径不应大于 2 mm，过滤介质不可采用编织的筛网。过滤装置应易于拆卸。

7.1.8 排出口应易于拆卸，其位置应使贮罐内无液体滞留，开口直径至少为 40 mm，离地高度至少 210 mm。

7.1.9 开在储乳罐上部的入孔应有一高出上表面至少 10 mm 的凸缘。开在侧部和底部的入孔内表面应平滑。入孔盖应具有足够的强度。向外开的入孔盖应有保证在贮罐装满时不至因压力而打开的装置。

7.1.10 高于 2 500 mm 的储乳罐内部应有便于手工清洗或机械清洗的装置(梯子或多向喷头等)。

7.1.11 商品铭牌上应注明是室内安装还是室外安装；搅拌器可机械清洗还是需拆卸清洗。

7.2 乳泵及均质机

7.2.1 乳泵应易于拆卸以便清洗。

7.2.2 均质机在正常工作条件下，当润滑油在规定范围内时，油池温度和轴承温度不得超过 70℃。

7.2.3 在 121℃以上高温条件下工作的乳泵，应保证在这一条件下安全工作，无泄露；保证进口及出口的管道连接部位安全的紧锁；当内部压力低于大气压时不会自动停机。

7.2.4 应保证任何防护装置都不能徒手将其拆卸下来。

7.3 热交换器

7.3.1 冷热缸中的衬套必须与机体牢固连接，在使用过程中不弯曲、不下垂；底部向排出口方向倾斜至少 1.5°，以保证液体能完全排出。衬套上所有小于 135°的内角圆角半径不得小于 13 mm，其上焊接附件焊口处小于 135°的圆角半径不得小于 6 mm。

7.3.2 冷热缸上可开启的主缸盖应能在开启状态任意角度停留，在紧闭状态时其上凝结的蒸汽可自动留下。主缸盖应有向下弯曲的边缘，边缘宽度不应小于 10 mm，在打开盖时应保证上面的液体不会回流入缸内。主缸盖应具有足够的刚性和抗变形能力，并具坚固的把手以供开启。机体上所有缝隙和开口处，在紧闭状态时应有效密封。

7.3.3 冷热缸应具有效的搅拌装置，使恒温时中心处与边缘温度之差不超过 1℃。

7.3.4 板式热交换板与板之间应密封良好，使两种液体不至于混合。塑料垫圈可为拆卸式、也可为粘接式。如为粘接式，应保证在工作条件下不分离。

7.3.5 管式热交换器安装后应具有支承体，使管路不至弯曲。在地面安装的管式热交换器其支座应使管式热交换器的最低点离地面 165 mm 以上。

7.3.6 在热交换器物料出口端,应有温度计,指示温度。

7.4 真空蒸发器

7.4.1 真空蒸发器的产品接触表面应易于清洗,不应使液体滞留(不包括粘附);窥视孔表面的表面粗糙度至少应与蒸发器的内表面相同,其上液体能向内自流,不可聚集;窥视孔上的玻璃或其他透光物应可拆卸,可更换,开口内径至少为 100 mm。

7.4.2 蒸发器内不锈钢加热盘间距应满足下列要求:

a. 盘管之间的距离 ≥70 mm

b. 盘管和蒸发器内壁之间的距离 ≥80 mm

c. 每排盘管之间的距离 ≥90 mm

7.4.3 蒸发器内不锈钢加热盘管的内径不应小于 23 mm。

7.4.4 排气管的角度应设计成使其上凝结的液体只能向外流,倾斜角度不应小于 2.5°。

7.5 冷凝设备

7.5.1 冷凝筒可镀铬。

7.5.2 银焊或青铜焊料应无毒性、无吸收性和耐腐蚀。

7.5.3 对于冰淇淋凝冻机和连续速冻机,当需要引入空气到产品时,应设置一次性使用的空气过滤网,不允许 5 μm 以上的灰尘颗粒通过。过滤网之后应设置一检验阀。

7.5.4 支腿或平台高度应使冷凝设备最低点高出地面至少 155 mm。

7.6 流量表、压力表、液面检测装置

7.6.1 所有不能自动清洗干净的产品接触表面,在设计时应考虑其清洗、检查问题,做到易拆卸、易安装。

7.6.2 不可拆卸的零件应可自动清洗。

7.6.3 键槽的圆角半径不得小于 0.8 mm。

7.6.4 凡必须小于 0.8 mm 的圆角半径应易接触、易检查。

7.6.5 除黏附外,所有产品接触表面都应使液体从其上自动流下。

7.7 乳粉与乳制品筛

7.7.1 产品接触表面上等于或小于 135°的内角,其圆角半径不得小于 6 mm,键槽内的圆角半径不得小于 0.8 mm。

7.7.2 带盖开口的外缘应至少外伸 10 mm,不常开的开口应配有可拆卸的盖,其盖的外缘应向下延伸至少 7 mm。

7.7.3 腿形支承应平滑、无尖刺,腿的高度应使乳品筛装置的最低部位置离开地面至少 155 mm。

7.8 无轧辊乳油摔油机

7.8.1 无轧辊乳油摔油机的产品接触表面无表面粗糙度的要求。

7.8.2 无轧辊乳油摔油机应设置可翻转式安全护栏，安全护栏在向上翻起位置时，应自动切断电机电源。

附加说明：

本标准由中华人民共和国轻工业部提出。

本标准由全国乳品机械标准化技术委员会归口。

本标准由黑龙江省乳品工业技术开发中心起草。

本标准主要起草人那正阳。

附录 2　乳品企业检验计划

一、原辅材料检验计划

(一)检验项目的检验

1. 牛奶

牛奶是以奶车为单位,每到一车奶,品控部采样员应及时取样(用无菌杯取 200 mL 用于微生物检测,对于同一奶站可以做微生物混样)。用专用搅拌器搅拌牛奶后(2 t 以上搅拌至少 30 下,2 t 以下搅拌至少 15 下,)取 500 mL 于采样瓶内,由质检员送化验室进行理化检验及掺假实验,并出具检验结果,由原奶质检员及时讲将结果反馈到收奶员处(一式二份,一份给收奶员,一份给奶户),收奶员视质量情况进行收购或拒收。(如用 120 检验,检验结果存盘带查。)

2. 其他原辅料

凡进厂的各种原辅料,由物流部保管或各种加工厂家人员持“物资报验单”及“厂家检验报告单”(进口商品每个品种每年出示一次海关检验报告单)通知品保控质检员及化验员,由品控部质检员或化验员依据各加工厂家原辅料检验、验证项目及要求进行抽验检验,并送化验室做理化、微生物检验。具体检验规则如下:

①袋装(箱装)原料的检验:由质检员或化验员根据检验验证项目表要求从不同部位抽取 4 袋(4 箱),在每袋的四角及中心各取 100～200 g 做感官检验,凡需进行理化、微生物指示检验的混合均匀后取 30～500 g 做理化、微生物检验。检验合格后方可放行,不合格的依据复检规则进行复检。复检不合格的由物流部责成相应加工厂家办理退货。

②桶装原料的检验:依据各加工厂家检验、验证项目的要求在不同部位抽取 4 桶,在每桶的上、中、下三处或摇匀后取 100～200 mL 做感官检验,凡需要进行理化、微生物指标检验的混合均匀后取 300～500 mL 做理化、微生物检验。不足 4 袋或 4 桶的按实有数量进行抽检。检验合格后方可放行,不合格依据复检规则进行复检。复检不合格的由物流部责成相应的加工厂家办理退货。

③生产水的检验:由品控部每月对生产车间用水进行一次检验。检验项目为:硬度及微生物指标(大肠菌、细菌),其他指标每半年送防疫站进行一次检验。对不符合要求的生产用水应处理后再用。

④辅料检验规则:每进一车辅料由品控部质检员或化验员从车的四角及格中心取 1～2 件

(指大包装)进行抽样。每件抽取1/5～1/3的量进行检验,若出现不合格情况时,加大1倍量进行复检,复检合格后方可放行使用。复检仍不合格的,由各加工厂家办理退货。

⑤辅料涂抹检验:由品控部化验员每月对各种直接接触产品的的辅料(包材、吸管等)进行一次涂抹检验,对检验不合格的产品由物流部责成相应加工厂家办理退货。

(二)复检规则

每种原料的感官、理化指标不合格均可进行一次复检,微生物指标不合格时不进行复检。复检时抽样规则同上。复检只针对不合格项进行,项目全部检验后,出具检验报告及原辅材料感官检验验证报告,并报送生产部及物流部一份,品控部留存一份,结果报送时间为48 h。

(三)验证规则

每个加工厂家的原辅料均需要进行验证(农副产品、零星购买产品、促销辅料除外)。每年验证一次卫生许可及准产证;每半年验证一次当地防疫部门的卫生检验报告;进口商品每年验证一次海关检验报告单;厂家的产品检验报告单每批验证一次。以上验证由物流部责成相应加工厂家提供报告。

(四)自检项的检验

凡各种进厂原辅料其数量由物流部负责自检。利乐包材技术指示由车间在成产过程中进行自检。

(五)存放时间较长的原辅料的检验

对于存放时间超过3个月,在保质期内的原辅料,由物流部通知品控部按进货检验程序需重新检验。超出保质期的原料可不进行检验。但不得投入使用,物流部及时进行处理。对于开口的直接接触产品的辅料,在使用前7 d由物流部通知品控部进行涂抹。合格后方可投入使用。

经上检验,验证不合格的原辅料如加工厂家仍需投入使用,有此而造成的质量问题,由加工厂家自己负责,本公司不予承担任何责任。

二、成品检验计划

(一)抽样地点:保温室及成品库

(二)抽样方法

成品抽样以生产线或时间段为单位进行,保温室抽样详见取样规则。

(三)检验规则

利乐包纯牛奶保温7 d,利乐包花色奶保温5 d后由品控部化验员在随机样中每罐产品抽取2包进行理化检验,剩余的样品做pH。每类产品保温期到的前2 d,由化验员从随机样品中每台灌装机抽取2～4个批次产品(每个批次取平行的2包),做微生物检验。

利乐包系列产品感官检验:

①在生产过程中由车间操作工对产品的容量、色泽、滋气味、横纵封封合程度每0.5 h进行一次检验,作为感官指标的评定依据。品控部质检进行抽检监控。

②品控部质检员对已封好箱的利乐包产品随机抽取做感官检验,出现的不合格按复检规则进行复检。

(四)综合判定结果的方法

对于某一批产品,根据产品的质量特性,将不合格分为A、B、C 3种类别。A类不合格指单位产品的极重要质量特性不符合规定,或者单位产品的质量特性极严重不符合规定;B类不合格指单位产品的重要质量特性不符合规定,或者单位产品的质量特性严重不符合规定;C类不合格指单位产品的一般质量特性不符合规定,或者单位产品的质量特性轻微不符合规定。A、B、C不符合分类具体内容分别见以下不合格分类表。

对于某一批产品,单项指标中,A类不合格以100%不合格率计,B类不合格以66.6%不合格率计,C类不合格以33.3%不合格率计。在单项指标中,若出现一个A类不合格或两个B类不合格或3个C类不合格则判定该批产品的合格率为0,此批产品不可放行。四项指标中,若出现一个B类不合格或二个C类不合格,则判定该批产品的合格率为50%,此批产品视情况决定是否可采取纠正措施后放行;四项指标中若出现一个C类不合格,则判定此批产品的合格率75%,此批产品采取纠正措施后放行。

(五)复检规则

(1)感官复检项目:如此批产品有胀包、漏奶现象时,对此批产品加大3倍量进行复检,如复检仍有胀饱、漏奶现象时,则判定此批产品感官不合格,其他感官项目不进行复检。

(2)理化复检项目:如理化不合格,加大3倍量进行复检。质检员从保温室中取半年样进行复检,如复检样中有一包不合格,则判定此批产品不合格,并出具成品检验报告单报相关部门,复检只进行一次,出具检验结果。

(3)pH不合格复检规则:若随机样出现坏包,则以出现坏包的时段为重点向周边扩展取样,出现坏包的时段随机样抽300包,相邻时段随机样抽200包,次相邻的时段随机样抽100包,3 d后取出进行pH的检测,若无坏包则判定此批产品合格,如有一包坏包,则判定为此批产品不合格;目的样或特殊目的样出现坏包,则针对该目的样对应的产品进行开箱检验。并取与该目的样相邻的150包产品开包进行pH的检测,若无坏包,判定为合格,若有1包坏包则判定此批产品不合格。

【液体奶系列产品A、B、C类不合格分类】

(一)感官A类不合格

①产品有异味、消毒水味、双氧水味、色泽严重不符合标准。

②口感严重不符合标准,口感发淡。

③成品有胀包现象(开机前十件不做考核),同一班次产品胀包率超出1/1 000的标准采用五点法取复检样进行保温实验,pH不合格率小于2.3%,此产品可以放行,判定为合格。pH值不合格大于2.3%,判定为不合格。此批产品由液体奶公司经理决定放行。

④在测定pH或保温室抽查时,如随机样pH不合格或保温室有酸包、胀包现象,然后对此批产品采用五点法进行复检做保温实验,如复检时仍有胀包、酸包现象的存在,如果pH不合格率小于2.3%,此批产品可以放行,判定为合格。如果pH不合格率大于2.3%,判定为不合格,此批产品由液体奶公司经理决定放行。

⑤利乐枕纯鲜牛奶如有胀包、酸包、漏奶现象,如同批次超出6包则判定为不合格。

⑥有缺包现象。

⑦批量性包装盒图案严重不符合标准(同一批号超出10件)。

⑧批量性包装袋没有打印生产日期及批号(同一批号超出50件)。

(二)感官B类不合格

①批量性(同一批号超出10件)包装箱没有打印日期或生产日期打印模糊;

②同一批次包装袋没有打印生产日期及批号的超出3袋(属于批量性打印错误);

③同一批次利乐枕纯鲜奶胀包、酸包、漏奶数量超出3包;

④批量性吸管粘贴不牢(同一批号超出5件);

⑤轻微的口感不符合标准;

⑥批量性(同一批号超出5件)包装箱不符合标准(包括印刷图案,业务电话等打印错误)或底部没有封口和塑封严重不符合标准;

⑦包装袋较严重不符合标准。

(三)感官C类不合格

①包装袋或包装箱有挤压变形现象;

②同一批次包装袋或包装盒没有打印生产日期及批号小于3袋;

③个别的生产日期及批号打印模糊;

④少量吸管粘贴不牢(同一批号超出2件);

⑤利乐枕纯鲜奶有折角现象引起漏奶同一批次小于3袋;

⑥轻微的外包装不符合标准或底部个别没封口;

⑦包装袋或包装盒轻微不符合标准。

(四)理化指标的考核办法

理化指标每罐料所对应的成品到保温期结束后检验,检验不合格的采取五点法取复检样,如果有一个非脂乳固体低于0.1个点的判为C类不合格,低于标准值0.1~0.3的判定为B类不合格,低于0.3个点以上的,判为A类不合格。

(微生物指标不做考核,已归结到前面的pH值考核中)

【冰淇淋系列产品A、B、C类不合格分类】

(一)A类

1.感官指标

①产品有滋气味问题(有漂白粉、不应有的酸味、苦味、碱味或香精错用等);

②产品有明显的色泽不符合现象;

③产品有严重的异物、机械杂质或污迹;

④产品装箱数量不准或无小勺;

⑤原辅料错用;

⑥其他严重质量问题。

2.重量指标

①实测平均值超出标准净重范围最高值的15%或低于标准净重范围最低值的15%;

②单支重量超出或低于标准平均净重25%。

3.理化指标

产品单项指标高于或低于标准3个点(质量指标中无整数的以小数点后第一位非零数计)。

4.微生物指标

产品单项指标超出标准。

(二)B类

1.感官指标

①形状及组织状态有较严重的不符合标准现象;

②产品有较少机械杂质或异物;

③包装较严重不符合标准;

④产品口感较差(包括涂挂料);

⑤添充物原料(如芝麻等)不符合要求;

⑥批号打印错误或批量性不清。

2.重量指标

①实测平均值超出标准净重范围最高值的10%或低于标准净重范围最低值的10%。

②单支重量低于标准平均净重的20%。

3.理化指标

产品单项指标高于或低于标准2个点(同前)。

(三)C类

1.感官指标

①形状及组织状态轻微不符合标准;

②产品有轻微成型不好现象;

③产品表面沾有少量可食性物料;

④涂挂累产品轻微不符合标准;

⑤产品有轻微碰痕;

⑥产品有少量包装问题或包装材料少量不符合标准。

2.重量指标

①实测平均值在标准净重范围最高值的10%以内或最低值的10%以内。

②单支重量低于标准。

3.理化指标

产品单项指标不符合标准(B类规定以下的)。

(六)利乐包取样规则

1.目的样

目的样包括:开机样、停机样、换包材、换PPP条、接口、暂停、暂开。

①开机样取20包,停机样取10包,暂开样取20包,标明原因、时间及取样顺序。

②换包材、换PPP条、暂停取10包标原因、时间及取样顺序。

③接口取6包表明原因、时间及取样顺序。

2.随机样

每隔15 min取样,连续的2包标明时间,如果取随机样的时间和目的样的时间重复,取目的样即可。

3.半年样

每隔20 min取连续的两包标明时间(同时在外包装上标明批次、名称)。保温样标识代号:

B——包材　　P——换PPP条　　ZT——暂停

S——随机样　　BJS——包材接口随机样　　K——开机样

KT——开机暂停样　　BJ——包材接口样

(七)袋装奶取样规则

1.目的样

目的样包括:开机样、停机样、换包装膜、接口、暂停、暂开。

①开机样取10袋,第1、2袋检测容量,第3、4袋检测理化指标、品尝口感,第5、6包检测微生物,第7、8、9、10袋保温3 d后检测理化。

②暂开样取4包,标明原因、时间及取样顺序,保温3 d后检测理化。

③暂停样取4包,标明原因、时间及取样顺序,保温3 d后检测理化。

④停机样:停机样取10包,第1、2、3、4袋检测容量,测理化指标,第5、6包检测微生物,第7、8袋检测理化指标,品尝口感;第9、10保温3 d后检测理化。

⑤换包装膜后取前2袋、后6袋,第3、4检测微生物,第1、2、5、6 3 d后测理化。

⑥包装膜固有接口取前2袋、后4袋,1、2、3袋3 d后测理化,第4袋测微生物。

2.随机样

每隔10 min取样,连续的2包标明时间,入保温室保温,3 d后测理化。

3.成品样

每30 min取四袋,1、2袋检测容量,3、4袋检测理化指标、品尝口感。

4.跟踪样

每隔15 min取连续的两包标明时间(同时在外包装上标明批次、名称、)在出口处交替取。

5.所有的样品都做好标识、取样顺序、取样原因、取样时间

6.保温样标识代号

B——包材　　T——停机样　　ZT——暂停

S——随机样　　K——开机样　　ZK——暂开样

BJ——包材接口样

三、过程检验计划

1.原辅料

合格的原辅料方可投入使用,使用过程中由各工序相关人员依据各产品质量标准进行自检,自检不合格的产品由物流部进行退货:(退回加工厂家,如厂家同意使用需合格原辅料投入使用证明,由此而引起的一切质量事故由加工厂家负责),对于原奶不合格决不允许投入使用。

2.原料奶

原料奶在收奶前检测新鲜度、理化、微生物、掺碱、亚硝酸盐(抽测)、盐(抽测);对于在奶站制冷的奶需抽测嗜冷菌、芽孢、耐热芽孢。预处理操作工在原料奶进仓后、每罐半成品配料前必须取样送品控部化验室进行理化专检,检验结束后出具检验结果。检验合格后方可投入使用。

3.配料(闪蒸)工序

品控部质检员依据各加工厂家生产工艺规程进行监控,并做好记录。生产相关人员填写相关记录。在配料或闪蒸过程中,由车间相关工序人员对闪蒸前后半成品取样送化验室并填写送检单进行理化专检,检验后出具检验结果。每配一罐料必须送样检测,结果合格后方可进

仓、转序，检测过程中如果酸度不合格不得转入下一道工序，其他指标不合格可以进行重新调配。

4. 超高温杀菌及灌装工序

由品控部质检员依据各加工厂家生产工艺规程进行监控，做好相关记录，杀菌工做好杀菌工段记录表，灌装工做好灌装机运行记录表，品控取样员每半小时随机抽取两包（换罐时另取，如换罐与半点样重复可只取一种样）送品控部化验室进行检验，检验合格后出具化验单。品控部化验员每旬至少对灌装机所使用的包材涂抹一次；每天对预处理涂抹7个点（可是奶仓、净乳机、配料缸进出口、化糖锅、混料机、均质机进出口、奶仓进料管、原奶进奶管、均质机缓衡器、回流管器、出料口、操作工的手）利乐至少涂抹7个点（上、下灌注管、操作工的手、持热管、接纸台、灌装机辊轮、夹爪、气刀、物料平衡缸、包材）；每旬对灌装间进行空气净度试验；每月至少对一个奶站进行涂抹跟踪检验；检验结束后出具化验单。

5. 其他生产工序

相关人员依据各自岗位责任制及相关设备操作文件和相关厂家的生产工艺规程进行自行控制、并做好相关设备运行记录、清洗记录（预处理均质机、净乳机、板换等、利乐均质机、杀菌机、灌装机、贴管机等记录）。

6. 开机、停机、暂停、换包材、换PPP条

开机、停机、暂停、换包材、换PPP条时由品控部采样员进行取样，并按随机、目的样分别进行标注、放置。生产结束后放入保温室观察其变化，保温时间到达后由化验员测定其pH值，并出具成品保温时间结果报告单。生产部的相关人员对清洗所用酸碱液送品控部化验室进行检验，检验结束后出具酸碱浓度报告单，不合格的酸、碱液不得投入使用，需重新配置。车间相关人员依据化验单对设备管路进行清洗，并做好CIP清洗记录。

7. 后包装

检查吸管粘的是否牢固、包装盒及包装箱打印日期是否清晰、规范、一致、成品码是否整齐，并分区域存放。

参考文献

[1] 蔡健,常锋.乳品加工技术.北京:化学工业出版社,2008.
[2] 郭本恒.乳制品生产工艺与配方.北京:化学工业出版社,2007.
[3] 张和平,张列兵.现代乳品工业手册.北京:中国轻工业出版社,2005.
[4] 郭本恒.现代乳品加工学.北京:中国轻工业出版社,2004.
[5] 张和平,张佳程.乳品工艺学.北京:中国轻工业出版社,2007.
[6] 陈志.乳品加工技术.北京:化学工业出版社,2011.
[7] 李慧东,严佩峰.畜产品加工技术.北京:化学工业出版社,2008.
[8] 武建新.乳品生产技术.北京:科学出版社,2011.
[9] 薛效贤,薛芹.乳品加工技术及工艺配方.北京:科学技术文献出版社,2004.
[10] 李凤林,兰文峰.乳与乳制品加工技术.北京:科学轻工业出版社,2010.
[11] 孔保华.乳品科学与技术.北京:科学出版社,2008.
[12] 朱俊平.乳及乳制品质量安全与卫生操作规范.北京:中国计量出版社,2008.
[13] 翁鸿珍.乳与乳制品检测技术.北京:中国轻工业出版社,2007.
[14] 张兰威.乳及乳制品工艺学.北京:中国农业出版社,2005.
[15] 李基洪.冰淇淋生产工艺与配方.北京:中国轻工业出版社,2000.
[16] 蒋爱民.乳制品工艺及进展.西安:陕西科学技术出版社,1996.
[17] 郭本恒.乳品微生物学.北京:中国轻工业出版社,2001.
[18] 郭本恒.乳品化学.北京:中国轻工业出版社,2001.
[19] 郭本恒.乳粉.北京:化学工业出版社,2003.
[20] 陈历俊.液态乳加工与质量控制.北京:中国轻工业出版社,2008.
[21] 利乐中国有限公司.超高温灭菌产品质量保证推荐手册.1999.
[22] 武建新.乳品技术装备.北京:中国轻工业出版社,2000.